Monika Röther

The Sound of Distinction

Monika Röther

The Sound of Distinction

Phonogeräte in der Bundesrepublik Deutschland (1957-1973). Eine Objektgeschichte

Tectum Verlag

Gedruckt mit freundlicher Unterstützung der Gesellschaft der Freunde der Geschichte des Funkwesens e.V. (GFGF)

Monika Röther

The Sound of Distinction. Phonogeräte in der Bundesrepublik Deutschland (1957-1973). Eine Objektgeschichte

D82 (Diss. RWTH Aachen University, [2011])
ISBN: 978-3-8288-2901-5

Umschlagabbildungen: © Frank-Peter Funke (Tonband), gradt (Schallplatte) | Fotolia.com und Berci | Shutterstock.com
Umschlaggestaltung: Heike Amthor | Tectum Verlag
Druck und Bindung: CPI buchbücher.de, Birkach
Printed in Germany

Besuchen Sie uns im Internet
www.tectum-verlag.de

MIX
Papier aus verantwortungsvollen Quellen
FSC® C003147

Bibliografische Informationen der Deutschen Nationalbibliothek
Die Deutsche Nationalbibliothek verzeichnet diese Publikation in der Deutschen Nationalbibliografie; detaillierte bibliografische Angaben sind im Internet über http://dnb.ddb.de abrufbar.

Vorwort

Die leuchtenden Augen zahlreicher Gesprächspartner, die mir von ihren persönlichen Erinnerungen an den ersten eigenen Plattenspieler und das heiß ersehnte Tonbandgerät erzählten, haben in den vergangenen Jahren den Spaß an der Beschäftigung mit meinem Dissertationsthema nie abreißen lassen. Sie haben mir gezeigt, dass sich hinter den Phonogeräten der Fünfziger- und Sechzigerjahre spannende Geschichten verstecken, die es zu entdecken gilt.

Ganz entscheidend hat der fachliche Rat meiner Betreuer und Kollegen zum Gelingen der Arbeit beigetragen. Besonders herzlich danke ich meinem Doktorvater Prof. Dr. Dr. h.c. Armin Heinen, der mir die Chance gab, diese Dissertation während meiner Zeit als wissenschaftliche Mitarbeiterin am Lehrstuhl für Neuere und Neueste Geschichte der RWTH Aachen zu erarbeiten. Ich danke für die ausgezeichneten Arbeitsbedingungen sowie für zahlreiche wichtige Denkanstöße und kritische Fragen.

Herrn Prof. Dr. Andreas Fickers bin ich aufgrund der herausragenden fachlichen Betreuung und der langjährigen Unterstützung während meines Geschichtsstudiums und der Promotion zu besonderem Dank verpflichtet.

Herzlicher Dank gebührt der Gesellschaft der Freunde der Geschichte des Funkwesens e.V., und ganz besonders ihrem Vorsitzenden Herrn Ingo Pötschke. Die Bestände des Archivs in Hainichen bilden eine wichtige Grundlage meiner Untersuchungen, und erst der großzügige Druckkostenzuschuss der GFGF ermöglicht mir die Drucklegung der Ergebnisse.

Ich danke Valeska Bopp-Filimonov, die sich die Mühe gemacht hat, das gesamte Manuskript zu lesen und kritisch zu kommentieren, und Carola Babinecz, die besonders während der Schreibphase unermüdlich mitgefiebert hat. Mein letztes und ganz besonders herzliches Dankeschön gilt Tom, Marita und Wolfgang, auf deren gewissenhafte Korrekturarbeiten und persönliche Unterstützung ich mich stets verlassen konnte.

Monika Röther

Inhalt

A Einleitung

I Thesen und Ziele ... 1

II Forschungsstand ... 6

III Theoretische Anleihen und Methode ... 15

III.1 Eine historische Betrachtung der Phonogeräte-Dispositive ... 16

III.2 Sozial konstruierte Artefakte. *Social Construction of Technology, user configurations, scripts und user de-signs* ... 24

III.3 Bedeutungsreiche und gezähmte Artefakte. *Kulturgeschichte der Dinge, material culture studies, cultural studies und Domestication* ... 28

IV Aufbau und Darstellungsperspektiven der Arbeit ... 34

IV.1 Objekte. *Möglichkeiten und Widerständigkeiten, Technik, Design und Choreografie der Nutzung* ... 36

IV.2 Vermarktung. *Inszenierung von Zielgruppen und Hörsituationen* ... 41

IV.3 Diskussion. *Warentester, HiFi-Experten und Konsumentenmagazine als Wegbereiter und Kritiker der Geräteentwicklung* ... 45

IV.4 Aneignungen. *Objekte der Abgrenzung und Distinktion* ... 46

V Quellen ... 48
V.1 Objekte ... 48
V.2 Hersteller und Händler ... 50
V.3 Kritiker und Nutzer ... 54

B Die „langen Sechzigerjahre" in der Bundesrepublik: Lebens-, Konsum- und Medienwelten im Umbruch

I Einführung in bewegte Zeiten ... 63
II Auf dem Weg in eine ausdifferenzierte Konsumgesellschaft ... 68
III Familiäre Häuslichkeit zwischen traditionellem Hochglanz und modernem Wohndesign ... 75
IV Die Ausbildung eines vielseitigen massenmedialen Ensembles ... 87

C Phonogeräte als Zentrum der privaten Lebenswelt

I Der Musikschrank – Prunkstück deutscher Wohlstandshäuslichkeit ... 101
I.1 Tonmöbel in allen Formen, Farben, Hölzern und Preislagen ... 103
I.1.1 Die bescheidene Phonokommode verliert gegen den prächtigen Musikschrank ... 106
I.1.2 Der Phonoschrank als „kleiner Bruder" des Musikschranks ... 111
I.1.3 Ein Rundum-Paket für den Musikgenuss – der Musikschrank *Arabella* ... 116
I.2 Dem Käufer geht es „um Farbe, Form und Klang". Die Vermarktung der Tonmöbel ... 124
I.2.1 Musikmöbel als Schmuckstück des kultivierten Heims ... 124
I.2.2 Das heimische Konzert auf Knopfdruck ... 136
I.3 Möbeldesign und Klangqualität im Wettstreit ... 145
I.3.1 Musikmöbel vereinen wohnliche Form und guten Klang ... 146
I.3.2 „Der angeberische Musikschrank" – Kritik am Möbeldesign auf Kosten des Klangs ... 149
I.4 Die Aneignung der Musikschränke: Vom „Heiligtum der Wohnung" zum altmodischen Apparat ... 152
I.4.1 Erinnerungen an den Musik-Altar ... 153
I.4.2 Der Musikschrank wird ausgemustert ... 157

II Stereofonie und High Fidelity – Technik und Sound als Antrieb der Ausdifferenzierung und Merkmal der Abgrenzung 164

II.1 Stereo-Klang von Schallplatte und Tonband. Lautstarke Vermarktung, leise Verbraucher und hörbare Kritik 169

II.1.1 Stereo und HiFi – Das neue Klangwunder 170

II.1.2 Von Stereo überrumpelt – der verwirrte Verbraucher wartet ab 175

II.1.3 Kritik an leeren Versprechen zu überhöhten Preisen 178

II.2 Der Stereo-Rundfunk und die HiFi-Norm führen zum Erfolg 183

II.2.1 Besser spät als nie – Das Radio macht die Stereofonie bekannt 184

II.2.2 Die HiFi-Norm bietet Orientierung 188

II.2.3 Stereo und HiFi ziehen immer mehr Nutzer in ihren Bann 191

III Der Musikschrank zerfällt in seine Bausteine: Die Stereoanlage als perfekte Lösung für Auge und Ohr 200

III.1 Flexible Alternativen machen dem Musikschrank Konkurrenz 201

III.1.1 Individuelle Bausteinanlagen 203

III.1.2 Die Steuertruhe als Hybrid – eine Übergangslösung für den Musikschrankliebhaber 213

III.2 Das Ziel der Produzenten: Eine Stereoanlage in jedem Haus 219

III.2.1 Technik und Design nach Wunsch 220

III.2.2 Bedienungsfreundliche und bezahlbare Stereoanlagen für jedermann 232

III.3 HiFi-Enthusiasten als Vorreiter der gestiegenen Anforderungen an Sound und Design 236

III.3.1 Wahre Musik- und Technikliebhaber verlangen HiFi-Stereoanlagen 237

III.3.2 Das Stereoanlagen-Fieber greift um sich 244

III.4 Basteln, Stückeln und Sparen als Wege zu den begehrten Stereoanlagen – die Nutzerperspektive 252

IV Zwischenfazit: Umbruch im Wohnzimmer 259

D Einzelgeräte entflechten die familiäre Hörgemeinschaft und ermöglichen allgegenwärtigen Musikkonsum

I Der Plattenspieler erobert neue Hörräume und gewinnt treue Anhänger ... 265

I.1 Flexible und günstige Geräte erfüllen neue Wünsche ... 267

I.1.1 Koffergeräte machen die Schallplatte mobil ... 269

I.1.2 Günstige und moderne Heimgeräte für neue Nutzer ... 278

I.2 Inszenierte Nutzerfreuden: Was die Hersteller versprechen ... 282

I.2.1 Musik und Freude überall und jederzeit ... 283

I.2.2 Plattenspieler für dynamische junge Leute ... 293

I.2.3 Modische Plattenspieler liefern nach wenigen Handgriffen eine erstaunliche Klangfülle ... 302

I.3 Schallplattenmusik und junge Käufer setzen neue Trends auf dem Plattenspielermarkt ... 307

I.3.1 Die Schallplatten geben den Ton an ... 308

I.3.2 Die kaufkräftige junge Zielgruppe spaltet den Markt ... 314

I.4 Abgrenzen und Dazugehören – Jugendliche Bedeutungszuschreibungen an den Plattenspieler ... 319

I.4.1 Teens und Twens als mächtige Trendsetter ... 319

I.4.2 Plattenspieler als Ausdruck der Abgrenzung, Zugehörigkeit und Distinktion ... 323

I.5 Zwischenfazit: Durch Mobilisierung zur selbstbestimmten Hörgemeinschaft – Das Plattenspieler-Dispositiv ... 333

II Das Tonbandgerät als Instrument kreativer Intermedialität ... 337

II.1 Das Gerät der unbegrenzten Möglichkeiten ... 339

II.2 Die Elite: Tonbandamateure als Kritiker der Geräteentwicklung und Zugpferde des Umsatzes ... 342

II.2.1 Das Selbstverständnis der Tonbandfreunde – die technische Elite ... 343

II.2.2 Das *Magnetophon 77* – komplexe Technik für den Tonbandfreund ... 346

II.2.3 Tonbandamateure und Industrie im Gespräch ... 355

II.2.4 Tonbandeln als schöpferische Freizeitgestaltung – Die kreativen Klangwelten der Amateure ... 369

II.3 Die Mehrheit: Hitjäger bannen Musik auf Band ... 382

II.3.1 Die Plattenindustrie diskutiert den Tonraub der Laien 383
II.3.2 Hitparade statt Hörspiele – Die intermedialen Musikwelten der Jugend 394
II.4 Zwischenfazit: Das Tonbandgerät – Die Kreativität behauptet sich 401

III Der Kassettenrekorder vereint unbeschwerte Mobilität und unkomplizierte Intermedialität 405
III.1 Fast Forward: Kassetten-Nostalgie im Jahr 2003 405
III.2 Rewind: Der Philips *Taschen-Recorder 3300* von 1963 410
II.3 Pause – Ein Blick auf Kassette und Abspielgerät 411
III.3.1 Die „Rangelei der Systeme" und der Sieg des Compact Cassetten-Standards 411
III.3.2 Das Telefunken *magnetophon cc alpha* von 1969 416
III.4 Play – Soundtrack of Success: Die Aushandlung eines erfolgreichen Kassettenrekorder-Dispositivs 422
III.4.1 Seite A – On Tour: Kassettenrekorder machen mobil 423
III.4.2 Seite B – Easy listening and recording: Intermedialität leicht gemacht 434
III.5 Stop & Eject – Zwischenfazit: Zielgruppengerechte Intermedialität 445

E Fazit

I Raum- und Tonkultur 1956 und 1973 449
II Eine Objektgeschichte der Ausdifferenzierung und Abgrenzung 451
III Ergebnisse der historischen Betrachtung der Phonogeräte-Dispositive 456
III.1 Dispositive Schwerpunkte 457
III.2 Massenmediale Nischen und Koexistenz 459
III.3 Dispositiver Wandel – unverändertes Werbevokabular 461
III.4 Beharrungskräfte, Hybride und Stabilisierung 462
III.5 Etappen des Wandels 466
III.6 Phonogeräte als Kristallisationspunkt neuer Gemeinschaften 469

Quellen- und Literaturverzeichnis 475

Abbildungs- und Tabellenverzeichnis 501

A Einleitung

I Thesen und Ziele

Bilder der Sechzigerjahre zeigen Familien vor dem Fernsehgerät in Wohnzimmern im Stil des „Gelsenkirchener Barock", Väter bei der samstäglichen Autowäsche und Mütter bei der Küchenarbeit mit dem im Hintergrund dudelnden Radiogerät; aber auch junge Frauen in Miniröcken, kreischende Beatles- und rockende Rolling Stones-Fans und Jugendliche, die vor Plattenspielern und Tonbandgeräten kniend ihrer Lieblingsmusik lauschen.

Diese Schlaglichter zeigen ganz unterschiedliche Facetten der „wilden Sechziger"; Biederkeit und Prüderie vieler Erwachsener trafen auf die Beat- und Rock-Rhythmen der jungen Generation. Die Eltern wollten jetzt das Leben und den neuen Wohlstand genießen: Die glückliche Kleinfamilie wohnte im Reihenhaus und schaffte sich Fernseher, Auto und Waschmaschine an. Der passende ‚Soundtrack' dazu waren die Volksmusik und der althergebrachte Schlager: Stars wie Peter Alexander, Freddy Quinn und Caterina Valente sangen von der heilen Welt.

Doch unter denselben Hausdächern wohnten auch die Jugendlichen, die eigene Ausdrucksstile suchten und sich von den Erwachsenen abgrenzen wollten. Amerikanische Filme hatten die Jugendlichen schon seit Mitte der Fünfzigerjahre in die Kinos gelockt und für die Verbreitung neuer Musikrichtungen wie des Rock 'n' Roll gesorgt.[1] Die Instanzen der erstarkenden Konsum- und Unterhaltungsindustrie griffen wie ein Räderwerk ineinander: Kinofilme und Zeitschriften sowie Mode- und Schallplattenindustrie produzierten neue Trends, neue Hits, neue Stars.

Mit dem Übergang zur Wohlstandsgesellschaft der Sechzigerjahre lässt sich eine Ausdifferenzierung der massenmedialen Konsumangebote nach unterschiedlichen Zielgruppen beobachten: Hier die Operettenmelodien, Märsche, volkstümlichen Lieder und einheimischen Schlager der Erwachsenen, dort die sich den Weg bahnende britische und amerikanische Beat- und Rock-Musik der jungen Generation. Doch nicht nur über Musik und Filme, Zeitschriften und Mode wurden zielgruppenspezifische Konsumwelten geschaffen; auch die Hersteller der Unterhaltungselektronik orientierten sich an den ganz unterschiedlichen Bedürfnissen ihrer Kunden und bestärkten in ihren Angeboten die Ausbildung verschiedenster Zielgruppen. Das günstige Kofferradio wurde nicht nur zum allgegenwärtigen Begleiter der musikbegeisterten Jugend; es wurde ebenso als schmückender Begleiter für die erwachsene Dame vermarktet.[2]

Zu den bedeutendsten Lieferanten der begehrten Hits jedoch wurden die Phonogeräte, da Hörfunk und Fernsehen das Bedürfnis der Hörer nach leichter Unterhaltungsmusik in den Fünfziger- und Sechzigerjahren oft nicht erfüllten. Erst die Verbreitung günstiger Schallplattenspieler und erschwinglicher Vinyl-Singles ermöglichte den selbstbestimmten, vom Radioprogramm unabhängigen Musikkonsum. Und als Tonbandgeräte in die westdeutschen Haushalte einzogen, wurde es sogar möglich, Familienfeste, den eigenen Gesang und auch selbst zusammengestellte Hitparaden aus dem (oft ausländischen) Radioprogramm oder von ausgeliehenen Schallplatten aufzunehmen. Der Kassettenrekorder schließlich machte diese Aufnahmen noch einfacher, noch handlicher und noch mobiler.

Im Mittelpunkt der Untersuchung stehen die Geschichten eben dieser Artefakte. Denn Plattenspieler, Tonbandgeräte und Kassetten-

1 Kaspar Maase spricht von einem „Erdbeben", das einige US-amerikanische Filme (wie z.B. „Saat der Gewalt" bzw. im Original „Blackboard Jungle" mit dem Lied „Rock around the Clock" von Bill Haley) und der Rock 'n' Roll auslösten. Vgl. Kaspar Maase, Lässige Boys und schicke Girls. „Amerikanisierung" und Biographien Jugendlicher in den 1950er Jahren. In: Wolfram Fischer-Rosenthal/ Peter Alheit (Hg.), Biographien in Deutschland. Soziologische Rekonstruktionen gelebter Gesellschaftsgeschichte, Opladen 1995, S. 137-152, hier S.149.

2 Vgl. Heike Weber, Vom Ausflugs- zum Alltagsbegleiter. Tragbare Radios und mobiles Radiohören 1950-1970. In: Jutta Röser (Hg.), MedienAlltag. Domestizierungsprozesse alter und neuer Medien, Wiesbaden 2007, S.129-138 (im Folgenden: Weber, Vom Ausflugs- zum Alltagsbegleiter).

rekorder – seien sie eingebaut in ein Möbelstück oder in eine Stereoanlage integriert oder etwa einzeln als tragbares Koffergerät konzipiert – führen uns nicht nur den technischen Fortschritt von Unterhaltungselektronik vor Augen.

Diese Objekte haben viel mehr „zu bieten": Das Ziel der Arbeit ist es, zu zeigen, dass eine Objektgeschichte der Phonogeräte einen neuen, erweiterten Blick auf die in der Forschung diskutierten Umbruchprozesse der so genannten „langen Sechzigerjahre" (1957-1973) eröffnet.[3] Musikschränke, Stereoanlagen, Plattenspieler, Tonbandgeräte und Kassettenrekorder, die sowohl in Konkurrenz als auch in Koexistenz den Konsumenten unterschiedlichste Nutzungsangebote machten, sind Spiegel sowie Motor der einsetzenden Pluralisierung von Konsummustern, der Ausdifferenzierung von Zielgruppen und der Individualisierung persönlicher Lebenswelten während der „langen Sechzigerjahre", so die These dieser Arbeit. Die Objektgeschichten offenbaren Momente des Wandels: Sie führen uns die Etappen des Umbruchs vor Augen, der sowohl auf technischer als auch auf musikalischer und gesellschaftlicher Ebene stattfand.

Mit der sich ausbildenden Konsumgesellschaft nahm der Raum für die individuelle Freizeit- und Lebensgestaltung aller Konsumenten zu. Soziale Klassenbindungen, Milieus und die Familien als feste Strukturen verloren allmählich ihren ursprünglichen Stellenwert und wurden abgelöst durch die zunehmend feiner werdenden Unterschiede in der Lebensführung, Freizeitgestaltung und im Konsum, die sich entlang neuer Linien ausdifferenzierten. Über den (Medien-)Konsum bildeten sich neue Gruppen mit gemeinsamen Hobbys, bevorzugten Musikstilen und Werten. Zugehörigkeit zu einer dieser Gruppen ließ sich auch über den Besitz und die Auswahl eines bestimmten Phonogerätes nach außen signalisieren. Auf der Mikroebene der Phonogeräte wurde verhandelt, was auf der Makroebene als „Diversifizierung von Lebenslagen und Lebensstilen"[4], als Aufbrechen traditioneller Milieus und als Ausdifferenzierung von Konsummustern rekonstruierbar ist.[5]

3 Das Konzept der „langen Sechzigerjahre" wird in Kapitel B.I genauer erläutert.

4 Ulrich Beck, Risikogesellschaft. Auf dem Weg in eine andere Moderne, Frankfurt a. M. 1986, S.122.

5 Der Begriff der Lebensstile wird im Folgenden – in Anlehnung an Müller und Weihrich – pragmatisch verwendet und verstanden als „expressive Lebensführungsmuster". Vgl. Hans-Peter Müller/ Margit Weihrich (Hg.), Lebensweise, Lebensführung, Lebensstile. Eine kommentierte Bibliographie, München 1990, S.45. Die sich seit den späten Fünfzigerjahren entwickelnde, tendenziell

Im Fokus der Betrachtung stehen daher die Objekte selber; schließlich können Brüche und Kontinuitäten sowohl in ihrer technischen Entwicklung als auch in ihrem Design auf eine zunehmende Differenziertheit der Ansprüche und Aneignungspraktiken der Konsumenten verweisen. Die Ausdifferenzierung des Angebotes an Phonogeräten sowie die Ausbildung von Zielgruppen, die sich etwa durch Alter, Musikgeschmack oder den Grad ihrer Technikaffinität unterscheiden, gingen Hand in Hand vonstatten. Daher sind die Wechselwirkungen zwischen der Geräte- und der Nutzerebene zu untersuchen, die in Abbildung 1 dargestellt sind.

Das Geräteangebot wurde erweitert und immer mehr ausdifferenziert und spezialisiert (oberer Pfeil, Geräteebene), ebenso wie sich die Zielgruppen mit ihren Anforderungen und Vorlieben auffächerten (mittlerer Pfeil, Nutzerebene). Diese beiden Entwicklungen bedingten sich gegenseitig und waren eine Folge der Wechselwirkungen, die zwischen der Geräte- und der Nutzerebene stattfanden.

In der Vermarktung, der öffentlichen Diskussion (über Vor- und Nachteile der Phonogeräte und über ihre Nutzung) und in den Aneignungspraktiken wurden Aushandlungsprozesse vorgenommen

schichtübergreifende Konsumentengesellschaft sowie die Entwicklung der Individualisierung führten zu einer Ablösung der klassischen Milieus durch verschiedene Lebensstile. Lebensstile sind sicht- und messbarer Ausdruck der gewählten Lebensführung und sind von materiellen und kulturellen Haltungen sowie Werthaltungen abhängig. In ihrer Abgrenzung spielen kulturelle Interessen und Aktivitäten eine entscheidende Rolle, in der Freizeit scheint sich der Lebensstil bevorzugt auszudrücken. Die insbesondere seit den späten Fünfzigerjahren zunehmende Wahlfreiheit innerhalb der Freizeit stellt den Raum für eine individuelle Lebensgestaltung bereit, in der sich eine Vielzahl möglicher Lebensstile Ausdruck verschaffen kann. Die „Lebensweltypen" bzw. Angehörigen verschiedener Lebensstile unterscheiden sich u.a. hinsichtlich ihrer favorisierten Radio- und Fernsehprogramme sowie ihrer Lesegewohnheiten und ihres Musikgeschmacks. In der Identifizierung der einzelnen Lebensstile hat aufgrund der hohen Bedeutung des Konsumverhaltens auch das Lebensalter eine überragende Bedeutung erlangt, Differenzen zwischen den Generationen drücken sich auch in abweichenden Konsummustern aus. Vgl. dazu: Ralf Vollbrecht, Die Bedeutung von Stil. Jugendkulturen und Jugendszenen im Licht der neueren Lebensstildiskussion. In: Wilfried Ferchhoff/ Dieter Baacke (Hg.), Jugendkulturen - Faszination und Ambivalenz. Einblicke in jugendliche Lebenswelten, Weinheim [u.a.], S.23-37 (im Folgenden: Vollbrecht, Die Bedeutung von Stil); vgl. Konrad Dussel, Medienkonsum als Ausdruck sozialen Lebensstils. Überlegungen zu Entwicklungen in den sechziger und frühen siebziger Jahren. In: Matthias Frese/ Julia Paulus/ Karl Teppe (Hg.), Demokratisierung und gesellschaftlicher Aufbruch. Die sechziger Jahre als Wendezeit der Bundesrepublik, Paderborn 2005, S.647-665 (im Folgenden: Dussel, Medienkonsum); vgl. Ursula A. J. Becher, Geschichte des modernen Lebensstils. Essen – Wohnen – Freizeit – Reisen, München 1990, (im Folgenden: Becher, Geschichte des modernen Lebensstils).

und den Objekten wurden Bedeutungen zugeschrieben, die zu einer Abgrenzung unterschiedlichster Nutzergruppen und Gerätetypen beitrugen: Die Produkte der Unterhaltungselektronik, ihre Vermarktung und auch der öffentliche Austausch über die neuen Geräte sowie ihre Nutzung bedienten und festigten vorhandene Konsumgewohnheiten und Ansprüche bereits existierender Nutzergruppen. Darüber hinaus machten Hersteller und Werbung immer neue Angebote und Versprechen, und auch die Konsumenten benutzten die Artefakte auf eine unvorhergesehene Weise in neuen Kontexten. Dies gab den Anstoß zur Ausformung neuer Marktsegmentierungen und zur Bildung neuer Zielgruppen mit veränderten Nutzungspraktiken und Wünschen, die wiederum Einfluss auf die weitere Entwicklung, Vermarktung und Aneignung von Phonogeräten hatten.

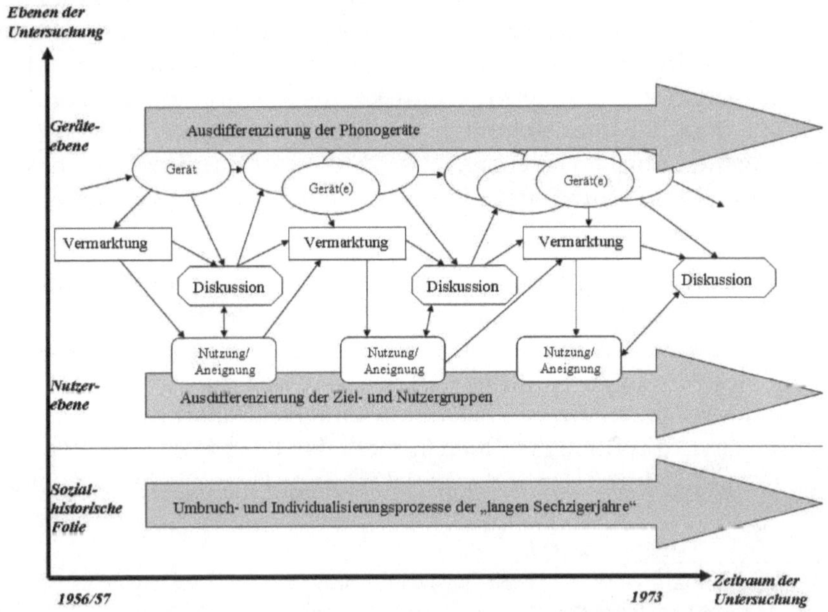

Abb.1: Ebenen der Untersuchung

Ganz bewusst werden diese Aushandlungsprozesse und die Wechselwirkungen zwischen Geräten, Vermarktung, Diskussion und Nutzung im Schaubild nicht geordnet und im Sinne klarer Ursache-Wirkungs-Relationen dargestellt. Vielmehr stehen wir hier einem verworrenen Netz gegenseitiger Abhängigkeiten und Einflüsse gegenüber, das es in den folgenden Objektstudien zu entwirren gilt. Hinzugefügt wurde auch eine weitere Untersuchungsebene, die „sozialhistorische Folie". Denn die genannten Wechselwirkungen zwischen technischen und gesellschaftlichen Wandlungstendenzen sind nicht isoliert zu betrachten. Erst vor der Folie der seit den späten Fünfzigerjahren einsetzenden Auflösungsprozesse traditioneller Strukturen und Wertesysteme und vor dem Hintergrund der „dynamischen Zeiten"[6] der „langen Sechzigerjahre" werden die Entwicklung der Unterhaltungselektronik sowie die Entfaltung ihrer unterschiedlichen Zielgruppen nachvollziehbar. Die Phonogeräte sind fester Bestandteil des gesellschaftlichen Wandels; die Zäsuren innerhalb ihrer Objektgeschichten erhellen die Umbruch- und Individualisierungsprozesse, die sich seit den späten Fünfzigerjahren ihren Weg bahnten.

II Forschungsstand

In der Erinnerung an die Sechzigerjahre nehmen die Musik als Ausdruck eines Lebensgefühls und die Schallplatten und Tonbänder als ihre Vermittler oft eine prominente Stellung ein. Diejenigen, die in dieser Zeit Teenager oder Twens waren, erinnern sich an ihre ersten Schallplatten und an die Musikstücke, die sie mit dem Tonbandgerät aus dem Radio mitschnitten oder von Freunden kopierten. Die Elterngeneration der Sechziger berichtet vom repräsentativen Musikschrank im Wohnzimmer und vom „magischen Auge" des eingebauten Radioapparates.

Der Platten- und Unterhaltungselektronikindustrie in der Bundesrepublik sowie den Phonogeräten und ihrem Stellenwert im Alltag der Sechzigerjahre wurde von der historischen Forschung bisher jedoch noch kaum Beachtung geschenkt. Zwar wurden die Bedeutung des Schlagers für die Wiederaufbaugesellschaft der Fünfzigerjahre[7] sowie die Rolle des Rock 'n' Roll, des Beat, Rock und Pop für die Jugendkulturen der Sechzigerjahre[8] zum Thema zahlreicher Mo-

6 Axel Schildt/ Detlef Siegfried/ Karl Christian Lammers (Hg.), Dynamische Zeiten. Die 60er Jahre in den beiden deutschen Gesellschaften, Hamburg 2000 (im Folgenden: Schildt/ Siegfried/ Lammers, Dynamische Zeiten).

7 Vgl. zum Beispiel Monika Burzik, Von singenden Seemänern und Musikern vom Sirius. Die Musik der Fünfziger Jahre. In: Werner Faulstich (Hg.), Die Kultur der 50er Jahre, München 2002, S. 249-262; Petra Rösgen (Hg.), Melodien für Millionen. Das Jahrhundert des Schlagers. Begleitbuch zur Ausstellung im Haus der Geschichte der Bundesrepublik Deutschland, Bonn, Mai bis Oktober 2008, Bielefeld, Leipzig 2008.

8 Vgl. beispielsweise Kaspar Maase, BRAVO Amerika. Erkundungen zur Jugendkultur der Bundesrepublik in den fünfziger Jahren, Hamburg 1992 (im Folgenden: Maase, Bravo Amerika) sowie zahlreiche Aufsätze vom selben Autor; Uta G. Poiger, Jazz, Rock and Rebels. Cold War Politics and American Culture in a Divided Germany, Berkeley [u.a.] 2000 (im Folgenden: Poiger, Jazz, Rock and Rebels); Am Aktuellsten ist die Arbeit von Detlef Siegfried, der einen umfassen-

nografien und Aufsätze, und auch zur Geschichte des Fernsehens und Hörfunks in Deutschland ist bereits eine Vielzahl von Studien erschienen,[9] doch allenfalls am Rande wird von einigen Autoren, die sich mit der Massenkonsumgesellschaft oder mit Jugendkulturen befassen, auf den zunehmenden Kauf von Unterhaltungselektronik und auf den wachsenden Einfluss der Schallplattenindustrie hingewiesen.[10]

Der Stellenwert der Musik in der westdeutschen Gesellschaft der Fünfziger- und Sechzigerjahre lässt sich ohne eine Betrachtung der zum Musikkonsum notwendigen Technik nicht ermessen. Die Verfügbarkeit technischer Konsumgüter ist die unbedingte Voraussetzung für den Musikkonsum. Plattenspieler und ihre mobile Ausführung, die Phonokoffer, ebenso wie Tonband- und Kassettengeräte, prächtige Musikschränke und technisch ausgereifte Stereoanlagen sind Medien, die den Alltag prägten und mitbestimmten. Doch in der Forschung wurden der Zusammenhang zwischen diesen technischen und gesellschaftlichen Ausdifferenzierungsprozessen, zwischen der Geschichte der Musikwiedergabegeräte und den Praktiken der Nutzer, bisher kaum beachtet. Im Folgenden werden die bisherigen Zugänge und Ergebnisse der Forschung zur Geschichte der Tonaufzeichnung, der Tonträger und der Aufnahme- und Wiedergabegeräte kurz skizziert sowie ihr Wert für die vorliegende Arbeit diskutiert.

Die verfügbare Forschungsliteratur lässt sich in *drei Gruppen* zusammenfassen: Erstens liegen Studien vor, die sich auf den technischen Fortschritt konzentrieren und auch dessen Auswirkungen auf die Musik(stile) einbeziehen, zweitens Arbeiten zur Kulturgeschichte der Tonaufnahmen und Phonogeräte und zu ihrem Stellenwert im Nutzeralltag, und drittens sozial- und konsumgeschichtliche Un-

den Überblick gibt: Detlef Siegfried, Time is on My Side. Konsum und Politik in der westdeutschen Jugendkultur der 60er Jahre, Göttingen 2006 (im Folgenden: Siegfried, Time is on My Side).

9 Zur Geschichte des Hörfunks vgl. Kapitel B.IV, zur Fernsehgeschichte vgl. als Überblick die fünfbändige Geschichte des Fernsehens in der Bundesrepublik Deutschland, München 1993-1994, und Knut Hickethier, Geschichte des deutschen Fernsehens, Stuttgart 1998.

10 Vgl. insbesondere Siegfried, Time is on My Side, S.92-106 sowie die Arbeiten von Axel Schildt und Kaspar Maase. Die aktuellsten und ergiebigsten sind hier: Axel Schildt, Die Sozialgeschichte der Bundesrepublik Deutschland bis 1989/90, München 2007 (im Folgenden: Schildt, Sozialgeschichte); Axel Schildt/ Detlef Siegfried, Between Marx and Coca-Cola. Youth cultures in changing European societies, 1960 - 1980, New York [u.a.] 2006 (im Folgenden: Schildt/ Siegfried, Between Marx and Coca-Cola); Schildt/ Siegfried/ Lammers, Dynamische Zeiten; Maase, Bravo Amerika.

tersuchungen der Umbruchprozesse der Sechzigerjahre, welche die technischen Konsumgüter und ihre Funktion in der Abgrenzung von Zielgruppen, Konsummustern und Lebensstilen berücksichtigen. Besonders ertragreich für die hier vorliegende Fragestellung sind die Arbeiten der zweiten und dritten Kategorie.

Der Literatur der *ersten Kategorie*, die den Schwerpunkt auf die technische Entwicklung legt, sind u.a. die Schriften einiger englischsprachiger Autoren zuzuordnen, die wie z.B. Jonathan Sterne, Timothy Day oder Michael Chanan die Geschichte der Tonaufzeichnung, der Schallplattenproduktion und der Musikindustrie erzählen.[11] Aus der Perspektive von Musikproduzenten, Künstlern oder auch Diskjockeys wird beobachtet und untersucht, wie sich die Rolle der Technik im Prozess des Komponierens verändert hat,[12] welche Anforderungen sich daraus für die Interpretation klassischer Musik ergaben und wie die Technik dazu beitrug neue Musikstile zu entwickeln.[13] In vielen dieser Arbeiten liegt der Fokus auf der klassischen Musik und auf der These einer durch die Technik verursachten Erneuerung des westlichen Musikkanons.[14] Steht hier der technische Fortschritt mit seinen Auswirkungen auf Musik und ihre Produktion im Vordergrund,[15] beschränken sich die wenigen deutschsprachigen

11 Allerdings wenden sich diese Autoren nicht der Nutzung von Unterhaltungselektronik in der Freizeit zu. Vgl. Jonathan Sterne, The audible past. Cultural origins of sound reproduction, Durham, NC [u.a.] 2003. Sterne untersucht die kulturellen Ursprünge der Vervielfältigung und der Wiedergabe von Musik anhand der Vorläufer des Telefons, des Phonographen und des Radios; Timothy Day, A century of recorded music. Listening to musical history, New Haven [u.a.] 2002 (im Folgenden: Day, A century of recorded music); Michael Chanan, Repeated takes. A short history of recording and its effects on music, London [u.a.] 1995 (im Folgenden: Chanan, Repeated Takes); Mark Cunningham, Good vibrations. A history of record production, London 1998. Cunningham beschreibt Jahrzehnt für Jahrzehnt die Entwicklung der Tonaufzeichnung bis zur Verbreitung der digitalen Aufnahmetechnik.

12 Vgl. Timothy Dean Taylor, Strange sounds. Music, technology & culture, New York [u.a.] 2001.

13 Vgl. Mark Katz, Capturing sound. How technology has changed music, 3. Aufl., Berkeley [u.a.] 2004; ders., Klang und Maschine. Wie die Entwicklung der Tonträger Musik und Hören verändert hat. In: Lettres Internationales 2008, S. 103-110.

14 Dies gilt u.a. für Day ebenso wie für Roland Gelatt, The fabulous phonograph, 1877-1977, 2., überarb. Aufl., London 1977. Hierbei handelt es sich um eines der Standardwerke zur Geschichte des Phonographen. Die erste Auflage erschien schon 1950, nur die letzten drei Kapitel sind der zweiten Auflage hinzugefügt worden. Es enthält zahlreiche Erläuterungen zur technischen Funktionsweise.

15 Vgl. Evan Eisenberg, Der unvergängliche Klang. Mythos und Magie der Schallplatte, Frankfurt a. M. 1990; ders., The Recording Angel, New York 1986; George L. Frow, The Edison Disc Phonographs and the diamond discs. A history with

Abhandlungen meist auf einen deskriptiven, nahezu tabellarischen Abriss der technischen Entwicklung von Tonträgern und Abspielgeräten.[16] Die erste große Studie zum deutschen Tonträgermarkt legte Werner Zeppenfeld 1978 vor.[17] Diese primär deskriptive Arbeit strebt durch Kumulation und Verdichtung weit verstreuten Quellenmaterials erstmals eine Überblicksdarstellung des Tonträgersektors an. Die hier geschilderten grundlegenden Entwicklungen der westdeutschen Tonträgerindustrie sowie einige Statistiken bieten allerdings wenig mehr als einen Einblick in die Umsatz- und Preisentwicklung. Ähnliches gilt für Thomas Jaspersens Kapitel zu Tonträgern in Werner Faulstichs „Grundwissen Medien".[18] Auch hier werden nur der Fortschritt der Technik und dessen wirtschaftliche Bereitstellung sowie statistische Angaben zu Umsatzanteilen dargestellt. Obwohl der Titel des „Handbuchs Populäre Kultur" von Hans-Otto Hügel mehr zu versprechen scheint, sind auch die hier

illustrations, Sevenoaks 1982; Steve Jones, Rock formation. Music, Technology, and Mass Communication, Newbury Park 1992; Oliver Read, From Tin foil to Stereo. Evolution of the phonograph, Indianapolis 1977; Walter L. Welch, From Tinfoil to Stereo. The acoustic years of the recording industry, 1877 - 1929, Gainesville ²1995.

16 Vgl. zum Beispiel Jan Brauers, Von der Äolsharfe zum Digitalspieler. 2000 Jahre mechanische Musik, 100 Jahre Schallplatte, München 1984; Christian Büchele, Geschichte der Tonträger. Von der Erfindung der Schallplatte zu den digitalen Medien, Eichstätt 1999 (im Folgenden: Büchele, Geschichte der Tonträger); Martin Elste, Kleines Tonträger-Lexikon. Von der Walze zur Compact Disc, Kassel [u.a.] 1989; Walter Haas, Das Jahrhundert der Schallplatte. Eine Geschichte der Phonographie, Bielefeld 1977. Auch das Buch von Eduard Rhein, 100 Jahre Schallplatte. Vom Phonographen über die Laser-Disc - wohin?, Berlin 1987, der zunächst als Ingenieur bei der AEG tätig war und das sog. „Füllschriftverfahren" für die Aufzeichnung von Schallplatten entwickelte und schließlich von 1946-65 Chefredakteur der HörZu war, ist ein reiner Abriss der technischen Entwicklungen, der durchsetzt ist mit sehr persönlichen Erinnerungen und somit wissenschaftlichen Ansprüchen nicht genügt. Die Historie der Schalllaufzeichnung von Hans Schubert auf den Internetseiten des Deutschen Rundfunkarchivs ist eine an den Erfindern und technischen Fortschritten orientierte Darstellung, vgl. http://www.dra.de/rundfunkgeschichte/radiogeschichte/ pdf/ historie_der_schallaufzeichnung.pdf (Zugriff: 30.09.2010). Bei Reginald Rudorf, Ton ab. Geschichte der Schallplatte in Deutschland, München, Hamburg 1998, bleiben die Reaktionen der Konsumenten auf die seitens der Industrie vermarkteten Neuerungen nicht ganz außen vor, und die Bedeutung der Schallplatte wird u.a. eingebettet in den Kontext der nationalsozialistischen Diktatur, in die Situation der unmittelbaren Nachkriegsjahre usw. (im Folgenden: Rudorf, Ton ab).

17 Vgl. Werner Zeppenfeld, Tonträger in der Bundesrepublik Deutschland. Anatomie eines medialen Massenmarkts, Bochum 1978 (im Folgenden: Zeppenfeld, Tonträger in der Bundesrepublik).

18 Vgl. Thomas Jaspersen, Tonträger (Schallplatte, Kassette, CD). In: Werner Faulstich (Hg.), Grundwissen Medien, 5. Auflage, München 2004, S. 358-410.

veröffentlichten Artikel zu Tonträgern größtenteils an der Geschichte der Technik und der Marktsituation orientiert. Die auf den Trägermedien gespeicherten Botschaften finden ebenso wenig Beachtung wie die Integration der Technik in den Alltag der Nutzer und deren Auswirkungen auf das Zusammenleben, auf die Muster des Musikkonsums oder auf die weitere Entwicklung der Technik.[19] Der Wert dieser Forschungsliteratur der ersten Kategorie für die vorliegende Arbeit liegt daher vornehmlich in einer Sicherung der Fakten und Zahlen zu Geräteentwicklung und Marktanteilen.

Die Studien der *zweiten Kategorie* verbinden Technik- und Kulturgeschichte und fragen, wie beispielsweise Andre Millard und David Morton, nach dem Stellenwert der Tonaufnahmen sowie der zum Aufnehmen und Wiedergeben notwendigen Technik im Alltag der Nutzer.[20] Millard analysiert in „America on Record" die Rolle der Nutzeranforderungen in der Entwicklung der Stereowiedergabe, des Hi-Fi-Sounds und der Musikkassette. In zwei weiteren Aufsätzen beschäftigt er sich mit der Bedeutung des Tonbandes und der Musikkassette für die Verbreitung amerikanischer Populärkultur und für die Entstehung neuer Musikstile. Er stellt heraus, dass die zunächst hinsichtlich der Wiedergabequalität minderwertige Musikkassette aufgrund der zwischen Konsumentenanforderungen und Herstellerbemühungen stattfindenden Aushandlungsprozesse seit den Achtzigerjahren zur treibenden Kraft der Veränderungen der Populärmusik aufstieg.[21] Auch Morton verdeutlicht anhand der Beispiele des Phonographen, der Bedeutung der Aufnahmetechnik im Rundfunk, des Diktiergeräts, des Anrufbeantworters und

---

19 Vgl. Klaus Neumann-Braun/ Axel Schmidt, Artikel „Musikkassette/ Tonband", in: Hans-Otto Hügel (Hg.) Handbuch Populäre Kultur. Begriffe, Theorien und Diskussionen, Stuttgart 2003, S.329-330; dies., Artikel „Schallplatte/CD", in: ebd., S.389-394. Im Artikel zur Schallplatte und CD erfolgt zumindest eine kurze Auseinandersetzung mit dem „Wandel der Unterhaltungskultur".

20 Vgl. Andre Millard, America on record. A history of recorded sound. 2. Aufl., Cambridge [u.a.] 2005 (im Folgenden: Millard, America on Record), vgl. auch: ders., Tape Recording and Music Making. In: Hans-Joachim Braun (Hg.), Music and Technology in the Twentieth Century, Baltimore 2002, S.158-167 (im Folgenden: Millard, Tape Recording). Hier befasst Millard sich mit der Einführung und Verbesserung der Musikkassette und insbesondere mit ihrer Bedeutung als „Underground-Medium", als Medium neuer Musikstile wie Rap. Vgl. David Morton, Off the record. The technology and culture of sound recording in America, New Brunswick 2000; ders., Sound recording. The life story of a technology, Westport 2004.

21 Vgl. Andre Millard, Audio Cassette Culture and Globalisation. In: Peter Lyth/ Helmuth Trischler (Hg.), Wiring Prometheus. Globalisation, History and Technology, Aarhus 2004, S.235-250; Millard, Tape Recording (im Folgenden: Millard, Audio Cassette Culture).

der Heimtonbandaufnahmen, dass sich die Kultur der Tonaufzeichnung in den USA nicht nur durch die Vorgaben der Technik, sondern auf komplexeren Wegen entwickelte, die zu einem nicht unerheblichen Teil durch die Aktionen der Nutzer bestimmt waren.[22]

Diese Konzentration auf die wechselseitigen Abhängigkeiten der Hersteller und der Konsumenten von Technik haben alle Arbeiten der zweiten Kategorie gemein. Paul du Gay u.a. etwa zeigen in einer Studie zum Walkman, dass erst eine Zusammenschau der technischen Entwicklung, des Designs, der Vermarktung und Nutzung den Erfolg dieses Gerätes zu erklären vermag.[23] Insofern ist diese Studie, ähnlich wie die Dissertation von Heike Weber, insbesondere als eine methodische Anregung für die vorliegende Untersuchung zu werten. Beide werden daher im Kapitel zu den Konzepten und Theorien erneut aufgegriffen. Webers „Kultur- und Technikgeschichte von Kofferradio, Walkman und Handy"[24] leistet erstmals eine Beschreibung des mobilen Technikkonsums in der Bundesrepublik und verbindet die Geschichte der technischen Artefakte mit

22 Vgl. David Morton, Off the record. The technology and culture of sound recording in America, New Brunswick 2000; ders., Sound recording. The life story of a technology, Westport 2004.

23 Vgl. Paul du Gay et al., Doing Cultural Studies. The Story of the Sony Walkman, London 1997 (im Folgenden: du Gay, The Story of the Sony Walkman). Zum Walkman sind noch einige weitere Aufsätze erschienen, die teils aus pädagogischer oder psychologischer Sicht die Gefahren des scheinbar allzu individuellen, abschottenden Musikkonsums, teils sehr individuelle Aneignungsstrategien beleuchten, ohne jedoch ein systematisches Instrumentarium oder auch einen Überblick über die Geschichte dieses Artefaktes zu bieten. Vgl. Jürgen Hellbrück, Zehn Jahre Walkman – Grund zum Feiern oder Anlass zur Sorge? Oldenburg 1989 (= Berichte aus dem Institut zur Erforschung von Mensch-Umwelt-Beziehungen, Universität Oldenburg, Fachbereich Psychologie; Bd.9); Detlev Schnoor, Wenn die Welt zum Stummfilm wird. Der Walkman und der Wunsch nach Bildern. In: Medien und Erziehung, 32 (1988) Nr.2, S.75-77; Christian Stelzer, Walkmanie: Sucht oder neues Hören? In: Medien und Erziehung, 32 (1988) Nr.2, S.68-74. Vgl. Hanns-Werner Heister, Prickeln unter der tragbaren Musikdusche. Private Musik und öffentlicher Lärm. Vom „Walkman" und seiner Verwendung. In: Neue Musikzeitung 1 (Februar/ März 1991) S.72-74; Shuhei Hosokawa, Der Walkman-Effekt, Berlin 1987; Frank Schätzlein, Mobile Klangkunst. Über den Walkman als Wahrnehmungsmaschine. In: Andreas Stuhlmann (Hg.), Radio-Kultur und Hör-Kunst. Zwischen Avantgarde und Popularkultur, Würzburg 2001, S.176-195. Ähnliches gilt auch für die soziologische Arbeit von Michael Bull, Sounding out the city. Personal stereos and the management of everyday life, Oxford [u.a.] 2000, der auf einzelne Personen und deren Musikkonsum im urbanen Raum eingeht.

24 Vgl. Heike Weber, Das Versprechen mobiler Freiheit. Zur Kultur- und Technikgeschichte von Kofferradio, Walkman und Handy, Bielefeld 2008 (im Folgenden: Weber, Das Versprechen mobiler Freiheit).

deren Vermarktung und Aneignung.[25] Eine ähnliche These verfolgt auch Stefan Gauß in seinem Aufsatz zur „Stereoanlage als kulturelle Erfahrung": Der Erfolg der Stereoanlage wird erklärt aus den Wechselbeziehungen der Prozesse der Produktion und des Konsums wie aus den „mehrschichtigen Codierungen der Stereoanlage, die ihr je unterschiedliche Bedeutungen zumessen."[26] Da er die Technik auch in das gesellschaftliche Gefüge der Sechzigerjahre einordnet und auch die Entwicklung des Marktes für Stereoanlagen skizziert, ist der Aufsatz nicht nur methodisch, sondern auch thematisch gewinnbringend für die vorliegende Arbeit.[27] Ähnliches gilt für den anregenden Aufsatz von Keir Keightley,[28] der die Integration der Hi-Fi-Technik in den Haushalt beleuchtet und aufzeigt, dass die überwiegend männliche Codierung dieser Geräte oft zu Auseinandersetzungen zwischen den Geschlechtern führte. Hier werden Aspekte der Aneignung der zunehmend komplizierter werdenden Technik angeschnitten, die im entsprechenden Kapitel dieser Arbeit anhand einer breiteren Quellenbasis näher untersucht werden können.

Sowohl inhaltlich als auch methodisch interessant sind einige in den Niederlanden erschienenen Arbeiten, die den *Science and Technology Studies* und den *Sound Studies* zuzuordnen sind.[29] So enthält

25 Zum theoretischen Instrumentarium der Arbeit von Weber vgl. Kapitel A.III.2.

26 Vgl. Stefan Gauß, Das Erlebnis des Hörens. Die Stereoanlage als kulturelle Erfahrung. In: Wolfgang Ruppert (Hg.), Um 1968. Die Repräsentation der Dinge, Marburg 1998, S. 65-92, hier S.90 (im Folgenden: Gauß, Das Erlebnis des Hörens).

27 Dies gilt allerdings leider nicht für die Dissertation von Stefan Gauß zur Kulturgeschichte des Phonographen und des Grammophons in Deutschland. Hier nimmt Gauß den Zusammenhang zwischen den „Eigenschaften und Merkmalen der Phonoobjekte und andererseits den verschiedenen Bedeutungen, Sinnkonzepten und Gebrauchsweisen, wie sie sich innerhalb der Sphären der Produktion und des Umgangs herausbildeten" in den Blick. Vgl. Stefan Gauß, Nadel, Rille, Trichter. Kulturgeschichte des Phonographens und des Grammophons in Deutschland (1900-1940), Köln 2009, hier S.14. Da sich seine Quellenbasis auf Veröffentlichungen der Phonoindustrie selbst beschränkt, bleiben die Ausführungen zumeist der Herstellerperspektive verhaftet. Auch bleibt die eigentlich doch notwendige Differenzierung zwischen den intendierten und den tatsächlichen Nutzern, zwischen den Kritikern und den Verfechtern der neuen Technik ein wenig unscharf. Vgl. dazu Monika Röther, Rezension zu Stefan Gauß, Nadel, Rille, Trichter. Kulturgeschichte des Phonographens und des Grammophons in Deutschland (1900-1940), Köln 2009. Erscheint in: Technikgeschichte 77 (2010) H.4.

28 Vgl. Keir Keightley, ‚Turn it down!' she shrieked. Gender, domestic space, and high fidelity, 1948-1959. In: Popular Music 15 (1996) 2, S.149-177.

29 Vgl. die Sonderausgabe der Zeitschrift "Social Studies of Science" zu „New Technologies and Music": Karin Bijsterveld/ Trevor Pinch, Sound Studies: New

besonders der aktuelle Sammelband „Sound Souvenirs" Aufsätze zu den Aneignungspraktiken von Tonbandgerät, Musikkassetten und Transistorradio.[30] Im Aufsatz zur „Multi-Sited Domestication of the Tape Recorder" stellen die Autorinnen Bijsterveld und Jacobs die von den Herstellern intendierten Nutzungsweisen und Zwecke des Gerätes den kulturellen Praxen der Konsumenten gegenüber. Auf diese Weise gelingt es ihnen, die im Vergleich zum späteren Kassettenrekorder schwachen Verkaufszahlen und die unvorhergesehenen Wege der „Domestizierung" zu erklären. Das Konzept der Domestizierung, das die Autorinnen hier anwenden, werde ich im Methodenkapitel (A.III.3) genauer diskutieren.

Stellvertretend für die *dritte Kategorie* der Forschungsliteratur, die sich den sozial- und konsumhistorischen Fragen der Sechzigerjahre widmet, ist insbesondere das aktuelle Buch von Detlef Siegfried zu nennen.[31] In „Time is on My Side" untersucht er die gesellschaftlichen Modernisierungstendenzen der „langen Sechzigerjahre" und wendet sich dabei der Rolle von Politik und Konsum in den westdeutschen Jugendkulturen zu. Hier betrachtet er nicht nur, welche Medien und Güter durch die Jugendlichen konsumiert wurden, sondern fragt auch nach den Gründen für oder gegen den Konsum. Die Angebote der Unterhaltungsindustrie, die sich zunehmend auf die jungen Konsumenten einstellten, werden im Zusammenhang mit dem Wertewandel der Sechzigerjahre erklärt. Auch der Musikbox, dem Transistorradio, dem Plattenspieler und dem Tonbandgerät widmet er einzelne – wenn auch recht kurze – Unterkapitel. Anhand einer erweiterten Quellenbasis kann meine Arbeit ausführlicher anschließen an Siegfrieds Ausführungen zum hohen Stellenwert des Designs in der zielgruppengerechten Vermarktung dieser Geräte. Auch seine Darstellung der eher männlich dominierten Aneignung des Tonbandgerätes im Gegensatz zur Vorliebe der jungen Frauen für leicht bedienbare Plattenspieler wird aufgegriffen und hinterfragt werden.

Innerhalb der sozialhistorischen Forschung besteht Einigkeit über die Charakterisierung der „langen Sechzigerjahre" als Strukturbruch der Moderne, der u.a. gekennzeichnet ist durch eine beginnende Ablösung der traditionellen Milieus durch differenziertere

Technologies and Music. In: Social Studies of Science 34 (2004) H.5, S.635-648 und weitere Artikel dieser Ausgabe.

30 Vgl. Karin Bijsterveld/ José van Dijck (Hg.), Sound Souvenirs. Audio Technologies, Memory and Cultural Practices, Amsterdam 2009.

31 Vgl. Siegfried, Time is on My Side. Das Kapitel zur Unterhaltungselektronik findet sich auf S.92-107.

Lebensstile, in deren Abgrenzung der Konsum (auch der Unterhaltungselektronik) einen hohen Stellenwert einnimmt.[32] Zur Bezeichnung der postmodernen Konstellation nach diesem Strukturbruch wird oft der Begriff der Konsumgesellschaft verwendet. Hier spiegeln sich die Arbeitszeitverkürzungen und die während der „langen Sechzigerjahre" zunehmende Freizeit sowie die wachsenden finanziellen Möglichkeiten der Haushalte. Der Erwerb von Konsumgütern diente immer mehr dem Prestigegewinn und der Selbststilisierung. Schildt fordert im Forschungsüberblick seines aktuellen Bandes zur Sozialgeschichte der Bundesrepublik eine Erweiterung des Forschungshorizonts in Richtung der feinen Ausdifferenzierung von Konsum- und Lebensstilen.[33] An diese Forderung sowie an die Erkenntnisse zum Scharnier-Charakter[34] der „langen Sechzigerjahre" kann die vorliegende Arbeit anschließen, indem sie anhand der Geschichte der privat genutzten Phonogeräte[35] die Wechselbeziehungen zwischen den sich zunehmend zielgruppenspezifisch ausdifferenzierenden Konsumgütern und den Ausformungen unterschiedlichster Konsumentengruppen demonstriert.

Die Arbeit leistet eine systematische Verbindung von Produktgeschichte und Aneignungsgeschichte. Sie schreibt die Geschichte der Phonogeräte nicht als eine Geschichte der Innovationen sondern als eine Geschichte der Verwendung[36]: Sie verortet die Musikschrän-

32 Vgl. dazu die Arbeiten von Axel Schildt, wie z.B. als Überblick über den aktuellen Forschungsstand: Schildt, Sozialgeschichte.

33 Vgl. Schildt, Sozialgeschichte, S.90.

34 Frese und Paulus beschreiben die vom letzten Drittel der Fünfziger- bis in das erste Drittel der Siebzigerjahre reichende Phase als „Scharnierjahrzehnt"; vgl. Matthias Frese/ Julia Paulus, Geschwindigkeiten und Faktoren des Wandels – die 1960er Jahre in der Bundesrepublik. In: Matthias Frese/ Julia Paulus/ Karl Teppe (Hg.), Demokratisierung und gesellschaftlicher Aufbruch. Die sechziger Jahre als Wendezeit der Bundesrepublik, Paderborn 2003, S.1-23, hier S.8 (im Folgenden: Frese/ Paulus, Geschwindigkeiten und Faktoren des Wandels).

35 Nicht behandelt werden also Musikwiedergabegeräte wie die Musikbox und öffentliche Tanzveranstaltungen etc.

36 David Edgerton plädiert in seinem Buch „The Shock of the Old" für eine Geschichte der Technik als eine Geschichte der Verwendung, denn nicht die Erfindung oder die erste Nutzung eines Artefaktes mache seine Bedeutung aus, sondern sein täglicher Gebrauch. Edgerton weist an zahlreichen Beispielen nach, dass das Alte das Neue sogar oft noch aussticht, dass bewährte Artefakte nicht zwingend durch Innovationen verdrängt werden. Vgl. David Edgerton, The Shock of the Old. Technology and global history since 1900, London 2008 (im Folgenden: Edgerton, The Shock of the Old). Noch eindringlicher formuliert er dieses Argument in seinem Aufsatz: David Edgerton, From Innovation to Use: Ten Eclectic Theses on the Historiography of Technology. In: History and Technology 16 (1999), S.111-136 (im Folgenden: Edgerton, From Innovation to Use).

ke, Plattenspieler, Tonbandgeräte und Kassettenrekorder im gesellschaftlichen Alltag der Bundesrepublik der „langen Sechzigerjahre" und blickt auf räumliche, soziale und kulturelle Dimensionen des Musikkonsums und Technikgebrauchs.

Im folgenden Kapitel werde ich nun zunächst das methodische Instrumentarium sowie die Beiträge bestehender theoretischer Konzepte erläutern.

III Theoretische Anleihen und Methode

Die Angebotspalette der Phonogeräte spaltete sich während der „langen Sechzigerjahre" immer weiter auf – technische Funktionen und auch das Design der Geräte wandten sich immer spezifischer an unterschiedliche Zielgruppen. Die Artefakte verweisen somit auf eine zunehmende Variabilität der Nutzeransprüche. Daher stehen bei einer Untersuchung der Ausdifferenzierung der Phonogeräte einerseits und der Konsumentengruppen andererseits die Artefakte selbst sowie die in Vermarktung, Diskussion und Nutzung vorgenommenen Bedeutungszuschreibungen im Mittelpunkt. Im Folgenden werde ich das methodische Instrumentarium vorstellen, das hierzu notwendig ist.

Die Annahme einer sozialen Konstruiertheit von technischen Artefakten ist zum Konsens – wenn nicht sogar Allgemeinplatz – der technikhistorischen Forschung geworden. Es gibt eine Vielzahl von Studien zur Rolle der aktiven Nutzer in der Gestaltung technischer Artefakte,[37] und auch die Vorstellung eines Produktkreislaufes, der die Produktion ebenso berücksichtigt wie die Vermarktung und Nutzung, wurde schon Ende der Achtzigerjahre in kultur- und so-

37 Vgl. Wiebe E. Bijker/ Trevor Pinch, The Social Construction of facts and artefacts. Or how the Sociology of Science and the Sociology of Technology might benefit each other. In: Social Studies of Science 14 (1984) H.3, S. 399-441 (im Folgenden: Bijker/ Pinch, The Social Construction); Wiebe E. Bijker, Of bicycles, bakelites, and bulbs. Toward a theory of sociotechnical change. Cambridge, Mass. [u.a.] 1995; Wiebe E. Bijker/ Thomas P. Hughes/ Trevor Pinch, The Social Construction of Technological Systems. New Directions in the Sociology and History of Technology. 8. print. Cambridge, Mass. [u.a.] 2001; Ronald Kline/ Trevor Pinch, Users as Agents of Technological Change. The Social Construction of the Automobile in the Rural United States. In: Technology and Culture 37 (1996) S.763-795; Hughie Mackay/ Gareth Gillespie, Extending the Social Shaping of Technology Approach. Ideology and Appropriation. In: Social Studies of Science 22 (1992) H.4, S. 685-716; Nelly Oudshoorn/ Trevor Pinch (Hg.), How Users Matter. The Co-Construction of Users and Technology, Cambridge, London 2005 (im Folgenden: Oudshoorn/ Pinch, How Users Matter).

zialwissenschaftlichen Arbeiten angewandt.[38] Doch übt der Konsument auch unabhängig von seiner Kaufentscheidung seine „Macht" auf die Gestaltung der Technik aus; wie sich dies jedoch konkret gestaltet, ist bislang kaum untersucht worden.[39] Zudem stehen allzu selten die technischen Artefakte selbst im Fokus, sondern zumeist lediglich die vielgestaltigen Bedeutungszuschreibungen.

Innerhalb dieser Arbeit erhalten die Artefakte eine prominentere Stellung, und auch die Rolle der Aneignungsweisen der Konsumenten und ihre Mitwirkung an der Ausgestaltung und Weiterentwicklung der Technik sowie ihrer Vermarktung wird konkreter als bisher behandelt. Dazu ist ein methodisches Instrumentarium von Nöten, das die Dinghaftigkeit des Artefaktes, seine Funktionen und symbolischen Dimensionen mit den Rezeptionskontexten sowie mit den konsumierten Inhalten und den gesellschaftlichen Rahmenbedingungen in Verbindung bringt. Ich werde die Artefakte mit Hilfe des Dispositiv-Konzeptes betrachten, das im Folgenden genauer erläutert wird. Im Anschluss werde ich den ergänzenden Beitrag der *Science and Technology Studies*, der kulturhistorischen Betrachtung der Dinge und des *Domestication*-Konzeptes erläutern.

III.1 Eine historische Betrachtung der Phonogeräte-Dispositive

Die Frage, welche Verbreitung eine Medientechnologie in der Gesellschaft findet und welche Funktionen sie einnimmt, lässt sich weder durch eine reine Darstellung der technischen und organisatorischen Seite noch durch eine alleinige Untersuchung der Bedeutungszuschreibungen und des symbolischen Charakters der Artefakte beantworten. Um auch die Materialität des Artefaktes zu thematisieren, bedarf es eines Konzeptes, das eben diesen Aspekt sinnvoll einbinden kann, ohne sich auf die bloße Beschreibung der Form und der technischen Funktionen des Artefaktes zu beschränken. Vielmehr ist das Zusammenspiel von Apparat, Nutzerpositionierung und konsumierten Inhalten von Bedeutung, die Frage nach dem Zusammenhang zwischen den Erwartungsformulierungen der Nutzer und dem Einfluss des Gerätes auf das Konsumerleb-

38 Vgl. du Gay, The Story of the Sony Walkman; Peter Weingart (Hg.), Technik als sozialer Prozeß, Frankfurt am Main 1989.

39 Heike Weber hat kürzlich in Ihrer Dissertation anhand eines von ihr und Gwen Bingle entwickelten methodischen Instrumentariums (user de-signs) die Rolle der Nutzerkonstruktionen herausgestellt und somit einen entscheidenden Beitrag zur Untersuchung der Mitwirkung der Konsumenten an der Technikgestaltung geliefert. Vgl. Weber, Das Versprechen mobiler Freiheit.

nis. Unter Zuhilfenahme des Dispositiv-Begriffes kann die Komplexität dieser Zusammenhänge differenzierter untersucht werden, da er institutionelle und technische Aspekte ebenso berücksichtigt wie das Programm und die Medienwahrnehmung des Konsumenten.[40]

Der Dispositiv-Begriff

Der französische Philosoph Jean-Louis Baudry brachte den Begriff des Dispositiv bereits in den Siebzigerjahren in den wissenschaftlichen Diskurs ein.[41] Innerhalb seiner theoretischen Überlegungen zum Kino hebt er mit seiner Hilfe den Stellenwert des Rezeptionsrahmens für die Interpretation der filmischen Realität durch den Zuschauer hervor und beschreibt die Filmvorführungssituation innerhalb des Kinos als ein spezifisches Dispositiv.[42] Diese räumlich-technische Anordnung der technischen Apparate und der Zuschauer habe eine spezifische Wirkung auf die Wahrnehmung des konsumierten Programms, den so genannten „effet idéologique".[43]

Diese theoretischen Anfänge und Überlegungen wurden vor allem in den Neunzigerjahren aufgegriffen und weiterentwickelt. Die Anwendbarkeit und den Wert des Konzeptes demonstrieren einige Arbeiten zur vergleichenden Geschichte des Kinos und des Fernsehens[44] und zur Entstehung des „Dispositivs Fernsehen" in der

40 Knut Hickethier, Kommunikationsgeschichte. Geschichte der Mediendispositive. Ein Beitrag zur Rundfrage „Neue Positionen zur Kommunikationsgeschichte". In: Medien & Zeit 7 (1992) H.2, S. 26-28, hier S.27 (im Folgenden: Hickethier, Kommunikationsgeschichte).

41 Vgl. Jean-Louis Baudry, Effets idéologiques produits par l'appareil de base, in: Cinéthique 7/8 (1970) S.1-8, in deutscher Übersetzung von Siegfried Zielinski: „Ideologische Effekte am Basisapparat", in: Eikon 5 (1993) S.34-43 (im Folgenden: Baudry, Effets idéologiques).
Jean-Louis Baudry, Le dispositif. Approches métapsychologiques de l'impression de réalité. In: Communications 23 (1975) S. 56-72, in deutscher Übersetzung von Max Looser: „Das Dispositiv. Metapsychologische Betrachtungen des Realitätseindrucks", in: Robert F. Riesinger (Hg.), Der kinematographische Apparat. Geschichte und Gegenwart einer interdisziplinären Debatte, Münster 2003, S.41-62 (im Folgenden: Baudry, Le dispositif).

42 Vgl. Baudry, Le dispositif.

43 Als drittes Element seines Konzeptes unterscheidet Baudry weiterhin den „appareil de base", „der die Gesamtheit der Apparatur und die für die Nutzung und Projektion eines Films notwendigen Handlungen meint, vom Dispositiv, das nur die Projektion betrifft und in dem das Subjekt, an das sich die Projektion wendet, einbezogen ist." Baudry, Le dispositif, S.31.

44 Vgl. Siegfried Zielinski, Audiovisionen. Reinbek 1989.

Bundesrepublik.[45] Insbesondere Knut Hickethier, der sich in seinen Arbeiten mit der Programmgeschichte und -theorie des Fernsehens beschäftigt hat, tritt für die Zweckdienlichkeit des Dispositiv-Begriffs innerhalb der mediengeschichtlichen Forschung ein.[46] Den Vorteil sieht er darin, dass nicht nur die Medieninhalte sondern auch die Vermittlungsweisen und die Ästhetik der Medien im Blickpunkt stünden.[47] So geht Hickethier in seinen Untersuchungen von einem eigenen Dispositiv des Fernsehens aus, das sich von dem des Kinos unterscheide.[48] Die Mensch-Apparat-Anordnung ist im Falle des Fernsehens eine andere als im Kino; so befindet sich der Zuschauer im privaten Umfeld, kann sich vom Gerät entfernen, der Raum ist nicht notwendigerweise abgedunkelt und Ablenkungen und Störgeräusche sind eher möglich.

So wird auch die „Koppelung" des Subjekts an die Apparatur im raum- und körperbezogenen Sinne, der „Körper [des Konsumenten] in seinen Konfigurationen als Bestandteil des Dispositivs" in die Analyse einbezogen.[49] Medientechnologien erzwingen durch ihre dispositive Anordnung eine bestimmte Position des Nutzers zum Apparat; je nach Medium ist diese „Choreografie ihrer Nutzung" mehr oder weniger restriktiv.[50] Während der eine Gerätety-

45 Vgl. Monika Elsner/ Thomas Müller/ Peter M. Spangenberg, Zur Entstehungsgeschichte des Dispositivs Fernsehen in der Bundesrepublik Deutschland der fünfziger Jahre, in: Knut Hickethier (Hg.), Institution, Technik und Programm. Rahmenaspekte der Programmgeschichte des Fernsehens, München 1993, S.31-66.

46 Knut Hickethier, Apparat - Dispositiv - Programm. Skizze einer Programmtheorie am Beispiel des Fernsehens. In: ders., Siegfried Zielinski (Hg.), Medienkultur. Schnittstellen zwischen Medienwissenschaft, Medienpraxis und gesellschaftlicher Kommunikation, Berlin 1991, S. 421-447; Hickethier, Kommunikationsgeschichte; Knut Hickethier, Dispositiv Fernsehen. In: Montage/AV, 4 (1995) 1, S. 63-83 (im Folgenden: Hickethier, Dispositiv Fernsehen); ders., Film und Fernsehen als Mediendispositive in der Geschichte. In: ders., Eggo Müller, Rainer Rother (Hg.), Der Film in der Geschichte. Dokumentation der GFF-Tagung, Berlin 1997, S. 63-73.

47 Hickethier, Knut, Film und Fernsehen als Mediendispositive in der Geschichte. In: Knut Hickethier, Eggo Müller, Rainer Rother (Hg.), Der Film in der Geschichte. Dokumentation der GFF-Tagung, Berlin 1997, S. 63-73, hier S.67f. (im Folgenden: Hickethier, Film und Fernsehen als Mediendispositive).

48 Hickethier, Dispositiv Fernsehen, S.65.

49 Carsten Lenk, Die Erscheinung des Rundfunks. Einführung und Nutzung eines neuen Mediums 1923 – 1932, Opladen 1997, S.23 (im Folgenden: Lenk, Die Erscheinung des Rundfunks).

50 Carsten Lenk, Das Dispositiv als theoretisches Paradigma der Medienforschung. Überlegungen zu einer integrativen Nutzungsgeschichte des Rundfunks. In: Rundfunk und Geschichte 22 (1996) H.1, S.5-17, hier S.11 (im Folgenden: Lenk, Das Dispositiv als theoretisches Paradigma der Medienforschung).

pus (wie z.B. der Musikschrank) möglicherweise sogar Raumstrukturen prägt, ist die „Choreografie der Nutzung" eines tragbaren Plattenspielers weit weniger festgelegt. Sie lässt den Nutzern zugleich größeren Spielraum, die apparativen Bedingungen der Artefakte zu ihren Gunsten, d.h. mit dem Ziel einer flexibleren dispositiven Struktur, zu verändern.

Hickethier erweiterte das Konzept noch um den von ihm als „soziale Rahmung" bezeichneten Aspekt, der neben der apparativen Anordnung von Apparat und Zuschauer in die Analyse einzubeziehen sei.[51]

> *„Aspects of mentality, ritualised and habitualised forms of use, ideological moments as well as contexts such as those relating to cultural community and national identity can be employed with the 'dispositif' in an analytical way to write media history."*[52]

Konkret angewandt bedeutet dies im Falle des Fernsehens, dass die Einbindung des Konsumenten in sein häusliches Umfeld und seinen Alltag als ein Aspekt dieser „Rahmung" zu berücksichtigen ist. Zugleich sind diese Einbindungen wiederum innerhalb eines größeren gesellschaftlichen Rahmens verortet, denn Fernsehkommunikation als individuelle Tätigkeit ist zugleich gesellschaftlich bestimmt. Somit werden mehrere Ebenen dieser weiteren Dimension des Dispositivs berücksichtigt: die eher abstrakten Regulierungen und Praxisregeln des Gebrauchs, aber auch die ökonomischen Einflussmöglichkeiten der Programmlieferanten oder gar „konkrete Manifestationen der Fernsehkommunikation zum Beispiel in Form gebauter Architektur".[53]

Die Rezeption ist auf diesem Wege verbunden mit der Institutionen-, Programm- und Technikgeschichte: Das „Programm" steht im Kontext der Produktion von Botschaften durch Kommunikatoren (wie z.B. die Musikindustrie), und der Apparat im Kontext von Unterhaltungselektronikindustrie und technischer Entwicklung. Der Nutzer selbst ist eingebunden in „Rezeptionskontexte, die sich auf soziale Ordnungen beziehen"[54]: Werden Medien allein oder in Gruppen rezipiert, im privaten oder im öffentlichen Raum?

51 Hickethier, Dispositiv Fernsehen, S.69.

52 Knut Hickethier, On the History of Television as a History of Viewing in Germany. Preliminary Thoughts. In: Jürgen E. Müller (Hg.), Towards a Pragmatics of the Audiovisual. Theory and History. Vol.2, Münster 1995, S.179-194, hier S.182.

53 Hickethier, Dispositiv Fernsehen, S.69.

54 Lenk, Das Dispositiv als theoretisches Paradigma der Medienforschung, S.9

Der Vorteil der dispositivbezogenen Betrachtung liegt nun darin, dass sie die Verflechtungen auf den verschiedenen Ebenen betrachtet und Gesetze und Richtlinien, Firmen und administrative Strukturen mit der Rezeptionssituation, der Technik und den Konsumentenerwartungen zusammenbringt.[55] Steht im Mittelpunkt auch die Mediennutzung als Verhältnis aus Apparat, Programm und Subjekt, deren wechselseitige Beziehungen das konstitutive Moment des Dispositiv-Modells bilden, so lassen sich in jeder dieser Beziehungen gesellschaftliche Rahmenmomente ausmachen, welche die Medienrezeption mitbestimmen.

Nur eine kombinierte Untersuchung der Artefakte und ihrer spezifischen Apparat-Nutzer-Konstellation, der Rezeptionssituationen, der technischen Entwicklung der Geräte, der Programmgeschichte und der gesellschaftlich-kulturellen Kontexte der Sechzigerjahre ermöglicht eine Analyse der Ausdifferenzierung des Phonogeräteangebots sowie ihrer Antriebsfedern und Auswirkungen.

Historisierung des Dispositiv-Konzeptes

Medien- und Technikhistoriker haben Forderungen nach einer Konkretisierung sowie vor allem nach einer Historisierung des Dispositivs in die Diskussion eingebracht.[56] Dies bedeutet erstens, intermediale Prozesse zu untersuchen: Orientiert sich das Dispositiv eines neuen Mediums an bekannten Strukturen? Zweitens ist die spezifische dispositive Struktur eines jeden Mediums zu beschreiben und seinen Vorgängern und Nachfolgern gegenüberzustellen. Diese beiden Aspekte der Historisierung des Dispositiv-Konzeptes werde ich nun kurz erläutern.

55 Auch Andreas Fickers argumentiert, das Konzept biete den Vorteil, „die materielle Ebene (Apparat) mit der sozialen Ebene (Interaktion/ Aneignung/ Nutzung) und der kulturell-symbolischen Ebene (Bedeutung von technischen Artefakten) zu verbinden." Andreas Fickers, Design als 'mediating interface'. Zur Zeugen- und Zeichenhaftigkeit des Radioapparates . In: Berichte zur Wissenschaftsgeschichte 30 (2007) S.199-213, hier S. 209 (im Folgenden: Fickers, Design als mediating interface).

56 Thomas Steinmaurer, der in seiner Dissertation anhand einer Geschichte des Fernsehempfangs die Verwobenheit von Technik- und Sozialgeschichte herausarbeitet, schlägt für die Anordnung von Apparat und Zuschauer den Begriff der „televisuellen Disposition" vor. Er grenzt konzentriert sich so alleine auf die „Konstruktion eines räumlichen Settings von Apparat und Zuschauer". Vgl. Thomas Steinmaurer, Tele-Visionen. Zur Theorie und Geschichte des Fernsehempfangs, Innsbruck [u.a.] 1999 (Beiträge zur Medien- und Kommunikationsgesellschaft; 3), S.15 (im Folgenden: Steinmaurer, Tele-Visionen).

Ein besonders deutliches Plädoyer für eine historische wie intermediale Revision des Konzeptes bringt Jürgen E. Müller vor, der Baudrys Anwendung des Dispositiv-Begriffes auf das Kino kritisiert, da dieser die Untersuchung intermedialer Prozesse versäume. Er setze eine spezifische historische Erscheinungsform des Kinos voraus, berücksichtige aber etwa nicht die „räumliche Anordnung von Leinwand und Zuschauer im Sinne der dispositiven Strukturen des bürgerlichen Theaters".[57] Das Modell erlaube es zweifellos, mediale Veränderungen in einem historischen Zusammenhang zu untersuchen, doch sei eine historische Differenzierung des Konzeptes sowie die Suche nach intermedialen Spuren in verschiedenen Dispositiven notwendig.[58]

Medientechnologien orientieren sich in vielen Fällen in der ersten Phase ihrer Einführung an bereits bekannten Modellen beziehungsweise Dispositiven und werden dementsprechend diskursiv verortet. So weist auch Carsten Lenk darauf hin, dass sich der Diskurs um das neue Medium Fernsehen in den Fünfzigerjahren eng an das Radio-Dispositiv anlehnte, indem es ebenso als neuer Familienmittelpunkt dargestellt wurde. Für die erfolgreiche Einführung und Verbreitung eines Mediums seien daher sowohl der Diskurs als auch die dispositiven Grundkonstellationen maßgeblich.[59] Inwiefern die Musikwiedergabegeräte der Sechzigerjahre an bekannte dispositive Strukturen anknüpften und im Diskurs ebenso verhandelt wurden, wird am Material zu prüfen sein.[60] Lehnt sich zum Beispiel der

57 Jürgen E. Müller, Dispositiv - intermedial? Einige Gedanken zu den dispositiven Zwischen-Spielen des Films. In: Robert F. Riesinger (Hg.), Der kinematographische Apparat. Geschichte und Gegenwart einer interdisziplinären Debatte, Münster 2003, S.247-260, hier S.252 und S.256. (im Folgenden: Müller, Dispositiv – intermedial?). Müller kritisiert weiterhin, dass Baudry den Ton als konstitutiven Bestandteil des Kinos vernachlässige und dass zudem die Vorstellung des immobilen Zuschauers nicht für die gesamte Geschichte des Kinos zutreffend sei. Vgl. Müller, Dispositiv – intermedial?, S.256.

58 Ähnliche Forderungen nach einer Flexibilisierung des Begriffes finden sich auch bei Joachim Paech, Überlegungen zum Dispositiv als Theorie medialer Topik. In: Robert F. Riesinger (Hg.), Der kinematographische Apparat. Geschichte und Gegenwart einer interdisziplinären Debatte, Münster 2003, S.175-194.

59 Lenk, Das Dispositiv als theoretisches Paradigma der Medienforschung, S.10

60 Vgl. auch Jay David Bolter/ Richard Grusin, Remediation. Understanding New Media, Cambridge (Mass.) 1999 (im Folgenden: Bolter/ Grusin, Remediation). Bolter und Grusin untersuchen „remediation" als die „representation of one medium in another" (S.45). Sie beschreiben u.a. „Remediation as Reform"; das bedeutet, dass eine neue Medientechnologie sich durch eine Verbesserung gegenüber seinem Vorgänger rechtfertigt bzw. legitimiert. Jedes neue Medium wird darüber gerechtfertigt, dass es einen Mangel oder Fehler des Vorgängermediums eben nicht habe bzw. eine Lücke fülle. Üblicherweise handelt es sich

Diskurs um den Musikschrank an die Organisation des Rundfunk-Dispositivs an oder lässt sich eher eine Orientierung an einem Konzertsaal-Dispositiv ausmachen? Werden dispositive Elemente, technische Eigenschaften und Nutzerfunktionen anderer Gerätetypen auf ein neues Artefakt angewandt?[61]

Die sich überlagernden, ablösenden und parallel bestehenden Mediendispositive sind jeweils in ihrer historischen Entwicklung zu beschreiben und einander gegenüber zu stellen. Sie verändern sich mit der Weiterentwicklung der Technik ebenso wie durch eigenwillige Nutzungspraktiken der Konsumenten. Auch Andreas Fickers plädiert in seinem Aufsatz zur Zeugen- und Zeichenhaftigkeit des Radioapparates für die Anwendung des Dispositivs als Werkzeug einer kulturhistorischen Betrachtung der Technik. In der Interpretation von Technik als „historisch gewachsene[r], sozial vermittelte[r] und symbolisch aufgeladene[r] Kulturleistung" verdiene der „performative Charakter" technischer Artefakte verstärkte Aufmerksamkeit.[62]

Dementsprechend werden in der vorliegenden Arbeit die spezifischen Dispositive der Musikwiedergabegeräte in ihrer historischen Entwicklung beschrieben. Im Falle dieser Artefakte lässt sich eine doppelte Aneignung betrachten: Einerseits die der mittels der Tonträger beziehungsweise der Musik transportierten Inhalte und andererseits die des technischen Artefaktes im Sinne einer Domestizierung des Apparates. Im Gegensatz zum Fernsehgerät und zum Kino erlaubt die Tatsache, dass hier nur Akustisches vermittelt wird, eine flexiblere Anordnung von Gerät und Nutzer, doch können scheinbar geringfügige Veränderungen des technischen Ensembles grundlegend andere Wahrnehmungs- und Aneignungspraktiken hervorrufen. Es lassen sich eine Reihe von Hörmodellen differenzieren, die sich entsprechend der Zielgruppen, der Geräte und der mit ihnen assoziierten Musikrichtungen in der Art der Aufmerksamkeitszuwendung und der Apparat-Nutzer-Konstellation unterscheiden.

---

dabei um ein Manko des alten Mediums, das bis dahin nicht als solches aufgefallen war. Die Unzulänglichkeit des Vorgängermediums wird meist als unzureichende „immediacy"/ Unmittelbarkeit dargestellt (S.60) (z.B. Unmittelbarkeit bzw. Originaltreue des Klangs bei Phonogeräten!).

61 Gijs Mom beschreibt die Übernahme von positiv aufgenommenen Eigenschaften eines Artefaktes/ einer Technologie durch seinen Nachfolger als „Inter-artifactual technology transfer". Vgl. Gijs Mom, Inter-artifactual Technology Transfer: Road Building Technology in the Netherlands and the Competition between Bricks, Macadam, Asphalt and Concrete. In: History and Technology 20 (2004) 1, S. 3-23.

62 Fickers, Design als mediating interface, S.209-210.

Zielt das Modell insbesondere auf den historischen Wandel und die Dynamik in der Veränderung der Rezeptions- und Aneignungssituationen, so sind im Ergebnis der Beschreibung der historischen Entwicklung der Dispositive Kontinuitäten und Brüche herauszuarbeiten. Die Abgrenzung unterschiedlicher Dispositive erfolgt nicht nur an der Grenze von Wiedergabegeräten des eines Tonträgers (z.B. Schallplatte) zu einem anderen (z.B. Tonband), sondern auch innerhalb eines Typus von Abspielgeräten. So unterscheidet sich beispielsweise das Dispositiv des Musikschranks von dem einer Baustein-Stereoanlage und, deutlicher noch, von dem eines portablen „Phonokoffers", obwohl sie alle drei zur Schallplattenwiedergabe vorgesehen sind. Im Sinne des „effet idéologique" nach Baudry ist hier auch die symbolisch-psychologische Dimension im Sinne der Mediennutzungserfahrung zu berücksichtigen: Inwiefern beeinflusst das gewählte Gerät das Hörerlebnis? Und welche Umgestaltungen der apparativen Struktur lassen auch ein anderes Nutzungsverhalten entstehen? Wie setzen sich „die Dispositive im Nutzungsverhalten in Erwartungsstrukturen" um, und wie verhalten sich „innerhalb solcher Dispositive die Subjekte selbst mit ihren Medienwahrnehmungen?"[63] Denn, so Hickethier, „die Einführung der Fernbedienung führt nicht automatisch zum Switchen und Zappen."[64]

Das Konzept des Dispositivs strukturiert meine Geschichte der Phonogeräte, indem es die Fragen vorgibt: Zu untersuchen ist das Artefakt selbst, und zwar nicht nur in seiner technischen Funktion und Form, sondern auch die durch das Artefakt vorgegebene Choreografie der Nutzung, die „soziale Rahmung im engeren Sinne"[65], also die räumliche Anordnung und deren Wirkung auf die Wahrnehmungsweisen, und die Frage nach der Beeinflussung des Hörerlebnisses (effet idéologique) durch das Gerät. Weiterhin sind die „soziale Rahmung im weiteren Sinne"[66], also die gesellschaftlichen Kontexte, die die Rezeption mitbestimmen, die konsumierten Inhalte und die Konventionen und Praxisregeln sowie die Einfluss-

63 Vgl. Steinmaurer, Tele-Visionen, S.25.

64 Vgl. Hickethier, Kommunikationsgeschichte. Nicht nur Hickethier, sondern auch Karl Sierek wendet sich einer historischen Betrachtung der Entwicklung verschiedener Dispositive zu, indem er den Übergang von kinematographischen zum televisuellen Dispositiv untersucht. Vgl. Karl Sierek, Einstellungswechsel. Vom kinematographischen zum televisionären Dispositiv. In: Blimp 15 (1990) S.30-34; Vgl. auch: Ders., Aus der Bildhaft. Filmanalyse als Kinoästhetik, Wien 1993.

65 Hickethier, Dispositiv Fernsehen, S.69.

66 Hickethier, Dispositiv Fernsehen, S.69.

möglichkeiten der Musik- und Unterhaltungselektronikindustrie zu durchleuchten. Die Umsetzung dieser Untersuchungsaspekte in eine konsistente Darstellungslogik werde ich in Kapitel A.IV detaillierter erläutern.

Zunächst bleibt allerdings noch zu klären, welche methodischen Herausforderungen das Dispositiv-Konzept offen lässt. An welchen Stellen der Untersuchung muss es durch weitere theoretische Anleihen ergänzt werden? Die Einsatzorte einiger Theorien aus den Bereichen der Science and Technology Studies, der Technikgeschichte bzw. -soziologie und der Kulturgeschichte werden im Folgenden vorgestellt.

III.2 Sozial konstruierte Artefakte. *Social Construction of Technology, user configurations, scripts und user de-signs*

Die Grundannahme der neueren Technikgeschichte und -soziologie von einem *mutual shaping* von Technik und Gesellschaft oder einer Ko-Konstruktion von Technik liegt auch dieser Arbeit zugrunde.[67] In Abgrenzung von technikdeterministischen Sichtweisen vollzieht die Untersuchung der Phonogeräte die Entstehung und das Design der Artefakte nach und verdeutlicht, dass die Technik nicht einseitig durch die Produzenten vorgegeben wird. Der sozialkonstruktivistische Ansatz (*SCOT*)[68], der hier im Detail nicht mehr behandelt werden muss, hebt die Rolle verschiedener *relevant social groups* hervor, die an der Einführung und Aushandlung einer neuen Technik beteiligt sind. Die technischen Artefakte weisen eine *interpretative flexibility* auf, welche unterschiedliche Bedeutungszuschreibungen und Nutzungsweisen erst ermöglicht. Die diversen „relevanten" Gruppen finden sich auch in der vorliegenden Arbeit: An der Aushandlung und Fortentwicklung der Phonogeräte sind die Nutzer ebenso beteiligt wie die Hersteller, aber auch die Werbefachleute, die

67 Erste Vorstellung des Konzepts der Social Construction of Technology im Jahr 1984: Vgl. Bijker/ Pinch, The Social Construction. Als aktuellen Überblick vgl. insbesondere Nelly Oudshoorn/ Trevor Pinch, User-Technology Relationships. Some Recent Developments. In: Edward J. Hackett (Hg.), The Handbook of Science and Technology Studies, Cambridge (Mass.) [u.a]. ³2008, S.541-565 (im Folgenden: Oudshoorn/ Pinch, User-Technology Relationships); Oudshoorn/ Pinch, How Users Matter; Wiebe E. Bijker/ John Law, Shaping technology/ Building Society, Cambridge (Mass.) 1992; Donald A. MacKenzie/ Judy Wajcman, The social shaping of technology, Maidenhead 2003.

68 Social Construction of Technology.

Händler, die Redakteure von Konsumenten- oder Musikzeitschriften und Warentester.

Die Forschungsergebnisse der Techniksoziologie stützen sowohl meine Analysen der Artefakte als auch die Untersuchung der Ko-Konstruktionsprozesse von Technik und ihrer Nutzung. Ruth Schwartz Cowans Konzept einer *consumption junction* etwa weist einige Parallelen zum Dispositiv-Konzept auf. Beschrieben als „the place and time at which the consumer makes choices between competing technologies“[69], meint es die Einbettung jedes potenziellen Konsumenten in ein Netzwerk sozialer Beziehungen, das seine Möglichkeiten, sich für ein bestimmtes Artefakt zu entscheiden, kontrolliert oder eingrenzt. Doch betrachtet Schwartz Cowan dieses Netzwerk vom Standpunkt des Konsumenten aus, während das Dispositiv-Konzept darüber hinaus geht. Es untersucht zwar ebenso die Wechselwirkungen zwischen dem Artefakt selbst, den gleichzeitig verfügbaren Konkurrenzprodukten, den Nutzern mit ihren Erwartungen an das Artefakt und den gesellschaftlichen Rahmenbedingungen, aber zugleich schenkt das Dispositiv den Verflechtungen von Produzenten und Konsumenten größere Aufmerksamkeit und beleuchtet etwa die Strategien der Hersteller und Händler eingehender, als es aus einer Nutzerperspektive der *consumption junction* möglich wäre.

Auch dem Plädoyer für eine intensivere Erforschung des „Umgang[s] mit den Dingen“, wie es etwa von Karl Hörning vorgebracht wurde, kann mittels des Dispositiv-Konzeptes Genüge getan werden. Hörning betont, dass der Umgang mit den Dingen durch Bewertungen und Bedeutungszuschreibungen mitbestimmt sei, „die die materiell-technischen Funktionalitäten übersteigen bzw. unterlaufen“.[70] In einer Untersuchung der verschiedenen Phasen des ‚Lebens‘ von Artefakten sieht er die Chance, den Prozess der „semiotischen Transformation“ der Dinge „durch den deutenden und handelnden Umgang mit ihnen“ zu verfolgen und somit auch Designvariationen, die sich beispielsweise aus divergierenden Erwartungen der Hersteller einerseits und Nutzungswünschen und -praktiken der Ver-

69 Ruth Schwartz Cowan, The Consumption Junction. A Proposal for Research Strategies in the Sociology of Technology. In: Wiebe E. Bijker/ Thomas P. Hughes/ Trevor J. Pinch (Hg.), The Social Construction of Technological Systems. New Directions in the Sociology and History of Technology, Massachusetts 1987, S.261-280, hier S.279.

70 Karl H. Hörning, Vom Umgang mit den Dingen. Eine techniksoziologische Zuspitzung. In: Peter Weingart (Hg.), Technik als sozialer Prozeß, Frankfurt am Main 1989, S.90-127, hier S.92 (im Folgenden: Hörning, Vom Umgang mit den Dingen).

wender andererseits ergeben, zu erklären.[71] Der Hersteller greife die durch die Konsumenten vorgenommenen Bedeutungsmodifikationen auf und verarbeite sie wiederum in seinen Bedeutungszuschreibungen an das Artefakt sowie in seinen Marketingstrategien.[72] Eben diese Wechselwirkungen stehen in einer historischen Analyse der Mediendispositive im Mittelpunkt, da materielle und technische Eigenschaften der Artefakte mit institutionellen und sozialen Aspekten zusammengebracht werden: Die Einflussmöglichkeiten der Hersteller von Geräten und Tonträgern und die Praxisregeln der Nutzung werden ebenso einbezogen wie die symbolischen Bedeutungszuschreibungen der Werbung und auch der Konsumenten.

Die Thesen des *configured user*[73] und der *gender scripts*[74] besagen, dass produzentenseitige Vorstellungen von den prospektiven Nutzern und von deren Anwendungsweisen beziehungsweise Repräsentationen von Genderkonstruktionen in der Materialität des technischen Artefaktes eingeschrieben seien. So konzentriert sich Woolgar auf den Produktions- und Designprozess und beschreibt die Grenzen der flexiblen Interpretierbarkeit der Artefakte. Die Untersuchung der Artefakte mit ihren Möglichkeiten und eben auch ihren Widerständigkeiten sowie ihrer ihnen eingeschriebenen Choreografie der Nutzung stellt einen Teil meiner Dispositivanalyse dar, sodass sich die Vorstellungen der *scripts* und des *configured users* und der nicht ganz beliebig nutz- und interpretierbaren Geräte darin wiederfinden, doch geht sie zugleich darüber hinaus. Auch andere Autoren haben Woolgars Vorstellung der *user configuration* dahingehend ausgeweitet, dass nicht nur die Produzenten und Designer, sondern auch andere Akteure wie beispielsweise Händler und Konsumentenorganisationen Nutzerkonfigurationen vornehmen.[75] Das

71 Hörning, Vom Umgang mit den Dingen, S.97.

72 Vgl. Hörning, Vom Umgang mit den Dingen, S.105f.

73 Vgl. Stephen Woolgar, Configuring the user. The case of usability trials. In: John Law (Hg.), A Sociology of Monsters. Essays on Power, Technology and Domination. London 1991, S.58-99 (im Folgenden: Woolgar, Configuring the user).

74 Vgl. Nelly Oudshoorn, Gender Scripts in Technologie. Noodlot of Uitdaging? Twente 1996 (im Folgenden: Oudshoorn, Gender Scripts in Technologie); Madeleine Akrich, The de-scription of technical objects, in: Wiebe Bijker/ John Law (Hg.), Shaping Technology/ Building Society. Studies in Sociotechnical Change, Cambridge, London 2000, S.205-224 (im Folgenden: Akrich, The description of technical objects).

75 Zur Rolle der Händler als Vermittler vgl. Trevor Pinch, Giving birth to new users. How the Minimoog was sold to Rock & Roll. In: Oudshoorn/ Pinch, How Users Matter, S.247-270 (im Folgenden: Pinch, Giving birth to new users); zu den Bedeutungszuschreibungen und der prominenten Rolle der Nutzer vgl. Johan Schot/ Adri Albert de la Bruheze, The Mediated Design of Products, Con-

Dispositiv-Konzept ist in der Lage, alle diese Aspekte und Akteure unter einem Dach zu vereinen, da Vermarktung und Diskussion der Artefakte und die hier vorgenommenen Abgrenzungen von Nutzergruppen ebenso Berücksichtigung finden.

Der Ansatz der *user de-signs* wurde von Heike Weber und Gwen Bingle im Anschluss an die bisher genannten Konzepte und aufgrund der sich zahlreich ausdifferenzierenden Akteure in Produktion, Konsum und den vermittelnden Instanzen (Marketing, Verbrauchervereinigungen, Marktforschung, usw.) entwickelt.[76] Angesichts der kaum mehr nachvollziehbaren Prozesse der Ko-Konstruktion von Technik erheben die *user de-signs* den Anspruch, die Anonymität der Aushandlung in der Geschichte des Technikkonsums methodisch handhabbar zu machen und dabei den Nutzer nicht aus dem Blick zu verlieren. Nicht mehr die Aushandlungsprozesse zwischen relevanten Akteursgruppen werden verfolgt, sondern die Wechselwirkungen unterschiedlicher Nutzerkonstruktionen (*user de-signs*), die auf Seiten der Produzenten, Konsumenten, der zwischen ihnen vermittelnden Instanzen und auch in den Produkten selber generiert werden. Neben den prospektiven *user de-signs* der Hersteller und den praktizierten *user de-signs* der Nutzer fungiert das Produkt selber (nur) noch als „gegenständlicher Vermittler von Nutzerkonstruktionen".[77]

Im Fokus meiner Studie jedoch stehen die Objekte selbst, betrachte ich doch die Ausdifferenzierung der Phonogeräte während der Sechzigerjahre, die parallel zur und in Wechselwirkung mit der Abgrenzung unterschiedlicher Nutzergruppen erfolgte. In der Dispositiv-Analyse sind Grundideen des *user de-sign*-Ansatzes enthalten, wenn ich etwa nach den von den Herstellern in der Werbung konstruierten Nutzerbildern frage oder die von den Konsumenten mit Hilfe der Phonogeräte vorgenommenen Identitätskonstruktionen

---

sumption and Consumers in the Twentieth Century. In: Oudshoorn/ Pinch, How Users Matter, S.229-245.

76 Vgl. die Dissertation von Weber, Das Versprechen mobiler Freiheit. Auf den Seiten 43-84 erläutert Weber den Ansatz der „user de-signs" als neue Untersuchungsperspektive für historische Studien zur Technikentwicklung, sowie seine Herleitung und die ausgewählten Quellen. Der Bindestrich der user de-signs verweist auf die Annahme, dass Nutzer die „Produzenten ihrer eigenen signs" seien. Sie können, so Weber, „die Bedeutungen von Konsumobjekten dekonstruieren und neu zusammensetzen." (S.48). Vgl. dazu auch Monika Röther, Rezension zu Heike Weber, Das Versprechen mobiler Freiheit. Zur Kultur- und Technikgeschichte von Kofferradio, Walkman und Handy, Bielefeld 2008, in: Technikgeschichte 76 (2009), H.2, S.161-162.

77 Weber, Das Versprechen mobiler Freiheit, S.62.

in den Blick nehme. Doch garantiert der Zugang über das Dispositiv zugleich, das Artefakt selbst nicht aus dem Blick zu verlieren. Dinge haben nicht nur symbolisch-kulturelle, ihnen seitens verschiedener Akteure zugeschriebene Bedeutungen, sondern sie sprechen auch für sich selbst. Das Artefakt selbst kann Auskunft geben über mögliche Anwendungskontexte; Weiterentwicklungen der Formgebung, der Funktionen und des Materials können Anzeichen veränderter Nutzeranforderungen sein, und ebenso können sie dazu dienen, in der Gesellschaft (und unter Geräteentwicklern und Marketingexperten) vorherrschende Vorstellungen von Konsumstilen, von individuellen und kollektiven Lebensstilen und von Mustern der Freizeitgestaltung im Allgemeinen und des Musikkonsums im Speziellen zu erhellen.

III.3 Bedeutungsreiche und gezähmte Artefakte. *Kulturgeschichte der Dinge, material culture studies, cultural studies und Domestication*

Wissenschaftler/innen aus den Disziplinen der Kulturgeschichte und *Cultural (Media) Studies* haben sich im Vergleich zur Technikgeschichte und -soziologie noch stärker den Nutzern und ihrem Umgang mit den Artefakten zugewandt. Die grundlegende These ist, dass technische Artefakte erst angeeignet werden müssen, bevor sie ihre volle Funktion und Bedeutung entfalten. Somit präsentieren die seit den 1990er Jahren verbreiteten kulturhistorischen Zugänge Geschichten von Artefakten, die die zahlreichen Bedeutungszuweisungen berücksichtigen, die sowohl in der Produktion als auch in der Vermarktung und Nutzung vorgenommen werden.[78] Autoren wie Ruppert, du Gay oder Meikle[79] ist daher der Verdienst zuzuschreiben, die Artefakte in den Fokus gerückt und ergiebige Ansätze zur Untersuchung der Zusammenhänge zwischen den symbolischen Bedeutungszuschreibungsprozessen der Hersteller einerseits und der Konsumenten andererseits entwickelt zu haben.

So untersucht Ruppert drei Schichten der industriellen Massenkultur: Die Produktion der Dinge, den Umgang mit ihnen und die „Be-

78 Vgl. z.B. Wolfgang Ruppert (Hg.), Fahrrad, Auto, Fernsehschrank. Zur Kulturgeschichte der Alltagsdinge, Frankfurt am Main 1993 (im Folgenden: Ruppert, Kulturgeschichte der Alltagsdinge) und du Gay, The Story of the Sony Walkman.

79 Vgl. Ruppert, Kulturgeschichte der Alltagsdinge und Wolfgang Ruppert (Hg.), Um 1968. Die Repräsentation der Dinge, Marburg 1998; du Gay, The Story of the Sony Walkman; Jeffrey L. Meikle, American Plastics. A Cultural History, New Brunswick 1995.

stimmung ihres Ortes in der Geschichte der Zivilisation".[80] Die Studie von Paul du Gay u.a. zum Walkman geht von einem *Circuit of Culture* aus und führt am Fallbeispiel des Walkmans vor, dass nicht etwa ein einzelner Schritt in der Biografie eines Artefaktes, sondern die gegenseitigen Abhängigkeiten von Produktion, Vermarktung und Konsum untersucht werden müssen.[81] Ähnlich stehen auch innerhalb der *Material Culture Studies* die vielfältigen Prozesse der Bedeutungszuschreibungen im Mittelpunkt der Untersuchung.[82]

Innerhalb der vorliegenden Arbeit können die Ansätze der Kulturgeschichte, der *Cultural Studies* und der *Material Culture Studies* also das methodische Instrumentarium dort bereichern, wo das Augenmerk auf der symbolischen Bedeutungszuschreibung an die Dinge durch unterschiedliche Akteure – seien es Hersteller, Werbefachleute oder Nutzer – liegt.

Das Konzept der *Domestication*/ Domestizierung hingegen, das besonders in den *Cultural Media Studies* erarbeitet wurde, kann die Untersuchung der Aneignungsprozesse technischer Artefakte unterstützen.[83] Ich fasse es kurz zusammen, um im Anschluss seinen Wert für meine Untersuchung darzulegen.

Die Einführung eines neuen technischen Artefakts verändert nicht per se die Gesellschaft und den Alltag der Menschen. Die Artefakte müssen von ihren Nutzern angeeignet werden und ihren Nutzen in der alltäglichen Praxis beweisen. Mit eben dieser Einbettung der

80 Wolfgang Ruppert, Plädoyer für den Begriff der industriellen Massenkultur. In: Hannes Siegrist/ Hartmut Kaelble/ Jürgen Kocka (Hg.), Europäische Konsumgeschichte. Zur Gesellschafts- und Kulturgeschichte des Konsums (18. bis 20. Jahrhundert), Frankfurt a. M., New York 1997, S.563-582, hier S.566-567.

81 Die Autoren machen fünf Prozesse aus, deren Wechselwirkungen gleichberechtigt betrachtet werden müssten, um die Bedeutungen eines Artefaktes herausarbeiten zu können. Diese Prozesse sind: Representation, Identity, Production, Consumption, Regulation. Vgl. du Gay, The Story of the Sony Walkman.

82 Vgl. z.B. Daniel Miller, Material Culture and Mass Consumption, Oxford, Cambridge 1987 (im Folgenden: Miller, Material Culture and Mass Consumption). Aktuell vg. auch Daniel Miller, Stuff, New York 2009.

83 Die Vorstellungen der Produzenten sind im Domestizierungskonzept nicht enthalten. Daher haben Autoren aus den Science and Technology Studies, wie etwa Karin Bijsterveld und Annelies Jacobs, innerhalb ihrer Untersuchungen die von den Herstellern intendierten Nutzungsweisen der Artefakte hinzugefügt, um etwa abweichende Anwendungen der Konsumenten herausarbeiten zu können. Vgl. Karin Bijsterveld/ Annelies Jacobs, Storing Sound Souvenirs. The Multi-Sited Domestication of the Tape Recorder. In: Karin Bijsterveld/ José van Dijck (Hg.), Sound Souvenirs. Audio Technologies, Memory and Cultural Practices, Amsterdam 2009, S.25-42, hier S.27 (im Folgenden: Bijsterveld/ Jacobs, Storing Sound Souvenirs).

Technik in den Nutzeralltag beschäftigt sich der Ansatz der *Domestication*, der – wörtlich genommen – einen Prozess der „Zähmung" im Sinne der häuslichen Nutzbarmachung (lat. domus = Haus) untersucht.[84] Die neuen technischen Artefakte müssen von „unfamiliar, exciting, and possibly threatening things" zu etwas Persönlichem, dem Menschen Nahestehenden umgewandelt werden.[85] Wie dieser komplementäre Prozess der Aneignung verläuft, der mit dem Kauf eines technischen Artefaktes beginnt und in dessen Verlauf das Objekt und seine Funktionen Teil des Alltags werden, wird zumeist anhand einer vierstufigen Phaseneinteilung untersucht, die auf Roger Silverstone und Eric Hirsch zurückgeht.[86] Die erste Phase der *Appropriation* (inzwischen zumeist als *Commodification* bezeichnet),[87] umfasst die Anschaffung des technischen Artefakts (einschließlich der vorherigen Überlegungen und Gespräche). Die zweite Phase der *Objectification* meint die Platzierung der Technik innerhalb des Haushaltes und die daraus resultierenden Veränderungen des Wohnraumes, während die *Incorporation* die Eingliederung der Technik in die alltäglichen Routinen der Haushaltsmitglieder beschreibt. Die ab-

84 Obwohl nicht alle Autoren, die sich heute des Begriffes bedienen, diese Konnotation von Zähmung für unproblematisch halten, wird das Konzept, das im Rahmen des „Household Use of Information and Communication Technology"-Projekts von Roger Silverstone, Eric Hirsch, David Morley und Sonia M. Livingstone Ende der Achtzigerjahre entwickelt wurde, als durchaus fruchtbar eingeschätzt, da es die zentralen Aspekte und Kontexte für eine Analyse der Mediatisierung der Haushalte zusammenführt. Vgl. Roger Silverstone/ Eric Hirsch/ David Morley, Information and Communication Technologies and the Moral Economy of the Household. In: Roger Silverstone/ Eric Hirsch (Hg.), Consuming Technologies. Media and Information in Domestic Spaces, London, New York 1992, S.15-31. Kritisch zum Begriff der Zähmung äußert sich etwa Jutta Röser, Der Domestizierungsansatz und seine Potenziale zur Analyse alltäglichen Medienhandelns. In: Jutta Röser (Hg.), MedienAlltag. Domestizierungsprozesse alter und neuer Medien, Wiesbaden 2007, S.15-30, hier S.20 (im Folgenden: Röser, Domestizierungsansatz).

85 Roger Silverstone/ Eric Hirsch (Hg.), Consuming Technologies. Media and Information in Domestic Spaces, London, New York 1992 (im Folgenden: Silverstone/ Hirsch, Consuming Technologies). Vgl. auch Roger Silverstone/ Leslie Haddon, Design and the Domestication of Information and Communication Technologies. Technical Change and Everyday Life. In: Robin Mansell/ Roger Silverstone (Hg.), Communication by Design. The Politics of Information and Communication Technologies, New York 1996, S.44-74 (im Folgenden: Silverstone/ Haddon, Design and the Domestication of Information and Communication Technologies).

86 Vgl. Silverstone/ Eric Hirsch, Consuming Technologies, S.20-26.

87 Vgl. Roger Silverstone, Domesticating Domestication. Reflections on the Life of a Concept. In: Thomas Berker/ Maren Hartmann/ Yves Punie/ Katie J. Ward (Hg.), Domestication of Media and Technology, Berkshire 2006, S.229-248, hier S.233.

schließende *Conversion* zielt auf die Veränderungen der Beziehungen des Haushalts zur Außenwelt, also der privaten zur öffentlichen Sphäre.[88]

Alle diese vier Phasen beschreiben einen beidseitigen Vorgang, in dessen Verlauf sich sowohl die Menschen als auch die technischen Artefakte verändern und anpassen können.[89] Auf diesem Wege verändern sich Formen des Zusammenlebens,[90] und durch die Aushandlungsprozesse auch die Selbstbilder sowie die sozialen Beziehungen der Nutzer.[91] Das Konzept konzentriert sich auf die Nutzer und sieht sie als aktive Bedeutungsproduzenten. Gegenstand der Analyse ist meist die Haushalts- und Medientechnik, deren Domestizierung durch einzelne Nutzer oder durch kleine Nutzergruppen (wie die Familie) untersucht wird. Die häusliche Sphäre fungiert als zentraler Ort der Untersuchung, an dem die Bedeutungen von Medieninhalten und -technologie verhandelt werden.[92] Neben der Aneignung des Programms wird besonders die Materialität der Medien als Objekte hervorgehoben, die in die Haushalte und in bereits bestehende Medienensembles integriert werden.[93]

Die Stärken des Konzeptes liegen darin, dass es Aneignungs- und Bedeutungszuweisungsprozesse sowie Kontexte und Situationen der Mediennutzung in den Blick nimmt, die durch eine reine Analyse von Mediennutzungsdaten nicht berücksichtigt werden können.[94] Sowohl technische als auch kulturelle und soziale Perspek-

88 Vgl. Silverstone/ Hirsch, Consuming Technologies, S.20-26. Erläuterung der verschiedenen Phasen auch bei Röser, Domestizierungsansatz, S.21 und bei Bijsterveld/ Jacobs, Storing Sound Souvenirs, S.27.

89 Vgl. Oudshoorn/ Pinch, How Users Matter, S.14.

90 Dies zeigen zum Beispiel David Morley und Jutta Röser. Vgl. David Morley, Familienfernsehen und Medienkonsum zu Hause. In: Televizion 14 (2001) 1, S.20-25 und Jutta Röser, Das Zuhause als Ort der Aneignung digitaler Medien. Domestizierungsprozesse und ihre Folgen. In: Merz Wissenschaft 49 (2005) Nr.5, S.86-96.

91 Vgl. Friedrich Krotz/ Tanja Thomas, Domestizierung, Alltag, Mediatisierung. Ein Ansatz zu einer theoriegerichteten Verständigung. In: Jutta Röser (Hg.), MedienAlltag. Domestizierungsprozesse alter und neuer Medien, Wiesbaden 2007, S.31-42, hier S.32 (im Folgenden: Krotz/ Thomas, Domestizierung).

92 Zur Theoretisierung des Häuslichen vgl. David Morley, Home Territories. Media, Mobility and Identity, London 2000.

93 Vgl. Jutta Röser (Hg.), MedienAlltag. Domestizierungsprozesse alter und neuer Medien, Wiesbaden 2007, S.8f. (im Folgenden: Röser, MedienAlltag).

94 Der deutsche Kulturwissenschaftler und Ethnologe Hermann Bausinger hatte bereits zu Beginn der Achtzigerjahre den Zusammenhang von „Alltag, Technik [und] Medien" analysiert und anhand des Mediennutzungsverhalten einer fiktiven, typisch deutschen Familie solche Prozesse herausgestellt, die durch Me-

tiven werden kombiniert betrachtet, und es wird beschrieben, auf welchem Wege ein Medium „vom technischen Gerät zur sozialen Wirklichkeit im Alltag" wird.[95]

In den *Science and Technology Studies* wurde der Ansatz auch auf solche Artefakte ausgeweitet, die außerhalb der privaten häuslichen Sphäre zur Anwendung kommen.[96] Auch innerhalb meiner Untersuchung, die sich nicht nur stationären, sondern auch portablen Phonogeräten widmet, können die von Silverstone identifizierten Prozesse der Aneignung und Eingliederung von häuslichen technischen Artefakten in den Alltag ebenso für tragbare Konsumelektronik angewandt werden. Gerade der Untersuchungszeitraum legt es nahe, sich von eben den Vorstellungen familiärer Konsumstile und Mediennutzungsmuster zu lösen, die seit den Sechzigerjahren zunehmend in Frage gestellt und von individuelleren Formen der Aneignung abgelöst wurden.

Zugleich müssen die Domestizierungsprozesse einzelner Phonogerätetypen im Zusammenhang mit der während der Sechzigerjahre anlaufenden „Mediatisierung" des Alltags betrachtet werden, wenn das Konzept gewinnbringend innerhalb der Untersuchung von Aneignungsprozessen eingebracht werden soll. Die Domestizierung des Plattenspielers etwa ist nicht als isolierter Prozess zu betrachten, sondern in Verflechtung mit der Verbreitung und Nutzung anderer Phonogeräte sowie von Radio- und Fernsehgeräten, also als

diennutzungsdaten nicht erfasst werden können. Bausinger betont unter anderem, dass das gesamte Medienensemble, das dem Konsumenten zur Verfügung steht, in den Blick genommen werden müsse. Der Konsument kombiniere die verschiedenen Inhalte, weiterhin nutze er die Medien und ihre Botschaften in der Regel nicht mit voller Aufmerksamkeit, da sie in die Alltagspraktiken integriert seien. Es gebe „Interferenzen mit nicht medienbezogenem Verhalten". Die Inhalte des einen Mediums finden also nicht nur Konkurrenten innerhalb des massenmedialen Ensembles sondern auch im medienunabhängigen Alltagsverhalten. Hier stellt die Nutzung von Medien keinen isolierten, individuellen Prozess dar, sondern sie findet oft im Familien- oder Freundeskreis statt, wobei das Ausmaß des Interesses unter den verschiedenen Nutzern stark variieren kann. Die konsumierten Medieninhalte bieten zudem Gesprächsstoff und können daher nicht von der personalen Kommunikation getrennt betrachtet werden. Vgl. Hermann Bausinger, Alltag, Technik, Medien. In: Harry Pross/ Claus-Dieter Rath (Hg.), Rituale der Medienkommunikation. Gänge durch den Medienalltag, Berlin, Marburg 1983, S.24-36, hier S.32-34 (im Folgenden: Bausinger, Alltag, Technik, Medien).

95 Krotz/ Thomas, Domestizierung, S.32.

96 Vgl. Merete Lie/ Knut H. Sørensen (Hg.), Making Technology Our Own? Domesticating Technology into Everyday Life, Oslo, Stockholm, Kopenhagen, Oxford, Boston 1996.

Bestandteil eines anwachsenden massenmedialen Ensembles.[97] Sowohl die technische Entwicklung als auch die symbolischen Bedeutungen eines Artefaktes und seine Nutzerfunktionen können nicht losgelöst von zuvor und zeitgleich verbreiteten Geräten der Unterhaltungselektronik analysiert werden. Die zeitliche Dimension der Domestizierungsprozesse, also die Frage nach der Geschwindigkeit der Veralltäglichung der Geräte, spielt eine ebenso entscheidende Rolle wie auch die Frage nach unterschiedlich verlaufenden Domestizierungsprozessen ein und desselben Gerätes durch unterschiedliche Nutzergruppen. Während die eine Zielgruppe ein Artefakt möglicherweise besonders schnell domestiziert, verläuft dieser Prozess bei anderen Nutzern womöglich viel langsamer; für den einen Konsumenten wird die Anwendung eines Gerätes vielleicht schnell zur alltäglichen Normalität, für den anderen bleibt sie lange ein geliebtes Ritual.

Die vorgestellten theoretischen Anleihen aus den unterschiedlichen wissenschaftlichen Disziplinen unterstützen die systematische Analyse der einzelnen Aspekte des Dispositiv-Konzeptes. Ansätze aus den *Science and Technology Studies* bzw. der *Techniksoziologie*, wie etwa die *Social Construction of Technology*, die *scripts* und *user configurations*, liegen meiner Untersuchung der technischen Artefakte sowie ihrer Ko-Konstruktionsprozesse zugrunde. Wendet sich die Analyse den Bedeutungszuschreibungen an die Dinge zu, können die *Kulturgeschichte der Dinge*, die *Cultural Studies* und die *Material Culture Studies* meine Überlegungen stützen. Nähere ich mich den Nutzern, bietet das Instrumentarium der *user de-signs* eine Möglichkeit, den Unterschied prospektiver Nutzerkonstruktionen der Hersteller einerseits und tatsächlicher Konsumenten und ihrer *user de-signs* andererseits nicht aus den Augen zu verlieren. Die *Domestication* erlaubt eine systematische Auseinandersetzung mit den Aneignungspraktiken der Nutzer und der Einbettung der Technik in den Alltag, in deren Verlauf die Artefakte ganz neue Bedeutungen erlangen können.

97 Diese Forderung findet sich auch bei Krotz/ Thomas, Domestizierung, S.33. Auch Bausinger forderte, das gesamte Medienensemble in den Blick zu nehmen. Vgl. Bausinger, Alltag, Technik, Medien, S.32. Aus diesem Grund werde ich in Kapitel B.IV einen Überblick geben über die Ausstattung und Nutzung westdeutscher Haushalte mit Rundfunkapparaten und weiteren Geräten Unterhaltungselektronik.

IV Aufbau und Darstellungsperspektiven der Arbeit

Im Folgenden wird erläutert, wie sich die Aspekte der Dispositiv-Analyse in eine konsistente Darstellung überführen lassen und wie die Arbeit aufgebaut ist.

Zunächst werde ich überblicksartig die relevanten Hintergründe einer Geschichte der Phonogeräte beleuchten (B). Die sich seit den späten Fünfzigerjahren ausbildende Massenkonsumgesellschaft hielt immer größere Wahlmöglichkeiten bereit (B.II), und auch der Wohnraum, den die Musikschränke, Schallplattenspieler und Tonbandgeräte beschallen sollten, wurde nun, da die Zeiten des Mangels der Vergangenheit angehörten, neu gestaltet. Während die einen sich am traditionellen Einrichtungsstil der Vorkriegszeit orientierten, waren andere bereits im Aufbruch und richteten sich modern ein (B.III). Das bis dato unangefochtene Leitmedium Hörfunk bekam Gesellschaft vom Fernsehapparat. In diesem wachsenden massenmedialen Ensemble mussten sich die Phonogeräte ihren Platz erobern (B.III).

Die folgenden zentralen Kapitel widmen sich den Objekten selbst. Ich beginne mit dem *Musikschrank*, der in der zweiten Hälfte der Fünfzigerjahre auf dem Höhepunkt seines Erfolges war. Im Wohnzimmer bekam er den Ehrenplatz und sorgte für Unterhaltung am Feierabend (C.I). Die *Stereofonie,* die seit den späten Fünfzigerjahren die Aufnahme- und Wiedergabetechnik revolutionierte, und der gestiegene Anspruch an die Klangqualität, der unter dem Begriff der *High Fidelity* gefasst wurde (C.II), waren die Geburtshelfer eines neuen Gerätetypus, der dem Musikschrank Konkurrenz machte. Die *Stereoanlage* erweiterte seit den Sechzigerjahren die Angebotspalette, aus der die Konsumenten sich das passende Gerät für ihr Wohnzimmer aussuchen konnten (C.III).

Die folgenden drei Gerätestudien verlassen das enge Korsett des bürgerlichen Wohnzimmers und zeigen Alternativen zum gemeinsamen, familiären Musikkonsum auf (D). Schon seit den Fünfzigerjahren waren, zeitgleich mit dem Musikschrank, auch einzelne *Plattenspieler* erhältlich. Sie entflochten die familiäre Hörgemeinschaft, denn sie eroberten neue Hörräume, wie etwa das seit den Sechzigerjahren aufkommende Jugendzimmer aber auch das Freibad und den Park. Sie sind somit eine Voraussetzung für die Ausbildung eigener jugendlicher Musikstile und bildeten ein starkes Bindeglied innerhalb der neuen Gruppen, die sich abseits traditioneller Strukturen wie der Familie und über die alten Milieugrenzen hinweg zu bilden begannen (D.I). Die *Tonbandgeräte,* die seit den späten Fünfzigern erschwinglich wurden, eröffneten durch ihre Aufnahmefunktion unbekannte Spielräume und boten sich ihrerseits als Identifikationsobjekt für neue Interessensgemeinschaften an. Während die einen auf hohem Niveau bastelten, Bänder schnitten und Bilder vertonten, stellten die anderen die Hitparade des Freundeskreises auf Band zusammen (D.II). Der *Kassettenrekorder* machte all dies noch einfacher und mobiler. Die Lieblingsmusik konnte nun überall mit hin genommen werden, und die Hits aus dem Radio ließen sich ganz spontan aufzeichnen (D.III).

Die Objektstudien zeigen auf, wie sich das Angebot ausdifferenzierte und immer spezifischer einzelne Zielgruppen ansprach, die ihrerseits eigene Nutzungspraktiken und Ansprüche ausbildeten. Sie grenzten sich auf diesem Wege von anderen Nutzern ab, die sich etwa durch das Alter, den Musikgeschmack, das Einkommen oder den Grad ihrer Begeisterung für die Technik von ihnen unterschieden. Anhand einer Betrachtung der spezifischen Dispositive der Phonogeräte in ihrer historischen Entwicklung können diese Abgrenzungs- und Distinktionsprozesse erhellt werden. Brüche und Kontinuitäten in den Dispositiven verweisen auf eine Ausdifferenzierung der möglichen und praktizierten Nutzungen und somit auf eine Umbruchphase in der westdeutschen Gesellschaft, die sich anhand neuer Konsumstile, anhand ihrer Freizeitgestaltung, ihres Musik- und Medienkonsums in neuen Interessengemeinschaften gruppierte, die die Grenzen der traditionellen Strukturen von Familien und Milieus überschritten.

In jeder Objektstudie sind daher die unterschiedlichen Aspekte des Dispositiv-Konzeptes zu untersuchen, die ich in *vier Darstellungsschritte* überführt habe. Erstens geben die *Objekte* selbst Auskunft über ihre Nutzungsmöglichkeiten und symbolischen Dimensionen, über die Zielgruppen und deren Praktiken. Zweitens werden in der *Vermarktung* Hörsituationen inszeniert, und die Hersteller identifizieren verschiedene Nutzerkreise, die durch eigene Geräte angesprochen werden sollen. Drittens offenbart die *Diskussion* über Vor- und Nachteile der Objekte und über ihre Nutzung herstellerunabhängige Abgrenzungsprozesse: Konsumenten und Fachleute versehen die Geräte mit Bedeutungen, ordnen sie unterschiedlichen Anwendungsgebieten und Konsumentenkreisen zu. Viertens setzen die *Nutzer* die Geräte individuell ein und nutzen sie sowohl als Objekt der Abgrenzung und Distinktion als auch als Gemeinschaft stiftendes Instrument. In den folgenden vier Unterkapiteln werde ich diese Schritte genauer entfalten, und auch den Umgang mit den jeweils sehr unterschiedlichen Quellengattungen erläutern.

Alle Objektstudien beinhalten diese vier Perspektiven auf die Geschichte der Phonogeräte und ihrer Nutzergruppen, wenngleich auch die Reihenfolge und die Schwerpunktsetzung variieren. Die Flexibilität der Phonogeräte-Dispositive – insbesondere ihre Apparat-Nutzer-Konstellationen und Anwendungsmöglichkeiten – nimmt vom Musikschrank über Stereoanlagen, portable Plattenspieler und Tonbandgeräte zum Kassettenrekorder immer weiter zu. Dementsprechend gestalte ich auch die Darstellung in den Kapiteln zunehmend flexibler: Musikmöbel und -anlagen sind Teil der Wohnzimmereinrichtung, ihre Nutzung ist auf diesen einen Raum beschränkt. Daher beginnen diese beiden Kapitel mit dem ersten Darstellungsschritt, den Objekten, und demonstrieren wie die Dispositive Raumstrukturen prägten und den Hörern feste Apparat-Nutzer-Konstellationen vorgaben. Im Gegensatz dazu wird in der Studie zum einzelnen Plattenspieler die Mobilität der Geräte im Fokus stehen. Das Kapitel zum Tonbandgerät, das durch seine Aufnahmefunktion kreative Nutzungen ermöglichte, löst sich von der vierschrittigen Darstellungslogik und betrachtet die Geräte ebenso wie die Vermarktung und Diskussion aus der Perspektive zweier besonders unterschiedlicher Nutzergruppen. Mit dem einfach zu bedienenden Kassettenrekorder fand die Praxis des Mitschneidens von Musik und des Zusammenstellens persönlicher Hitparaden weite Verbreitung. Daher folgt das Kapitel der Logik einer Mixkassette.

IV.1 Objekte. *Möglichkeiten und Widerständigkeiten, Technik, Design und Choreografie der Nutzung*

Ein Objekt bietet einerseits bestimmte Anwendungsmöglichkeiten, andererseits kann es sich gegenüber bestimmten Nutzungsvarianten und -wünschen als widerständig erweisen. Im Rückgriff auf den Dispositiv-Begriff werde ich nicht alleine die Funktion und die äußere Form und Gestaltung des Gerätes beschreiben, sondern auch seine Choreografie der Nutzung. Die Apparat-Nutzer-Konstellation beeinflusst die Rezeptionssituationen und die Hörerfahrung.

Orientierungen eines neuen Phonogerätes an bekannten dispositiven Strukturen werden beleuchtet: Werden technische Eigenschaften und favorisierte Nutzerfunktionen eines Vorgänger-Gerätes oder von zeitgleich erhältlichen Konkurrenzprodukten einer anderen Gerätegattung im neuen Artefakt zur Anwendung gebracht? Oder unterscheidet es sich grundlegend vom bisher Dagewesenen?

Eine erfolgreiche Analyse und Darstellung der Dispositive der Phonogeräte erfordert eine eingehende Untersuchung des Designs der Artefakte, da wichtige Elemente des Dispositivs durch die Formgebung festgelegt werden. Das Design eines Gerätes – wie zum Beispiel seine Größe und sein Gewicht bzw. seine Gestaltung als feststehendes oder mobiles, als Einbau- oder Tischgerät – bestimmt nicht nur seine räumliche Anordnung und deren mögliche Wirkungen auf Wahrnehmungsweisen der Nutzer und die soziale Rahmung im engeren Sinne (z.B. als Gerät der Freizeitgestaltung im Haus oder unterwegs). Das Design ist auch zentraler Träger der symbolischen Dimensionen des Artefaktes. Hier haben die Hersteller und Designer die Möglichkeit, das Artefakt durch seine Formgebung einer vorgesehenen Nutzergruppe zuzuordnen und eben dieser bestimmte Aneignungsweisen und Bedeutungszuschreibungen vorzuschlagen. Die Betrachtung der Gestaltung des Objekts kann daher viel versprechende Einsichten sowohl in Produktionsstrategien als auch in Aneignungspraktiken bieten. Insbesondere in ihrer historischen Abfolge, also unter Einbeziehung von Vorläufer- und Nachfolgermodellen, geben die Geräte Aufschluss über veränderte Nutzungen und Ansprüche der Konsumenten.[98]

In meiner Untersuchung der Artefakte stütze ich mich erstens auf einen wegweisenden Aufsatz von Jacques Maquet,[99] zweitens auf Ausführungen von Heike Weber zur Objektanalyse,[100] und drittens auf einen Aufsatz von Andreas Fickers zur Aussagekraft des Designs technischer Artefakte.[101]

Maquet unterscheidet zwischen dem rein durch die Betrachtung des Artefaktes auszumachenden Nutzen („use") eines Objektes einerseits und den nur durch Rückgriff auf die zugehörige Kultur und Kenntnis ihrer „Codes" verständlichen kulturspezifischen Funktio-

98 Zu den „Annäherungen von Technik- und Designgeschichte" vgl. auch: Martina Heßler, Die Verbindung der „alien universes". Annäherungen von Technik- und Designgeschichte. In: Technikgeschichte 76 (2009) H.3, S.179-180. Am Beispiel der Drucktaste demonstriert Heike Weber, wie die Bedieneroberflächen von Artefakten Bewegungen und Handlungen prägen. Vgl. Heike Weber, Stekken, Drehen, Drücken. Interfaces von Alltagstechniken und ihre Bediengesten. In: Technikgeschichte 76 (2009) H.3, S.233-254 (im Folgenden: Weber, Stecken, Drehen, Drücken).

99 Vgl. Jacques Maquet, Objects as Instruments, Objects as Signs. In: Steven Lubar/ W. David Kingery (Hg.), History from Things. Essays on Material Culture, Washington, London 1993, S.30-40 (im Folgenden: Maquet, Objects as Instruments, Objects as Signs).

100 Vgl. Weber, Das Versprechen mobiler Freiheit, S.80-81.

101 Vgl. Fickers, Design als mediating interface.

nen und Bedeutungen andererseits. Das Objekt lässt sich als Instrument interpretieren, das einen bestimmten Nutzen hat und Anwendungen ermöglicht oder auch unterbindet. Die Bedeutung eines Artefaktes innerhalb verschiedener Nutzerkreise erschließt sich jedoch erst, wenn es mit Hilfe schriftlicher Quellen kontextualisiert wird. Die Interpretation von Objekten ist daher eine fruchtbare Methode, solange wir uns der Begrenzungen bewusst sind. Die Rückschlüsse, die ich aus den Objektanalysen ziehen kann, sind keine zwingenden Notwendigkeiten, und sie sind anhand ergänzender Quellen zu korrigieren, konkretisieren und einzuordnen.[102]

Ähnlich argumentiert auch Heike Weber, die mit Rückgriff auf den Text von Maquet, auf Arbeiten aus der Kunstgeschichte, der Museologie[103] und aus den *Material Culture Studies*[104] drei idealtypische Schritte zur Analyse technikhistorischer Objekte herausgearbeitet hat.[105] Auch wenn sie in der Praxis nicht immer klar voneinander zu trennen sind, stellen sie doch ein hilfreiches Instrumentarium dar, an dem ich mich orientiere. Nach einer Beschreibung der physischen Merkmale des Artefaktes, also seiner Größe, dem Material, der Oberfläche, der Konstruktion, der Form, der Ornamente und der sich dadurch ergebenden Möglichkeiten und Beschränkungen folgt eine Ableitung der Funktionen und der Apparat-Nutzer-Konstellation (also hier ganz im Sinne des Dispositivbegriffs), in der das Gerät genutzt werden kann. Auch Weber fordert im dritten Analyseschritt eine Kontextualisierung des Artefaktes „vor der Folie der Technik-, Design- und Konsumkultur seiner Zeit"; andere Modelle der Produktgattung sowie Vorläufer- und Nachfolgermodelle, aber auch schriftliche Quellen dienen als Vergleichs- und Interpretationsfolie.[106]

Andreas Fickers stellt in seinem Plädoyer zur Betrachtung der „Zeugen- und Zeichenhaftigkeit" von technischen Artefakten, die er am Beispiel des Radioapparates vorführt, fünf analytische Perspektiven zur Untersuchung des Designs eines Artefaktes vor.[107] Diese Anregungen greife ich auf, um die Objekte als vermittelnde Schnittstelle zwischen Produktion und Konsum ernst zu nehmen und

102 Vgl. Maquet, Objects as Instruments, Objects as Signs, S.32, S.39-40.

103 Vgl. Susan M. Pearce (Hg.), Interpreting Objects and Collections, London 1994.

104 Vgl. Daniel Miller, Material cultures. Why some things matter, London 1998; Miller, Material culture and mass consumption.

105 Vgl. Weber, Das Versprechen mobiler Freiheit, S.80-81.

106 Weber, Das Versprechen mobiler Freiheit, S.81.

107 Vgl. Fickers, Design als mediating interface.

Rückschlüsse ziehen zu können, die über eine Beschreibung der Abmessungen, des Materials und der Ableitung der Nutzungsmöglichkeiten hinausgehen.

Erstens schlägt Fickers vor, das Design als Vermittler zwischen Form und Funktion untersuchen. Die Bedieneroberfläche gibt Hinweise zur Anwendung des Apparates. Neben der dispositiven Apparat-Nutzer-Konstellation lassen sich hier auch weitere dem Artefakt „eingeschriebene" Nutzungsvorschläge ausmachen.

Zweitens fungiere das Design als ein „Agent der Normierung" sowohl der Massenproduktion als auch des Massenkonsums. Dem Produktdesign komme die Rolle eines Vermittlers zwischen masseindustriell gefertigten Gütern und dem Konsum derselben zu. Die Standardisierung der Artefakte bedeute indirekt auch eine „Standardisierung der funktionellen und ästhetischen Qualität der Gebrauchsgüter und ihres symbolischen Kapitals".[108] Das Design der Phonogeräte ist demnach auf ihre ästhetische und stilistische Standardisierung und Typisierung und deren symbolische Bedeutungen zu untersuchen.

Drittens beruft sich auch Fickers auf die schon in Kapitel A.III erläuterten Thesen des *configured user* von Stephen Woolgar beziehungsweise der *gender scripts* von Madeleine Akrich und Nelly Oudshoorn.[109] Folglich ist herauszuarbeiten, inwiefern nutzergruppen- und geschlechtsspezifische Materialisierungen von Phonogeräten auszumachen sind, wie dies zum Beispiel Ellen van Oost am Beispiel des Rasierapparates gezeigt hat.[110]

Viertens vermittelt das Design eines Artefaktes auch symbolische Bedeutungen. Laut Fickers habe „das Feld der visuellen Kommunikation, der Produktsemantik oder generell des ästhetischen und stilistischen Ausdrucks technischer Konsumgüter"[111] zu wenig Beachtung gefunden. Daher soll hier eine semantische Analyse der Phonogeräte klarere Einblicke in ihre Rolle als Bedeutungsträger bieten.

108 Fickers, Design als mediating interface, S.206.

109 Vgl. Woolgar, Configuring the user; Akrich, The de-scription of technical objects; Oudshoorn, Gender Scripts in Technologie.

110 Ellen van Oost, Materialized Gender. How Shavers configure the user's femininity and masculinity. In: Nelly Oudshoorn/Trevor Pinch (Hg.), How Users Matter. The Co-Construction of Users and Technology, Cambridge, London 2005, S. 193-208.

111 Fickers, Design als mediating interface, S.207.

Fünftens fungiere das Design gerade technischer Artefakte oft als „Verhüllung und Verbergung", so Fickers. Die Domestizierung eines Artefaktes erfolge in vielen Fällen auf dem Wege einer Tarnung der Technik, welche zum Einen die Positionierung des Gerätes im häuslichen Umfeld erleichtern, zum Anderen aber auch die Illusion einer Beherrschbarkeit der Technik kreieren solle. Daher lohnt sich ein Blick auf die sich wandelnden Benutzeroberflächen der Phonogeräte aus zwei Perspektiven: Inwiefern lässt sich erstens eine Verhüllung der Technik im Sinne einer Anpassung der Artefakte an den Stil des ihnen zugeordneten Umfeldes (z.B. das häusliche oder außerhäusliche) zum Zwecke einer Erleichterung der Domestizierung ausmachen? Zweitens ist zu fragen, inwiefern diese „Maskierung" der Technik mit dem Ziel einer äußerlichen Komplexitätsreduktion und einer höheren Benutzerfreundlichkeit bzw. der Etablierung einer Illusion der Beherrschbarkeit von Technik erfolgt.

Die Artefaktanalysen, die ich jeweils anhand exemplarischer Objekte in den Kapiteln durchführen werde, bedürfen nichts desto trotz einer Einbettung in die Technik-, Design- und Konsumkultur ihrer Zeit. Dies leiste ich zum einen direkt, indem ich die ausgewählten Geräte mit Konkurrenzprodukten vergleiche und auch Vorläufer und Nachfolgermodelle hinzuziehe. Zum anderen richte ich in den drei weiteren Darstellungsperspektiven meine Aufmerksamkeit auf die Akteure, die den Artefakten – womöglich auch voneinander abweichende – Bedeutungen zuschreiben. Dies fordert auch Maquet, der die steigende Bedeutung schriftlicher Quellen betont, je stärker sich der Blick den symbolischen Bedeutungen des Objektes zuwende.

> *„For historians and social scientists, who are always concerned with socially constructed realities, it is essential to know what objects mean for the people who make them and use them. Their reading of objects always has to be supplemented by what people say and write about them. Objects can illuminate words; they cannot replace them."*[112]

Grundsätzlich sind die Artefakte aufgrund ihrer *interpretative flexibility*[113] – zumindest theoretisch – offen für mehrere individuell unterschiedliche Aneignungspraktiken und symbolische Sinnzuschreibungen. Daher werden in den weiteren Schritten die durch die Werbung kommunizierten symbolischen Qualitäten, die inszenierten Hörsituationen sowie die Gebrauchspraktiken und die durch

112 Maquet, Objects as Instruments, Objects as Signs, S.40.

113 Im Sinne der Social Construction of Technology. Vgl. Bijker/ Pinch, The Social Construction.

die Zielgruppen vorgenommenen Bedeutungszuschreibungen auch anhand von Schrift- und Bildquellen untersucht. Diese können die in der Objektanalyse erhobenen dispositiven Strukturen und symbolischen Bedeutungen ergänzen oder sogar korrigieren. In Kombination mit einer Betrachtung der Artefakte in ihrer historischen Entwicklung lassen sich die Wechselwirkungen zwischen Intentionen der Hersteller und Bedeutungszuschreibungen der Nutzer herausarbeiten, die zu Veränderungen in den Dispositiven der Phonogeräte führten und eine Ausdifferenzierung des Phonogerätemarktes entsprechend unterschiedlicher Nutzerwünsche vorantrieben.

IV.2 Vermarktung. *Inszenierung von Zielgruppen und Hörsituationen*

Die zweite Darstellungsperspektive wendet sich einer der Akteurgruppen zu, welche Bedeutungszuweisungen an die Objekte vornahmen: Die Hersteller und ihre Werbefachleute inszenierten in der Werbung eine Reihe von Nutzungskontexten und Hörsituationen und machten mit einzelnen Gerätetypen spezifische Angebote an ausgewählte Zielgruppen.

Ich werde das Bild rekonstruieren, das die Produzenten von ihren potenziellen Konsumenten hatten. Welche Nutzerkreise hatten sie zu welchem Zeitpunkt identifiziert, wann kamen etwa auch neue hinzu und mittels welcher Werbestrategien und Gerätetypen sollten diese gewonnen werden?

In meiner Analyse der Anzeigen lehne ich mich methodisch grundlegend an die bekannten ikonografisch-ikonologischen Verfahren der Bildquellenanalyse an, die auf den Kunsthistoriker Erwin Panofsky bzw. auf Rainer Wohlfeils geschichtswissenschaftlichen Methodenvorschlag zur Interpretation von Bildern als historische Quellen zurückgehen.[114] Kollektive Werte und Vorstellungen der jeweiligen Zeit sind in die Werbung eingebettet, so der Ausgangspunkt meiner Interpretationen. Auch wenn sie nicht als „Spiegel der Gesellschaft" gedeutet werden kann,und Konrad Dussel zu Recht davor warnt, von der Werbung auf einen pauschal zu beschreiben-

114 Ich orientiere mich also am dreistufigen Verfahren der vor-ikonografischen Beschreibung, der ikonografisch-historischen Analyse und der ikonologischen Interpretation. Vgl. Rainer Wohlfeil, Methodische Reflexionen zur Historischen Bildkunde. In: Tolkemitt, Brigitte/ Wohlfeil, Rainer (Hg.), Historische Bildkunde. Probleme - Wege - Beispiele. Berlin 1991, S.17-35.

den „Zeitgeist" zu schließen[115], sind die Anzeigen doch Dokumente einer Mentalitätsgeschichte[116], und es bestehen Wechselwirkungen zwischen den Werten und Konsumwünschen einer Zielgruppe und der Werbung.[117]

Der historische Quellenwert der Werbung liegt „in den Arten des Glücks, das sie verspricht".[118] Das in Anzeigen der Fünfzigerjahre dargestellte Familien- oder Urlaubsglück unterscheidet sich vom heutigen; und eben dies ist es, was eine Analyse der Phonogeräte-Werbung leisten kann: Zeitgenössische Mentalitäten, Werte, Wunschbilder und gesellschaftlich akzeptierte Situationen des Musikkonsums werden darin transportiert.[119] Bär, di Falco und Pfister arbeiten in ihrer Bilanz des Sammelbandes „Bilder vom besseren Leben" eine nachweisbare Korrelation von Werbeargumenten mit der wirtschaftlich-politischen Entwicklung heraus. Sie verdeutlichen, wie sensibel die Werbefachleute besonders im Zeitraum von den Fünfziger- bis zu den frühen Siebzigerjahren auf die gesellschaftlichen Veränderungen ihrer Zeit reagierten, was sich beispielsweise an der zunehmenden Argumentation mit genussorientierten Wertemustern (im Gegensatz zu sparsamkeitsorientierten Werten) veranschaulichen lässt. Dabei betonen gerade die Anzeigen für technische Konsumgüter oft die Erlebnisdimension der Technik (während die Erklärung der Funktionen und Bedienung mit zunehmendem Bekanntheitsgrad des zu vermarktenden Gerätes zurückgeht).[120]

115 Konrad Dussel, Wundermittel Werbegeschichte? Werbung als Gegenstand der Geschichtswissenschaft. In: NPL 43 (1997) S.416-430, hier S.417.

116 Vgl. Rainer Gries/ Volker Ilgen/ Dirk Schindelbeck, „Ins Gehirn der Masse kriechen!". Werbung und Mentalitätsgeschichte, Darmstadt 1995 (im Folgenden: Gries/ Ilgen/ Schindelbeck, Ins Gehirn der Masse kriechen).

117 Vgl. Christian Pfister, Bilderwelt der Konsumgesellschaft. Werbung in ihrem ökonomischen und kulturellen Umfeld. In: Daniel di Falco/ Peter Bär/ Christian Pfister (Hg.), Bilder vom besseren Leben. Wie Werbung Geschichte erzählt, Bern [u.a.] 2002, S.9-15.

118 Peter Bär, Daniel di Falco, Christian Pfister, Eine Bilanz. Der Wandel der Werte und die Werte der Werbung. In: Dies. (Hg.), Bilder vom besseren Leben. Wie Werbung Geschichte erzählt, Bern [u.a.] 2002, S.209-214, hier S.209 (im Folgenden: Bär, di Falco, Pfister, Bilanz)

119 Auch Roland Marchand stellt heraus: „Ad creators tried to reflect public aspirations rather than contemporary circumstances, to mirror popular fantasies rather than social realities." Roland Marchand, Advertising the American Dream. Making Way for Modernity, 1920-1940, Berkeley, Los Angeles, London 1985, S.xvii (im Folgenden: Marchand, Advertising the American Dream).

120 Zur Kontextualisierung der Werbeanzeigen für Phonogeräte in den Fünfziger- und Sechzigerjahren ziehe ich zudem einschlägige Literatur zur Werbegeschichte hinzu. Vgl.: Michael Kriegeskorte, 100 Jahre Werbung im Wandel. Eine Reise durch die deutsche Vergangenheit, Köln 1995; Michael Kriegeskorte, Wer-

Die in dieser Arbeit verwendeten Bilder – stammen sie nun aus der Werbung, aus Verbraucherzeitschriften oder aus dem Konsumentenalltag – können auch unbewusste und unausgesprochene Bedeutungen zum Ausdruck bringen, die nur anhand der Texte der Hersteller, der Verbraucher, des Marketings usw. nicht auszumachen wären. Denn die Werbung greift auf zeitgenössische (auch unbewusste) gesellschaftliche Werte zurück, um ihre Konsumenten zu erreichen. Da sie sich jedoch auf positive Argumente konzentriert, entsteht ein „verzerrtes Spiegelbild" der gesellschaftlichen Werte und Wünsche.[121] Die Werbeinhalte bilden also zuallererst Idealbilder und -vorstellungen der Hersteller, Werbefachleute und Konsumenten ab. In Einklang mit dieser Sichtweise versteht auch Peter Burke Bilder nicht als Abbilder der historischen Realität sondern als „Zeugnisse vergangener Seh- und Denkweisen".[122] Werbeabbildungen eignen sich dementsprechend, um vergangene Einstellungen gegenüber Alltagsgegenständen und Gebrauchswaren zu ergründen. Sie dokumentieren Werte und Bedeutungen, die auf Waren projiziert wurden.

Die semiotische Entschlüsselung von Werbeanzeigen erfordert daher eine Einbettung in die Kultur-, Konsum-, Produkt- und Werbegeschichte, um einen allzu begrenzten Blick rein auf die Elemente des einen Bildes zu vermeiden.[123] Die Begriffe des *social tableau* und des *visual cliché*, die Roland Marchand in seiner Studie zu Werbeanzeigen im Nordamerika der Zwanziger- und Dreißigerjahre geprägt hat, können diese Kontextualisierung und auch die Analyse der einzelnen Anzeigen unterstützen. Eine kurze Definition verdeutlicht den Erkenntnisgewinn, den ihre Anwendung verspricht.

Eine Werbeanzeige biete dem Historiker umfassende Orientierungslinien auf der Suche nach den (intendierten) sozialen Bedeutungen der vermarkteten Objekte, so Marchand. Zeigt sie mehrere

bung in Deutschland 1945-1965. Die Nachkriegszeit im Spiegel ihrer Anzeigen, Köln 1992; Karin Knop, Zwischen Afri-Cola-Rausch und dem Duft der großen weiten Welt. Werbung in den sechziger Jahren. In: Werner Faulstich (Hg.), Die Kultur der 60er Jahre, München 2003, S.241-271 (im Folgenden: Knop, Afri-Cola-Rausch); Siegfried J. Schmidt, Werbung. In: Jürgen Wilke, Mediengeschichte der Bundesrepublik Deutschland, Köln 1999, S.518-544 (im Folgenden: Schmidt, Werbung).

121 Vgl. Bär, di Falco, Pfister, Bilanz, S.211.

122 Peter Burke, Augenzeugenschaft. Bilder als historische Quellen, Berlin 2003, S.214 (im Folgenden: Burke, Augenzeugenschaft).

123 Vgl. dazu auch Daniel di Falco, Peter Bär, Christian Pfister (Hg.), Bilder vom besseren Leben. Wie Werbung Geschichte erzählt, Bern [u.a.] 2002; und Gries/ Ilgen/ Schindelbeck, Ins Gehirn der Masse kriechen.

Personen und ihre Beziehungen zueinander oder innerhalb eines größeren sozialen Zusammenhangs, bezeichnet er sie als *social tableau*.[124] Diese Art der Anzeige stellt üblicherweise einen zeitgenössischen Ausschnitt aus dem Leben dar, der den Betrachtern ausreichend bekannt ist; etwa zwei gut gekleidete Ehepaare bei einer abendlichen Verabredung, ein junges Pärchen beim Picknick, aber ebenso die Hausfrau, die ihrem Mann mit einem Lächeln das Abendessen serviert. Auch bei der Interpretation dieser *social tableau*-Anzeigen ist zu beachten, dass Werbung nicht die Realität widerspiegelt, sondern vielmehr Wunschbilder zeigt und Szenen inszeniert, die den Konsumenten als erstrebenswert galten. Im Falle der Werbung für Phonogeräte der Fünfziger- und Sechzigerjahre geben Anzeigen dieser Art somit eher einen Einblick in Idealvorstellungen etwa des Familienlebens oder der mobilen Freizeitgestaltung junger Menschen als in die alltäglichen Realitäten und massenhaft verbreiteten Praktiken. Den Objekten wird in den Anzeigen eine Distinktionsfunktion zugeschrieben: Die Werbung für einen repräsentativen Musikschrank, der voller Stolz dem befreundeten Ehepaar vorgeführt werden könnte, machte das Versprechen sozialen Aufstiegs, der Erwerb des neuesten, farbenfrohen, tragbaren Plattenspielers schien die Anerkennung der Freunde beim nächsten Treffen im Schwimmbad zu garantieren.

Visual clichés sind solche Szenen, die einen besonders hohen Wiedererkennungswert haben – wie etwa der Hund, der an der Hose des Postboten zerrt.[125] Auch in der Werbung gebe es, so Marchand, ähnliche immer wiederkehrende Motive, die dem Betrachter in Inhalt und Botschaft bestens bekannt seien und die bestimmte Emotionen vermittelten. Die Darstellung einer glücklichen Familie etwa – mit dem Vater im Zentrum des Bildes auf einem komfortablen Sessel, der Ehefrau an seiner Seite und dem spielenden Kind zu seinen Füßen – ist ein *visual cliché* der glücklichen Familie, das Marchand schon für die Zwanzigerjahre ausmacht. Es vermittelt Harmonie und Geborgenheit, und das beworbene Produkt – wie etwa der Radio- oder Fernsehapparat oder eben der Musikschrank, um den sich die Familie versammelte – scheint diese positiven Wirkungen, die über seine rein technischen Funktionen hinausgehen, mitzubringen.

Die Vermarktungsstrategien der Phonogerätehersteller sowie die Entdeckung neuer Zielgruppen (die etwa auch durch andere *visu-*

124 Ist nur eine einzelne Person dargestellt, kann die Anzeige *als social tableau* gelten, wenn die Kulisse Rückschlüsse auf die soziale Stellung der Person zulässt. Vgl. Marchand, Advertising the American Dream, S.165ff.

125 Marchand, Advertising the American Dream, S.235ff.

al clichés und *social tableaux* angesprochen werden) lassen sich erst durch die Betrachtung mehrerer Anzeigen in Serie herausarbeiten. Inwiefern wurden etwa neue Geräte durch den Verweis auf bekannte und bereits akzeptierte Mediendispositive beworben? Wurden Geräte mit bestimmten Choreographien der Nutzung mit speziellen Zielgruppen in Verbindung gebracht oder diesen etwa über den Preis oder die Gestaltung der Werbeanzeigen nahe gelegt? In welcher Beziehung standen die beworbenen Geräte zu unterschiedlichen Musikrichtungen? Auf diesem Weg gewinne ich aufschlussreiche Einblicke in die Beziehungen zwischen Subjekt, Apparat und Programm. Die Analyse von Werbeanzeigen in ihrer historischen Abfolge offenbart Wandlungstendenzen in der (idealtypischen) Einbeziehung der Phonogeräte in den westdeutschen Konsumentenalltag im Allgemeinen und in sich ausbildende unterschiedliche Konsumstile im Besonderen.

IV.3 Diskussion. *Warentester, HiFi-Experten und Konsumentenmagazine als Wegbereiter und Kritiker der Geräteentwicklung*

Die öffentlich geführte Diskussion über Vor- und Nachteile der Objekte und über ihre Nutzung ist fester Bestandteil der Ko-Konstruktionsprozesse von technischen Artefakten durch herstellerunabhängige Akteure. Konsumenten und Fachleute, HiFi-Experten, Warentester und Journalisten versahen die Geräte mit Bedeutungen und ordneten sie unterschiedlichen Anwendungsgebieten und Konsumentenkreisen zu. Es fanden herstellerunabhängige Abgrenzungen von Zielgruppen und der ihren Ansprüchen entsprechenden Gerätetypen statt: Während etwa eine große Verbraucherzeitschrift die Funktionen und Qualität eines Gerätes als gut bewertete, konnte dasselbe Gerät in einer Fachzeitschrift als minderwertig gelten. Die Presse identifizierte unterschiedliche Konsumentenkreise, deren Ansprüche und Gebrauchspraktiken voneinander abgegrenzt wurden.

Dieser Darstellungsschritt zeigt, wie firmenunabhängige Akteure die Neu- und Weiterentwicklungen von Phonogeräten bewerteten und welche Nutzergruppen in der öffentlichen Diskussion besonders stark in Erscheinung traten. In der Diskussion wurden Geschmacksvorlieben verhandelt und abgegrenzt, und die Konsumenten meldeten sich mit ihren Wünschen zu Wort. Die Wechselwirkungen zwischen der Ausdifferenzierung des Angebotes und der Auffächerung individueller und gruppenspezifischer Konsumstile und Mediennutzungen werden in dieser Perspektive besonders deutlich. Wünschten sich die Konsumenten die Auffächerung der Gerätepalette und artikulierten sie entsprechende zielgruppenspezifische Wünsche?

Ich lege zahlreiche Presseerzeugnisse zugrunde um möglichst viele verschiedene Standpunkte der Diskussion zu erfassen. Große Nachrichten-, Verbraucher- und Warentestmagazine wurden ebenso ausgewertet wie Jugend-, Hobby- und Musikzeitschriften; spezialisierte Publikationen, die die Interessen einzelner Zielgruppen vertraten und nicht dem „mainstream" entsprachen, runden das Bild ab.[126]

So kann aus den differenzierten Perspektiven unterschiedlicher Nutzergruppen ein Blick auf die Marktentwicklung und die Bewertung der Artefakte geworfen werden. Die Bedeutungszuschreibungen der Konsumenten und ihrer Vertreter, der unabhängigen Warentester und Fachleute werden offen gelegt und die Abgrenzungen einzelner Konsumentenkreise treten hervor.

IV.4 Aneignungen. *Objekte der Abgrenzung und Distinktion*

Das Angebot eines portablen Plattenspielers führt nicht unweigerlich zu mobilem Musikkonsum und die Aufnahmefunktion des Gerätes bedingt nicht automatisch das Mitschneiden von Radiosendungen oder das Zusammenstellen persönlicher Hitparaden. Denn die Nutzer der Produkte sind keine fremdbestimmten Konsumenten: Sie folgen nicht einfach vorgegebenen kulturellen Mustern, sondern prägen diese mit. Im Gebrauch der Artefakte sind eigenwillige Interpretationen und Bedeutungszuschreibungen denkbar.

In der Nutzung wurden die Phonogeräte oft als Medien der Abgrenzung und Distinktion eingesetzt. Nutzer schufen sich mittels der Technik, die möglicherweise von anderen nicht beherrscht wurde, oder mittels der eigenen Klangkulisse eine eigene Welt. Jugendliche grenzten eine von den Eltern autonome Sphäre ab oder drückten über ihren Musikkonsum ihre Zugehörigkeit zur jungen Generation oder auch zu den Anhängern einer bestimmten Musikrichtung aus. Erwachsene positionierten sich anhand des Besitzes verschiedener Geräte als Klassikliebhaber oder Technikfreak, als Anhänger modernen Designs oder traditioneller Formen. Besonders ausgefeilte und qualitativ hochwertige, innovative Geräte konnten zum Distinktionsmerkmal werden, das technisches Verständnis und Modernität zum Ausdruck brachte. Der Besitz und die Nutzung be-

126 In Kapitel A.V werden die ausgewählten Quellen detaillierter vorgestellt.

stimmter Geräte eines bestimmten Herstellers, mit einem speziellen Design und technischen Raffinessen waren ein Weg, Abgrenzungen zu artikulieren.

Die Aneignungspraktiken griffen einerseits die Angebote der Hersteller und des Marketings auf, konnten andererseits aber auch „gegen den Strich" erfolgen, und die weitere Entwicklung der Technik und des Designs sowie die Vermarktung der Geräte beeinflussen.

In diesem Darstellungsschritt wird die Medienwahrnehmung und -nutzung unterschiedlicher Konsumentenkreise mit den technischen, programmlichen und institutionellen Aspekten des Dispositivs in Zusammenhang gebracht. Denn das Interesse an einer historischen Betrachtung der Dispositive gilt den Wechselbeziehungen, die zu einer Veränderung der medialen Konstruktion führen.[127] Welche Folgen haben die seitens der Produzenten vorgenommenen apparativen Veränderungen auf der Empfängerseite und welche Reaktionen rufen subversive Aneignungsweisen der Konsumenten bei den Herstellern und Marketingexperten hervor? Welche Veränderungen in der Gesamtanordnung des Dispositivs sind notwendig, um mit der Einführung eines neuen Gerätetypus auch ein verändertes Nutzungsverhalten und neue Muster des Musikkonsums entstehen zu lassen?

Ich werde die Rezeptionskontexte, Gebrauchspraktiken und -regeln unterschiedlicher Konsumentenkreise herausarbeiten und voneinander abgrenzen: Wie nutzten die Konsumenten verschiedenster Zielgruppen die Phonogeräte in ihrem jeweiligen sozialen Kontext? Welche Aspekte von Identität wurden mithilfe dieser Artefakte verhandelt? Wie unterschieden sich die Aneignungen der Phonogeräte von den durch Hersteller und Vermarktung vorgesehenen Nutzungsweisen? Lassen sich Versuche der Nutzer ausmachen, die apparativen Grundbedingungen der Artefakte zu ihren Gunsten oder mit dem Ziel einer flexibleren dispositiven Struktur zu verändern?

Nutzungsweisen und Bedeutungszuschreibungen der Konsumenten lassen sich in aller Regel nur schwer rekonstruieren. Ich habe zahlreiche Einzelquellen zur Rezeptionsgeschichte zusammengetragen, um die Aneignungspraktiken zumindest in Ausschnitten rekonstruieren zu können. Medienbiografische Erinnerungen einzelner Nutzer werden kombiniert mit statistischen Erhebungen zur Verbreitung der Geräte in der westdeutschen Bevölkerung im All-

127 Vgl. Hickethier, Kommunikationsgeschichte, S.28.

gemeinen und in einzelnen Alters- oder Einkommensklassen im Besonderen. Verbraucherzeitschriften, die zeitgenössische Marktforschung, soziologische und pädagogische Studien zum Konsum und auch eigene Veröffentlichungen einzelner besonders prominent auftretender Nutzergruppen lassen die Ausdifferenzierung von Zielgruppen mit ihren je eigenen bevorzugten Gerätetypen und Konsummustern erkennbar werden. Verschiedene Nutzerkreise eigneten die Technik ganz unterschiedlich an und wiesen ihr abweichende Bedeutungen zu.

Das Konzept des Dispositivs lässt durch eine Kombination der Nutzerperspektive mit den Entwicklungen der Geräte, des Programms und der institutionellen, wirtschaftlichen und kulturellen Rahmenbedingungen ein vollständiges Bild entstehen. Die Entwicklung der Geräte selbst ist der beste Schlüssel zu den sich ausdifferenzierenden Formen der Freizeitgestaltung und des Musikkonsums.

V Quellen

Der methodische Zugang über eine historische Betrachtung der Phonogeräte-Dispositive erfordert eine breite Quellenbasis, da er materielle, sozial-kulturelle und wirtschaftliche Aspekte verbindet. Die aus dem Dispositiv-Konzept abgeleiteten vier Darstellungsperspektiven stellen ganz unterschiedliche Anforderungen an das zugrunde zu legende Material. Dementsprechend werde ich im Folgenden den Blick auf die Akteure der Phonogeräte-Geschichte richten und ihre Kommunikationswege vorstellen. An den Aushandlungsprozessen um die Bedeutung der Phonogeräte und die Abgrenzung ihrer Nutzergruppen nahmen die Objekte (V.1) selbst ebenso teil wie ihre Hersteller und Händler (V.2), ihre Kritiker und Nutzer (V.3).

V.1 Objekte

In der Erläuterung der Darstellungsperspektiven habe ich zahlreiche Fragen an die Objekte formuliert und die Aussagekraft der gegenständlichen Quellen betont. Exemplarische Stellvertreter der einzelnen Gerätegattungen werden dazu dienen, diese Fragen zu beantworten.

Sicherlich wären Verkaufszahlen eine sinnvolle Leitlinie zur Auswahl der Artefakte gewesen, doch liegen keine Quellen zum Absatz einzelner Modelle verschiedener Hersteller vor. Vielmehr habe ich die Entscheidung auf Basis der Zugänglichkeit der Objekte treffen müssen und mich zudem an den Quellen orientiert, die mir zur Analyse der Vermarktung und der öffentlich geführten Diskussion über die Geräte vorlagen. Da das Deutsche Technikmuseum Berlin über das Firmenarchiv der AEG-Telefunken verfügt und ich auch bei meinen Recherchen im Archiv der „Gesellschaft der Freunde der Geschichte des Funkwesens" (GFGF)[128] zahlreiche Unterlagen der Firma Telefunken einsehen konnte, habe ich zum größten Teil auch Geräte dieser Herstellerfirma, deren Unterhaltungselektroniksparte in den Sechzigerjahren ihre höchsten Absatzzahlen verzeichnen konnte, als Anschauungs- und Analyseobjekte gewählt.[129]

Im Fall des Musikschranks lag das Hauptauswahlkriterium darin, ein Gerät der mittleren Preisklasse mit einer „typischen" Ausstattung der späten Fünfzigerjahre zu finden. (Worin diese besteht, wird in der Objektstudie deutlich werden.) Die Wahl fiel auf den Musikschrank *Arabella*, der seit 1957 von der Firma Nordmende angeboten wurde.[130]

Im Depot des Deutschen Technikmuseums konnten die Objekte besichtigt, vermessen und fotografiert werden. Wurden für eine Gerätegattung zwei exemplarische Modelle ausgewählt, geschah dies vorrangig, um eine Entwicklung zu demonstrieren. So kann etwa in der Studie zum Plattenspieler der *Musikus 105 S* von 1961 dem *party hit* von 1971 gegenübergestellt werden, um auch innerhalb eines Gerätetypus einen Wandel des Dispositivs herauszustellen.[131] Das *Magnetophon 77* von 1960 und das *Magnetophon 204 TS* von 1968 sind Zeugen einer zunehmenden Spezialisierung des Angebots; sie demonstrieren wie der Hersteller Telefunken mit einer Sparte seiner Tonbandgeräte bewusst eine bestimmte Zielgruppe mit besonderen Ansprüchen bediente.[132]

128 Das Archiv der GFGF befindet sich in Hainichen, Sachsen. Internetauftritt: www.gfgf.org.

129 Zahlreiche interessante Objekte aus dem Sammlungsbereich der Unterhaltungselektronik finden sich darüber hinaus in den Sammlungen der Stiftung Haus der Geschichte der Bundesrepublik Deutschland. Die Stiftung hat Bestände aus den unterschiedlichsten Sammlungsbereichen im Internet zur Recherche verfügbar gemacht unter: http://sint.hdg.de/sint/html/suche.html. Derzeit sind knapp 30.000 Objekte aus den Sammlungen im Internet erfasst.

130 Der Musikschrank Arabella von Nordmende konnte im Depot des DTMB Berlin besichtigt werden.

131 Der party hit von Telefunken wurde mir von zwei Hauptseminarteilnehmerinnen des Lehrstuhls für Neuere und Neueste Geschichte der RWTH Aachen, Jessica und Vanessa Frenger, leihweise zur Verfügung gestellt. Der Musikus 105 S von Telefunken ist in meinem Privatbesitz.

132 Auch das Magnetophon 77 und das Magnetophon 204 TS befinden sich im Depot des DTMB.

Der ausgewählte Kassettenrekorder, das *magnetophon cc alpha* von 1969, spricht einen ganz anderen Nutzerkreis an. Das kleine, handliche Gerät, dessen technische Funktionen und Bedienungselemente auf ein Minimum reduziert waren, wandte sich an jüngere, mobile Konsumenten. Zudem wurde es in den ersten zwei Jahren nach seiner Markteinführung intensiv vermarktet und auch in Konsumentenzeitschriften und Warentestmagazinen besprochen.[133]

Die exemplarischen Geräte sind – entsprechend der zuvor ausgeführten Prinzipien der Objektanalyse – unter anderem in ihr Produktumfeld einzuordnen. Durch einen Vergleich mit alternativen Geräten, Vorgänger- und Nachfolgermodellen lassen sich die Charakteristika des betrachteten Modells und seiner Apparat-Nutzer-Konstellation erschließen. Das vom Verband deutscher Rundfunk- und Fernseh-Fachgroßhändler jährlich herausgegebene *Handbuch des Rundfunk- und Fernsehgroßhandels* enthält Abbildungen und technische Daten sowie Angaben zu den Materialien und Verkaufspreisen nahezu aller im jeweiligen Jahr auf dem Markt erhältlichen Geräte.[134] Daher dient es als Vergleichsfolie: Mit seiner Hilfe lassen sich die ausgewählten Objekte in die Angebotspalette einordnen, sie können als durchschnittliches, exklusives oder besonders einfaches Gerät klassifiziert werden, ihre Apparat-Nutzer-Konstellation kann alternativen Angeboten gegenübergestellt werden.

V.2 Hersteller und Händler

Die Hersteller kommunizierten die intendierten Nutzungen und Anwendungskontexte sowie die vorgesehenen Zielgruppen und Bedeutungen der Artefakte vorrangig über die Werbung. Die Objekte selbst können (aufgrund ihrer *interpretative flexibility*) verschiedenste Gebrauchs- und dispositive Anordnungsmöglichkeiten sowie symbolische Bedeutungen transportieren; in Anzeigen und Broschüren grenzten Hersteller diese Offenheit ein. Sie verwiesen auf die beabsichtigten Nutzergruppen und Hörsituationen.

133 Das magnetophon cc alpha befindet sich sowohl im Depot des DTMB als auch in meinem Privatbesitz.

134 Verband deutscher Rundfunk- und Fernseh-Fachgroßhändler (VDRG) e.V. (Hg.), Handbuch des Rundfunk- und Fernsehgroßhandels, Berlin 1956/57-1971/72. Einige Lücken in der Dokumentation durch das HDRFG sind nicht auszuschließen, da nur jene Geräte aufgenommen werden konnten, zu denen die Industrie Informationen an den herausgebenden Verband geliefert hatte. Aufgrund der steigenden Zahl an Modellen und der zunehmenden Importe wurde diese Übersicht in den 70er Jahren eingestellt, ist für den hier gewählten Zeitraum jedoch vollständig vorhanden. (Im Folgenden: HDRFG).

Schon die *Namen der Phonogeräte* stellen eine erste Botschaft und Bedeutungszuweisung dar – geben doch die Gerätebezeichnungen, die teils nüchtern aus Zahlen- und Buchstabenkombinationen bestehen, teils auch bildhaft gewählt sind, oft deutlich Auskunft über beabsichtigte Zielgruppen und Anwendungen. Häufig wird über den Namen eines Produktes versucht, eine emotionale Nähe zwischen Technik und Nutzer herzustellen.

In den Archiven des Deutschen Technikmuseums Berlin, des Deutschen Museums München und der GFGF liegen zahlreiche *Anzeigen und Broschüren* unterschiedlicher Firmen vor. Die Unterlagen der AEG-Telefunken des DTMB werden ergänzt durch die Firmenschriften von Philips und Grundig im Deutschen Museum München und zahlreiche (wenn auch mehr zufällig archivierte) Materialien zu BASF, Braun, Dual, Elac, Grundig, Loewe Opta, Nordmende, Perpetuum-Ebner, Philips, Saba, Schaub, Telefunken u.v.m. im Archiv der GFGF.[135] Darüber hinaus enthalten verschiedene Konsumenten-, Musik- und Händlerzeitschriften zahlreiche Werbeanzeigen, die diesen Quellenkorpus erweitern.[136]

Auch *Gebrauchsanleitungen* dienten als Kommunikationsmittel der Hersteller: Sie priesen nicht nur die Produkte an und gaben Auskunft zu deren „richtiger" Bedienung und Funktion, sie schrieben den Produkten darüber hinaus spezifische Bedeutungen zu.[137] Die Bilder und Texte zu den technischen Geräten enthalten neben Hinweisen zu den sozialen Verhältnissen und akzeptierten Techniknutzungen innerhalb einer Gesellschaft auch Anhaltspunkte zu den Erwartungen, die mit einer Technik verknüpft wurden. Ebenso wie die Werbung mussten auch Bedienungsanleitungen die Bedürfnisse und Anliegen der Verbraucher berücksichtigen.[138]

135 Diese mehr „zufällige" und wenig systematische Sammlung des Archivs der GFGF in Hainichen rührt daher, dass hier größtenteils die Bestände privater Sammler zusammengeführt wurden.

136 Die Zeitschriften werden im Folgenden noch genauer benannt und vorgestellt.

137 Zur Gebrauchsanleitung als Quelle vgl. Markus Nickl, Gebrauchsanleitungen. Ein Beitrag zur Textsortengeschichte seit 1950, Tübingen 2001; ders., „Dann atmet die Hausfrau erleichtert auf". Die fünfziger und sechziger Jahre im Spiegel der Gebrauchsanleitung. In: Joachim Kallinich (Hg.), Erst lesen - dann einschalten! Zur Geschichte der Gebrauchsanleitung. Anlässlich der gleichnamigen Ausstellung, eine Publikation des Museums für Post und Kommunikation Berlin, Berlin 1997, S.16-25; ders., Gebrauchsanleitungen der 50er und 60er - alte Hüte?. In: Clemens Schwender (Hg.), Zur Geschichte der Gebrauchsanleitung, Frankfurt a. M. 1999, S.219-247; Clemens Schwender, Zur Geschichte der Gebrauchsanleitung. Theorien - Methoden - Fakten, Frankfurt a. M. [u.a.] 1999.

138 Die verwendeten Gebrauchsanleitungen stammen aus dem DTMB Berlin, teilweise auch aus dem Internet. Die Seite des „Wegavisions HiFi Archiv" bietet Ka-

Firmeninterne Dokumente und Rundschreiben geben zusätzlich Auskunft über anvisierte Nutzergruppen, Vermarktungsstrategien und Präsentationen auf Messen, etwa bei der Funkausstellung oder auf der Industriemesse. Für AEG-Telefunken liegen zumindest einige solcher Dokumente vor, die teils aus dem DTMB, teils aus dem GFGF-Archiv stammen. *Presse-Informationen* der Herstellerfirmen, die meist im Vorfeld von Messen herausgegeben wurden, stellten neue Gerätetypen vor und erläuterten Weiterentwicklungen schon länger auf dem Markt befindlicher Produkte. Teils wurden auch konkrete Zielgruppen benannt, die mit den Geräten angesprochen werden sollten.[139]

Direkt an die Konsumenten richteten sich die Hersteller mit *Büchern*, die Funktionen und Anwendungsmöglichkeiten der Phonogeräte beschrieben. Diese Publikationen, die etwa das Schallplatten- oder Tonbandhobby bekannter machen sollten und Anregungen für eine aktive und kreative Nutzung zu geben versuchten, bringen die idealtypischen Vorstellungen der Produzenten von ihren Käufern und deren Praktiken ans Licht. Diese Quellengattung spielt insbesondere beim Tonbandgerät eine Rolle, da es aufgrund seiner komplexeren Technik und somit im Vergleich zu den meisten Plattenspielern auch komplizierteren Benutzeroberfläche ausführlicherer Erklärungen bedurfte.[140]

Der Fachhandel war vor der Etablierung großer Elektromärkte einer der wichtigsten Vermittler zwischen Hersteller, Produkt und Kunde.[141] Daher werden *Publikationen der Hersteller für die Fachhändler* hinzugezogen, namentlich die Nordmende-Zeitschrift *Am Mikrophon,*[142] der *Telefunken-Sprecher,*[143] *Der Philips-Kunde* beziehungsweise *Philips*

taloge, Werbeanzeigen und Anleitungen zahlreicher Hersteller. http://telefunken.pytalhost.eu [Zugriff: 08.10.2010].

139 Auch die Presse-Mitteilungen stammen vorrangig von AEG-Telefunken und liegen im Archiv des DTMB Berlin und im Archiv der GFGF vor.

140 Publikationen dieser Art sind z.B. BASF (Hg.), BASF Magnetophonband, Band der unbegrenzten Möglichkeiten, o.O. 1957; BASF (Hg.), ton+band. Tips für Tonbandfreunde, o.O., o.J. (im Folgenden: BASF, ton + band); BASF (Hg.), Heiteres Tonband-Brevier, Ludwigshafen 1962. (im Folgenden: BASF Heiteres Tonband-Brevier); Philips (Hg.), Ein Wegweiser für Tonbandfreunde und solche, die es werden wollen, Hamburg 1963 (im Folgenden: Philips, Ein Wegweiser für Tonbandfreunde); Elac Presse- und Werbeabteilung (Hg.), Elac Phono ABC. Das kleine Lexikon für den Schallplattenfreund, 5. Auflage, Kiel o.J.

141 Vgl. Pinch, Giving birth to new users.

142 Nordmende, Am Mikrophon. Zeitschrift der norddeutschen Mende Rundfunk KG. Vorhanden im Archiv der GFGF, Zeitraum: 1957-1963.

143 Telefunken Sprecher. Vorhanden im Archiv der GFGF, Zeitraum: 1959-1973.

Kontakte.[144] In diesen Blättern informierte die Geräteindustrie den Fachhandel in teils ausführlichen Artikeln über Werbekampagnen, neue Geräte und ihre Zielgruppen, gab Hinweise für Verkaufsgespräche, Schaufenster- und Geschäftsdekorationen.[145]

Die in den Händlermagazinen abgedruckten Werbeanzeigen unterscheiden sich deutlich von solchen in den Konsumentenzeitschriften: Sie wandten sich direkt an die Verkäufer, versprachen ihnen einen guten Umsatz und gaben ihnen Argumente zur Überzeugung der Kunden an die Hand. Somit stellen diese Anzeigen eine besonders aufschlussreiche Quelle für die Strategien der Phonogeräteindustrie dar.[146]

Der Fachhandel informierte sich auch anhand firmenunabhängiger Magazine über Vermarktungs- und Verkaufsstrategien sowie Zielgruppen. Der *radio-fernseh-händler,* den ich in einzelnen Ausgaben für das Jahr 1965 und fast vollständig für den Zeitraum von 1969 bis 1972 einsehen konnte,[147] und das Branchenmagazin *Der Musikmarkt,* das für den gesamten Untersuchungszeitraum ab seinem Erscheinungsjahr 1959 ausgewertet wurde,[148] klärten die Händler über Neuerungen im Geräteangebot sowie über die Kaufkraft und die vermeintlichen Vorlieben einzelner Zielgruppen auf.[149] Das von den

144 Der Philips-Kunde. Mitteilungsblatt Deutsche Philips GmbH. Vorhanden im Archiv der GFGF, einzelne Ausgaben 1952-1961. Philips Kontakte. Philips Informationen für Fachhandel, Werkstätten und Techniker. Vorhanden im Archiv der GFGF, einzelne Ausgaben 1965 und 1966.

145 Auszuschließen sind hingegen die im Falle vieler Hersteller vorhandenen Technischen Mitteilungen/ Technische Rundschau usw. Diese Publikationen richten sich vornehmlich an Techniker und Werkstatt- bzw. Servicemitarbeiter und bieten anhand von Konstruktionsplänen und detaillierten Serviceanleitungen Hilfe bei Reparaturen. Dies betrifft z.B. Technische Mitteilungen der AEG-Telefunken, Technische Informationen von Grundig, Blaupunkt Technische Hausmitteilungen usw.

146 z.B. „Das HiFi-Studio hilft Schallplatten verkaufen". In: radio-fernseh-händler, Oktober 1969, S.332. Hier führt der Hersteller Schaub-Lorenz den Händlern vor Augen, wie ein im Geschäft vorhandenes Abspielgerät „HiFi-Studio" sowohl den Verkauf von Hi-Fi-Anlagen als auch Schallplatten fördern würde.

147 radio-fernseh-händler. Fachblatt für den Radio-, Fernseh- und Phonomarkt. Vorhanden im Archiv der GFGF, Zeitraum: einzelne Ausgaben 1965, fast vollständig für den Zeitraum 1969-1972 (im Folgenden: radio-fernseh-händler).

148 Der Musikmarkt. Fachzeitschrift für alle Gebiete der Unterhaltungsmusik (im Folgenden: Der Musikmarkt). Vorhanden in der Deutschen Nationalbibliothek Frankfurt am Main, eingesehen für den Zeitraum 1959-1973.

149 So beschäftigt sich der Musikmarkt etwa bereits in seiner Erstausgabe mit der Lage auf dem deutschen Schallplattenmarkt und diskutiert den nur schleppend anlaufenden Absatz der Stereo-Schallplatte und der Stereo-Wiedergabegeräte. Vgl. Der Musikmarkt 1/1959, S.1, S.26. Im selben Heft werden die Teenager als

Herstellern bei Funkausstellungen und Messen präsentierte Geräteprogramm wurde vorgestellt und besprochen, Absatzzahlen der Branche wurden zusammengefasst und diskutiert, und hier kamen auch die Schallplattenfirmen zu Wort, die sich etwa angesichts der Verbreitung von Tonbandgeräten um ihren Tonträgerabsatz sorgten.

V.3 Kritiker und Nutzer

Die Quellen zur Diskussion der Phonogeräte durch Fachleute wie Laien und jene zu den Aneignungspraktiken der Konsumenten stelle ich in einem gemeinsamen Unterkapitel vor, da sie nicht immer trennscharf voneinander zu unterscheiden sind. Berichtet etwa eine herstellerunabhängige Zeitschrift über neue Geräte und nimmt Bewertungen vor, dient sie als Quelle zur Rekonstruktion der öffentlichen Diskussion über Geräte und Zielgruppen. Zugleich aber enthalten diese Magazine auch Hinweise auf Gebrauchspraktiken einzelner Nutzerkreise, wenn etwa Leserbriefe und Erfahrungsberichte von Nutzern abgedruckt werden.

Warentests und Konsumentenratgeber

Firmenunabhängige Zeitschriften wie die *Deutsche Mark. Erste Zeitschrift mit Warentests* nahmen eine herstellerunabhängige Perspektive auf die Entwicklungen des Unterhaltungselektronikmarktes ein.[150] Geräte wurden getestet und besprochen, Vor- und Nachteile aufgelistet und Zuordnungen zu einzelnen Konsumentengruppen mit variierenden Ansprüchen vorgenommen. Die 1961 gegründete *DM* war ein Vorreiter der sich Anfang der Sechzigerjahre institutionalisierenden Warentests. Absicht des Blattes war es, „das reklameüberflutete Konsumentenvolk aufzuklären. Die *DM*-Redakteure woll[t]en Gebrauchsgüter […] miteinander vergleichen und, je nach Güte und Preiswürdigkeit, zensieren." Anhand „wissenschaftlich durchgeführte[r] Warentests" sollte den Konsumenten eine Hilfestellung bei ihren Kaufentscheidungen geboten werden.[151] Das Magazin etablierte sich schnell und verzeichnete innerhalb des ersten Jahres eine Auflagensteigerung von anfangs 60.000 auf 350.000 Stück, 1963 sogar auf 700.000 Exemplare. Der große Erfolg der *DM* macht deutlich, dass unabhängige Warentests einem in der Bevöl-

Zielgruppe von „unerhörter Wichtigkeit" bezeichnet, deren Interessen es zu erkunden gelte. Vgl. Der Musikmarkt 1/1959, S.4.

150 Deutsche Mark. Erste Zeitschrift mit Warentests (im Folgenden: DM).

151 Angst im Labor. Verbraucherzeitschrift, in: Der Spiegel 40/1961, S.46-49, hier S.49.

kerung weit verbreiteten Bedürfnis entgegenkamen.[152] Die Konsumenten suchten nach Orientierung im sich auffächernden Angebot, die *DM* testete und benotete Geräte unterschiedlicher Preisklassen, machte die Produzenten auf unerfüllte Wünsche einzelner Zielgruppen aufmerksam und sah sich als Vertreter der Käufer. Sie gibt sowohl über die Diskussion als auch über die Wünsche der Nutzer Aufschluss. In der vorliegenden Arbeit wurde die *DM* für den Zeitraum von 1963 bis 1973 ausgewertet.[153]

Auch im Buchhandel waren während der Fünfziger- und Sechzigerjahre viele *Ratgeber* erhältlich, die von der Auswahl des richtigen Apparates je nach Anforderungen der Hörer über die Wahl seines Aufstellungsortes bis zur täglichen Pflege des neuen Hobbys zahlreiche Tipps gaben. Zugleich führten sie den ambitionierten Besitzern von Tonbandgeräten und Plattenspielern zahlreiche Anwendungsmöglichkeiten vor.[154] Auch aus dieser Quellengattung erschließen sich

152 Vgl. zu DM und Stiftung Warentest: Hans-Dieter Lösenbeck, Stiftung Warentest - ein Rückblick, Berlin 2002 (zu DM besonders S.11) (im Folgenden: Lösenbeck, Stiftung Warentest); Rainer Gries, Produkte als Medien. Kulturgeschichte der Produktkommunikation in der Bundesrepublik und der DDR, Leipzig 2003, S.189-193 (im Folgenden: Gries, Produkte als Medien).

153 Die ersten beiden Jahrgänge (1961, 1962) und das zweite Halbjahr des dritten Jahrgangs waren leider nicht zugänglich. Im November 1966 änderte die DM ihren Untertitel in „Gut leben – besser einkaufen!", mit der Nummer 24 des Jahres 1967 in „Unabhängiges Verbrauchermagazin". Die heute bekannten Hefte der Stiftung Warentest erschienen erst fünf Jahre nach Gründung der DM auf dem deutschen Zeitschriftenmarkt. Nachdem Adenauer 1962 erstmals die Einrichtung eines unabhängigen Testinstitutes angekündigt hatte, dauerte es noch bis Dezember 1964 bis der Deutsche Bundestag der Gründung der Stiftung zustimmte. Das erste *Test*-Heft erschien im Frühjahr 1966 und beschäftigte sich lediglich mit zwei Warengruppen. Es wurden keinerlei klare Empfehlungen ausgesprochen und Schindelbeck stellt heraus, dass unternehmernahe Persönlichkeiten die Politik des Testinstitutes bestimmten. Vgl. Schindelbeck, Von der DM zur Stiftung Warentest, S.9. Aufgrund der Tatsache, dass die Tests oft erst verzögert erschienen und insbesondere, da die Publikation bei den Verbrauchern nach einem guten Start der Erstausgabe rapide Einbußen in den Verkaufszahlen verzeichnen musste, soll in dieser Arbeit alleine die DM als Quellengrundlage für firmenunabhängige Phonogeräte-Tests dienen. (Die Auflage fiel schon im ersten Jahr von über 100.000 auf nur noch 25.000 Exemplare; vgl. Gries, Produkte als Medien, S.193. Den Tiefpunkt erreichte die Auflage im April 1967 mit nur noch etwa 2.500 verkauften heften bei circa 10.000 Abonnenten. Erst Anfang der 70er Jahre steigen die Leserzahlen wieder auf etwa 100.000. vgl. Lösenbeck, Stiftung Warentest, S.17 und S.213.)

154 z.B. Gustav Büscher, Hi-Fi und Stereo für den Tonbandfreund. Aufnahme- und Wiedergabegeräte richtig ausgewählt und angewandt, Stuttgart 1966 (im Folgenden: Büscher, Hi-Fi und Stereo für den Tonbandfreund); Werner W. Diefenbach, Tonband-Hobby. Praktikum für Tonbandfreunde. In Zusammenarbeit mit den deutschen Tonband-Clubs, 2., neu bearb. u. erw. Aufl., Berlin 1961 (im Folgenden. Diefenbach, Tonband-Hobby); Hans Knobloch, Der Tonband-

nicht nur die Bewertung der Geräte durch Fachleute, sondern auch Domestizierungsprozesse und ihre Herausforderungen.

Zeitschriften für Ton und Technik

In den Zeitschriften für spezielle Käuferkreise nehmen die Akteure der öffentlichen Diskussion klare Konturen an. Es werden zahlreiche unterschiedliche Magazine in die Arbeit einbezogen, um möglichst viele Nutzergruppen in ihren Forderungen und Praktiken auszumachen.

Seit 1953 erschien *hobby, Das Magazin der Technik*, zunächst monatlich, ab 1961 vierzehntäglich mit einer Auflage von 340.000 Exemplaren und einer Leserzahl von circa 1,5 Millionen (lt. eigenen Angaben). Sie beschrieb sich selber als die „größte populär-technische Zeitschrift Europas“[155] und wurde für die vorliegende Arbeit aufgrund ihres hohen Bekanntheitsgrades für den gesamten Zeitraum von 1960 bis 1972 systematisch und vollständig erschlossen.[156] Sie setzte sich in zahlreichen Artikeln mit den Fortschritten der Technik – und eben auch der Phonogeräte – auseinander. So fragte *hobby* schon in Heft 3 des Jahres 1962 „Stirbt die Schallplatte?“ und berichtete über die Entwicklung von Tonbandkassetten. Zugleich bot sie Bauanleitungen für viele Dinge des Alltags, auch für Lautsprecher, Phono-Regale u.v.m.

Das *Ton Magazin* dokumentiert die Ansprüche und Praktiken ambitionierter Nutzer. Es wandte sich an die „Freunde des Tonbandes und der Schallplatte“ und erschien von 1958 bis 1965.[157] Ausführliche Auseinandersetzungen mit verschiedenen Abspielgeräten und ihrer Integration in den Wohnraum, Gerätetests und Berichte

Amateur. Ratgeber für die Praxis mit dem Heimtongerät und für die Schmalfilm-Vertonung, München 1958 (im Folgenden: Knobloch, Tonband-Amateur); Erwin Hiller, Stereophonie und High Fidelity. Ein Ratgeber zur Einführung in die neue Technik, o.O. 1966; Curt Menke, Stereo und HiFi. Das Erlebnis des dreidimensionalen Klangs, München 1967 (im Folgenden: Menke, Stereo und HiFi); Ernst Pfau, Zauberwort Stereo. Musik hören - aber wie, Hobby-Bücherei Band 9, Stuttgart 1967 (im Folgenden: Pfau., Zauberwort Stereo); Joachim G. Staab, Freude am Tonband. Neue Anregungen für den Umgang mit Band und Gerät, Berlin 1971 (im Folgenden: Staab, Freude am Tonband); Klaus D. Hartel, Plattensammeln - mein Hobby. Alles Wissenswerte über Schallplatten, Kassetten und Stereo-Anlagen, München 1971; u.v.m.

155 „Lieber hobby-Leser!“. In: hobby 10/ 1961, S.1.

156 hobby. Das Magazin der Technik. (im Folgenden: hobby).

157 Das Ton Magazin wurde vollständig durchgesehen (im Folgenden: Ton Magazin).

von Funkausstellungen machen das *Ton Magazin* zu einer wichtigen Quelle für die Darstellung der öffentlichen Diskussion. Zugleich erweitert es auch die Quellenbasis zur Rekonstruktion der Aneignungspraktiken, da es sich zum einen an eine bestimmte Nutzergruppe wandte, zum anderen auch Tipps zur Gerätenutzung gab und Leserbriefe abdruckte. Noch stärker spezialisiert waren Zeitschriften wie das Musikmagazin *fonoforum* und die Fachzeitschriften *Funkschau*, *Funk-Technik* und *Hi-Fi-Stereo-Praxis*. Diese Periodika wurden stichpunktartig eingesehen und entsprechend einbezogen, wenn etwa die Markteinführung der Stereo-Schallplatte diskutiert wird.

Eine besondere Stellung nimmt *der tonbandfreund* ein, handelt es sich hier doch um das Vereinsmagazin des „Ring der Tonbandfreunde", einer in der öffentlichen Diskussion besonders prominent auftretenden Nutzergruppe. Diese Quelle eröffnet den Blick in die Gebrauchspraktiken der ambitionierten Tonbandgerätebesitzer, die auch ihre Kritik an den verfügbaren Geräten und Wünsche für zukünftige Produkte deutlich artikulierten.[158]

Einige weitere Artikel aus der überregionalen Presse, namentlich aus der *ZEIT* und dem *Spiegel*, die durch eine systematische Online-Archiv-Recherche ausfindig gemacht werden konnten, erweitern die Quellenbasis. Der Stellenwert der Unterhaltungselektronikbranche in der deutschen Wirtschaft oder auch der Einzug der Stereofonie in westdeutsche Wohnzimmer waren Thema der großen Nachrichtenmagazine und Wochenzeitungen. Sie beteiligten sich etwa auch kritisch an den Diskussionen um Fragen des Urheberrechts bei privaten Tonbandmitschnitten aus dem Radio.

Phono-Erinnerungen

Eine nutzerorientierte Technikgeschichte stellt aufgrund der schwierigen Quellenlage zur Rezeption der Medientechnologien eine besondere Herausforderung dar. Der Dispositiv-Ansatz strebt eine integrative Nutzungsgeschichte an, indem er die Quellen zur Rezeption in Beziehung setzt zu den Apparaten selber, der Programmgeschichte, den wirtschaftlichen Strukturen und den sozio-kulturellen Kontexten der Aneignung. Doch bedarf es auch weiterhin der medienbiografischen Erinnerungen der Nutzer, um wirklich alle Perspektiven innerhalb dieses Beziehungsnetzes einnehmen zu können.

158 Der Ring der Tonbandfreunde existiert noch heute. Das Vereinsmagazin der Jahre 1963 bis 1968 findet sich im Internet unter http://www.tbf-austria.org/der_tonbandfreund.html [Zugriff: 18.11.2010].

Daher habe ich eine Internetseite angelegt, die dazu auffordert, von ganz persönlichen „Phono-Erinnerungen" der Fünfziger-, Sechziger- und frühen Siebzigerjahre zu erzählen. Aufrufe im Radio und in der Lokalpresse, in einem Fachmagazin für Audiotechnik und in zahlreichen Internetforen haben zu einer guten Resonanz geführt[159]: Das Forum enthält derzeit 47 Beiträge von Nutzern, die sich an ihr erstes Tonbandgerät, ihren ersten Kassettenrekorder oder an die funkelnden Goldleisten des Musikschranks im Wohnzimmer erinnern. Lebendige Schilderungen der ersten „Gehversuche" mit den teils noch unbekannten Geräten, präzise Erinnerungen an den Kaufpreis und an die Anstrengungen, die notwendig waren, dieses Geld zu verdienen oder die Eltern vom Kauf zu überzeugen, zeigen den hohen Stellenwert der Geräte im Alltag der Fünfziger- und Sechzigerjahre. Die Plattenspieler, Tonbandgeräte und Kassettenrekorder waren etwas Besonderes: Sie waren Anziehungspunkt im Freundeskreis, Objekt der Bewunderung und Distinktion.

Die Internetseite beinhaltet ein Forum, in dem ohne jede Vorgabe Erinnerungen eingetragen werden können. Durch die Wahl des Benutzernamens, der das Geburtsjahr und ein „m" oder „w" enthält, welches das Geschlecht der Person angibt, erhielt ich grundlegende Informationen darüber, in welchem Alter Geräte angeschafft wurden und ob etwa Frauen andere Gerätetypen bevorzugten als Männer. Aufgrund der Tatsache, dass die Erwachsenen der Fünfziger- und Sechzigerjahre heute in der Regel nicht zu den aktiven Internetnutzern zählen, stammen die Erinnerungen ausschließlich von Personen, die zu dieser Zeit Jugendliche oder junge Erwachsene waren. Nichtsdestotrotz erinnern sie sich auch an die Ausstattung des elterlichen Wohnzimmers oder an das Tonbandhobby des Vaters.[160]

159 Der Aachener Radiosender „100,eins" und der Dürener Sender „Radio Rur" strahlten im Frühjahr 2008 meine Bitte aus, persönliche Erinnerungen an Phonogeräte der Sechzigerjahre auf der Internetseite www.phono-erinnerungen.de einzutragen. Die „Aachener Nachrichten" druckten im Lokalteil ihrer Samstagsausgabe vom 23.02.2008 den Aufruf „Jugendliche aus den 60ern gesucht" ab. Die Zeitschrift „Stereoplay" veröffentlichte die Aufforderung im Heft vom 17.04.2008. In folgenden Internetforen konnte ich den Link posten: www.tonband.de, www.analog-forum.de, www.radiodesign.de, www.tonbandhobby.de, www.tonbandinfo.com, www.bandmaschinenforum.de, www.hifi-forum.de, www.dual-board.de, www.audio.de, www.radiomuseum.org.

160 Neben dem freien „Forum für Ihre Erinnerungen" habe ich zudem einen festen Fragenkatalog zusammengestellt, der neben Basisinformationen wie Alter, Geschlecht, Wohnort, Einkommen, Bildungsstand etc. vor allem nach Besitz, Preisen, Herstellerfirmen, Nutzungsintensitäten und -praktiken, Standorten der Geräte in der Wohnung usw. fragt. Dieser wurde 61mal ausgefüllt, brachte allerdings wenig interessanteErgebnisse, die nicht auch aus den freien Erinne-

Jugendliche Konsumpraktiken

Einblicke in jugendliche Konsumpraktiken lassen sich auch auf dem Umweg über die erwachsene Kritik gewinnen: Zeitgenössische *Buchpublikationen von Wirtschaftswissenschaftlern, Soziologen, Jugendforschern und Pädagogen* widmeten sich der Freizeitgestaltung und dem Finanzrahmen der Jugendlichen, ihrem Konsumverhalten und dem Einfluss der Konsumindustrie auf die Teenager.[161] Ähnliche Themen behandelten auch Periodika aus der (teils kirchlichen) Jugendarbeit, wie etwa die Zeitschrift *Voran*, die von 1951 bis 1966 erschien.[162]

Kommerzielle Zeitschriften für Jugendliche und junge Erwachsene sind nicht nur Spiegel der steigenden Bedeutung der Teens und Twens als zahlungskräftige Konsumenten, sondern sie geben auch Einblick in jugendliche Lebenswelten. Die *Bravo* als eines der wichtigsten „Mainstream"-Jugendmagazine erschien erstmals 1956 mit einer Startauflage von 30.000 Exemplaren, schon 1959 lag die Auflage bei 523.000 und 1967 bei 765.000 Stück.[163] Von den Wirtschaftswunderjahren und der Entdeckung der Teenager als Konsumenten über die Sechzigerjahre und die Beat-Generation spiegelt die *Bravo* die Kommerzialisierung der jugendlichen Lebensstile wider. Vollstän-

---

rungseinträgen deutlich geworden wären, da zumeist nur einzelne Geräte und deren Kaufpreis benannt wurden.

161 Vgl. z.B. Ernst Bornemann, Der Jugendliche und seine Freizeit. Chancen und Gefährdungen, Göttingen 1964 (im Folgenden: Bornemann, Der Jugendliche und seine Freizeit); Willy Strzelewicz, Jugend in ihrer freien Zeit, München 1965; Viggo Graf Blücher, Jugend. Bildung und Freizeit. Dritte Untersuchung zur Situation der deutschen Jugend im Bundesgebiet, Bielefeld 1966; Viggo Graf Blücher, Die Generation der Unbefangenen. Zur Soziologie der jungen Menschen heute, Düsseldorf, Köln 1966; Friedrich H. Tenbruck, Jugend und Gesellschaft. Soziologische Perspektiven, 2. durchges. u. erw. Aufl. Freiburg 1965; Hans Heigert, Ein neuer Typ wird produziert: der Teenager. In: Deutsche Jugend 7 (1959), S.117-121; Joachim Heinig, Teenager als Verbraucher, Erlangen-Nürnberg 1962 (im Folgenden; Heinig, Teenager als Verbraucher); Helmut Lamprecht, Teenager und Manager, München 1965 (im Folgenden: Lamprecht, Teenager und Manager); Ruth Münster, Geld in Nietenhosen. Jugendliche als Verbraucher, Stuttgart 1961 (im Folgenden: Münster, Geld in Nietenhosen); Dorothea-Luise Scharmann, Konsumverhalten von Jugendlichen, München 1965 (im Folgenden: Scharmann, Konsumverhalten von Jugendlichen); Deutscher Bundestag, Bericht der Bundesregierung über die Lage der Jugend und über die Bestrebungen auf dem Gebiet der Jugendhilfe. Drucksache V/302, in der 4. Wahlperiode als Drucksache IV/3515 am 21. Juni 1965 verteilt.

162 Die Zeitschrift „Voran. Junge Leute von heute" war die Monatszeitschrift der Jungenschaft im Bund der Deutschen Katholischen Jugend (im Folgenden: Voran). Radio Luxemburg, die „Weltmacht auf dem Schnulzenmarkt" und auch Teenager-Clubs wurden hier kritisch besprochen.

163 Vgl. Archiv der Jugendkulturen (Hg.), 50 Jahre BRAVO, Berlin 2005, S.7, S.254.

dig durchgesehen wurden die Jahrgänge 1956-1963; aufgrund der Tatsache, dass die *Bravo* kein Inhaltsverzeichnis hatte und wöchentlich erschien, konnte sie darüber hinaus nur stichprobenartig eingesehen werden.

Komplett erschlossen wurde das Magazin *Twen*, „eines der einflussreichsten Medien für junge Leute", das von 1959-1971 erschien.[164] Während die Hauptzielgruppe der *Bravo* in der Altersgruppe von circa 12 bis 16 Jahren lag, richtete die *Twen* sich an die etwas ältere Jugend und junge Erwachsene im Alter von circa 15 bis 30, sodass hier eine Quelle für eine weitere, von den Teenagern zu unterscheidende Zielgruppe vorliegt. Die *Twen*-Leser/innen waren zumeist gebildeter als die der *Bravo* und hatten einen „Vorsprung durch ihre Herkunftsmilieus".[165] Die Redaktion der *Twen* suchte deutliche Distanz zur kommerziellen Jugendpresse und beanspruchte für ihr Blatt ein höheres Niveau als zum Beispiel das der *Bravo*. Auch wenn in den redaktionellen Beiträgen die Konsumkultur eine große Rolle spielte, waren die Themen doch weit reichender als die der *Bravo*. Neben Plattentests, Artikeln zu Kofferradios, Stereoanlagen, Mode, Kosmetik und Musik gab es auch eine Beschäftigung mit Politik, Sexualität, Reisen, Schule, Literatur und Kunst. *Twen* richtete sich gegen den sogenannten „Mainstream" und betonte z.B. 1966, eine Umfrage des Instituts für Demoskopie (IfD) habe zu dem Ergebnis geführt, *Twen* werde vor allem von „Individualisten" gelesen. 45% der Leser hätten „ein ausgeprägtes Interesse für alles Moderne" und *Twen*-Leser interessierten sich mehr als die Leser jeder anderen Zeitschrift für Musik und Unterhaltung, nämlich zu 65%.[166] Innerhalb meiner Untersuchung der Ausdifferenzierung der Zielgruppen und Konsumangebote stellt die *Twen* daher eine wertvolle Quelle dar, die das in der *Bravo* vermittelte Bild jugendlichen Konsums relativiert. Sie bot ihren Lesern die Chance, eine kritischere Haltung gegenüber der Konsumindustrie zu demonstrieren und sich vom Publikum der Bravo, dem „Sprachrohr der Spießer", abzugrenzen.[167]

---

164 Vgl. Detlef Siegfried, Time is on my side, S.282-294, Auflagenzahlen s. S. 270. *Twen* erschien erstmals im April 1959, ab 1960 kam zunächst alle zwei Monate ein neues Heft heraus, ab Oktober 1961 monatlich bei wachsendem Heftumfang von bis zu 200 Seiten Ende der Sechzigerjahre. Vgl. Michael Koetzle, Twen. Revision einer Legende, München 1995, S.23 (im Folgenden: Koetzle, Twen).

165 Siegfried bezeichnet sie als "Scouts der Moderne", vgl. Detlef Siegfried, Time is on my side, S.294.

166 In: Twen, November 1966, Jg.8, S.3.

167 Klaus Farin stellt heraus, dass sich die Bravo im Laufe der Sechzigerjahre „immer deutlicher zum Sprachrohr der Spießer" entwickelte, vgl. Klaus Farin,

Verbreitung und Nutzung in Zahlen

Sind Zeithistoriker auf der Suche nach Mediennutzung und Konsumgewohnheiten, steht gerade für den gewählten Zeitraum reichhaltiges zeitgenössisches sozialwissenschaftliches Zahlenmaterial zur Freizeitgestaltung, zum Konsumverhalten und zur Verbreitung und Nutzungsintensität der Massenmedien zur Verfügung. Hier liegen Wert und Gefahr dieser Quellen nah beieinander: Bieten sie einerseits reichhaltige Einblicke, verführen sie doch andererseits zu einer „methodisch zu naive[n] Sozialgeschichte".[168] Denn

> *„mit der detaillierten Aufzählung vom Verbrauch einzelner Dosenfrüchte und Milchprodukte in den fünfziger Jahren ist noch keine Sozialgeschichte des Konsums geschrieben, ebenso wie mit dem Nachbeten der Allensbacher Umfragen noch keine Mentalitätengeschichte entsteht".*[169]

In zeitgenössischen Umfragen wurde in den seltensten Fällen nach Kontexten und Situationen des (Medien-)konsums, geschweige denn „nach mehr oder minder konsistenten Lebensstilen" gefragt.[170] Aus diesem Grund setze ich das Zahlenmaterial zu zahlreichen anderen Quellen in Beziehung – nur so kann ich Rückschlüsse auf die sich zu dieser Zeit ausbildenden Konsumstile und Konsumentengruppen ziehen.

Ich nutze Zahlen aus der Marktforschung und aus verschiedenen firmenunabhängigen Studien[171] zur Verbreitung von Konsumelektronik, zu Käufergruppen und zur Ausstattung westdeutscher Haushalte mit Phonogeräten, Schallplatten usw., sowie demoskopische

---

50 Jahre Bravo. Ein Projekt des Archivs der Jugendkulturen e.V., in: Archiv der Jugendkulturen (Hg.), 50 Jahre BRAVO, Berlin 2005, S.7-11, hier S.10.

168 Lutz Raphael, Die Verwissenschaftlichung des Sozialen, in: GuG 22 (1996), S.165-193, hier S.189 (im Folgenden: Raphael, Verwissenschaftlichung).

169 Paul Erker, Zeitgeschichte als Sozialgeschichte. Forschungsstand und Forschungsdefizite. In: GuG 19 (1993) S.203-238, hier S.212 (im Folgenden: Erker, Zeitgeschichte).

170 Vgl. Dussel, Medienkonsum, S.658.

171 Marktforschungsstudien einzelner Herstellerfirmen sind in ihrem Quellenwert eher anzuzweifeln: Auch wenn diese Studien eigentlich Konsumentenbilder ermitteln sollten, um den Produzenten eine zielgruppengerechte Geräteentwicklung und -vermarktung zu ermöglichen, weist Madeleine Akrich doch darauf hin, dass diese Studien meist in einem zu späten Stadium des Entwicklungsprozesses entstehen und womöglich nur zum Ziel haben „to persuade the higher decision-making authorities to support the project". Vgl. Madeleine Akrich, User Representations. Practices, Methods and Sociology. In: Rip, Arie/ Misa, Thomas J./ Schot, Johan (Hg.), Managing Technology in Society. The Approach of Constructive Technology Assessment, London 1995, S.167-184, hier S.170.

Umfragen zu Einkommen und frei verfügbaren Geld- und Zeitbudgets der Konsumenten.[172]

Im folgenden Kapitel gilt es die Voraussetzungen zur Ausdifferenzierung von Konsumstilen, die seit den Fünfzigerjahren geschaffen wurden, zu beleuchten. Eine Einführung in die „langen Sechzigerjahre" schafft die sozialhistorische Folie zur Einbettung der Quellen und der Phonogerätegeschichte.

172 Vgl. z.B. Institut für Demoskopie, Wie Schallplatten gekauft werden. Ergebnisse einer Repräsentativ-Befragung. Durchgeführt im Auftrage der Deutschen Grammophon Gesellschaft mbH Hamburg, Allensbach 1957; DIVO-Institut, Der westdeutsche Markt in Zahlen. Ein Handbuch für Forschung, Werbung und Verkauf, Frankfurt a. M. 1962 und 1965; EMNID-Institut, EMNID-Informationen, Jg.19 (1967) Nr.11, Bielefeld 1967 (zu Wünschen der Verbraucher und zu Schallplatteninteresse); Spiegel Dokumentation Männer und Märkte. Band 3: Phono-, Fernsehgeräte, Film, Foto, Uhren, Freizeit, Hobby, Hobby-Ausrüstung, Hamburg 1970. Auch die oben schon genannten Studien der Jugendforschung und aus der Soziologie, Pädagogik enthalten größtenteils Angaben zu Einkommen/ Taschengeld und Freizeitkontingenten der Jugendlichen. Darüber hinaus vgl. NWDR Hörerforschung, Die Freizeit im Gefüge sozialer Entwicklungen, o.O. 1955; DIVO-Institut, Eine Untersuchung über Freizeit und Ferien der Jugend. Durchgeführt im Auftrag des Landesjugendamtes Hessen im Frühjahr 1957, Frankfurt a. M. 1957; Institut für Demoskopie, Wunsch und Besitz. Ergebnisse einer allgemeinen Bevölkerungsumfrage, Allensbach 1958; Institut für Demoskopie, Kinder als neue Käuferschicht. Wieviel Geld haben die Zehn- bis Vierzehnjährigen in den Taschen?, Allensbach 1958; Bravo, Bravo-Einkaufs-Panel 1968/1969, München 1969.

B Die „langen Sechzigerjahre" in der Bundesrepublik: Lebens-, Konsum- und Medienwelten im Umbruch

I Einführung in bewegte Zeiten

Die Sechzigerjahre gelten als „Phase der Gärung": Tendenzen der Erneuerung und des Umbruchs verstärkten sich gegenseitig und erstreckten sich in viele Bereiche der westdeutschen Gesellschaft.[1] Die folgenden Darstellungen konzentrieren sich auf den Wandel im Konsumverhalten der Westdeutschen, auf Veränderungen ihrer privaten Wohn- bzw. Lebenswelten und auf ihre Ausstattung mit Konsumelektronik. Einige harte Fakten sind notwendig, um die Phonogeräte räumlich, sozial und kulturell sowie innerhalb des massenmedialen Ensembles zu verorten.

Zunächst werde ich das Konzept der „langen Sechzigerjahre" skizzieren, das die Zeitspanne vom letzten Drittel der Fünfzigerjahre bis etwa 1973 als „Scharnierjahrzehnt"[2] der deutschen Geschichte sowie als die Übergangsphase zur Postmoderne[3] bezeichnet. Alle drei folgenden Unterkapitel zum Konsumverhalten (II.), zur Wohn-

1 Klaus Schönhoven, Aufbruch in die sozialliberale Ära. Zur Bedeutung der 60er Jahre in der Geschichte der Bundesrepublik. In: GuG 25 (1999) H.1, S.123-145, hier S.128 (im Folgenden: Schönhoven, Aufbruch).

2 Vgl. Siegfried, Time is on My Side, S.12; Frese/ Paulus, Geschwindigkeiten und Faktoren des Wandels¸ S.8; Schönhoven, Aufbruch, S.134.

3 Vgl. Schildt, Sozialgeschichte, S.30, Schildt, Rebellion und Reform, S.13; Schildt/ Siegfried, Between Marx and Coca-Cola, S.3.

kultur (III.) und zum Medienkonsum (IV.) werden Prozesse des Wandels offenbaren. Altes bestand neben Neuem, soziale Strukturen lösten sich auf und bildeten sich neu. Die Westdeutschen hatten nun mehr Geld für den Konsum übrig, sie begannen sich neu einzurichten und verbrachten immer größere Anteile ihrer Freizeit mit massenmedialem Konsum. Die Phonogeräte bilden ein nicht unerhebliches Element dieser Entwicklungen: Es wurde gespart um sie anschaffen zu können, und waren sie dann da, beanspruchten sie einen gebührenden Platz in der Wohnung und in den Routinen des Alltags.

Eine entscheidende Voraussetzung der Ausdifferenzierung von Konsummustern war die wirtschaftliche Entwicklung in den Fünfzigerjahren, die durch steigende Löhne und sinkende Arbeitszeiten erst die Rahmenbedingungen dafür schuf, dass sich die Bundesbürger die zahlreichen neuen Konsumgüter auch kaufen konnten und die Zeit hatten, sie zu nutzen. „Nie zuvor sind die Menschen schneller wohlhabend geworden als in dem Vierteljahrhundert nach 1950"[4], und besonders seit den späten Fünfzigerjahren nahmen die Charakteristika einer Konsum- und Mediengesellschaft immer klarere Züge an.[5]

Die sprunghafte Verbesserung der Lebensverhältnisse sowie der sich damit einhergehend durchsetzende Massenkonsum[6] fanden ihren Ursprung im rasanten Wirtschaftswachstum, einer vorher nie gekannten Höhe des Durchschnittseinkommens, in Arbeitslosenquoten unter einem Prozent („Vollbeschäftigung"), und in der verbesserten sozialen Absicherung (z.B. Rentenreform 1957).[7] Schon zwischen 1950 und 1960 hatte sich das Bruttosozialprodukt mehr als verdoppelt und verzweifachte sich dann nahezu nochmals bis

4 Vgl. Hans-Ulrich Wehler, Deutsche Gesellschaftsgeschichte. Fünfter Band: Bundesrepublik und DDR 1949-1990, München 2008, S.54 (im Folgenden: Wehler, Gesellschaftsgeschichte).

5 Vgl. Axel Schildt, Materieller Wohlstand – pragmatische Politik – kulturelle Umbrüche. Die 60er Jahre in der Bundesrepublik. In: Schildt/ Siegfried/ Lammers, S.21-53 (im Folgenden: Schildt, Materieller Wohlstand) und ders., Axel Schildt, Fünf Möglichkeiten, die Geschichte der Bundesrepublik zu erzählen. In: Blätter für deutsche und internationale Politik 44 (1999) H.10, S. 1234-1244.

6 Vgl. Axel Schildt, Nachkriegszeit. Möglichkeiten und Probleme einer Periodisierung der westdeutschen Geschichte nach dem Zweiten Weltkrieg und ihre Einordnung in die deutsche Geschichte des 20. Jahrhunderts. In: GWU 44 (1993) S.567-584, hier S.577 (im Folgenden: Schildt, Nachkriegszeit).

7 Vgl. Axel Schildt, Massenmedien im Umbruch der fünfziger Jahre. In: Jürgen Wilke (Hg.), Mediengeschichte der Bundesrepublik Deutschland, Köln 1999, S. 633-648, hier S.633 (im Folgenden: Schildt, Massenmedien im Umbruch der fünfziger Jahre).

1970. Der Strukturwandel der Volkswirtschaft, der schon in den Fünfzigerjahren eingesetzt hatte, schritt in den Sechzigerjahren weiter fort: Ähnlich wie seine westlichen Nachbarn wandelte sich auch die Bundesrepublik zu einer Dienstleistungsgesellschaft.[8] Es begann der Übergang von einer sparsamen Gesellschaft mit extrem langen Arbeitstagen zur Wohlstandsgesellschaft der Sechzigerjahre, die unterschiedliche Lebens- und Konsumstile ausbildete.[9]

Das kräftig steigende Wirtschaftswachstum in der Bundesrepublik wurde zwar die Rezession von 1966/67 kurzzeitig unterbrochen,[10] doch die wirtschafts- und konsumhistorische Forschung hat die Bedeutung dieser Rezession stark relativiert und die Krise ab 1973 stärker hervorgehoben.[11] Ihren Abschluss finden die „langen Sechzigerjahre" daher in der ersten Hälfte der Siebzigerjahre. Der Glaube an ein unendlich scheinendes Wirtschaftswachstum wurde etwa mit der Ölkrise 1973 oder der Erfahrung dauerhafter Massenarbeitslosigkeit erschüttert, und 1973 gelangte auch in weltwirtschaftlichem Maßstab der Nachkriegs-Boom an sein Ende.[12]

---

8 Vgl. Frese/ Paulus, Geschwindigkeiten und Faktoren des Wandels, S.4.

9 Vgl. Arthur Marwick, Youth Culture and the Cultural Revolution of the Long Sixties. In: Axel Schildt, Detlef Siegfried (Hg.), Between Marx and Coca-Cola. Youth Cultures in Changing European Societies 1960-1980, New York (u.a.) 2006, S. 39-58, hier S.40 (im Folgenden: Marwick, Youth Culture); als aktuellste Veröffentlichung vgl: Heinz-Gerhard Haupt/ Claudius Torp (Hg.), Die Konsumgesellschaft in Deutschland 1890-1990. Ein Handbuch, Frankfurt a. M. 2009.

10 Vgl. Hartmut Kaelble, Der Boom 1948-1973. Gesellschaftliche und wirtschaftliche Folgen in der Bundesrepublik Deutschland und in Europa, Opladen 1992 (im Folgenden: Kaelble, Der Boom). Diese „Krise" hat Werner Abelshauser veranlasst, in seiner wirtschaftshistorischen Periodisierung hier die „langen Fünfzigerjahre" (1948-1966) enden zu lassen. Seine Sichtweise der „langen Fünfziger" bietet den Vorteil, am Bewusstsein der Zeitgenossen anknüpfen zu können, die anlässlich der Krise verunsichert waren und neue, umfassende Wirtschaftskonzepte forderten. Vgl. Werner Abelshauser, Die Langen Fünfziger Jahre. Wirtschaft und Gesellschaft in der Bundesrepublik Deutschland 1949-1966, Düsseldorf 1987. Rückblickend handelt es sich bei der sogenannten Rezession von 1966/67 jedoch nur um eine kleine konjunkturelle Delle mit einem relativ geringen Anstieg der Arbeitslosigkeit. Vgl. Gerd Hardach, Krise und Reform der Sozialen Marktwirtschaft. Grundzüge der wirtschaftlichen Entwicklung in der Bundesrepublik der 50er und 60er Jahre. In: Schildt/ Siegfried/ Lammers, Dynamische Zeiten, S.197-217.

11 Vgl. z.B. Kaelble, Der Boom. Zur Zäsur 1973 auch Axel Schildt, Rebellion und Reform. Die Bundesrepublik der Sechzigerjahre, Bonn 2005, S.9 (im Folgenden: Schildt, Rebellion und Reform).

12 Vgl. Anselm Doering-Manteuffel/ Lutz Raphael, Nach dem Boom. Perspektiven auf die Zeitgeschichte seit 1970, Göttingen 2008. Auch Eric Hobsbawm's „Golden Age" endet 1973. Vgl. Eric J. Hobsbawm, Das Zeitalter der Extreme. Weltgeschichte des 20. Jahrhunderts, München, Wien 1995.

Seit dem letzten Drittel der Fünfzigerjahre profitierten immer mehr Bundesbürger vom wirtschaftlichen Aufschwung: Ihre Arbeitszeiten wurden kürzer und die Urlaubszeiten länger,[13] der freie Samstag wurde eingeführt.[14] Zugleich stiegen die Einkommen, sodass es immer mehr Haushalten möglich war, am Konsum teilzunehmen und sich etwa mit den neuen Massenmedien auszustatten.[15] Diese schufen Freiräume, erweiterte Blickwinkel und auch neue Gemeinsamkeiten, die eine Infragestellung alter Strukturen und Werte mit sich brachten.[16]

Die neuere Konsumforschung stellt heraus, dass eine hoch mobile, Waren, Technik und Freizeit konsumierende Verbraucher- und „Erlebnisgesellschaft"[17] an die Stelle der von Klassengegensätzen und heterogenen Lebenslagen geprägten bürgerlichen Gesellschaft trat.[18] Der Massenkonsum veränderte die kulturelle Bedeutung dessen, was konsumiert wurde. Nicht mehr allein der Gebrauchswert oder der für die Herstellung notwendige Aufwand an Arbeitskraft zählte, sondern auch die den Waren zugeschriebenen symbolischen Bedeutungen. Die neuen Auswahlmöglichkeiten ließen die Ausprägung unterschiedlichster Konsum- und Lebensstile und den Aus-

13 Kaspar Maase gibt an, 1950 seien durchschnittlich 48 Stunden pro Woche an 6 Tagen gearbeitet worden. Vgl. Kaspar Maase, Freizeit. In: Wolfgang Benz (Hg.), Die Bundesrepublik Deutschland. Geschichte in drei Bänden. Band 2: Gesellschaft, Frankfurt a. M. 1983, S. 209-233, hier S.211 (im Folgenden: Maase, Freizeit). Eine entsprechende Angabe macht auch Schildt mit „fast 50 Stunden" Arbeit pro Woche bis zur Mitte der Fünfzigerjahre. Danach sei die wöchentliche Arbeitszeit um 3-4 Stunden pro Woche zurückgegangen. Vgl. Axel Schildt, Mach mal Pause! Freie Zeit, Freizeitverhalten und Freizeit-Diskurse in der westdeutschen Wiederaufbau-Gesellschaft der 1950er Jahre. In: Archiv für Sozialgeschichte 33 (1993) S. 357-406, hier S.364 (im Folgenden: Schildt, Mach mal Pause!)

14 Ende 1958 erfasste die Regelung des freien Samstags etwa 14 Mio. Beschäftigte, vgl. Maase, Freizeit, S.218.

15 Die Sechzigerjahre sind auch das Jahrzehnt des Durchbruchs des Fernsehens. Die Ausstattung westdeutscher Haushalte mit Fernsehgeräten stieg von 17,6% in 1960 auf 80,3% in 1974; vgl. Roland Emrich, Basisdaten. Zahlen zur sozioökonomischen Entwicklung der Bundesrepublik Deutschland, Bonn - Bad Godesberg 1974, S.576 (im Folgenden: Emrich, Basisdaten).

16 Vgl. Detlef Siegfried, Protest am Markt. Gegenkultur in der Konsumgesellschaft um 1968. In: Christina von Hodenberg, Detlef Siegfried (Hg.), Wo „1968" liegt. Reform und Revolte in der Geschichte der Bundesrepublik, Göttingen 2006, S. 48-78, hier S.48 (im Folgenden: Siegfried, Protest am Markt).

17 Gerhard Schulze, Die Erlebnisgesellschaft. Kultursoziologie der Gegenwart, Frankfurt am Main 1992.

18 Vgl. Andreas Schulz, Lebenswelt und Kultur des Bürgertums im 19. und 20. Jahrhundert, München 2005, S.96f. (im Folgenden: Schulz, Lebenswelt und Kultur des Bürgertums).

druck subtiler Klassifikationen zu. Durch die Aneignung von bestimmten Gütern (und die Nicht-Nutzung anderer) ordnete sich der Konsument in neue sozialkulturelle Milieus ein.[19]

Die Sechzigerjahre gelten als „'Take-off'-Phase" des Wertewandels:[20] So genannte „Selbstentfaltungswerte" wie „Freizeitorientierung, Konsumorientierung, Individualismus" gewannen gegenüber den „Pflicht- und Akzeptanzwerten" an Boden.[21] Der Eindruck einer sich wandelnden, dynamischen Gesellschaft wird durch die demografischen Kennziffern der Sechzigerjahre noch verstärkt: Aufgrund der hohen Geburtenziffern der Fünfziger- und wegen des so genannten Babybooms zu Beginn der Sechzigerjahre stieg der Anteil der unter 20-Jährigen in der insgesamt wachsenden Bevölkerung zwischen 1960 und 1970 von 29 auf 31 Prozent.[22] Diese junge Generation wurde zum Vorreiter des Wertewandels. Das jugendliche Bedürfnis nach mehr Freiheiten drückte sich auch in der britischen und US-amerikanischen Beat- und Rockmusik aus, die die Jugendlichen nun, dank der steigenden Ausstattung der westdeutschen Haushalte mit Konsumelektronik, nicht mehr nur aus der Jukebox in Kneipen, Milchbars und Eisdielen, sondern auch zuhause hören konnten.[23]

Der Durchbruch der Konsumgesellschaft in der BRD in den späten Fünfzigerjahren ist immer wieder an bestimmten Gütern wie dem Kühlschrank, der Waschmaschine, dem Auto oder dem Fernseher festgemacht worden, doch die materielle Kultur wurde bisher nur am Rande thematisiert. Die Frage, wie einzelne Produkte durch verschiedene Konsumentengruppen angeeignet und zum Bestandteil der sich ausdifferenzierenden Präferenzen im Konsum und in der Freizeitgestaltung wurden, war kaum Gegenstand der Forschung. Der Umgang unterschiedlicher Akteure mit den neuen Konsumoptionen und die Ausbildung neuer Kriterien der Vergemeinschaftung, die sich von den alten Strukturen der Familien, Schichten und Mili-

19 Vgl. Schulz, Lebenswelt und Kultur des Bürgertums, S.48f.

20 Schönhoven, Aufbruch, S.141.

21 Vgl. Andreas Rödder, Wertewandel und Postmoderne. Gesellschaft und Kultur der Bundesrepublik Deutschland 1965-1990, Stuttgart 2004, S.20 (im Folgenden: Rödder, Wertewandel und Postmoderne).

22 Vgl. Schildt, Rebellion und Reform, S.17.

23 Vgl. Klaus Farin, Jugendkulturen in Deutschland 1950-1989, Bonn 2006, S.35 (im Folgenden: Farin, Jugendkulturen). Zur Juke- bzw. Musikbox vgl. auch: Hanns-Werner Heister, Artikel „Musikbox". In: Hans-Otto Hügel (Hg.), Handbuch populäre Kultur. Begriffe, Theorien und Diskussionen, Stuttgart [u.a.] 2003, S.326-329.

eus abhoben und sich vielmehr entlang gemeinsamer Konsumpräferenzen entwickelten, sollten im Fokus des Interesses stehen.

Im folgenden Unterkapitel werde ich noch etwas spezifischer auf die Konsumgeschichte der „langen Sechzigerjahre" eingehen: Die Angebote der Industrie vervielfachten sich und immer neue Zielgruppen wurden entdeckt. Die Phonogeräte sind in diesen Kontext einzuordnen, und auch die finanziellen Möglichkeiten der Konsumenten bedürfen einer genaueren Betrachtung.

II Auf dem Weg in eine ausdifferenzierte Konsumgesellschaft

Während der ersten zehn Jahre nach der Währungsreform herrschten in den westdeutschen Arbeitnehmerhaushalten weitaus bescheidenere Verhältnisse als es der Begriff des „Wirtschaftswunders" suggeriert. Das Einkommen musste fast vollständig für die Lebenshaltungskosten ausgegeben werden. Es galt, den Grundbedarf der Familie an Lebensmitteln zu decken und soweit als möglich jene Hausratsgegenstände und Kleidungsstücke zu ersetzen, die durch den Krieg beschädigt oder verlorengegangen waren.[24]

Noch Mitte der Fünfzigerjahre lagen die durchschnittlichen Haushaltseinkommen der Unterschicht bei 150 bis 400 DM, diejenigen der oberen Mittelschicht bei 700 bis über 900 DM. Fast drei Viertel der Haushalte hatten ein Einkommen unter 1.000 DM, eine Waschmaschine kostete etwa 2.000 DM,[25] ein Musikschrank zwischen 1.000 und 2.000 DM.[26] So standen zwar viele der neuen technischen Konsumgüter weit oben auf der Wunschliste, doch besaßen beispielsweise 1955 nur 12% aller Haushalte eine Waschmaschine[27] und nur 6% einen Musikschrank.[28] Noch konnte also nicht von einer Durchsetzung der Massenkonsumgesellschaft gesprochen werden, sondern vielmehr von einem „Versprechen auf die Konsumgesellschaft".[29]

24 Vgl. Michael Wildt, Vom kleinen Wohlstand. Eine Konsumgeschichte der fünfziger Jahre, Frankfurt a. M. 1996, S.76 (im Folgenden: Wildt, Vom kleinen Wohlstand).

25 Vgl. Christian Kleinschmidt, Konsumgesellschaft, Göttingen 2008, S.138 (im Folgenden: Kleinschmidt, Konsumgesellschaft).

26 Vgl. HDRFG 1956/57.

27 Vgl. Kleinschmidt, Konsumgesellschaft, S.138.

28 Vgl. Institut für Demoskopie, Wunsch und Besitz, Ergebnisse einer allgemeinen Bevölkerungsumfrage, Allensbach 1958, S.4.

29 Alfred Reckendrees, Konsummuster im Wandel. Haushaltsbudgets in der Bundesrepublik Deutschland 1952-1998. In: Jahrbuch für Wirtschaftsgeschichte 2

Die finanziellen Möglichkeiten begrenzten noch den Genuss des neuen, umfassenden Warenangebotes.

Erst zwischen 1957 und 1960 wurden auch die Arbeitnehmerhaushalte in die neue Massenkonsumgesellschaft einbezogen.[30] Nun war schon etwa die Hälfte des monatlichen Budgets eines durchschnittlichen Haushaltes für den sogenannten „elastischen Bedarf" verfügbar.[31] Über den Grundbedarf hinaus konnten neue, zusätzliche Konsumartikel erworben werden. Die Aufwendungen für Miete, Verkehr, Urlaub, Kino und elektrische Haushalts- und Unterhaltungsgeräte stiegen seit 1957/58 rapide an.[32] Dies demonstriert die steigende Bedeutung der Wohnqualität, der Automobilisierung und Massenmedialisierung.[33] Ein kleines „Stück Wohlstand" und bescheidener Luxus wurden für weitere Kreise der Bevölkerung erreichbar.[34]

Dementsprechend ist auch die soziale Struktur der Bundesrepublik der Sechzigerjahre kaum mehr anhand klassenmäßiger Einteilungen in Arbeiterschaft, Mittelstand und Bürgertum zu fassen. Soziale Schichtungsmodelle der Zeit rechneten den weitaus größten

(2007) S.29-61, hier S.59.

30 Vgl. Michael Wildt, Die Kunst der Wahl. Zur Entwicklung des Konsums in Westdeutschland in den 1950er Jahren. In: Hannes Siegrist/ Hartmut Kaelble/ Jürgen Kocka (Hg.), Europäische Konsumgeschichte. Zur Gesellschafts- und Kulturgeschichte des Konsums (18. bis 20.Jahrhundert), Frankfurt a. M., New York 1997, S. 307-325, hier S.316f.

31 Vgl. Michael Wildt, Privater Konsum in Westdeutschland in den 50er Jahren. In: Axel Schildt/ Arnold Sywottek (Hg.), Modernisierung im Wiederaufbau. Die westdeutsche Gesellschaft der 50er Jahre, Bonn 1993, S.275-289, hier S.280. Im Gegensatz zum „elastischen Bedarf" gilt der Teil des Einkommens, der für die Lebensführung unumgänglich ist, als „starrer Bedarf". Vgl. Axel Schildt, Freizeit, Konsum und Häuslichkeit in der „Wiederaufbau"-Gesellschaft. Zur Modernisierung von Lebensstilen in der Bundesrepublik Deutschland in den 1950er Jahren. In: Hannes Siegrist/ Hartmut Kaelble/ Jürgen Kocka (Hg.), Europäische Konsumgeschichte. Zur Gesellschafts- und Kulturgeschichte des Konsums (18. bis 20. Jahrhundert), Frankfurt a. M., New York 1997, S. 327-348, hier S.334 (im Folgenden: Schildt, Freizeit, Konsum und Häuslichkeit).

32 Vgl. Michael Wildt, Amerika auf Raten. Konsum und Teilzahlungskredit im Westdeutschland der fünfziger Jahre. In: Heinz Bude/ Bernd Greiner (Hg.), Westbindungen. Amerika in der Bundesrepublik, Hamburg 1999, S.202-230, hier S.209 (im Folgenden: Wildt, Amerika auf Raten).

33 Vgl. Schildt, Materieller Wohlstand, S.27.

34 Detaillierte Ausführungen zu Einnahmen und Ausgaben von Arbeitnehmerhaushalten in den Fünfziger- und frühen Sechzigerjahren finden sich bei: Michael Wildt, Am Beginn der ‚Konsumgesellschaft'. Mangelerfahrung, Lebenshaltung, Wohlstandshoffnung in Westdeutschland in den fünfziger Jahren, Hamburg 1994 (im Folgenden: Wildt, Am Beginn der Konsumgesellschaft).

Teil der Bevölkerung dem Mittelstand zu, denn sie berücksichtigten die subjektive Selbsteinschätzung der Haushalte stärker als zuvor. Die gesamte Gesellschaft war zu neuem Wohlstand gelangt, sodass die weiterhin bestehenden sozialen Ungleichheiten weniger wahrgenommen wurden.[35] Zwar ließ sich weiterhin unterscheiden zwischen den Haushalten mit mittleren und höheren Einkommen, für die der Einstieg in die Massenkonsumgesellschaft schon Mitte oder Ende der Fünfzigerjahre begann, und den Arbeiterhaushalten und Familien mit geringerem Einkommen, die diesen Schritt teils erst im Laufe der Sechzigerjahre vollzogen.[36] Doch obwohl noch zu Beginn der „langen Sechzigerjahre" nur Minderheiten die notwendigen finanziellen Mittel zum Kauf eines PKW oder moderner Wohnungseinrichtung aufbringen konnten, war es doch entscheidend, dass eben auch Angestellte und Arbeiter zu diesen „Pioniergruppen" gehörten. Die neuen Konsumangebote schienen so prinzipiell für alle erreichbar.[37]

Doch wie ließen sich die persönlichen Konsumwünsche erfüllen? Oft reichte auch das gestiegene Einkommen nicht aus um die neuen, teuren Gebrauchsgüter anzuschaffen. Nicht zuletzt aus diesem Grund stieg die Zahl der hinzuverdienenden Ehefrauen seit den Fünfzigerjahren an.[38] Sie waren seltener als „mithelfende Familienangehörige" registriert, sondern arbeiteten zunehmend in Verwaltungs- und Dienstleistungsberufen, um das Familieneinkommen aufzubessern.[39]

35 Besonders bekannt sind die Modelle von Karl Martin Bolte und Ralf Dahrendorf. In Boltes „Zwiebel"-Modell machten „Mittlere Mitte", „Untere Mitte" und „Unterste Mitte/ Oberstes Unten" etwa drei Viertel der Bevölkerung aus. Auch in Dahrendorfs „Haus"-Modell lebte die Masse der Bevölkerung zwischen einer nur ein bis zwei Prozent umfassenden Oberschicht und einer zahlenmäßig kaum größeren „Unterschicht". Vgl. Schildt, Sozialgeschichte, S.32.

36 Vgl. Kleinschmidt, Konsumgesellschaft, S.140. Dementsprechend erscheint es auch nicht angemessen, den Konsum der westdeutschen Gesellschaft in den Fünfziger- und Sechzigerjahren in Form aufeinander folgender „Konsumwellen" zu beschreiben, wobei auf die „Fresswelle" die „Bekleidungswelle", die „Hausrats- bzw. Einrichtungswelle" und darauf die „Reisewelle" gefolgt sei. Veränderte Konsumstrukturen sind unter Berücksichtigung veränderter finanzieller Möglichkeiten und unterschiedlicher Haushaltsstrukturen zu untersuchen. Die Teilhabe an der Massenkonsumgesellschaft verlief ungleichzeitig. Vgl. Wildt, Vom kleinen Wohlstand, S.74 und Kleinschmidt, Konsumgesellschaft, S.136.

37 Vgl. Maase, Freizeit, S.216.

38 1950 lag der Anteil der berufstätigen Ehefrauen bei 19,7%, 1961 schon bei 35,7%. Vgl. Wildt, Amerika auf Raten, S.212.

39 Auch diese Entwicklung ist verbunden mit dem Übergang zur postindustriellen Gesellschaft, der sich u.a. auch durch den Wandel zur Dienstleistungsgesell-

Weiterhin versuchten viele Familien, einen Teil der gestiegenen Einkommen für den Erwerb langlebiger Konsumgüter auf die Seite zu legen: Während zuvor noch vorrangig für die Berufsausbildung der Kinder, für das Alter oder für „schlechte Zeiten“ gespart worden war, waren nun größere Anschaffungen das Ziel.[40]

Zugleich wurde während der Sechzigerjahre der Konsumentenkredit „salonfähig“: Hatte er zunächst einen schlechten Ruf, da er mit einem „Über-die-Verhältnisse-Leben“ identifiziert wurde,[41] wurde er vor allem in den Sechzigerjahren zu einem „wichtigen Motor für den Einstieg in die Konsumgesellschaft“.[42] Besonders geringer verdienende Haushalte nahmen ihn als Mittel, auch teurere Konsumgüter anzuschaffen, in Anspruch.[43] Im Laufe der Sechzigerjahre stieg die Zahl der Konsumentenkredite weiter, nun erfüllten sich auch Haushalte der mittleren Einkommensgruppe ihre Wünsche nicht mehr nur durch langes Sparen, sondern auch unmittelbar durch einen Kredit.[44] Die wirtschaftlichen Verhältnisse waren nun schon seit einigen Jahren stabil, die Einkommen stiegen kontinuierlich, und ein Ratenkauf schien unproblematischer als während der Fünfzigerjahre, als viele Deutsche noch fürchteten, das Erreichte wieder zu verlieren.[45]

Im Laufe der Sechzigerjahre gewannen die Ausgestaltungen individueller Konsum- und Lebensstile gegenüber der Suche nach Sicherheit an Bedeutung. Die Reisewelle, die zunehmende Motorisierung bzw. Automobilisierung, die Massenmedialisierung und der Massenkonsum hochwertiger Konsumgüter sind Zeugen dieser Entwicklung.[46]

---

schaft auszeichnet. Vgl. Schildt, Materieller Wohlstand, S.26.

40 Vgl. Wildt, Vom kleinen Wohlstand, S.65.

41 Vgl. Wildt, Vom kleinen Wohlstand, S.66. Auch Wirtschaftsminister Erhard ermunterte die Bevölkerung zum Konsum auf Raten und wollte so den legendären „Kühlschrank für jeden Haushalt“ finanziert sehen. Doch noch 1958 sprachen sich zwei Drittel der Westdeutschen gegen Ratenkäufe aus. Vgl. DIVO-Institut (Hg.), Umfragen, Band 2, Frankfurt am Main 1959, S.95.

42 Andersen, Der Traum vom guten Leben, S.197.

43 Vgl. Wildt, Vom kleinen Wohlstand, S.67.

44 Vgl. Andersen, Der Traum vom guten Leben, S.199; Vgl. Kleinschmidt, Konsumgesellschaft, S.151.

45 Vgl. Wildt, Amerika auf Raten, S.224.

46 Vgl. dazu auch: Wildt, Am Beginn der Konsumgesellschaft und Arne Andersen, Der Traum vom guten Leben. Alltags- und Konsumgeschichte vom Wirtschaftswunder bis heute, Frankfurt 1997 (im Folgenden: Andersen, Der Traum vom guten Leben); Wolfgang König, Geschichte der Konsumgesellschaft, Stuttgart 2000, S.339-386.

Für die Unterhaltungs- und Konsumindustrie erschlossen sich größere Käuferkreise und zahlreiche neue Zielgruppen. Dazu gehörten auch die Jugendlichen: Während in den Fünfzigerjahren noch die Ähnlichkeiten des Arbeitstages und der Freizeitgestaltung von Erwachsenen und Jugendlichen überwogen, so entwickelten sich die Teens und Twens seit dem Ende des Jahrzehnts zu einer zahlungskräftigen Zielgruppe mit ganz eigenen Konsumwünschen. Ebenso wie ihre Eltern profitierten auch sie von den steigenden Einkommen und der vermehrten Freizeit. 1960 ermittelte die Gesellschaft für Marktforschung (GFM) einen Betrag von mindestens 2,6 Milliarden Mark, der den westdeutschen Teenagern zwischen vierzehn und neunzehn Jahren jährlich zur Verfügung stehe. Im Durchschnitt, so berechnete die GFM, habe jeder Jugendliche in dieser Altersgruppe mindestens 40 DM im Monat zur freien Verfügung.[47] Junge Angestellte, Handwerker und Arbeiter verfügten über größere Summen als Schüler und Studenten; insgesamt jedoch waren die jungen Konsumenten eine viel versprechende Zielgruppe mit erheblichen finanziellen Mitteln.[48] Die Konsumgüterindustrie stellte sich auf ihre neuen Käufer ein und umwarb sie mit speziell auf sie zugeschnittenen Produkten der Konsum-, Mode- und Unterhaltungselektronikindustrie.[49] Auch die Jugendlichen sparten für größere Anschaffungen wie ein Radio oder einen Plattenspieler.[50]

Auch wenn die Verhältnisse zu Beginn der „langen Sechziger" im Rückblick noch eher bescheiden anmuten (beispielsweise wurden jugendliche Interessen und von ihnen bevorzugte Musikstile im Radio und Fernsehen kaum berücksichtigt, vgl. Kapitel B.IV), begann sich in jenen Jahren doch ein „generationell spezifisches massenmediales Ensemble" auszubilden, in dem Radio, Schallplattenspieler, Tonbandgerät und Kassettenrekorder den selbst bestimmten Musikkonsum ermöglichen sollten.[51] Kommerzielle Jugendzeitschrif-

47 Vgl. Gesellschaft für Marktforschung (Hg.), Die Teenager. Ergebnisse einer Befragung in der Bundesrepublik, Hamburg 1960.

48 Vgl. Schildt, Moderne Zeiten, S.161.

49 Vgl. Arnold Sywottek, From Starvation to Excess? Trends in the Consumer Society from the 1940s to the 1970s. In: Hanna Schissler (Hg.), The Miracle Years. A Cultural History of West Germany 1949-1968, Princeton 2001, S. 341-358, hier S.348. Zur jugendlichen Zielgruppe vgl. selbstverständlich auch Siegfried, Time is on my side.

50 Ruth Münster, Geld in Nietenhosen. Jugendliche als Verbraucher, Stuttgart 1961, S.50.

51 Vgl. Axel Schildt, Das Radio und sein jugendliches Publikum von den Zwanziger zu den Sechziger Jahren - Eine Skizze. In: Inge Marßolek/ Adelheid von Saldern (Hg.), Radiozeiten. Herrschaft, Alltag, Gesellschaft (1924-1960), Potsdam

ten und die Industrie entdeckten den wohlhabenden, konsumfreudigen Teenager und die jugendlichen Subkulturen.[52]

Diese neuen Zielgruppen spielten eine Vorreiterrolle in der Durchsetzung der Massenkonsumgesellschaft und in der Veränderung der Einstellungen in Richtung einer „konsumistischen Lebensweise". Doch differenzierte sich der Konsum nicht nur altersspezifisch aus, sondern er war auch innerhalb der Altersgruppen nochmals entlang anderer Kriterien wie etwa Bildung, Geschlecht oder Musikgeschmack unterschiedlich codiert. Dies lässt sich beispielsweise anhand der Distanzierung vieler Oberschüler und Studenten vom „plebejischen Habitus"[53] der so genannten „Halbstarken" vorführen.[54] Auch innerhalb einer Altersgruppe bildeten sich verschiedene Teilkulturen aus, und es wurden feine Unterschiede gemacht: Die eher französisch orientierten „Exis" (Existentialisten) hörten Jazz, beschäftigten sich mit Literatur und rekrutierten sich in erster Linie aus Gymnasiasten, während den Halbstarken und den Rock 'n' Roll-Fans eher Arbeiterjugendliche angehörten.[55]

Ähnlich stellen sich diese subtilen Grenzziehungen unter den Erwachsenen dar: So wurde das Automobil zwar vom Privileg der besser gestellten Schichten zum allgemeinen Wohlstandsindikator und das Angebot vergrößerte sich enorm, doch damit war nicht mehr der reine Besitz ausschlaggebendes Abgrenzungsmerkmal

1999, S. 251-266, hier S.266 (im Folgenden: Schildt, Das Radio und sein jugendliches Publikum).

52 Vgl. Marwick, Youth Culture, S.42.

53 Vgl. Kaspar Maase, Amerikanisierung von unten. Demonstrative Vulgarität und kulturelle Hegemonie in der Bundesrepublik der 50er Jahre. In: Alf Lüdtke/ Inge Marßolek/ Adelheid von Saldern (Hg.), Amerikanisierung. Traum und Alptraum im Deutschland des 20. Jahrhunderts, Stuttgart 1996, S.291-313, hier S.300f.

54 Zu den „Halbstarken" vgl. Thomas Grotum, Die Halbstarken. Zur Geschichte einer Jugendkultur der 50er Jahre, Frankfurt a. M. 1994 sowie Kaspar Maase, „Halbstarke" and Hegemony. Meanings of American Mass Culture in the Federal Republic of Germany during the 1950s. In: R. Kroes, R.W. Rydell, D.F.J. Bosscher (Hg.), Cultural Transmissions and Receptions. American Mass Culture in Europe, Amsterdam 1993, S. 152-170.

55 Vgl. Kleinschmidt, Konsumgesellschaft, S.29 und Schulz, Lebenswelt und Kultur des Bürgertums, S.44. Vgl. dazu auch Kaspar Maase, „Halbstarke" and Hegemony. Meanings of American Mass Culture in the Federal Republic of Germany during the 1950s. In: Rob Kroes/ Robert W. Rydell (Hg.), Cultural Transmissions and Receptions. American Mass Culture in Europe, Amsterdam 1993, S. 152-170 und ders., Entblößte Brust und schwingende Hüfte. Momentaufnahmen von der Jugend der fünfziger Jahre. In: Thomas Kühne (Hg.), Männergeschichte - Geschlechtergeschichte. Männlichkeit im Wandel der Moderne, Frankfurt/ New York, 1996, S. 193-217.

der Zugehörigkeit zu einem sozialkulturellen Milieu, sondern die Preisklasse und der Hersteller des Wagens.[56] Der imaginäre Status des Konsumguts und die vorgenommenen Wertzuschreibungen bestimmten die Beziehung des Konsumenten zum Produkt und die Zuordnung zu einem Lebensstil.[57]

Ähnliche Prozesse werde ich anhand der Phonogeräte verdeutlichen, die im Laufe der Sechzigerjahre immer größere Auswahlmöglichkeiten für die Konsumenten bereit hielten: Während im Falle der Automobile ein Mercedes-Besitzer einer anderen Konsumentengruppe angehörte als der Fahrer eines Ford Taunus, konnten auch durch den Besitz und die Nutzung gewisser Modelle von Phonogeräten feine Distinktionslinien gezogen werden. Nicht nur der Besitz oder Nicht-Besitz eines Musikschranks, eines Plattenspielers oder Tonbandgerätes diente als unterscheidendes Kriterium oder Distinktionsmerkmal. Vielmehr trugen die technische Qualität des Produktes, sein Design, seine Symbolik und das Prestige der Herstellermarke sowie der demonstrative Konsum dazu bei, sich zu positionieren. Zudem waren Phonogeräte besonders ausdrucksstarke Instrumente der Abgrenzung und Distinktion, da sie Musik abspielten. Der Stellenwert der generationsspezifischen Musik während der Sechzigerjahre kann kaum überschätzt werden. So ordnete sich der Konsument durch die Auswahl und Nutzung eines Gerätes auch in neue sozialkulturelle Gruppen ein: Das Objekt konnte seinen Besitzer etwa als jung, modern oder wohlhabend inszenieren, und ihn zugleich als Anhänger einer bestimmten Musikrichtung charakterisieren.

Demgemäß wurde durch die schichtenübergreifende Verfügbarkeit vieler Konsumgüter gerade keine „nivellierte Mittelstandsgesellschaft“ (Helmut Schelsky, 1953) geschaffen, sondern der Massenkonsum ging einher mit einer Pluralisierung der Praktiken und Abgrenzungsprozesse der Konsumenten.[58] Die groben Differenzen in den Konsummustern der sozialen Schichten schliffen sich zwar ab, doch „feine Unterschiede“ blieben bestehen.[59] Es ging nun nicht

---

56 Von 1951 bis 1961 verfünffachte sich der Bestand an PKWs von 700.000 auf fast 5.000.000; vgl. Kleinschmidt, Konsumgesellschaft, S.47.

57 Vgl. Kleinschmidt, Konsumgesellschaft, S.48.

58 Vgl. dazu auch: Stefan Goch, Aufstieg der Konsumgesellschaft – Niedergang der Milieus? Viele Fragen. In: Michael Prinz (Hg.), Der lange Weg in den Überfluss. Anfänge und Entwicklung der Konsumgesellschaft seit der Vormoderne, Paderborn u.a. 2003, S.413-436, besonders S.428-429.

59 Vgl. Sabine Haustein, Vom Mangel zum Massenkonsum. Deutschland, Frankreich und Großbritannien im Vergleich 1945 - 1970, Frankfurt a. M. [u.a.] 2007,

mehr darum, „sich vom Gewöhnlichen zu unterscheiden, sondern sich auf unterschiedliche Weise zu unterscheiden.“[60] Für den Konsumenten galt es nun auszuwählen und aus den zahlreichen Konsumoptionen einen distinkten Stil zu entwickeln; „aus dem Vielen ein Eigenes herzustellen.“[61]

III Familiäre Häuslichkeit zwischen traditionellem Hochglanz und modernem Wohndesign

Die private Wohnung ist in zweierlei Hinsicht ein Ort des Konsums. Erstens trafen die Westdeutschen während der Fünfziger- und Sechzigerjahre auch in Fragen der Einrichtung Konsumentscheidungen: Sie bezogen neue Wohnungen und Häuser und erwarben neue Möbel, die in unterschiedlichen Materialien und Formen zur Auswahl standen. Auch hier fächerte sich die Angebotspalette im Laufe der Sechzigerjahre immer weiter auf, bediente unterschiedliche Designvorlieben und Zielgruppen. Während die einen an traditionellen Formen festhielten und einen hochglanzpolierten Buffetschrank als Zeichen des Wohlstands im Wohnzimmer aufstellten, entschieden andere sich für puristische, funktionale Möbel, die Modernität ausstrahlten.

Zweitens wurde ein immer größerer Teil der Freizeit, die zunehmend dem massenmedialen Konsum gewidmet war, innerhalb der eigenen vier Wände verbracht. Die neuen Geräte der Unterhaltungselektronik fanden ihren Weg in die Wohnzimmer: In ihren Dispositiven strukturierten sie sowohl deren Möblierung als auch die Zeitbudgets ihrer Nutzer.

Auch die Phonogeräte mussten sich am Wohnumfeld ihrer potenziellen Hörer orientieren: Einrichtungstrends, die Größe des Wohnraums sowie die Anzahl und Funktionen der Zimmer gaben Leitlinien der Entwicklung, Gestaltung und Vermarktung der Geräte vor. So wurde der Erwerb mehrerer Musikwiedergabegeräte innerhalb einer Familie erst dann erstrebenswert, wenn es mehrere Zimmer gab, die über Tag bewohnt und nicht nur zum Schlafen genutzt wurden. Erst seit den späten Fünfzigerjahren verfügten die einzelnen Familienmitglieder über räumliche Rückzugsmöglichkeiten innerhalb der Wohnung, die individuelle Mediennutzungen zuließen.

S.55.

60 Pierre Bourdieu, Klassenstellung und Klassenlage. In: Ders., Zur Soziologie der symbolischen Formen, Frankfurt a. M. 1975, S.42-74, hier S.70.

61 Wildt, Amerika auf Raten, S.228.

Im Folgenden werde ich einen kurzen Überblick über die sich im Laufe der Fünfzigerjahre verbessernde Lage auf dem westdeutschen Wohnungsmarkt geben und einige Eckdaten zur durchschnittlichen Wohnungsgröße und Zimmeranzahl bereitstellen.[62] Darauf folgen einige Ausführungen zu den steigenden Wohnstandards sowie den Einrichtungsstilen der späten Fünfziger- und der Sechzigerjahre.

Nach dem Krieg hatte Wohnungsknappheit geherrscht[63], und so war das Zuhause in den Fünfzigerjahren für viele Deutsche eine Zufluchtsstätte, in der es wieder möglich war, ein privates Kleinfamilienleben zu führen.[64] In einer Allensbach-Umfrage von 1951, die

62 In der Erforschung moderner Lebenswelt bildet die Kulturgeschichte des Wohnens einen Schwerpunkt, über den eine von der Wüstenrot-Stiftung herausgegebene fünfbändige Darstellung umfassend informiert. Der fünfte Band, herausgegeben von Ingeborg Flagge, gibt in zahlreichen ausführlichen Aufsätzen Auskunft über Architekturkonzepte, Wohnalltag und Lebensstile seit 1945. Vgl. Ingeborg Flagge (Hg.), Geschichte des Wohnens. Band 5: 1945 bis heute. Aufbau, Neubau, Umbau, Stuttgart 1999 (im Folgenden: Flagge, Geschichte des Wohnens). Darüber hinaus haben insbesondere Adelheid von Saldern und Joachim Petsch historisch orientierte Längsschnittstudien zur Geschichte des Arbeiterwohnens, zum Wohnen in der Bundesrepublik sowie zu Städtebau und Einrichtungsstilen vorgelegt, auf die sämtliche in der Folge erschienenen Arbeiten zurückgreifen. Vgl. Adelheid von Saldern, Häuserleben. Zur Geschichte städtischen Arbeiterwohnens vom Kaiserreich bis heute, 2., durchges. Aufl., Bonn 1997 (im Folgenden: von Saldern, Häuserleben); Adelheid von Saldern, Von der „guten Stube" zur „guten Wohnung". Zur Geschichte des Wohnens in der Bundesrepublik Deutschland. In: Archiv für Sozialgeschichte 35 (1995) S.227-254 (im Folgenden: von Saldern, Von der „guten Stube" zur „guten Wohnung"); Joachim Petsch, Eigenheim und gute Stube. Zur Geschichte des bürgerlichen Wohnens. Städtebau - Architektur - Einrichtungsstile, Köln 1989 (im Folgenden: Petsch, Eigenheim und gute Stube).

63 Die Wohnungssituation nach dem Krieg sowie die Wiederaufbaukonzepte nach 1945 müssen hier nicht umfassend wiedergegeben werden; gleiches gilt für die Maßnahmen des sozialen Wohnungsbaus. 1950 lebten noch über ein Drittel der Deutschen 1950 in äußerst schlechten Wohnverhältnissen, etwa in Gartenhäusern, Nissenhütten, Bunkern oder zur Untermiete in engen Wohnungen. In den westlichen Besatzungszonen waren etwa 25% des Wohnungsbestandes zerstört, in Ballungsgebieten sogar zwischen 50% und 80%. Vgl. Petsch, Eigenheim und gute Stube, S.196. Zu Lagern und Notwohnungen nach 1945 vgl. beispielsweise von Saldern, Häuserleben, S.257-265; zu den Wiederaufbaukonzepten nach 1945 vgl. Petsch, Eigenheim und gute Stube, S.196-220. Zum sozialen Wohnungsbau vgl. Michael Krummacher, Sozialer Wohnungsbau in der Bundesrepublik in den Fünfziger und Sechziger Jahren, in: Axel Schildt/ Arnold Sywottek (Hg.), Massenwohnung und Eigenheim. Wohnungsbau und Wohnen in der Großstadt seit dem Ersten Weltkrieg, Frankfurt a. M. [u.a.] 1988, S.440-460 sowie Petsch, Eigenheim und gute Stube, S.205-209 und von Saldern, Häuserleben, S.265-271.

64 Die Wohnverhältnisse der zunehmenden ausländischen Bevölkerungsanteile in der BRD können hier nicht behandelt werden. Vgl. dazu beispielsweise

westdeutsche Bürger nach ihren größten Wünschen befragte, standen Haus und Wohnung an erster Stelle.[65]

Das erste Wohnungsbaugesetz von 1950 förderte den sozialen Wohnungsbau mit festgelegten Minimalstandards für Größe und Ausstattung sowie mit Mietobergrenzen. So konnten bis 1956 mit öffentlicher Unterstützung etwa 3 Millionen Wohnungen fertig gestellt werden, insgesamt wurde damit der Wohnungsbestand in der Bundesrepublik zwischen 1950 und 1975 mehr als verdoppelt.[66] Priorität im Wohnungsbau hatte zunächst die Einrichtung mehrgeschossiger Mietshäuser in den Großstädten.[67]

Am Ende des Jahrzehnts setzte ein Trend zur Suburbanisierung ein: Durch das zweite Wohnungsbaugesetz von 1956 wurde der Bau von Ein- und Zweifamilienhäusern in kleineren Gemeinden besonders gefördert.[68] Viele Bundesbürger träumten den Traum vom Eigenheim im Grünen, das Einfamilienhaus war die beliebteste und meist gewünschte Wohnform.[69] Hier spiegelt sich der für die Fünfziger- und Sechzigerjahre typische Rückzug ins Private.[70] In einer „familienzentrierten Lebensweise" sah man den Weg zu individuellen Lebensweisen und privatem Glück.[71]

Karin Zapf, Haushaltsstrukturen und Wohnverhältnisse. In: Flagge, Geschichte des Wohnens, S.563-614, hier S.567 (im Folgenden: Zapf, Haushaltsstrukturen und Wohnverhältnisse); vgl. auch Ulrich Herbert, Geschichte der Ausländerbeschäftigung in Deutschland. Saisonarbeiter, Zwangsarbeiter, Gastarbeiter, Berlin 2001.

65 Vgl. Andersen, Der Traum vom guten Leben, S.127.

66 Vgl. Vgl. Andersen, Der Traum vom guten Leben, S.131; und Von Saldern, Von der „guten Stube" zur „guten Wohnung", S.229.

67 So wuchsen seit Beginn der Fünfziger auch die Großstädte wieder, die nach dem Krieg zumeist weniger Einwohner gehabt hatten als noch 1939, vgl. Schildt, Sozialgeschichte, S.16.

68 Vgl. Schildt, Sozialgeschichte, S.39.

69 Vgl. Ingeborg Flagge, Zwischen Leitbild und Wirklichkeit. Über Architekturideen und Wohnträume, über Zumutungen und Banalitäten im Wohnungsbau nach 1945. In: Flagge, Geschichte des Wohnens, S.807-948, hier S.831 (im Folgenden: Flagge, Zwischen Leitbild und Wirklichkeit).

70 Vgl. Axel Schildt/ Detlef Siegfried, Deutsche Kulturgeschichte. Die Bundesrepublik – 1945 bis zur Gegenwart, München 2009, S.105 (im Folgenden: Schildt/ Siegfried, Deutsche Kulturgeschichte).

71 Schulz, Lebenswelt und Kultur des Bürgertums, S.93. Vgl. auch Petsch, Eigenheim und gute Stube, S.196. Alle Autoren sind sich einig in der Feststellung dieser Konzentration auf Heim und Familie. In der Sicherheit der eigenen vier Wände spiegele sich die „Sehnsucht nach der ‚guten alten Zeit'", so Schulz, Lebenswelt und Kultur des Bürgertums, S.93. Der Rückzug in den engsten Familienkreis wird oft auch mit der mangelnden Aufarbeitung der NS-Diktatur in Zusammenhang gebracht, das Einfamilienhaus sei das „Bollwerk gegen Ver-

Die intakte Kleinfamilie als „soziales Leitbild der Nachkriegszeit“[72] gab den Wohnungszuschnitt vor; es entstanden standardisierte Massenwohnungen mit funktionalistischen Grundrissen, die eine klare Raumaufteilung festlegten. Neben dem Wohnzimmer als größtem und zentralem Raum, meist mit Essplatz, gab es ein Elternschlafzimmer für das große Doppelbett, eine knapp bemessene Kochküche und ein kleines Bad.[73] Ein Kinderzimmer für ein oder zwei Betten wurde erst mit dem zunehmenden Bau von Dreizimmerwohnungen (plus Küche) in der zweiten Hälfte der Fünfzigerjahre eingeplant.[74]

Noch zu Beginn des Jahrzehnts hatten sowohl die alten als auch die neuen Wohnungen nur zwei bis zweieinhalb Zimmer und eine Durchschnittsgröße von 50qm, die durchschnittliche Wohnfläche pro Kopf lag 1950 bei lediglich 15qm.[75] Im Laufe der Fünfziger- und Sechzigerjahre stiegen die Wohnungsgröße sowie die pro Person zur Verfügung stehenden Quadratmeter beträchtlich, während die Personenzahl pro Wohnung kontinuierlich abnahm.[76] Die mittlere Wohnungsgröße lag 1968 in der Bundesrepublik bereits bei 71qm, die Wohnfläche pro Kopf betrug 1960/61 etwa 20qm und 1972 etwa 26qm.[77]

massungstendenzen […] sowie gegen sozialistische Einflüsse“ gewesen, so Michael Andritzky, Balance zwischen Heim und Welt. Wohnweisen und Lebensstile von 1945 bis heute. In: Flagge, Geschichte des Wohnens, S.615-686, hier S.630 (im Folgenden: Andritzky, Balance zwischen Heim und Welt).

72 Vgl. Zapf, Haushaltsstrukturen und Wohnverhältnisse, S.565.

73 Vgl. Zapf, Haushaltsstrukturen und Wohnverhältnisse, S.578f.

74 Vgl. Bernhard Schulz (Hg.), Grauzonen, Farbwelten. Kunst und Zeitbilder 1945-1955. Katalogbuch zur Ausstellung der Neuen Gesellschaft für bildende Kunst in den Räumen der Akademie der Künste, Berlin, 20.2.-27.3.1983, Berlin [u.a.] 1983, S.105.

75 Übereinstimmende Angaben bei Kleinschmidt, Konsumgesellschaft, S.50; Ricarda Strobel, „Im Petticoat am Nierentisch“. Architektur, Mode und Design. In: Werner Faulstich (Hg.), Die Kultur der 50er Jahre, München 2002, S.111-144, hier S.117 (im Folgenden: Strobel, Im Petticoat am Nierentisch); Zapf, Haushaltsstrukturen und Wohnverhältnisse, S.577; Katrin Pallowski, Wohnen im halben Zimmer. Jugendzimmer in den 50er Jahren. In: Willi Bucher/ Klaus Pohl, im Auftrag des Deutschen Werkbundes e.V. und des Württembergischen Kunstvereins Stuttgart (Hg.), Schock und Schöpfung. Jugendästhetik im 20. Jahrhundert, Darmstadt, Neuwied 1986, S.284-290, hier S.285 (im Folgenden: Pallowski, Wohnen im halben Zimmer).

76 Vgl. von Saldern, Von der „guten Stube“ zur „guten Wohnung“, S.233.

77 Vgl. Zapf, Haushaltsstrukturen und Wohnverhältnisse, S.577; von Saldern, Von der „guten Stube“ zur „guten Wohnung“, S.234

Zugleich zeichneten sich die seit dem Ende der Fünfzigerjahre fertig gestellten Neubauwohnungen durch einen höheren Komfort aus. Fast alle neuen Wohnungen verfügten über ein Badezimmer und ab der Mitte der Sechziger über eine Zentralheizung.[78] So lässt sich, ähnlich wie in den vorangegangenen Ausführungen zum privaten Konsum, auch hinsichtlich des Wohnens feststellen, dass die neue Lebensqualität, die wir heute mit dem Begriff des Wirtschaftswunders verbinden, in den frühen Fünfzigerjahren noch nicht erreicht war.[79]

Erst zu Beginn der langen Sechzigerjahre wurden Wohnverhältnisse geschaffen, welche die Bedürfnisse der unterschiedlichen Familienmitglieder berücksichtigten, indem etwa eigene Räume für die Kinder und Jugendlichen vorgesehen wurden. Die knappen Wohnungszuschnitte der Fünfzigerjahre hatten dies in der Regel noch nicht zugelassen.[80] Gab es überhaupt ein Kinderzimmer, so war es sehr klein und meist nur zum Schlafen gedacht, aufgrund der noch nicht vorhandenen Zentralheizung war es unbeheizt.[81] Freiraum von elterlicher Aufsicht gab es für die Jugendlichen der Fünfzigerjahre nur, wenn sie die elterliche Wohnung verließen. Das oft angeführte „Herumstehen an Straßenecken" und der Kinobesuch blieben die einzigen Möglichkeiten autonomer Freizeitgestaltung, die wiederum meist nur die Jungen nutzen konnten.[82] Erst am Ende des Jahrzehnts setzen hier erste Veränderungen ein: Viele Familien begannen, beispielsweise den Dachboden für die Kinder auszubauen oder ihnen zumindest eine eigene Ecke in der Wohnung zu überlassen.[83] Mit steigenden Wohnungsgrößen, veränderten Heizgewohnheiten und den infolgedessen zunehmenden Spielräumen für die Aufteilung des Platzes unter den Familienmitgliedern wurde eine Individualisierung der Raumorganisation und -nutzung angestoßen, die sich auch bis in die Mittel- und Unterschichten durchsetzte.[84]

78 Vgl. von Saldern, Häuserleben, S.360.

79 Vgl. Pallowski, Wohnen im halben Zimmer, S.284.

80 Vgl. Strobel, Im Petticoat am Nierentisch, S.122.

81 Vgl. Pallowski, Wohnen im halben Zimmer, S.285f. Nach einer repräsentativen bundesweiten Umfrage des EMNID-Institutes aus den Jahren 1953-55 verfügten jeweils weniger als die Hälfte der Jugendlichen über einen eigenen Schlafraum. Vgl. Schildt, Moderne Zeiten, S.159.

82 Vgl. Schildt, Moderne Zeiten, S.160.

83 Vgl. Pallowski, Wohnen im halben Zimmer, S.285f.

84 Vgl. Wolfgang Ruppert, Zur Konsumwelt der 60er Jahre. In: Schildt/ Siegfried/ Lammers, Dynamische Zeiten, S.752-767, hier S.760 (im Folgenden: Ruppert, Zur Konsumwelt der 60er Jahre).

Zugleich wandelte sich auch die Funktion und Nutzung der „traditionellen" Räume im Laufe der Fünfziger- und Sechzigerjahre. Das Wohnzimmer, das lange als „gute Stube" nur den Sonntagen und repräsentativen Zwecken vorbehalten war, wurde zum Alltagsraum für die gesamte Familie.[85] Die Gründe hierfür lagen in der Umfunktionierung der Küche zum reinen Arbeitsraum und im Einzug des Fernsehens in die westdeutschen Haushalte. Der neue Apparat machte das Wohnzimmer zum zentralen Ort des Familienlebens.[86] Hier hielt sich die Familie auf, nahm ihre Mahlzeiten ein und empfing Gäste.[87]

Es lassen sich also zwei parallele Entwicklungen der Wohnraumaufteilung und -nutzung konstatieren: Einerseits gab es weiterhin einen Raum, der den Mittelpunkt des Familienlebens darstellte, nur übernahm nun das Wohnzimmer anstatt der Küche diese Funktion. Andererseits gewannen aber zugleich neue, individuell auf die Bedürfnisse der Familienmitglieder zugeschnittene Räume an Bedeutung.[88]

Der erkennbare Einfluss des neuen Mediums Fernsehen in dieser Umstrukturierung des Wohnraums verweist auf Wechselwirkungen zwischen der steigenden Verfügbarkeit von Unterhaltungselektronik einerseits und Wohnkulturen andererseits. Das Fernsehgerät veränderte nicht nur die Funktion des Wohnzimmers als Ganzes, sondern sogar die Möblierung oder zumindest deren Positionierung. Waren Sitzmöbel zuvor noch zumeist kreisförmig angeordnet gewesen, bewirkte das Fernsehen eine „Auflösung der ehemals geschlossenen Einheit Couchecke", die sich nun zunehmend im Halbkreis auf das neue Medium hin ausrichtete.[89]

85 Vgl. Karin Stellwaag, Wirtschaftswunderwelt. Tendenzen des Wohnens in den 50ern. In: Stefan Beck (Hg.), Partykultur? Fragen an die Fünfziger, Tübingen 1991, S.135-140, hier S.135 (im Folgenden: Stellwaag, Wirtschaftswunderwelt).

86 Vgl. Margret Tränkle, Neue Wohnhorizonte. Wohnalltag und Haushalt seit 1945 in der Bundesrepublik. In: Flagge, Geschichte des Wohnens, S.687-806, hier S.698 (im Folgenden: Tränkle, Neue Wohnhorizonte).

87 Vgl. Strobel, Im Petticoat am Nierentisch, S.121.

88 Vgl. Andritzky, Balance zwischen Heim und Welt, S.637f.

89 Vgl. Martin Warnke, Zur Situation der Couchecke. In: Jürgen Habermas (Hg.), Stichworte zur ‚geistigen Situation der Zeit', Band 2: Politik und Kultur, Frankfurt am Main 1979, S.673-687; Andritzky, Balance zwischen Heim und Welt, S.637f.; Becher, Geschichte des modernen Lebensstils, S.147; Strobel, Im Petticoat am Nierentisch, S.121.

Welche Eigenschaften aber charakterisierten die „typische" Inneneinrichtung westdeutscher Haushalte in den Fünfziger- und Sechzigerjahren? Wie sah die Umgebung aus, in der die Phonogeräte ihren Platz finden mussten? Mitnichten richteten sich die Westdeutschen während der Fünfzigerjahre flächendeckend mit Nierentischen ein. Vielmehr herrschte eine Vielfalt der Einrichtungsstile, sodass ich mich in den folgenden Ausführungen auf einige Trends beschränken werde.

Seit der zweiten Hälfte der Fünfzigerjahre standen aufgrund der gestiegenen Löhne allen Einkommensklassen mehr finanzielle Mittel zur Einrichtung und Ausstattung der Haushalte zur Verfügung als zuvor. Von diesen neuen Möglichkeiten wurde lebhaft Gebrauch gemacht, meist mit der Intention, den sozialen Aufstieg zu demonstrieren.[90]

Im Erscheinungsbild der Wohnungen vermischten sich häufig unterschiedliche und teils auch widersprüchliche Stilrichtungen, „in denen Traditionalismus, Modernismus und vor allem Pragmatismus ihre Spuren hinterließen."[91] Dies war auch dem Umstand geschuldet, dass die wenigsten Konsumenten finanziell dazu in der Lage waren, die gesamte Wohnung neu einzurichten. Vielmehr wurden einzelne Möbelstücke neu angeschafft. Zudem beharrten die Käufer meist mehr auf Traditionen, als es die Designer anstrebten.[92]

Drei grobe Stilrichtungen, die auch von den Zeitgenossen in dieser Form unterschieden wurden,[93] lassen sich erkennen: Erstens gab es das elitäre Künstlerdesign des Ulmer Neofunktionalismus und der „Guten Form" des Deutschen Werkbundes,[94] zweitens das bürgerli-

90 Petsch, Eigenheim und gute Stube, S.249.

91 Strobel, Im Petticoat am Nierentisch, S.142.

92 Vgl. Flagge, Zwischen Leitbild und Wirklichkeit, S.809.

93 Vgl. Adelheid von Saldern, Bürgerliche Repräsentationskultur. Konstanz und Wandel der Wohnformen im Deutschen Reich und in der Bundesrepublik (1900-1980). In: HZ 284 (2007) S.345-383, hier S.364 (im Folgenden: von Saldern, Bürgerliche Repräsentationskultur).

94 Dies bezieht sich auf die Ulmer Hochschule für Gestaltung, gegründet 1953. Hier wurde in der Tradition des Bauhaus die Design-Philosophie der „Guten Form" entwickelt und gelehrt, deren Grundsatz die Entwicklung der Form von Gebrauchsgütern aus den an sie gestellten Anforderungen heraus war. Die Mermale dieses Designs waren die Schlichtheit der Form, rechte Winkel und glatte Flächen. Vgl. Strobel, Im Petticoat am Nierentisch, S.123. Zum Werkbund, zum Rat für Formgebung und zur staatlichen Designförderung vgl. auch Gert Selle, Geschichte des Design in Deutschland, Frankfurt a. M. 2007, S.222-228 (im Folgenden: Selle, Geschichte des Design in Deutschland).

che, repräsentative Design der Fünfziger, das im Laufe der Sechziger auch in den Mittel- und Unterschichten reihenweise Abnehmer fand, und drittens das Alltagsdesign der praktischen Möbel und einfachen Formen.[95] Auf diese Einrichtungsstile und wohnkulturellen Normvorstellungen der westdeutschen Konsumenten mussten sich auch die Hersteller von Phonogeräten in Entwicklung, Design und Vermarktung einstellen.

Die erstgenannten streng funktionalistischen Möbel, die sich von den „Jedermannmöbeln in hochglanzdunkelbraun mit goldfarbenen Zierleisten" sichtbar distanzierten,[96] bedienten nur eine „kleine Geschmackselite", die sich durch ihre Vorliebe für besonders modernes Design von der Masse der Konsumenten abzuheben versuchte.[97] Eine klare Trennung von „Guter Form" und Trivialdesign konnten sich nur Teile der oberen, besser verdienenden Schichten leisten, die Möbel im puristischen Stil mit Bauhaus-Elementen anschafften und Elektrogeräte der Firma Braun bevorzugten.[98]

Stattdessen waren bei einem Großteil der Konsumenten verschnörkelte, repräsentative Möbel aus dunklem, hochglanzpoliertem Holz mit Messing-Zierleisten, Vitrinenscheiben mit Golddekor, Messingbeschlägen, geschwungenen „Dackelbeinen" und Rohrgeflecht be-

95 Vgl. Strobel, Im Petticoat am Nierentisch, S.123-126. Auch Adelheid von Saldern unterscheidet dementsprechend zwischen den funktionalistischen „ganz modernen Möbeln", den prunkvollen, repräsentativen Möbeln, und den „modernen Möbeln". Vgl. von Saldern, Bürgerliche Repräsentationskultur, S.364 und von Saldern, Häuserleben, S.306.

96 Vgl. Christian Borngräber, Nierentisch und Schrippendale. Hinweise auf Architektur und Design. In: Dieter Bänsch (Hg.), Die Fünfziger Jahre. Beiträge zu Politik und Kultur, Tübingen 1985, S.223-258, hier S.227 (im Folgenden: Borngräber, Nierentisch und Schrippendale).

97 Strobel, im Petticoat am Nierentisch, S.123; Vgl. auch Von Saldern, Bürgerliche Repräsentationskultur, S.364.

98 Vgl. Sonja Günther, Die fünfziger Jahre. Innenarchitektur und Wohndesign, Stuttgart 1994, S.134-138; Jost Hermand, Die Kultur der Bundesrepublik 1965-1986, Frankfurt a. M. 1990, S.131f. (im Folgenden: Hermand, Die Kultur der Bundesrepublik). Die Phonogeräte der Firma Braun entstanden seit den Fünfzigerjahren in Zusammenarbeit mit Ulmer Designern. Erstes und wohl prominentestes Beispiel ist hier die als „Schneewittchensarg" bezeichnete Radio-Phono-Kombination „SK 4" von 1956. Max Braun hatte Hans Gugelot von der Hochschule für Gestaltung in Ulm mit der Entwicklung neuer Gerätetypen in klaren Formen und hellen Farben beauftragt. Vgl. Borngräber, Nierentisch und Schrippendale, S.246f. Vgl. auch Kapitel 12 zum Schneewittchensarg in Gert Selle, Design im Alltag. Vom Thonetstuhl zum Mikrochip, Frankfurt [u.a.] 2007, S.139-150 (im Folgenden: Selle, Design im Alltag).

sonders gefragt.[99] Mit dem einsetzenden Wirtschaftswunder verstärkte sich das Bedürfnis nach einer repräsentativen Aufmachung der Konsumgüter (und eben auch der Möbel), um den neuen Wohlstand zu demonstrieren.[100] Die westdeutsche Möbelindustrie produzierte in den Nachkriegsjahrzehnten vielfach weiterhin im Stil der Dreißigerjahre.[101] Dieser auch unter dem Namen „Gelsenkirchener Barock" bekannte bürgerliche Einrichtungsstil steht für den vorherrschenden Wunsch zur Wiederherstellung (klein)bürgerlicher Sicherheit, vertrauter Gediegenheit und Gemütlichkeit[102] und fungierte als „historische Klammer zwischen den Codes der Vor- und der Nachkriegszeit."[103] Im Laufe der Sechzigerjahre konnten es sich auch die Mittel- und Unterschichten leisten, ihre Wohnungen und „serienmäßig aneinander gereihten Einfamilienhäuser" weitgehend mit Möbeln des „Gelsenkirchener Barocks" einzurichten, um ihren gesellschaftlichen Aufstieg zu demonstrieren. Ein großer, hochglanzfurnierter Buffetschrank etwa signalisierte, dass sein Besitzer „seinen festen Platz im Nachkriegsdeutschland gefunden hatte."[104] Möbelgeschäfte, Warenhäuser und Versandhäuser stellten unzählige dieser Schränke und massige Couchgarnituren bereit.[105] Gerade bei der Wohnungseinrichtung waren auch die Angehörigen der Unterschichten geneigt, einen Kredit aufzunehmen um Möbel mit einer entsprechenden Prestigewirkung erwerben zu können.[106] Die begehrten Modelle trugen nicht etwa eine nüchterne Artikelnummer, sondern bekamen wohlklingende Namen, so wie „Lissy – das elegante Schlafzimmer".[107]

Noch bis in die frühen Sechzigerjahre sprachen sich die Westdeutschen in Umfragen mehrheitlich für massive Schränke und schwere Polstermöbel aus, während Nierentische und Tütenlampen nur

99 Vgl. Andritzky, Balance zwischen Heim und Welt, S.628 und Borngräber, Nierentisch und Schrippendale, S.253.

100 Vgl. Petsch, Eigenheim und gute Stube, S.222.

101 Vgl. Andritzky, Balance zwischen Heim und Welt, S.628.

102 Vgl. Axel Schildt, Einführung (in die Sektion „Lebensstile im Wandel") in: Frese/ Paulus/ Teppe, Demokratisierung und gesellschaftlicher Aufbruch, S.577-586, hier S.582. Vgl. auch Hermand, Die Kultur der Bundesrepublik, S.132.

103 Gert Selle, Die Geschichte des Design in Deutschland von 1870 bis heute. Entwicklung der industriellen Produktkultur, Köln 1978, S.169 (im Folgenden: Selle, Die Geschichte des Design).

104 Andersen, Der Traum vom guten Leben, S.147.

105 Vgl. Hermand, Die Kultur der Bundesrepublik, S.132.

106 Vgl. Tränkle, Neue Wohnhorizonte, S.710f.

107 Borngräber, Nierentisch und Schrippendale, S.253.

wenig Zuspruch fanden.[108] Das Design der Fünfzigerjahre mit organischen Schwüngen und Diagonalen konnte sich als genereller Einrichtungsstil ebenso wenig etablieren wie der Ulmer Neofunktionalismus und die„Gute Form".[109] Die meisten Käufer hielten entweder an den traditionellen Formen des „Gelsenkirchener Barocks" fest oder richteten sich im Sinne der dritten Stilrichtung mit praktischen Möbeln und einfachen Formen des modernen Alltagsdesigns ein. In vielen Fällen bedingten die beschränkten finanziellen Möglichkeiten Teillösungen und Stilmischungen.[110]

Die Möbel und Haushaltsgegenstände des praktischen Alltagsdesigns orientierten sich an der Stromlinienform, der amerikanischen „organic form" und teils auch an den funktionalistischen Ansprüchen des Bauhaus-Designs. Das organische Nierentisch-Design war ein alternatives „department store-design", das außerhalb der Designschulen und offiziellen Ausstellungen florierte.[111] Neue Formen und Farben von Ausstattungs- und Einrichtungsgegenständen wurden durch den Durchbruch in der Verarbeitung von Kunststoff ermöglicht.[112] Gegenstände aus Kunststoff waren seit der Mitte der Fünfziger in den meisten Haushalten zu finden – es war pflegeleicht und galt als Zeichen der Modernität.[113]

In der Möbelbranche hatten sich noch lange handwerks- und manufakturartige Produktionsweisen gehalten, während der Fünfziger dominierte noch das Schreinerhandwerk die Möbelfabriken. Die Spanplatte als neues Rohmaterial der Möbelproduktion begann erst Ende des Jahrzehnts ihren Siegeszug, und erst dann setzte sich

108 In einer Erhebung 1956 entschieden sich 60% für die Möbel im „Gelsenkirchener Barock", nur 7% für die Ausstattung mit Nierentisch. Vgl. Andersen, Der Traum vom guten Leben, S.146f. Die gleiche Umfrage zitiert auch Borngräber, Nierentisch und Schrippendale, S.252. In einer Untersuchung 1962 bevorzugten weiterhin die meisten Befragten die schweren Möbel mit historisierenden Ornamenten. Vgl. Alphons Silbermann, Vom Wohnzimmer der Deutschen. Eine soziologische Studie über das Wohnerlebnis, Frankfurt a. M., Hamburg 1966, S.68-77.

109 Vgl. Stellwaag, Wirtschaftswunderwelt, S.139.

110 Vgl. Strobel, Im Petticoat am Nierentisch, S.142.

111 Vgl. Paul Betts, The authority of everyday objects. A cultural history of West German industrial design, Berkeley 2004, S.13 (im Folgenden: Betts, The authority of everyday objects).

112 Die neuen Kunststoffe wie etwa Polystyrol ließen sich im Gegensatz zu Bakelit, das nur in dunklen Farbtönen verfügbar war, beliebig einfärben.

113 Vgl. Borngräber, Nierentisch und Schrippendale, S.239.

in dieser Branche die Fließfertigung durch.[114] Die hölzernen Möbel wurden nun zunehmend aus Schichtholz hergestellt, oft in Schleiflack-Ausführung, und Nussbaum wurde zum beliebtesten Holzfurnier. Besonderen Luxus strahlte das Teakholz aus.[115] Handwerklich aufwendig ge-staltete Möbelstücke verloren damit in den Sechzigerjahren langsam an Stellenwert auf dem Möbelmarkt und es kamen – befördert durch die neuen Produktionsbedingungen – mehr sachlich und funktionell geformte Produkttypen auf. Um 1960 war auch die Produktion in den Modernisierungsprozess eingetreten, neue Werkzeugmaschinen wurden entwickelt und die Vorkriegs-Produktionsmittel und -methoden wurden von teilautomatisierten Herstellungsprozessen abgelöst. Die Rationalisierung in der Produktion drängte auf Vereinfachung und Standardisierung der Produkte.[116]

Ebenso wie Ulrich Hellmann für den Kühlschrank herausgearbeitet hat, dass erst Ende der Fünfzigerjahre aus individuell und aufwendig gestalteten Objekten mit schmuckvollen Knöpfen und Griffen ein genormter, einbaufähiger schmuckloser Kasten wurde,[117] entwickelte sich auch die Gestalt der Wohnzimmermöbel erst in den Sechzigerjahren, also noch ein wenig später, weg von den pompösen, mit goldenen Zierleisten, Korbgeflecht und hochglanzpolierten Griffen hin zu den schlicht und funktionell geformten Artefakten.[118]

Petsch spricht von einer „Versachlichung der Produktgestaltung"[119] seit den Sechzigerjahren, und durch die zunehmende Hervorhebung funktioneller Werte im Möbeldesign erlebte das funktionalistische Design der Designinstitutionen der Fünfzigerjahre erst in den Sechzigern seinen eigentlichen Höhepunkt. Die Schrankwand, die häufig eine gesamte Wandfläche einnahm, und das sogenann-

114 Vgl. Joachim Radkau, „Wirtschaftswunder" ohne technologische Innovation? Technische Modernität in den 50er Jahren. In: Axel Schildt/ Arnold Sywottek (Hg.), Modernisierung im Wiederaufbau. Die westdeutsche Gesellschaft der 50er Jahre, Bonn 1993, S.129-154, hier S.139 und S.143f. (im Folgenden: Radkau, „Wirtschaftswunder" ohne technologische Innovation?).

115 Vgl. Strobel, Im Petticoat am Nierentisch, S.126f.

116 Vgl. Selle, Die Geschichte des Design, S.177, S.186.

117 Vgl. Ulrich Hellmann, Künstliche Kälte. Die Geschichte der Kühlung im Haushalt, Gießen 1990.

118 Vgl. dazu auch Gert Selle, Das Produktdesign der 50er Jahre. Rückgriff in die Entwurfsgeschichte, vollendete Modernisierung des Alltagsinventars oder Vorbote der Postmoderne? In: Axel Schildt/ Arnold Sywottek (Hg.), Modernisierung im Wiederaufbau. Die westdeutsche Gesellschaft der 50er Jahre, Bonn 1993, S.612-624.

119 Vgl. Petsch, Eigenheim und gute Stube, S.244.

te String-Regal,[120] bei dem Regal- und Schrankelemente in variabler Anordnung in Metallträger eingehängt wurden, lösten zunehmend die pompösen Buffetschränke mit Hochglanzpolitur ab[121].

Doch darf dies nicht im Sinne einer stringenten Entwicklung von den repräsentativen, ornamentreichen zu den funktionalistischen Möbelstücken missverstanden werden.[122] Zwar wurde im Laufe der Sechziger ein Stück der funktionalistischen Gestaltung in die deutschen Wohnungen aufgenommen, doch nahm letztlich die Zahl der durch die Möbelbranche angebotenen Alternativen zu, es kam zu einer verstärkten Diversifizierung des Möbelsortiments, wodurch jeweils bestimmte Konsumentengruppen gezielt bedient werden sollten.[123]

Ebenso wie die Wohnungszuschnitte einen höheren Grad der Individualisierung zuließen, konnten auch die neuen Schrankmöbel leichter auf-, ab- und umgebaut und individueller angeordnet werden. Eine ähnliche Entwicklung ist bei den Sitzmöbeln auszumachen: Die schon angesprochene Auflockerung der ehemals geschlossenen einheitlichen Couchecke ging insbesondere in den Sechzigerjahren einher mit der zunehmenden Gestaltung und Nutzung dreh- oder fahrbarer Sessel, die neue, variable Anordnungen und individuelle Absonderungen ermöglichten.[124] Neue Kugelsessel schienen zur totalen Selbstisolation einzuladen.[125]

Wie bereits am Beispiel des Fernsehers demonstriert wurde, spielten die Geräte der Unterhaltungselektronik, die während der „langen Sechzigerjahre" in immer neuen Anschaffungswellen in die Haushalte Einzug hielten, eine wichtige Rolle in der Neuorientierung des Wohnens. Nicht nur bedingten sie einen Trend zur stärkeren Verhäuslichung der Freizeitgestaltung, sondern sie mussten auch in der Wohnung untergebracht und in die Möblierung eingepasst werden. Technische Apparate und Einrichtungsstile standen

120 Zu String-Regalen und Teakholz vgl. auch Thomas Winkelmann, „Skandinavisch Wohnen" – ein Wohnstil oder ein kulturelles Muster? In: Kieler Blätter zur Volkskunde 34 (2002), S.205-235, hier S.217.

121 Vgl. Tränkle, Neue Wohnhorizonte, S.729.

122 Auch Bettina Günter weist darauf hin, dass die Durchsetzung der neuen Einrichtungsstile nicht pauschal angenommen werden dürfe. Vgl. Bettina Günter, Blumenbank und Sammeltassen. Wohnalltag im Wirtschaftswunder zwischen Sparsamkeit und ungeahnten Konsummöglichkeiten, Berlin 2002, S.24 (im Folgenden: Günter, Blumenbank und Sammeltassen).

123 Vgl. Von Saldern, Häuserleben, S.308.

124 Vgl. Becher, Geschichte des modernen Lebensstils, S.147.

125 Vgl. Warnke, Zur Situation der Couchecke, S.684.

in gegenseitiger Abhängigkeit: Einerseits mussten sich die Hersteller von Radios, Fernsehgeräten, Plattenspielern und Tonbandgeräten an den herrschenden Geschmacksmustern des Wohnens orientieren, was sich besonders an der Kaschierung der Technik hinter hochglanzpolierten Schranktüren demonstrieren lässt, andererseits gaben die Entwicklungen auf dem Gebiet der Unterhaltungselektronik oft Anstöße zu Veränderungen der Einrichtungsstile und Möbelanordnung.

IV Die Ausbildung eines vielseitigen massenmedialen Ensembles

Seit den Fünfzigerjahren war das vorherrschende Freizeitbild der Westdeutschen von zwei eng miteinander verknüpften Trends bestimmt: Erstens zogen sie sich in die private Häuslichkeit zurück, die möglichst komfortabel und repräsentativ wieder- oder neueingerichtet wurde (A.III). Zweitens wurde ein Großteil der Freizeit in den eigenen vier Wänden dem massenmedialen Konsum gewidmet. Die Besucherzahlen von Theatern und Kinos gingen als Folge dieser Privatisierung des Medienkonsums stark zurück,[126] denn Radios, Fernsehgeräte und Plattenspieler brachten die Unterhaltung ins Wohnzimmer.[127] Seit dem letzten Drittel der Fünfzigerjahre lässt sich ein regelrechter Anschaffungsboom langlebiger Konsumgüter beobachten,[128] zählte doch bis dahin nur ein Radioapparat zum Ausstattungsstandard westdeutscher Haushalte. Das Fernsehen war erst im Kommen, gleiches galt für die Phonogeräte. [129]

Wie also sah das „Medienmenu"[130] aus, das den Bundesbürgern zur Verfügung stand, und in das sich die Phonogeräte einpassen mussten? Wie wandelte es sich durch die Integration neuer Mediendispositive?

Lange bevor die Phonogeräte in die westdeutschen Haushalte einzogen, war das Radio zum Massenmedium avanciert. Schon vor

126 Vgl. Kleinschmidt, Konsumgesellschaft, S.142.

127 Der Rückgang der Kinobesucherzahlen seit den späten Fünfzigern wird zu großen Teilen durch die vermehrte Ausstattung mit dem Fernsehen, also dem „Pantoffelkino", erklärt; vgl. Schildt, Massenmedien im Umbruch der Fünfzigerjahre, S.641. Vgl. auch Kleinschmidt, Konsumgesellschaft, S.142.

128 Vgl. Schildt, Freizeit, Konsum und Häuslichkeit, S.335-337.

129 Vgl. Dussel, Medienkonsum, S.659.

130 Zum Begriff des „Medienmenu", den ich synonym zum „massenmedialen Ensemble" verwende, vgl. Röser, Domestizierungsansatz, S.17.

dem Zweiten Weltkrieg war es „auf dem Weg zum Medium für jedermann", zwei Drittel aller deutschen Haushalte besaßen einen Rundfunkapparat.[131] Auch nach dem Weltkrieg blieb das Radio unumstritten die wichtigste Quelle der Information und Unterhaltung.[132] Während der frühen und mittleren Fünfzigerjahre war der Hörfunk der unumstrittene „Hegemon der häuslichen Freizeit"[133] und das Nutzungsverhalten glich dem der vorangegangenen Jahrzehnte: Radio wurde insbesondere zuhause im Kreis der Familie gehört, und „leichte Kost" wurde bevorzugt. Zielgruppenspezifische Programme existierten noch nicht; Jugendliche hörten dieselben Sendungen wie ihre Eltern.[134] Im Hörfunk waren die so genannten „Bunten Abende" besonders beliebt, unterhaltsame Musik bekam den Vorzug vor Wortsendungen, wobei es sich hier hauptsächlich um Marsch- und deutsche Musik handelte, während ausländische Musik auf deutschen Sendern und beim deutschen Publikum verpönt war. „Die Zeiten des Volksempfängers waren eben noch nicht ganz vorbei."[135]

Während der Fünfzigerjahre beanspruchte das Radio den Stellenwert des Leitmediums, und am Ende des Jahrzehnts sollte das Fernsehen ihm diesen Rang ablaufen. Doch inwiefern ließen Radio und Fernsehen Wünsche offen, und in welche „Lücken" in der massenmedialen Versorgung konnten die Phonogeräte vorstoßen? Um diese Fragen zu beantworten, werde ich einen Überblick über die verschiedenen Aspekte der Hörfunk- und Fernseh-Dispositive geben

131 Vgl. Axel Schildt, Das Jahrhundert der Massenmedien. Ansichten einer künftigen Geschichte der Öffentlichkeit, in: GuG 27 (2001) S.177-206, hier S.198. (im Folgenden: Schildt, Das Jahrhundert der Massenmedien). Zum Rundfunk während der Weimarer Republik vgl. Lenk, Die Erscheinung des Rundfunks. Zum Rundfunk während der NS-Zeit vgl. insbesondere Inge Marßolek/ Adelheid von Saldern (Hg.), Zuhören und Gehörtwerden I. Radio im Nationalsozialismus. Zwischen Lenkung und Ablenkung, Tübingen 1998 sowie Inge Marßolek/ Adelheid von Saldern (Hg.), Radiozeiten. Herrschaft, Alltag, Gesellschaft (1924-1960), Potsdam 1999.

132 Vgl. Schildt, Das Jahrhundert der Massenmedien, S.201.

133 Axel Schildt, Hegemon der häuslichen Freizeit. Rundfunk in den 50er Jahren. In: Axel Schildt/ Arnold Sywottek (Hg.), Modernisierung im Wiederaufbau. Die westdeutsche Gesellschaft der 50er Jahre, Bonn 1993, S. 458-476 (im Folgenden: Schildt, Hegemon der häuslichen Freizeit).

134 Vgl. Wilfried Ferchhoff, Musik und Jugendkulturen in den 50er und 60er Jahren. Vom Rock 'n' Roll der Halbstarken über den Beat zum Rock und Pop. In: Dieter Baacke (Hg.): Handbuch Jugend und Musik. Opladen 1998, S. 217-249, hier S.219 (im Folgenden: Ferchhoff, Musik und Jugendkulturen).

135 Christina von Hodenberg, Konsens und Krise. Eine Geschichte der westdeutschen Medienöffentlichkeit 1945 - 1973, Göttingen 2006, S.92 (im Folgenden: von Hodenberg, Konsens und Krise).

und nach unerfüllten Wünschen westdeutscher Konsumenten Ausschau halten. Dazu sind sowohl die institutionell-organisatorische Ebene und die technische Entwicklung der Apparate als auch das Programm und die Verbreitung und Nutzung zu beleuchten.

Nach dem Zweiten Weltkrieg hatte sich sowohl in der organisatorischen Struktur als auch in der Technik des westdeutschen Rundfunks einiges verändert.[136] Als Resultat der Besatzungszeit und der Maßnahmen der westlichen Alliierten verfügte die Bundesrepublik bei ihrer Gründung über sechs Rundfunkanstalten.[137] Sie waren unabhängig von Staats- und Regierungseinflüssen sowie von wirtschaftlichen Interessen. Diese sechs schlossen sich 1950 zur Arbeitsgemeinschaft der öffentlich-rechtlichen Rundfunkanstalten der Bundesrepublik Deutschland (ARD) zusammen.[138]

Auch hinsichtlich der Rundfunktechnik markiert das Ende des Zweiten Weltkriegs den Beginn einer neuen Ära. [139] Drei Aspekte der Entwicklung von Radiogeräten und Sendeanlagen sind zu berücksichtigen, denn sie alle sind ausschlaggebend für die Beliebtheit und Verbreitung der Geräte in der westdeutschen Bevölkerung sowie für die Programmstrukturen: Die Einführung des UKW-Rundfunks, die Transistorisierung der Radioapparate und die Etablierung des Stereo-Rundfunks. Der Wandel dieser technisch-materiellen Bestandteile des Radio-Dispositivs wird im Folgenden genauer betrachtet.

136 Wie die Forschung der letzten Jahre gezeigt hat, lässt sich aufgrund vieler Kontinuitäten von den Dreißiger- bis in die Fünfzigerjahre die deutsche Situation nach der Niederlage des nationalsozialistischen Deutschlands nicht pauschal als „Stunde Null" bezeichnen – doch kann im Bereich des Rundfunks im Jahr 1945 durchaus ein deutlicher Einschnitt ausgemacht werden. Obwohl es im Mai 1945 keine angeordnete „Funkstille" und keinen festgelegten zeitgleichen Neubeginn aller Radiosender gegeben hat, ist doch eine deutliche Zäsur institutioneller wie technischer Art innerhalb des deutschen Rundfunks nach der Kapitulation festzustellen, die sich auch auf die Programmgestaltung auswirkte. Vgl. Konrad Dussel, Hörfunk in Deutschland. Politik, Programm, Publikum (1923-1960), Potsdam 2002, S.85.

137 Aus den zunächst sechs Anstalten (BR, hr, SDR, RB, SWF, NWDR) wurden bis 1957 neun. Zunächst kam RIAS hinzu, 1954 wurde der NWDR aufgeteilt in den Norddeutschen Rundfunk (NDR) und den Westdeutschen Rundfunk (WDR), 1957 wurde der SR gegründet. Vgl. Uwe Hasebrink, Radio. In: Hans-Otto Hügel (Hg.), Handbuch Populäre Kultur. Begriffe, Theorien und Diskussionen. Stuttgart 2003, S.359-365, hier S.360.

138 Vgl. Hans Rindfleisch, Technik im Rundfunk. Ein Stück deutscher Rundfunkgeschichte von den Anfängen bis zum Beginn der achtziger Jahre, Norderstedt 1985, S.99 (im Folgenden: Rindfleisch, Technik im Rundfunk).

139 Vgl. Rindfleisch, Technik im Rundfunk, S.99.

UKW-Rundfunk

Als Konsequenz der Kopenhagener Wellenkonferenz 1948, die dem besiegten Deutschland wichtige weitreichende Hörfunkfrequenzen aberkannt hatte,[140] wurde ein dichtes UKW-Sendernetz aufgebaut, das die Einrichtung zahlreicher Hörfunkprogramme ohne Überschneidungen ermöglichte.[141] Dies stellte einen entscheidenden Schritt zur Vollversorgung der Bevölkerung mit Rundfunkempfang und zu einer großen Verbesserung der Übertragungsqualität dar.[142] Das neue Sendernetz der so genannten „Welle der Freude“[143] wurde rasch ausgebaut, und auch auf der Geräteebene war der Zeitpunkt der Einführung der neuen UKW-Technik besonders günstig: Der Krieg hatte die Zahl der Radiogeräte dezimiert, und die Industrie konnte die durch den Nachholbedarf neu zu produzierenden Geräte direkt mit einem UKW-Teil ausstatten.[144] Der UKW-Funk gelangte rasch zu großer Popularität, da die Rundfunkanstalten bestimmte (Musik-)Sendungen nur noch über das UKW-Netz ausstrahlten, aber auch da die Empfänger günstig waren und die bessere Übertragungsqualität viele Hörer ermunterte, sich ein neues, UKW-fähiges Gerät anzuschaffen.[145] 1955 besaßen zwischen 60 und 70%, im Jahr 1959 schon knapp 80% der westdeutschen Haushalte ein UKW-Radio.[146]

140 Vgl. Hans Jürgen Koch/ Hermann Glaser, Ganz Ohr. Eine Kulturgeschichte des Radios in Deutschland, Köln [u.a.] 2005, S.248. Wäre die Frequenzzuteilung des Wellenplans unverändert in Kraft getreten, hätten nur 60% der westdeutschen Bevölkerung die Möglichkeit des Rundfunkempfangs gehabt. Vgl. Siegfried Hermann/ Wolf Kahle/ Joachim Kniestedt, Der deutsche Rundfunk. Faszination einer technischen Entwicklung, Heidelberg 1994, S.89 (im Folgenden: Hermann/ Kahle/ Kniestedt, Der deutsche Rundfunk).

141 Knut Hickethier, Medien. In: Christoph Führ/ Carl-Ludwig Furck (Hg.), Handbuch der deutschen Bildungsgeschichte, Band VI, 1: 1945 bis zu Gegenwart, Bundesrepublik Deutschland, München 1998, S.585-630, hier S.601.

142 Vgl. Heide Riedel, 60 Jahre Radio. Von der Rarität zum Massenmedium, 2., überarb. u. erg. Aufl., Berlin 1987, S.89f. (im Folgenden: Riedel, 60 Jahre Radio).

143 Diesen Ausdruck prägte der damalige Chefredakteur der „Hör Zu“, Eduard Rhein; er trug zur Popularität des UKW-Funks bei. Vgl. Andreas Fickers, Der „Transistor“ als technisches und kulturelles Phänomen. Die Transistorisierung der Radio- und Fernsehempfänger in der deutschen Rundfunkindustrie 1955 bis 1965, Bassum 1998, S.16 (im Folgenden: Fickers, Der Transistor).

144 Vgl. Fickers, Der Transistor, S.14.

145 Schildt, Massenmedien im Umbruch der fünfziger Jahre, S.637. Der Radioapparat war einer der wenigen Artikel, die sich im Vergleich zur Zwischenkriegszeit sogar noch verbilligt hatten. Vgl. ebd., S.636.

146 Im Artikel „Ein neues Rundfunk- und Fernsehjahr“, in: Funk-Technik 13/1955, S.351 werden 70% angegeben, in den Funk-Technik-Kurznachrichten, in Funk-Technik 12/1955 S.339 ist die Rede von 60%; zit. n. Fickers, Der Transistor, S.30.

Transistorisierung

Zugleich bahnte sich seit den Fünfzigerjahren ein Trend zur Miniaturisierung und Mobilisierung seinen Weg auf den westdeutschen Rundfunkgerätemarkt. Aufgrund der zunehmenden Verwendung von Batterien und von Transistoren (statt der schweren und empfindlichen Röhren) konnten kleine, tragbare Radios überall hin mitgenommen werden.[147] Während schon die Röhren-Kofferradios der Fünfzigerjahre gerade in den jungen Konsumenten eine zentrale Zielgruppe gefunden hatten, bestärkte die Transistorisierung den Trend zum zunehmend üblichen Mehrfachbesitz innerhalb einer Familie noch, da die Batteriekosten stark sanken. Durch die massenhafte Fertigung UKW-fähiger Transistoren wurden die tragbaren Geräte besonders günstig und die Anschaffung von Zweit- und Drittgeräten im Haushalt üblich.[148] Schon 1961 war die Hälfte der in der Bundesrepublik verkauften Radioapparate tragbar und die portablen Radios wurden 1963/64 zum Hauptumsatzträger der westdeutschen Radioindustrie.[149]

Besonders die Jugendlichen profitierten von der Anschaffung der Zweit- und Drittgeräte und von der seit dem Ende der Fünfzigerjahre zunehmenden Ausrüstung der Haushalte mit Fernsehgeräten, in deren Zuge oftmals für die Kinder der Familie ein Radio „abfiel". Für sie waren die tragbaren, erschwinglichen Radios eine Möglichkeit, unabhängig vom elterlichen Gerät Musik zu hören. Solange es nur ein Radiogerät in den Familien gegeben hatte, wählten die Eltern das Programm; mit den Transistorradios aber konnten sich die Jugendlichen der Aufsicht ihrer Eltern entziehen und ihre Lieblingssender und -Musik hören. Die Mobilität der Geräte ermöglichte zu-

Die Angabe für 1959 stammt aus: Marie Luise Kiefer, Hörfunk- und Fernsehnutzung. In: Jürgen Wilke (Hg.), Mediengeschichte der Bundesrepublik Deutschland, Bonn 1999, S.426-446, hier S.429 (im Folgenden: Kiefer, Hörfunk- und Fernsehnutzung).

147 Vgl. Hartmut Petzold, Die Geschichte des Transistors und die Veränderung einer Medienkultur. In: Mitteilungen Studienkreis Rundfunk und Geschichte 14 (1988), S.331-338, hier S.334.

148 Die einschlägige Arbeit zur Transistorisierung der Radiogeräte hat Andreas Fickers vorgelegt. Vgl. Fickers, Der Transistor. Zunächst waren die massenhaft produzierbaren Transistoren nur für den Empfang von Lang- und Mittelwelle geeignet, und die Empfangsqualität des UKW-Rundfunks war nur mit Röhrengeräten (oder gemischt bestückten Empfängern mit Transistoren und Röhren) zu erreichen. Die serienmäßige Fertigung von UKW-tauglichen Hochfrequenztransistoren setzte erst 1958, die Vermarktung volltransistorisierter UKW-Empfänger erst 1959 ein.

149 Vgl. Konrad Dussel, Deutsche Rundfunkgeschichte, Eine Einführung, Konstanz 1999, S.214 und Weber, Vom Ausflugs- zum Alltagsbegleiter, S.132f.

gleich „ein Stück Eroberung von Öffentlichkeit", denn oft fand das gemeinschaftliche Musikhören in Parks, Freibädern und an anderen öffentlichen Orten statt.[150] Mittels ihrer eigenen Klangkulisse schufen die jungen Hörer sich einen gemeinsamen – von der Welt der Erwachsenen abgegrenzten – Raum.[151]

Die Entwicklung des Radio-Dispositivs erscheint hier sowohl als Rahmenhandlung als auch als Indiziengeber für die aufkommenden Phonogeräte: Es ebnet ihnen den Weg, da es als erstes Gerät der Unterhaltungselektronik nicht nur die Erwachsenen, sondern auch eine eigene, jugendliche Zielgruppe bediente und ihnen die Möglichkeiten des mobilen Musikkonsums vor Augen führte. Zugleich ließ das Radio-Dispositiv auch Platz im massenmedialen Ensemble für die aufkommenden Phonogeräte, da nämlich das Rundfunkprogramm bei einigen Hörergruppen noch Wünsche offen ließ. Die Entwicklung des Radio-Dispositivs demonstriert beispielhaft, dass ein Geräte-Typus nicht über ein stabiles, unveränderbares Dispositiv verfügt. Das Dispositiv wandelt sich mit technischen Weiterentwicklungen, mit gesellschaftlichen Veränderungen (wie etwa dem Hervortreten der Jugendlichen als eigene, wahrnehmbare gesellschaftliche Gruppe und somit auch Zielgruppe der Industrie), und mit dem Auftreten neuer Mediendispositive, die ihm womöglich angestammte Nutzergruppen streitig machen.

Auch die Rundfunkgeräteindustrie brachte zahlreiche unterschiedliche Modelle für verschiedene Zielgruppen auf den Markt, die sich in Preis, Design und in den durch die Werbung inszenierten Nutzungssituationen unterschieden, um neue Bedürfnisse, neue Zielgruppen und Absatzmöglichkeiten zu erschaffen.[152] So wurden etwa die Koffergeräte seit den späten Fünfzigerjahren als modisches Accessoire vermarktet, das man offen umher trug. Die Gehäuse mit verschiedenfarbigen Überzügen, teils sogar aus Leder, sollten im Idealfall „zur Farbe des Frühjahrskostüms oder zu der des Motorrollers oder des Wagens"[153] passen.

150 Vgl. Inge Marßolek, Radio in Deutschland 1923-1960. Zur Sozialgeschichte eines Mediums. In: GuG 27 (2001) S.207-239, hier S.23.

151 Der jugendliche Radiobesitz wuchs stark an: 1953 besaß etwa ein Viertel der Jugendlichen ein eigenes Radio, 1955 schon etwa ein Drittel. Bis 1960 steigerte sich die Ausstattung weiter auf knapp 39% in der Altersgruppe zwischen 12 und 24 Jahren. Vgl. Helmut Ehrmann/ Kindler & Schiermeyer Verlag (Hg.), Bravo-Leser stellen sich vor, München 1961, S.43.

152 Vgl. Riedel, 60 Jahre Radio, S.105.

153 Reiseempfänger – Winke für die Auswahl, in: Funkschau 8/1957, S.315.

Dennoch war der Radiomarkt schließlich während des ersten Drittels der Sechzigerjahre weitgehend gesättigt: Die Mehrzahl der Hörer war mit UKW-fähigen Empfängern ausgestattet und die Anschaffung von Fernsehgeräten stand höher im Kurs des Käuferinteresses. Zu Beginn der Sechzigerjahre verfügten schon rund 40% der westdeutschen Haushalte über ein Fernsehgerät.[154] Von Beginn an verbreitete sich das neue Medium in allen sozialen Schichten und auch die Sendezeiten wurden kontinuierlich ausgeweitet.[155] Das Fernsehen entwickelte sich zum neuen Leitmedium und beanspruchte nun den zentralen Platz im Wohnzimmer.[156] Doch sollte dies nicht den Niedergang des Hörfunks bedeuten; vielmehr etablierten sich neue Nutzungsmuster. Als Ergebnis des wachsenden massenmedialen Ensembles wandelten sich die Mediendispositive: Die verschiedenen Gerätetypen waren gezwungen sich entsprechend der Anforderungen und Nutzerfunktionen, die nur sie erfüllen konnten, zu spezialisieren, und sich ihre „Nischen" im Medienangebot zu suchen. Im Falle des Radio-Dispositivs veränderten sich insbesondere – in Wechselwirkung mit den sich wandelnden Nutzungsmustern der Konsumenten – die Übertragungsqualität und die Programmstruktur.[157]

154 Mitte der Fünfzigerjahre gaben noch 70% der Haushalte an, sich keinen Fernseher leisten zu können. Anfang der Sechziger waren dann 40%, Ende der Sechziger 75% im Besitz eines Fernsehgeräts, wobei Arbeiterhaushalte gegenüber anderen sozialen Schichten sogar überproportional vertreten waren! Vgl. Knut Hickethier, Der Fernseher. Zwischen Teilhabe und Medienkonsum. In: Ruppert, Kulturgeschichte der Alltagsdinge, S.162-187, hier S.181 (im Folgenden: Hikkethier, Der Fernseher).

155 Vgl. von Hodenberg, Konsens und Krise, S.92. Zum Siegeszug des Fernsehens vgl. auch: Peter Marchal, Kultur- und Programmgeschichte des öffentlich-rechtlichen Hörfunks in der Bundesrepublik Deutschland. Ein Handbuch, Band I: Grundlegung und Vorgeschichte, München 2004, S.385-408 (im Folgenden: Marchal, Kultur- und Programmgeschichte, Band I).

156 Vgl. Fabian Baar, Von der Abendunterhaltung zum Leitmedium - vom Familienzentrum zur Geräuschkulisse. Funktionenwandel der Medien Fernsehen und Radio. In: Werner Faulstich (Hg.), Die Kultur der 60er Jahre, München 2003, S.231-240 (im Folgenden: Baar, Von der Abendunterhaltung zum Leitmedium); Schildt, Hegemon der häuslichen Freizeit.

157 Betrachtet man Mediennutzungsdaten für Radio und Fernsehen im Vergleich, wird deutlich, dass das mediale Verhalten sich ausdifferenzierte und nicht einfach vom Fernsehen monopolisiert wurde. Während sich die Nutzungszeiten des Radios verschoben, stieg der tägliche Zeitaufwand für die Nutzung des Radios zwischen 1964 und 1974 sogar. Vgl. Kiefer, Hörfunk- und Fernsehnutzung, S.435.

Stereo-Radio

So begannen die Rundfunkanstalten, die Stereofonie im Hörfunk einzuführen, die bedeutenden Einfluss auf die Programme und auf die Beliebtheit des Mediums Radio hatte. Stereo-Schallplatten waren schon seit 1958 verfügbar. Doch im Falle des Radios erforderte die Einführung der Stereofonie eine technische Nachrüstung der Rundfunkstudios sowie der UKW-Sender, sodass die Intendanten zögerten und noch 1963 lediglich der SFB[158] Stereo-Programme produziert hatte. Im Rahmen der Funkausstellung 1963 sendete der SFB dann erstmals eine Stereo-Sendung, die das Interesse der Hörer am neuen Klang weckte, so dass schließlich seit Mitte der Sechzigerjahre jede Landesrundfunkanstalt mindestens ein UKW-Sendernetz stereofon betrieb und vor allem die Musikprogramme ausnahmslos in Stereo gesendet wurden.[159]

Insbesondere die Rundfunkgeräteindustrie hatte bei der ARD auf die Ausstrahlung von Stereoprogrammen gedrängt, da man eine Belebung des Radioumsatzes erwartete, worauf auch die steigende Popularität der Stereo-Schallplatte hinzuweisen schien.[160] Die Musiksendungen im Rundfunk erreichten nun die Qualität der Schallplatten. Der Radioverkauf, der zu Beginn der Sechzigerjahre (wohl aufgrund der Konkurrenz durch das Fernsehen) stagniert hatte, bekam durch die Verbreitung der Stereotechnik tatsächlich neuen Auftrieb und es wurden Stereoempfänger in allen Preisklassen gefertigt.[161]

Hörfunkprogramm im Zeitalter des Fernsehens

Zugleich wurde angesichts der Konkurrenz durch das Fernsehen auch das Programmangebot umgestellt: Das Fernsehen verdräng-

158 Sender Freies Berlin; Der SFB hatte schon ab Ende 1958 versuchsweise Stereosendungen ausgestrahlt, doch waren hier die für die beiden Lautsprecher bestimmten Modulationen über zwei getrennte UKW-Sender ausgestrahlt und mit zwei getrennten Empfangsgeräten empfangen worden. Vgl. Rindfleisch, Technik im Rundfunk, S.125 und den Artikel: Stereophonische Sendung. Ein kleiner Schubs. In: Spiegel, 24.12.1958, S.62.

159 Vgl. Rindfleisch, Technik im Rundfunk, S.125f. und Hermann/ Kahle/ Kniestedt, Der deutsche Rundfunk, S.141-143.

160 Zur Einführung der Stereofonie im Rundfunk vgl. Petra Witting-Nöthen, Die Einführung der Stereofonie im Rundfunk. In: Geschichte im Westen 15 (2000) S.185-195 (im Folgenden: Witting-Nöthen, Die Einführung der Stereofonie im Rundfunk). In Kapitel C.II werde ich mich den Zusammenhängen zwischen der Einführung der Stereofonie im Rundfunk und auf Schallplatte noch detaillierter widmen.

161 Vgl. Riedel, 60 Jahre Radio, S.99f.

te das Radio als Feierabendunterhaltung, und der Hörfunk erreichte das Publikum nun zunehmend morgens und tagsüber und wurde zum allgegenwärtigen Begleitmedium[162] (was auch durch die zunehmende Verbreitung der tragbaren und somit jederzeit und überall nutzbaren Radioapparate ermöglicht und befördert wurde). Besonders für die Erwachsenen nahm das Radio nun die Funktion eines „Nebenbei-Mediums" ein. Daher wurden dem Programm andere Strukturen zugrunde gelegt als während der Zeit des Radios als „Einschaltmedium". Musikprogramme dominierten nun das Sendeschema und an die Stelle von gehobener E-Musik[163] trat populäre Schallplattenmusik: Die U-Musik der Fünfziger- und frühen Sechzigerjahre knüpfte an die deutsche U-Musik der Zwanziger- und Dreißigerjahre an und erweiterte sie durch die Schlager der Nachkriegszeit und den amerikanischen Swing der Dreißiger.[164]

Das Radio war nun primär Unterhaltungsmedium, wenn auch regelmäßig von aktuellen Nachrichten unterbrochen. Anspruchsvollere Programme wurden in spezielle Sender verlegt, was einen ersten Schritt der Programmverantwortlichen in Richtung einer zielgruppenspezifischen Diversifizierung des Programms darstellt. Der Übergang zu einer flächendeckenden Einführung von Sparten-Zielprogrammen sollte allerdings erst am Ende der Sechzigerjahre erfolgen.[165] Zunächst einmal wurden lediglich die zweiten Programme als Kontrast zum Hauptprogramm konzipiert.[166] Doch bestand der Kontrast lediglich darin, auf beiden Programmen das grundlegend Gleiche zu unterschiedlichen Zeiten anzubieten; wenn also im

162 Zur Bedeutung der Sechzigerjahre für die Geschichte der Funkmedien in Deutschland sowie zur Etablierung des Fernsehens als Massenmedium und des Radios als Begleitmedium vgl. Konrad Dussel, Vom Radio- zum Fernsehzeitalter. Medienumbrüche in sozialgeschichtlicher Perspektive. In: Schildt/ Siegfried/ Lammers (Hg.), Dynamische Zeiten, S. 673-694 (im Folgenden: Dussel, Vom Radio- zum Fernsehzeitalter); und Baar, Von der Abendunterhaltung zum Leitmedium.

163 E-Musik meint „ernste Musik", U-Musik ist „unterhaltende Musik".

164 Vgl. Konrad Dussel, Rundfunkgeschichte - Mediengeschichte - Zeitgeschichte. Der Rundfunk und die Entwicklung der westdeutschen Gesellschaft. In: Inge Marßolek, Adelheid von Saldern (Hg.), Radiozeiten. Herrschaft, Alltag, Gesellschaft (1924 - 1960), Potsdam 1999, S.39-56, hier S.45 (im Folgenden: Dussel, Rundfunkgeschichte – Mediengeschichte – Zeitgeschichte).

165 Vgl. von Hodenberg, Konsens und Krise, S.93; Baar, Von der Abendunterhaltung zum Leitmedium, S.236f.;

166 Die Möglichkeit zum Aufbau zweiter und dritter Programme war erst durch die Einführung des UKW-Rundfunks gegeben. Aufgrund der auf wenige Kilometer begrenzten Sendegebiete konnte eine Frequenz in nicht allzu weiter Entfernung wieder benutzt werden.

einen Programm eine Wortsendung geboten wurde, war im anderen Unterhaltungsmusik zu hören.[167] Zu dieser Zeit wurde zudem noch ein nicht unerheblicher Teil des Radioprogramms von den sendereigenen Rundfunkorchestern bestritten.[168]

Vernachlässigte Zielgruppen

Diese zögerlichen Programmreformen des Hörfunks berücksichtigten jedoch nicht in ausreichendem Maße die Interessen der Jugendlichen, für die das Radio mit seiner Ablösung als zentrales Familienmedium durch das Fernsehen enorm an Bedeutung gewann.[169] Sie schauten weniger fern als die Erwachsenen, denn dessen Programm schien ihnen eher „altbacken“. Sie wandten sich stärker den „frei gewordenen“ Radiogeräten zu.[170]

Doch übernahm der (öffentlich-rechtliche) Hörfunk aufgrund seiner konservativen Programmgestaltung hier zunächst einmal nicht die Rolle des „Trendsetters“. Diese fiel eher der modernen Schallplattenmusik und den Plattenfirmen zu, die – was die jüngeren Hörer betraf – stärkere Konkurrenten des Radios waren als das Fernsehen.[171] Denn gerade die jüngeren Fans moderner, englischer Rock- und Pop-Musik kamen im Sendeschema der öffentlich-rechtlichen Landesrundfunkanstalten oft zu kurz.[172] Erst Ende der Sechzigerjahre bekamen diese Musikrichtungen ihren Platz im Hörfunk. Zuvor mussten die Hörer sich mit wenigen Stunden pro Woche zufrieden geben oder aber einen der besonders bei jungen Leuten beliebten Soldaten- oder Piratensender[173] oder Radio Luxemburg ein-

167 Vgl. Konrad Dussel/ Edgar Lersch (Hg.), Quellen zur Programmgeschichte des deutschen Hörfunks und Fernsehens, Göttingen [u. a.] 1999, S.237.

168 Vgl. Konrad Dussel, The Triumph of English-Language Pop Music. West German Radio Programming. In: Schildt/ Siegfried, Between Marx and Coca-Cola, S.127-148, hier S.129 (im Folgenden: Dussel, The Triumph of English-Language Pop Music).

169 Vgl. Jürgen Zinnecker, Jugendkultur 1940 - 1985, Opladen 1987, S.189.

170 Vgl. Schildt, Mach mal Pause!, S.392.

171 Dussel, Vom Radio- zum Fernsehzeitalter, S.688.

172 Vgl. Schildt, Das Radio und sein jugendliches Publikum, S.263. Vgl. auch ausführlich: Peter Marchal, Kultur- und Programmgeschichte des öffentlich-rechtlichen Hörfunks in der Bundesrepublik Deutschland. Ein Handbuch, Band II: Von den 60er Jahren bis zur Gegenwart, München 2004, S.421-431 (im Folgenden: Marchal, Kultur- und Programmgeschichte, Band II).

173 Soldatensender waren etwa AFN oder BFBS. Der holländische Piratensender Radio Veronica war in Deutschland ab 1963 zu empfangen, 1964 nahmen Radio Caroline und Radio London ihr Programm auf. Die Piratensender spielten ausschließlich Popmusik und finanzierten sich durch die Werbung. Zu Ju-

schalten.[174] Der öffentlich-rechtliche Rundfunk in Deutschland hatte das Ziel, erzieherisch auf die Jugend einzuwirken und englische Pop-, Beat- und Rockmusik von ihr fernzuhalten,[175] denn sie wurde in der Öffentlichkeit und von den Programmverantwortlichen bis weit in die Sechziger hinein mit jugendlichem Rebellentum und Ungehorsam gleichgesetzt.[176]

Dies schuf einen starken Gegensatz zwischen angebotenen Programmen einerseits und Hörerwünschen andererseits, sodass besonders junge Radiohörer zunehmend nach alternativen Angeboten suchten, und diese entweder in ausländischen Radiosendern oder in Plattenspielern und Tonbandgeräten fanden. Zumindest auf lange Sicht jedoch zwangen sie so auch die deutschen Sender zur Berücksichtigung der jugendlichen Musikinteressen.[177] Erst durch die massenmediale Konkurrenz der Sechzigerjahre wurde ein Umbruch hervorgerufen.[178]

Nicht nur der Rivale Fernsehen oder die kommerziellen Radiostationen, Piraten- und Soldatensender, sondern vor allem auch die mächtige Schallplattenindustrie zwangen die deutschen Rundfunkanstalten, die Wünsche der jugendlichen Hörer zu berücksichtigen, um ein gänzliches Abwandern zur Konkurrenz zu verhindern.[179] Über die besonders in der zweiten Hälfte der Fünfzigerjahre beliebten Jukeboxen und durch Kinofilme und ausländische Radiosen-

gendprogrammen und Popmusik in deutschen Radio sowie auf Piraten- und Soldatensendern vgl. Siegfried, Time is on my side, S.319-332. Vgl. auch Uta G. Poiger, Amerikanisierung oder Internationalisierung? Populärkultur in beiden deutschen Staaten. In: APuZ 45 (2003) S. 17-24, hier S.18 (im Folgenden: Poiger, Amerikanisierung). Zu Piratensendern im Großbritannien der Sechzigerjahre vgl. Robert Chapman, Selling the Sixties. Pirates and Pop Music Radio, London, New York 1992.

174 Vgl. Kaspar Maase, Establishing Cultural Democracy. Youth, "Americanization", and the irresistible Rise of Popular Culture. In: Hanna Schissler (Hg.), The miracle years. A cultural history of West Germany, 1949 - 1968. Princeton [u.a.] 2001, S. 428-450, hier S.443.

175 Über die Diskussionen um Unterhaltung und U-Musik im deutschen Rundfunk vgl. Konrad Dussel, Der Streit um das große U. Die Programmgestaltung des öffentlich-rechtlichen Rundfunks und der Einfluß der Publikumsinteressen 1949-1989. In: AfS 35 (1995) S.255-289 (im Folgenden: Dussel, Der Streit um das große U).

176 Vgl. Hermand, Die Kultur der Bundesrepublik, S.231-235.

177 Vgl. Siegfried, Time is on my side, S.319.

178 Vgl. Hermand, Die Kultur der Bundesrepublik, S.231-235.

179 Zu den Herausforderungen, die Piratensender und Radio Luxemburg für den deutschen öffentlich-rechtlichen Rundfunk bedeuteten, vgl. Dussel, The Triumph of English-Language Pop Music, S.136-139.

der waren die jungen Hörer in Kontakt mit der englischsprachigen Rock 'n' Roll- und Popmusik gekommen.[180] Das tragbare Radiogerät bedeutete dann den Einstieg der Jugendlichen in den persönlichen, von Erwachsenen nicht überwachten Musikkonsum, da es aufgrund seiner Flexibilität die „Kommunikationsgemeinschaft" der Familie auflöste.[181] Doch leider lief die ‚fetzige' neue Musik hier noch zu selten.

Die Unabhängigkeit vom Programmangebot der Sendeanstalten wurde mit der zunehmenden Ausstattung der westdeutschen Haushalte mit Schallplattenspielern, Tonbandgeräten und Kassettenrekordern erreicht, und es entstanden ganz neue, individuellere Rezeptionsbedingungen: Auch hier versetzten Zweit- und Drittgeräte die einzelnen Familienmitglieder in die Lage, ihren eigenen Hörwünschen und Musikpräferenzen nachzugehen. Die handlichen Kofferplattenspieler und Tonbandgeräte führten mit Beginn der „langen Sechzigerjahre" zu einer beträchtlichen Erweiterung der Medien- und Musikauswahl sowie ihrer Verfügbarkeit.[182] Der Zwang zum gemeinsamen Hören in der Familie wurde schrittweise aufgehoben.[183]

Mediendispositive im massenmedialen Ensemble

Die Radio- und Fernsehdispositive haben einen Entwicklungsprozess vorgezeichnet, der durch die zunehmende Verbreitung von Phonogeräten noch komplexer und ausdifferenzierter werden sollte. Stellen wir uns das Medienmenu als einen Kuchen vor, so wollte jedes Mediendispositiv sein „Stück" von eben diesem abbekommen. Diese Verortung der unterschiedlichen Dispositive innerhalb des massenmedialen Ensembles erfolgte durch das Programm ebenso wie durch eine Ausdifferenzierung und Spezialisierung der Technik und durch symbolische Bedeutungszuschreibungen an die Geräte

180 Von 1957 bis 1960 stieg die Zahl der Jukeboxen in Westdeutschland von 12.000 auf 50.000. Vgl. Helmut Lamprecht, Teenager und Manager, München 1960, S.136.

181 Stefan Kursawe, Vom Leitmedium zum Begleitmedium. Die Radioprogramme des Hessischen Rundfunks 1960-1980, Köln [u.a.] 2004, S.38.

182 Vgl. Axel Schildt, Moderne Zeiten. Freizeit, Massenmedien und „Zeitgeist" in der Bundesrepublik der 50er Jahre, Hamburg 1995, S.170 (im Folgenden: Schildt, Moderne Zeiten). Zum autonomen Zugang der Jugendlichen zum Medium Radio vgl. auch Peter Wicke, Music, Dissidence, Revolution and Commerce: Youth Culture between Mainstream and Subculture. In: Schildt/ Siegfried, Between Marx and Coca-Cola, S.109-126.

183 Vgl. Dussel, Rundfunkgeschichte – Mediengeschichte – Zeitgeschichte, S.46.

durch Hersteller und Nutzer. Wurde das eine Medium zum Zentrum der abendlichen Unterhaltung, wich das andere auf seine neue Rolle als Alltagsbegleiter aus und passte seine Technik und sein Programm an die neuen Erfordernisse an. Dabei fanden die Aushandlungsprozesse nicht immer zeitgleich und koordiniert statt, wie am Beispiel der Radioapparate und des Radioprogramms gezeigt werden konnte: Während die Geräteindustrie längst die Jugendlichen als Zielgruppe entdeckt hatte, weigerten sich die Rundfunkanstalten noch, die passende Musik zu spielen.

Während der „langen Sechzigerjahre" nahm die Konkurrenz weiter zu und das massenmediale Ensemble sortierte sich neu: Denn nun zogen die Phonogeräte langsam in die Haushalte ein und machten dem Hörfunk als einzigem ‚Musikspender' und als jugendlichem Ausweichmedium zum Fernsehen Konkurrenz.

Im Jahr 1957 war nur in etwa einem Viertel der Haushalte ein Schallplattenspieler vorhanden und in weniger als 3% ein Tonbandgerät. Es sollte also spannend werden, auf welchem Weg die neuen Phonogeräte ihre Position im Medienmenu erobern würden. Dass es ihnen gelang, wissen wir; und auch die steigenden Ausstattungszahlen sprechen eine deutliche Sprache. Anfang der Sechzigerjahre war ein Plattenspieler schon in einem Drittel, Mitte der Sechziger laut einer Infratest-Umfrage sogar in mehr als 50% der Haushalte vorhanden.[184] Die folgenden Objektstudien werden den Weg der Musikschränke, Stereoanlagen, Plattenspieler und Tonbandgeräte in die spezifischen massenmedialen Ensembles unterschiedlicher Nutzerkreise während der „langen Sechzigerjahre" nachzeichnen.

184 Zahlen zum Ausstattungsgrad aus Dussel, Medienkonsum, S.659; Schildt, Das Radio und sein jugendliches Publikum, S.262.

C Phonogeräte als Zentrum der privaten Lebenswelt

I Der Musikschrank – Prunkstück deutscher Wohlstandshäuslichkeit

Der Musikschrank ist ein Möbelstück, das hinter seinem kunstvoll gefertigten Gehäuse ein Radiogerät und einen Schallplattenspieler mit Lautsprechern und manchmal sogar ein Tonbandgerät verbirgt. Die herrschende Geschmackskonvention der Fünfzigerjahre empfand die Sichtbarkeit von Technik im Wohnzimmer als unpassend,[1] daher wurden die technischen Geräte und Kabel hinter hochglanzpolierten Türen, goldenen Leisten und Knäufen verborgen und fügten sich so in das Gesamtbild der repräsentativen Wohnzimmereinrichtung ein.

Dieses Objekt bildet den Einstieg in meine Untersuchung der Phonogeräte. Es sei, so Wehler in seiner Gesellschaftsgeschichte, „zu einem klassenübergreifenden Symbol der ‚Wir-haben-es-geschafft'-Mentalität des Wirtschaftswunders" aufgestiegen.[2] Tatsächlich wiesen die späten Fünfzigerjahre starke Verkaufssteigerungen in diesem Produktsegment auf, und ein Musikschrank stand auf den Wunschlisten vieler Westdeutscher ganz weit oben.[3]

1 Vgl. Ruppert, Zur Konsumwelt der 60er Jahre, S.761.

2 Wehler, Gesellschaftsgeschichte, S.395.

3 Vgl. Schildt, Mach mal Pause!, S.381;

Noch waren die westdeutschen Haushalte nicht flächendeckend mit Fernsehgeräten ausgestattet, sondern das Rundfunkgerät war Mittelpunkt des Familienlebens und der Feierabendgestaltung. Wer es sich leisten konnte, ersetzte das einfache Radio der Nachkriegszeit durch einen neuen Empfänger mit Holzgehäuse und Goldleisten oder gar durch einen prächtigen Musikschrank, mit dem auch Schallplatten abgespielt werden konnten. Wenn ein Wohnzimmer im vorherrschenden bürgerlichen, repräsentativen Stil neu eingerichtet wurde, dann durfte auch ein luxuriöser Musikschrank mit schimmernden Zierleisten nicht fehlen.

Das Interesse der westdeutschen Konsumenten an Musikschränken war Mitte der Fünfzigerjahre auf seinem Höhepunkt angelangt. 1955 wünschten ihn sich 23% der in einer Studie des Instituts für Demoskopie befragten Westdeutschen „zur Erreichung eines angemessenen Lebensstandards". Doch erst 6% der Haushalte im Bundesgebiet verfügten über ein solches Gerät – eine viel versprechende Ausgangsposition für die Produzenten![4] Bis 1958 sollte sich die Ausstattungsquote westdeutscher Haushalte mehr als verdoppeln;[5] wurde ein Musikschrank angeschafft, so geschah dies in den meisten Fällen während der späten Fünfzigerjahre.[6] Ein Gerät für jedermann wurde der Musikschrank allerdings nie; nur wohlhabende Familien der oberen Einkommensklassen waren in der Regel dazu in der Lage oder willens, diesen kostspieligen Unterhaltungsapparat und Schmuck für das Wohnzimmer anzuschaffen. Auch während der ersten Hälfte der Sechzigerjahre besaßen lediglich 12-14% aller Haushalte im Bundesgebiet einen Musikschrank;[7] die Wahrscheinlichkeit, dass einer im Wohnzimmer stand, stieg mit dem Einkommen des Hauptverdieners.[8]

Doch wie konnte der Musikschrank seine Stellung behaupten, als immer mehr Haushalte einen Fernseher erwarben, der die zentrale Position im Wohnzimmer beanspruchte? Verlor das prunkvolle

4 Vgl. Institut für Demoskopie, Wunsch und Besitz, Allensbach 1958, S.4.

5 Für 1958 gibt das Institut für Demoskopie einen Wert von 13% an. Vgl. Institut für Demoskopie, Wunsch und Besitz, Allensbach 1958, S.4.

6 Einkommens- und Verbraucherstichprobe 1962/63. In: Wirtschaft und Statistik 11 (1963), S.659, zit. n. Günter, Blumenbank und Sammeltassen, S.80.

7 Vgl. DIVO-Institut, Der westdeutsche Markt in Zahlen, Frankfurt a.M. 1962, S.92; DIVO-Institut, Der westdeutsche Markt in Zahlen, Frankfurt a.M. 1965, S.156.

8 In den Haushalten, deren Netto-Monatseinkommen des Hauptverdieners über 600 DM lag, ermittelte das Institut für Demoskopie schon 1958 eine Ausstattungsquote von 27%. Vgl. Institut für Demoskopie, Wunsch und Besitz, Allensbach 1958, S.23.

Möbelstück nicht seine Daseinsberechtigung, als der Hörfunk bald „nur" noch Begleitmedium des Alltags war? Auch die Musikwiedergabetechnik und -qualität entwickelten sich während der Sechzigerjahre in einem rasanten Tempo – konnte der Musikschrank diesen neuen Anforderungen gerecht werden?

In der folgenden Objektstudie werde ich den Wandel des Dispositivs des Musikschranks aufzeigen. Aufgrund der technischen Entwicklungen in Klangaufnahme und -wiedergabe und durch die zunehmende Konkurrenz innerhalb des massenmedialen Ensembles änderten sich nicht nur die Geräte und die Vermarktungsstrategien der Hersteller. Auch in der Diskussion dieses Objekttypus durch Fach- und Konsumentenmagazine wurden veränderte Bewertungen vorgenommen und die Aneignungspraktiken und Bedeutungszuschreibungen der Konsumenten wandelten sich. Die Anforderungen unterschiedlicher Nutzerkreise fächerten sich auf, und während der Musikschrank für die einen ein attraktiver Mittelpunkt des Wohnzimmers blieb, fiel er in der Gunst der anderen.

Zunächst werde ich nun einen Überblick über die Angebotsentwicklung von den späten Fünfziger- bis in die Sechzigerjahre geben, und eines der Geräte einer exemplarischen Objektanalyse unterziehen: Anhand des Musikschranks *Arabella* von Nordmende stelle ich die Apparat-Nutzer-Konstellation von Musikschränken sowie die ihnen eingeschriebenen Anwendungsmöglichkeiten und symbolischen Eigenschaften dar.

I.1 Tonmöbel in allen Formen, Farben, Hölzern und Preislagen

Das Angebot an Tonmöbeln während der zweiten Hälfte der Fünfzigerjahre war überwältigend: 23 Hersteller, unter ihnen auch große deutsche Firmen wie AEG, Blaupunkt, Braun, Graetz, Grundig, Loewe Opta, Nordmende, Schaub-Lorenz, Siemens und Telefunken, boten 1956/57 207 verschiedene Geräte an.[9] Und das Angebot wuchs weiter: 1957/58 waren schon 287 verschiedene Modelle erhältlich,[10] die unter den verschiedensten Bezeichnungen geführt wurden. Gemeinsam war diesen Musik- oder Phonoschränken, -truhen und -vitrinen, dass sie alle einen Plattenspieler oder Plattenwechsler enthielten. Doch während die einen darüber hinaus weder Lautsprecher noch sonstige Geräte im Schrankinnern beherbergten, waren die an-

9 47 Phonomöbel und 160 Musikmöbel, vgl. HDRFG 1956/57, S.A73-A.134.

10 34 Phonomöbel und 253 Musikmöbel, vgl. HDRFG 1957/58, S.A77-A134.

deren voll ausgerüstet und verkabelt: Neben dem Schallplattenspieler enthielten sie auch ein Rundfunkgerät und Lautsprecher, manche gar ein Tonbandgerät.

Diese technische Ausstattung ist das Kriterium, anhand dessen sich zwei „Gattungen" von Musikmöbeln unterscheiden lassen. Die einfachere Ausführung, die nur einen Plattenspieler oder -wechsler enthielt, wurde in der Regel als *Phonoschrank*, -truhe oder -vitrine bezeichnet, während ein *Musikschrank (*bzw. Musiktruhe oder -vitrine) zusätzlich über ein Radio und Lautsprecher verfügte.

Selbstverständlich hatte diese unterschiedliche Ausstattung auch Auswirkungen auf den Kaufpreis: Der günstigste Phonoschrank der Saison 1956/57 (der Carioca II der Firma Ilse, siehe Abb. 1) war schon für 208 DM zu haben: Er war aus Nussbaum gefertigt, war in seinen Abmessungen recht klein (80 x 70 x 40 cm), und hinter seiner Frontklappe verbarg sich lediglich ein Plattenspieler sowie ein Plattenständer.[11] Zur Inbetriebnahme musste dann ein Radiogerät angeschlossen werden, über dessen Lautsprecher die Musik von Platte wiedergegeben werden konnte.[12] Dieser Gerätetypus konnte die große Zahl der Haushalte bedienen, in denen bereits ein Rundfunkgerät vorhanden war (Anfang der Fünfzigerjahre circa 70-80%).[13]

Abb. 1: Phonoschrank Carioca II (R 83) der Firma Ilse Radiomöbel. In: HDRFG 1956/57, S. A96.

Musikschränke waren in der Regel deutlich größer und teurer, wie etwa das Spitzenmodell „Baden-Automatic 7", das neben einem Plattenwechsler auch ein Rundfunkchassis, einen Anschluss für eine elektronische Fernbedienung, einen Plattenständer für 38 Platten und Ablagefächer für 80-100 Platten oder für Tonbänder und fünf Lautsprecher „mit Zweikanal-Abstrahlung (Stereophonie-Effekt)" enthielt (Abb. 2). In dem massigen Schrank (160 x 89 x 49,5 cm), der 2.190 DM kostete, war Raum für die Nachrüstung eines

11 Vgl. HDRFG 1956/57, S. A96.

12 Im HDRFG 1956/57 finden sich 47 Phonomöbel.

13 Vgl. Schildt, Freizeit, Konsum und Häuslichkeit, S.339.

Tonbandgerätes, das für zusätzliche 455 DM zu haben war.[14] Musikschränke waren zur sofortigen Musikwiedergabe bereit; es mussten keine weiteren Apparate mehr angeschlossen werden.[15]

Abb. 2: Musikschrank Automatic-Truhe Baden 7 der Firma Saba. In: HDRFG 1956/57, S. A125.

Sowohl Phono- als auch Musikschränke waren in verschiedenen Möbeldesigns erhältlich: Die Sorte des Holzes konnte ebenso variieren wie die Verzierungen und Einteilungen der Schrankfächer. Die Hersteller boten viele Extras an, die ihre Produkte als luxuriös und repräsentativ kennzeichneten. Oft waren einzelne Fächer im Schrank enthalten, die als Hausbar genutzt werden konnten: sie waren innen verspiegelt, golden ausgekleidet, gepolstert oder gekachelt.[16] In etwa der Hälfte aller Musik- und Phonomöbel des Jahres 1956/57 war sogar eine automatische Beleuchtung eingebaut, zum Beispiel des Schallplattenaufbewahrungsfachs, des Fachs in dem der Plattenspieler saß oder auch des Vitrinen- oder Barfachs. So stand ein großes Angebot an Schränken, Truhen und Vitrinen zur Verfügung – passend für jeden Geschmack und jede Wohnzimmereinrichtung.

Anhand des kurzen Einblicks in die Angebotspalette der Musik- und Phonoschränke am Ende der Fünfzigerjahre ist deutlich geworden, dass zwei verschiedene Gerätegattungen, die Musik- und die

14 HDRFG 1956/57, S. A125.

15 Im HDRFG 1956/57 finden sich 160 Musikmöbel, davon 28 mit Platz zur Nachrüstung eines Tonbandgerätes.

16 Kuba, Musikschrank Lugano I mit „Spiegelglasbar", vgl. HDRFG 1956/57, S. A109 und Kuba Musikschrank Capri, ebd. S. A108; Ilse Radiomöbel, Phonoschrank Moni (R 92), mit „Hausbar in goldfarbigem Plastikmaterial", vgl. HDRFG 1956/57, S. A96 und Loewe Opta Musikschrank Botschafter 1844 T/W mit „Hausbar mit Gold-Azella ausgelegt", vgl. HDRFG 1956/57, S. A114; Geko, Phonovitrine Standard 57 mit „gepolsterte[r] Bar", vgl. HDRFG 1956/57, S. A86; Continental Musikschrank Imperial 1306 Mirjam mit "gekachelter Spiegelbar mit Gläserfach", vgl. HDRFG 1956/57, S. A83.

Phonoschränke, auf dem Markt waren, die sich nicht nur preislich sondern auch in Größe, Design und technischen Möglichkeiten voneinander unterschieden. Zwar differenzierten die Hersteller in ihrer Vermarktung nicht explizit zwischen diesen beiden Typen. Doch werde ich anhand einer getrennten Betrachtung ihrer Marktentwicklung zeigen können, dass sie sehr unterschiedliche Erfolge verbuchen konnten, die sich anhand ihrer Dispositive erklären lassen: Während die Phonoschränke im Laufe der Sechzigerjahre aus dem Angebot verschwanden, konnten Musikschränke sich bis in die frühen Siebzigerjahre auf dem Markt behaupten. Ich werde daher nicht nur die Marktentwicklung (I.1.1) sondern auch das Design, die Apparat-Nutzer-Konstellationen und Choreografien der Nutzung der beiden Typen (I.1.2 und I.1.3) vergleichend betrachten, um Erklärungen für diese gegenläufige Entwicklung anzubieten.

I.1.1 Die bescheidene Phonokommode verliert gegen den prächtigen Musikschrank

Die Unterscheidung der Phonomöbel, also derjenigen Geräte, die nur einen Plattenspieler oder -wechsler enthielten, in Phonoschränke, -vitrinen oder -truhen war alleine abhängig von der Form des Möbelstücks. War die Technik hinter Schranktüren verborgen, handelte es sich um einen Phonoschrank; waren Glastüren eingebaut, galt das Gerät als eine Phonovitrine; und in einer Phonotruhe war der Schallplattenspieler unter der oberen, aufklappbaren Abdeckplatte zu finden.

Im Verkaufsjahr 1956/57 standen 27 verschiedene Geräte zur Auswahl, die es zusätzlich in mehreren Holzausführungen gab, und in die Plattenspieler oder -wechsler unterschiedlicher Hersteller und Qualität eingebaut sein konnten, so dass der Kunde aus circa 50 Varianten wählen konnte.[17] Nicht etwa die großen deutschen Hersteller von Plattenspielern oder Rundfunkgeräten wie AEG, Grundig, Graetz, Loewe usw. boten Phonomöbel an, sondern Firmen wie Geko,[18]

17 Vgl. HDRFG 1956/57, S.A85-87, S.A96-99, S.102-104, S.A118.

18 Geko steht für Gerhard Kopprasch, Bonn-Beuel, Hersteller von Tonmöbeln mit Plattenspielern und -wechslern anderer Hersteller, laut www.radiomuseum.org nur 1956-1958. Auch im HDRFG tauchen nach 1958 keine Geko-Geräte mehr auf.

Ilse Radiomöbel,[19] Kuba[20] und Pawerphon,[21] seit 1959/60 auch Rosita[22] und Favorit.[23] Hierbei handelte es sich eher um Möbel- denn um Elektronik-Produzenten: Sie bauten die technischen Geräte anderer Herstellerfirmen in ihre Schränke und Truhen ein, entwickelten und produzierten aber nicht selber die technischen Geräte. Einige der Firmen, wie Ilse Radiomöbel, waren schon durch ihren Namen als Möbelfabrikanten zu identifizieren und griffen auf die Plattenspieler der großen Unterhaltungselektronik-Hersteller zurück.[24]

Die großen deutschen Elektrounternehmen scheinen sich in ihrer Produktion vielmehr auf die Musikschränke konzentriert zu haben, in denen sie möglichst viele ihrer Geräte „auf einen Schlag" unterbringen konnten, während bei den Phonomöbeln nur ein Plattenwechsler eingebaut wurde und der Produktionsaufwand insbesondere in den Möbelstücken lag.

Phonomöbel waren teuer, aber nicht unerschwinglich: Zu Beginn der Sechzigerjahre kosteten die günstigsten Geräte etwa 200 DM, die teuersten zwischen 500 und 700 DM. In jedem Fall aber war ein Phonoschrank bei einem Durchschnittseinkommen (der Arbeiter/

19 Ilse Radiomöbel, Uslar. Gegründet 1939 [Vgl. www.radiomuseum.org]. Nach dem Krieg bot Ilse spätestens ab 1950 wieder voll bestückte Tonmöbel an, vgl. Artikel im Spiegel zur Deutschen Funkausstellung 1950: „Musik aus dem Tisch", in: Spiegel, 24.08.1950, S.39-41. Hier wird darauf hingewiesen, dass Ilse z.B. rollbare Tische mit integrierten Radioempfängern (von Philips) baute, oder auch einen „Schrank mit einem Zehnplattenspieler, einem Spitzensuper von Graetz, einer Bar mit Kristallspiegeln, Marmor, Schiebetür und Plattenbehälter. So etwas kostet 1430DM." (Vgl. S.40).

20 Firma Kuba Tonmöbel, 1948 in Wolfenbüttel gegründet. 1958 erfolgte die Übernahme der „Continental Rundfunk GmbH", die Rundfunkgeräte unter der Marke „Imperial" herstellte. Die Firmengruppe wurde in Kuba-Imperial umbenannt. Vgl. www.kuba-museum.de/firmengeschichte.html [Zugriff: 06.07.2011]

21 Seit 1922, in Berlin. Vgl. www.radiomuseum.org.

22 Theo Schmitz GmbH; Paderborn. Ist laut www.radiomuseum.org in den Siebzigerjahren mit Hi-Fi-Anlagen in den Katalogen.

23 Nach 1958 schied die Firma Geko aus, 1965 erschienenen Phonomöbel der Firma Leinetal auf dem Markt.

24 Kuba Tonmöbel fertigte zunächst ebenfalls nur die Möbelstücke und baute Plattenwechsler bzw. in den Musikschränken auch Radiogeräte von namhaften Herstellern wie Graetz, Saba, Loewe-Opta und Telefunken ein. Durch die Übernahme der „Continental Rundfunk GmbH" im Jahr 1958, die Rundfunkgeräte der Marke „Imperial" herstellte, erwarb die später in Kuba-Imperial umbenannte Firmengruppe die notwendigen Kompetenzen zur eigenen Herstellung von Radio- und Fernsehgeräten. Vgl. www.kuba-museum.de/firmengeschichte.html [Zugriff: 06.07.2011]. Die Plattenspieler und -wechsler wurden weiterhin bei anderen Herstellern eingekauft. Vgl. HDRFG 1959/60: Die Plattenspieler und -wechsler in den Kuba Tonmöbeln sind weiterhin von Telefunken etc., doch die Radios sind nun Imperial-Geräte.

innen und Angestellten 1957) von circa 438 DM[25] eine bedeutende Anschaffung, die nur durch kurzfristigen Konsumverzicht und Sparen zugunsten der langfristigen Anschaffung langlebiger Konsumgüter getätigt werden konnte.

Phonoschränke unterschieden sich kaum in ihrer technischen Ausstattung, vielmehr lagen die Gründe der Preisabstufungen in der Ausführung des Möbelstücks. Alle enthielten einen der gängigen Plattenwechsler,[26] doch während die einen lediglich über ein weiteres Fach zur Unterbringung von Schallplatten verfügten, hatten andere noch eine integrierte Hausbar, automatische Beleuchtung des Schrankinneren oder ein besonders aufwendig verziertes Äußeres.

Die Phonomöbel-Hersteller reagierten rasch auf technische Neuerungen, wie etwa die Einführung der Stereo-Schallplatte 1958, und rüsteten ihre Produkte den neuesten Standards entsprechend aus. Seit 1959/69 boten viele Hersteller Phonoschränke an, die mit stereofähigen oder sogenannten „stereovorbereiteten" Plattenwechslern ausgestattet waren.[27] Ein „stereovorbereitetes" und ein Vollstereo-Gerät unterschieden sich nur im Tonabnehmer. Beide enthielten bereits die entsprechende Anschlüsse und die passende Verkabelung (da sich diese nicht nachträglich einbauen ließen).[28] Durch Nachrüstung eines Stereo-Tonabnehmersystems ließ sich jedoch aus dem stereovorbereiteten Gerät ohne großen finanziellen oder technischen Aufwand ein Stereo-Gerät machen.[29] Hier lässt sich ver-

25 Durchschnittlicher Bruttomonatsverdienst Arbeiter/innen im produzierenden Gewerbe 1957 laut www.destatis.de: 220 Euro (=430 DM), der Angestellten 228 Euro (=446 DM); im Mittel 438 DM. Rytlewski/ Opp de Hipt nennen für 1957 einen durchschnittlichen Bruttolohn der Arbeiter in der Industrie von 100 DM pro Woche; vgl. Ralf Rytlewski/ Manfred Opp de Hipt, Die Bundesrepublik Deutschland in Zahlen. Ein sozialgeschichtliches Arbeitsbuch, München 1987, S.119 (im Folgenden: Rytlewski/ Opp de Hipt, Die Bundesrepublik in Zahlen).

26 Einzig der o.g. Phonoschrank Carioca enthielt 1956/57 nur einen Plattenspieler der Firma Philips, doch ab 1957/58 war er auch mit einem Plattenwechsler ausgestattet. Der Kunde konnte zwischen einem Telefunken- und einem Dual-Gerät wählen, der Preisunterschied war gering.

27 Vgl. HDRFG 1959/60, S. A112f.

28 Dies zeigt sich auch anhand eines exemplarischen Vergleichs eines Stereo-Plattenwechslers und eines „stereovorbereiteten" Parallelgeräts. Während der Stereo-Wechsler ein Stereo-Kristall-System mit Duplo-Saphir zur Wiedergabe von Schallplatten mit Normal-, Mikro- und Stereorillen hat, spielt das stereovorbereitete Gerät nur Normal- und Mikrorillen. Vgl. Telefunken Plattenwechsler TW 502 S bzw. TW 502 E. Vgl. HDRFG 1960/61, S. B66. „Normalrillen" sind die einer Schellackplatte, die mit 78UpM abgespielt wird, Mikrorillen sind die der Vinylplatten.

29 Stereo-Tonabnehmersysteme waren 1960 für Preise etwa zwischen 20 und 60DM erhältlich. Vgl. HDRFG 1960/61, S. B69.

muten, dass diese Geräte für eben jene Kunden gedacht waren, die vorerst auf die neue Stereotechnik noch keinen Wert legten, aber ein zukunftssicheres Gerät erwerben wollten.

Dennoch, das Angebot an Phonomöbeln nahm während der Sechzigerjahre deutlich ab -sei es nun Truhe, Vitrine oder Schrank, stereofon oder stereovorbereitet. Schon seit 1960/61 führte das HDRFG die Phonomöbel nicht mehr in einer eigenen Rubrik, sondern sortierte sie bei den Plattenspielern und -wechslern ein.[30] Mitte der Sechzigerjahre gab es nur noch fünf verschiedene Geräte, die auch alle in derselben Preisklasse von knapp unter 300 DM lagen.[31] Die Auswahlmöglichkeiten der Konsumenten waren nun sehr begrenzt, es wurde nur noch ein Grundangebot gemacht. Gegen Ende der Sechzigerjahre verschwanden die Phonomöbel komplett vom Markt.[32]

Ganz anders stellt sich die Angebotsentwicklung der Musikschränke dar, die über den gesamten Zeitraum hinweg eine größere Stabilität aufwies. Schon seit den Fünfzigerjahren war hier das Angebot weiter aufgefächert als bei den Phonoschränken. Im Jahr 1956/57 gab es bereits 160 verschiedene Musikschränke. Mit der steigenden Nachfrage aufgrund des zunehmenden Wohlstands konnte der Konsument schon ein Jahr später zwischen 253 Modellen wählen und 1958/59 immerhin noch zwischen 220.[33] Seit 1960 stabilisierte sich das Angebot auf durchschnittlich etwa 120 Modelle.[34] Erst 1965/66 fiel das Angebot erstmals unter 100 Typen und pendelte sich dann auf durchschnittlich etwa 73 ein.[35] So verringerte sich zwar auch in diesem Produktsegment die Anzahl der unterschiedli-

30 Auch 1960/61 sind schon nur noch 13 verschiedene Geräte im Angebot. Vgl. HDRFG 1960/61.

31 Bezieht man die Auswahlmöglichkeiten bzgl. der Ausführungen des Möbelstücks ein, hatten die Käufer die Wahl zwischen acht verschiedenen Varianten der Phonomöbel. Vgl. HDRFG 1965/66, S.B78-79, B95.

32 Zwar gab es in den nachfolgenden Jahrgängen so genannte „Stereotische", auf denen der Nutzer seine einzelnen Geräte über- oder nebeneinander platzieren konnte, doch handelte es sich hierbei nicht mehr um ein Möbelstück, das den Plattenwechsler hinter Schranktüren verbarg. Zum Beispiel Jarosch Stereotisch Maja 145-03 V im HDRFG 1969/70, S.H26, verschiedene Maja-Tische im HDRFG 1970/71, S.H29-31 und im HDRFG 1971/72 S.H33-36.

33 Vgl. HDRFG 1956/57; 1957/58, 1958/59.

34 Vgl. HDRFG: 1959/60 128 Modelle, 1960/61 128 Modelle, 1961/62 122 Modelle, 1962/63 115 Modelle, 1963/64 129 Modelle, 1964/65 108 Modelle.

35 Vgl. HDRFG: 1965/66 97 Modelle, 1966/67 87 Modelle, 1967/68 73 Modelle, 1968/69 67 Modelle, 1969/70 58 Modelle, 1970/71 65 Modelle, 1971/72 68 Modelle, durchschnittlich etwa 73.

chen Modelle, doch konnte der Kunde auch 1971/72 noch aus knapp 70 verschiedenen Ausführungen von zahlreichen unterschiedlichen Herstellern wählen.[36] Die günstigsten Musikschränke waren Ende der Fünfzigerjahre erst für knapp 500 DM, und Mitte der Sechziger für knapp 700 DM zu haben[37] die teuersten Modelle kosteten während der gesamten Zeit etwa 3.100 DM.[38]

Die ersten Stereo-Musikschränke waren ab 1958/59 im Angebot, also noch ein Jahr bevor die ersten Stereo-Plattenwechsler in Phonomöbeln eingebaut wurden. Schon im HDRFG 1959/60 waren von den insgesamt angebotenen 128 Musikschränken nur noch vier Geräte nicht stereofähig und weitere sechs stereovorbereitet. Folglich haben die Hersteller sehr rasch auf die technischen Verbesserungen der Musikaufzeichnung und -wiedergabe reagiert und die Musikschränke entsprechend bestückt.

Ende der Sechzigerjahre war also das Angebot an Musikschränken auf etwa ein Drittel des Angebotes vom Ende der Fünfziger zurückgegangen[39], allerdings blieb – anders als im Fall der Phonoschränke – eine große Auswahlmöglichkeit für die Konsumenten erhalten. Obwohl die Musikschränke deutlich teurer waren, scheinen sie sich bis in die frühen Siebzigerjahre einen stabilen Käuferkreis erhalten zu haben.

Die Qualität der eingebauten Plattenspieler und -wechsler kann diese abweichende Entwicklung nicht erklären, da sich in der Regel dieselben Geräte in den Schränken befanden, und in beiden Fällen auch die Wiedergabe von Stereo-Schallplatten möglich war. Also müssen andere Aspekte der Dispositive Aufschluss geben: Ich wende mich zunächst dem Design der beiden Typen zu (I.1.2) und werde dann anhand eines exemplarischen Objektes die Spezifika der Apparat-Nutzer-Konstellation und der symbolischen Qualitäten der Musikschränke denen der Phonoschränke gegenüberstellen (I.1.3).

36 Vgl. HDRFG 1971/72: 68 verschiedene Musikschränke.

37 Vgl. Loewe Sonetta 1803T im HDRFG 1957/58, S.A109 für 479DM und Emud Spezial im HDRFG 1958/59, S.A78 für 499DM und Grundig Musikschrank K2ST im HDRFG 1959/60, S.A75 für 486DM. Günstigster Musikschrank 1964/65 ist der Loewe Opta Luzern 52202 für 698DM, vgl. HDRFG 1964/65, S.A178.

38 Grundig Konzertschrank 9099 für 3095DM im HDRFG 1957/58, S.A96 und Grundig Stolzenfels Stereo-Konzertschrank für 3100DM im HDRFG 1964/65, S.A158.

39 1956/57 160 Modelle, 1957/58 253 Modelle, 1958/59 220 Modelle, durchschnittlich also 211. In der zweiten Hälfte der Sechziger durchschnittlich gut 70 Modelle.

I.1.2 Der Phonoschrank als „kleiner Bruder" des Musikschranks

Eine äußerliche Betrachtung des Möbeldesigns der beiden Gerätetypen lässt die Phonoschränke als „kleinen Bruder" des Musikschranks erscheinen: Phonoschränke weisen geringere Abmessungen auf, in der Regel sind sie unter einem Meter breit und aufgebaut wie eine kleine Kommode.

Phono- und Musikschränke waren sowohl in nüchternem als auch sehr aufwendigem Design zu haben: Die einfacheren Phonoschränke wie der oben bereits vorgestellte *Carioca* hatten zumeist nur eine oder zwei einfache Schranktüren, hinter denen sich der Plattenwechsler und das Fach zur Aufbewahrung der Schallplatten verbargen. Verzierungen oder zusätzliche beleuchtete Fächer waren nicht vorhanden. Auch die günstigeren Musikschränke waren vergleichsweise klein, wie etwa das Modell Sonetta von Loewe für 479 DM (Abb. 3), das 72 x 68 x 37 cm groß war.[40] Es war ein auch äußerlich erkennbar preiswertes Gerät ohne aufwendige Details oder viele Türen und Fächer. Das Rundfunk-Chassis mit den üblichen Bedienungsmöglichkeiten[41] wurde ergänzt durch einen oder mehrere Lautsprecher und einen Plattenspieler oder -wechsler, sowie in der Regel ein Regalfach zur Unterbringung der Schallplatten.

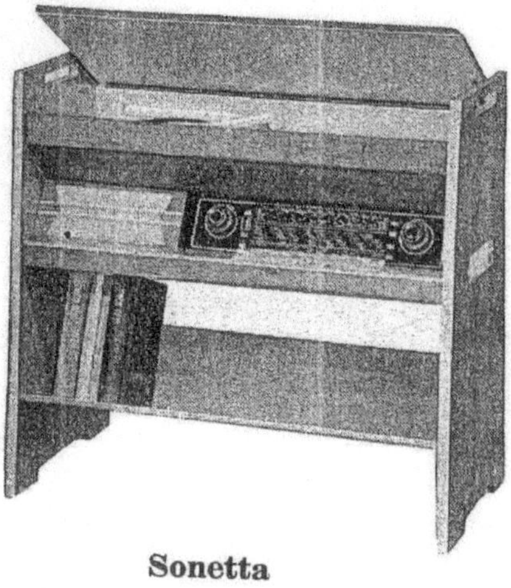

Abb. 3: Sonetta 1803 T der Firma Loewe. In: HDRFG 1957/58, S.A109.

Die luxuriösen Modelle beider Typen waren jeweils etwas größer als die preisgünstigen Geräte und wiesen zahlreiche Extras auf. Sie waren erkennbar aufwendig und kostspielig gestaltet: Besonders teure Phonomöbel wie die Vitrine Pompadour von Ilse Radiomö-

40 Vgl. HDRFG 1957/58, S.A109.

41 Es konnte also sowohl Lang-, Mittel-, Kurz- als auch Ultrakurzwelle empfangen und verfügte Klangtasten zur Toneinstellung, z.B. beim Loewe Sonetta: 3D, Baß, Jazz, Solo, Sprache, vgl. HDRFG 1957/58, S.A109.

bel waren zumeist im Stil des „Gelsenkirchener Barock" gestaltet (Abb. 4). Die geschwungenen „Dackelbeine" und das Rohrgeflecht der unteren Schranktüren gaben dem Modell ein hochwertiges Aussehen. Nicht nur Plattenwechsler und Plattenständer waren hinter den Türen verborgen, sondern – wie im Fall des Pompadour – auch eine verspiegelte Hausbar.[42] Die Gründe für die Preisunterschiede lagen nicht in der Technik, sondern im Design: In der günstigen Phonotruhe Carioca war derselbe Plattenwechsler eingebaut wie in der Vitrine Pompadour – dennoch waren für letztere 317 DM mehr zu zahlen. Phonoschränke unterschieden sich also insbesondere durch die repräsentativen Qualitäten als Möbelstück und nicht durch die technischen Eigenschaften.

Abb. 4: Phonovitrine Pompadour der Firma Ilse Radiomöbel.
In: HDRFG 1956/57, S.A99.

Auch die teuren Musikschränke waren größer und aufwendiger gestaltet. Doch lag hier der Unterschied nicht nur im Möbeldesign. Der Grundig „Konzertschrank 9099" für 3.095 DM, war 174 x 96 x 50 cm groß. Auch hier sind die Schranktüren mit Schnitzereien und Goldleisten versehen, das Möbelstück ist entsprechend des bevorzugten bürgerlichen Stils der Dreißigerjahre gestaltet (Abb. 5). Die Einbaufächer für Plattenwechsler oder Tonbandgerät waren beleuchtet, und auch eine Hausbar war integriert.

42 Vgl. HDRFG 1956/57, S. A99.

Konzertschrank 9099

Abb. 5: Konzertschrank 9099 der Firma Grundig.
In: HDRFG 1957/58, S.A96.

Im Fall der Musikschränke verfügten die teuren Geräte allerdings auch über einige technische Vorzüge: die Radiochassis waren oft etwas hochwertigere Geräte und sie verfügten zumeist über mehr Einstellmöglichkeiten.[43] Es war aufgrund der großzügigeren Abmessungen auch Platz für die Nachrüstung eines Tonbandgerätes (was dann den Kaufpreis weiter anhob, wie im Fall des Grundig Konzertschranks auf 3.880 DM). Entscheidend für den Klang war auch die größere Zahl der Lautsprecher: Hatte das Modell Sonetta nur drei, verfügte der Grundig Konzertschrank über acht zugehörige Lautsprecher, von denen zwei in einem „HiFi-Raumklang-Strahler" eingebaut waren, der gesondert aufgestellt werden konnte, um die Klangqualität zu verbessern. Weitere technische Extras konnten hinzugekauft werden, wie etwa eine Fernbedienung (mit Kabel), über welche die Steuerung der Klangfarbe vorgenommen werden konnte, die ansonsten an den fünf Klangtasten am Gerät vorgenommen wurde.

Seit der Einführung der Stereofonie konnten die Musikschränke auch ihre Qualitäten als zweikanalige Wiedergabegeräte nach außen hin sichtbar machen: Die Lautsprecher wurden nun zumeist rechts und links und nicht mehr mittig angeordnet, teils waren sie

43 Neben acht Drucktasten des Radios fanden sich fünf beleuchtete Klangtasten: 3D, Sprache, Orchester, Solo, Jazz.

mit dem Hauptkorpus des Möbelstücks nicht mehr fest verbunden, sondern konnten getrennt platziert werden.[44]

Die prächtigen Phono- und Musikschränke der späten Fünfziger- und frühen Sechzigerjahre in ihrer üppigen Gestaltung zeugen vom Wunsch der Verbraucher nach Wiedererlangung des alten Wohlstands der „guten" Dreißigerjahre. Das Design spiegelte den vorherrschenden Trend der privaten Häuslichkeit und die Rückbesinnung auf Altgedientes. Zudem fungierte es als soziales Distinktionsmerkmal und vermittelte eine symbolische Bedeutung: Durch die spezifische Formgebung und die Wahl der Materialien wurde der Schrank zum Bedeutungsträger innerhalb des Haushaltes, er drückte den wieder- oder neuerreichten Wohlstand aus und stellte das soziale Prestige des Besitzers demonstrativ zur Schau.[45] Dies war, wie die Geräte der unteren und oberen Preisklassen verdeutlichen konnten, in verschiedenen Abstufungen – je nach Geldbeutel und Anspruch der Käufer – möglich. Die Hersteller orientierten sich an den gängigen Geschmacksmustern in der Wohnungseinrichtung der Bundesbürger. Kapitel B.III hat bereits verdeutlicht, dass sich traditionelle, massige Schrankmöbel, die das Leitbild der Design-Institutionen unterliefen, großer Beliebtheit erfreuten. Der Stil des Gelsenkirchener Barock fand den weitaus größten Anklang.[46] Die handwerks- und manufakturartigen Produktionsweisen der Möbelbranche prägten auch die Phono- und Musikmöbel der Fünfziger- und frühen Sechzigerjahre. Zwar wurde maschinell, aber „auf Basis hoher handwerklicher Qualifikation und geringer Arbeitsteilung" produziert.[47] Die Hersteller der Geräte der Unterhaltungselektronik orientierten sich am gängigen Möbeldesign, an Umfrageergebnissen und Verkaufszahlen der Möbelindustrie: Ebenso wie die Wohnzimmerschränke wurden auch die Tonmöbel immer voluminöser und mit Messingleisten verziert. Auf diesem Weg versuchten die Produzenten sich von der Konkurrenz abzuheben, die hohen Preise zu rechtfertigen[48] und ihre technischen Objekte, die als

44 So z.B. beim „Studio 66" der Firma Rosita, vgl. HDRFG 1965/66, S.A199. und der Philips Capella-Stereo-Truhe, gl. HDRFG 1963/64, S.A193.

45 Zum Mobiliar als „Demonstrationsobjekt" vgl. Selle, Geschichte des Design in Deutschland, S.234.

46 Vgl. Oliver Zimmermann, Der Gelsenkirchener Barock aus designgeschichtlicher Sicht am Beispiel des Produktdesigns der Fünfziger Jahre. In: Stadt Gelsenkirchen, Städtisches Museum (Hg.), Gelsenkirchener Barock, Gelsenkirchen 1991, S.83-92, hier S.85 (im Folgenden: Zimmermann, Gelsenkirchener Barock).

47 Günter, Blumenbank und Sammeltassen, S.72.

48 Vgl. Günter, Blumenbank und Sammeltassen, S.72.

„handgemachte", handwerklich aufwendig gestaltete Möbelstücke in die Haushalte einzogen, auf den populären Wohngeschmack der Zielgruppen abzustimmen.[49]

In ihrer Materialauswahl und Form beriefen sich die Hersteller der Fünfzigerjahre auf die Wohnküchenschränke der Dreißiger- und Vierzigerjahre, die ebenfalls zumeist aus hochglanzpoliertem Nussbaum gefertigt waren, Griffe und Beschläge aus Messing, Holzverzierungen und geschliffene Glastüren aufwiesen. Bis hin zum Barfach lässt sich diese Parallele ziehen: Auch im Wohnküchenschrank der vorangegangenen Jahrzehnte fanden sich hinter den Vitrinentüren oft Barfächer, die verspiegelt, gekachelt oder und mit diagonalen Ziernähten abgesteppt waren.[50] Die Schrankmöbel der Fünfzigerjahre standen für das Altbewährte, das in der Flut der neuen und modernen Formen auch weiterhin die Möglichkeit bot, einen gehobenen Lebensstandard zu demonstrieren. Mit der beschleunigten Durchsetzung standardisierter Einbaumöbel in den kleinen Küchen des Nachkriegswohnungsbaus zogen die großen und repräsentativen Schrankmöbel ins Wohnzimmer um, das seine Funktion als „gute Stube" verloren hatte und zum alltäglichen Aufenthaltsort der Familie wurde. Couchgarnitur, Radio- und Phonomöbel bildeten nun den neuen Wohnmittelpunkt.

Dies sollte sich erst im Laufe der Sechzigerjahre ändern: Die langsam einsetzende Fließfertigung, die standardisierte Massenproduktion und die zunehmende Verwendung von Spanplatten als neues Rohmaterial sollte auch ihren Niederschlag in den Musikmöbeln finden.[51] Diese Entwicklung, weg von den goldenen Zierleisten, vom Korbgeflecht und von hochglanzpolierten Griffen hin zu schlicht und funktionell geformten Objekten ohne ausladende Dekorationen steht im Fall der Tonmöbel zudem im Zusammenhang mit den neuen Anforderungen an die eingebaute Technik und Wiedergabequalität. Daher wird die Wandlung der äußeren Gestaltung der Musikschränke im Laufe der Objektstudie erneut aufgegriffen,

49 Vgl. Zimmermann, Der Gelsenkirchener Barock, S.85f.

50 Vgl. Peter Hardetert, Drei Monatslöhne für einen Schrank? In: Stadt Gelsenkirchen, Städtisches Museum (Hg.), Gelsenkirchener Barock, Gelsenkirchen 1991, S.17-19.

51 Zu den Entwicklungen der Möbelbranche vgl. Radkau, „Wirtschaftswunder" ohne technologische Innovation?, S.139, S.143f und Gernold Ambrosius, Wirtschaftlicher Strukturwandel und Technikentwicklung, in: Axel Schildt/ Arnold Sywottek (Hg.), Modernisierung im Wiederaufbau. Die westdeutsche Gesellschaft der 50er Jahre, Bonn 1993, S.107-128.

wenn ich mich der Diskussion um die Verbindung von Möbeldesign und Klangqualität widme (I.3).

Die Untersuchung des Designs der Phono- und Musikschränke hat aufzeigen können, dass innerhalb beider Gerätetypen dieselben Gestaltungsmerkmale vorherrschten. Daher bietet auch das Design wenig Erklärungen für den Erfolg des Musikschranks im Gegensatz zum Verschwinden der Phonoschränke. Vielmehr lässt sich diese Entwicklung nur durch eine eingehende Betrachtung der Apparat-Nutzer-Konstellation, der Nutzerfunktionen und der symbolischen Dimensionen der Musikschränke erläutern, die sich in entscheidenden Punkten von den Phonomöbeln unterschieden.

Anhand eines exemplarischen Musikschranks werde ich Besonderheiten dieser Objekte und ihrer Choreografie der Nutzung herausarbeiten. Nutzungsmöglichkeiten, Apparat-Nutzer-Konstellation und symbolische Dimensionen werden an die Oberfläche geholt und an den entsprechenden Stellen den Phonoschränken gegenübergestellt. In den darauf folgenden Kapiteln werde ich die Ergebnisse der Objektanalyse in Bezug setzen zu den Vermarktungsstrategien (I.2) sowie zur öffentlichen Diskussion über Phono- und Musikmöbel (I.3) und ihrer Aneignung (I.4).

I.1.3 Ein Rundum-Paket für den Musikgenuss – der Musikschrank *Arabella*

Das Modell *Arabella* ist einer der „Dauerbrenner" der Firma Nordmende, das – mit unterschiedlicher technischer Ausstattung und verändertem Design – seit 1954 bis zum Beginn der Siebzigerjahre angeboten wurde.

Objektbeschreibung

Der Musikschrank *Arabella 57 3D* von 1957 war 110 x 79,5 x 44 cm groß und aus dunklem hochglanzpoliertem Holz (vgl. Abb. 6). Das eingebaute Rundfunk-Chassis war ebenfalls ein Nordmende-Gerät und verfügte über eine große Skala, auf der Orte und Sendestationen angegeben waren. Rechts und links der Skala waren zwei große Drehknöpfe und jeweils ein rundes Anzeigeinstrument angeordnet. Hier ließen sich Lautstärke und Frequenz einstellen, die Ortssender-Abstimmung und die Ausrichtung der Ferrit-Antenne (mit Hilfe der rechten runden Anzeige) vornehmen, sowie mittels des „magischen Auges" kontrollieren, wie genau die Frequenz des gewählten Senders eingestellt ist.[52] Unterhalb der Radioskala saßen zwei drehbare Rädchen zur Justierung der Höhen und Tiefen sowie acht Drucktasten, mit denen der Nutzer unter anderem den Wellenbereich (Lang-, Mittel-, Kurz- oder Ultrakurzwelle) aussuchen sowie die Wiedergabe von Tonband oder Plattenwechsler anwählen konnte.

Abb. 6: Nordmende Arabella 57, Stiftung Deutsches Technikmuseum.

Oberhalb des Radios waren fünf weitere Drucktasten angebracht, mit denen sich die Klangfarbe einstellen ließ (vgl. Abb. 7). Sie waren beschriftet mit „Bass", „Sprache", „Orchester", „Solo" und „Jazz" und dienten dazu, geeignete Frequenzbereiche hervorzuheben oder zu unterdrücken. So wurden bei Wahl der Jazz-Taste die hohen Töne, bei Wahl der Bass-Taste die Tiefen angehoben.[53] Diese „Klangregister" waren an den Rundfunkgeräten und Musikschränken der späten Fünfziger- und frühen Sechzigerjahre weit verbreitet und je

52 Auf die Funktionen des Radiogerätes wird hier nicht im Detail eingegangen, da die eingebauten Phonogeräte im Mittelpunkt der Arbeit stehen.

53 „Solo" hebt die mittelhohen Frequenzen an, Sprache senkt sowohl die Höhen als auch die Tiefen, und Orchester hebt sowohl Höhen als auch Tiefen leicht an, was einen recht harmonischen Klang erzeugt.

nach Hersteller waren den Tasten unterschiedliche Bezeichnungen und Klangfarben zugeordnet.[54]

Abb. 7: Klangregister der Nordmende Arabella 57.

Die obere Platte des Schranks ist zweigeteilt, sodass auch jeweils nur eine Hälfte geöffnet werden konnte: Darunter befand sich auf der linken Seite ein eingebauter Plattenwechsler von Dual[55] sowie rechts eine für den Einbau eines Tonbandgerätes vorgesehene Aussparung. Der mitgelieferte Plattenwechsler war seit 1955 im Handel[56] und wurde während der zweiten Hälfte der Fünfzigerjahre von unterschiedlichen Herstellern in Musikschränken eingebaut.[57] Der dreitourige (78, 45, 33⅓ UpM) Plattenspieler konnte Schellack- und auch Vinyl-Platten einzeln wiedergeben oder zehn Platten beliebigen Durchmessers wechseln.[58]

Durch die neben der Tonkopfablage angebrachten Tasten mit der Beschriftung „N" (für „Normalrillen", 78 UpM), und „M" (für „Mikrorillen", 45 und 33⅓ UpM) wurde automatisch der richtige Saphir gewählt, der Tonarm entriegelt und der Motor eingeschaltet. Eine automatische Gleitvorrichtung tastete die Plattengröße ab, sodass nicht eingestellt werden musste, ob eine Single oder eine LP

54 Besonders bekannt ist hier das Grundig „Wunschklangregister", das oberhalb der Tasten noch eine Anzeige und Stellräder hatte, um den „Wunschklang" genau abzustimmen, vgl. z.B. Grundig Musikschränke im HDRFG 1958/59, S.A88-96. In diesem Jahrgang taucht das Wunschklangregister erstmals in den Produktbeschreibungen der Grundig Schränke auf. So gibt es in den Musikschränken von Grundig, die im HDRFG 1957/58 zwar auch (meist fünf) Klangtasten, von denen eine als „Wunschklang"-Taste beschriftet ist, doch ist noch kein „Wunschklangregister" mit dem dazugehörigen Anzeigeinstrument angegeben.

55 Dual 1003, vgl. HDRFG 1956/57, S.A117.

56 Vgl. HDRFG 1955/56 und http://www.radiomuseum.org/r/dual_1003w.html [Zugriff: 05.11.2010].

57 Vgl. z.B: Schränke von Continental, Kuba, Loewe und Schaub im HDRFG 1956/57, S.A82. Andere oft in Musikschränken zu findende Plattenwechsler waren der Telefunken TW 560, der Philips AG 1003 sowie der Perpetuum Ebner Rex A.

58 Gleiche Rillenprofile und Drehzahlen vorausgesetzt.

aufgelegt war. Drei weitere Regler am Plattenwechsler ermöglichten das wiederholte Spielen einer Platte („R“), eine Wiedergabepause („P“) oder das Einschalten eines Geräuschfilters („F“) für ältere, rauschende Platten (vgl. Abb. 8).

Abb. 8: Plattenwechsler Dual 1003 in Nordmende Arabella 57.

Der *Arabella 57 3D* verfügte über vier Lautsprecher. An der Front fanden sich Lautsprecher hinter waagerechten Holzleisten mit goldfarbenen Zierleisten und einer Stoffbespannung dahinter. An den Seiten des Schranks verbarg sich jeweils ein Lautsprecher hinter einem kleinen, eingelassenen Gitter. Diese seitlichen Zusatzlautsprecher dienten dazu, die Ausbreitung des Klangs im Raum sicherzustellen. Während Bässe sich in der Regel gleichmäßig ausbreiten, werden hohe Frequenzanteile stark gerichtet abgestrahlt. Sitzt ein Hörer seitlich von einem Gerät, das nur über einen Frontlautsprecher verfügt, kann er einen Teil des Klangs nur schlecht wahrnehmen. Aus diesem Grund wurden seitens der Hersteller von Radiogeräten und Musikschränken zusätzliche Lautsprecher an den Seiten angebracht, die meist hinter Stoffbespannungen oder Zierblenden verborgen wurden. Zur Bezeichnung der so ausgerüsteten Geräte verwendeten die Produzenten eine Reihe von Begriffen wie Raumklang, Plastik-Ton usw. Im Fall des Musikschranks *Arabella* wies die über den Klangtasten angebrachte goldfarbene Metall-Beschriftung „3D“ (vgl. Abb. 7) auf dieses Konstruktionsmerkmal hin. Sie sollte den Käufer vom guten Klang der Truhe, der sich im gesamten Raum ausbreiten würde, überzeugen.

Zahlreiche weitere goldene Verzierungen waren auf der gesamten Front angebracht: Die Typenbezeichnung *Arabella* fand sich als goldener Metall-Schriftzug unterhalb des Radiochassis (vgl. Abb. 9), die Beschriftung der Radioskala war farblich passend, und die Klangtasten waren in eine goldene Metallumrahmung eingefasst. Auch die Griffe der rechts und links angeordneten Schranktüren waren goldfarben.

Abb. 9: Typenschriftzug „Arabella"

Hinter den Schranktüren verbarg sich links ein Fach mit einem Ständer für 30 Schallplatten, das rechte Fach war dunkelrot gekachelt und als Hausbar gedacht. Beide Fächer verfügten über eine automatische Beleuchtung.

Die bisher beschriebenen äußeren sowie technischen Eigenschaften des Musikschranks legen es – ebenso wie sein Preis (1.048 DM) – nahe, ihn in die Mittelklasse der Geräte einzuordnen. Im Jahr der Markteinführung des Arabella 1957/58 gab es Musikschränke zwischen circa 500 und 3000 DM, die weitaus meisten bewegten sich im Preissegment um die 1000 DM, und bis auf einige wenige waren alle Geräte – wie auch Arabella – mit einem Plattenwechsler ausgestattet. Auch die Ausstattung mit beleuchteten (Bar-)Fächern war durchaus üblich, wie die Betrachtung des Designs (I.1.2) gezeigt hat.

Apparat-Nutzer-Konstellation

Der Musikschrank vereinte Radio, Plattenwechsler, Lautsprecher und (je nach Geldbeutel) auch das Tonbandgerät in einem großen, repräsentativen Schrank. In den knapp bemessenen Wohnungen der Fünfzigerjahre (zu Beginn des Jahrzehnts lag der Durchschnitt bei 50 qm[59]) und auch in den mit den fortschreitenden Sechzigerjahren langsam größer zugeschnittenen Wohnungen (1968 durchschnittlich 71 qm[60]) nahm ein Möbelstück dieser Größenordnung in

59 Vgl. Zapf, Haushaltsstrukturen und Wohnverhältnisse, S.577.

60 Vgl. Zapf, Haushaltsstrukturen und Wohnverhältnisse, S.577.

jedem Fall einen zentralen Platz ein. Die Anordnungsstruktur des Musikschranks ist statisch und bestimmend: Das Objekt prägte sogar die Raumstruktur und aufgrund seiner Größe auch die Aufstellung der verbleibenden Möbel im Zimmer.

Dadurch beinhaltete er eine eindeutige Apparat-Nutzer-Konstellation: Er erzwang eine Entscheidung darüber, in welchem Raum Musik gehört werden sollte. Er war ein immobiles Gerät, und die Rezeptionssituationen waren auf den häuslichen Bereich beschränkt. Ein solcher Schrank, der 50 kg oder mehr wog,[61] wurde einmal aufgestellt und blieb in der Wohnung lange an seinem angestammten Platz. Der Musikkonsument war demzufolge an einen bestimmten Raum, im Regelfall das Wohnzimmer, gebunden. Unbeobachteter oder „ungehörter" Musikkonsum war nicht möglich. Üblicherweise fand eine kollektive Nutzung im Familien- und Bekanntenkreis statt, und der Schrank wurde zum Unterhaltungsmittelpunkt des häuslichen Wohnzimmers. Das Gleiche galt auch für die Phonoschränke. Insofern lehnten Phono- und Musikmöbel sich in der räumlichen und sozialen Komponente ihres Dispositivs eng an die – den Konsumenten schon bekannte – Organisation des Dispositivs Rundfunk an.[62]

Der Musikschrank *Arabella* verfügte über einige Einstellmöglichkeiten, die den Klang regeln und verbessern sollten, insgesamt aber handelte es sich hier – ebenso wie beim Phonoschrank – um ein bedienungsarmes Gerät, das, war es einmal eingeschaltet, selbstständig die Schallplatten wechselte. Der eingebaute Plattenwechsler qualifizierte das Gerät als Unterhaltungsmaschine, die lang anhaltende, wechselnde Musikberieselung ohne zwischenzeitliche Bedienung ermöglichte. Der Hörer konnte es sich im Sessel bequem machen, sich ganz der Musik oder seinen Gästen widmen, ohne durch notwendige Bedienungsvorgänge gestört zu werden. Im Gegensatz dazu erforderte ein Plattenspieler bei längerem Musikkonsum die regelmäßige Bedienung des Gerätes durch den Konsumenten in Form des Wendens und Austauschens der Schallplatten

Diese Botschaft wurde auch durch das Design vermittelt, das die Phono- und Musikschränke weniger als einen technischen Apparat, sondern vielmehr als ein schmückendes und wertvolles Möbelstück inszenierte. Die obere Abdeckung der *Arabella*, die zur Bestückung

61 Der Nordmende Arabella wog 48 kg, vgl. HDRFG 1956/57, S.A117, der Grundig Stolzenfels sogar 80 kg, vgl. HDRFG 1964/65, S.A158.

62 Im Fall der Phonoschränke ergibt sich diese Anlehnung an das Rundfunk-Dispositiv auch daraus, dass sie an ein Radiogerät angeschlossen werden mussten.

des Plattenwechslers geöffnet und dann zum länger andauernden Betrieb wieder verschlossen werden konnte, fungierte als ein Vermittler der beabsichtigten Funktionen und Nutzungsweisen: Müsste in kurzen Zeitabständen eine Bedienung des Apparates erfolgen, wäre diese Klappe eher hinderlich. Zudem ist der Innenraum des oberen Faches, in dem Plattenwechsler (und Tonbandgerät) untergebracht sind, aus unbehandeltem, sehr grob wirkendem und eben nicht hochglanzpoliertem und verziertem Holz gefertigt. Dies legt nahe, dass die *scripts* und *user configurations*, d.h. die produzentenseitigen Vorstellungen der prospektiven Nutzer und ihrer Anwendungsweisen, den Betrieb bei geschlossenem Deckel erwarteten. Dies trug zu einer unbeschwerten und nicht durch Bedienungsvorgänge unterbrochenen Nutzungschoreografie bei. Insofern fungierten hier Aufbau und Design des Musikschranks (und auch der Phonoschränke) als Vermittler der Funktion und verdeutlichten die vorgesehene Nutzung des Objektes als leicht bedienbares Unterhaltungsgerät, das – einmal eingeschaltet – ununterbrochenen Musikgenuss versprach.

Die Möbelfronten verbargen die Technik, die sich im Sinne einer Domestizierung so leichter in die bürgerlichen, kultivierten Haushalte der späten Fünfziger- und frühen Sechzigerjahre einfügen und zu einem Teil des Familienlebens werden konnte. Zudem wurde durch das Verbergen der „technischen Innereien" die Komplexität des Apparates für den Nutzer reduziert, und die Bedienung wurde anhand von Drucktasten vereinfacht.[63]

Nicht nur das Verbergen der Technik, sondern auch der Schutz vor Staub, Schmutz oder auch unsachgemäßer Benutzung rechtfertigte die Unterbringung der Phonogeräte in einem Schrank. Die teuren Geräte wurden in einem ebenso wertvollen und verzierten Möbelstück mit hochglänzenden Oberflächen versteckt. Zu ihrer Benutzung mussten Schranktüren oder Deckel geöffnet werden, was – in Verbindung mit dem oft benutzten Wort „Truhe" – Assoziationen

63 Zur Idee der Verbergung der Technik im Sinne einer „user illusion" vgl. Andreas Fickers, Sichtbar hörbar! Rundfunkapparat und Stadt – Knoten im vernetzten Kommunikationsraum. In: Clemens Zimmermann (Hg.), Zentralität und Raumgefüge der Großstädte im 20. Jahrhundert, Stuttgart 2006, S.84-103, hier S.92 (im Folgenden: Fickers, Sichtbar hörbar). Fickers verweist auf Tor Nørretranders, Spüre die Welt. Die Wissenschaft des Bewusstseins, Hamburg 1997 als „anregenden Einstieg in die philosophische und erkenntnistheoretische Dimension der Debatte um die Benutzerillusion und Oberflächenphilosophie". Zur Geschichte der Drucktaste vgl. den Aufsatz von Weber, Stecken, Drehen, Drücken.

mit einer Schatztruhe weckte und dem Vorgang einen fast rituellen Charakter verlieh. In Verbindung mit den goldenen Zierleisten und dem Aufscheinen des magischen Auges wurde die Inbetriebnahme des Musikschranks zu einer Zeremonie mit beinah sakralem Charakter.

Die Musikschränke erforderten keinerlei technisches Verständnis. Nach dem Einstecken des Netzsteckers war das Gerät betriebsbereit, es mussten keine weiteren Anschlüsse vorgenommen werden. Im Gegensatz dazu musste beim Phonoschrank zumindest noch ein Rundfunkgerät an den eingebauten Plattenwechsler angeschlossen werden. Noch etwas komplizierter wurde die Gerätezusammenstellung, wenn über den Stereo-Plattenwechsler nun auch stereofone Musik abgespielt werden sollte, da ein entsprechender Verstärker und zwei Lautsprecher notwendig waren und mit dem Phonoschrank verbunden werden mussten. In diesem Punkt unterscheiden sich die materiell-technischen Aspekt des Musikschranks und des Phonoschranks ganz entscheidend. Musikschränke versprachen Sorglosigkeit in der Bedienung und ein repräsentatives Äußeres. *Arabella* und ihresgleichen sprachen eben nicht den „Bastler" und „Tüftler" an, sondern vielmehr den kontemplativen Musikhörer, der sich mit einer allzu komplizierten Bedienung der Technik nicht aufhalten wollte und zudem ein prächtiges Möbelstück wünschte, das dem Musikkonsum einen feierlichen Anstrich verlieh.

Musikschränke waren ein „Rundum-Paket" mit einfacher Bedienung. Gerade angesichts der fortschreitenden technischen Entwicklung in der Musikaufzeichnung und -wiedergabe und der abnehmenden Wertschätzung protziger Möbel im Verlauf der Sechzigerjahre sollten diese Eigenschaften bald zum einzigen schlagkräftigen Verkaufsargument für Musikschränke werden. Damit konnten die Phonoschränke allerdings nicht aufwarten: Sie stellten den Käufer in ihrer Bedienung und Installation vor die gleichen Herausforderungen wie ein einzeln erworbener Plattenwechsler. Mit der im Verlauf der Sechzigerjahre einsetzenden Versachlichung der Produkt- und Möbelgestaltung (vgl. auch B.III) verloren Plattenwechsler in der Kommode ihren Reiz, während Musikschränke sich einen Käuferkreis erhalten konnten, da sie alle Geräte in einem Schrank kombinierten und auch die technisch anspruchsvollere Stereofonie ins Wohnzimmer solcher Nutzer bringen konnten, die sich nicht mit Anschlüssen und Kabeln auseinandersetzen wollten.

I.2 Dem Käufer geht es „um Farbe, Form und Klang". Die Vermarktung der Tonmöbel

In der zweiten Hälfte der Fünfzigerjahre formulierte die Firma Philips in ihrem Mitteilungsblatt für den Handel, dem Käufer gehe es „um Farbe, Form und Klang"[64]. Dieser Abstufung folgten die Bemühungen aller Herstellerfirmen in der Vermarktung von Tonmöbeln. Es lassen sich während des gesamten Betrachtungszeitraums zwei Schwerpunkte ausmachen, deren Gewichtung sich zunehmend verschob: Die Phono- und Musikschränke wurden zunächst insbesondere als Möbelstück mit repräsentativen Eigenschaften und als Teil eines gemütlichen Zuhauses vermarktet. Diese Strategie wurde nach und nach abgelöst durch eine zunehmende Konzentration auf die technischen und klanglichen Vorzüge der Geräte. Diese Entwicklung werde ich nun aufzeigen. In einer längerfristigen Betrachtung von der zweiten Hälfte der Fünfziger- bis zum Beginn der Siebzigerjahre geben die Werbeanzeigen Einblicke in die Strategien der Produzenten, die sich entsprechend des technischen Fortschritts, entsprechend der gesellschaftlich akzeptierten Nutzungen von Phonogeräten und insbesondere entsprechend der veränderten Werte und Konsumwünsche der Zielgruppen wandelten.

I.2.1 Musikmöbel als Schmuckstück des kultivierten Heims

> *„Aus eigener Erfahrung weiß jeder Fachhändler, welche bedeutende Rolle die äußere Form des Produktes spielt, das er verkaufen will. Je wertiger ein Gut ist, desto mehr gilt es, ihm ein ‚make up' zu verleihen, das es begehrenswert macht. […] Das Gerät soll beim Kunden gut ankommen – es soll wegen seines Aussehens begehrt werden."*[65]

Erscheint aus heutiger Sicht eine derart ausschließliche Konzentration auf das äußere Erscheinungsbild eines Gerätes der Unterhaltungselektronik auch fremd, so wird in diesem Hinweis der Herstellerfirma Telefunken an die Fachhändler aus dem Jahre 1963 doch eine Strategie deutlich, die insbesondere in der Vermarktung von Musikschränken während der Fünfziger- und Sechzigerjahre zum Tragen kam. Mit Blick auf die vorherrschenden wohnkulturellen Tendenzen wird sowohl die Gestaltung als auch die Vermarktung dieses Gerätetypus als Schmuckstück des Heims nachvollzieh-

64 Weihnachts-Umsatz mit Philips-Radios. In: Der Philips-Kunde, November 1956, S. 33-38, hier S.36.

65 Verkaufsförderung… einmal anders gesehen. In: Telefunken Sprecher 24/1963, S.4-5, hier S.4.

bar. Der für diese Zeit typische Rückzug ins Private und Familiäre, der zunehmende Stellenwert des Wohnzimmers als zentralem Ort des Familienlebens und die konstante Nachfrage nach repräsentativen Möbeln mit dem Ziel der Demonstration des wieder- oder neuerreichten Wohlstandes wurden bereits in Kapitel B.III dargestellt. Entsprechend dieser Trends konzentrierten sich auch die Hersteller der Musikschränke in ihrer Vermarktung zunächst stark auf den Möbelcharakter der Produktgattung. Diese Strategie verlor erst im Laufe der Sechzigerjahre langsam an Gewicht.

Innerhalb der Werbung für Musikschränke als Möbelstück lassen sich vier teils parallel, teils zeitlich versetzt beschrittene Wege unterscheiden, auf denen die Konsumenten vom Kauf eines Musik- oder Phonoschranks überzeugt werden sollten: Erstens wurden die Geräte angepriesen als ein *Einrichtungsstück*, das die Gemütlichkeit des Heims unterstreiche und steigere. Zweitens wurde ihr Wert als *Distinktionsobjekt* hervorgehoben. Drittens brachten die Hersteller seit Beginn der Sechzigerjahre verstärkt das Argument der *Modernität* in der Formgebung der Schränke und Truhen vor, und viertens wurden Geräte in verschiedensten Größen und Preisklassen *entsprechend der Größe der Wohnung und der Geldbörse aller potenziellen Käufer* vermarktet. Diese vier Aspekte der Vermarktung der Musikschränke als Möbelstücke werden im Folgenden genauer dargestellt.

Der Musikschrank als Möbelstück

Die Qualitäten des Musikschranks als Möbelstück, das die Einrichtung einer Wohnung vervollständigen und für eine behagliche Wohnatmosphäre sorgen sollte, wurden in den Werbetexten explizit betont. Eine Werbebroschüre der Firma Philips aus dem Jahr 1955 erläutert, dass der „moderne Lebensstil" es verlange, dass die Musikschränke einen Beitrag zur „Wohnkultur des gemütlichen Heims" leisteten. Die Broschüre versprach den Käufern, die Truhen seien „auf Jahre hinaus klingender Mittelpunkt Ihres gemütlichen Heims".[66] Den Charakter von gediegenen Möbelstücken unterstrichen die Hersteller damit, dass die Geräte oft in verschiedenen Holzarten lieferbar waren, aus denen der Kunde wählen konnte. Ebenso wie von der Möbelindustrie diverse Zielgruppen mit unterschiedlichen Einrichtungsstilen angesprochen wurden (vgl. Kapitel B.III zur Wohnkultur), sollte auch bei den Tonmöbeln durch die Auswahl der Hölzer und die Verfügbarkeit unterschiedlichs-

66 Beiliegendes Faltblatt „Philips Musiktruhen". In: Der Philips-Kunde, August 1955.

ter Größen, Formen und Stilrichtungen für jeden Geschmack und jede Wohnung einen passender Schrank erhältlich sein. Die Phonogeräteindustrie begann bereits jetzt, unterschiedliche Nutzerkreise zu identifizieren und ihnen passende Angebote zu machen. Die großen und aufwendig verzierten und verschnörkelten Modelle wurden als passendes Produkt für „Liebhaber barocker Möbelformen" vermarktet.[67] Andere „elegante, vornehme" Musikschränke mit einer klareren Linienführung sollten „sowohl zur modernen als auch zur konservativen Wohnungseinrichtung" passen.[68]

Der Konsument sollte davon überzeugt werden, dass die Anschaffung dieser Geräte der angenehmen Wohnatmosphäre zuträglich sei und nicht – wie vielleicht befürchtet – die Technik das Gesamtbild des Wohnzimmers stören könnte: Es wurde Wert darauf gelegt, dass „sich Technik und Raumkunst verbinden" ließen.[69] Die Truhen würden sich „harmonisch" in den Wohnraum einfügen[70] und seien geradezu dazu „berufen [...], einem wohnlichem Raum zur Zierde zu gereichen." Die „prachtvollen Gehäuse" gebe es passend für jede Wohnungseinrichtung, da aus zahlreichen unterschiedlichen Hölzern in „dunkle[n] warme[n] Farbtöne[n]" oder mit „helle[n] freundliche[n] Flächen" ausgewählt werden könne.[71] Auch besonders exklusive Materialien und Verzierungen wurden hervorgehoben: So wies Nordmende auf Fronttüren mit „erlesenem Furnier" und „Ziergitter", Grundig auf die „edlen" Hölzer hin. [72] Hier wurden die älteren Angehörigen des Bürgertums, die an die Einrichtungsstile der Vorkriegszeit anknüpfen wollten, und auch die Arbeiterschicht angesprochen, die einem konservativen und soliden Stil folgte, um ihren Aufstieg und ihre Konsumteilhabe zu demonstrieren.[73]

67 Broschüre Grundig „Musikschränke. Kultur in Form und Klang", 1957, Archiv der GFGF.

68 Wer sie sieht und hört, will sie besitzen: Die Nordmende Konzertschränke des Jahres 1958/59, in: Nordmende, Am Mikrophon 6/1958, Nr.5, S.9.

69 Bilanz der technischen Entwicklungsarbeit eines Jahres. Nordmende rechtfertigt auch in Zukunft das Vertrauen von Fachhandel und Publikum. In: Nordmende, Am Mikrophon 9/1962, Nr.5, S.2-3, hier S.2.

70 Philips Werbebroschüre 1958, Archiv der GFGF.

71 Broschüre Grundig „Musikschränke. Kultur in Form und Klang", 1957, Archiv der GFGF.

72 Vom Publikum stark begehrt: Die neuen Konzertschränke und Phonogeräte des Nordmende-Werkes. In: Nordmende, Am Mikrophon 5/1957, Nr.1, S. 12-15, hier S.14.

73 Bettina Günter erläutert in ihrem 5. Kapitel die Auswahlkriterien beim Möbelkauf verschiedener Lebensstile und Milieus. Sie unterscheidet zwischen den

Auch die Bilder bekräftigten die Darstellung der Musikschränke als „wertvolle Möbel", die „sozusagen das Tüpfelchen auf dem i für jede gut eingerichtete Wohnung" seien.[74] In vielen Fällen wurden in den Anzeigen und Broschüren nicht nur die Produkte abgebildet, sondern die Schränke und Truhen wurden in Wohnkontexten platziert. Eine Blumenvase oder Weinflasche auf dem Musikschrank, ein daneben stehender Sessel, eine Zimmerpflanze oder ein flauschiger Teppich ordneten das Produkt ganz deutlich dem Wohnzimmer als vorgesehenem Aufstellungs- und Nutzungsort zu (vgl. z.B. Abb. 10).

Abb. 10: Capella Musikschrank.
In: Der Philips-Kunde, November 1956, S.36.

Teils wurden sogar Personen in inszenierten Hörsituationen abgebildet, die einerseits dazu dienten, Nutzungskontexte vorzuschlagen, andererseits aber auch ganz unterschiedliche Zielgruppen ansprachen und symbolisierten: Eine Philips-Werbung von 1963 wirft einen Blick in ein Wohnzimmer, in dem die *Capella Stereo Truhe* zentral zwischen weiteren Einrichtungsgegenständen, Pflanzen und unter Wandbildern aufgestellt ist (vgl. Abb. 11). Mit dem Rücken

„älteren Angehörigen der Mittelschicht", den „jungen Angehörigen der Mittelschicht", „den älteren Arbeiter[n]" und den „jüngeren Arbeiter[n]". Vgl. Günter, Blumenbank und Sammeltassen, S.182.

74 Bilanz der technischen Entwicklungsarbeit eines Jahres. Nordmende rechtfertigt auch in Zukunft das Vertrauen von Fachhandel und Publikum. In: Nordmende, Am Mikrophon 9/1962, Nr.5, S.2-3, hier S.3.

zum Betrachter und der Musiktruhe zugewandt sitzen ein Mann und eine Frau in Anzug und Blazer, zwischen sich einen Couchtisch mit Knabbereien und Getränken. Die Anzeige vermittelt eine wohnliche Atmosphäre, in das sich das hochglanzpolierte Edelholz-

Abb. 11: Philips Capella Stereo Truhe.
In: Werbebroschüre Philips Freund der Familie, 1963, Archiv der GFGF.

gehäuse der Truhe sehr gut einfügt, es sind keinerlei technische Details oder Kabel sichtbar, die den Gesamteindruck stören könnten. Selbst Radiochassis und Plattenwechsler sind unter dem geschlossenen Deckel der Truhe verborgen.[75] Die Zugewandtheit der Hörer zum Gerät verweist auf dessen Dominanz im Raum sowie in den Praktiken der Freizeitgestaltung. Das Ehepaar erlebt gemeinsam (!) einen gemütlichen Abend im eigenen Heim – so die Botschaft der Anzeige – und wendet dem Unterhaltungsprogramm seine vol-

75 Über den Gebrauch der Geräte bei geschlossenem Deckel wurde in den Werbeanzeigen nicht explizit eingegangen. Die Darstellung der Musikschränke mit zumeist verschlossenen Türen und Deckeln entspricht der Verbergung der Technik zugunsten der Gemütlichkeit des Heims, wird aber nicht weiter thematisiert. Auch die Vorteile des Schutzes der Geräte vor Schmutz oder unsachgemäßer Bedienung werden nicht ausdrücklich aufgeführt.

le Aufmerksamkeit zu.[76] In diesem *social tableau* wird das Idealbild einer erfolgreichen, wohlhabenden und harmonischen Familie entworfen – die Kinder schlafen vermutlich schon. Die Musiktruhe und die Einrichtung entsprechen dem gemäßigt modern-sachlichen Stil der Sechzigerjahre. Obwohl die Musik, der die Hörer lauschen, nicht abgebildet werden kann, suggerieren die Kleidungsstücke und die gespannte Aufmerksamkeit des Ehepaares, dass nicht etwa amerikanische oder englische Schlager, sondern eher klassische Melodien aus den Lautsprechern strömten. Das *social tableau* vermittelt auf diesem Weg auch kulturelle wie soziale Wertvorstellungen und Normen, die dem Betrachter als erstrebenswert vor Augen geführt werden.

Auch andere Zielgruppen mit anderen Vorstellungen konnten durch die Präsentation von Musiktruhen in wohnlicher Kulisse angesprochen werden.[77] 1963 zeigte eine ganzseitige Anzeige für das Modell „Wien Stereo" eine junge Frau in einem modern gestalteten Zimmer mit String-Regal und modernem Gemälde an der Wand oberhalb der Truhe, die ebenfalls ohne Verzierungen auskommt und eine

Abb. 12: Telefunken Wien Stereo Truhe.
In: Telefunken Sprecher 24/1963, Umschlagrückseite.

76 Werbebroschüre Philips Freund der Familie, 1963, Archiv des Deutschen Museums München.

77 Werbeanzeige Telefunken Wien Stereo, in: Telefunken Sprecher 24/1963, hintere Umschlagseite.

„gestreckte Form" aufweist (Abb. 12). Die Hörerin sitzt in einem Sessel und scheint sich ganz dem Genuss ihrer Zigarette und der Musik hinzugeben. Auch hier machte der Hersteller ein Versprechen von Gemütlichkeit, Genuss und Entspannung im eigenen Zuhause, doch wurde ein ganz anderer Konsumententyp angesprochen. Der Stahlrohrsessel, das moderne Gemälde, die Zigarette der Frau und die Tatsache, dass sie ohne männliche Gesellschaft Musik hört, durchbrechen die traditionelle Vorstellung der Durchschnittsfamilie der Nachkriegszeit und sprechen auch solche Zielgruppen an, die mit den rigiden Wert- und Moralvorstellungen des Adenauer-Deutschlands nicht vollauf übereinstimmten. Die Idealvorstellung der Selbsterfüllung, des persönlichen Genusses wird vermittelt.

Die Vermarktung von Geräten der Unterhaltungselektronik als Möbelstücke, die sich in die Wohnung einfügen und die Technik verbergen, ist keine neue Strategie der Fünfzigerjahre. Schon seit den Zwanziger- und besonders in den Dreißigerjahren gestaltete die Radiogeräteindustrie ihre Apparate als Möbelstück, „dessen technische Innereien erfolgreich versteckt wurden."[78] Die äußere Erscheinung des Radios wurde gemäß seinem Platz im Wohnraum gestaltet und Carsten Lenk konstatiert einen Prozess der „Camouflage des Technischen" seit den Zwanzigerjahren: die Rundfunkgeräte wurden in traditionelle Möbelformen integriert.[79] Die Vermarktung des Musikschranks der Fünfziger- und Sechzigerjahre als Möbelstück glich den Werbestrategien der Radiogeräte- und Radioschrank-Hersteller der Dreißiger,[80] griff jedoch bereits die sich ausbildenden unterschiedlichen Geschmacksmuster und Wünsche verschiedener Zielgruppen auf.

Der Musikschrank als Distinktionsobjekt

Musik- und Phonoschränke der Fünfziger und Sechzigerjahre sollten – zumindest in der Vorstellung der Hersteller und ihrer Werbefachleute – nicht nur zur Gemütlichkeit der Wohnung beitragen, sondern auch als *Distinktionsobjekt* dienen. Dies entspricht den Wer-

78 Fickers, Sichtbar hörbar, S.92.

79 Lenk, Die Erscheinung des Rundfunks, S.110f.

80 So wirbt eine Firma 1924: „Der Radio-Tisch in der Familie als Rauchtisch, Spieltisch, Nähtisch, Ziertisch usw. […] darf in keiner besseren Familie fehlen." Anzeige Arlt & Co. In: Der Deutsche Rundfunk (1924), H.7, S.213, zit. n. Lenk, Die Erscheinung des Rundfunks, S.111.

betrends der Fünfziger- und frühen Sechzigerjahre: Immer neue Produkte verhießen Glück und Sozialprestige.[81]

In einer Anzeige von 1966 führt eine junge Frau stolz einer vierköpfigen Zuhörerriege ihre im Wohnzimmer aufgestellte Truhe *Bayreuth Studio 101* vor (vgl. Abb. 13). Diese Truhe der oberen Preisklasse, die wahlweise in hellem, mattem Nussbaum- oder in Teakholz ausgeführt war, ist schnörkellos gestaltet und wird in der Werbeanzeige dementsprechend auch in ein modernes Wohnzimmer mit modernen Gemälden eingeordnet.[82] Auch diese *social tableau*-Anzeige soll den Konsumenten zum Nacheifern anregen; denn dem Objekt wird eine Distinktionsfunktion zugeschrieben: Der Besitzer kann sich als Musikliebhaber mit Sinn für moderne Einrichtung inszenieren und sich so der Bewunderung anderer sicher sein.

Abb. 13: Telefunken Bayreuth Studio 101.
In: Telefunken Sprecher 37/1966, Umschlagrückseite.

81 Vgl. dazu auch: Siegfried J. Schmidt, Werbung. In: Jürgen Wilke (Hg.), Mediengeschichte der Bundesrepublik Deutschland, Köln, Weimar, Wien 1999, S.518-545, hier S.523 (im Folgenden: Schmidt, Werbung)

82 Neue Truhen-Modelle. Sonata 101 und Bayreuth Studio101. In: Telefunken Sprecher 37/1966, S.18-19. Werbeabbildung auf der hinteren Umschlagseite des Heftes.

Ganz explizit wurde diese Qualität der Musikschränke – und eben gerade derjenigen, die den oberen Preisklassen angehörten – hervorgehoben. Schon Mitte der Fünfzigerjahre vermarktete Philips seine Jupiter- und Capella-Truhen als „repräsentatives Möbelstück"[83] und als „Blickfang für den Besucher".[84] Sogar der zu erwartende Neid diente als Verkaufsargument: „Wenn Sie einen Grundig Musik- oder Konzertschrank wählen, dann werden Ihre Gäste Sie um dieses Klangwunder beneiden..."[85] Und auch die Konzerttruhe „Salzburg II" von Telefunken würde „viel bewundert".[86] Das Adjektiv „repräsentativ" findet sich besonders während der Fünfziger- und zu Beginn der Sechzigerjahre in zahlreichen Reklameanzeigen und -broschüren,[87] nahm allerdings mit fortschreitender Zeit deutlich an Gewicht und an Häufigkeit der Verwendung ab.

Dies geschah parallel zur zunehmend moderneren Gestaltung der Tonmöbel. Wie bereits in Kapitel B.III zu den Wandlungstendenzen der Einrichtungsstile festgestellt, setzte sich Ende der Fünfzigerjahre die Fließfertigung in der Möbelproduktion durch, vermehrt wurde Schichtholz verwendet, Nussbaum wurde zum beliebtesten Holzfurnier, und die handwerklich aufwendig gestalteten Möbelstücke verloren seit dem Beginn der Sechzigerjahre ihren Stellenwert auf dem Markt.[88]

Die Modernität des Musikschranks

Auch diese Entwicklung zu einer moderneren Fertigung und Gestaltung von Möbelstücken fand ihren Ausdruck in Design und Vermarktung der Musikschränke. Während immer weniger Modelle im Stil des „Gelsenkirchener Barock" angeboten wurden, der noch in den späten Fünfzigerjahren als besonders repräsentativ gegolten hatte, legten die Hersteller mehr Wert auf eine Beschrei-

83 Weihnachts-Umsatz mit Philips-Radios. In: Der Philips-Kunde, November 1956, S. 33-38, hier S.36.

84 Beiliegendes Faltblatt „Philips Musiktruhen". In: Der Philips-Kunde, August 1955.

85 Broschüre Grundig „Musikschränke. Kultur in Form und Klang", 1957, Archiv der GFGF.

86 Telefunken Werbebroschüre, Archiv des DTMB Berlin.

87 Broschüre Grundig „Musikschränke. Kultur in Form und Klang", 1957, Archiv der GFGF; Loewe Opta Neuheiten Kurier 1959/60, Archiv der GFGF; Das neue Nordmende-Konzertschrankprogramm 1960/61. In: Nordmende, Am Mikrophon 7/1960, Nr.6, S.31-33, hier S.33; Telefunken-Musiktruhen. 2 Neuschöpfungen, in: Telefunken Sprecher 22/1963, S.8-9, hier S.8.

88 Vgl. Radkau, Wirtschaftswunder, S.139 und 143f.

bung ihrer Produkte als „modern" oder „neuzeitlich". Niedrige, gestreckte Möbelstücke in hellem und glattem Holz ohne Schnörkel und Zierleisten wurden als „moderner Stil" beschrieben. Während schon Ende der Fünfzigerjahre hier und da einzelne Modelle mit „klaren Formen" als besonders passend für eine „neuzeitlich eingerichtete Umgebung" bezeichnet wurden,[89] tauchte das Argument der Modernität mit dem Übergang zu den Sechzigerjahren immer häufiger auf.[90] In der Tat wurden die meisten dieser „modernen" Schränke aus Nussbaumholz gefertigt, und oft waren sie nicht mehr hochglanzpoliert, sondern mattiert.[91] Die Firma Nordmende hob die „moderne, konsequent rechteckige Linienführung" und den Verzicht „auf Zierleisten jeglicher Art" selbst im Werbetext hervor,[92] beschrieb ihre Schränke als „zeitlos", als „Musterbeispiel neuzeitlicher Konstruktion"[93] und sogar als „Schulbeispiel schöner Industrieform".[94] Zu Beginn der Sechzigerjahre entwickelte auch Philips ein neues Design, die Philips *plano-Linie,* die sich durch eine flache, gestreckte Bauweise auszeichnete.[95]

Der Wechsel von der Wertschätzung pompöser, reichhaltig verzierter Schränke hin zu gradlinigen, schnörkellosen, funktionellen Artefakten korrespondiert mit der von Petsch konstatierten „Versachlichung der Produktgestaltung" seit den Sechzigerjahren, als sich die funktionalistische Gestaltung der Designinstitutionen durchzusetzen begann.[96] Nicht mehr allein die wuchtigen Buffet- und Musikschränke der Wiederaufbauzeit dienten als Distinktionsobjekte; die

89 Broschüre Grundig „Musikschränke. Kultur in Form und Klang", 1957, Archiv der GFGF.

90 Loewe Opta Neuheiten Kurier 1959/60, Archiv der GFGF; Das neue Nordmende-Konzertschrankprogramm 1960/61. In: Nordmende, Am Mikrophon 7/1960, Nr.6, S.31-33; Jedes Gerät ein Meisterwerk in Form und Technik. Die neuen Nordmende Stereo-Konzertschränke. In: Nordmende, Am Mikrophon 8/1961, Nr.5, S.29-31; Nordmende, ein Weltbegriff für höchste Qualität. In: Nordmende, Am Mikrophon 10/1963, Nr.6, S.6-9.

91 Vgl. z.B. Loewe Opta Neuheiten Kurier 1959/60, Archiv der GFGF; Das neue Nordmende-Konzertschrankprogramm 1960/61. In: Nordmende, Am Mikrophon 7/1960, Nr.6, S.31-33.

92 Das neue Nordmende-Konzertschrankprogramm 1960/61. In: Nordmende, Am Mikrophon 7/1960, Nr.6, S.31-33, hier S.32.

93 Nordmende, ein Weltbegriff für höchste Qualität. In: Nordmende, Am Mikrophon 10/1963, Nr.6, S.6-9, hier S.6.

94 Das neue Nordmende-Konzertschrankprogramm 1960/61. In: Nordmende, Am Mikrophon 7/1960, Nr.6, S.31-33, hier S.29 und S.30.

95 Vgl. z.B. Philips Reverbeo. Das neue Klangbild. Musikschränke und Truhen. In: Der Philips-Kunde, Oktober 1961, S.12-13.

96 Vgl. Petsch, Eigenheim und gute Stube, S.244.

„moderne“, „neuzeitliche“ Formgebung gewann an Boden und sollte – gemäß der Werbebotschaften – den Besitzer derart gestalteter Geräte als fortschrittlichen Konsumenten auszeichnen. Auch in der Benennung der Modelle versuchten die Hersteller dies zu vermitteln: Zu einer Zeit, in der die Erkundung des Weltalls eine Messlatte der Fortschrittlichkeit und Leistungsfähigkeit von Nationen war, benannte Philips sogar Radios und Musikschränke mit Planeten- und Sternennamen wie Saturn, Jupiter und Capella.

Musikschränke für alle Wohnungsgrößen und Geldbörsen

Neben den Werbebotschaften der heimischen Gemütlichkeit, des Prestiges, das durch einen Musikschrank erworben werden könne, und der Modernität ihrer Modelle verfolgten die Produzenten der Tonmöbel eine weitere Strategie, um möglichst viele westdeutsche Haushalte zum Kauf eines solchen Gerätes zu bewegen. Indem die Angebotspalette sowohl preislich als auch hinsichtlich der Größe und Gestaltung der Schränke möglichst weit aufgefächert wurde, sollten potenzielle Konsumenten aller Einkommensklassen angesprochen werden; solche mit großzügig geschnittenen Wohnungen und auch diejenigen, die nur begrenzten Raum zur Verfügung hatten. Schon in der ersten Hälfte der Fünfzigerjahre hatte Philips durch die Markteinführung zweier neuer Schränke „der unteren und mittleren Preisklasse“ vorgehabt, „diese Geräte durch äußerste Preiskalkulation breiten Käuferschichten zugänglich zu machen.“[97] Zudem bestand die Möglichkeit des Ratenkaufs, sodass beispielsweise für den Musikschrank „Jupiter“, dessen Verkaufspreis zu Beginn der Fünfzigerjahre bei 985 DM lag, 245 DM angezahlt werden mussten und der Rest des Betrages in vier bis zehn Monaten abgezahlt werden konnte.[98] Selbst bei längster Laufzeit des Teilzahlungsvertrages betrug die monatliche Rate immer noch 83 DM, was auch 1955 noch etwa dem durchschnittlichen Wochenlohn eines Industriearbeiters entsprach.[99]

Mitte der Fünfziger forderte Philips die Fachhändler auf, sorgfältigste Kundenkarteien zu führen, aus denen die Berufsbezeichnung des Haushaltsvorstandes, der Familienstand, eventuell vorhandene mitverdienende Familienangehörige und auch Hobbys hervorgehen sollten. Mithilfe dieser Kartei könne der Händler „Kauf-

97 Zwei neue Philips Musikschränke. Jupiter Musiktruhe, Sirius-Tuhe. In: Der Philips-Kunde 1/1952, S. 4-5, hier S.4.

98 Philips Teilzahlungstabelle Musikschränke. In: Der Philips-Kunde 1/1952, S. 8-9.

99 Vgl. Rytlewski/ Opp de Hipt, Die Bundesrepublik in Zahlen, S.119.

kraftgruppen" identifizieren und den Konsumenten entsprechende Angebote in der passenden Preisklasse unterbreiten. Selbst die Servicetechniker, die Hausbesuche machten, sollten vom Fachhändler instruiert und dann zur finanziellen Lage und Ausstattung des entsprechenden Haushaltes befragt werden.

> *„Das ergibt dann [Kartei-]Karten, die ‚sprechen'. Die aussagen: ‚Mercedes 300 – und die Philips Capella-Truhe oder das exclusivste Fernseh-Kombinationsgerät sollte angeboten werden. ‚Segelboot' – und der Philips UKW-Koffersuper ist angebotsfällig."*[100]

Die auf unterschiedliche Wohnungs- und Geldbörsengrößen angelegte Ausgestaltung des Tonmöbel-Angebotes kann anhand des Nordmende Programms für das Jahr 1958 verdeutlicht werden: Es umfasste sechs verschiedene Truhen-Typen zwischen 658 und 1.098 DM. Ganz explizit wurde das günstigste und kleinste Gerät für eben die Käufer angeboten, „die wenig Platz zur Verfügung haben", beide Schränke der mittleren Preisklasse wurden auch ausdrücklich als „Mittelklasse" benannt, und die beiden Geräte für mehr als 1.000 DM seien „kaum noch zu übertreffen", so die Werbebroschüre.[101]

Schon während der späten Fünfzigerjahre also begannen die Phonogerätehersteller damit, Zielgruppen zu identifizieren. Größtenteils erfolgten diese Abgrenzungen noch anhand der finanziellen Möglichkeiten der Käufer, nur selten wurden Nutzerkreise mit unterschiedlichen Präferenzen in der Freizeitgestaltung oder im Musikgeschmack identifiziert.

Die Erläuterung der Strategien der Hersteller innerhalb der Vermarktung der Musikschränke als Möbelstück hat einige Schwerpunktverlagerungen aufgedeckt: In der zweiten Hälfte der Fünfzigerjahre sollten insbesondere aufwendig verzierte, prächtige Schränke als Bereicherung der Wohnungseinrichtung und als Distinktionsmerkmal dienen. Dieses Verbergen der Technik entsprach dem Wunsch der Westdeutschen nach gediegener Einrichtung, und auch die Firma Grundig stellte 1957 fest, dass „sehr viele Käufer [...] hochglanzpoliertes Edelholz als Schmuck ihrer Wohnung" verlangten.[102] Seit den frühen Sechzigerjahren gewannen die geradli-

100 Adressen. Adressen? Adressen! Artikel zur Kundenkarteipflege. In: Der Philips-Kunde, August 1955, S. 18-19, hier S.19.

101 Vom Publikum stark begehrt: Die neuen Konzertschränke und Phonogeräte des Nordmende-Werkes. In: Nordmende, Am Mikrophon 5/1957, Nr.1, S. 12-15.

102 Broschüre Grundig „Musikschränke. Kultur in Form und Klang", 1957, Archiv der GFGF.

nig gestalteten, modernen Schränke und Truhen an Bedeutung und dienten ebenso als Distinktionsobjekt. Dies lässt sich durch zwei Entwicklungen erklären: Erstens setzten sich die neuen Fertigungsmethoden in der Möbelbranche sowie neue wohnkulturelle Trends durch (Kapitel B.III). Der Einrichtungsstil versachlichte sich in den Sechzigerjahren und die helleren Hölzer galten nun als modern. Zwar wurde dennoch eine Vielzahl an Wohnzimmer- und Musikschränken in dunklen Hölzern verkauft,[103] doch sollten durch das Möbel- und Tonmöbeldesign zunehmend auch jene, vor allem etwas jüngere, Zielgruppen der Mittelschicht angesprochen werden, die moderne und hellere Möbel bevorzugten. Jüngere Paare der Mittelschicht, deren Haushaltsgründungen während der Fünfziger- und Sechzigerjahre erfolgten, wählten „Rundfunk- und Phonogeräte […] nicht unter den gängigen Geräten bzw. Gerätemöbeln aus dunklem, poliertem Holz, sondern sie bevorzugten […] Apparate mit einer Verkleidung aus hellem Holz bzw. hellem Kunststoff."[104]

Zweitens gewannen während der Sechzigerjahre neue Eigenschaften der Musikschränke einen repräsentativen Charakter: Die Qualität der Klangwiedergabe wurde entscheidend. Wer als Konsument „auf der Höhe der Zeit" sein wollte, wählte den Schrank nicht mehr nach seinen Zierleisten und der Politur aus, sondern räumte dem Innenleben, der Technik, eine größere Bedeutung ein.

In der Analyse des zweiten Schwerpunkts der Marketingstrategien der Tonmöbel-Hersteller lässt sich diese Tendenz verdeutlichen.

I.2.2 Das heimische Konzert auf Knopfdruck

Der zweite Schwerpunkt der Vermarktung von Tonmöbeln lag auf ihren Klangqualitäten. Sie wurden beworben als Geräte, die „volltönend wie ein großes Orchester" ein Konzert ins Wohnzimmer bringen.[105] Die Werbeanzeigen inszenierten Hörsituationen, die sich an einem „Konzertsaal-Dispositiv" orientierten, und die Namen der Modelle stellten Verbindungen zum Genre der klassischen Musik her. Die Hersteller schufen klingende Begriffe, um die Wiedergabequalität und technische Ausgereiftheit ihrer Schränke zu unterstreichen, betonten aber zugleich auch die einfache Bedienung, die si-

103 Vgl. Günter, Blumenbank und Sammeltassen, S.263, 265.

104 Günter, Blumenbank und Sammeltassen, S.192.

105 Werbeanzeige „Grundig – preiswert wie noch nie", März 1959, Archiv der GFGF.

cherstellen sollte, dass auch Hörer ohne technisches Verständnis in den Genuss des vorzüglichen Klangs kämen.

Klanggenuss wie im Konzert

In den Abbildungen wurde der heimische Musikkonsum mittels der Tonmöbel dargestellt als gemeinsam erlebtes gesellschaftliches Ereignis. Wie in den oben abgebildeten Werbeanzeigen für das Telefunken *Bayreuth Studio 101* oder die Philips *Capella Truhe* tragen die Hörer elegante Kleidung und sitzen nebeneinander, der Schallquelle zugewandt, ganz wie im Konzert (vgl. Abb. 13 und Abb. 11).

Einige Hersteller bildeten in ihren Anzeigen auch ganze Orchester ab, deren Klang dann durch den Musikschrank ins heimische Wohnzimmer transportiert werden würde (vgl. Abb. 14). So vermittelt die Linienführung einer Grundig-Anzeige von 1958 den Eindruck, der

Abb. 14: Werbeanzeige Grundig Stereophonie.
In: Funkschau 21/1958, S.507.

mittig platzierte Konzertschrank fange den Klang des in der oberen Seitenhälfte dargestellten Orchesters ein und strahle ihn dann wieder in Richtung des Betrachters der Anzeige beziehungsweise in Richtung des Hörers ab. Dementsprechend verspricht auch der Text, „auch der beste Platz im Konzertsaal" könne „nicht mehr bieten als das Klangwunder der Grundig Stereophonie".[106]

Durch die Benennung der Geräte, die in vielen Fällen nicht als Musik-, sondern als Konzertschränke[107] beschrieben wurden, vermittelten die Hersteller und die Werbeanzeigen eine symbolische Botschaft: Die Musiktruhen *Salzburg*, *Wien* und *Bayreuth* von Telefunken versprachen durch Verweise auf Wien als Welthauptstadt der Musik und Wirkungsstätte Mozarts, Haydns und Beethovens und auf die Salzburger und Bayreuther Festspiele hohen Genuss klassischer Musik.[108] Ähnlich arbeiteten auch die Firma Nordmende, die den Konzertschrank *Traviata*[109] und die Truhe *Caruso*[110] anbot, und Telefunken mit der Truhe *Orchestra*[111], Siemens mit dem *Konzertmeister*,[112] Philips mit der *Capella*[113] und Graetz mit der Musiktruhe *Scerzo*.[114]

106 Werbeanzeige Grundig. In: Funkschau 21/1958, S.507.

107 Nordmende bezeichnet seine Tonmöbel z.B. konsequent immer als „Konzertschränke". Vgl. Wer sie sieht und hört, will sie besitzen: Die Nordmende Konzertschränke des Baujahres 1958/59. In: Nordmende, Am Mikrophon 5/1958, Nr.5, S.9-10; Das neue Nordmende Konzertschrankprogramm 1960/61. In: Nordmende, Am Mikrophon 7/1960, Nr.6, S. 31-33. Auch Loewe Opta stellt 1959/60 seine neuen Stereo-Konzertschränke vor. Vgl. Loewe Opta Neuheiten Kurier 1959/60, Archiv der GFGF.

108 Wien als Welthauptstadt der Musik und Wirkungsstätte Mozarts, Haydns und Beethovens während der „Wiener Klassik", die Salzburger und Bayreuther Festspiele.

109 Vgl. Präzision und Fortschritt. Nordmende Phonosuper und Musikschrank. In: Nordmende, Am Mikrophon 8/1961, Nr.6, S. 14. Verweis auf Verdis La Traviata.

110 Vgl. Die neuen Nordmende Stereo-Konzertschränke. In: Nordmende, Am Mikrophon 8/1961, Nr.5, S.29-31, hier S.29. Verweis auf Enrico Caruso, italienischer Opernsänger, berühmtester Tenor der ersten Hälfte des 20.Jh.

111 So wohlklingend wie ihr Name. Orchestra 2654. In: Telefunken Sprecher 33/1965, S.9.

112 Vgl. Werbeanzeige Siemens-Konzertmeister, in: Ton Magazin, Oktober 1964, S.9.

113 Vgl. Philips Capella. In: Der Philips-Kunde. Juli 1956, S. 11-13. ®Capella® passt zwar auch in die Logik der Benennung von Musikschränken mit Planetennamen (Jupiter- und Saturn-Truhe), ruft beim Konsumenten aber auch die Assoziation an eine Kapelle hervor.

114 Ein Stereoklang, der selbst Kenner fasziniert. Werbung Graetz Scerzo. In: Ton Magazin, Juli/ August 1962, S.69. „Scherzo" ist eine musikalische Satzform, seit Beethoven meist der dritte Satz einer Sonate oder Sinfonie.

Diese Bezeichnungen und Werbebilder tragen bei zur symbolischen Verortung des Musikschrank-Dispositivs und zu einer Verknüpfung mit dem Programm, das sie abspielen sollten. Musikschranke wurden als Kultur-Apparate inszeniert, sie dienten dem gepflegten Genuss klassischer Melodien, und wurden somit zugleich einer erwachsenen, kulturell interessierten Zielgruppe zugeordnet, die Konzerte im eigenen Heim genießen wollte.

Auch die Lautsprecher wurden in vielen Fällen als *Konzertlautsprecher* beworben, um die technische Qualität und den guten Klang der Musikschränke zu betonen.[115] Auf die zu erreichende Wiedergabequalität legten die Hersteller in der Vermarktung großen Wert: Schon vor der Einführung der Stereo-Schallplatte (1958) und des Stereo-Rundfunks (Mitte der Sechzigerjahre, vgl. Kap. B.IV) wurden zusätzliche *Raumstrahler* angeboten, mit denen „die Wiedergabeleistung von Musiktruhen, -schränken [...] in einem starken Maß gesteigert" werden könne.[116] Einige Geräte hatten Anschlussmöglichkeiten für eine zusätzliche *Baßreflexbox* und für *Höhenstrahler*, mit denen, so versprach Philips schon 1956 den Kunden, die Musiktruhe „zum Mittelpunkt einer HiFi-Anlage höchster Qualität" werde.[117] Grundig produzierte *Hi-Fi-Raumklang-strahler*[118] und Nordmende stattete seine Konzertschränke ab 1958/59 mit einem so genannten *HiFi-Expander* aus, der „eine räumliche Ausdehnung des Schalles" bewirke, „so dass der Zuhörer tatsächlich den Eindruck [habe], im Konzertsaal zu sitzen."[119]

Ersichtlich wird, dass die Hersteller von Phonogeräten schon vor der Einführung der Stereoschallplatte und vor der Festlegung der HiFi-Norm DIN 45 500 im April 1966[120] (auf die Diskussionen um Stereo und HiFi und auf deren Aufnahme durch die Konsumenten wird in Kapitel C.II noch genauer einzugehen sein) starken Ge-

115 Vgl. z.B. Loewe Opta Konzertschrank Atlanta mit 6 Konzertlautsprechern. In: Loewe Opta Neuheitenkurier 1959/60, Archiv der GFGF; Nordmende Arabella Stereo und Isabella Stereo. Das neue Nordmende Konzertschrankprogramm 1960/61. In: Nordmende, Am Mikrophon 7/1960, Nr.6, S. 31-33, hier S.33; Philips Capella Stereo Truhe und Saturn Stereo Truhe. In: Werbebroschüre Philips Freund der Familie, 1963, Archiv des Deutschen Museums München.

116 Neue Fortschritte in der Wiedergabetechnik. Artikel zu Lautsprechern. In: Der Philips-Kunde. August 1954, S. 24-25, hier S.24.

117 Philips Capella. In: Der Philips-Kunde, Juli 1956, S. 11-12, hier S.11.

118 Broschüre Grundig „Musikschränke. Kultur in Form und Klang", 1957, Archiv der GFGF.

119 Wer sie sieht und hört, will sie besitzen: Die Nordmende Konzertschränke des Jahres 1958/59. In: Nordmende, Am Mikrophon 6/1958, Nr.5, S.9-10, hier S.9.

120 Vgl. Gauß, Das Erlebnis des Hörens, S.71.

brauch von technischen Begriffen zur Klangqualität machten, deren Aussagewert zu diesem Zeitpunkt noch nicht festgelegt war. Vielmehr schufen sich die Produzenten und deren Werbefachleute je eigene Begriffe, um den herausragenden Klang ihrer Produkte anzupreisen: Loewe Opta versprach den Kunden den *Loewe Opta-Plastik Ton*, dessen Wirkung einfach zum Zuhören" zwinge,[121] Grundig sicherte eine „wunderbare Tonfülle", „einen bisher unerreichten Tonumfang", ein „Klangwunder" zu, das auf jeden „den tiefsten Eindruck" mache.[122] Ähnlich dem *Plastik-Ton* von Loewe Opta vermarktete Philips seine Truhen und Schränke mit dem Stichwort des *3D-Raumklang*.[123] Dieser angeblich dreidimensionale, raumfüllende Klang wurde jedoch lediglich durch den Einbau seitlicher Zusatzlautsprecher herbeigeführt. Darüber hinaus entwickelten und vermarkteten einige Hersteller Musiktruhen mit einer so genannten *Raumhallvorrichtung*.[124] Zu Beginn der Sechziger vermarktete Philips seine neue *Reverbeo-Einrichtung*, die es dem Konsumenten möglich machen sollte, „Hall-Effekte" nach seinem Geschmack zu gestalten.[125]

Auch hier lehnten die Hersteller sich in ihren technischen Entwicklungsarbeiten und deren Vermarktung an das Konzertsaal-Dispositiv an: Die akustischen Eigenschaften eines großen Konzertsaals, wo der Nachhall von vielen Klangwellen mit unterschiedlichen Reflektionslängen den Hörer zu unterschiedlichen Zeitpunkten erreicht, sollten simuliert werden.[126]

Mit dem technischen Fortschritt und der Durchsetzung der Stereo-Wiedergabetechnik veränderten sich die Technik und Gestaltung der Tonmöbel und dementsprechend auch ihre Vermarktung als Konzertgerät. Mit den gestiegenen Möglichkeiten der Klangwiedergabe und deren Qualität verlor zum einen das Argument des repräsentativen Möbelstücks an Durchschlagkraft, zum anderen konnten

121 Werbung Loewe Opta mit der Zaubertaste. Phonoschränke Verona, Paloma, Phonosuper Luna, entsprechend der beworbenen Geräte vermutlich 1955. Archiv der GFGF.

122 Broschüre Grundig „Musikschränke. Kultur in Form und Klang", 1957, Archiv der GFGF.

123 Philips Werbebroschüre 1957/58, Archiv der GFGF.

124 Ein Stereoklang, der selbst Kenner fasziniert. Werbung Graetz Scerzo. In: Ton Magazin, Juli/ August 1962, S.69.

125 Philips Reverbeo. Das neue Klangbild. Musikschränke und Truhen. In: Der Philips-Kunde, Oktober 1961, S. 12-13.

126 Es gab zur Hallerzeugung verschiedene Systeme: Mittels eines Verzögerungsrohrs oder eines Federsystems, vgl. Funkschau 20/ 1961, S.533 zum Federsystem und Funkschau 13/1962, S.351 zum Rohrsystem.

auch die Pseudo-Begriffe und technischen Spielereien nicht mehr überzeugen, welche die Hersteller kreiert und beworben hatten. Nicht mehr Zierleisten, Raumhall und *Plastik-Ton* sollten und konnten die Käufer locken; nun galt es, die Errungenschaften der Stereofonie in den Musikschränken unterzubringen und in der Werbung hervorzuheben.

Die Technik wurde formbestimmender in der Gestaltung der Musikmöbel, die nun zunehmend lang gestreckt und flach waren, um einen hinreichenden Abstand zwischen den Lautsprechern und somit eine ausreichend breite Basis für die Stereo-Wiedergabe zu garantieren.[127] Die Lautsprecher waren rechts und links in Form von „Tonsäulen"[128] angeordnet, und bei einigen Geräte, wie zum Beispiel bei der oben abgebildeten Philips *Capella Stereo Truhe* (Abb. 11) und dem Telefunken *Bayreuth Studio 101* (Abb. 13), konnten die Lautsprecher getrennt vom mittleren Korpus aufgestellt werden. Auf die Qualitäten dieser Geräte, die somit eine größere „Stereo-Basisbreite" besaßen, wurde in den Werbeanzeigen gesondert hingewiesen.[129] Zunehmend gewannen die technische Ausgereiftheit und die Integration der neuen Errungenschaften in der Klangaufzeichnung und -wiedergabe an Gewicht in den Werbeanzeigen der Hersteller. Es galt, die „vollendete Technik" herauszustellen, die Musikwiedergabegeräte wurden mehr und mehr zu einem „fein abgestimmten Instrument".[130]

Bedienungsfreundlichkeit

Sei es Nachhall, Raumhall, Raumklang, Plastik-Ton, Wunschklang oder der wahre Stereo-Sound – all diese Raffinessen sollten dabei auch noch möglichst einfach zu bedienen sein, und die Musikschränke durften nicht wirken wie ein komplizierter technischer Apparat. So versahen die Hersteller ihre Tonmöbel mit einfachen Drucktasten, mit denen sich der Klang einstellen ließ, wie auch schon am Beispiel der Nordmende *Arabella* in Kapitel I.2.3 gezeigt wurde (Klangtasten für Sprache, Orchester, Jazz, Solo usw.).

127 Vgl. z.B. Die flache Form nur eine neue Mode? Werbung Siemens Musiktruhen. In: Ton Magazin, Oktober 1964, S.9.

128 Das neue Nordmende Konzertschrankprogramm 1960/61. In: Nordmende, Am Mikrophon 7/1960, Nr.6, S. 31-33.

129 Werbeanzeige Telefunken Bayreuth Studio 101. In: Telefunken Sprecher 37/1966, hintere Umschlagseite.

130 Werbebroschüre Philips Freund der Familie, 1963, Archiv des Deutschen Museums München.

Der *Plastik-Ton* von Loewe Opta wurde durch die *3D Zaubertaste* an und abgeschaltet:

> *„Wollen Sie die Musik nur nebenher mithören, als Untermalung ihrer häuslichen Tätigkeit, hören Sie den bisherigen normal-strahlenden und angenehmen Loewe Opta Ton. Wollen Sie aber zuhören, d.h. Ihre Aufmerksamkeit ausschließlich auf die Sendung konzentrieren, drücken Sie die Zaubertaste 3D für den raumfüllenden Opta-Plastik Ton. […] Durch einen Fingerdruck auf die Zaubertaste 3D wird ein plastisches Tonbild erzielt und Ihnen somit eine wahrhaft lebendige Musik vermittelt."*[131]

Die Abbildung der Werbebroschüre zeigt eine junge Frau, welche die „Zaubertaste" drückt, und auch der Text spricht (aufgrund des Hinweises auf „häusliche Tätigkeit") weibliche Nutzer an. So einfach ist die Einstellung des *Plastik-Tons*, dass selbst die Hausfrau sie vornehmen kann, so die Botschaft der Werbung.

Die wohl bekannteste Einstellmöglichkeit der Klangfarbe ist das *HiFi-Wunschklangregister* der Firma Grundig, das 1958/59 erstmals in den Schränken eingebaut wurde.[132] Die Klangregistertasten – wie schon vom Nordmende Musikschrank *Arabella* bekannt – wurden ergänzt durch vier oder fünf einige Drehregler, mittels derer zusätzlich zu den bislang üblichen Bass- und Höhenreglern auch mittlere Frequenzlagen angehoben und abgesenkt werden konnten. Was bisher „nur dem Toningenieur im Studio" möglich gewesen sei, könne der Hörer nun auch zuhause bequem selber vornehmen:

> *„Dieser ‚Tonmixer' im wahrsten Sinne des Wortes gibt Ihnen die Möglichkeit, die eine oder andere Tonlage hervortreten zu lassen oder sie nach Bedarf in den Hintergrund zu drängen. Die Darbietungen der Lautsprecher werden dadurch plastisch und von einer Wirklichkeitstreue, die jeden überrascht. Eine unglaubliche Vielfalt von noch nie gehörten Klangvariationen steht Ihnen zur Verfügung, wenn Sie die kleinen Regler […] bedienen. Diese vier oder fünf Regler zeigen an, daß wir den gesamten Tonbereich in vier oder fünf Abschnitte aufteilen, so daß der Klang in jedem Abschnitt einzeln geregelt werden kann. Das bedeutet: Das HiFi-Wunschklangregister erfüllt jeden Klangwunsch. Sie passen damit den Klangcharakter […] den Raumverhältnissen, der jeweiligen Sendung und den feinsten Wünschen Ihres Ohres an."*[133]

---

131 Werbung Loewe Opta mit der Zaubertaste. Phonoschränke Verona, Paloma, Phonosuper Luna, entsprechend der beworbenen Geräte vermutlich 1955. Archiv der GFGF.

132 Vgl. HDRFG 1958/59, A88-96.

133 Grundig Wunschklangregister. Werbebroschüre Grundig, Archiv der GFGF.

Ähnliche Instrumente zur Einstellung des Klangs und der Klangfarbe gab es auch von anderen Herstellern, wie das Nordmende *Klangregister,*[134] den Philips *Klangselektor*[135] bzw. die Philips *Klang-Palette.*[136] So wurde die Technik trotz vermehrter Einstellmöglichkeiten weiterhin verborgen und hinter einfach zu bedienenden Drucktasten und Anzeigen versteckt. Der Hörer selbst wurde zum „Tonmeister",[137] der das Orchester dirigieren und den Klang so anpassen konnte, dass er das große Konzert im heimischen Wohnzimmer erlebte. All dies ermöglichten die Musikschränke auch den Hörern ohne technisches oder musikalisches Verständnis, und während des Musikgenusses waren keine weiteren Einstellungen am Gerät notwendig.

Noch stärker auf die Bedienungsfreundlichkeit ausgerichtet waren die Fernbedienungen für Musikschränke (und Radios), die etwa seit der zweiten Hälfte der Fünfzigerjahre angeboten wurden.[138] Grundig stattete jeden Musikschrank der Saison 1956/57 mit einem Anschluss für seinen (selbstverständlich kabelgebundenen) *Fern-Dirigent* aus, der als „unentbehrlich" für die „Bequemlichkeit" beschrieben wurde.[139]

> *„Mit dem Grundig-Ferndirigent stellen Sie durch einfachen Tastendruck bequem vom Sofa oder von Ihrem Sessel aus die Klangfarbe ein, die dem Charakter der jeweiligen Sendung oder Ihrem persönlichen Geschmack entspricht. Daneben regulieren Sie gleichzeitig die Lautstärke und bedienen das Grundig-3-D-Klangsystem […]. Außerdem wird mit jedem Tastendruck das jeweils gültige Symbol für 3-D, Sprache, Orchester, Solo und Jazz durch ein beleuchtetes Feld angezeigt."*[140]

---

134 Vgl. z.B. Wer sie sieht und hört, will sie besitzen: Die Nordmende Konzertschränke des Jahres 1958/59. In: Nordmende, Am Mikrophon 6/1958, Nr.5, S.9-10, hier S.9.

135 Philips Diamanten. Musiktruhen Capella und Saturn. In: Der Philips-Kunde, Nummer zur deutschen Industriemesse Hannover 1958, S.10-11, hier S.10.

136 Philips Capella. In: Der Philips-Kunde, Juli 1956,S. 11-13, hier S.11.

137 Broschüre Grundig „Musikschränke. Kultur in Form und Klang", 1957, Archiv der GFGF.

138 In der „Saba-Heimatserie" 1954/55 war eine Fernbedienung im Angebot. Vgl. Werbeanzeige „Saba-Heimatserie 1954/55", Archiv der GFGF. In einer Vorstellung des „Grundig Typenprogramms" für 1956/57 taucht der Fern-Dirigent auf.

139 Broschüre Grundig „Musikschränke. Kultur in Form und Klang", 1957, Archiv der GFGF.

140 Grundig Werbeanzeige, ohne Datum, Archiv der GFGF.

Auch Frauen sollten mit diesen einfach zu bedienenden Fernsteuerungen angesprochen werden. Dies lässt zumindest eine Werbung der Firma Saba vermuten:

> *„Frauen sind über die SABA-Automatic besonders erfreut, weil sie spielend leicht zu bedienen ist [...]. Dazu kommt der abgerundete, elegante Bedienungskomfort [...]. Menschen von heute wollen den Komfort, weil er das Leben angenehmer und schöner macht."*[141]

Als „Diener Ihrer Bequemlichkeit" und „Freund behaglicher Stunden"[142] wurden die Fernbedienungen vermarktet, der Hörer sollte in der vorgesehenen Konzertbesucher-Sitzposition verharren können. Die statische Apparat-Nutzer-Konstellation des Musikschranks wurde durch diese Zubehör- und Bedienungselemente noch verstärkt. Durch einfachen Knopfdruck wurde der Nutzer zum „Dirigent", ohne durch die Bedienung der Technik abgelenkt zu werden.

Auch mit den Hand in Hand mit der Einführung der Stereofonie zunehmenden technischen Einstellungs- und Steuerungsmöglichkeiten der Geräte blieb immer auch die Bedienungsfreundlichkeit ein starkes Argument für die Musiktruhen. So formulierte Philips in der Werbeanzeige für die „Saturn-" und die „Capella"-Truhe: „Der volltransistorisierte Stereo-Decoder und die optische Stereoanzeige schalten sich bei Stereosendungen automatisch ein."[143] Zum einen betonte dies zwar auch die technischen Qualitäten der Truhen, zum anderen aber transportierte die Anzeige erneut das Bild einer leicht zu handhabenden Musiktruhe, die auch die anspruchsvollsten Wünsche wie von Geisterhand erfüllte und sich sowohl durch beste Klangqualität als auch durch äußere Eleganz auszeichnete.

Die Tendenzen in der Vermarktung von Musikschränken lassen sich wie folgt zusammenfassen: In der Vermarktung dieses Gerätetypus als Möbelstück lag das Hauptaugenmerk zunächst auf dem den räumlichen und symbolischen Bestandteilen des Musikschrank-Dispositivs: Der repräsentative Charakter der wuchtigen und reich verzierten Schränke, Truhen und Vitrinen wurde hervor-

141 Was gibt es neues bei Saba? In: Radio Magazin, August 1955, Nr.8, S.255.

142 Grundig Hi-Fi-Wunschklang-Serie. Die Serie der erfüllten Wünsche. Werbebroschüre Grundig. Archiv der GFGF.

143 Werbebroschüre Philips Freund der Familie, 1963, Archiv des Deutschen Museums München.

gehoben, die „ständigen Hausgenossen“[144] versprachen Gemütlichkeit und Musikgenuss im eigenen Heim. In ihrer Choreografie der Nutzung und im Programm, also der klassischen Musik, lehnten sie sich an ein Konzertsaal-Dispositiv an, dass sie ins Zuhause der Käufer zu bringen versprachen.

Mit Beginn der Sechzigerjahre wurden mehr und mehr Musikschränke in funktionalerer, sachlicher Form produziert und vermarktet. Dies war eine Folge der sich wandelnden wohnkulturellen Tendenzen und Fertigungsweisen der Möbelbranche, aber insbesondere erforderten die technischen Errungenschaften in der Musikaufzeichnung und Wiedergabe eine neue Form der Schränke und verschoben den Schwerpunkt in der Vermarktung auf die technischen Elemente des Dispositivs. Auch die Wahrnehmung dessen, was repräsentativ sei, wandelte sich: Mit dem Erfolg von Stereo und High Fidelity waren es nicht mehr die goldenen Zierleisten und die hochglanzpolierten Flächen oder die Wunschklangregister, die den Neid der Besucher und den höchsten Musikgenuss im Heim versprachen, sondern der Stereo-Decoder und die möglichst große „Stereo-Basisbreite“. Die Hersteller versuchten während des gesamten Zeitraums, alle diese wohnlichen, repräsentativen und klanglichen Eigenschaften in einem Produkt zu vereinen und dem Käufer nahezubringen. Die Reaktionen der Nutzer, der Warentester und der Musik- und Technikexperten sowie ihr Einfluss auf die weitere Geräteentwicklung und Vermarktung werden in den folgenden Untersuchungsschritten analysiert.

I.3 Möbeldesign und Klangqualität im Wettstreit

Die herstellerunabhängige, in Zeitschriften öffentlich geführte Diskussion über den Wert und Nutzen von Tonmöbeln entwickelte sich von einem grundlegend positiven, wertschätzenden Tenor im Laufe der Sechzigerjahre immer mehr in Richtung einer kritischen Beurteilung dieser Gerätegattung. Während zunächst der Möbelcharakter und die Vorzüge der verborgenen Technik gelobt wurden (I.3.1), bemängelten Kritiker seit den Sechzigerjahren immer öfter das scheinbar rückständige Design und die minderwertige Klangqualität der Musikschränke (I.3.2).

In der Diskussion wurde die Relevanz einzelner Bestandteile des Musikschrank-Dispositivs ausgehandelt und die Kritiker nahmen eine Schwerpunktverlagerung in der Bewertung der Objekte vor.

144 Broschüre Grundig „Musikschränke. Kultur in Form und Klang“, 1957, Archiv der GFGF.

Die technischen Eigenschaften und das Hörerlebnis gewannen gegenüber den symbolisch-repräsentativen Funktionen des Musikschranks an Bedeutung – der Klang siegte über die Möbelpolitur.

Ich werde nun die beiden gegensätzlichen Positionen in der Bewertung von Musikschränken darstellen. Hier können Prozesse der Bedeutungszuweisung an die Geräte durch Konsumenten und ihre Vertreter den von den Herstellern inszenierten Anwendungen, Symboliken und Zielgruppen gegenübergestellt werden. In der Diskussion wurden die Geschmacksvorlieben und Ansprüche unterschiedlicher Zielgruppen verhandelt und artikuliert, die entscheidenden Einfluss auf die weitere Entwicklung der heimischen Musikwiedergabegeräte haben sollten.

I.3.1 Musikmöbel vereinen wohnliche Form und guten Klang

Ende der Fünfzigerjahre waren nur etwa 5% der westdeutschen Bevölkerung „für die moderne Sachlichkeit empfänglich"; Firmen wie Grundig verbuchten hohe Absatzzahlen, da die „Intarsien" und „goldglänzenden Leisten" den Käufern gefielen.[145] Noch wurde keine handfeste Kritik an den wuchtigen, üppig dekorierten Musikschränken laut. Auch die Fachpresse nahm den Möbelcharakter der Phonogeräte positiv auf; es sei „ein nie vermuteter Komfort erreicht", da es

> *„...Tonmöbel wirklich für jeden Geschmack [gebe]: von der oft eigentümlichen Auflockerung und Kurvung eines Neo-Barock über das nachklingende Rokoko des beharrlichen Chippendale zur Bauhaus-Imitation und der gekonnten und nicht gekonnten strengen Sachlichkeit allermodernster Prägung."*[146]

Die Musikmöbel entsprachen der traditionellen Vorstellung, dass Technik und Gemütlichkeit sich gegenseitig ausschlossen und kamen den Wünschen beachtlicher Käuferkreise nach einer harmonischen Eingliederung der Technik in den Wohnraum durch Tarnung und Verhüllung entgegen. Die Vorliebe der Westdeutschen für repräsentative Möbelstücke während der Fünfzigerjahre, der Rückzug ins Häusliche und die gemeinsame Freizeitgestaltung der jüngeren und älteren Familienmitglieder, die sich um den Musikschrank als Zentrum der häuslichen Freizeit gruppierten, waren

145 Grundig. Die neuen Größen. In: Spiegel 13/1958, S.18-28, hier S.24.

146 Tonmöbel für jeden Geschmack. In: Ton Magazin, Mai/Juni 1959, S.60-61, hier S.60.

starke Antriebsfedern für den Erfolg dieser Gerätegattung und ihrer traditionell gehaltenen Modelle.

Zugleich war auch das Arsenal an technischen Geräten und Möglichkeiten noch recht überschaubar. Die neue Stereo-Technik ließ sich in den Musikmöbeln gut unterbringen. Besonders die großen Musikschränke konnten

> *„durch eine kluge Anordnung der Lautsprecher, durch Ausnutzung der Resonanzflächen und eine wirksame Isolierung der einzelnen Geräteteile eine außergewöhnliche Klanggüte [...] erreichen."*[147]

Stereo-Musikschränke galten selbst in den Zeitschriften für Musikliebhaber, wie dem *Ton Magazin*, als die „neuesten Errungenschaften der Klangtechnik", und die Tatsache, dass die Stereofonie in allen Truhen berücksichtigt worden sei, wurde mit Wohlwollen vermerkt.[148] Seitlich angeordnete Lautsprecher, die als Ton- und Schallsäulen eine qualitativ hochwertige Wiedergabe garantieren sollten, und auch die Einrichtungen für künstlichen Nachhall wurden positiv aufgenommen und besprochen. Ganz in Einklang mit den Vermarktungsstrategien der Hersteller sah auch die Fachpresse hierin die Möglichkeit, „das Wohnzimmer in einen Konzertsaal zu verwandeln".[149] Größer noch war die Freude darüber, dass die Stereofonie „nicht der Luxustruhe vorbehalten" sei, sondern dass es auch preisgünstige Stereo-Schränke gebe.[150]

Ein Grund für die ausbleibende Kritik liegt darin, dass die Stereofonie am Ende der Fünfzigerjahre noch „in den Kinderschuhen" steckte: Kein einziger Rundfunksender bot stereofone Programme an und auch die Stereo-Schallplatte war gerade erst auf den Markt gekommen. Noch waren die wenigsten Haushalte mit Stereoplattenspielern ausgestattet, zumeist besaßen sie nicht einmal eine Stereo-Schallplatte. (Die zögerliche Durchsetzung der Stereofonie werde ich in Kapitel C.II detailliert untersuchen.) Daher bestanden Ende der Fünfzigerjahre kaum wahrnehmbare Unterschiede in der Klangqualität unterschiedlicher Wiedergabegeräte, die eine Klassifizierung der Geräte anhand ihrer technischen Eigenschaften erlaubt hätten. Noch wurden also die Tonmöbel weniger über den Ton,

---

147 Tonmöbel für jeden Geschmack. In: Ton Magazin, Mai/ Juni 1959, S.60-61, hier S.60.

148 Vgl. Deutsche Rundfunk-, Fernseh- und Phono-Ausstellung Frankfurt am Main 1959. In: Ton Magazin, September/ Oktober 1959, S.70-75, hier S.72.

149 Berlin 1961. Deutsche Rundfunk-, Fernseh- und Phono-Ausstellung. In: Ton Magazin, September/ Oktober 1961, S. 67-70, hier S.68.

150 Stereofonie beginnt bei den Musiktruhen. In: Funkschau 13/1958, S.324.

den sie hervorbrachten, begutachtet, sondern mehr über die Form und die Qualitäten des Möbelstücks.

Seit Beginn der Sechzigerjahre begann die Form des Möbelstücks sich zu verändern: Dies lag nicht nur an der Durchsetzung neuer Produktionsmethoden in der Möbelindustrie und dem Übergang zur Fließfertigung, sondern auch der Vormarsch der Stereofonie war tonangebend und „formbestimmend".[151] Die modern gestalteten Schränke, die ihre Stereofähigkeit durch getrennte Lautsprecher und eine breite, flache Form nach außen hin dokumentierten, gewannen in der Presse an Zuspruch, während die barocken und wuchtigen Schränke zunehmend als altmodisch galten.

Die Konsumenten- und Wohnmagazine forderten sachlichere Formen – nicht nur vom Wohnzimmerschrank und der Couchgarnitur, sondern auch vom Radioapparat und der Musiktruhe:

> *„Das Nachwährungsreform-Radio präsentierte sich als ein mit Goldleisten und elfenbeinfarben Knöpfen verzierter, auf Mahagoni gebeizter, hochpolierter Holzkasten, dessen Skala aussah wie das Armaturenbrett eines amerikanischen Straßenkreuzers. […] Heute stellen nahezu alle Rundfunkfirmen Radioapparate her, die das Beiwort ‚modern' verdienen. Ihre Form: schmal, flach und langgestreckt."*[152]

Die reichhaltig verzierten Apparate verloren an Prestige und wurden mit Rückständigkeit in Verbindung gebracht, auch wenn „auf Antik weiß gebeizt[e]" Schränke mit „echten Goldblatt-Rändern" bei einigen Käufern weiterhin „beliebt" waren.[153]

Die modern gestalteten Geräte hingegen schienen gleich zwei Forderungen zu erfüllen. Sie vereinten die Eigenschaften eines „anpassungsfähigen Einrichtungsgegenstand[s]"[154] mit der Möglichkeit der Stereo-Musikwiedergabe. „Schlanke und „gradlinige" Truhen und zeitgemäße Platzierungsmöglichkeiten im Wohnraum – etwa gab es auch Musikschränke, die an der Wand aufgehängt werden konnten – fanden die Zustimmung vieler Kritiker.[155] Getrennt auf-

151 Berlin 1961. Deutsche Rundfunk-, Fernseh- und Phono-Ausstellung. In: Ton Magazin, September/ Oktober 1961, S. 67-70, hier S.68.

152 Tendenz unauffällig. In: Schöner Wohnen 1/1962, S.34-42, hier S.35.

153 Das gute Stück: die Musiktruhe. In: Ton Magazin, September 1964, S.12-17, hier S.14.

154 Tendenz unauffällig. In: Schöner Wohnen 1/ 1962, S.34-42, hier S.35.

155 Das gute Stück: die Musiktruhe. In: Ton Magazin, September 1964, S.12-17, hier S.14. Beispielsweise hatte die Firma Graetz aufgrund der zunehmenden Verbreitung von Wandregalsystemen auch für die Stereo-Musiktruhe „Scerzo" die Möglichkeit vorgesehen, sie an der Wand aufzuhängen, sei es in Kombination

stellbare Lautsprecher befriedigten sowohl die Ansprüche an den Möbelcharakter als auch an die Klangqualität.[156]

Einer der größten Vorteile der Musikschränke lag darin, dass sie „alles zusammen in einem Gerät" unterbrächten und „deshalb keinerlei Installationen bei der Inbetriebnahme erforderlich" seien.[157] Die auch von den Herstellern vermarktete leichte Bedienbarkeit wurde auch in der öffentlichen Diskussion als Stärke der Musikschränke wahrgenommen, denn noch 1965 scheute „so mancher begeisterte Musikfreund […] am Stereo-System das ‚Zuviel' an Technik" und wünschte sich „noch viel lieber eine Musikkiste, vornehm ‚Truhe' genannt".[158]

Dieser Vorzug der Musikschränke sollte ihnen – im Gegensatz etwa zu den Phonoschränken, deren Plattenwechsler vom Nutzer eigenhändig mit Lautsprechern, Verstärker usw. verbunden werden musste – das Überleben sichern. Zwar wurden sie im Laufe der Zeit mit neuen Bedeutungen besetzt: Schon bald sollten sie nicht mehr als das technisch angemessenste und beste Gerät zur Musikwiedergabe gelten, sondern ihre Stärken lagen besonders in der leichten Bedienbarkeit und der Unterstützung der Gemütlichkeit des Heims. Hinsichtlich der Klangqualität, die während der Sechzigerjahre als Bewertungskriterium an Gewicht gewann, wurde die Kritik immer lauter.

I.3.2 „Der angeberische Musikschrank" – Kritik am Möbeldesign auf Kosten des Klangs

Diese Kritik bahnte sich seit der ersten Hälfte der Sechzigerjahre langsam ihren Weg und wurde in der Mitte des Jahrzehnts sehr bestimmt. In vielen Fällen war sie verbunden mit dem Vorwurf eines übertriebenen Repräsentationsbedürfnisses, das auf Kosten der Klangqualität erfüllt werde.

> *„Nahezu alles, was an Musiktruhen angeboten wird, entspricht lediglich einem Repräsentationsbedürfnis, aber keineswegs den Erfordernissen und Möglichkeiten der Musikwiedergabe, die der Preis der Tru-*

---

mit einem Regalsystem oder auch als selbstständiges, modern platziertes Möbelstück.

156 Das gute Stück: die Musiktruhe. In: Ton Magazin, September 1964, S.12-17, hier S.14.

157 Ein Plattenspieler soll es sein! In: Ton Magazin, Dezember 1964, S.37-45, hier S.43.

158 Anatomie der Stereofonie. In: hobby 4/1965, S.90-96, hier S.94.

hen anzukündigen scheint. Wer genau hinsieht, hat den Widerspruch bald erkannt. Mit einer Musiktruhe üblicher Art kauft man in erster Linie Holz und nicht Technik. Die Wiedergabequalität hängt aber nicht an der Maserung, Politur, Zierleiste, Auspolsterung oder an Beleuchtungsspielereien."[159]

So äußerte sich bereits 1961 der „HiFi-Fachmann"[160] Ernst Pfau im *Ton Magazin*. Als Fachmann sah er es als seine Aufgabe an, die Leser der Zeitschrift für die neue Technik zu begeistern. Die Phonoindustrie, die vielfältiger sei als die Beobachtungen zur Musikschrankproduktion erwarten ließen, und die auch weitergehende Ansprüche befriedigen könne, „wenn diese erst in ausreichender Menge auftreten" würden, wollte er so „auf diesen wachsenden Markt aufmerksam […] machen".[161]

Zu Beginn der Sechzigerjahre erschien es also selbst der Redaktion einer Zeitschrift, die sich an die „Freunde des Tonbandes und der Schallplatte" wandte, noch notwendig, ihre Leser von der Stereotechnik zu unterrichten und zu überzeugen. Dies erklärt die bis zu diesem Zeitpunkt nur selten geäußerte Kritik an der Wiedergabequalität der Musikschränke: Die neuen Möglichkeiten der Stereotechnik waren noch nicht bekannt und wurden vom Publikum noch nicht nachgefragt.

Selbst das von den Herstellern vorgebrachte Argument der leichten Bedienbarkeit der Musikschränke wurde angefochten. Die Druckknopfbedienung wurde beschrieben als „Vereinfachung für jenen, der nicht bedienen will". Dies könne also nicht als Bedienungskomfort bezeichnet werden, da letzteres „die umfassende Möglichkeit individueller Bedienung" verlange.[162]

Mit den neuen technischen Möglichkeiten stiegen die Wünsche der Warentester und Experten, die so zu Wegbereitern und Kritikern der Geräteentwicklung werden konnten und im Namen der Kon-

159 Ernst Pfau, Stereofonie erfordert HiFi-Qualität. In: Ton Magazin, Januar/ Februar 1961, S.73-75, hier S.74.

160 Im Ton-Magazin März/ April 1961 wird Ernst Pfau als „HiFi-Fachmann" vorgestellt, vgl. Ernst Pfau, unser HiFi-Fachmann meint: Musikautomat oder Wiedergabeanlage. In: Ton Magazin, März/April 1961, S. 65-68. In der Tat hat Pfau mehrere Artikel sowohl im Ton Magazin als auch in hobby zum Thema Stereofonie verfasst und veröffentlichte 1967 ein Buch mit dem Titel „Zauberwort Stereo. Musik hören – aber wie".

161 Stereofonie erfordert HiFi-Qualität. In: Ton Magazin, Januar/ Februar 1961, S.73-75, hier S.74.

162 Stereofonie erfordert HiFi-Qualität. In: Ton Magazin, Januar/ Februar 1961, S.73-75, hier S.75.

sumenten eine bestmögliche Umsetzung der technischen Errungenschaften forderten. Zu Beginn der Sechzigerjahre wurde derartige Kritik an den Klangqualitäten der Musikschränke nur in der Fachpresse geäußert.

Sie fungierte daher hier als ein Akteur der Ausdifferenzierung von Zielgruppen und der Wünsche der Nutzer: Auf der einen Seite standen diejenigen, die – ganz in Einklang mit der Werbung der Hersteller – ein repräsentatives Tonmöbel wünschten, das ohne technisches Know-how zu bedienen war: „Wer ein neiderregendes Möbelstück haben will, hat die Möglichkeit einer fast unübersehbaren Auswahl."[163] Diese Zielgruppe, die keine zahlreichen, individuellen akustischen Bedienungsmöglichkeiten verlangte, war mit dem Kauf eines Musikschranks gut beraten. Auf der anderen Seite jedoch bildete sich seit Einführung der Stereofonie langsam eine Käufer- und Hörergruppe aus, die die bestmögliche Wiedergabequalität anstrebte und aus diesem Grund nach Alternativen zum Musikschrank suchte. Sie wurde von der Fach- und Musikpresse auf die neuen Möglichkeiten aufmerksam gemacht und darüber informiert, und wünschte sich eben kein „Unterhaltungsinstrument, [k]eine Klangberieselungsanlage von unendlich erweiterter Vielseitigkeit", sondern sie waren auf der Suche nach

> *„Aufzeichnungs- und Wiedergabemaschinen [...], die den von irgendeiner Klangquelle erzeugten Vorgang so wiederzugeben haben, daß im Hörer der gleiche akustische Eindruck wieder entsteht."*[164]

Dies konnte der Musikschrank, der unter anspruchsvolleren Nutzern und Experten dann schon bald als „überholt" galt, nicht leisten. Die mangelnde Präzision in der gewünschten naturgetreuen Wiedergabe wurde bemängelt.

Etwa seit der Mitte der Sechzigerjahre zog diese Kritik an Musikmöbeln weitere Kreise auch außerhalb der Phono-Fachpresse. Auch populäre Zeitschriften wie *hobby* kritisierten etwa den Einbau zusätzlicher Seitenlautsprecher in Musikschränken, der in Wahrheit nichts zur Verbesserung der Klangqualität beitrage:

> *„Es wurden immer mehr und immer kleinere Lautsprecher eingesetzt, die man nach allen Seiten herauspusten ließ. Man bildete sich sogar*

163 Stereofonie erfordert HiFi-Qualität. In: Ton Magazin, Januar/ Februar 1961, S.73-75, hier S.74.

164 Musikautomat oder Wiedergabeanlage. In: Ton Magazin, März/April 1961, S. 65-68, hier S.65.

ein, das klänge besser und verkaufte diese Modetorheit dem Musikfreund als HiFi."[165]

Doch nicht nur die technisch-klanglichen Minderwertigkeiten, sondern auch die Gestaltung und die repräsentativen Formen der Tonmöbel gerieten zunehmend in die Kritik. Zu diesem Zeitpunkt war die Diskussion an einem Punkt angelangt, an dem nicht mehr nur dem Fachmann, sondern auch dem Hobby-Hörer klar war: „Die Technik macht den Ton und nicht der Stil des Möbels oder dessen Politur."[166]

Die reich verzierten Modelle galten zunehmend als „kitschig", der Neid der Nachbarn ließ sich damit schon lange nicht mehr erregen, und außerdem verleitete „die große leere Oberfläche die Hausfrau zum Aufstellen und Ablegen der verschiedensten Dinge".[167] 1966 stellte das Magazin *hobby* mit Erleichterung fest, das prunkvolle Radio sei verschwunden „und mit ihm auch der angeberische Musikschrank".[168]

Spätestens 1969 waren die Zeiten, in denen Musikschränke die Bewunderung von Gästen hervorriefen – sei es durch ihren Klang oder durch ihr Design – vorbei. Selbst die größte Rundfunkillustrierte der Zeit, die *Hör Zu*, blickte nun unter dem Titel „Die Fassade blättert ab" zurück auf die „goldenen fünfziger Jahre (so benannt nach den Zierleisten, die aus goldfarbenem Messing waren)" und kritisierte retrospektiv zum einen den „Plüsch-Ton" der Geräte, und zum anderen die zu starke Konzentration auf die äußeren Verzierungen der Möbelstücke: „Es war Talmi, verlogenes Zeug, das durch aufgeklebte Goldleisten und polierte Funiere mehr Wert vortäuschen wollte, als dahinter war."[169]

I.4 Die Aneignung der Musikschränke: Vom „Heiligtum der Wohnung" zum altmodischen Apparat

Die Untersuchung der herstellerunabhängigen Diskussion über die Vor- und Nachteile von Musikschränken und über die Verbindung von Möbeldesign und Klang hat gezeigt, dass Musikschränke wäh-

165 Anatomie der Stereofonie. In: hobby 4/1965, S.90-96, hier S.96.

166 Anatomie der Stereofonie. In: hobby 4/1965, S.90-96, hier S.94.

167 Das gute Stück: die Musiktruhe. In: Ton Magazin, September 1964, S.12-17, hier S.12 und 13.

168 Musik hören - aber wie? In: hobby 25/1966, S.76-104, hier S.84.

169 Die Fassade blättert ab. Die neue Form: Weniger Zierrat, besserer Klang. In: Hör Zu 36/1969, S.96.

rend der Fünfziger- und der frühen Sechzigerjahre sowohl von Fachleuten und Warentestern als auch von den Konsumenten geschätzt wurden. Während des ersten Drittels der Sechzigerjahre regte sich punktuelle Kritik an Design und Wiedergabequalität der Tonmöbel, allerdings zunächst nur seitens ausgesprochener Experten. Erst seit der Mitte des Jahrzehnts rückte auch unter den Durchschnittshörern die Klangqualität stärker in den Mittelpunkt der Aufmerksamkeit und begann das prächtige Äußere der Geräte als Distinktionsmerkmal abzulösen. Die Musikschränke genügten den technischen Anforderungen nicht mehr, ebenso wenig entsprachen sie den Vorstellungen zeitgemäßen Designs.

Diese Entwicklung von einer zunächst hohen Wertschätzung hin zur schwindenden Begeisterung für Musikschränke, die im Laufe der Sechziger- und Siebzigerjahre in eine Vorliebe der westdeutschen Konsumenten für einzeln in der Wohnung platzierte Wiedergabegeräte und Lautsprecher münden sollte (Kap. C.III), lässt sich auch in den Aneignungspraktiken und Bedeutungszuschreibungen der Nutzer ausmachen und soll im Folgenden demonstriert werden.

I.4.1 Erinnerungen an den Musik-Altar

Die persönlichen *Phono-Erinnerungen*, gesammelt auf der Internetseite, zeichnen ein lebendiges Bild des kostbaren Musikschranks, der im familiären Wohnzimmer der Fünfzigerjahre thronte.

> *„Der [Phono-]Schrank war ein repräsentatives Möbelstück, das natürlich im Wohnzimmer stand und nur der Unterhaltung diente. So etwas konnte sich auch nicht jeder leisten, es war schon etwas Besonderes und das Wort ‚Schrank' bezieht sich auch auf die Größe."*[170]

Als Zeichen des Wohlstands wurden die Geräte im Wohnzimmer prominent platziert und galten als besonders wertvoll. Die Kinder der Familien durften sie in der Regel nicht ohne Erlaubnis der Eltern bedienen und mussten sich dieses Recht erst erobern:

> *„Benutzen durfte ich den Schrank nicht in vollem, aber doch in ausreichendem Umfang (meine fünf Jahre ältere Schwester hat sich die Nutzungsrechte schon vorher für ihre Rock 'n' Roll Platten erkämpft, da*

170 Peter1950m in einer E-Mail vom 15.06.2008 an die Verfasserin. E-Mail-Austausch in Folge seines Eintrags „Musikerinnerungen 1962-1970" am 30.01.2008 auf www.phono-erinnerungen.de.

gab es dann bei mir nicht mehr so große Widerstände).“[171] *[Hervorhebung M.R.]*

Da Musik- und Phonoschränke kostspielige und unersetzbare Einrichtungsgegenstände waren, durften sie auf keinen Fall durch unsachgemäße Behandlung oder Bedienung beschädigt werden. „Über diesen Altar hatte Vater die Lufthoheit, ein Eindringen in dieses Revier wurde misstrauisch beäugt. War schließlich teuer, die Kiste...“.[172]

Sie wurden sogar mit besonderem Aufwand gepflegt. Der Phonoschrank, auf dem „Vaters Grundig-Dampfradio mit Wunschklang-Register“ stand, war das „Heiligtum der Wohnung, welches allsonntäglich mit Wenol-Paste eine Politur der Messingleisten erhielt.“[173] Nicht etwa säuberte der Vater den Tonabnehmer des Plattenwechslers oder die Schallplatten, sondern die Zierleisten des Gerätegehäuses wurden herausgeputzt. Derartige Praktiken veranschaulichen, dass prächtige Radios und Musikmöbel stärker über ihr Äußeres als über ihre Technik definiert und wahrgenommen wurden.

Die Gründe für den Erfolg und den hohen Stellenwert der Musikschränke sind vielfältig: Neben der Rückbesinnung auf Altbewährtes, die sich im Einrichtungsstil der Fünfzigerjahre ausdrückte, und der Suche der Bundesbürger nach häuslicher Geborgenheit und Gemütlichkeit bieten auch technische Entwicklungen innerhalb des größeren massenmedialen Ensembles – wie etwa die späte Einführung der Stereofonie im Rundfunk – und die Medienkonsummuster einige Erklärungsansätze.

In den Kaufentscheidungen der Nutzer und ihrer Beurteilung der Qualität von Musikschränken spielte die technische Ausstattung der Musikschränke im Allgemeinen und ihre Stereofähigkeit im Besonderen am Ende der Fünfzigerjahre noch keine große Rolle, da zu diesem Zeitpunkt noch das Radio den höchsten Stellenwert in der

171 Peter1950m in einer E-Mail vom 15.06.2008 an die Verfasserin. E-Mail-Austausch in Folge seines Eintrags „Musikerinnerungen 1962-1970“ am 30.01.2008 auf www.phono-erinnerungen.de.

172 Michael Franz, 1959 geboren, berichtet von seinen Erinnerungen aus den Sechzigerjahren. Dieser Eintrag erfolgte am 05.02.2008 auf der Internetseite des „Bandmaschinenforum“ unter http://forum2.magnetofon.de/showtopic.php?threadid=7539. Hier wurde auf die Internetseite www.phono-erinnerungen.de hingewiesen, die Nutzer des Bandmaschinenforums bevorzugten es, auf ihrer eigenen Seite ihre Erinnerungen auszutauschen.

173 Ebenfalls Michael Franz, 1959 geboren, am 05.02.2008 auf der Internetseite des „Bandmaschinenforum“ unter http://forum2.magnetofon.de/showtopic.php?threadid=7539.

Mediennutzung einnahm, das eben nur Mono-Programme sendete. Die Landesrundfunkanstalten betrieben erst ab Mitte der Sechzigerjahre stereofone Netze, Stereo-Musik existierte bis zu diesem Zeitpunkt nur auf Schallplatte.[174]

Zwei Drittel der westdeutschen Erwachsenen hatten allerdings 1957 noch nie in ihrem Leben eine Schallplatte gekauft! Das regelmäßige Hören von Schallplatten gehörte also Ende der Fünfzigerjahre noch keineswegs zu den üblichen Freizeitbeschäftigungen oder Hobbys. Und selbst von dem verbleibenden Drittel der Bundesbürger, die schon einmal eine Schallplatte erworben hatten, spielte wiederum ein Drittel „als Käufer auf dem Markt praktisch keine Rolle", da es sich bei ihnen nur um „zufällige, beiläufige Käufer" handelte, „die vielleicht in Jahren einmal eine Schallplatte erwerben." Ende der Fünfzigerjahre kauften also von der gesamten westdeutschen Bevölkerung nur circa 20% regelmäßig Schallplatten, wobei selbst innerhalb dieser Gruppe knapp die Hälfte immer noch nur maximal 20 DM pro Jahr in die Anschaffung von Schallplatten investierten.[175] Die Einführung der Stereo-Schallplatte 1958 betraf also den Großteil der Musikschrankbesitzer nicht, da sie zunächst einmal nicht damit in Berührung kamen und sie somit auch keinen Grund hatten, den Klang der Musikschränke zu bemängeln. Noch unterschied sich die Wiedergabequalität der Geräte kaum: Der eine Hersteller bot das Wunschklangregister, der andere den Plastik-Ton, der nächste die Klangpalette an. Die Technik dieser Apparaturen bot kaum Möglichkeiten des individuellen Ausdrucks und der Abgrenzung von anderen Nutzern. Daher wurden Bewertungen vornehmlich über die Möbelqualitäten vorgenommen. Die Konsumenten nahmen die materiellen und symbolischen Elemente des Musikschrank-Dispositivs stärker wahr als seine technischen und akustischen Funktionen, und es war die Gestaltung des Schranks, die sich als Distinktionsmerkmal anbot.

Darüber hinaus knüpften die Musikschränke an ein den Hörern bekanntes Dispositiv an: Die Versammlung der Familie um ein zentrales Gerät war eine lange eingeübte Choreografie der Nutzung: Nun befand sich der Rundfunkapparat in einem prächtigen Schrank; doch Programm und Apparat-Nutzer-Konstellation blieben unverändert. Der Musikschrank bediente den Wunsch der Konsumenten nach Altbewährtem.

174 Bzw. auf Tonband, wenn dieses von einer Stereo-Schallplatte aufgenommen worden war.

175 Vgl. IfD, Wie Schallplatten gekauft werden. Ergebnisse einer Repräsentativ-Befragung, Allensbach 1957, S.1-3.

Auch die Musik, die – wenn vorhanden – von Schallplatten gehört wurde, knüpfte an Traditionen an. Auf den wertvollen Geräten wurde – entsprechend der in der Werbung inszenierten Nutzungskontexte, die sich an eine Konzertsaal-Atmosphäre anlehnten – oft E-Musik aufgelegt: „Gespielt wurde Blasmusik. Nicht Ernst Mosch, der Abkupferer, sondern die Originale aus der damaligen Tschechoslowakei. Dazu Opern und klassische Konzertmusik."[176] Hier offenbaren sich die wechselseitigen Beziehungen des materiell hochwertigen Apparats und des kulturell anspruchsvollen Programms als bestimmende Elemente des Musikschrank-Dispositivs.

Neben den klassischen Melodien eroberten sich auch die Schlager einen Platz im Schallplattenfach: „Meine Mutter mochte Schlager, die gab's dann auch im Plattenschrank, der viele der orangenen Polydor-Singles enthielt."[177] Und auch hier korrespondierte das gewählte Programm mit den symbolischen Dimensionen des Apparates; beschworen doch beide die „guten alten Zeiten" und die heile Welt der Heimat.[178]

Lediglich die jüngeren Familienmitglieder durchbrachen gelegentlich diese dispositiven Verknüpfungen von Apparat und Programm – doch nur, wenn die Eltern einmal nicht zuhause waren. Dann legten die Jugendlichen ihre eigenen Platten mit Rock 'n' Roll auf – eine Musikrichtung, die eigentlich so gar nicht zum Musikschrank passte.

> *„Meine Zeit war die der Halbstarken und des Rock and Roll, etwa 1959-60. Ich wohnte in Berlin-Neukölln in der zweiten Etage. Mein Vater gehörte zu den ersten, der eine Musiktruhe (Telefunken) mit einem Zehn-Plattenspieler und einem Tonbandgerät von Nordmende hatte, was für mich interessant war, da ich ein Fan von Elvis, Fats Domino, Little Richard, den Beatles, Harry Belafonte und vielen anderen aus dieser Zeit war. Wenn meine Eltern nicht zuhause waren, legte ich zehn Platten auf, öffnete die Balkontür, drehte die Musik auf ,volle*

176 Ebenfalls Michael Franz, 1959 geboren, am 05.02.2008 auf der Internetseite des „Bandmaschinenforum" unter http://forum2.magnetofon.de/showtopic.php?threadid=7539.

177 Michael Franz, 1959 geboren, am 05.02.2008 auf der Internetseite des „Bandmaschinenforum" unter http://forum2.magnetofon.de/showtopic.php?threadid=7539.

178 So z.B. das Heimweh-Lied von Freddy Quinn, das 1956 vierzehn Wochen auf Platz eins der deutschen Hitparade war und bis 1958 drei Millionen Mal verkauft wurde. Vgl. Bettina Greve, Sternenhimmel. Polydor – Die Chronik einer deutschen Schallplattenmarke, Höfen 2001, S.83. Vgl. auch: Catherine C. Fraser/ Dierk O. Hoffmann, Pop Culture Germany! Media, Arts and Lifestyle, Santa Barbara 2006, S.262-263.

Pulle' und begab mich nach unten auf die Straße, wo ich mir dann die Musik mit meinen Freunden und Freundinnen anhörte."[179]

Ende der Fünfzigerjahre, als Jugendliche in der Regel noch keine eigenen Radioapparate, geschweige denn Plattenspieler oder Tonbandgeräte besaßen, erkämpften sie sich entweder das Recht, hin und wieder die kostbaren Musikmöbel ihrer Eltern zum Abspielen ihrer Musik nutzen zu dürfen, oder sie taten es heimlich in deren Abwesenheit.

Die Erinnerungen an die auf den Schränken abgespielte Musik bleiben dennoch einzelne Schlaglichter: Das Auflegen von zehn verschiedenen Rock 'n' Roll-Platten auf dem elterlichen Musikschrank um 1959/60 ist sicherlich als ein Einzelfall zu bewerten. Angesichts der geringen finanziellen Mittel der Jugendlichen Ende der Fünfzigerjahre dürften die wenigsten so viele Schallplatten besessen haben.[180]

Grundsätzlich blieb der Musikschrank während der Fünfzigerjahre ein „erwachsenes" Gerät mit festgelegten, nahezu rituellen Nutzungschoreografien.

I.4.2 Der Musikschrank wird ausgemustert

Im Laufe der Sechzigerjahre veränderte sich diese Wahrnehmung und Nutzung des Musikschranks: War er Ende der Fünfziger- und Anfang der Sechziger noch „Altar" und „Heiligtum"[181] des elterlichen Wohnzimmers, auf dem nur die Musik der Erwachsenen gespielt wurde und der ohne ausdrückliche Erlaubnis der Eltern nicht genutzt werden durfte, so verlor er während der Sechzigerjahre in einigen Haushalten seinen exklusiven Charakter.

Manchmal zog der Musikschrank sogar ins Kinderzimmer um: Ein 1950 Geborener erinnert sich, dass er 1964 „Twist and Shout" von den Beatles kaufte und von Freunden „I get around" von den Beach Boys geschenkt bekam. Daraufhin habe es „nicht lange ge-

179 Michael1944m, Eintrag „Rock and Roll" vom 14.02.2008 auf www.phono-erinnerungen.de.

180 In Kapitel D.I werde ich mich ausführlich mit dem Schallplattenbesitz und -konsum verschiedener Ziel- und Altersgruppen, insbesondere aber der Jugendlichen, auseinandersetzen.

181 Michael Franz, 1959 geboren, am 05.02.2008 auf der Internetseite des „Bandmaschinenforum" unter http://forum2.magnetofon.de/showtopic.php?threadid=7539.

dauert, dann stand die Musiktruhe in meinem Zimmer."[182] Obwohl der Schrank erst wenige Jahre zuvor durch den Einbau eines neuen Plattenwechslers aufgerüstet worden war, scheint er – zumindest in dieser Familie – gegen Mitte der Sechzigerjahre seinen repräsentativen Stellenwert verloren zu haben, sodass er im Wohnzimmer entbehrlich wurde. Vielleicht wurde er durch ein neu angeschafftes Fernsehgerät in seiner Funktion als Wohnzimmer- und Freizeitmittelpunkt und Distinktionsobjekt abgelöst, vielleicht kauften die Eltern eine Stereoanlage. Die zugrunde liegenden Entscheidungen über die Anschaffung oder Nicht-Anschaffung eines Gerätes sowie die Überlegungen vor dem Kauf (im Sinne der *Commodification*[183]) erschließen sich aus den persönlichen *Phono-Erinnerungen* in der Regel nicht. Auch das Schicksal der alten Apparate beim Einzug neuer wird selten thematisiert. Stand das alte Röhrenradio in der Küche, um dort als Alltagsbegleiter zu fungieren, nachdem der Musikschrank angeschafft worden war? Und was geschah mit den alten Musikschränken, wenn im Wohnzimmer kein Platz mehr für sie war?

Während der Sechzigerjahre gewannen die Alternativen zum massigen Musikschrank an Bedeutung, auch in den Tipps, die Konsumentenzeitschriften ihren Lesern gaben: Gab es Ende der Fünfzigerjahre unter dem Titel „Selbstgebauter Luxus" noch Konstruktions- und Bauanleitungen für einen Musikschrank, der aussehen sollte wie ein repräsentatives Produkt eines professionellen Herstellers,[184] schlug die Zeitschrift *hobby* schon bald den Nachbau eines kleinen offenen Regals vor, in dem ein einzelner Plattenspieler und ein Rundfunkgerät untergebracht werden sollten.[185] Die ebenfalls selbst gebauten Lautsprecher konnten dann getrennt im Raum platziert werden.[186] Auch in den folgenden Jahren wurden Bauanleitungen für den „Twist aus der Bücherbar"[187] und die „Tonzentrale in drei Etagen"[188] gegeben, die die Aufstellung der technischen Geräte erleichtern sollten, diese dabei aber nicht hinter verzierten Möbeltüren versteckten.

182 Odeon1, (1950 geboren, männlich), Eintrag „Musik und ich" am 29.02.2008 auf phono-erinnerungen.de.

183 Commodification = erste Phase der Domestication-Theorie, Anschaffung und vorherige Überlegungen und Gespräche, vgl. Kap. A.III.3.

184 Selbstgebauter Luxus. In: Ton Magazin, November/ Dezember 1959, S.66.

185 Wir machen Musik-(Möbel). In: hobby 21/ 1962, S.105-107, hier S.105.

186 Stereobox nach Maß. In: hobby 7/ 1965, S.93-97; Voller Stereoklang frei Haus. In: Hobby Nr.5, 1970, S.122-126.

187 Twist aus der Bücherbar. In: hobby 4/ 1963, S.93-96.

188 Tonzentrale in drei Etagen. In: hobby 26/ 1967, S.99-101.

In der zweiten Hälfte der Sechziger war „die Zeit der riesigen Luxustruhen und Musikschränke [...] ohnehin vorbei."[189]

Auch anhand der Zahlen zur Ausstattung der westdeutschen Haushalte mit Musikschränken und zur Produktionsentwicklung wird die abnehmende Bedeutung der Musikschränke deutlich. Im Vergleich zu anderen Produkten der Unterhaltungselektronik waren die Produktionszahlen der Musikschränke deutlich niedriger: Zwar wurden 1969 in der Bundesrepublik und in West-Berlin Musikschränke im Wert von 91,4 Millionen DM und 1970 sogar im Wert von 95 Millionen DM hergestellt, was eine Steigerung von 3,9% bedeutet, im Vergleich zur Produktionsentwicklung von Tonbandgeräten (+16,2%), Autoradios (+36,5%) und Farbfernsehgeräten (+84,9%) stellt dies aber eine viel schwächere Entwicklung dar.[190] Auch zeigt eine Umfrage von 1970 zur „Ausstattung repräsentativer privater Haushalte mit langlebigen Gebrauchsgütern der Unterhaltungselektronik nach Anschaffungsjahren", dass erstens je nach Haushaltstyp nur zwischen 3,5 und 23,7% der befragten Haushalte über einen Musikschrank verfügten, und zweitens diese Anschaffung in den meisten Fällen bereits vor 1969 getätigt wurde (vgl. Tab. 1).

	171 Haushalte Typ 1	341 Haushalte Typ 2	393 Haushalte Typ 3
Besitz Musikschrank in Prozent	3,5	21,7	23,7
Anschaffung vor 1969	6	68	88
Anschaffung 1969	--	3	5
Anschaffung 1970	--	3	2

Typ 1: 2-Personen-Haushalte von Renten- und Sozialhilfeempfängern mit geringem Einkommen
Typ 2: 4-Personen-Arbeitnehmerhaushalte mit mittlerem Einkommen
Typ 3: 4-Personen-Haushalte von Beamten und Angestellten mit höherem Einkommen

Tab. 1: Ausstattung privater Haushalte mit Musikschränken 1970. Eigene Tabelle, Daten aus: Rundfunk- und Fernsehgeräteindustrie, Statistischer Jahresbericht. In: radio-fernseh-händler, 10/1971, S.312-313, hier S.313.

189 Wir machen Musik-(Möbel). In: hobby 21/ 1962, S.105-107, hier S.105.

190 Vgl. Rundfunk- und Fernsehgeräteindustrie, Statistischer Jahresbericht. In: radio-fernseh-händler, 10/ 1971, S.312-313, hier S.312.

Im Laufe der Sechzigerjahre wandten sich also immer mehr Nutzer gegen den Kauf eines repräsentativen Musikschranks. Dies geschah aus einer ganzen Reihe von untereinander verflochtenen Gründen; drei zusammenhängende Erklärungsansätze sollen im Folgenden kurz erläutert werden.

Erstens wandelte sich das massenmediale Ensemble und mit ihm auch die Mediennutzungsmuster der Konsumenten. Axel Schildt argumentiert, der Fernseher habe in immer mehr Haushalten den dominierenden Wohnzimmerplatz beansprucht, und aus diesem Grund sei der Verkauf großer Rundfunkmöbel zurückgegangen.[191] Erscheint die Begründung über eine zunehmende massenmediale Konkurrenz auch schlüssig, so sollte der Einfluss des Fernsehens auf den Stellenwert des Musikschranks doch ein wenig differenzierter betrachtet werden: Denn auch wenn bereits ein Musikschrank im Wohnzimmer vorhanden war, musste er bei Anschaffung eines Fernsehgerätes nicht zwangsläufig weichen. Schließlich bot seine obere Platte in vielen Fällen den idealen Ort zur Aufstellung des neuen Apparats![192] Zumindest zeigt auch eine Umfrage unter Radiohörern von 1959, dass das Radiogerät nicht notwendigerweise in einen anderen Raum „umziehen" musste, wenn ein Fernseher angeschafft wurde: Bei 87% der Befragten stand das Radio auch nach dem Einzug des Fernsehgerätes in den Haushalt immer noch im selben Raum wie zuvor.[193] Zutreffend erscheint mir Schildts Aussage vielmehr hinsichtlich der Entscheidung über Neuanschaffungen, denn hier spielte die neue Konkurrenz sicher ein Rolle; der Kauf zweier kostspieliger Geräte, eines Fernsehers und eines Musikschranks, war in den allerwenigsten Haushalten finanziell möglich.

Ausschlaggebend für die Entscheidung gegen die Anschaffung eines Musikschranks dürften zweitens Entwicklungen auf dem Schallplattenmarkt sowie der Technik in den Musik- und Rundfunkstudios gewesen sein. Seit Mitte der Sechzigerjahre begannen viele Künstler mit der Aufnahme von Konzeptalben, die auf die neuen Möglichkeiten der Tonstudios, wie etwa das Mehrspurverfahren, zurückgriffen. Musikschränke allerdings erlaubten es den Konsumenten nicht, die drastischen Stereoeffekte, Soundcollagen und Verzerrungen von Tonhöhen oder Geschwindigkeiten

191 Vgl. Schildt, Mach mal Pause!, S.381.

192 Denn es gab zahlreiche Modelle, deren obere Platte sich nicht öffnen ließ wie beim Arabella. Hier hätten bequem weitere Geräte, wie ein Fernseher, aufgestellt werden können.

193 Vgl. Fritz Eberhard, Der Rundfunkhörer und sein Programm. Ein Beitrag zur empirischen Sozialforschung, Berlin 1962, S.72.

„adäquat zum Klingen zu bringen."[194] Viele Konsumenten wurden aber während der Sechzigerjahre durch die neuen Musikstile zu passionierten Schallplattenhörern und wünschten sich eine qualitativ gute Wiedergabe ihrer Musik. Der Schallplattenverkauf nahm während des gesamten Zeitraums stark zu: Hatten 1957 zwei Drittel der Westdeutschen noch nie eine Schallplatte gekauft,[195] hatte 1972 etwa jeder zweite Haushalt einen Plattenspieler und durchschnittlich etwa 50 Schallplatten. Während der späten Sechzigerjahre hatte sich der Anteil der Schallplatten am gesamten Tonträgerabsatz stark erhöht, die Fans der britischen und amerikanischen Pop- und Rockmusik wollten die Improvisationen eines Eric Clapton und Soli eines Jimi Hendrix in bestmöglicher Qualität und Stereo-Sound hören. Dazu war der Musikschrank weder technisch noch symbolisch geeignet. Letztlich stellte also die Stereo-Musik auf Platte, die immer beliebter wurde, einen Grund für das nachlassende Interesse an Tonmöbeln dar. Die seit den Sechzigerjahren auch im Rundfunk eingeführte Stereofonie machte die neuen Klangqualitäten noch bekannter, und verbreitete den Wunsch nach ausgefeilten Wiedergabeanlagen in breiteren Kreisen. Wollte man als Hörer auf der Höhe der Zeit sein und die bestmögliche Klangqualität zuhause erreichen, war ein Musikschrank dazu nicht mehr der adäquate Apparat. Weit getrennte Lautsprecher und gut aufeinander abgestimmte Plattenspieler und Verstärker konnten die Anforderungen der Stereofonie besser erfüllen.

Als Konsequenz der musikalischen wie technischen Entwicklungen sowie der sich grundlegend wandelnden Geschmacksmuster im Wohnen und im Produktdesign verloren drittens die wuchtigen Möbel der Fünfzigerjahre an repräsentativem Wert. Die Distinktionsfunktion des luxuriösen Schranks wurde zunehmend durch die technischen und klanglichen Eigenschaften übernommen. Der Einrichtungsstil entwickelte sich hin zu einer individuelleren, weniger statischen Gestaltung des Wohnraums. Ende der Fünfzigerjahre „bestimmte Adenauer in der deutschen Politik, und die Teakholzhändler bestimmten in den deutschen Wohnzimmern." Diese Ära taugte „bald nur noch zum Entrümpeln", und bis zum Ende der Sechzigerjahre hatte sich „das ästhetische Bewußtsein radikal verändert."[196] Das „Statische des Einrichtungsprinzips" war nicht

194 Siegfried, Time is on my side, S.434.

195 Vgl. IfD, Wie Schallplatten gekauft werden. Ergebnisse einer Repräsentativ-Befragung, Allensbach 1957, S.1-3.

196 Vier Wände Zehn Jahre. In: Twen 9/1969, S.76-79.

mehr gefragt, die Möbel sollten nun „dienen, nicht herrschen"[197] – damit verloren auch die unflexiblen Schränke mit starrer Apparat-Nutzer-Konstellation zahlreiche Anhänger.[198]

Trotz dieses Prestigeverlusts des Musikschranks in weiten Hörerkreisen gab es natürlich auch Mitte der Sechzigerjahre immer noch „Menschen, die alles daransetz[t]en, anderen zu imponieren, die unbedingt zeigen müssen, was sie sich alles leisten können."[199] Einige wenige Haushalte schafften sich auch noch Ende der Sechzigerjahre einen Musikschrank an (vgl. Tab. 1), und auch noch zu Beginn der Siebzigerjahre „verpackte" die „Spezialmöbelindustrie" weiterhin sämtliche Geräte der Unterhaltungselektronik in allen denkbaren Möbelformen und -stilen.[200] Ein breit gefächertes Angebot an Musikschränken blieb bis in die Siebzigerjahre hinein erhalten und selbst die barocken, reich verzierten Truhen und Schränke waren, neben den geradlinigen, moderner gestalteten Modellen, weiterhin im Angebot.[201] In diesem Fall gibt die Aufspaltung der Objektpalette und die Entwicklung der einzelnen Gerätetypen einen Einblick in die sich ausdifferenzierenden Nutzerwünsche und Zielgruppen: Trotz der „professionellen" Kritik an den technischen und klanglichen Qualitäten der Musikschränke blieb demnach ein (wenn auch kleiner werdender) Kundenkreis, der an den – vor allem durch ihr Äußeres glänzenden – Tonmöbeln festhielt.

Folglich löste nicht etwa ein neues Mediendispositiv ein altes, bestehendes ab, sondern der Musikschrank konnte sich auf dem Markt halten, indem er die Wünsche einer bestimmten Zielgruppe bediente. Zugleich bekam er Gesellschaft und Konkurrenz von neuen Mediendispositiven, die sich in materiell-technischer und symbolischer Hinsicht ebenso wie im Programm von ihm unterschieden und wiederum andere Nutzerkreise ansprachen. Der Phonoschrank hingegen konnte seinen Anteil am massenmedialen Ensemble nicht be-

197 Diese Aussagen stammen aus dem Magazin *Schöner Wohnen* und wurden hier bereits Ende 1962 abgedruckt. Als Trendsetter der Wohnkultur war die Zeitschrift den Realitäten in deutschen Haushalten damit natürlich um einiges voraus. Unsere Möbel sollen dienen, nicht herrschen. In: Schöner Wohnen 10/ 1962, S.52-56.

198 Vier Wände Zehn Jahre. In: Twen 9/1969, S.76-79.

199 Möbel machen Musik. In: hobby 7/1964, S.100-103, hier S.101.

200 Ton- und Fernsehmöbel, Kleinmöbel. In: radio-fernseh-händler 11/1970, S.374-378, hier S.374.

201 Vgl. HDFRG 1971/72, 68 Modelle; 16 der 1970/71 im HDRFG angebotenen 65 Tonmöbel sind dem zu diesem Zeitpunkt eher „altmodischen" Design zuzuordnen.

haupten, da er nur das äußerliche Prestige zu bieten hatte und nicht – wie der Musikschrank – zugleich auch den Vorteil mitbrachte, alle Geräte in sich zu vereinen und so die Installation und Bedienung beträchtlich zu vereinfachen. Die Gestaltung des Möbelstücks jedoch verlor als Abgrenzungsmerkmal und Kaufanreiz an Bedeutung, sodass der Phonoschrank in der zweiten Hälfte der Sechzigerjahre nur noch ein Plattenwechsler in einem mehr oder weniger altmodischen Möbelstück war.

Die Umbrüche in Technik und Design brachten neue Mediendispositive und einen starken Konkurrenten des Musikschranks hervor – die Bausteinstereoanlage. Bevor ich mich diesem neuen Phonogeräte-Dispositiv widme, werde ich zunächst die Einführung, Vermarktung und etappenweise Verbreitung der Stereofonie und High Fidelity in der Bundesrepublik beleuchten. Wie auch die Objektstudie zum Musikschrank bereits gezeigt hat, handelt es sich hierbei um technische Neuerungen, die entscheidenden Einfluss auf die Entwicklung der Abspielgeräte und der Musik hatten und die über kurz oder lang auch die Anforderungen der Konsumenten an die Klangqualität ihrer privaten Musikwiedergabeapparate mitbestimmen sollten.

II Stereofonie und High Fidelity – Technik und Sound als Antrieb der Ausdifferenzierung und Merkmal der Abgrenzung

Die Phonogeräte befanden sich seit den späten Fünfzigerjahren in einer Übergangsphase: Hand in Hand bedingten die technisch-klangliche Entwicklung einerseits und der Wandel der Einrichtungsstile andererseits beträchtliche Umbruch- und Ausdifferenzierungsprozesse im Phonogeräteangebot. Tendenzen zu einem geradlinigeren Design der heimischen Ausstattung und zu einer vermehrten Konzentration auf akustische und technische Fähigkeiten begannen sich abzuzeichnen. Wachsende Verbraucherkreise verlangten individuellere Auf- und Einstellungsmöglichkeiten als die Musikschränke bieten konnten. In einer schrittweisen Entwicklung lösten sich zunächst die Lautsprecherboxen vom Hauptkorpus der Truhe und wurden getrennt im Raum aufgestellt. Ferner siedelten sich immer mehr Regler und Instrumente zur Klangverfeinerung an den Benutzeroberflächen an.

Die technischen Faktoren des Wandels, namentlich die Einführung der Stereofonie und die Diskussion um die bestmögliche Klangwiedergabe in High Fidelity-Qualität,[202] werde ich in diesem Kapitel beleuchten. Vorab gebe ich eine kurze Einführung in die neuen Möglichkeiten der stereofonischen Musik- und Tonwiedergabe ebenso wie in die Anforderungen an die notwendigen Abspielgeräte und skizziere Ausgangspunkt und Aufbau meiner Untersuchungen.

Die Stereo-Schallplatte

Die Stereo-Langspielplatte, die 1958 in der Bundesrepublik auf den Markt kam,[203] konnte über ein Lautsprecherpaar einen Eindruck davon vermitteln, welche Instrumente rechts, links oder in der Mitte gespielt wurden, und welcher Sprecher eines Stereo-Hörspiels seine Position wechselte.[204] Um die beiden getrennt aufzunehmenden und wiederzugebenden Kanäle weiterhin in einer Rille unterzubringen, die mit einer einzelnen Nadel abtastbar ist, wurde die so genannte „Zweikomponentenschrift" als Norm für Stereoaufnahmen auf Schallplatte weltweit festgelegt.[205] Die Informationen der

202 Im Allgemeinen als HiFi abgekürzt und bekannt.

203 Die Stereo-Single kam erst Mitte der Sechzigerjahre auf den Markt, vgl. Büchele, Geschichte der Tonträger, S.22.

204 Vgl. Marchal, Kultur- und Programmgeschichte, Bd.1, S.212.

205 Hierbei handelt es sich um eine Kombination der Tiefenschrift Thomas Alva Edisons und der Seitenschrift Emil Berliners Genauere Erläuterungen zur Ton-

beiden Kanäle sind in den Stereorillen der Schallplatte je einer Rillenflanke zugeordnet.[206] Zur Wiedergabe dieser Schallplatten ist ein Stereotonabnehmer notwendig, der – vereinfacht gesagt – zwei Monosysteme in sich vereint.[207]

Welche Ausstattung aber brauchte der Stereo-Interessent nun, um in den Genuss der neuen zweikanaligen Platten zu kommen? Grundsätzlich konnten sowohl Musikschränke als auch mit Kabeln verbundene Einzelgeräte und Lautsprecher die Anforderungen der Stereofonie erfüllen. Doch der möglicherweise im Haushalt vorhandene Mono-Plattenspieler konnte nicht zur Stereowiedergabe genutzt werden, denn neben dem Stereo-Tonabnehmer musste natürlich auch die entsprechende Verkabelung zur getrennten Übertragung der zwei Kanäle vorhanden sein.[208] Außerdem brauchte der Hörer einen Stereo-Verstärker (der im Wiedergabegerät integriert sein konnte) sowie mindestens zwei Lautsprecherboxen zur getrennten Wiedergabe der Kanäle.[209] Das in der Regel schon vorhandene Radiogerät konnte als eine Lautsprecherbox dienen, wobei diese „Stückelung" der einzelnen Apparate zu einer funktionierenden Stereo-Wiedergabeanlage den wenigsten Konsumenten, die nur fertig verkabelte Musikschränke kannten, geheuer gewesen sein dürfte.

Die Stereofonie war eine entscheidende Voraussetzung für den Siegeszug der Bausteinstereoanlage, die im Laufe der zweiten Hälfte der Sechzigerjahre zunehmend die Musikschränke in deutschen Wohnzimmern ablösen sollte, sowie für die Ausdifferenzierung des Angebots an Einzelgeräten wie Plattenspielern und Tonbandgeräten (die in den folgenden Objektstudien untersucht werden). Den Truhen, Schränken und Vitrinen erwuchsen starke Konkurrenten,

---

schrift der Stereo-Schallplatte finden sich bei: Fritz Kühne/ Karl Tetzner, Kleines Stereo-Praktikum. München 1964 (im Folgenden: Kühne, Kleines Stereo-Praktikum) sowie bei F. A. Loescher, Der Tonabnehmer. In: Karl Breh (Hg.), Einführung in die High Fidelity und Stereophonie. 3., erw. Aufl., Karlsruhe 1971, S.25-51. Vgl. auch N. V. Franssen, Stereofonie. Philips Technische Bibliothek, Eindhoven 1963, S.42f. (im Folgenden: Franssen, Stereofonie) und Pfau, Zauberwort Stereo.

206 Ernst Pfau, Sterephonie – das neue Klangwunder. In: Ton Magazin, September/ Oktober 1958, S.47-50, hier S.49.

207 Zu Stereo-Tonabnehmern vgl. Pfau, Zauberwort Stereo, S.115-122.

208 Nur im Falle eines „stereovorbereiteten" Plattenspielers oder -wechslers reichte hier die Nachrüstung eines Stereo-Tonabnehmers aus.

209 Wie bereits in Kapitel C.I.1.1 erläutert, wurden seit Ende der Fünfzigerjahre z.B. auch Musik- und Phonoschränke mit stereovorbereiteten Plattenspielern verkauft.

da die neuen Möglichkeiten der Klangwiedergabe, die Vermarktung des Stereo- und HiFi-Sounds und ihre Bewertung durch Fachleute und Laien neue Impulse zu einer zielgruppengerechten Auffächerung des Angebots geben konnten.

Ausgangspunkt und Aufbau

Diese Entwicklung nahm einige Jahre in Anspruch, denn die Begeisterung für die Stereofonie und die so genannte High Fidelity griff nicht unmittelbar in weiten Nutzerkreisen um sich: Zwar versuchten die Hersteller schon in den frühen Jahren der Stereotechnik ihre Kunden von den Vorteilen der neuen räumlichen Wiedergabe zu überzeugen, doch blieb dabei zunächst eine Vielzahl von Fragen offen. Die weit verbreitete Unkenntnis und Unsicherheit über die Vor- und Nachteile der neuen Technik spiegelt sich in den Antworten der Konsumenten auf eine 1959 in einem Münchener Kaufhaus durchgeführte Kundenbefragung zum Thema „Was wissen Sie von Stereo?".[210] Während ein 23-jähriger davon ausging, es handele sich um eine „Fortentwicklung von HiFi", brachten viele Befragte die Stereotechnik vor allem mit einer „finanziellen Mehrausgabe" in Verbindung. Die Platten seien teuer und dienten womöglich nur der „Geschäftemacherei". Eine 17-jährige Schülerin antwortete, es handele sich um „neue Schallplatten in bunten Etiketten", eine 24-Jährige hatte von Stereo „noch nie etwas gehört", und einige der Befragten brachten Stereo mit „heißer Musik" oder besonders hoher Lautstärke in Verbindung. Auch diejenigen, die eine etwas genauere Vorstellung äußern konnten, gaben zumeist nur die aus der Werbung bekannten Schlagworte wieder: Man fühle sich, als säße man „selbst im Konzertsaal", es entstehe „der Eindruck einer plastischen Wiedergabe" und man habe „beim Anhören das Gefühl, selbst dabei zu sein". Inwiefern dieses angebliche Konzertsaal-Erlebnis sich jedoch von den Klangversprechen der Hersteller aus den vorangegangenen Jahren (vor der Einführung der Stereofonie) unterschied, also sich vom Plastik-Ton und Raumklang abhob, war den Befragten nicht bekannt. Die Kunden befürchteten sogar Ärger mit den Nachbarn, wenn sie Stereomusik spielten, und dass sie ihre vorhandenen LPs nicht weiterhin hören könnten, oder gar dass sie „unbeweglich auf einem Plätzchen sitzen [müssten], um Stereo zu hören."[211]

210 Die Zeitschrift „Musikmarkt" führte diese Befragung durch. Das Interview des Monats: Was wissen Sie von Stereo? In: Musikmarkt 3/1959, S.31.

211 Stereo stößt auf Zurückhaltung. Mangelnde Publikums-Aufklärung für zögernde Nachfrage verantwortlich. In: Musikmarkt 3/1959, S.26.

Die Nutzer waren offensichtlich schlecht informiert und es herrschte „weitgehende Unklarheit über den Begriff der Stereo-Platte", was eine „zögernde Nachfrage" zur Folge hatte.[212] Nur wenige ausgesprochene Musikliebhaber und Technikfreaks begannen schon bald nach der Einführung der stereofonen Schallplatte, sich mit den neuen Möglichkeiten zu beschäftigen. Sie machten sich auf die Suche nach dem bestmöglichen Klang und waren bereit, hohe Preise für eine qualitativ-klanglich hochwertige Wiedergabeanlage zu zahlen. Der Großteil der Hörer aber hielt an den altbekannten, soliden Geräten ohne technische Raffinessen und HiFi-Sound fest.

Warum aber vergingen nach der Markteinführung der Stereo-Schallpatte und entsprechender Abspielgeräte mindestens zehn Jahre, bis HiFi- und Stereoanlagen in westdeutschen Haushalten weit verbreitet waren? Um diesen nur langsam einsetzenden Erfolg des Stereo- und HiFi-Klangs erfassen zu können, muss auch hier eine Kombination aus den Aushandlungsprozessen zwischen Produkten und Herstellern, ihrer Vermarktung, Diskussion und Aneignung untersucht werden (vgl. Abb. 1). Es gilt, nicht nur eine Geschichte der technischen Neuerungen, sondern auch ihrer Vermarktung und ihrer Bewertung durch Fachleute und Nutzer zu erzählen. Denn hier wurden Bedeutung, Wert und Nutzen der Stereofonie diskutiert und die Frage des Erfolges oder Misserfolges der Stereo- und HiFi-Technik beantwortet.

Diesen Aushandlungsprozessen wende ich mich entsprechend der im Schaubild illustrierten Etappen zu: Dabei tastet die Untersuchung sich von außen nach innen vor. Die Einführung der Stereo-Langspielplatte 1958 und die Vermarktung der stereofähigen Geräte führten zunächst nicht zum gewünschten Erfolg – unter Fachleuten und Konsumenten stießen sie auf Unsicherheit und Kritik (vgl. äußeren Ring des Schaubilds, Abb. 1). Der erste Schritt (II.1) betrachtet die Zeiten der zögernden Nachfrage. Zwar wurde die Stereofonie von den Herstellern offensiv vermarktet (II.1.1), doch schienen die Verbraucher von den neuen technischen Begriffen und Möglichkeiten zunächst verwirrt zu sein und verhielten sich abwartend (II.1.2). Von herstellerunabhängiger Seite waren die Werbeversprechen sogar scharfer Kritik ausgesetzt (II.1.3).

In einem zweiten Schritt (II.2) stehen jene Faktoren im Mittelpunkt, die die Verbreitung der Stereofonie in Westdeutschland und den Wunsch nach möglichst naturgetreuer Musikwiedergabe in High

212 Stereo stößt auf Zurückhaltung. Mangelnde Publikums-Aufklärung für zögernde Nachfrage verantwortlich. In: Musikmarkt 3/1959, S.26.

Fidelity entscheidend beförderten (vgl. inneren Ring des Schaubilds, Abb. 1). Erst fünf Jahre nach der Markteinführung der Stereo-LP, im Jahre 1963, begannen die westdeutschen Hörfunkanstalten mit der Ausstrahlung eines regelmäßigen Stereoprogramms, sodass die Stereofonie einen höheren Bekanntheitsgrad erlangen konnte (II.2.1). Demzufolge wurde das Echo auf den neuen Klang seit Mitte der Sechzigerjahre langsam positiver und weitere Käuferkreise konnten erschlossen werden.

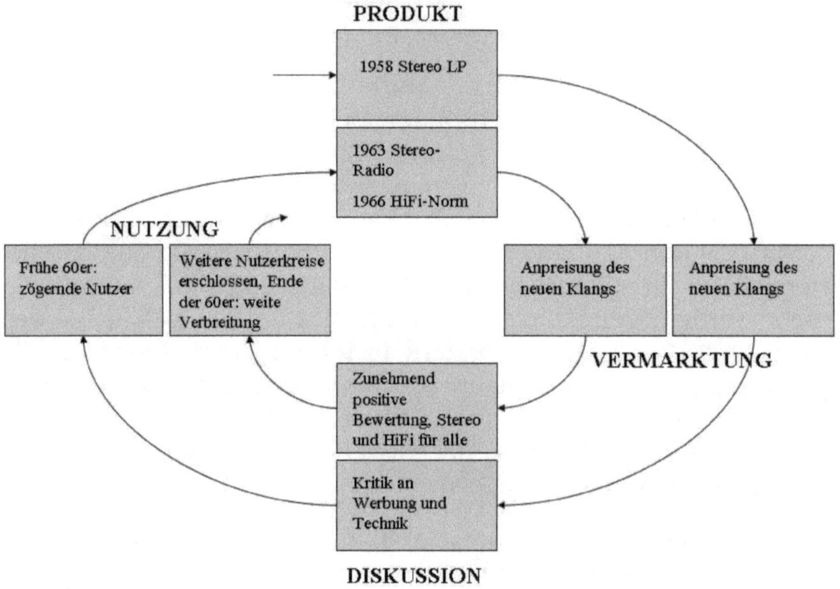

Abb. 1: Die Erfolgsgeschichte der Stereofonie und High Fidelity (eigenes Schema).

Im Jahr 1966 wurde eine Norm für sogenannte Heimstudio- bzw. HiFi-Geräte erlassen, die festschrieb, welche technischen Anforderungen die Verstärker, Lautsprecher, Plattenspieler und Tonbandgeräte zu erfüllen hatten, um das Gütesiegel „High Fidelity" tragen zu dürfen. Zur selben Zeit begannen einige Künstler, die Art von experimenteller Musik aufzunehmen, deren Effekte eben nur auf einer dieser ausgefeilten Heim-Stereoanlagen angemessen zur Geltung kamen: Die Beatles und ihr Produzent George Martin wurden zu Pionieren in der Nutzung der Tonstudiotechnik als Musikinstrument, als sie das „Sgt. Pepper's Lonely Hearts Club Band"-Album im Mehrspurverfahren aufzeichneten und akustische Effekte verwendeten.[213] Die Normung des Begriffs der High Fidelity 1966 bot den Konsumenten fortan eine Orientierungsmöglichkeit beim Kauf: Als geschützter Begriff machte er eine verlässliche Aussage über eine gewisse Mindestqualität des so bezeichneten Gerätes. Somit konnte er zugleich auch an unterschiedlichen Zielgruppen orientierte Geräte- und Preisklassen definieren (II.2.2). Erst dann, während der zweiten Hälfte der Sechzigerjahre, wurden sowohl die Stereofonie als auch der HiFi-Sound für viele verschiedene Nutzerkreise attraktiv (II.2.3).

Die technisch-klangliche Weiterentwicklung durch Stereo und HiFi rückte einen neuen Aspekt der Dispositive heimischer Wiedergabegeräte in den Vordergrund: Hatte die Ausdifferenzierung des Angebots und der Nutzergruppen bei Musikschränken vorrangig über die materielle Komponente, also die spezifische Apparat-Nutzer-Konstellation und die symbolisch-repräsentativen Eigenschaften des Gerätes als Möbelstück funktioniert, wurden nun die technischen Eigenschaften bedeutsam. Die Suche nach dem perfekten Klang begann die Suche nach dem schönsten Möbelstück abzulösen, die bestmögliche Wiedergabequalität wurde bestimmender für die dispositiven Strukturen der Wiedergabeapparate.

II.1 Stereo-Klang von Schallplatte und Tonband. Lautstarke Vermarktung, leise Verbraucher und hörbare Kritik

Die Konsumenten konnten die neuen Stereoschallplatten nicht auf ihren vorhandenen Plattenspielern mit den alten Mono-Tonabnehmern abspielen.[214] Schafften sie sich allerdings einen neuen Stereo-Plattenspieler an, konnte dieser auch die vorhandenen Mono-Platten abtasten, wobei er sogar eine etwas bessere Wiedergabequalität erzielte als das Mono-Gerät.

Für das Tonband stellte die Einführung der Stereotechnik keine besondere Herausforderung dar. Wurde bei Monoaufnahmen nur eine Spur des Bandes benötigt, belegte die Aufzeichnung von Ste-

213 Vgl. Mark Coleman, Playback. From the Victrola to MP3. 100 Years of Music, Machines and Money, Cambridge (Mass.) 2003, S.102 (im Folgenden: Coleman, Playback).

214 Da die Stereorillen schmaler geschnitten sind, können sie eine Mononadel nicht sicher führen. Zudem ist die Rillentiefe einer Stereoplatte nicht konstant, und für diese vertikalen Schwingungen waren viele Mono-Tonabnehmer zu steif, „so dass sie kratzen und früher oder später die Rillen beschädigen". Vgl. Wie weit kann Stereo kompatibel sein? In: Ton Magazin, Mai/ Juni 1960, S.80.

reomusik nun zwei Spuren.[215] Dies halbierte zwar die Laufdauer des Bandes, was allerdings durch eine zunehmende Verwendung von Viertel- statt Halbspurbändern und durch niedrigere Bandgeschwindigkeiten aufgefangen werden konnte.[216]

Im Folgenden werden die Strategien der Hersteller in der Vermarktung der neuen Stereotechnik untersucht (II.1.1), die zunächst vielmehr zur Verwirrung denn zur Begeisterung der Verbraucher führten (II.1.2). Die intensive Werbung bei einer mangelnden Aufklärung der Konsumenten über die vermeintlichen Vorteile der Stereotechnik und die zunächst ausbleibende Festschreibung verbindlicher Normen hinsichtlich der Frage, was denn nun den vielgepriesenen Stereo- und HiFi-Klang ausmache, stießen auch seitens unabhängiger Fachleute und Konsumentenmagazine auf Kritik (II.1.3).

II.1.1 Stereo und HiFi – Das neue Klangwunder

Die Hersteller der Phonogeräte führten ihren Stereo- und HiFi-Feldzug an verschiedenen Fronten. Zum einen wurde der Stereo-Begriff unmittelbar nach Einführung der Stereo-Schallplatte in die Werbeanzeigen aufgenommen. Innerhalb der bereits untersuchten Vermarktung von Musikschränken als Lieferanten des „Konzerts im Heim" nahmen die neuen technischen Möglichkeiten einen hohen Stellenwert ein. Zum anderen wurde anhand von Publikationen in Fach- und Händlerzeitschriften sowie durch Vorführungsveranstaltungen der neuen Technik das Fachpublikum informiert. Auf diesem Weg präparierte die Industrie den Handel für erfolgreiche Verkaufsgespräche.

In den Werbeanzeigen für Stereo-Wiedergabegeräte dominierte die Betonung der Dreidimensionalität und Räumlichkeit des Klangs. So beschrieb Grundig die Stereofonie als „Musik der dritten Dimension".

> *„Auch der beste Platz im Konzertsaal kann nicht mehr bieten als das Klangwunder der Grundig Stereophonie. Jedes Instrument klingt klar an seinem Orchesterplatz und Sie erleben plastische Musik."*[217]

215 Zur Stereofonie auf Tonband vgl. u.a. G.W. Schanz, Stereo Taschenbuch. Stereo-Technik für den Praktiker. Philips Taschenbücher. Eindhoven 1966, S.38-42 (im Folgenden: Schanz, Stereo Taschenbuch) und Franssen, Stereofonie, S.41f.

216 Die Vor- und Nachteile sowie Entwicklungen der Halbspur- und Viertelspurtechnik werden in Kapitel D.II.2.2 zum Tonbandgerät detailliert betrachtet.

217 Grundig Stereophonie. Die Musik der dritten Dimension. In: Funkschau 21/1958, S.507.

Erst durch die Stereowiedergabe sei

> *„echtes musikalisches Miterleben möglich, wie Sie es vom Konzertsaal kennen: in weitem Bogen ist das Orchester aufgebaut – die Streicher, die Trompeten und die Schlagzeuge, die Bässe. Diese Musik ist von bisher ungeahnter räumlicher Fülle, von faszinierender Naturtreue."*[218]

Hervorstechendes Argument für den Stereoklang war die Möglichkeit, beim Anhören eines Konzertes die einzelnen Instrumente und deren Positionierung im Raum ausmachen zu können. Ebenso thematisierten die Anzeigen die Positionierung der Lautsprecher in einem angemessenen Abstand voneinander, die zu einer guten Stereowiedergabe notwendig war. Selbst in den Musikschränken sei diese Anforderung einer notwendigen Stereobasisbreite erfüllt, so die Hersteller, da die Lautsprecher rechts und links des Mittelteils „wie Tonsäulen" angeordnet würden[219] und durch eine gestreckte, flache Bauweise eine „möglichst breite Basis für die Stereophonie" geschaffen werde.[220] Zunehmend wurden Schränke und Truhen gefertigt, deren Lautsprecher getrennt vom mittleren Korpus aufgestellt werden konnten, wie das bereits abgebildete Telefunken Bayreuth Studio 101 oder auch die Philips Capella Stereo Truhe (vgl. Abb. 11 und 13 in Kapitel C.I). Den großen Stereoschränken sprachen die Hersteller beste Klangqualität zu, der Anschluss von zusätzlichen Lautsprechern sei nicht notwendig.[221]

Viele Firmen boten dennoch zusätzliche Bassreflexboxen, Raumklangstrahler und HiFi-Expander an, die den Eindruck des Hörers, er sitze im Konzertsaal, noch verstärken sollten.[222] Nordmende versah seine Schränke mit „Anschlussbuchsen für Außenlautsprecher[223] und Graetz vermarktete seine Stereo-Geräte durch den Verweis auf einen sogenannten „Stereo-Garant".[224] Allerdings blieb oft

218 Stereo ist unmittelbares Erleben. Grundig Werbeanzeige. In: Bravo 39/1960, S.11.

219 Das neue Nordmende-Konzertschrankprogramm 1960/61. In: Nordmende, Am Mikrophon 7/1960, Nr.6, S.31-33, hier S.32.

220 Die flache Form nur eine neue Mode? Werbung Siemens Musiktruhen. In: Ton Magazin, Oktober 1964, S.9.

221 Jedes Gerät ein Meisterwerk in Form und Technik. Die neuen Nordmende Stereo-Konzertschränke. In: Nordmende, Am Mikrophon 8/1961, Nr.5, S.29-31, hier S.29.

222 Wer sie sieht und hört, will sie besitzen: Die Nordmende Konzertschränke des Jahres 1958/59. In: Nordmende, Am Mikrophon 6/1958, Nr.5, S.9-10, hier S.9.

223 Das neue Nordmende-Konzertschrankprogramm 1960/61. In: Nordmende, Am Mikrophon 7/1960, Nr.6, S.31-33.

224 Ein Stereoklang, der selbst den Kenner fasziniert. In Ton Magazin, Juli/ August 1962, S.69.

unklar, was diese Extras mit den viel versprechend klingenden Namen eigentlich boten. Im Fall des Stereo-Garant (und der „Stereowaage" und des „Stereo-Dirigent[en]"[225]) handelte es sich schlicht und einfach um einen Balance-Regler, mit dem wahlweise beide Kanäle in gleichem Maße verstärkt oder aber einer der beiden lauter beziehungsweise leiser gestellt werden konnte.

Die Hersteller nutzten den Reklamebegriff Stereo, der den Kunden einen vollkommenen räumlichen Klang versprach, ohne weitere Erläuterungen. Aufgrund der zahlreichen Schlagworte, die schon vor der Einführung der Stereofonie in der Vermarktung von Musikschränken genutzt worden waren, musste unter den Konsumenten fast zwangsläufig Verwirrung entstehen: Leserzuschriften an Konsumenten- und Musikmagazine, die sich über eine „unzureichende Belehrung im Fachhandel" beklagten, wurden immer zahlreicher.[226] Unklar blieb, wie sich nun der angeblich dreidimensionale räumliche Stereoklang vom zuvor vermarkteten Raumklang, Raumhall und Plastik-Ton unterschied, und auch der Begriff der „High Fidelity" schien beliebig angewendet zu werden: War er zuvor sowohl in Verbindung mit dem Raum- und Wunschklang genutzt worden, wurde er nun eben mit der neuen Stereofonie verknüpft: Der „HiFi-Raumklangstrahler"[227], der „HiFi-Expander"[228], das „HiFi-Wunschklangregister"[229] und der „3D-Raumklang"[230] waren für den Käufer zunächst nur schwer vom neuen „Stereo-Garant", vom „Stereo-Decoder"[231], vom „Balance-Regler für symmetrische Schallabstrahlung"[232] und vom dreidimensionalen „HiFi-Stereo-Klang", der den Hörer zum „unmittelbare[n] Ohrenzeuge[n]"[233] machen sollte, zu unterscheiden.

225 Kühne, Kleines Stereo-Praktikum, S.61.

226 Stereofonie erfordert HiFi-Qualität. In: Ton Magazin, Januar/ Februar 1961, S.73-75, hier S.75.

227 Broschüre Grundig „Musikschränke. Kultur in Form und Klang", 1957, Archiv der GFGF.

228 Wer sie sieht und hört, will sie besitzen: Die Nordmende Konzertschränke des Jahres 1958/59. In: Nordmende, Am Mikrophon 6/1958, Nr.5, S.9-10, hier S.9.

229 Vgl. HDRFG 1958/59, A88-96.

230 Philips Diamanten. Musiktruhen Capella und Saturn. In: Der Philips-Kunde, Nummer zur deutschen Industriemesse Hannover 1958, S. 10-11, hier S.10.

231 Werbebroschüre Philips Freund der Familie, 1963, Archiv des Deutschen Museums München.

232 Loewe Opta Neuheiten Kurier 1959/60, S.6, Archiv der GFGF.

233 Besseres gibt es nicht. Werbung Grundig. In: Ton Magazin, Februar 1965, S.52.

In ihrer Kommunikation mit dem Fachpublikum und -handel äußerten die Hersteller sich etwas ausführlicher zu den Vorzügen der Stereofonie. Den Händlern, die für den Verkauf der Stereo-Geräte verantwortlich waren, wurden die Besonderheiten der neuen Wiedergabetechnik auf dem Wege spezieller Vorführungen und durch Fachorgane detailliert erläutert.

Die Geräte- und Schallplattenindustrie führte „Stereo-Startveranstaltungen" durch, bei denen einem ausgewählten Publikum das „Klangbild in drei Dimensionen" vorgestellt wurde (siehe auch Abb. 2).[234] In vielen Fällen wurden hier die neuen Möglichkeiten anhand von „Platten, mit denen man jeden Hörer verblüffen" konnte, vorgeführt: der Klang von „Pferdegetrappel" und „Autos ,die von links und rechts kamen"[235], von Ping-Pong-Spielen[236] oder vorbeifahrenden Zügen[237], die „den Kopf zum Links- und Rechtsdrehen veranlaßt[en]",[238] demonstrierten die durch die Stereofonie geschaffenen Ortungsmöglichkeiten des Klangs.

Abb. 2: Eintrittskarten zur Telefunken Stereofonie-Vorführung. Archiv der GFGF.

Firmen-Ingenieure veröffentlichten technisch anspruchsvolle Artikel in Fachzeitschriften, in denen die „Grundlagen des stereophonen Hörens" sowie Fachbegriffe und der Aufbau stereofoner Wiedergabeanlagen erläutert wurden; allerdings dürften diese Ausführungen selbst für die meisten Fachhändler wenig verständlich

234 So lud Telefunken zum Beispiel am 24.10.1958 ins „Haus Inter Nationes" in Bonn ein. Vgl. Einladung zur Telefunken-Stereo-Startveranstaltung am 24.10.1958, Archiv der GFGF.

235 W. Waldmeyer, Grundsätzliches über HiFi und Stereo. In: Hi-Fi-Stereo-Praxis 7/1962, S.256-258, hier S.257.

236 Vgl. auch: Stereo-Geschäft. Der Ping-Pong-Effekt. In: Spiegel 40/1958, S.70.

237 „In der Tat ruft natürlich das Ping-Pong-Spiel oder der vorüberbrausende D-Zug – Geräusche, die auf fast keiner Stereo-Einführungsplatte fehlen – beim Hörer laute Begeisterung hervor." W. Kausch, Betrachtungen zum Telefunken-Stereo-Programm. In: Telefunken Sprecher 1/1959, S.4-8, hier S.4.

238 W. Waldmeyer, Grundsätzliches über HiFi und Stereo. In: Hi-Fi-Stereo-Praxis 7/1962, S.256-258, hier S.257.

gewesen sein.[239] Eingängigere Informationen fanden sich in den Firmenzeitschriften für Händler: Hier wurden besonders jene Eigenschaften der Stereofonie betont, die in Verkaufsgesprächen hilfreich sein konnten, wie beispielsweise die einfache Installation und die Bedienungsfreundlichkeit der neuesten Technik. Ein zusätzlicher Stereo-Verstärker biete viele Vorteile auch bei Mono-Betrieb (da die Ausgangsleistung auf diesem Weg fast verdoppelt wurde), die Stereo-Tonabnehmer seien sowohl für Mono- als auch für Stereo-Platten geeignet, und Lautstärkeregler und Klangregister regulierten beide Verstärker gleichzeitig (was eine einfache Bedienung für den Kunden versprach). Zudem wurde immer wieder hervorgehoben, dass jedes Gerät „allein schon eine vollständige Stereo-Anlage" sei. Die Erweiterungsmöglichkeiten durch zusätzlich anzuschließende Lautsprecher wurden besonders für größere Räume als vorteilhaft bezeichnet, während es sich in kleineren Wohnzimmern erübrige „Leitungen durch das Wohnzimmer zu ziehen und einen zweiten Lautsprecher aufzustellen", wenn man nahe genug vor der Truhe sitze.[240]

Um die Händler auf erfolgreiche Verkaufsgespräche vorzubereiten, lieferte der *Telefunken Sprecher* sogar ein „Kleines Lexikon der Phono- und Stereotechnik", das Begriffe wie Stereobasis, HiFi, Raumton, stereosicher, Stereo-Verstärker u.v.m. erklärte.[241] Die neue Technik erschloss sich also am Ende der Fünfzigerjahre auch den Händlern noch nicht unmittelbar und musste selbst in Fachkreisen erst noch bekannt gemacht werden. Es wurde erläutert, worin das viel gepriesene neue Erlebnis des Stereoklangs bestand und inwiefern es sich von den alten Raumklang- und Hallvorrichtungen unterschied:

> *„Es scheint zunächst darin zu liegen, daß man bei der Stereo-Wiedergabe eindeutig die Richtung feststellen kann, aus der der Schall kommt, daß man also das klangliche Geschehen ‚orten' kann. […] Man hört aus einer großen Zahl von Instrumenten jedes einzelne klar heraus, man kann die Geigen von den Celli und die Klarinetten von den Trompeten unterscheiden, man kann sich auf die einzelnen Instrumente konzentrieren und dennoch das Orchester in seiner Gesamtheit auf sich wirken lassen. Das Orchester wird in der Breite und in*

239 Vgl. z.B. W. Katzfey, F.-K. Schröder, Die Grundlagen des stereophonen Hörens. In: radio mentor 6/1958, S.377-381; W. Schlechtweg, Stereofonische Wiedergabe-Technik. In: Funkschau 11/1958, S.275-276.

240 Nordmende-Techniker am Ziel ihres Strebens: Stereophonie ohne Kompromisse. In: Nordmende, Am Mikrophon 6/1958, Nr.2, S.3.

241 Kleines Lexikon der Phono- und Stereotechnik. In: Telefunken Sprecher 1/1959, S.9-13.

der Tiefe auseinandergezogen, und das Klangbild gewinnt eine Klarheit und Durchsichtigkeit, wie man sie mit keinem der bisher angewandten Verfahren, nicht mit Rundstrahlanordnungen und nicht mit Schallverzögerungen zu erreichen vermochte."[242]

In den folgenden Jahren wurden Hinweise zur Vorführung der Stereotechnik im Fachgeschäft gegeben. Indem die Verkäufer die großen Vorführungen der Herstellerfirmen, auf denen sie zu Gast gewesen waren, im Kleinen in ihren Geschäften imitierten, sollten sie die Käufer, die „noch keine Gelegenheit hatten, die hervorragende Klangwiedergabe dieser Übertragungsart kennenzulernen", durch den direkten Vergleichstest von der neuen Wiedergabequalität überzeugen.[243] Den Händlern wurde geraten, einen eigenen Vorführraum einzurichten, in dem auf die richtige Positionierung der Lautsprecher und Sitzplätze zu achten war, um einen bestmöglichen Stereo-Effekt zu erzielen. Noch sechs Jahre nach der Einführung der Stereo-Schallplatte war die zweikanalige Wiedergabe also keineswegs allen Kunden ein Begriff, geschweige denn besonders stark nachgefragt. Die Kunden, die sich für Stereogeräte interessierten, waren in der Minderheit und galten als solche, die „hohe Ansprüche an die Wiedergabe stellen".[244]

II.1.2 Von Stereo überrumpelt – der verwirrte Verbraucher wartet ab

Die Versprechen des Raum- und Wunschklangs und des Plastik-Tons waren den Verbrauchern schon vertraut. Die Einführung der Stereo-Schallplatte und der dazugehörigen Wiedergabegeräte jedoch brachte zunächst einmal eine Erweiterung des Werbeschlagwortschatzes und des technischen Vokabulars sowie der Auswahlmöglichkeiten und Qualitätsmerkmale mit sich, die schwer zu durchschauen war. Die Klangqualität der verfügbaren Apparate und Schränke konnte beträchtlich variieren, doch wurde es für die Konsumenten angesichts der Flut und Unübersichtlichkeit alter und neuer Fachbegriffe immer schwieriger, eine Auswahl entsprechend objektiver technisch-klanglicher Fähigkeiten der Geräte zu treffen. Plötzlich war der Kunde konfrontiert mit zuvor unbekannten Fachbegriffen wie der „Übersprechdämpfung", die die mög-

242 W. Kausch, Betrachtungen zum Telefunken-Stereo-Programm. In: Telefunken Sprecher 1/1959, S.4-8, hier S.4.

243 Stereo-Vorführungen im Fachgeschäft. In: Telefunken Sprecher 27/1964, S.29.

244 Stereo-Vorführungen im Fachgeschäft. In: Telefunken Sprecher 27/1964, S.29.

lichst saubere Trennung der beiden Kanäle bezeichnet,[245] mit Fragen der Auflagekraft des Tonarmes, der Stereobasisbreite, „stereosicheren", „stereovorbereiteten" und „Vollstereo"-Geräten. Die Vermarktung und auch die Berichterstattung über die neue zweikanalige Wiedergabetechnik nahmen zu, trugen aber eher zur Verwirrung denn zur Orientierung der Verbraucher bei.

Ähnliches gilt für den Begriff der High Fidelity, der schon seit den Dreißigerjahren in der Fachpresse und der Werbung für Unterhaltungselektronik verwendet wurde. Übersetzt als möglichst naturgetreue oder klangtreue Wiedergabe, nutzten viele Hersteller diese Bezeichnung um den Klang ihrer Geräte anzupreisen. Da er bis 1966 nicht einheitlich genormt war und je nach dem Entwicklungsstand der Wiedergabetechnik einen anderen Standard bezeichnete, war den Käufern seine Aussagekraft (oder auch Inhaltsleere) in der Regel nicht klar. „Werte sind wandelbar, vor allem in der Technik. […] Was in den ersten Jahren der High Fidelity als vollkommen erschien, gilt heute als fast indiskutable Qualität."[246] Bei einigen Nutzern entstand sogar der Eindruck, „HiFi sei überhaupt nicht ein Gattungsbegriff, sondern eine Art Fabrikmarke oder irgendeine Warenbezeichnung."[247]

War also der Begriff der High Fidelity von vornherein nicht klar definiert, entstand durch das Hinzutreten der Stereofonie weitere Unklarheit über die Abgrenzung und Aussagekraft der Bezeichnungen „HiFi" und „Stereo". So wandte sich im Frühjahr 1959 ein Leser an das *Ton Magazin* und fragte nach einer „objektiven Definition für Hi-Fi-Qualität". Weiterhin war unklar „welche Anforderungen […] bei Stereo-HiFi und bei Wiedergabe in Wohnräumen" zu stellen seien. Die Redaktion der Zeitschrift wies in ihrer Antwort darauf hin, dass hier zwei Begriffe vermischt würden, die klar zu trennen seien, da HiFi „eine Qualitätsbezeichnung", Stereofonie aber „der Name für ein ganz bestimmtes Wiedergabeverfahren" sei.[248]

245 Zur stereofonischen Aufnahme und Wiedergabe muss eine möglichst saubere Trennung der beiden Kanäle erfolgen, die als „Übersprechdämpfung" bezeichnet wird. Die Übersprechdämpfung wird in dB gemessen. Je höher der Wert, desto besser ist die Trennung der beiden Kanäle.

246 Deutsches High Fidelity Institut e.V. (Hg.), Deutsches High Fidelity Jahrbuch 1963/64. Bausteine zur klangtreuen Musikwiedergabe, Karlsruhe 1963, S.11-12 (im Folgenden: High Fidelity Jahrbuch 1963/64).

247 W. Waldmeyer, Grundsätzliches über HiFi und Stereo. In: Hi-Fi-Stereo-Praxis 2/1967, S.256-258, hier S.257.

248 Ton Magazin, März/ April 1959, S.6-7.

Zur Klärung der Begriffe sei hier verwiesen auf eine Erläuterung im High Fidelity-Jahrbuch von 1967/68:

> „*High Fidelity charakterisiert die Übertragungsgüte (Klangtreue). Stereophonie ist nur ein Aufnahme- und Übertragungsverfahren, das zusätzlich die Rauminformation liefert. Wichtiger als die Rauminformation ist aber die Klangtreue. Deswegen hätte High Fidelity ohne Stereophonie durchaus Sinn. Stereophonie ohne High Fidelity, wie sie bei vielen Rundfunkgeräten und Stereoanlagen der Konsumklasse angeboten wird, bringt so gut wie keinen Gewinn. Denn was Stereophonie hauptsächlich zu bieten vermag, ist die Transparenz oder Durchhörbarkeit eines Musikwerkes. Diese wird aber auch bei stereofoner Übertragung durch mangelnde Klangtreue erheblich beeinträchtigt, weil die Instrumente gar nicht in ihrer natürlichen Klangfarbe wiedergegeben werden. Erst die Verbindung von Stereophonie mit High Fidelity, wie sie bei richtigen HiFi-Anlagen ohnehin gegeben ist, liefert den räumlich gegliederten, unverfälschten Klang des Originals.*“[249]

Diese Unterscheidung von High Fidelity als Qualitätsstandard einerseits und Stereofonie als räumliche Aufzeichnungs- und Wiedergabetechnik des Schalls andererseits wurde den Konsumenten der späten Fünfziger- und frühen Sechzigerjahre durch die Hersteller nicht klar kommuniziert. Selbst die Leser des *Ton Magazins*, das sich an „die Freunde des Tonbandes und der Schallplatte“ wandte, also an technisch interessierte und ambitionierte Hörer und Bastler, die dem durchschnittlichen Konsumenten einen Schritt voraus waren, waren Ende der Fünfzigerjahre noch unsicher hinsichtlich der Bedeutung der Begriffe Stereo und High Fidelity.

Diese Unwissenheit der Hörer liegt darin begründet, dass die Produzenten zwar mit der neuen Stereotechnik Werbung für Ihre Schallplatten und Geräte machten, die Kunden aber nicht auf verständliche Weise über die Vorteile der Stereofonie aufklärten. Weder wurde erläutert, worin der Unterschied zwischen Stereo und den altbekannten Werbeschlagworten des Raum- und Wunschklangs bestand, noch inwiefern Stereo und High Fidelity sich er-

249 Deutsches High Fidelity Institut e.V. (Hg.), Deutsches High Fidelity Jahrbuch 1967/68. Bausteine zur klangtreuen Musikwiedergabe, Karlsruhe 1967, S.12. Das High Fidelity Jahrbuch wurde erstmals 1963/64 vom Deutschen High Fidelity Institut herausgegeben, das sich zum Ziel gesetzt hatte, durch die „Förderung des Qualitätsgedankens“ und durch „sachliche Information“ eine „glaubwürdige Information der Musikinteressenten“ zu erreichen. Es sollte vermieden werden, dass „durch mißbräuchliche Benutzung des Qualitätsbegriffs ‚High Fidelity‘ in Publikation und Werbung der Käufer irregeführt“ werde. Vgl. High Fidelity Jahrbuch 1963/64, Geleitwort.

gänzten oder welche neuen Geräte angeschafft werden mussten, um zu Hause die bestmögliche Wiedergabequalität zu erreichen. Jede Herstellerfirma führte einen eigenen Werbefeldzug und pries ihre Musikschränke, Plattenspieler usw. weiterhin als die besten des Marktes an; effektiver wäre etwa eine gemeinsame Kampagne aller Anbieter zur Aufklärung der Hörer über das neue, zweikanalige Klangerlebnis gewesen.

II.1.3 Kritik an leeren Versprechen zu überhöhten Preisen

Die herstellerunabhängige Berichterstattung zur Stereofonie und High Fidelity schlug in der Anfangsphase der zweikanaligen Wiedergabetechnik, also am Ende der Fünfziger- und zu Beginn der Sechzigerjahre, zunächst verhaltene Töne an. Unabhängige Fachleute und Konsumentenmagazine bemängelten die unzureichende Aufklärung der Konsumenten. Die Kritik konzentrierte sich im Wesentlichen auf zwei Aspekte: Erstens hätten die Produzenten die Konsumenten mit undurchsichtigen Werbemethoden getäuscht und die neue Stereotechnik angepriesen, obwohl sie noch nicht ausgereift gewesen sei, und zweitens seien die Preise für die neuen Geräte unverhältnismäßig hoch.

Leere Versprechen

Den Herstellerfirmen wurde vorgeworfen, in der Werbung exzessiven Gebrauch vom neuen Stereo-Begriff und der Bezeichnung High Fidelity zu machen um ihre Verkaufszahlen zu erhöhen, während jedoch die technischen Geräte die Versprechen nicht einhalten könnten. Die Stereofonie sei 1958 „etwas voreilig auf das Publikum losgelassen worden" urteilte das *Ton Magazin* schon kurz nach ihrer Einführung, und auch die Geräte, die ein Jahr später auf der Deutschen Industrie-Messe in Hannover gezeigt wurden, entsprächen nicht den Anforderungen der neuen Technik:

> *„Und keine Truhe kann mehr auf die Stereofonie verzichten, selbst Fonokoffer minimalster Abmessungen haben sich ihren aufbauschenden Petticoat untergebunden, um mehr Eindruck zu machen. Dabei macht man leider aus jedem Mono-Plattenspieler eine Stereo-Maschine, indem man ein zweites Kabel in den Tonarm einzieht, ein Stereo-System einsetzt und den Auflagedruck etwas verringert, im Prospekt zudem bedeutend mehr als in der Wirklichkeit."*[250]

250 Stereofonie Jahresbilanz. In: Ton Magazin, September/ Oktober 1959, S.76-77, hier S.76.

Die Auflagekraft des Tonarms musste entscheidend verringert werden, da mit der Einführung der Stereoplatte und ihrer Zweikomponenten-Schrift neben der waagerechten nun auch die senkrechte Ausrichtung der Nadel entscheidend war. Zudem beschädigte ein Tonabnehmer, dessen Auflagekraft nicht ausreichend verringert worden war, die Rillen der Stereoschallplatte.[251]

Auch die Geräte, die 1960 neu auf den Markt kamen, fanden nicht die Zustimmung der Kritiker. Schon seit langem sei die Bezeichnung High Fidelity „aus Werbegründen auch auf der miserabelsten Schallplatte und auf der minderwertigsten Abspielapparatur" erschienen, und nun komme das „neue Wunder" der Stereofonie hinzu, sodass den Kunden jegliche objektive Bewertungsgrundlage der Apparate genommen wurde: Nun „gebärdet sich alles, vom Rundfunkempfänger bis zur Miniaturtruhe, stereofon."[252]

Die forcierte Vermarktung des neuen Aufnahme- und Wiedergabeverfahrens (bei mangelnder technischer Umsetzung und Festschreibung von Mindestnormen) verhinderte also zunächst eine positive Aufnahme der Stereotechnik durch die herstellerunabhängigen Akteure. Befürchtet wurde, es handle sich hierbei um einen „typischen Fall von halber Sache"[253]. Es seien vor allem die Kaufleute am Werk, nicht aber die Techniker:

> *„Nahezu überall sah man ein neues Verkaufsargument, aber keine konsequente Weiterentwicklung der Technik. […] Genauso wie kurz zuvor jeder jämmerliche Wimmerkasten mit HiFi bezeichnet worden war, so erschien jetzt alles unter dem neuen Schlagwort Stereo, und was noch nicht einmal die primitivsten Voraussetzungen zur räumlichen Wiedergabe besaß, wurde als ‚stereofähig' an den Käufer gebracht."*[254]

Die Industrie habe selbst unausgereifte Geräte als HiFi und Stereo beworben und verkauft. Auch die Schlagworte „stereofähig" oder „stereosicher", die weitere Verwirrung stifteten, wurden kritisiert.[255]

Dieser Vorwurf der Täuschung der Konsumenten durch allzu freigebig genutzte Wiedergabequalitäts-Bezeichnungen in der Wer-

251 Für diese vertikalen Schwingungen waren viele Mono-Tonabnehmer zu steif, „so dass sie kratzen und früher oder später die Rillen beschädigen". Vgl. Wie weit kann Stereo kompatibel sein? In: Ton Magazin, Mai/ Juni 1960, S.80.

252 Neue Geräte des Jahres 1960. In: Ton Magazin, Mai/ Juni 1960, S.62-65, hier S.62.

253 Paulchens Platten Plauderei. In: Bravo 31/1960, S.20.

254 Stereofonie erfordert HiFi-Qualität. In: Ton Magazin, Januar/ Februar 1961, S.73-75, hier S.74.

255 Vgl. dazu auch: „Stereo-sicher" und „Voll-Stereo". In: Funkschau 15/1958, S.364.

bung blieb bis Mitte der Sechzigerjahre ein fester Bestandteil der Diskussion um HiFi und Stereo. Noch 1965 wurde beklagt, dass „selbst billige und anspruchslose Geräte mit dem Prädikat High Fidelity versehen" würden.[256] 1966 informierte das Magazin *Twen* seine Leser darüber, was beim Kauf von Stereo- und HiFi-Geräten zu beachten sei und blickte auf die letzten Jahre zurück:

> *„In den Schaufenstern der Juweliere unter den Lärmtankstellenbesitzern wucherten die Schlagworte. Wie bei den Weinpanschern wurde es auf den Etiketten der Tonkonserven lebendig. In deutscher Sprache läßt sich das gar nicht so überzeugend und bündig ausdrücken: dem Latein der medizinischen Geheimnisträger ähnlich, wurde das Englische zum Slang einer neuen Sekte. Da las man neben High Fidelity das doppelstöckige True High Fidelity. Da tönte der new sound, der true sound und der royal sound. Da wurde der moving sound schließlich zum living stereo. Die oberste Leitersprosse verführerischer Slogans ist noch gar nicht sichtbar. In immer steilerem Anstieg reicht sie bis in die Unendlichkeit, um erst dort das zu erreichen, was wir alltäglich um uns haben: den natürlichen Klang aller für unser Ohr bestimmten Ereignisse von der Hirtenflöte bis zum Beatle-Delirium, vom Liebesgeflüster bis zum Düsenjägerdoppelknall."*[257]

Nur die Anhänger der seltsamen „neuen Sekte", die Experten und Bastler, verstanden den Stereo- und HiFi-„Slang", die Durchschnittsverbraucher durchschauten den Schlagwortdschungel nicht mehr. Der „Nichtspezialist" komme nicht mehr mit und eine „verlässliche Übersicht über die Zusatz- und Vollstereogeräte [sei] noch nicht möglich." Aus diesem Grund sei „im allgemeinen Vorsicht anzuraten".[258] In der Fachpresse wurde gar geäußert, der Verbraucher sei „in einen Zustand der Psychose versetzt" worden, in dem „er selbst keine qualitative Entscheidung mehr treffen" könne.[259] Den Kritikern schien „eine Klärung der Begriffe und der Bedürfnisse" zwingend notwendig, da die Kunden zwar über Musikschränke und deren Qualitäten als „neiderregendes Möbelstück" aufgeklärt seien, auf der Suche nach einer Anlage mit bester Klangqualität jedoch allein gelassen würden:

256 Stereophonie. Paradies für die Ohren. In: Spiegel 52/1965, S.103-106, hier S.105.

257 Stereofonie. In: Twen 11/1966, S.74-75 & 108-113, hier S.108.

258 Die stereofonische Schallplatte – und der Käufer. In: Fonoforum 3/1958, S.5&S.30-31, hier S.5, S.30.

259 High Fidelity – Werbeslogan oder Qualitätsbegriff. In: Hi-Fi-Stereo-Praxis 3/1962, S.91.

„Wie und wo aber erfährt der Käufer etwas über die zur Zeit beste Wiedergabequalität? Als Laie ist er verraten und verkauft, sobald er auf das große Ziel einer wirklich erstklassigen Stereo-Anlage zusteuert. Bei den augenblicklich sehr großzügigen Werbemethoden kann er unmöglich echt von unecht unterscheiden. Ebensowenig ist der Durchschnittsverkäufer dazu in der Lage. Beide brauchen eine dritte Instanz, die ihnen Unterscheidungsmerkmale, Qualitätsinhalte und eine Klassifizierung gibt."[260]

Das *Ton Magazin* und andere Zeitschriften für Musik- und Technikinteressierte machten sich diese Aufklärungsarbeit zur Aufgabe, da sie „beim Käufer vernachlässigt" worden und aus diesem Grund „nicht nur die Stereofonie, sondern auch die Mono-Wiedergabe in HiFi-Qualität bei weiten Käuferkreisen in Mißkredit geraten" sei.[261] Nur wenige Nutzer verfügten während der ersten Jahre der Stereofonie über das technische Know-how, das notwendig war, um beim Kauf der neuen Geräte eine begründete Auswahl zu treffen. Daher blieb die Stereo-Wiedergabe zunächst „eine Kostbarkeit für Feinschmecker",[262] während ein Großteil der Musikhörer noch gar kein Interesse an der Stereofonie hatte:

„Es gibt den Mann, der Musik ganz hingegeben anhört, und den, der zu irgendeiner Beschäftigung eine klangliche Begleitung braucht; es gibt die kleinen Gemeinschaften, die zum Anhören von Schallplattenmusik sich wie Verschworene zusammenfinden, und die geschwätzigen Partyteilnehmer, die durch Hintergrundmusik animiert werden wollen. Jeder nach seinem Geschmack und nach seinem Geldbeutel. Die stereofonische Schallplatte ist zunächst Geschenk für die Musikkenner und -feinschmecker, für die beruflichen Musikhörer und die passionierten Schallplattenfreunde."[263]

Die neuen technischen Möglichkeiten wurden demzufolge zunächst in den Nischenmarkt der Klang- und Technikexperten eingeordnet. Stereo und High Fidelity fristeten auch 1962, also vier Jahre nach Markteinführung der Stereoschallplatte, noch ein Schattendasein. Die Fachpresse urteilte, dass erst durch die Bestückung „ganze[r] Schaufensterreihen" mit Stereo-HiFi-Geräten die „Zahl der Käufer

260 Stereofonie erfordert HiFi-Qualität. In: Ton Magazin, Januar/ Februar 1961, S.73-75, hier S.74f.

261 Stereofonie erfordert HiFi-Qualität. In: Ton Magazin, Januar/ Februar 1961, S.73-75, hier S.74f.

262 Holzkopf mit Ohren! Die Stereo-Platte: nach einem Vierteljahrhundert vergeblicher Versuche. In: Ton Magazin, September/ Oktober 1958, S.51-52, hier S.51.

263 Die stereofonische Schallplatte – und der Käufer. In: Fonoforum 3/1958, S.5&S.30-31, hier S.5, S.30.

wachsen [werde], die das HiFi-Gerät zum Standard ihrer Ansprüche zu machen bereit" seien.[264]

Überhöhte Preise

Die Zahl der Konsumenten, bei denen Stereo und HiFi auf offene Ohren stoßen würden, konnte sich jedoch ebenso erst erhöhen, wenn es den Herstellern gelingen würde, die Preise zu reduzieren. Die Stereo-LPs, die die Firma Philips in einem Katalog angekündigt hatte, kosteten etwa die Hälfte mehr als Mono-Aufnahmen,[265] und schon bevor die neuen Schallplatten in den Läden erhältlich waren, kommentierte die *Bravo*: „Auch die Preise sind 3D".[266] Die Anschaffung einer stereofähigen Abspielanlage bedeutete einen erheblichen finanziellen Mehraufwand;[267] eine gute HiFi-Anlage kostete Ende der Fünfzigerjahre zwischen 2.000 und 15.000 DM, so das Magazin *hobby*.[268] Wollten die Musikliebhaber ihre Truhen und Schränke auf die neue Stereotechnik umstellen, mussten sie „wegen des erhöhten technischen Aufwandes zu finanziellen Opfern bereit sein."[269] Wie groß dieses Opfer gewesen wäre, macht ein erneuter Blick auf das durchschnittliche Nettoeinkommen der Arbeiter und Angestellten deutlich, das 1960 bei monatlich knapp 500 DM lag![270]

Selbst 1970 waren diese HiFi-Anlagen laut der Warentest-Zeitschrift *DM* erst für den stolzen Preis von mindestens 1.000 DM zu haben,[271] und noch 1971 verzichteten „viele Freunde der Hi-Fi-Stereomusik [...] auf den Kauf einer Anlage, weil ihnen die Ausgaben auf einmal zu hoch" waren.[272]

264 HiFi zwischen London und Hannover. In: Hi-Fi-Stereo-Praxis 5-6/1962, S.183.

265 Auch die Preise sind 3D. In: Bravo 39/1958, S.26. Der Spiegel hingegen sprach von 30% höheren Preisen der Stereoplatten. Vgl. Stereo-Geschäft. Der Ping-Pong-Effekt. In: Spiegel 40/1958, S.70.

266 Auch die Preise sind 3D. In: Bravo 39/1958, S.26.

267 Paulchens Platten Plauderei. In: Bravo 31/1960, S.20; Stereofonie erfordert HiFi-Qualität. In: Ton Magazin, Januar/ Februar 1961, S.73-75, hier S.74; Erwin Hiller, Stereophonie und High Fidelity. Ein Ratgeber zur Einführung in die neue Technik mit 35 Fotos auf Kunstdrucktafeln und 80 Abbildungen im Text, Minden 1966, S.6.

268 Geschäft mit dem Zauberwort Stereo. In: hobby 24/1958, S.20-26, hier S.25.

269 Stereophonie. Das Zwei-Rillen-Problem. In: Spiegel 20/1958, S.56-58, hier S.57.

270 Vgl. Rytlewski/ Opp de Hipt, Die Bundesrepublik in Zahlen, S.117.

271 Musika maxima. In: DM 5/1970, S.68-70, hier S.68.

272 Hi-Fi in Raten. In: DM-Journal Hi-Fi-Stereofonie, 11/1971, S.38-39, hier S.38.

Zusammenfassend lässt sich sagen: Fachleute, Kritiker und Konsumentenvertreter warfen den Herstellern vor, sie verwendeten das Prädikat „High Fidelity" und die neue Stereotechnik als reine Werbeschlagworte, die nicht hielten, was sie den Konsumenten versprachen. Zweitens wurde bemängelt, der Preis der neuen, zur Stereowiedergabe notwendigen Geräte sei zu hoch und eine Umrüstung beziehungsweise Aufstockung der bereits vorhandenen Anlagen bedeute für die Kunden einen zu hohen finanziellen Aufwand. Das Angebot an Stereo- und HiFi-Geräten sei zu unübersichtlich, dem potenziellen Kunden sei nicht klar, welche Geräte er überhaupt zusätzlich benötige oder austauschen müsse, geschweige denn wie sie sich in ihrer Qualität unterschieden. Daher beschäftigte sich zunächst nur „der Amateur, jene glückliche Mischung von Musikfreund und ‚Techniker'",[273] mit den neuen technischen Möglichkeiten.

II.2 Der Stereo-Rundfunk und die HiFi-Norm führen zum Erfolg

Seit Mitte der Sechzigerjahre ebbte die lautstarke Kritik an der Verwendung „verführerischer Slogans"[274], an hohen Preisen und einem unübersichtlichen Angebot merklich ab, und es konnten weitere Hörerkreise für die Stereofonie gewonnen werden.

Zwei Prozesse beförderten diesen Erfolg: Erstens wurde im Hörfunk, der während der Sechzigerjahre im Durchschnitt wesentlich höhere Nutzungszeiten aufwies als der Musikkonsum von Schallplatte oder Tonband, die Stereofonie eingeführt. So konnte sie zu einem weit größeren Hörerkreis durchdringen (II.2.1).[275]

Zweitens wurde die willkürliche Verwendung des HiFi-Begriffes durch die so genannte HiFi-Norm (DIN 45 500) unterbunden. Der Vorwurf, das Schlagwort sei der Technik weit vorausgeeilt, war nun nicht mehr zutreffend.[276] Es wurden Standards festgelegt, die von Geräten zu erfüllen waren, die als HiFi-tauglich gelten sollten. Für

273 HiFi zwischen London und Hannover. In: Hi-Fi-Stereo-Praxis 5-6/1962, S.183.

274 Stereofonie. In: Twen 11/1966, S.74-75 & 108-113, hier S.108.

275 In den Fünfzigerjahren lag die Radio-Hördauer der Bundesbürger bei zwei bis zweieinhalb Stunden werktäglich; während 1959 überhaupt erst 27% der Haushalte über einen Plattenspieler verfügten. Und selbst wenn er vorhanden war, wurde er in fast 50% der Fälle weniger als zwei Stunden pro Woche genutzt, in nur 9% 6 Stunden und mehr. Vgl. Kiefer, Hörfunk- und Fernsehnutzung, S.429 und Dussel, Medienkonsum, S.659.

276 Anatomie der Stereofonie. In: hobby 4/1965, S.90-96, hier S.90f.

die Kunden gab es damit eine Orientierung zur Einschätzung der Geräte (II.2.2).

II.2.1 Besser spät als nie – Das Radio macht die Stereofonie bekannt

Die unter den Hörern herrschende Unkenntnis über die Stereofonie verwundert schon weniger, wenn man bedenkt, dass Ende der Fünfzigerjahre das Radiohören innerhalb der Freizeit einen weit höheren Stellenwert einnahm als der Schallplattenkonsum: 1957 hatten zwei Drittel der westdeutschen Bevölkerung noch nie eine Schallplatte gekauft.[277] Um einen weit reichenden Bekanntheitsgrad zu erlangen, musste die neue Technik auch im Rundfunk Einzug halten. 1961 schrieb das *Ton Magazin*, man hätte alles „daransetzen müssen, die Stereofonie im Rundfunk zugleich mit der auf der Schallplatte vorzuführen",[278] und 1963 stellte der Vorsitzende des „Fachverbandes Phonotechnik" im ZVEI[279] fest:

> *„Tatsache ist nur, dass wir heute ein wesentlich größeres Interesse für Stereo-Schallplatten oder Tonbandwiedergabe hätten, wenn es bereits stereofone Rundfunksendungen gäbe."*[280]

Erst 1963 sendete der SFB als erste Rundfunkanstalt vereinzelt Stereoprogramme, die anderen westdeutschen Sender folgten nur langsam. Worin lag diese verspätete Umsetzung der Stereotechnik im Hörfunk begründet? An einer unzureichenden Verfügbarkeit stereofähiger Radioapparate lag es nicht – im Gegenteil, die Rundfunkgeräteindustrie sah in der Stereofonie eine gute Möglichkeit, den Absatz zu fördern, nachdem die Umrüstung der Haushalte auf UKW-fähige Radios so gut wie abgeschlossen war.

Doch unter den Verantwortlichen der Rundfunkanstalten war die Stereofonie keineswegs so beliebt wie bei den Herstellern der Geräte.[281] Ein Grund dafür lag in den technischen Voraussetzungen der

277 Vgl. IfD, Wie Schallplatten gekauft werden. Ergebnisse einer Repräsentativ-Befragung, Allensbach 1957, S.1-3.

278 Stereofonie erfordert HiFi-Qualität. In: Ton Magazin, Januar/ Februar 1961, S.73-75, hier S.74.

279 Zentralverband der Elektrotechnik- und Elektronikindustrie e.V.

280 Prof. Dr.-Ing. Fritz Sennheiser, Wie wird die Phonotechnik 1963 aussehen? In: Funkschau 1/1963, S.9.

281 Die einzige Untersuchung zur Einführung der Rundfunk-Stereofonie wurde von Petra Witting-Nöthen auf Basis der im Archiv des WDR Köln vorhandenen Akten vorgelegt. Vgl. Petra Witting-Nöthen, Die Einführung der Stereofonie im Rundfunk. In: Geschichte im Westen 15 (2000), S.185-195. Zur Erläuterung der

Übermittlung von Stereosendungen: Schon 1958 waren erste Versuche zur zweikanaligen Hörfunkübertragung unternommen worden. Da hierbei allerdings über zwei Sender zwei verschiedene Signale ausgesendet wurden und auch zwei Empfänger notwendig waren, wurden diese Experimente wegen fehlender Kompatibilität mit Mono-Geräten wieder aufgegeben; auch Besitzer von nicht stereofähigen Geräten sollten stereofon übertragene Sendungen ohne Qualitätsverlust hören können.[282] Zunächst wurde keine Lösung gefunden und die Rundfunkanstalten erarbeiteten keine weiteren Vorschläge zur Verwirklichung der Rundfunk-Stereofonie. Erst auf einer Tagung der „Studienkommission X der internationalen Radiokommission (CCIR)“ am 28.6.1962 in Bad Kreuznach wurde mit dem sogenannten Pilottonverfahren ein Weg gefunden, der sicherstellte, dass die Stereosendungen sowohl mit alten Monogeräten als auch mit Stereogeräten empfangen werden konnten. Dieses Verfahren entsprach bis auf wenige Einzelheiten der amerikanischen Norm für Rundfunkstereofonie.[283]

Nach Bekanntwerden der Einigung auf das Pilottonverfahren blieb für die Fachpresse, die Musik- und Technikliebhabern und die Rundfunkgeräteindustrie nur noch zu hoffen, dass die neuen Stereo-Klänge nun endlich auch in den Rundfunkanstalten „jene überzeugen [würden], die die Schlüssel zum Stereo-Paradies noch tief unter ihren Akten vergraben“ hielten.[284] Diese Zweifel an der Bereitschaft der Rundfunkanstalten zur Umsetzung der neuen Technik waren nicht unbegründet. So gab es innerhalb der ARD zwei Lager: Programmdirektoren und Sendeleiter sprachen sich eindeutig für die Stereofonie aus und befürworteten eine Vorstellung auf der Funkausstellung 1963. Die Intendanten hingegen nahmen eine eher ablehnende Haltung ein. Besonders finanzielle Bedenken scheinen hier ausschlaggebend gewesen zu sein, denn die Einführung des Farbfernsehens war bereits in Planung und erforderte beträchtliche

Zusammenhänge und der innerhalb der ARD wie im WDR geführten Diskussionen berufe ich mich daher insbesondere auf diesen Aufsatz (im Folgenden: Witting-Nöthen, Die Einführung der Stereofonie im Rundfunk). Andere Autoren widmen sich nur am Rande und sehr knapp der Umstellung des Hörfunks auf stereofonische Übertragung. Darüber hinaus stütze ich meine Ausführungen auf Artikel aus Fachmagazinen wie Hi-Fi-Stereo-Praxis, Hi-Fi-Stereo-Phonie, Musik und Gesellschaft und auf Einzelveröffentlichungen für Fachleute und interessierte Laien.

282 Vgl. Witting-Nöthen, Die Einführung der Stereofonie im Rundfunk, S.186.

283 Vgl. Witting-Nöthen, Die Einführung der Stereofonie im Rundfunk, S.189 und auch Stereophonie im Rundfunk. In: Hi-Fi-Stereo-Praxis 8/1962, S.298.

284 Stereophonie im Rundfunk. In: Hi-Fi-Stereo-Praxis 8/1962, S.298.

finanzielle Mittel.[285] Hinzu kam, dass offenbar selbst innerhalb der Rundfunkanstalten große Unkenntnis über die Möglichkeiten der Stereofonie herrschte: Die ARD-Finanzkommission etwa bezweifelte, dass überhaupt eine ausreichend große Anzahl an Hörern in der Lage sei, Stereosendungen zu hören, da der größte Teil der Bevölkerung nicht über ausreichend großzügige Wohnräume verfügte![286] Nicht nur die Durchschnittshörer waren also schlecht informiert.

Nachdem der ARD-Vorsitzende eine praktische Anhörung im Hause des WDR angeordnet hatte, entschlossen sich die ARD-Intendanten dann doch für eine versuchsweise Einführung der Stereofonie und beauftragten den SFB mit einer Vorführung auf der Funkausstellung.[287]

Die Fachpresse wartete ungeduldig auf die anstehenden Präsentationen im Spätsommer 1963. Sie machte die „Schar der mehr oder weniger mißmutigen Intendanten“ für die verspätete Einführung der Rundfunkstereofonie verantwortlich. Die „optisch infizierten Rundfunkanstalten“ hätten „gebannten Blicks“ nur auf das Farbfernsehen gestarrt und die Vorzüge der Stereofonie, die ihnen nur als „lästige Ablenkung“ erschienen sei, dabei übersehen.[288]

Die Hör- und Sendeproben auf der Funkausstellung schließlich gaben den Verfechtern der Stereofonie Recht und ließen für die Fachpresse nur einen Schluss zu: „Gegen die Stereo-Technik blieb eigentlich nichts übrig. Gegen die Rundfunkanstalten viel.“ Käufer von Rundfunkgeräten sollten in jedem Fall ein „zukunftssicheres Gerät erwerben“, um den Sendern ihren Wunsch nach Stereo-Übertragungen zu demonstrieren.[289] Unter den ausgestellten Empfängermodellen stand das Stereo-Rundfunkgerät im Mittelpunkt.[290]

Die Ereignisse der Funkausstellung bewegten die Sender, die Stereofonie einzuführen. Allerdings erfolgte diese Umstellung nur schrittweise, um die jährlichen Kosten zu begrenzen. Zunächst begann man mit einer Experimentierphase: Der WDR sendete seit

285 Vgl. Witting-Nöthen, Die Einführung der Stereofonie im Rundfunk, S.187.

286 Vgl. Witting-Nöthen, Die Einführung der Stereofonie im Rundfunk, S.189. Die Autorin bezieht sich auf die Akte 10439, Sitzung der Finanzkommission am 1.3.1963.

287 Vgl. Witting-Nöthen, Die Einführung der Stereofonie im Rundfunk, S.189.

288 Funkausstellung im Zeichen der Stereophonie. In: Hi-Fi-Stereo-Phonie 8/1963, S.351.

289 Kulissenspiel um Stereo. In: Hi-Fi-Stereo-Phonie 9/1963, S.404.

290 Vgl. Heide Riedel, 70 Jahre Funkausstellung. Politik, Wirtschaft, Programm, Berlin 1994, S.159.

Ende 1963 montags bis samstags jeweils eine Stunde stereofon, doch wandte er sich hiermit in erster Linie an den Fachhandel. Erst 1964 wurden Versuchsendungen für die Hörer ausgestrahlt: Anhand von Test-Geräuschen, die rechts und links zu orten waren, konnten die richtige Aufstellung und die Kabelverbindungen der heimischen Geräte getestet werden. Nur langsam kamen die westdeutschen Rundfunkanstalten dem wachsenden Bedürfnis der Hörer und Geräteproduzenten nach Stereoklang nach; der WDR sendete 1965 an Wochentagen vormittags und nachmittags jeweils eine Stunde Stereomusik, Samstags eineinhalb Stunden und Sonntags abends zwei Stunden. 1966 lagen die Stereosendezeiten der verschiedenen Anstalten zwischen 2 und 25 Stunden pro Woche.[291]

Die derart langsame Einführung der Stereofonie im Hörfunk rief unter Geräteherstellern und HiFi-Stereo-Freunden Missmut hervor. Letztere sahen ihre Wünsche im Hörfunkprogramm nicht ausreichend berücksichtigt und wünschten außerdem eine weitere Verwendung und Verbreitung der HiFi-Stereo-Technik, da sie sich von den daraus folgenden höheren Geräte-Produktionszahlen dementsprechend niedrigere Preise für Heimgeräte erhofften. Die Rundfunk- und Phonoindustrie sah sich aufgrund des Zögerns der Rundfunkanstalten um ihren Umsatz betrogen: Nicht nur, dass die Stereoradios in Deutschland keine Abnehmer fanden, auch der nur schleppend anlaufende Absatz von Stereo-Plattenspielern und Stereo-HiFi-Heimanlagen wurde auf den mangelnden Bekanntheitsgrad der Stereofonie zurückgeführt, der wiederum durch die ausbleibende Rundfunk-Stereofonie zu erklären sei. Hersteller und Stereoenthusiasten hofften auf eine Eroberung des Radios durch die Stereofonie,

291 Die in Quellen und Literatur vorliegenden Angaben für einzelne Sender variieren ein wenig. Petra Witting-Nöthen gibt an: HR: 20 Std., SR 20-23 Std., SDR die gesamte U-Musik, und 11 Stunden E-Musik, SFB 20-25 Std., SWF die gesamte U- und E-Musik „mit Ausnahme der Tanzmusik", NDR 10 Std. RB und BR sendeten nicht stereofon. Eine Statistik der Warenzeitschrift DM gibt an: BR strahlte ab Ende 1966 ca. 6-8 Std./ Woche in Stereo aus, der HR 19-20 Std., der NDR 7 Std., Radio Bremen 115 Min. und gelegentliche Zusatzsendungen, der Saarländische Rundfunk 9-11 Std., der SFB 22-23 Std., der SDR 12 Std., der SWF 17-18 Std., der WDR 9,5 Std. und zusätzlich bis zu 8 Std. Vgl.: Stereoanlagen. In: DM 2/1966, S.40-44, hier S.43. Aufgrund der stetigen Zunahme der verfügbaren Stereosendungen machte sich der WDR Ende der Sechziger auch an die Ausdehnung der Stereofonie auf die zweite Senderkette. Trotz einiger finanziell zu begründender Widerstände des Verwaltungsrates des WDR, der weiterhin das Farbfernsehen favorisierte, konnte 1969 neben dem dritten auch das zweite Hörfunkprogramm des WDR stereofon empfangen werden. Vgl. Witting-Nöthen, Die Einführung der Stereofonie im Rundfunk, S.191-192.

„nicht zuletzt im Interesse der Stereo-Schallplatte, die seit Jahren das Klangerlebnis bereit hält, das wahrscheinlich erst mit der Breitenwirkung des Rundfunks allgemeine Beachtung finden kann."[292]

Erst die Einführung des stereofonen Rundfunks und die in der zweiten Hälfte der Sechzigerjahre zunehmenden Stereo-Sendezeiten öffneten der Heim-Stereotechnik die Türen zu den meisten westdeutschen Haushalten. Solange eine flächendeckende Anwendung der Stereotechnik im Rundfunk ausgeblieben war, konnte der Wunsch nach stereofoner Wiedergabe in HiFi-Qualität sich zunächst nur unter Musikliebhabern und Bastlern durchsetzen. „So braucht man sich nicht zu wundern, dass die Ausnutzung der HiFi-Wiedergabe in Stereo bei uns bisher auf einige Kenner und Liebhaber beschränkt blieb", formulierte die Zeitschrift *hobby* noch im Frühjahr 1965.[293] Im Laufe desselben Jahres jedoch erfolgte der „Durchbruch der Stereofonie in Westdeutschlands Funkhäusern".[294] Auch wenn die Stereo-Sendezeiten zunächst noch recht bescheiden waren, war aufgrund der im Vergleich zum Schallplattenkonsum deutlich höheren Hörzeiten des Radios doch eben dieser Durchbruch notwendig, um die anfängliche Zurückhaltung des Publikums in ein Interesse für die Stereowiedergabe (auch von Schallplatte) umzuwandeln.

II.2.2 Die HiFi-Norm bietet Orientierung

Hatte die Einführung der Rundfunkstereofonie einen wichtigen Schritt zur Popularisierung der neuen Wiedergabetechniken getan, fehlte noch eine Klärung des HiFi-Begriffes. Bezug nehmend auf die Verwirrung der Verbraucher angesichts der unterschiedlichen und zahlreich verwendeten Qualitäts- und Klangbezeichnungen äußerte sich schon 1963 der Vorsitzende des Fachverbandes Phonotechnik im ZVEI,[295] Professor Dr.-Ing. Fritz Sennheiser, zur „Unterlassungssünde" der fehlenden inhaltlichen Definition des HiFi-Begriffes für die einzelnen elektronischen Bauelemente. Der „Inflation des Begriffes" müsse durch eine genaue Bestimmung seines Inhaltes entgegengewirkt werden. Die im Fachverband zusammengeschlossenen Firmen wollten sich daher der Erstellung von Mindestnormen

292 Funkausstellung im Zeichen der Stereophonie. In: Hi-Fi-Stereo-Phonie 8/1963, S.351.

293 Anatomie der Stereofonie. In: hobby 4/1965, S.90-96.

294 Stereophonie. Saal im Zimmer. In: Spiegel 24/1965, S.102-103.

295 Zentralverband der Elektrotechnik- und Elektronikindustrie e.V.

für HiFi-Geräte widmen, um eine „klare Trennung zwischen der Standard- und einer HiFi-Qualität zu ermöglichen."[296]

Nicht nur die ausbleibende Anwendung der Stereotechnik im Rundfunk, sondern auch die unter den Verbrauchern herrschende Unklarheit bezüglich der Aussagekraft des HiFi-Begriffes schien ihm ausschlaggebend für die mangelnde Resonanz auf die technischen Neuerungen im Bereich der Musikwiedergabegeräte. Diese Normungs-Bestrebungen der Industrie sind Ergebnis der Aushandlungsprozesse zwischen Herstellern, Käufern und vermittelnden Instanzen wie Fachleuten und Konsumentenvertretern; sie demonstrieren die Ko-Konstruktion von Technik und die Einflussmöglichkeiten unterschiedlicher Nutzergruppen.

Im März 1965 informierte das *Ton Magazin* seine Leser über den ersten Normentwurf, der auf Anregung des o.g. Fachverbandes Phonotechnik im ZVEI durch den Fachnormenausschuss Elektrotechnik (innerhalb des Deutschen Normenausschuß e.V.[297]) vorgelegt worden war. Gelten sollte die Norm sowohl für Mono- als auch für Stereowiedergabegeräte und ihr Zweck war es,

> *„allgemeine Bedingungen für solche Geräte und Anlagen hoher Übertragungsqualität festzulegen, die für Wohnräume bestimmt sind und Heimstudio-Geräte und -Anlagen (auch HiFi-Geräte) genannt werden."*[298]

Die Erstellung eines Gütezeichens, mit dem die der Norm entsprechenden Geräte gekennzeichnet werden sollten, war geplant um „dem Verbraucher beim Kauf die Gewissheit zu geben, ein Gerät der Klasse ‚Heimstudio-Technik' zu erwerben."[299] Die Norm sollte gelten für UKW-Empfangsteile, Plattenspieler, Magnetbandgeräte, Mikrofone, Verstärker und Lautsprecher, doch Klang- und Technik-Enthusiasten äußerten große Unzufriedenheit mit den im Entwurf vorgeschlagenen Mindestanforderungen. Sie bemängelten, die deutsche Industrie könne „vielmehr, als die Daten dieser Norm zeig[t]en". Befürchtet wurde, dass so auch „Mittelklasse-Geräte in den Genuß des Gütezeichens ‚HiFi'" kämen. Außerdem könne bei Anwendung der vorgelegten Anforderungsgrenzen fast jeder Her-

296 Prof. Dr.-Ing. Fritz Sennheiser, Wie wird die Phonotechnik 1963 aussehen? In: Funkschau 1/1963, S.9-10, hier S.9.

297 seit 1975 Deutsches Institut für Normung e.V.

298 Die Normung der Heimstudio-Technik (HiFi), DIN 45 500. In: Ton Magazin, März 1965, S.3.

299 Die Normung der Heimstudio-Technik (HiFi), DIN 45 500. In: Ton Magazin, März 1965, S.3.

steller einige seiner Geräte mit dem Qualitätssiegel versehen, sodass es als Abgrenzungskriterium für tatsächliche Oberklasse-Geräte seine Aussagekraft verlöre. Ob mit diesem Argument dann noch für den HiFi-Gedanken geworben werden könne, sei fraglich.[300]

Nicht in allen Fachorganen wurde der Entwurf so harsch kritisiert. Zwar wurden etwa auch in der *Funkschau* die Mindestanforderungen als „sehr tolerant" bezeichnet, doch sah man den Vorteil darin, dass auf diesem Wege ein „Kompromiß zwischen Preis und Übertragungseigenschaften" angestrebt werde. Auf diesem Wege werde auch „Interessenten mit begrenzten finanziellen Möglichkeiten die Auswahl einer wirklich qualitativen Gesamtübertragungsanlage erleichtert."[301]

Dieser vermittelnde Charakter zwischen höchsten technischen Anforderungen einerseits und erschwinglichen Kaufpreisen andererseits, also „zwischen wirtschaftlicher Vernunft und vom Gehör auswertbarer Qualität", zeichnete dann letztlich auch die 1966 in Kraft getretene HiFi-Norm DIN 45 500 aus.[302] Sie stellte in der Tat nur eine Festlegung von Mindestanforderungen dar, deren Unterschreitung die Qualitätsbezeichnung HiFi ausschloss, die aber auch vielfach deutlich überschritten wurde. Zwischen zwei Anlagen oder Geräten, die beide das HiFi-Sigel trugen, konnte „ein Qualitätsunterschied wie Tag und Nacht und ein Preisunterschied von 10.000 Mark"[303] bestehen. Doch aufgrund der Festlegung einer HiFi-Untergrenze wurde die Orientierungsfunktion der Norm vielfach positiv hervorgehoben, denn sie bot „auch dem technischen Laien die Möglichkeit [...] Qualität zu kaufen".[304]

Die willkürliche Bezeichnung von Geräten als „Heimstudio"- oder HiFi-Apparate wurde somit eingedämmt, und den Verbrauchern wurde die verlässliche Garantie eines Mindeststandards geboten, wenn ihr neues Gerät das HiFi-Gütesiegel trug. Höher- und min-

300 Die Normung der Heimstudio-Technik (HiFi), DIN 45 500. In: Ton Magazin, März 1965, S.3.

301 „Hi-Fi" wird genormt. Analysen und Einwendungen zur DIN 45 500. In: Funkschau 7/1965, S.163-165, hier S.163.

302 Pfau, Zauberwort Stereo, S.69.

303 Klaus D. Hartel, Plattensammeln – mein Hobby. Alles Wissenswerte über Schallplatten, Kassetten und Stereo-Anlagen, München 1971, S.12 (im Folgenden: Hartel, Plattensammeln – mein Hobby).

304 Hartel, Plattensammeln – mein Hobby, S.12. Vgl. auch Pfau, Zauberwort Stereo, S.69; Einblick in die festgelegten Standards der DIN 45 500 bietet: „Hi-Fi" wird genormt. Analysen und Einwendungen zur DIN 45 500. In: Funkschau 7/1965, S.473-475.

derwertige Musiktruhen, Plattenspieler, Tonbandgeräte, Lautsprecher usw. konnten nun anhand technischer Parameter unterschieden werden, die als Distinktionsmerkmale der heimischen Phonogeräte einen weit höheren Stellenwert einnahmen als die Verzierungen des sie umgebenden Möbelstücks. Das HiFi-Gütesiegel löste die goldene Zierleiste ab.

II.2.3 Stereo und HiFi ziehen immer mehr Nutzer in ihren Bann

> *„In der Bundesrepublik Deutschland verlief die Entwicklung des Hi-Fi-Marktes in den fünfziger Jahren schleppend, in den sechziger Jahren zunehmend lebhaft und in der zweiten Hälfte der siebziger Jahre stürmisch."*[305]

Mit der Einführung der Stereofonie im Rundfunk und der Normung der HiFi-Technik stieg in immer weiteren Nutzerkreisen das Interesse an der neuen Wiedergabetechnik. Seit Mitte der Sechzigerjahre verkauften die stereofähigen Heimgeräte sich immer besser: 1964 wurden rund 3,2 Millionen Stereo-Schallplatten verkauft, und jedes zweite neu erworbene Radio war im selben Jahr bereits stereofähig.[306] Bis Ende 1965 wurden schon 1,25 Millionen Stereogeräte verkauft, wobei die Tendenz zu getrennt aufstellbaren Lautsprechern ging.[307] Von 1968 bis 1969 stieg der Absatz an Stereogeräten um 27%, und solche Geräte, die der neuen DIN 45 500 entsprachen, verzeichneten steigende Verkaufszahlen von 53%.[308] Auch das folgende Kapitel zur Baustein-Stereoanlage wird den Siegeszug dieser neuen Technik, die den Musikschrank allmählich aus den deutschen Wohnzimmern verdrängte, verdeutlichen.

In der Diskussion um Stereofonie und High Fidelity haben sich unterschiedliche Nutzergruppen herauskristallisiert, die sich zeitversetzt mit den neuen technisch-akustischen Möglichkeiten auseinandersetzten: In einigen Magazinen für Tonbandfreunde, Ton- und Technikliebhaber wurde schon seit Ende der Fünfziger- und Beginn

305 Karl Breh, Die Mutation musikalischer Kommunikation durch High Fidelity und Stereophonie, Karlsruhe 1980, S.7.

306 Vgl. Stereophonie. Saal im Zimmer. In: Spiegel 24/1965, S.102-103, hier S.102.

307 Vgl. Witting-Nöthen, Die Einführung der Stereofonie im Rundfunk, S.191.

308 Günther Hücking, Die Entwicklung der Produktion und des Absatzes hochwertiger Wiedergabegeräte unter Berücksichtigung der DIN-Norm 45500. In: High Fidelity und Stereophonie – ihr Platz und Rang im Musikleben. Symposion auf der „hifi 70 Düsseldorf", Karlsruhe 1971, S.43-45, hier S.44 (im Folgenden: Hükking, Die Entwicklung).

der Sechzigerjahre über die neuen Geräte diskutiert und Kritik an den Werbestrategien der Hersteller sowie ihrer vermeintlich willkürlichen Verwendung von Klangqualitätsbezeichnungen geübt. Doch erst während der zweiten Hälfte der Sechzigerjahre, nach der Versorgung der Haushalte mit Stereo-Hörfunk und der Verabschiedung der HiFi-Norm, ist ein deutlich steigendes Käuferinteresse zu verzeichnen. Daher ist zu unterscheiden zwischen den so genannten „early adopters" und der breiten Masse der westdeutschen Konsumenten: Letztere waren im Fall der Stereofonie und High Fidelity erst durch die Einführung des Stereo-Rundfunks und die HiFi-Normung zu überzeugen. Vor der flächendeckenden Versorgung mit stereofonem Rundfunk waren sie vermutlich in keiner Weise mit den neuen akustischen Möglichkeiten konfrontiert worden.

Besonders früh beschäftigten sich die „early adopters", „jene glückliche Mischung von Musikfreund und ‚Techniker'",[309] mit der Stereo- und HiFi-Technik und fungierten oft eher als „early critics": Sie testeten und bewerteten die Geräte und trugen mit ihrer Kritik an der schleppenden Einführung der Stereofonie im Rundfunk und an uneinheitlichen Qualitätsbezeichnungen der Hersteller im Interesse breiterer Konsumentenkreise zum Fortschritt und zur Normung bei.

Diese wahren Anhänger der bestmöglichen Wiedergabequalität waren schon sehr früh bereit, für hochwertige Geräte entsprechend hohe Preise zu bezahlen. Schon Ende 1959 konnten sie in einem ihrer Magazine lesen: „Wir werden uns daran gewöhnen müssen, dass wirkliche Qualität auch etwas kostet."[310] Sie waren ihrer Zeit und den allgemeinen Trends um einiges voraus: Die Auffassung, dass die neue Stereowiedergabe in bester Wiedergabequalität es wert sei, entsprechend höhere Preise für die Abspielgeräte zu zahlen, sollte sich bei der Mehrzahl der Käufer erst Ende der Sechzigerjahre durchsetzen. Unter den Musik- und Technikliebhabern begann sich schon zu Beginn der Sechzigerjahre ein Lager auszubilden, das forderte: „Stereofonie erfordert HiFi-Qualität".[311] Höchste Klangtreue und beste Stereo-Wiedergabe seien eben nicht zu Preisen des Massenabsatzes realisierbar: „Es gibt keine populäre Stereofonie, so wenig wie es Rennwagen zum Volkswagenpreis geben kann."[312] Sie

309 HiFi zwischen London und Hannover. In: Hi-Fi-Stereo-Praxis 5-6/1962, S.183.

310 Stereofonie Jahresbilanz. In: Ton Magazin, September/ Oktober 1959, S.76-77, hier S.76.

311 Stereofonie erfordert HiFi-Qualität. In: Ton Magazin, Januar/ Februar 1961, S.73-75.

312 Stereofonie erfordert HiFi-Qualität. In: Ton Magazin, Januar/ Februar 1961, S.73-75, hier S.74.

versuchten auf diese Weise dem Trend entgegen zu wirken, dass – in ihren Augen – allzu viele Geräte als Stereo- und HiFi-tauglich bezeichnet wurden, die den Anforderungen nicht genügten.

Die Überzeugung der HiFi-Enthusiasten war es, dass unterschieden werden müsse zwischen den günstigen Geräten für den Massenmarkt und dem qualitativ herausragenden, HiFi- und stereofähigen Angebot. Aufgrund ihrer niedrigen Preise müssten die für den Massenabsatz produzierten Geräte „auf die Anwendung bester Technik verzichten", und ohnehin sei die Mehrzahl der Verbraucher überhaupt nicht imstande „Qualitätsunterschiede im akustischen Bereich […] zu bemerken".[313] Die HiFi- und Stereo-Fans stilisierten sich als wahre Genießer qualitativ hochwertiger Klangwiedergabe, als kleine elitäre Gruppe, die sich nicht mit den üblichen Geräten für den Durchschnittsverbraucher zufrieden gab.[314] Da man die eigenen Interessen in der Massenproduktion nicht ausreichend berücksichtigt sah, „setzte gerade von dieser Seite die Unzufriedenheit mit der bisherigen Technik ein."[315]

Die Kenner und Bastler forderten also schon früh eine Berücksichtigung der abweichenden Interessen und Ansprüche unterschiedlicher Nutzergruppen durch die Hersteller. Über ihre Publikationsorgane versuchten sie, die weit verbreiteten Vor- und Fehlurteile der Masse der Konsumenten über Stereo und HiFi aus der Welt zu schaffen. So setzte sich das *Ton Magazin* Ende 1962 mit der Frage auseinander „Ab wie viel Quadratmeter lohnt sich HiFi?", um die „Ideenverbindung ‚HiFi – reiche Leute – Supervilla mit saalartigem Wohnzimmer'" aus der „Vorstellungswelt der Abseitsstehenden" zu vertreiben.[316] Die hier beklagte Unwissenheit eines Großteils der Verbraucher war auch insofern nicht im Interesse der Stereo- und HiFi-Fans, da die daraus resultierende verhaltene Nachfrage nach den entsprechenden Produkten unvorteilhaft für die Preisgestaltung der erforderlichen Geräte war. Das *Ton Magazin* argumentierte, dass Stereo und HiFi eben „kein Privileg von Villenbesitzern" sei,

313 Stereofonie erfordert HiFi-Qualität. In: Ton Magazin, Januar/ Februar 1961, S.73-75, hier S.73.

314 Einen anregenden Aufsatz zum Selbstverständnis der HiFi-Enthusiasten/ Audiophilen und ihrem Anspruch auf Deutungshoheit hat Marc Perlman vorgelegt. Vgl. Marc Perlman, Golden Ears and Meter Readers. The Contest for Epistemic Authority in Audiophilia. In: Social Studies of Science 34 (2004) H.5, S.783-808 (im Folgenden: Perlman, Golden Ears).

315 Stereofonie erfordert HiFi-Qualität. In: Ton Magazin, Januar/ Februar 1961, S.73-75, hier S.74.

316 Ab wieviel Quadratmeter lohnt sich HiFi? In: Ton Magazin, November/ Dezember 1962, S.59.

dass man „auch im kleinsten Kämmerlein HiFi-Stereofonie mit Genuß und zwar bei sehr geringen Lautstärken"[317] hören könne, ganz entgegen der falschen Wahrnehmung vieler Stereo- und HiFi-Neulinge, die die neue Technik oft mit ‚heißer' oder besonders lauter Musik in Verbindung brachten (wie die eingangs zitierte Kundenbefragung in einem Münchener Kaufhaus von 1959 anschaulich gezeigt hat).

Die „early adopters" der HiFi-Stereofonie und ihre Sprachrohre gingen ‚auf eigene Faust' gegen die in der Masse der Konsumenten herrschende Verwirrung vor. In diesen Zusammenhang fügt sich auch die Gründung des *Deutschen High Fidelity Institutes e.V. (dhfi)* im Jahr 1962 ein. Als High Fidelity noch eine „Liebhaberei" war und zunächst nur eine „kleine Schar der Enthusiasten den richtigen Weg eingeschlagen hatte", gründeten Hersteller und Importeure von HiFi-Geräten gemeinsam mit Händlern, interessierten Fachverlagen und Privatpersonen das *dhfi*, um „dem Qualitätsbegriff in breiteren Kreisen Geltung zu verschaffen." Es verfolgte das Vorhaben, die „verschwommenen und missbrauchten Begriffe der Stereofonie und High Fidelity zu klären, die Freude an der Musik zu fördern und die Interessenten an hochwertiger Wiedergabe der Musik zu beraten".[318] Wenn auch Geräteproduzenten zu den Mitgliedern zählten, so handelte es sich beim *dhfi* doch nicht um einen reinen Wirtschaftsverband, sondern um einen Verein, der unter anderem im Interesse der „early adopters" Öffentlichkeitsarbeit betrieb, Informationsbroschüren zur „Einführung in die High Fidelity und Stereophonie" sowie eine Zeitschrift, die *Hi-Fi-Stereo-Praxis*[319] (die sich beispielsweise kritisch mit der ausbleibenden Einführung der Stereofonie im Rundfunk auseinandersetzte) und das *Hi-Fi-Jahrbuch* publizierte. Vom *dhfi* organisierte HiFi-Ausstellungen 1968 und 1970 brachten die neueste Technik auch den interessierten Laien näher, und „zur Schulung der im Handel tätigen Fachkräfte führt[e] das *dhfi* in regelmäßigen Abständen Seminare durch", um zu einer qualifizierten Beratung der interessierten Konsumenten beizutragen. Das *dhfi* betrachtete sich als „Bindeglied zwischen Herstellern, Fachhändlern und HiFi-Interessenten."[320]

317 Ab wieviel Quadratmeter lohnt sich HiFi? In: Ton Magazin, November/ Dezember 1962, S.59.

318 High Fidelity – Werbeslogan oder Qualitätsbegriff. In: Hi-Fi-Stereo-Praxis 3/1962, S.91.

319 Seit 1963 Hi-Fi-Stereo-Phonie.

320 H.W. v. Werthern, Das dhfi – Wesen und Zielsetzung. In: Karl Breh/ dhfi (Hg.), Einführung in die High Fidelity und Stereophonie, Karlsruhe 1968, S.167-169.

Der Umbruch erfolgte ab Mitte der Sechzigerjahre: Nun war die Stereofonie eine „Selbstverständlichkeit unserer Zivilisation".[321] Es erschien umfangreiche Ratgeberliteratur für die Konsumenten, die die Funktionsweise von Stereoschallplatten und -Tonab-nehmern, die Vor- und Nachteile der Stereoaufnahme auf Tonband sowie die ideale Zusammenstellung von Geräten erläuterte. In eigenständigen Publikationen und in Zeitschriftenartikeln wurden Tipps zur Aufstellung der Wiedergabegeräte unter verschiedensten Wohnbedingungen gegeben. So sei es unter anderem besonders wichtig, „daß eine Stereoanlage sich harmonisch in den Wohnraum einfügt, um nicht als Fremdkörper zu wirken."[322] Bei aller Begeisterung für die neuen technisch-klanglichen Möglichkeiten der Stereogeräte waren die altbekannten Muster des Versteckens der Technik also doch noch nicht ganz vergessen. Allerdings dürfe man „das Gerät (z.B. die Musiktruhe mit zwei Seitenlautsprechern) und die abgesetzten Basislautsprecher nicht mehr einfach dort hin stellen, wo gerade Platz" sei, sondern man müsse einige „wichtige Regeln beachten". Unter Umständen müsse man eben einige Möbel umstellen, doch das werde der Musikfreund gerne in Kauf nehmen.[323] Der hier verdeutlichte Wandel von Prioritäten verweist auf schrittweise Veränderungen des Musikschrank-Dispositivs: Die Lautsprecher wurden nun oft zugunsten eines besseren Klangs getrennt platziert, die Apparat-Nutzer-Konstellation wurde nicht mehr nur durch den Möbelcharakter, sondern vor allem durch die akustischen Gegebenheiten bestimmt. Auch der symbolische Wert, etwa als Distinktions- und Prestigeobjekt, leitete sich nicht mehr alleine aus dem äußeren Erscheinungsbild ab, sondern die Wiedergabequalität wurde entscheidend.

Mit diesem zunehmenden Interesse an HiFi- und stereofähigen Geräten wuchs auch das Angebot an Alternativen: Einzelne Plattenspieler, Verstärker und Lautsprecher konnten zu einer hochwertigen Wiedergabeanlage kombiniert werden. „Auf dem Markt konkurrier[t]en in- und ausländische Erzeugnisse aller Preis- und Qualitätsklassen unterschiedlichster Gestaltung. Von der preisgünstigen Anlage, die eben noch die in DIN 45500 festgelegten An-

321 Hans-Peter Reinecke, Stereo-Akustik. Eine Einführung in die physikalischen, psychologischen und technischen Grundlagen stereophonen Musikhörens, Köln 1966, Klappentext (im Folgenden: Reinecke, Stereo-Akustik).

322 Reinecke, Stereo-Akustik, S.145.

323 Vgl. Kühne, Kleines Stereo-Praktikum, S.120.

forderungen erfüllt[e], bis zu den teuersten Anlagen für gehobenste Ansprüche" waren alle Zwischenstufen verfügbar.[324]

Als das Angebot an HiFi- und Stereogeräten und an Stereoplatten und Stereo-Radioprogrammen wuchs, begann Mitte der Sechzigerjahre auch die weit verbreitete Warentest-Zeitschrift *DM* damit, Stereo-Verstärker, Radiogeräte, zugehörige Lautsprechern und Stereo-Plattenspieler zu testen.[325] „Breite Schichten der Bevölkerung" bemerkten nun, „welche erstaunliche Klangqualität im Heim erzielt werden" konnte.[326]

Die Konsumenten wurden in Musik- und Warentest-Zeitschriften immer besser über die Vorteile der neuen Technik und die dazu notwendige Geräteausstattung informiert. Stereo und HiFi wurden verständliche Begriffe, „Wunschklang", „Plastik-Ton" und „Raumhall" hingegen verloren an Bedeutung, sodass sich das Dickicht der Reklamesätze nach der beschriebenen Übergangszeit lichtete. So entwickelte sich die Stereo-Wiedergabe während der zweiten Hälfte der Sechzigerjahre zum ‚guten Ton', der nicht mehr nur für HiFi-Freaks und Musikliebhaber zählte.

An die qualitativ hochwertigen Anlagen wurden auch andere Nutzungsansprüche gestellt als an die althergebrachten Truhen und Schränke: Ihre Klangtreue machte es möglich, in die Musik einzutauchen und forderte den Hörer zum aufmerksamen Zuhören auf. „Eine Stereo-Anlage ist zum Zuhören da und nicht zur musikalischen Untermalung beim Kartenspiel."[327] Stereofone Wiedergabe wurde als „fehl am Platz" gesehen, „wo es vielleicht nur um sogenannte Musikberieselung" ging;[328] dafür konnte auch weiterhin der Plattenwechsler des Mono-Musikschranks sorgen. Doch „so wenig man ein festliches Mahl in einer Stehbierhalle einnehmen wird, wird man auch schwerlich etwa ein Sinfoniekonzert aus einer Musikbox beschert haben wollen."[329] Der bewusste Musikkonsum wur-

324 Karl Breh, Von den HiFi-Bausteinen zur Gesamtanlage. In: Karl Breh/ dhfi (Hg.), Einführung in die High Fidelity und Stereophonie, Karlsruhe 1968, S.158-162, hier S.158.

325 Vgl. Stereoanlagen. In: DM 2/1966, S.40-44; Stereo DM Test. In: DM 3/1966, S.31-38; DM Test Stereo-Plattenspieler. In: DM 8/1967, S.26-37.

326 Karl-Heinz Baer, Musik im Stereo-Rundfunk. Technische Aspekte. In: High Fidelity und Stereophonie – ihr Platz und Rang im Musikleben. Symposion auf der „hifi 70 Düsseldorf", Karlsruhe 1971, S.24-34, hier S.34. Der Vortragende stellte diese Entwicklung 1970 für „die letzten Jahre" fest.

327 Anatomie der Stereofonie. In: hobby 4/1965, S.90-96, hier S.94.

328 Schanz, Stereo Taschenbuch, S.18.

329 Schanz, Stereo Taschenbuch, S.19.

de zur Domäne der neuen, hochwertigen Stereo- und HiFi-Geräte. Viele Autoren betrachteten die Stereofonie als ein besonders ausgesuchtes Klangerlebnis und erwarteten ungeteilte Aufmerksamkeit für die passend „wertvolle“ klassische Musik.

Durch die steigende Nachfrage nach Stereo-Geräten wurde es in den folgenden Jahren auch möglich, sie auch zu moderaten Preisen in die westdeutschen Wohnungen zu bringen. Die Stereotechnik verlor Ende der Sechzigerjahre ihren exklusiven Charakter; nicht mehr nur das wohlhabende, Klassik liebende Bürgertum hörte Musik in bester Qualität, sondern die Nutzer bekamen auch „für rund 600 Mark [...] durchaus gute Stereo-Qualität“.[330] Nun konnte auch die jüngere Generation die mehrspurig aufgenommenen verschachtelten Kompositionen der Pop- und Rockmusik der späten Sechzigerjahre mit ihren Sound- und Stereoeffekten auf Anlagen hören, die all das erst übertragen konnten.[331] Die Ansprüche der „early adopters“, der frühen Anhänger der Stereofonie und High Fidelity, verbreiteten sich in immer weiteren Hörerkreisen. Es wurde Konsens, dass eine technisch ausgereifte Anlage eben erst zu einem gewissen Preis zu haben war, und dass an die günstigen, massenhaft produzierten Geräte nicht der Anspruch auf naturgetreue stereofone Wiedergabe gestellt werden dürfe. Während die Industrie inzwischen auch Geräte anbot, die „von Konsumenten mit geringem Einkommen erworben werden“ konnten, verzeichnete sie zugleich eine eindeutige „Tendenz zu den hochwertigen Geräten“. Die Kaufkraft des Publikums sei gestiegen und steige weiterhin, urteilten die Vertreter der HiFi-Industrie 1970, doch vor allem seien „durch Aufklärung und Schulung erfreulicherweise auch die Ansprüche des Verbrauchers an die Qualität gewachsen.“[332] Auch die Nutzerzeitschrift *hobby* schrieb 1965, es hätten sich in der

> *„Technik der Schallplattenwiedergabe [...] zwei Richtungen ausgebildet, die sich voneinander unterscheiden wie das gute, solide Serienauto vom luxuriösen Sportwagenmodell. Ebensowenig wie es möglich ist, für den Preis einer Straßenbahnfahrkarte zu fliegen, wird man nicht ohne beträchtlichen Geldaufwand in den Genuß einer modernen HiFi-Wiedergabe gelangen.“*[333]

330 Karajan auf zwei Kanälen. Test: Stereo-Steuergeräte. In: DM 12/1968, S.38-41, hier S.40.

331 Zum Mehrspurverfahren in den Tonstudios der Pop- und Rockmusiker der Sechzigerjahre vgl. Coleman, Playback, S.102-108.

332 Hücking, Die Entwicklung, S.45.

333 Anatomie der Stereofonie. In: hobby 4/1965, S.90-96, hier S.93.

Seit Mitte der Sechzigerjahre zogen die Stereofonie und High Fidelity infolgedessen immer mehr Nutzer in ihren Bann: Auch diejenigen, die eben nicht zu den wahren HiFi-Freaks zählten (wie z.B. die Leser der Zeitschrift *hobby*), stießen in ihren Konsumentenzeitschriften immer häufiger auf positive Besprechungen der neuen technisch-klanglichen Möglichkeiten. In vielen der nicht spezialisierten Magazine, wie etwa der *Twen*, waren Stereo und HiFi bis in die zweite Hälfte der Sechzigerjahre nie ein Thema gewesen. Dies änderte sich durch die Rundfunk-Stereofonie und die HiFi-Norm. War die HiFi-Wiedergabe in Stereo bis dahin auf einige Kenner und Liebhaber beschränkt geblieben, setzte sich nun zunehmend die Auffassung durch, dass die Stereofonie „ein Fortschritt [sei], der die gesamte Musikwiedergabe revolutionierte."[334] Auch wenn die Kosten der neuen Wiedergabeanlagen höher waren, so schien es sich angesichts des Klanggenusses zu lohnen, höhere Preise zu zahlen. Denn „für 200 Mark gibt es brauchbare Fonokoffer, aber keine HiFi-Stereo-Anlage."[335]

Das Angebot der Geräte, die stereofon und womöglich sogar in HiFi-Qualität Musik abspielen konnten, differenzierte sich weiter aus und es kamen neue Unterscheidungsmerkmale hinzu: Den Musikschränken der Fünfzigerjahre hatte vor allem die äußere Symbolik des Möbelstücks, also Verzierungen und die unterschiedlichen Holzsorten und Formen der Schränke, eine gewisse Aura verliehen. Mit der Durchsetzung der Stereofonie wurde ein neues Element des Dispositivs bestimmend für die Ausdifferenzierung und den symbolischen Abgrenzungswert der Geräte: das des akustischen Hörerlebnisses. Die Stereoanlagen, zusammengestellt aus verschiedenen Geräten, sollten beide Qualitäten zusammenbringen. Am Übergang zu den Siebzigerjahren hatte sich der Stereo- und HiFi-Markt konsolidiert, und es bestand eine große Auswahl unterschiedlichster Geräte aller Formen, Farben, Preis- und Qualitätsklassen.

Dies werde ich im folgenden Kapitel zu den Bausteinstereoanlagen, die dem Musikschrank ein Konkurrenz-Dispositiv zur Seite stellten, detaillierter untersuchen. Ende der Sechzigerjahre hatte der Käufer die Wahl zwischen Stereo-Wiedergabegeräten der unteren und oberen Preisklassen und konnte sich– u.a. aufgrund der verbindlichen Normung der HiFi-Qualität – auf einer sichereren Basis entschei-

334 Anatomie der Stereofonie. In: hobby 4/1965, S.90-96, hier S.93.

335 Anatomie der Stereofonie. In: hobby 4/1965, S.90-96, hier S.94.

den als noch zehn oder fünf Jahre zuvor. Er musste sich lediglich vor dem Kauf über seine Erwartungen klar werden.

> *„Wenn Sie nur hin und wieder etwas Unterhaltungsmusik hören, ohne besondere Ansprüche an die Wiedergabequalität zu stellen, brauchen Sie keine HiFi-Anlage. […] Soll die Musikwiedergabe dagegen möglichst klangtreu sein, ist der Kauf einer HiFi-Anlage zu empfehlen."*[336]

336 Musika maxima. HiFi-Stereo. In: DM 5/1970, S.68-70, hier S.68.

III Der Musikschrank zerfällt in seine Bausteine: Die Stereoanlage als perfekte Lösung für Auge und Ohr

Die Durchsetzung des Stereo- und HiFi-Sounds bereitete den Weg für eine entscheidende Schwerpunktverlagerung in den dispositiven Strukturen der Musikwiedergabegeräte, die in westdeutschen Wohnzimmern standen. Als Folge dieses Umbruchs erlangten die technisch-akustischen Eigenschaften der Geräte einen höheren Stellenwert. Die Objekte überzeugten nicht mehr alleine durch ihre visuelle Ästhetik.

Die Musikschränke befanden sich in einem allmählichen Auflösungsprozess, da sie sich den neuen Anforderungen der Stereofonie und der HiFi-Norm stellen mussten.[337] Die Boxen rückten vom Hauptkorpus der Truhe ab, um die notwendige Stereobasisbreite bereitstellen zu können, und aufwendige Verzierungen, Schnitzereien, Goldleisten, verspiegelte und gekachelte Schrankfächer machten Platz für ein geradlinigeres Design.

Und das Angebot an Alternativen wuchs rapide seit den frühen Sechzigerjahren: Bald konnten die Nutzer sich zwischen zahlreichen unterschiedlichen Gerätetypen entscheiden. Das Angebot Mitte der Sechzigerjahre lässt sich in drei Typen von Anlagen kategorisieren: Erstens die Musikschränke, zweitens die aus mehreren Bausteinen bestehenden Stereoanlagen (III.1.1), und drittens die Anlagen mit einer so genannten Steuertruhe und getrennten Lautsprechern (III.1.2). Die Musikmöbel wurden von den beiden letzteren Typen zunehmend abgelöst.

Es bestanden durchaus Parallelen zwischen den Dispositiven der Musikschränke einerseits und ihrer „Nachfolger", den Stereoanlagen, andererseits: Auch die neuen Geräte, die ich im Folgenden genauer untersuche, verfügten über eine strikte Apparat-Nutzer-Konstellation, die Strukturen im Wohnraum vorgab. Sie definierten ebenso wie die traditionellen Schränke die ideale Sitzposition des Hörers und beeinflussten die übrige Möblierung des Wohnraums. Doch der entscheidende Unterschied lag in den Ursachen ihrer festgelegten apparativen Strukturen: Der Musikschrank bestimmte die Möblierung des Zimmers, da er besonders groß und repräsentativ war und daher so zentral platziert wurde, dass sich die anderen Möbel um ihn herum gruppierten. Die Stereoanlagen hingegen wa-

337 Es waren auch in der zweiten Hälfte der Sechzigerjahre noch zahlreiche Musikschränke im Angebot, die sogar teilweise die neuen Richtwerte der DIN 45 500 erfüllten. 1966/67 führte das HDRFG etwa 90 verschiedene Modelle, von denen circa 90% für die Stereowiedergabe gerüstet waren.

ren weniger dominant in ihrem äußeren Erscheinungsbild, da die einzelnen Geräte und Lautsprecher nun voneinander getrennt aufgestellt wurden. Doch sie vermittelten ebenso klare Richtlinien für ihre Installation und die Positionierung weiterer Möbel und der Hörer, allerdings auf einer neuen, nicht mehr ästhetisch-repräsentativen Basis, sondern aufgrund der Akustik und Technik.

Innerhalb aller drei Gerätegattungen (Musikschrank/ Bausteinanlage/ Anlage mit Steuertruhe) bestanden weitere Auswahlmöglichkeiten für die Nutzer. Beim Musikschrank erfolgte die Ausdifferenzierung der Angebotspalette insbesondere anhand der unterschiedlichen Gestaltung der Möbelstücke. Entschied der Käufer sich für eine Steuertruhe mit Lautsprechern oder für eine Bausteinanlage, waren seine Wahlmöglichkeiten noch größer: Neben dem Design konnte nun insbesondere die technische Ausstattung den persönlichen Bedürfnissen angepasst werden.

III.1 Flexible Alternativen machen dem Musikschrank Konkurrenz

Auch die Musikschränke versuchten sich zu behaupten, indem sie zu so genannten „Hi-Fi-Stereo-Truhen“ wurden: Die Hersteller bauten neue, den Standards der High-Fidelity und Stereowiedergabe entsprechende Geräte ein und versahen sie mit getrennten Lautsprecherboxen. Doch die Schränke blieben weiterhin ihren bekannten Prinzipien treu und versteckten die Technik hinter Schranktüren, waren besonders groß und nahmen die zentrale Position im Zimmer ein. Beleuchtete Schallplatten- und Barfächer gehörten weiterhin zur Grundausstattung, und der Käufer wählte letztlich zwischen verschiedenen Designs der Schränke. Auf die Zusammenstellung der technischen Geräte in diesem „Komplettpaket“ hatte er keinen Einfluss.

Doch die Konkurrenz sollte im Laufe der Sechzigerjahre immer stärker werden. Noch zu Beginn des Jahrzehnts hatte es praktisch keine Alternative zu den repräsentativen Musikschränken in verschiedenen Formen und Holzsorten gegeben. Im Jahr 1961 etwa hatte nur die exklusive Firma Braun eine teure Stereoanlage für 1.370 DM im Angebot. Das Hauptbauteil dieser Anlage mit dem Namen *Studio 2*, das Phonosystem mit integriertem Steuerteil, wurde ergänzt durch ein Rundfunkempfangsteil und einen Stereo-Verstärker. Lautsprecher mussten separat hinzugekauft werden, sodass diese Anlage komplett nicht unter 1.700 DM zu haben war.[338]

Bei der Vorstellung auf der Funkausstellung erregte die von Dieter Rams[339] entworfene Anlage Aufsehen, da sie einem neuartigen Baukastensystem folgte. Sie trennte Tuner, Vor- und Endverstärker, und die flachen Einzelelemente waren in Stahl, Aluminium und Plexiglas ausgeführt.[340] Die Firma Braun schlug neue Wege ein, indem sie kühles Silber als angemessenes Design für Stereoanlagen einführte. Bald übernahm sie eine führende Rolle in der Herstellung von Geräten zur möglichst originalgetreuen Klangwiedergabe in Deutschland.[341]

Alle anderen Hersteller beschränkten ihr Angebot an Heimwiedergabeanlagen Ende der Fünfziger- und zu Beginn der Sechzigerjahre noch auf die traditionellen Musiktruhen und auf die sogenannten Phonosuper – prächtige große Tisch-Rundfunkempfänger, unter deren oberem Deckel ein Plattenspieler oder -wechsler eingebaut war. Braun war der Konkurrenz, die weiterhin versuchte die Technik als Möbelstück zu tarnen, meilenweit voraus.

Der Wandel zu einem sachlicheren Design setzte in den frühen Sechzigerjahren dann aber allmählich auch herstellerübergreifend ein: Rundfunkgeräte im flachen Format („nordische Linie") und mit klarer rechtwinkliger Linienführung erschienen auf dem Markt, goldene Zierleisten und geschwungene Formen verloren an Popularität. Auf der Funkausstellung 1961 stellten selbst traditionelle Fir-

338 Braun Stereo-Anlage Studio 2, vgl. HDRFG 1961/62, S.A135. Die Preise für die passenden Lautsprecherboxen liegen zwischen 160DM und 795DM, vgl. HDRFG 1961/62, S.A136.

339 Rams hatte gemeinsam mit Hans Gugelot auch schon den legendären Schneewittchensarg entworfen. Das Design der Radio- und Phonogeräte von Braun, entwickelt in Zusammenarbeit mit Hans Gugelot der Ulmer Hochschule für Gestaltung sowie mit freien Mitarbeitern wie Wilhelm Wagenfeldt und Otl Aicher, hob schon seit Mitte der Fünfzigerjahre die Braun-Produkte aus dem üblichen Marktangebot heraus. Auf der Funkausstellung in Düsseldorf war die neue Design-Philosophie vorgestellt worden, und besonders die Radio-Phono-Kombination SK4 von 1956 schrieb unter dem Namen „Schneewittchensarg" Designgeschichte. Vgl. zum „Schneewittchensarg": Selle, Design im Alltag, S.139-150. Zum Braun-Design: Bernd Polster, Braun GmbH (Hg.), Braun. 50 Jahre Produktinnovationen, Köln 2005 (im Folgenden: Polster, Braun).

340 Vgl. Riedel, 70 Jahre Funkausstellung, S.147.

341 Vgl. Hans Wichmann, Mut zum Aufbruch. Erwin Braun 1921-1992, München, New York 1998, S.82.

men wie Grundig[342] neue Bausteinserien vor: Ein Radio mit zwei getrennten Lautsprechern konnte durch einen Plattenspieler und – je nach Wunsch – ein Tonbandgerät zu einer vollständigen Musikanlage ergänzt werden. Die einzelnen Geräte wurden in den vorhandenen Wohnzimmermöbeln – vorzugsweise offenen Regalen – untergebracht.[343]

Seit etwa 1963 boten alle Hersteller Anlagen nach dem Baukastenprinzip an: Der Käufer hatte die Wahl zwischen der Grundig Serie „mit Verbindungsschnüren, Steckern und Buchsen, sie sich untereinander kombinieren"[344] ließen, dem Philips *HiFi-Bausteinprogramm*,[345] den Dual *Stereo-Componenten*, den *Stereo-HiFi-Bausteinen* von Perpetuum Ebner, den Elac *Hi-Fi-Stereo-Kombinationen* u.v.m.

So bestand Mitte der Sechzigerjahre die volle Auswahl: Bei Anschaffung einer Heimwiedergabeanlage konnte ein Musikschrank, eine so genannten „Steuertruhe" mit getrennten Lautsprechern (vgl. Kap. III.1.2) oder eine Bausteinanlage erworben werden. Die neuen Gerätetypen werde ich in den folgenden Unterkapiteln einer detaillierten Objektanalyse unterziehen, um ihre spezifischen Apparat-Nutzer-Konstellationen und ihre neuen symbolischen Eigenschaften, die sie vom Musikschrank abhoben, zu demonstrieren.

III.1.1 Individuelle Bausteinanlagen

Der Kauf einer Stereoanlage erforderte viele Entscheidungen. Der Nutzer musste überlegen, ob er alle Bausteine von einem Hersteller kaufen oder aber die Geräte und Lautsprecher verschiedener in- und ausländischer Firmen kombinieren wollte. Außerdem war noch eine weitere grundlegende Entscheidung über die Zusammenstellung der Anlage zu treffen, die sich am Besten anhand von Beispielen und den folgenden schematischen Darstellungen verdeutlichen lässt.

342 Zu Grundig als einem der eher traditionellen Hersteller von Unterhaltungselektronik vgl. „Grundig. Die neuen Größen". In: Spiegel 3/1958, S.18-29 (auch zum Design der Grundig-Geräte mit „Intarsien und möglichst viel goldglänzenden Leisten").

343 Vgl. Berlin 1961. Deutsche Rundfunk-, Fernseh- und Phono-Ausstellung. In: Ton Magazin, September/ Oktober 1961, S.67-70, hier S.68; und Riedel, 70 Jahre Funkausstellung, S.153f.

344 HDRFG 1963/64, S.A158.

345 Philips-HiFi-Bausteinprogramm nun komplett. In: Ton Magazin, September/ Oktober 1962, S.61.

Objektbeschreibung

War eine Bausteinanlage das „Objekt der Begierde", konnte der Käufer zum Beispiel eine Gerätekombination erwerben, die den in den Musikschränken eingebauten Apparaten ganz ähnlich war: Ein so genanntes *Steuergerät*, das den Verstärker und das Radio gemeinsam in einem Gehäuse unterbrachte (und auch in den Schränken schon das zentrale Bedienungselement dargestellt hatte), wurde nun als einzelner Apparat mit zwei Lautsprechern, und, je nach Wunsch, mit einem Plattenspieler kombiniert (vgl. Abb. 1).

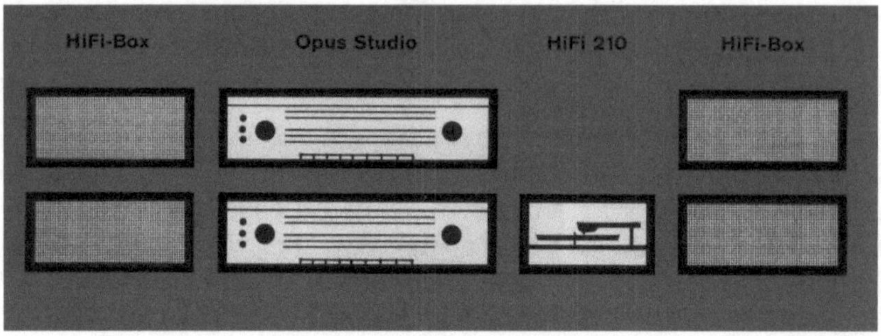

Abb. 1: Bausteinanlage mit Steuergerät.
In: Telefunken Sprecher 38/1966, S.4.

Die Alternative bestand darin, auch Rundfunkempfänger und Verstärker als getrennte Bausteine zu wählen, die dann wiederum durch Lautsprecher und Plattenspieler vervollständigt wurde (vgl. Abb. 2). Selbstverständlich konnte in beiden Fällen noch ein zusätzliches Tonbandgerät angeschlossen werden.

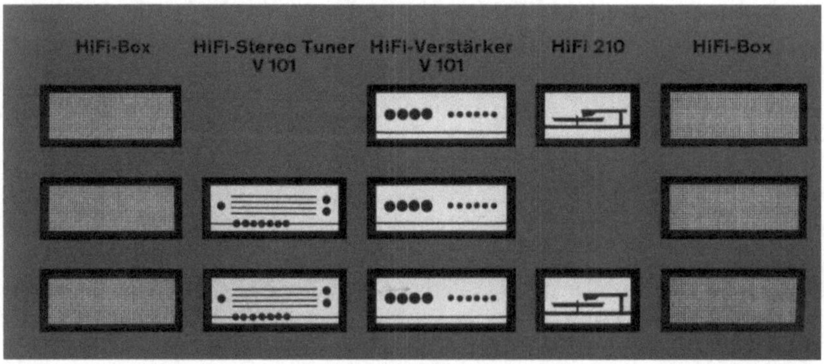

Abb. 2: Bausteinanlage mit getrenntem Tuner und Verstärker. In: Telefunken Sprecher 38/1966, S.5.

Der Nutzer musste sich also zunächst für ein Steuergerät oder für eine Trennung von Tuner und Verstärker entscheiden. Die schematischen Darstellungen zeigen, dass die Auswahlmöglichkeiten der

Nutzer ebenso stiegen wie die Anzahl technischer Geräte in seiner Wohnung. Im Gegensatz zur geschlossenen Einheit des Musikschranks standen nun mehrere Einzelteile zur Verfügung, die kombiniert und erweitert werden konnten. Nicht mehr die Entscheidung für ein zentrales Gerät war zu treffen, sondern die Zusammenstellung mehrerer technischer Geräte verlangte dem Käufer einige Überlegungen ab. Die Abbildungen verdeutlichen ebenso, dass die Anlagen schrittweise aufgebaut werden konnten; es ließ sich also etwa mit einem Steuergerät und zwei Lautsprechern beginnen, während der Kauf des Plattenspielers oder gar eines zusätzlichen Tonbandgerätes erstmal aufgeschoben werden konnte. Zugleich musste dem Konsumenten aber auch bewusst sein, in welcher Reihenfolge ein Kauf sinnvoll war; mit dem Erwerb eines Tuners und zweier Lautsprecher ohne den passenden Verstärker würde er noch nicht über eine spielbereite Anlage verfügen! Der Kunde war deutlich stärker gefordert als zuvor; er musste zumindest grundlegend informiert sein über die Technik, die er kaufen wollte.

Meist bestanden die Unterschiede zwischen den neuen Gerätetypen und den Musikschränken vor allem in ihrem Äußeren, während sie technisch dieselben Maßstäbe erfüllten. Dies war besonders bei den Steuergeräten, die in Bausteinanlagen integriert wurden bzw. in Steuertruhen eingebaut waren, der Fall: Das *Opus Studio 2650* etwa, ein neues Steuergerät von Telefunken aus dem Jahr 1966, wurde auch in einigen Musikschränken integriert.[346] Neben den üblichen Schaltern zur Auswahl des Wellenbereichs, zur Einstellung der Höhen und Tiefen, zum Umschalten auf die Wiedergabe vom angeschlossenen Plattenspieler und zur Aktivierung der Stereowiedergabe enthielt es auch eine UKW-Abstimmautomatik sowie einen

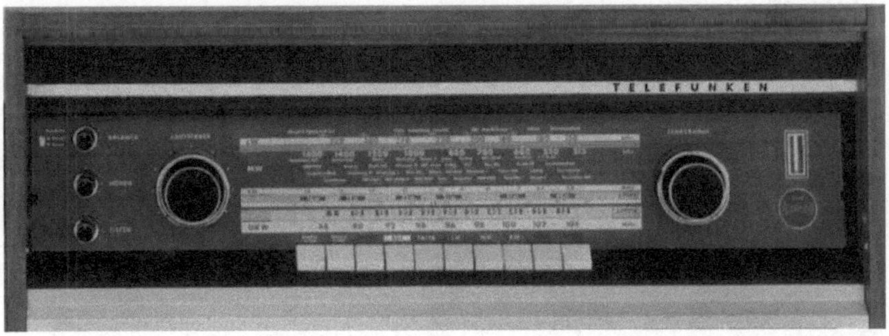

Abb. 3: Steuergerät Opus Studio. In: Telefunken Broschüre 1966, Archiv der GFGF (Original in Farbe).

346 Zum Beispiel im Telefunken Musischrank Bayreuth Studio 201, vgl. HDRFG 1967/68, S.D4.

sogenannten Rausch- und einen Rumpelfilter, die bei Schallplattenwiedergabe Störbereiche des oberen und unteren Frequenzbereiches unterdrückten (Abb. 3). Kombinieren ließ sich ein Steuergerät mit einem Plattenspieler wie dem *HiFi 210*, der der kurz zuvor erlassenen HiFi-Norm entsprach und ebenfalls in HiFi-Musiktruhen Verwendung fand. Als Bestandteil einer Stereoanlage passte er sich nun optisch dem Steuergerät an – beide Geräte waren in ein Gehäuse aus Nussbaumholz eingebaut (Abb. 4).

Abb. 4: Plattenspieler HiFi 210. In: HDRFG 1966/67, S.B99.

Verschiedene HiFi-Lautsprecherboxen in den entsprechenden Holztönen ergänzten die Anlage. Sie unterschieden sich in Leistung und Frequenzgang, und demnach auch in ihren Abmessungen sowie im Preis.[347] Bei den Anlagen mit Steuergerät lag der Unterschied zum Musikschrank also primär im fehlenden Möbelgehäuse und in der Möglichkeit, passende Lautsprecher auszuwählen, die den individuellen Ansprüchen an Klangqualität sowie den räumlichen und akustischen Gegebenheiten im Wohnzimmer und auch den finanziellen Möglichkeiten entsprachen.

Entschied der Nutzer sich für den Erwerb einer Anlage mit elektrisch wie räumlich eigenständigem Tuner und Verstärker, konnte er beispielsweise den Telefunken *Hi-Fi-Stereo-Verstärker V 101* mit dem *Hi-Fi-Stereo Tuner T 101* kombinieren (vgl. Abb. 5). Während das Rundfunkempfangsteil sich in seinen Funktionen und auch im Design nicht wesentlich von den in Musiktruhen integrierten bzw.

347 Telefunken HiFi-Lautsprecherboxen WB 60, WB 60H, RB 66, RB 70, vgl. Betrachtungen zum Telefunken HiFi-Angebot. In: Telefunken Sprecher 38/1966, S.4f. und HDRFG 1966/67 S.242f.

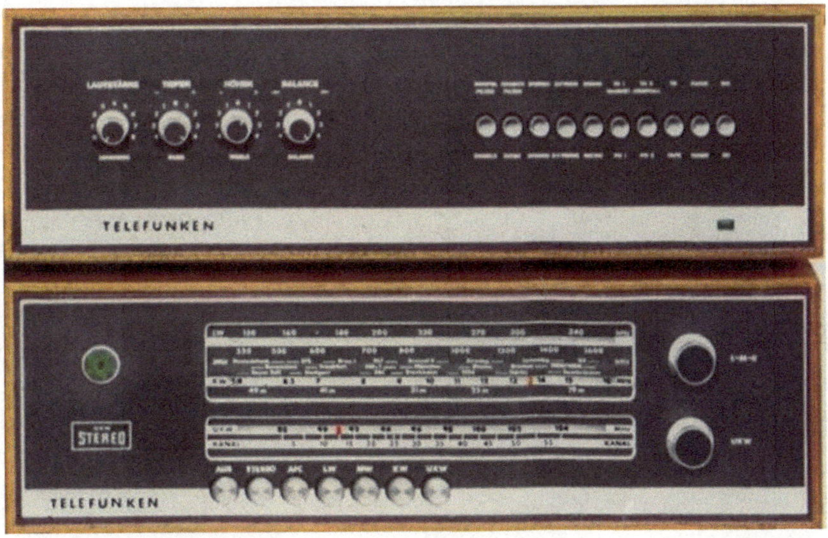

Abb. 5: Telefunken T 101 und V 101. In: Telefunken Report 1967, S.23.

auch als Einzelbaustein verfügbaren Steuergeräten unterschied, hatte der Verstärker eine deutlich höhere Leistung.[348] Er verfügte über die üblichen vier Drehschalter zur Einstellung von Lautstärke, Höhen, Tiefen und Balance sowie über zehn Drucktasten: neben den auch bei den Steuergeräten vorhandenen Schaltern für Rumpel- und Rauschfilter, für Stereo-Wiedergabe etc. waren zusätzliche Einstellmöglichkeiten je nach gewähltem Tonkopf des Plattenspielers (Kristall- oder Magnettonabnehmer[349]) vorhanden. Anlagen mit getrenntem Tuner und Verstärker konnten also noch individueller eingestellt werden, und auch die Zahl der kompatiblen Lautsprechersysteme war noch höher: Für die Kombination aus dem *V 101* und den *T 101* bot Telefunken sieben verschiedene Boxen, die sich in Leistung, Größe und Form unterschieden. Für jedes Bedürfnis gab

348 V 101: 2x 25 W, Operette 2x6 W, Opus Studio 2x15W. Vgl. HDRFG S.A240f.

349 Ein Tonabnehmer erzeugt aus den von der Schallplattenrille erzwungenen Nadelbewegungen elektrische Spannungsschwankungen. Dies kann durch ein magnetisches System oder anhand von Kristalltonabnehmern erreicht werden. In magnetischen Tonabnehmern ist die Abtastspitze mit einem kleinen Magneten verbunden, der in einer Spule hin und her schwingt, die so Wechselspannungen liefert, die den in den Rillenlenkungen aufgezeichneten Tonfrequenzen entsprechen. Da diese Spannungen gering sind, müssen sie vorverstärkt und entzerrt werden, sodass ein sog. „Entzerrer-Vorverstärker" im Plattenspieler eingebaut sein muss. Kristalltonabnehmer erzeugen höhere Spannungen, die ohne Vorverstärkung für die Aussteuerung des Hauptverstärkers ausreichen. Vgl. Pfau, Zauberwort Stereo, S.115-122.

es passende Lautsprecher; so zum Beispiel eine einfache Variante für 158 DM je Box (Lautsprecher *WB 60*), die aufgrund ihrer geringen Abmessungen und flachen Form (47 x 25,5 x 16,5cm) auch aufgehängt oder ins Regal gelegt werden konnten und eine Leistung von 15 Watt sowie einen Übertragungsbereich von 40-18.000 Hz hatten (vgl. Abb. 6).[350] Daneben gab es aber auch solche Boxen, die mit je 20 Watt und einem Frequenzgang von 35-20.000 Hz mehr Leistung mitbrachten (*RB 66*), dementsprechend ein wenig teurer waren (235 DM) und auf einem Stahlrohr-Fußgestell platziert werden konnten.[351] Aber auch absolute Spitzenlautsprecher waren passend zu haben: so etwa die *Lautsprecherbox L645 HiFi* mit 20 Watt und einem Übertragungsbereich von 25-23.000 Hz oder Hi-Fi-Standboxen mit hohem Gehäusevolumen und 30 Watt für 485 DM pro Stück (vgl. Abb. 7).[352]

Abb. 6: Lautsprecher WB 60.
In: Telefunken Report '67/68, S.37.

Alle verfügbaren Lautsprecher waren im Design auf die Gesamtanlage abgestimmt: Die anthrazitfarben eloxierte Metallfront von Verstärker und Tuner fügte sich, ebenso wie das Plattenspieler-Chassis (auch diese Anlage wurde beispielsweise durch den *HiFi 201* ergänzt) in ein Holzgehäuse aus hellem, mattem Nussbaumholz (oder wahlweise Teakholz) ein. Auch die Gehäuse der Boxen waren in hellem, mattem Holz oder in Teak gefertigt.

Abb. 7: HiFi Box SB 86.
In: Telefunken Report '67/68, S.37.

350 Vgl. HDRFG 1966/67, S.A242.

351 Vgl. HDRFG 1966/67, S.A243.

352 Vgl. HDRFG 1966/67, S.A242.

Apparat-Nutzer-Konstellation

Stereoanlagen nach dem Baukastenprinzip unterschieden sich in ihrer Apparat-Nutzer-Konstellation, ihrer Choreografie der Nutzung und ihren symbolischen Dimensionen ganz offensichtlich von den Musikschränken – selbst wenn die in Schrank und Bausteinanlage integrierten Geräte teilweise dieselben waren. Sei es nun mit Steuergerät oder getrenntem Tuner und Verstärker, in jedem Fall erforderten die Bausteinanlagen mehr technisches Verständnis der Nutzer als der Musikschrank. Der Musikschrank stellte für den Nutzer ein bequemes „Komplettpaket" dar, er musste sich keine weiteren Gedanken über Anschlüsse und Kompatibilität machen.

Anlagen nach dem Bausteinprinzip aber erforderten Verständnis für technische Daten wie den Frequenzgang, die Wattleistung von Lautsprechern, Verstärkern etc. Während aufeinander abgestimmte Bausteinanlagen eines Herstellers die Hemmschwelle der Verbraucher niedriger halten konnten, indem sie die Kompatibilität der Einzelteile garantierten, erforderte die eigenständige Zusammenstellung einer Anlage aus Bausteinen verschiedener Hersteller das größte technische Verständnis, beinahe schon Expertenwissen. Der Nutzer musste entscheiden, welche Bausteine zusammen passten, denn Übertragungsbereiche und Leistung der Einzelgeräte mussten aufeinander abgestimmt werden. Die Gründe für die teils großen Preisunterschiede der einzelnen Verstärker, Tuner und Plattenspieler erschlossen sich erst bei genauerem Hinsehen und mit Kenntnis der technischen Daten. Auch die fachgerechte Verbindung, der Kauf der passenden Kabel usw., stellten höhere Anforderungen an den Nutzer, kennzeichneten ihn aber – wenn die Anlage erfolgreich im Wohnzimmer installiert war – somit auch als HiFi-Stereo-Spezialisten.

In ihren symbolischen Dimensionen qualifizierte eine Stereoanlage in Einzelelementen ihren Nutzer als Musikliebhaber, als technisch versierten Nutzer und – je nach Preisklasse und Design – gar als Stereo- und HiFi-Enthusiasten. Er musste die Einzelteile der Anlage im Raum anordnen; Bausteine in Regale einfügen oder auf Tischen und Kommoden aufstellen, Lautsprecher an die Wand hängen oder an passender Stelle in die Schrankwand legen. Viele einzelne Geräte waren per Kabel zu verbinden.

Die Bausteinstereoanlage bot – sozusagen als Gegenleistung für die Mühe der Nutzer – auch größere individuelle Freiheiten sowohl in der Zusammenstellung der gesamten Anlage als auch in ihrer Integration in den Wohnraum. Sie befand sich mit ihrer Modul-Struktur im Einklang mit der wechselnden Mode der Inneneinrichtung, die sich seit den Sechzigerjahren von den hochglanzpolierten Buffetschränken abwandte, die Zweckform bevorzugte und zunehmend flexiblere Schrankwände und sogenannte „String-Regale" in die Wohnzimmer brachte. Hier konnten Regal- und Schrankelemente in verschiedenster Anordnung und ganz nach individuellen Wünschen in Metallträger eingehängt und auch immer wieder verändert werden.[353] Die Ideen der Ulmer Hochschule für Gestaltung – wie der modulare Aufbau von Möbeln, den etwa Hans Gugelot schon seit 1950 entwickelt hatte – fanden im Laufe der Sechzigerjahre ihren Niederschlag im Massendesign.[354] Die neuen Regale, die sich an das so genannte System-Design anlehnten, waren zumeist in Nussbaum oder Teakholz gefertigt[355] und boten nun den idealen Platz für die Bauteile einer Stereoanlage (vgl. Abb. 8). Hier ließen sich die einzelnen Geräte ganz nach Wunsch anordnen, und auch neu hinzu gekaufte Elemente waren einfach zu integrieren.

Abb. 8: String-Regal mit Audiogeräten. In: Schöner Wohnen 1/1962, S.41.

353 Vgl. Tränkle, Neue Wohnhorizonte, S.729.

354 Zum System-Design und den modularen Regalen von Hans Gugelot vgl. etwa Hans Wichmann (Hg.), System-Design. Bahnbrecher: Hans Gugelot 1920-1965, Basel 1987.

355 Vgl. Strobel, Im Petticoat am Nierentisch, S.126f.

Eine neue Bausteinanlage der Sechzigerjahre passte zu einer modernen Inneneinrichtung und bot ihrem Besitzer die Chance, sich als moderner und zugleich technisch versierter Konsument zu inszenieren und von den traditionellen Musikschrankliebhabern abzugrenzen. Ein Regalsystem mit Tuner, Verstärker, Plattenspieler und passenden Lautsprechern strahlte Individualität und Fortschrittlichkeit aus.

Der produktästhetische Wandel hin zu einem sachlicheren und funktionalistischen Design hatte sich nicht einfach aufgrund eines Geschmackswandels der Westdeutschen in Einrichtungsfragen durchsetzen können, sondern war auch den sich wandelnden Produktionsbedingungen in der Industrie und der zunehmenden Konkurrenz technologisch gleichwertiger Güter geschuldet.[356] Zum einen bedingten Rationalisierungsbestrebungen in der Produktion eine Standardisierung der Produkte: Die Geräte waren günstiger herzustellen, wenn weniger Handarbeit gefragt war und möglichst viele Teile möglichst vieler Produkte identisch waren. Die Zargen und Gehäuse verschiedener Plattenspieler, Radios, Verstärker und Steuergeräte waren einfach und massenhaft zu produzieren, während die verzierten Schränke einen höheren Produktionsaufwand verursachten. Zum anderen boten immer mehr Hersteller immer mehr technisch gleichwertige Geräte an, was dazu führte, dass Produkte ihren Nutzen und ihre Gebrauchsfunktionen stärker symbolisieren mussten; über das Design wurde ein Gebrauchswertversprechen vermittelt. Das bedeutet allerdings nicht etwa, dass die Ausdifferenzierung der Geräte hier an ein Ende gekommen wäre, sondern sie nahm einen anderen Verlauf: Neue Leitlinien des Designs konnten ein Produkt als qualitativ hochwertig und wertvoll kennzeichnen; nicht mehr die traditionellen, barocken Formen funktionierten als Distinktionsmerkmal, sondern die Technik und das funktionalistische Design strahlten Qualität und Exklusivität aus.

In der Praxis bedeutete das, dass die Abgrenzungen nun einer anderen Logik folgten: Nicht mehr nur visuelle, sondern vor allem technische und akustische Eigenschaften dienten als Distinktionsmerkmal. Auch die traditionellen Hersteller wie Telefunken oder Grundig strebten nun eine funktionale, sachliche Gestaltung der Geräte an und versteckten die Technik nicht mehr vollständig hinter hölzernen Fronten. Die Bedieneroberflächen der Steuergerä-

356 Gert Selle spricht von einer Versachlichung aus Rationalisierungsgründen und einer Versachlichung wegen Aufwertung funktionalistischer Codes zu Kennzeichen der Markenqualität. Vgl. Selle, Die Geschichte des Design, S.189.

te, Tuner und Verstärker waren frei zugänglich und sichtbar und nicht mehr hinter Klappen und Türen verborgen. Die zunehmende Anzahl der Knöpfe und Schalter und die Zierblenden aus matt-eloxiertem Metall charakterisierten die einzelnen Elemente als hochwertige, dem aktuellen Stand der Technik entsprechende Geräte. Zugleich blieben viele dieser Modelle trotz fortschrittlicher HiFi-Stereo-Technik und getrennter Aufstellung der Bausteine weiterhin dem Prinzip der möglichst unauffälligen Unterbringung von Technik im Wohnraum treu: Die neuen Telefunken-Produkte wie das Steuergerät *Opus Studio*, der Tuner *T101*, der Verstärker *V 101*, der Plattenspieler *HiFi 210* und die zugehörigen Lautsprecher waren mit Zargen und Gehäusen in verschiedenen Holzsorten versehen. Hiervon konnte sich wiederum abheben, wer eines der sehr wenigen Geräte besaß, die durch ein konsequent technisches Äußeres auffielen und auf diesem Wege ihre vermeintlich exzellente Klangqualität kommunizierten. Die Firma Braun blieb Vorreiter in diesem gehobenen Marktsegment modernster Geräte mit kühlem Design in Aluminium, Stahl und Plexiglas. Ihre Apparate wirkten vielmehr wie die Ausstattung eines professionellen Tonstudios, und so ordnete ihr Besitzer sich in die Riege der besonders modernen und stilbewussten Musikliebhaber ein, die es sich leisten konnten, HiFi-Geräte der Edel-Klasse zu hohen Preisen zu erwerben.

Die Technik und die Akustik gewannen demnach an Bedeutung in den dispositiven Strukturen privater Musikwiedergabegeräte und ihrer symbolischen Aussagekraft: Die Klangqualität und technische Ausgereiftheit der Anlagen wurden über zusätzliche Regler – etwa zur Einstellung entsprechend des gewählten (Kristall- oder Magnet-) Tonabnehmers –, Bedieneroberflächen aus Aluminium und große Lautsprecher kommuniziert. Ein Nutzer konnte sich durch die Entscheidung gegen ein zentrales Steuergerät und für eine Anlage mit getrenntem Verstärker und Tuner als besonders fachmännisch und fortschrittlich charakterisieren.

Die Ausdifferenzierung innerhalb der Gerätepalette der Stereo-Heimanlagen erfolgte somit über eine Verbindung der beiden Aspekte Technik und Design. Den Konsumenten standen – im Vergleich zu den Musikschränken – zahlreichere individuelle Auswahl- und Ausdrucksmöglichkeiten zur Verfügung. Dies stand im Einklang mit den seit dem Ende der Fünfzigerjahre Fahrt aufnehmenden gesellschaftlichen Individualisierungs- und Pluralisierungsprozessen:[357] Die Phonogeräte spiegeln den Wertewandel in der Gesellschaft der Sechzigerjahre, da sie in ihren individuellen Angeboten und den größeren Freiräumen, die sie den Nutzern boten, dem Übergang von Pflicht- zu Selbstentfaltungswerten[358] und der zunehmenden Wertschätzung von Individualität entsprachen. Zugleich fungierten sie als Förderer dieser Prozesse, da sie dem Hörer eine prominentere Rolle als zuvor einräumten und ihn durch ihre Apparat-Nutzer-Konstellation dazu aufforderten, sich über die Zusammenstellung der einzelnen Geräte und ihre Positionierung im Zimmer entsprechend der raumakustischen und gestalterischen Verhältnisse Gedanken zu machen. Vor allem aber ließ er sich nicht mehr nur berieseln, sondern seine Qualitäten als technisch versierter Nutzer waren mehr gefragt denn je: Immer mehr einzelne Knöpfe und Regler stärkten das Gefühl seiner Autonomie und Individualität.

III.1.2 Die Steuertruhe als Hybrid – eine Übergangslösung für den Musikschrankliebhaber

Seit 1966 gab es einen weiteren Gerätetypus auf dem Markt, der sich als Kompromiss zwischen Musikschränken und Bausteinanlagen präsentierte. Von den großen, massigen Truhen schrittweise abrückend, begannen einige Hersteller seit Mitte der Sechzigerjahre, auch so genannte *Steuertruhen* mit separaten Lautsprechern zu produzieren (vgl. Abb. 9). Schon ihre Gerätebezeichnung charakterisierte sie als ein Hybrid aus *Steuer*gerät (der Bausteinanlage) und Musik*truhe*. Dieser Gerätetypus stellt eine Materialisierung des Übergangs vom Musikschrank- zum Bausteinanlagen-Dispositiv dar: Die Hersteller knüpften an Altes und Bekanntes an, indem sie die Apparate, also das Radio, den Verstärker und den Plattenspieler, weiterhin in einem zentralen Bauteil unterbrachten und so den Vorlieben der Musikschrankanhänger entgegenkamen. Dem technischen Fortschritt in der Klangwiedergabe und den neuen Einrichtungsstilen waren die unabhängigen Lautsprecher sowie die zumeist nüchternere Gestaltung und kleinere Form geschuldet.

357 Vgl. Vollbrecht, Die Bedeutung von Stil, S.31.

358 Vgl. Schönhoven, Aufbruch in die sozialliberale Ära, S.140.

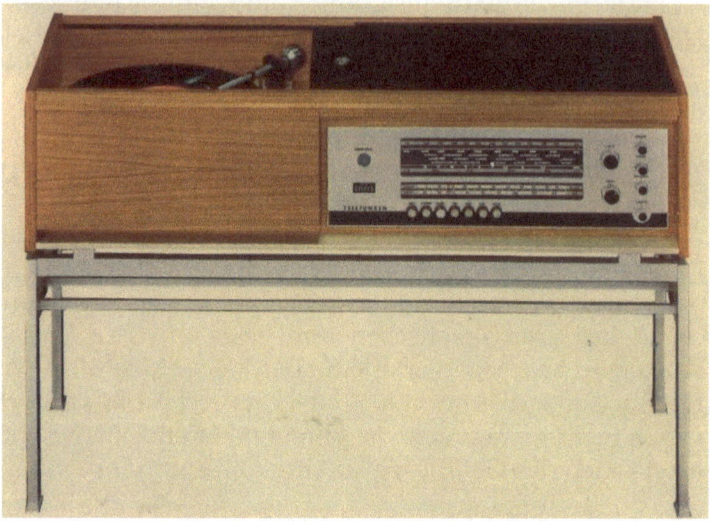

Abb. 9: Stereo-Steuertruhe Bolero Studio 101.
In: Telefunken Report '67, S.26.

Objektbeschreibung

Seit 1966 bot Grundig verschiedene HiFi-Stereo-Steuertruhen unter dem Namen *Hi-Fi-Studio* an, und Telefunken offerierte die Steuertruhen *Bolero 101* und *Bolero Studio 101* (die sich nur in der Verstärkerleistung unterschieden, vgl. Abb. 9).[359] Alle Steuertruhen waren zum Empfang des stereofonen Rundfunks vollständig ausgerüstet. Der Käufer konnte aus verschiedenen Lautsprechermodellen diejenigen wählen, die seinen Anforderungen an Leistung, Übertragungsbereich, Größe und Farbe des Gehäuses entsprachen.

Die neuen Geräte wiesen ein sehr unterschiedliches Design auf. Auch wenn viele der Steuertruhen in einem geradlinigen, schnörkellosen Design gehalten waren wie die *Bolero Studio 101*, gab es auch bei diesem neuen Typus solche, die an der barocken Linienführung und den reichen Verzierungen festhielten, so etwa das *Hi-Fi-Studio 80B* der Firma Grundig und sich eher an ältere Käufer wandten, die die traditionellen Formen bevorzugten (vgl. Abb. 10).[360]

359 Vgl. HDRFG 1966/67, S.A148 (Grundig) und A.183-184 (Telefunken).

360 Vgl. HDRFG 1966/67, S.A150.

Abb. 10: Hi-Fi-Stereo-Steuertruhe Hi-Fi-Studio 80B von Grundig. In: HDRFG 1966/67, S.A150.

Nur die „Allroundanbieter" wie Grundig und Telefunken scheinen sich dieser „Übergangslösung" zwischen Musikschrank und Bausteinanlage gewidmet zu haben um möglichst weite Käuferschichten zu erfassen; spezialisierte Hersteller wie Dual, Elac oder gar Braun nahmen die kleinen Truhen nicht in ihr Programm auf.

Waren sie nun modern oder altmodisch gestaltet, letztlich handelte es sich bei den Steuertruhen um den zeitgemäßeren, der Stereotechnik entsprechenden, „abgespeckten Nachfolger" der großen Musikmöbel, der aber den Gewohnheiten von Musikschrankbesitzern näher war als die vollständig in ihre Bausteine aufgelöste Anlage. Steuertruhen wurden im Handbuch für die Gerätehändler in derselben Rubrik wie die großen Musikschränke aufgeführt und bewegten sich ebenso im höheren Preissegment: Alleine die Lautsprecher zu den Grundig *Hi-Fi-Studios* kosteten zwischen 240 und 830 DM pro Stück![361]

Die Steuertruhen ähnelten noch in vielen Attributen ihren Vorgängern beziehungsweise Konkurrenten: Selbst wenn sie modern und funktionell gestaltet waren, blieben sie doch dem Prinzip des Versteckens der Technik treu. Sie waren weiterhin in hellem Nussbaum-, Teakholz oder auch in Palisander gefertigt, orientierten sich somit in ihrer Ausführung an den Inneneinrichtungstrends der Sechzigerjahre und fügten sich gut in den Wohnraum ein. Wie Abbildung 11 zeigt, konnte der Plattenspieler der Steuertruhe *Bolero*, der von oben bedient wurde, durch verschiebbare Platten verdeckt werden. Auch

361 Vgl. HDRFG 1966/67, S.A149. Die Preise der Steuertruhen werden leider weder im Handbuch noch in den Werbeanzeigen angegeben.

die Radiokonsole ließ sich hinter einer Abdeckung verbergen (die, wenn sie geöffnet war, im Truheninneren versenkt wurde und somit nicht sichtbar war).

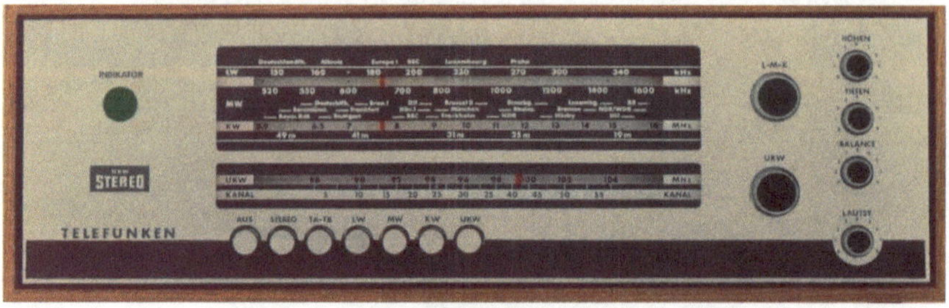

Abb. 11: Bedieneroberfläche der Steuertruhe Bolero Studio 101 (Operette 2650). In: Telefunken Report '67, S.22.

Die auf der Benutzeroberfläche, einer Zierblende aus matt-eloxiertem Metall, angesiedelten Instrumente unterschieden sich kaum von denen der Musikschränke (vgl. Abb. 11).[362] Das eingebaute Rundfunkchassis mit Verstärker (Telefunken *Operette 2650*) verfügte über sieben Drucktasten unterhalb der Skala: vier zur Auswahl des Wellenbereichs (UKW, KW, MW, LW), einen zur Wiedergabe über den angeschlossenen Plattenspieler (bzw. über ein angeschlossenes Tonbandgerät, „TA-TB"), einen zur Aktivierung der Stereowiedergabe („Stereo") und einen Ausschalter. Darüber hinaus gab es zwei große Drehregler zur AM- und zur FM-Abstimmung (also einen für die Lang-, Mittel- und Kurzwellensender und einen für die Ultrakurzwelle); vier weitere kleine Drehknöpfe, die ganz rechts untereinander angeordnet waren, dienten zur Einstellung der Höhen und Tiefen, der Balance und der Lautstärke. Das altbekannte magische Auge (oben links, zur Feinabstimmung der Sender) wurde durch eine Stereo-Anzeige ergänzt (Schriftzug „UKW Stereo" unten links), die aufleuchtete, wenn das Gerät eine stereofone Sendung empfing. Die Tasten des Klangregisters, wie sie sich Ende der Fünfzigerjahre noch an der Nordmende *Arabella* fanden, wurden somit seit den Sechzigerjahren abgelöst. Nun wählte der Nutzer nicht mehr zwischen „Solo", „Jazz", „Orchester" usw., sondern konnte mono oder stereo hören und die Balance sowie die Höhen und Tiefen einstellen. Doch auch dies war keine Besonderheit der Steuertruhen, denn auch die Musikschränke waren nun mit den neuen Rundfunkeinbaugeräten ausgerüstet, verfügten also über ähnliche Bedieneroberflächen wie die Steuertruhen.

362 Vgl. Abb. 13 Steuergerät Operette, das in der Steuertruhe eingebaut war, und Abb. 5 Steuergerät Opus, das u.a. auch in Musikschränken integriert wurde.

Apparat-Nutzer-Konstellation

Die Steuertruhen scheinen zwar auf den ersten Blick nur eine kleine Ausgabe der großen Truhen zu sein, doch ihre Apparat-Nutzer-Konstellation und ihre Choreografie der Nutzung sowie ihre symbolischen Dimensionen unterschieden sich in einigen grundlegenden Punkten von den althergebrachten Musikschränken.

Sie wirkten insgesamt moderner, jünger und weniger schwerfällig im Design. So war die *Bolero* von Telefunken nur knapp einen Meter breit, 60 cm hoch und 36 cm tief. Das verchromte Fußgestell ließ das Gerät leichter und weniger massig erscheinen. Waren alle Deckel und Klappen verschlossen, wirkte die *Bolero* wie ein kleiner Beistelltisch, der sich gut mit den zunehmend sachlich und funktional geformten Möbeln der Sechzigerjahre kombinieren ließ. Die Steuertruhe *Bolero* konnte – im Gegensatz zum Musikschrank – gleich neben der Couch oder dem Sessel des Nutzers aufgestellt werden, denn ihre Rückwand war furniert, was mehr Freiheit in der Wahl des Aufstellortes mit sich brachte. Die Truhe musste nicht, wie ein großer Musikschrank, mit einer Seite an einer Wand stehen, sondern konnte frei im Raum platziert werden. Einige Steuertruhen verfügten sogar über Rollen[363] – dies waren also schon weit flexiblere Geräte als die statischen Musikschränke!

Die zugehörigen Boxen in Flachbauweise, die nur 25 x 47 x 16,5 cm groß waren (*WB 60*, die auch zu den Bausteinanlagen angeboten wurden, vgl. Abb. 8) konnten an der Wand aufgehängt oder auch ins Regal gelegt werden.[364] So berücksichtigte die Apparat-Nutzer-Konstellation der Steuertruhen auch die neuen Anforderungen der Stereofonie: Stand die Steuertruhe gleich neben der Sitzecke, ließ sich mit den beiden Lautsprechern ein ideales Stereodreieck einrichten, sodass der Nutzer sich bei der Bedienung der Truhe in der richtigen Hörposition in diesem Dreieck befand. Musikschränke, die im Allgemeinen gemeinsam mit den Boxen an einer Wand standen, zwangen den Hörer dazu, aufzustehen und seine ideale Position zur Klangabstimmung zu verlassen. Die Steuertruhen boten die Möglichkeit des komfortablen Musikgenusses vom Sitzplatz aus, und Lautstärke, Balance usw. konnten besser auf die Positionierung des Hörers ausgerichtet werden.

In den Steuertruhen war kein eigenes geschlossenes Schrankfach zur Unterbringung der gesamten Schallplattensammlung mehr vorgesehen. Die Platten bzw. die Hüllen der Platten, die gerade in Ge-

363 Zum Beispiel das HiFi-Studio 80B von Grundig, vgl. HDRFG 1966/67, S.A150.

364 Vgl. HDRFG 1966/67, S.A242.

brauch waren, konnten auf dem Fußgestell, das unter der Gerätetruhe horizontale Verstrebungen aufwies (vgl. Abb. 11), abgelegt werden. Die gesamte Schallplattensammlung wurde dann eher im Wohnzimmerregal aufbewahrt, wo – je nach individuellem Aufbau der Anlage durch den Nutzer – ja eventuell auch die Lautsprecher untergebracht waren. Durch die Befreiung aus ihrem alten Versteck im Schallplattenfach eines Musikschranks wurden letztlich auch die Platten selbst (und nicht nur die Abspielgeräte) zum Distinktionsobjekt: Für jeden Besucher sichtbar kommunizierte der Hörer durch die Zusammenstellung seiner Sammlung seinen Musikgeschmack und ordnete sich ein in die Gruppe der Schlager-, Jazz-, Beat-, Pop- oder Rock-Fans.

Von den Musikschränken zu den Steuertruhen stiegen die individuellen Anpassungs- und Ausdrucksmöglichkeiten demnach deutlich an. Nicht ein schwerer, unbeweglicher Schrank lieferte die Musik, sondern Steuerinstrument und Lautsprecher konnten nach Wunsch im Raum verteilt werden. Dies sicherte eine bessere Wiedergabequalität sowie hohen Bedienungskomfort. Die Steuertruhe glänzte nicht mit Dekorationen oder goldenen Zierelementen, sondern vermittelte anhand ihres Designs vielmehr ein Gebrauchswert- und Klangversprechen.

Der Musikschrank hatte den Nutzer zum Konzertbesucher gemacht; die Steuertruhe befreite ihn nun aus dieser passiven Rolle. Der Hörer saß nicht mehr tatenlos vor dem statischen, bedienungsarmen Möbelstück, sondern er konnte von seiner idealen Sitz- und Hörposition aus individuell den Klang einstellen. Die Steuertruhe ermöglichte dem Nutzer die ersten Schritte auf dem Weg zum aktiven, involvierten Hörer. Sie forderte zwar weniger technische Kenntnisse als die Bausteinanlage, aber zumindest ein höheres Maß an Aufgeschlossenheit der Technik gegenüber als es beim Musikschrank der Fall war. Auch in dieser Hinsicht stellt sie einen Kompromiss und die Materialisierung des dispositiven Wandels dar. Über die Leistung und Kompatibilität der einzelnen Komponenten musste der Nutzer nicht informiert sein, waren doch Plattenspieler, Radio und Verstärker bereits in der Truhe kombiniert. Doch immerhin war er aufgefordert, die Lautsprecher auszusuchen, die seinem Wohnraum und seinen individuellen Anforderungen an die Klangqualität am Besten entsprachen. Die akustisch wie optisch beste Positionierung von Boxen und Steuerpult lagen ebenso in den Händen des Hörers wie das Verlegen der Verbindungskabel im Wohnzimmer.

III.2 Das Ziel der Produzenten: Eine Stereoanlage in jedem Haus

Der Durchbruch der Stereofonie und High Fidelity erweiterte die Palette der Werbeargumente, die den Herstellern zur Verfügung stand, um möglichst viele verschiedene Käuferkreise zu erreichen. Im Fall der Musikschränke der Fünfzigerjahre war noch recht pauschal das „Konzert im Heim" versprochen worden, und es stand vor allem das Design des Möbelstücks im Vordergrund. Vermarktet wurde in erster Linie ein Schrank.

Erst mit der Durchsetzung der Stereofonie wurden auch spezifischere technisch-akustische Details in die Werbeanzeigen aufgenommen, sodass die Ausdifferenzierung und Vermarktung der Angebotspalette nun schon auf zwei Wegen erfolgte: Die Hersteller bedienten sich in ihrer Vermarktung von Steuertruhen und Bausteinanlagen von Beginn an sowohl technisch-klanglicher als auch gestalterischer Argumente. Die Begrifflichkeiten – vom Schrank zur Anlage – machen die Verschiebung der Prioritäten deutlich: Vermarktet wurde nun nicht mehr ein Einrichtungsgegenstand, sondern ein technisches Instrument. Die Stereoanlage wurde als ideale Verbindung von Technik und Design beworben; sie kombiniere guten Klang mit einer ansprechenden, zeitgemäßen Gestaltung, so die Hersteller (III.2.1).

Durch die Auffächerung des Angebots in unterschiedlichste äußere Formen als auch in der technischen Qualität sollte für jeden Nutzertypus, für alle Anforderungen und Wünsche etwas dabei sein. Die Konsumenten unterschieden sich in ihren technisch-akustischen Ansprüchen ebenso wie in ihren finanziellen Möglichkeiten: Während die einen am repräsentativen Musikschrank festhielten, wünschten die anderen sich eine moderne Stereoanlage zu einem erschwinglichen Preis, und wieder andere waren auf der Suche nach dem perfekten Klang in High Fidelity, koste es was es wolle.

Daher identifizierte zum Beispiel Telefunken Mitte der Sechzigerjahre zwei große „Nachfragesäulen" im Geschäft mit Stereoanlagen, denen unterschiedlich konzipierte Geräte angeboten wurden. Der größte Anteil der Konsumenten wünsche demnach zwar eine Stereoanlage, allerdings müsse diese nicht unbedingt den High Fidelity-Standards entsprechen. Dementsprechend seien diese Käufer auch nicht bereit, mehr als 800-900 DM zu investieren. Die Käufer der darüber angesiedelten so genannten „Konsum-HiFi-Klasse" forderten Geräte entsprechend der HiFi-Norm und setzten dementsprechend ein etwas höheres Preislimit von etwa 1.100-1.200 DM.[365]

Doch der Markt war noch vielseitiger, als diese Einteilung suggeriert, denn so bildeten etwa einige noch anspruchsvollere Konsumenten eine dritte – wenn auch zahlenmäßig zunächst kleine – Gruppe: Sie begeisterten sich für absolute Spitzengeräte, schon bevor High Fidelity verbindlich genormt war, und favorisierten solche Bausteine, die die Mindestanforderungen der HiFi-Norm um ein Vielfaches überschritten. Dementsprechend waren sie auch bereit, beträchtliche Summen auszugeben. Aufgrund ihrer spezialisierten Anforderungen, die kaum durch massenhaft produzierte Geräte erfüllt werden konnten, gehörten sie in der Regel nicht zu den Zielgruppen der großen Anbieter von Unterhaltungselektronik. Sie wurden von spezialisierten Firmen bedient, die mit professionellsten Geräten zu hohen Preisen um die Gunst der HiFi-Spezialisten und -Enthusiasten warben.

Als eine vierte Gruppe sind diejenigen Nutzer hinzuzufügen, deren Interesse für Bausteinanlagen noch nicht geweckt war, weil sie entweder die Technik oder die vermeintlich hohen Kaufpreise scheuten. Sie waren womöglich noch mit dem einfachen Radiogerät im Haushalt zufrieden oder bevorzugten weiterhin die Musikschränke. Um aber auch diesen Käuferkreis zu erschließen, wurden in der Werbung Eigenschaften der neuen Geräte wie die Bedienungsfreundlichkeit, die geringen Abmessungen und niedrigen Preise hervorgehoben (III.2.2).

III.2.1 Technik und Design nach Wunsch

Das Angebot an Stereoanlagen und Steuertruhen zeichnete sich durch zahlreiche individuelle Auswahlmöglichkeiten aus, die die HiFi-Liebhaber ebenso ansprechen sollten wie diejenigen Konsumenten, die ihre gediegene und gemütliche Wohnzimmereinrichtung nicht dem Streben nach der perfekten Musikwiedergabe opfern wollten. Der Gerätetypus der Stereoanlage schien für alle Zielgruppen ein passendes Modell bereit zu halten, da sowohl die äußere Gestaltung als auch die technisch-akustische Qualität den individuellen Wünschen entsprechend ausgewählt werden konnte. Diese steigende Fokussierung der Hersteller auf die divergierenden Ansprüche unterschiedlicher Nutzerkreise werde ich im Folgenden verdeutlichen.

365 1965 im Zeichen der Rundfunk-Stereophonie. 2 neue Telefunken Steuergeräte. In: Telefunken Sprecher 33/1965, S.3-5.

Nur wenige Hersteller verzichteten während der Sechzigerjahre vollständig auf Holz als Gehäusematerial. Die Firma Braun etwa konzipierte und vermarktete ihre Geräte als repräsentative Hightech-Schmuckstücke und wandte sich damit an die Käuferklasse, die oberhalb der von Telefunken identifizierten zwei Nachfragesäulen lag.

Hatte noch 1959 die Presse die wegweisende Stereoanlage *studio 2* (vgl. Kapitel III.1) als „Schuhkartons" verrissen,[366] etablierte Braun sich mit seinem spezifischen Design im Laufe der Sechzigerjahre als Spitzenmarke, die begeisterte Anhänger fand – allerdings auch hohe Zahlungsbereitschaft voraussetzte. Die neutrale Ästhetik mit Oberflächen aus Aluminium und weißen oder schwarzen Gehäusen versprach eine technisch hohe Qualität, die ihren Preis hatte. Anlagen wie die abgebildete *audio 300* von Braun (Abb. 12) oder das *Musikstudio* von Wega (Abb. 13) kosteten zwischen 1.400 und 1.800 DM.[367] Der Preis qualifizierte diese Geräte als eben nicht für den Massenmarkt oder für die Käufer der von Telefunken so bezeichneten „Konsum-HiFi-Klasse" bestimmt.

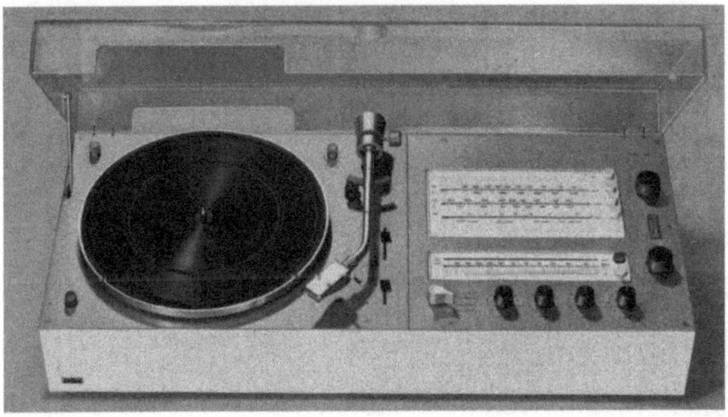

Abb. 12: Braun audio 300.
In: radio-fernseh-händler, Dezember 1969, S.397.

366 http://www.focus.de/digital/multimedia/einblicke-fruehes-hi-fi-design-von-braun_did_18962.html [Zugriff: 07.07.2011].

367 Die Anlage audio 300 kostete 1.895DM, das Musikstudio von Wega gab es ab 1.398DM.

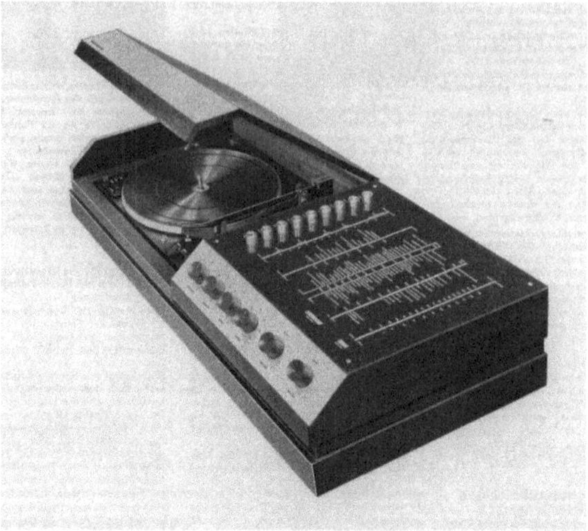

Abb. 13: Musikstudio Wega 3204 HiFi.
In: radio-fernseh-händler, Oktober 1969, S.329.

Firmen wie Braun und auch Wega, die sich im Design eng an den Vorreiter anlehnte, wandten sich mit ihrem vollkommenen Verzicht auf hölzerne Gehäuse und mittels moderner Gestaltung an eine „anspruchsvolle Käuferelite",[368] an die „Kenner"[369] der Stereofonie und High Fidelity, die „Messgeräte-Qualität" erwarteten.[370] Über ihr Design wurde auch die Tonqualität der Geräte kommuniziert, denn „wenn wir in die technische Qualität eines Gerätes viel investieren, dann auch in seine Form", erläuterte Wega.[371] Kühles, modernes Design und die rationale Anordnung von Bedienungselementen sollten den Eindruck höchster Präzision vermitteln. Eine solch saubere, sachliche Gestaltung könnte nur reinsten Klang hervorbringen und würde ihren Besitzer als Experten ausweisen.

Stereoanlagen (unterhalb der elitären Braun-Preisklasse) mit und ohne HiFi-Qualität wandten sich an die von Telefunken identifizierten zwei Nachfragesäulen, also an diejenigen Nutzer, die keine High Fidelity-Geräte, sondern einfachere, preiswerte Anlagen

368 Werbeanzeige Musikstudio Wega 3204 HiFi. In: radio-fernseh-händler, Oktober 1969, S.329.

369 Werbeanzeige Braun audio 300. In: radio-fernseh-händler, Dezember 1969, S.397.

370 Werbeanzeige Braun audio 1. In: Ton Magazin, November/ Dezember 1962, S.65.

371 Werbung für die seit 1967/68 erhältliche Stereobar Wega studio 3300 hifi. In: Schöner Wohnen, Februar 1972, S.189.

wünschten, und an die Anhänger der „Konsum-HiFi-Klasse".[372] Die auch innerhalb dieser Zielgruppen differierenden Ansprüche an Design und Klang ließen sich durch verschiedene Holzsorten der Zargen, durch die Auswahl zwischen Bausteinanlage und Steuertruhe und durch unterschiedliche technische Ausstattungen und Preisklassen bedienen.

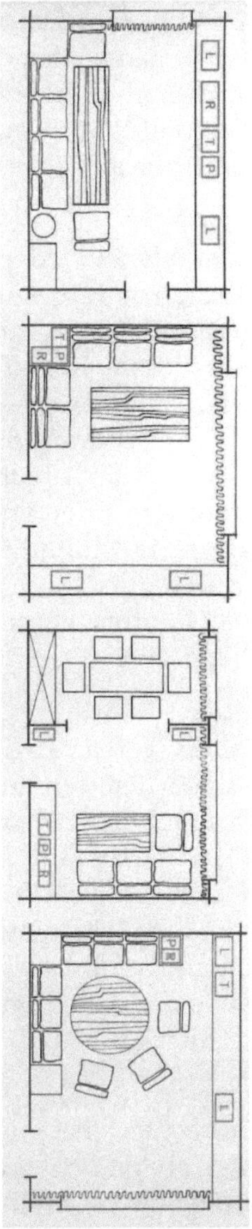

Abb. 14: Vorschläge zur Aufstellung von Stereoanlagen. In: Telefunken HiFi Stereo Report 1970, S.5.

Die Klangqualität nahm auch in den Werbeanzeigen für diese weniger exklusiven Geräte einen höheren Stellenwert ein als zu Zeiten des Musikschranks. In Prospekten wurden Anregungen zur Aufstellung von Stereoanlagen im Wohnraum gegeben, die sich vorrangig an der akustisch günstigsten Anordnung der Lautsprecher und Geräte orientierten (vgl. Abb. 14). Während der Musikschrank den Raum vor allem visuell prägte und nach visuell-ästhetischen Kriterien über seine Positionierung entschieden wurde, war Apparat-Nutzer-Konstellation des Stereoanlagen-Dispositivs viel stärker bestimmt durch die Hörerfahrung: Die in den Skizzen eingetragenen Geräte und Lautsprecher sind jeweils so platziert, dass die Hörer im Stereodreieck sitzen.[373] Die Geräteanordnung des oberen Schaubilds orientiert sich am Musikschrank-Dispositiv, alle Bausteine sind an einer Wand untergebracht, mit den Lautsprechern rechts und links. Durch diesen Aufbau konnten die Nutzer an der altbekannten apparativen Anordnung (und Möblierung des Zimmers) festhalten, zugleich aber am technisch-klanglichen Fortschritt teilhaben, denn die frontal auf die Schrankwand mit den Lautsprechern ausgerichtete Sitzgruppe stellte sicher, dass die Hörer im Stereodreieck saßen.

372 1965 im Zeichen der Rundfunk-Stereophonie. 2 neue Telefunken Steuergeräte. In: Telefunken Sprecher 33/1965, S.3-5.

373 L = Lautsprecher, R = Radio, T = Tonband, P = Plattenspieler.

Alle drei weiteren Anordnungsvorschläge durchbrechen die altbekannte Apparat-Nutzer-Konstellation und platzieren das Radio/ Steuergerät und den Plattenspieler in unmittelbarer Nähe der Sitzgruppe. So demonstrierte Telefunken die individuellen Installationsmöglichkeiten der Anlagen im Raum, die für bestmöglichen Klang sorgten.

Zugleich sollten die letzten Errungenschaften der Musikwiedergabetechnik den Käufer aber auch nicht abschrecken, sondern mussten mit der Atmosphäre eines Wohnzimmers in Einklang gebracht werden. Der Großteil der Hersteller knüpfte aus diesem Grund in der Vermarktung von Steuertruhen und Bausteinanlagen an Altbekanntes an und versprach den Kunden auch weiterhin die harmonische Integration der Technik in den Wohnraum. Daher hatten die neuen Bausteine zwar oft eine metallene Front und offen angeordnete Bedienungselemente, die dem zunehmend in Mode kommenden „technischen Look" entsprachen und durch ihr Design zugleich beste Klangqualität verhießen. Doch ihre Unterbringung in hölzernen Zargen nahm „Rücksicht auf die Mentalität deutscher Verbraucher".[374]

Herstellern wie Nutzern war mit der zunehmenden Wertschätzung des Stereoklangs bewusst geworden, dass massige Musikschränke zumeist nicht „am akustisch günstigsten Platz untergebracht" werden konnten, sondern dass „Kompromisse in der Platzwahl" aufgrund des optischen Eindrucks im Wohnraum das Hörerlebnis negativ beeinflussten.[375] Als Ideallösung wurden die Bausteinanlagen und die Streuertruhen präsentiert, da die unabhängigen Boxen für guten Stereoklang sorgten, aber auch – ebenso wie die Bedienungselemente – unauffällig untergebracht werden konnten.

Die Steuertruhen sollten diejenigen „anspruchsvollen Musikliebhaber" ansprechen, die durch „konventionelle Truhenmodelle" nicht mehr zufriedengestellt werden konnten, die es aber auch nicht wünschten, dass „der Betrachter sofort ein Gerät mit technischen Funktionen bemerkt". Daher wurde etwa auf die Tatsache, dass elektrische Anschlüsse „durch ein Klappe an der Rückwand verdeckt" waren, hingewiesen, um das Gerät trotz seiner technischen Fähigkeiten als „formvollendetes, elegantes Möbelstück" anzuprei-

374 1965 im Zeichen der Rundfunk-Stereophonie. 2 neue Telefunken Steuergeräte. In: Telefunken Sprecher 33/1965, S.3-5, hier S.4.

375 Das Steuergerät für Stereowiedergabe. Telefunken Concertino. In: Telefunken Sprecher 19/1962, S.6-7.

sen.[376] Die Steuertruhe ließ sich in der Nähe der Sitzecke aufstellen und war so immer griffbereit. Durch Nussbaum- oder Teak-Gehäuse der Lautsprecher würde „das äußere Bild der Regale nicht gestört", durch einschiebbare Klappen konnten Skala, Regler und Tasten verborgen werden,[377] wie auch bei der oben beschriebenen Steuertruhe *Bolero*. Einen „nicht unbeträchtlichen Käuferkreis", der aufgrund seiner Wohnungseinrichtung „Schwierigkeiten bei der räumlichen Unterbringung aller Komponenten" haben könnte, versuchte die Industrie mit diesen kleinen, modernisierten Truhen zu bedienen, „denn nicht jeder Stereo-Interessierte hat dafür eine Regal- oder Schrankwand."[378] Dieser Gerätetypus bot die Möglichkeit, auch ohne Regale alle notwendigen Geräte im Wohnraum unterzubringen. Hierdurch nahmen die Hersteller Rücksicht auf die Anforderungen unterschiedlicher Käuferkreise und auf die vorherrschenden Einrichtungstrends der Zeit.

Auch die Bausteinanlagen ließen sich in den inzwischen „viel verwendeten Regalsysteme[n]"[379], die die schweren Buffetschränke in vielen Wohnungen abgelöst hatten, unterbringen. Die Lautsprecher waren oft nicht mit Stoff bespannt, sondern die Frontseiten bestanden aus mit Schallschlitzen versehenem furniertem Holz, um sich unauffällig in die Regale einzufügen. In den Werbeanzeigen wurden die Bausteine in vielen Fällen nicht etwa einzeln abgebildet, sondern in Schrankwänden oder Regalsystemen gezeigt (Abb. 15).[380] So gestalte der Nutzer sich sein „eigenes – unsichtbares – Tonstudio" passend zur übrigen Einrichtung. Im Gegensatz zu den alten Schränken versprach eine „überdurchschnittliche individuelle HiFi-Anlage" nun beste Klangqualität, verbarg aber weiterhin die technischen Details. Der neue, perfekte Klang passte sich dem „Wohnstil von heute" an,[381] und das Holzfurnier gab den Komponenten einen

376 Neuartige Telefunken-Truhenmodelle. Die Steuertruhen Bolero 101 und Bolero Studio 101. In: Telefunken Sprecher 36/1966, S.12-13.

377 Das Steuergerät für Stereowiedergabe. Telefunken Concertino. In: Telefunken Sprecher 19/1962, S.6-7, hier S.7. Vgl. auch Telefunken Rundfunkgeräte und Musiktruhen 1962/63. In: Telefunken Sprecher 19/1962, S.2-5.

378 Neuartige Telefunken-Truhenmodelle. Die Steuertruhen Bolero 101 und Bolero Studio 101. In: Telefunken Sprecher 36/1966, S.12-13.

379 Das Steuergerät für Stereowiedergabe. Telefunken Concertino. In: Telefunken Sprecher 19/1962, S.6-7, hier S.6.

380 Ähnliche Abbildungen finden sich auch in den Werbeanzeigen z.B. von Perpetuum Ebner. Vgl. z.B. Werbung „HiFi-Stereo. Tonwiedergabe in höchster Vollendung". In: Ton Magazin, Oktober 1965, S.9.

381 Dual Componenten für Ihre Stereoanlage. In: hobby 22/1963, S.131.

„wohnlichen Akzent".[382] Die Hersteller versprachen, dass Bausteinanlagen mit jeder Wohnungseinrichtung harmonierten, selbst mit traditionellen Möbeln, denn sie ließen sich verstecken:

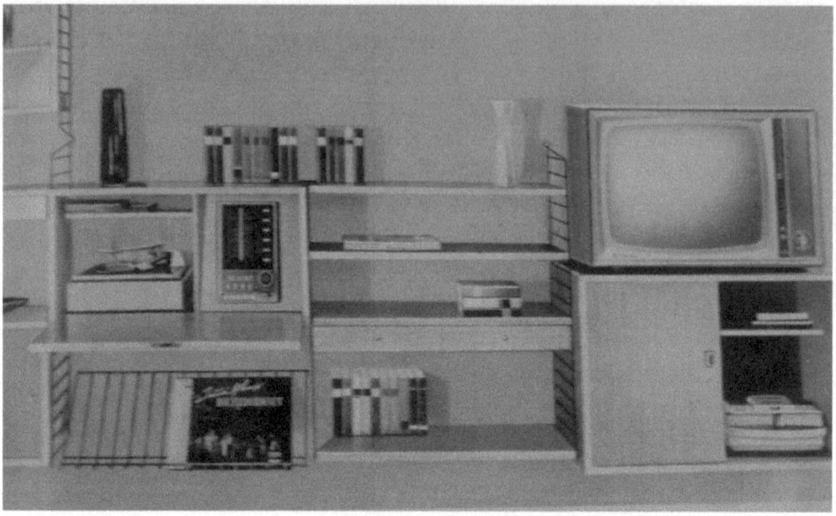

Abb. 15: Grundig Bausteine zur Lebensfreude. In: Schöner Wohnen, Dezember 1962, S.53.

> *„Hier hat man Wandregale im Wohnzimmer – wohin mit der Stereo-Anlage? Da möchte man das Steuergerät neben der Couch, die Lautsprecher aber an der gegenüberliegenden Wand haben – wie ist das möglich? Dort hat man sich eine Bauernstube eingerichtet – woher dazu passende Musikgeräte nehmen? Alle diese und viele andere Probleme sind leicht zu lösen: durch Grundig Bausteine! Sie lassen sich in Regalwände einbauen, in Schränken verstecken, ganz individuell den räumlichen und akustischen Verhältnissen anpassen, beliebig anordnen und kombinieren."*[383]

Die großen Firmen hatten, indem sie ihre Musikwiedergabeanlagen nun auch zerlegt in einzelne Bausteine anboten, zu den ‚High End'-Anbietern wie Braun aufgeschlossen; doch sie waren auch weiterhin der Idealvorstellung eines gemütlichen Wohnzimmers verhaftet, in das allzu viel Aluminium, weiße oder schwarze Metallfronten und Plexiglas nicht hineinpassten. Zwar durften die Geräte inzwischen als Plattenspieler oder Radiogerät zu erkennen sein, doch wurden sie weiterhin verpackt in hölzernen Schatullen und Kästen, um sich in die Möblierung einzufügen. Die Möbelindustrie und

382 Phonogeräte Prospekt Dual 1966/67, Archiv der GFGF.

383 Grundig Bausteine lösen Probleme. In: hobby 21/1964, S.127.

die Firmen der Unterhaltungselektronik arbeiteten regelrecht Hand in Hand, wie auch in den Werbeanzeigen für Regal- und Schrankwände deutlich wird: Möbelhersteller boten serienmäßige Regalelemente an, die für den Einbau von Steuergeräten, Lautsprechern, Plattenspielern und Tonbandgeräten vorgesehen waren und „zentimetergenau passend" eine „harmonische Schrankwand" ergaben.[384]

Zugleich waren die Bausteine die passende Antwort auf die neue Konkurrenzsituation innerhalb des massenmedialen Ensembles, die durch das Hinzutreten des Fernsehapparates in vielen deutschen Haushalten geschaffen wurde: Eine Auflösung des Musikschranks in seine einzelnen Bestandteile und deren Integration in Regal- und Schrankwände schuf Platz für alle alten und neuen Geräte: Auch Grundig zeigte in seiner Werbeanzeige eine Regalwand, die sowohl den Fernseher als auch den Plattenwechsler und das Tonbandgerät aufnahm (Abb. 15).

Da die statische Apparat-Nutzer-Konstellation des Musikschranks nun durch die flexible Stereoanlage abgelöst wurde, konnten die Hersteller passende Geräteensembles für jede Wohnung anbieten, ganz gleich ob „viel oder wenig Platz" zur Verfügung stand.[385] Als „Programm für Individualisten", das es auch ermöglichte den „persönlichen Stil zur Geltung zu bringen",[386] verhießen die Stereoanlagen mehr individuelle Flexibilität und Wahlmöglichkeiten. Es blieb dem Nutzer überlassen, ob er die neuen Stereoanlagen „geschlossen aufstellen oder Teil für Teil in eine Anbauwand einfügen wollte".[387] Das Hauptaugenmerk lag auf der Betonung der Individualität und der „Fülle von Variationsmöglichkeiten"[388], die sowohl durch die Auswahl der äußeren Form der Geräte und ihrer verschiedenen Aufstellungsmöglichkeiten als auch durch unterschiedliche technische Güteklassen erreicht werden sollte.

Anhand verschiedener Einrichtungsstile wurde demonstriert, wie die Technik sich in jede Wohnung einfügen und jedem Geschmack entsprechen konnte (vgl. Abb. 16). Telefunken präsentierte komplette „Anlagen-Vorschläge", deren Integration in verschieden einge-

384 Gero Nova. Neue Möbel für neue Wohnwünsche. In: Schöner Wohnen, April 1962, S.164.

385 Plattenspieler, Verstärker, Lautsprecher – Bausteine für Ihre neue Stereo Anlage. In: Ton Magazin, November 1964, S.41.

386 Grundig Bausteine zur Lebensfreude. In: Schöner Wohnen, Dezember 1962, S.53.

387 Dual Componenten für Ihre Stereoanlage. In: hobby 22/1963, S.131.

388 Phonogeräte Prospekt Dual 1966/67, Archiv der GFGF.

richtete Wohnzimmer mittels großer farbiger Abbildungen dargestellt wurde, um den Konsumenten zu zeigen, „wie die Anlage in Ihrer Wohnung aussehen könnte“[389] (vgl. Abb. 16). Die inszenierten Hörsituationen (in dieser und ähnlichen Anzeigen) zeigten zumeist Paare oder Männer mittleren Alters, die durch ihre Kleidung und die Einrichtung des Wohnraums der wohlhabenden Mittelschicht zugeordnet wurden. Die Bilder zeichneten ein *social tableau* beruflich erfolgreicher und glücklicher Konsumenten. Die Personen wirkten moderner, jünger und dynamischer als die Musikschrankbesitzer in den Werbungen der Fünfzigerjahre, die in einer statischen Apparat-Nutzer-Konstellation arrangiert waren und – dem Gerät zugewandt – scheinbar unbeweglich auf ihren Plätzen saßen. Nun bewegten die Hörer sich freier, saßen oder lagen betont leger auf Sesseln und Sofas. Einander zugewandt, vermeintlich im Gespräch, bedienten sie zeitgleich die Geräte und hielten Schallplattenhüllen in den Händen. Der soziale Status der dargestellten Stereoanlagenbesitzer sowie ihr offensichtlich moderner Lebensstil wurden zum erstrebenswerten und zeitgemäßen Vorbild stilisiert.

Abb. 16: „Aufstell-Beispiele“. In: Telefunken HiFi Stereo Report 1970, S. 22, 24, 26, 28

389 Telefunken HiFi Stereo Report 1970, S.2.

Um diesem nachzueifern, stand eine breite Palette an Geräten zur Verfügung: Dem Käufer blieb es überlassen, „je nach Geschmack, Bedarf und Investitionsbereitschaft“[390] einen der angebotenen Wege zu gehen: Stereo-Steuertruhe oder Bausteinanlage, Stereoklang mit oder ohne HiFi-Qualität, große oder kleine Lautsprecher, Steuergerät oder getrennter Verstärker, Nussbaum oder Teakholz – die Auswahl schien unbegrenzt. Durch die Auswahl technisch besonders ausgereifter oder im Design besonders moderner Geräte konnte ihr Besitzer sich als Musikkenner und Experte ausweisen; eine etwas günstigere, nicht unbedingt der HiFi-Norm entsprechende, aber solide und qualitativ hochwertige Anlage schien – folgt man den Werbeanzeigen – seit Mitte der Sechzigerjahre in jedes Wohnzimmer zu gehören.

Mittels der Namen der Heimanlagen wurden die Geräte ebenso bestimmten Produktsegmenten und „Nachfragesäulen“ zugeordnet: Die Steuertruhen und Steuergeräte, die Radio und Verstärker vereinten und somit die Anzahl der technischen Einzelelemente im heimischen Wohnzimmer noch etwas niedriger hielten, trugen auch in der zweiten Hälfte der Sechzigerjahre noch ähnlich klingende Namen wie die Musikschränke zehn Jahre zuvor; so etwa die Telefunken Steuergeräte *Opus Studio*, *Concertino* und *Operette* und die Steuertruhe *Bolero*. Als Hybrid und Übergangslösung zwischen Musikschrank und Stereoanlage boten sie den Konsumenten das Vertraute, versprachen aber zugleich zeitgemäße Technik und besseren Klang. So sollte etwa der Zusatz *Studio* im Gerätenamen den Kunden von der hohen Klangqualität der Geräte überzeugen, rief er doch Assoziationen zum Ton- und Rundfunkstudio hervor, wo die neuen Stereo- und HiFi-Technik ihre Fähigkeiten bewiesen hatten. Ganz ähnlich dem „Plastik-Ton“ und „Konzertklang“ der Fünfzigerjahre versuchten die Hersteller auch nach der verbindlichen Normung der Begriffe Stereo und HiFi weiterhin, durch neue Werbeschlagworte auf den guten Klang ihrer Geräte zu verweisen.

Solche Geräte, die der HiFi-Norm entsprachen, trugen dieses Gütesiegel auch im Namen, um sie gleich auf den ersten Blick den oberen Qualitäts- und Preisklassen zuzuordnen. Die Verstärker und Tuner wurden zumeist nur mit Buchstaben- und Zahlenkombinationen benannt, wie etwa der vorgestellte HiFi-Stereo-Tuner *T101* und der HiFi-Stereo-Verstärker *V101*. Auch Grundig gab seinen Stereoanlagen-Komponenten technische Namen, um sie als präzise technische

390 Betrachtungen zum Telefunken-HiFi-Angebot. In: Telefunken Sprecher 38/1966, S.4-5, hier S.4.

Instrumente zu charakterisieren. Rundfunkempfangsteile wurden durchgängig mit HF, Verstärker mit NF plus einer Zahl versehen, Tonbandgeräte wurden mit TM bezeichnet.[391] Somit schwenkten im Laufe der Sechzigerjahre auch die traditionelleren Hersteller auf die Linie des Vorreiters Braun ein, der schon in den Fünfzigern seine Geräte mit technischen Buchstaben-Zahlen-Kombinationen gekennzeichnet hatte.[392]

Im Laufe der zweiten Hälfte der Sechzigerjahre wurden immer mehr individuelle Auswahl- und Gestaltungsmöglichkeiten entwickelt und angepriesen, zum Beispiel in Form mehrfarbiger Aufsteckblenden: Die Musikanlage acusta hifi von Telefunken (Abb. 17), die aufgrund der Einhaltung der HiFi-Norm, der Trennung von Verstärker und Tuner sowie wegen ihrer Leistung der oberen Geräteklasse zuzuordnen ist, wurde in der Werbung als Gerät für „Avantgardisten" beschrieben.

Abb. 17: Telefunken acusta hifi.
In: Telefunken HiFi Stereo Report 1972, S.27 (Original in Farbe).

391 Vgl. z.B. HDRFG 1963/64, A.158-A.160. HF und NF für Hoch- und Niederfrequenz. Der Rundfunk nutzt die Hochfrequenztechnik.

392 Vgl. Übersicht über die Gerätepalette von Braun, in: Polster, Braun, S.458-467.

Sie bringe das,

> *„worauf verwöhnte Kenner warteten: eine komplette Stereo-Welt, die vollkommen klingt und genauso aussieht, die farbig, variabel und rational ist. Steigen Sie ein. Fahren Sie mit. Der Rolls Royce der Musik chauffiert sie in die teuersten Konzertsäle der Welt – beispiellos perfekt.“*[393]

Telefunken verkündete: „Wir haben die Formel für Vollkommenheit: Farbe + Design + Qualität + Variabilität = acusta hifi“.[394] Gerade die Kombination besten Klangs, variabler Aufstellmöglichkeiten und veränderbarer Farbgestaltung der Anlage dienten hier als Argument der Fortschrittlichkeit der Anlage: „durch rote, grüne oder weiße Aufsteckblenden [konnte die *acusta hifi*] jeder Wohnungseinrichtung angepaßt werden.“[395]

Die neue Individualität war auch in niedrigeren Preisklassen erhältlich: Telefunken brachte zeitgleich eine ähnlich konzipierte, aber günstigere Anlage auf den Markt, die *Musikanlage 205* (Abb. 18). Auch ihre Bausteine harmonierten „nicht nur technisch, sondern auch optisch miteinander“.[396] Sie erfüllte zwar nicht die HiFi-Norm, bot aber einem etwas weniger zahlungsbereiten Käuferkreis eine Anlage ähnlichen Stils. So sollte sie sich einreihen „in die Marktlücke zwischen [qualitativ minderwertigen] Konsumgeräten und HiFi-Einheiten“.[397]

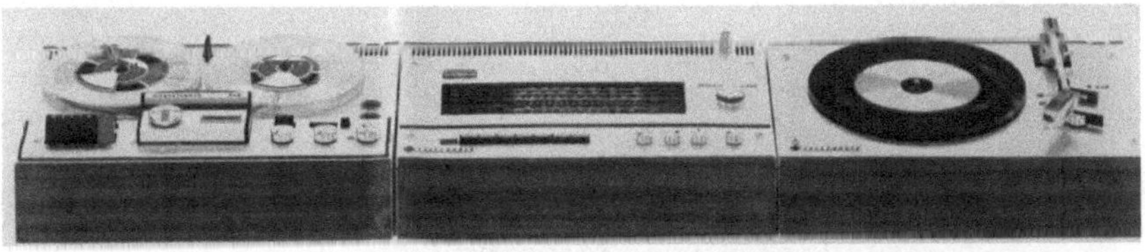

Abb. 18: Telefunken Musikanlage 205.
In: Telefunken Report 1969, S.13 (Original in Farbe).

Seit den Fünfzigerjahren hatte sich für den Käufer einer Musikanlage vieles geändert, denn am Ende der Sechzigerjahre spannten De-

393 Telefunken Report 1969, S.19, Archiv der GFGF.

394 Werbeanzeige Telefunken acusta hifi. In: Telefunken Sprecher 47/1968, S.11.

395 Werbeanzeige Telefunken acusta hifi. In: Telefunken Sprecher 47/1968, S.11.

396 Musikanlage 205. Ein preisgünstiges Stereo-Quintett im modernen Design. In: Telefunken Sprecher 48/1969, S.2-3, hier S.2.

397 Musikanlage 205. Ein preisgünstiges Stereo-Quintett im modernen Design. In: Telefunken Sprecher 48/1969, S.2-3, hier S.2.

sign, Aufstellungs- und Einbaumöglichkeiten der Stereoanlagen sowie technische Qualitätskriterien eine schier unübersichtliche Angebotspalette auf. Die Zahl der Auswahlkriterien war beträchtlich gewachsen und die Hersteller warben mit immer neuen technischen Verbesserungen und gestalterischen Raffinessen, um die sich ausdifferenzierenden Ansprüche unterschiedlichster Nutzer bedienen zu können. Das abwechslungsreiche Angebot und die Vermarktung immer neuer, auf unterschiedlichste Bedürfnisse zielender Geräte standen in enger Wechselwirkung mit den Prozessen der Ausdifferenzierung der Nutzerwünsche sowie ihrer Individualisierung im Konsum.

Die Vermarktungsstrategien der Hersteller betonten die individuellen Wahlmöglichkeiten für die Konsumenten, die sowohl über technische als auch gestalterische Merkmale der Geräte geboten wurden. Gewann im Laufe der Sechzigerjahre der Wunsch nach Selbstverwirklichung eine immer größere Bedeutung in der westdeutschen Gesellschaft,[398] so entsprachen auch die Hersteller der Unterhaltungselektronik dieser Entwicklung. Im Einklang mit dem sich nicht einheitlich entwickelnden Freizeit- und Konsumverhalten der Bundesbürger sollten zahlreiche unterschiedliche Geräte und Geräteensembles möglichst viele potenzielle Käufer und Konsumentengruppen bedienen. Die Vielzahl der Alternativen sowie die angebotenen Geräte mit ihren zahlreichen Auf- und Einstellungsmöglichkeiten versprachen den Nutzern neue Entfaltungsspielräume im Konsum und boten Möglichkeiten zur Individualisierung. Durch den Gebrauch bestimmter Konsumgüter konnten differente Lebensstile symbolisch voneinander abgegrenzt werden.

III.2.2 Bedienungsfreundliche und bezahlbare Stereoanlagen für jedermann

Auch die zögerlichen Konsumenten, die durch ein vermeintliches Zuviel an Technik oder zu hohe Preise womöglich noch vom Kauf einer Stereoanlage abgehalten wurden, versuchte die Industrie für die neuen Geräte zu gewinnen, indem sie die Bedienungsfreundlichkeit und die einfachen Kombinationsmöglichkeiten der Bausteine in den Werbeanzeigen hervorhob. Die Möglichkeit, die einzelnen Elemente einer Anlage Stück für Stück zu erwerben, sollte die Hemmschwelle vor dem Kauf einer Stereoanlage herabsetzen und weitere Nutzergruppen gewinnen, da die kostspielige Anschaffung so über eine längere Zeit verteilt werden konnte.

398 Vgl. Schildt/ Siegfried, Deutsche Kulturgeschichte, S.246.

Die Steuertruhen dienten als ‚Köder' für die Anhänger der traditionellen Musiktruhe. Besonders die einfache und bequeme Bedienung wurde herausgestellt: Diese Geräte seien, da sie frei im Raum aufgestellt werden konnten, besonders komfortabel, argumentierten die Hersteller.[399] So könnten sie „von der Sitzgruppe aus bequem bedient" werden und man könne „ohne sich jedesmal erheben zu müssen, neue Schallplatten auflegen oder einen anderen Sender einstellen."[400] Dies garantierte ebenso einen besonders guten Klang, da der Hörer „Lautstärke und Klangfarbe von der Stelle aus regulieren [könne], von der diese beiden Komponenten der Tonwiedergabe auch richtig zu beurteilen" seien. Denn nur vom Hörplatz aus lasse sich die richtige Einstellung vornehmen, ansonsten komme es doch oft vor, „dass die Einstellung, die dicht vor dem Rundfunkempfänger oder dem Musikschrank richtig erschien, vom Sitzplatz aus dann doch als zu leise oder zu laut, zu hell oder zu dunkel empfunden" werde.[401]

Immer wieder wurden Steuertruhen mit dem Schlagwort „in Griffnähe" vermarktet.[402] Der Hörer sollte Steuergerät und Plattenspieler „stets zu seinen Händen" haben, sodass er sich nicht aus seinem Sessel erheben musste um Schallplatten oder Sender zu wechseln, um Lautstärke oder Klangfarbe einzustellen.[403] Dem Nutzer, der die repräsentativen und angeblich ebenso komfortablen Musikschränke gewohnt war, wurde der neue Gerätetypus der Steuertruhe, der aufgrund der neuesten Stereo- (und eventuell sogar HiFi-) Technik ganz neue klangliche Ansprüche erfüllen sollte, als noch bedienungsfreundlicher angepriesen. Auch solche Käufer, die sich selber nicht als Technik- und HiFi-Experten sahen oder inszenieren wollten, sollten auf diesem Wege zum Kauf einer neuen Anlage motiviert werden.

Ähnlich gingen die Hersteller im Falle der Bausteinanlagen vor, deren Einzelteile in ihrer Leistung aufeinander abgestimmt, im Wohnraum verteilt und mit den passenden Kabeln verbunden werden

399 Vgl. z.B. Das neue Telefunken-Phonogeräte-Programm. In: Telefunken Sprecher 11/1961, S.75-77, hier S.77.

400 Das Steuergerät für Stereowiedergabe. Telefunken Concertino. In: Telefunken Sprecher 19/1962, S.6-7, hier S.7.

401 Das Steuergerät für Stereowiedergabe. Telefunken Concertino. In: Telefunken Sprecher 19/1962, S.6-7, hier S.7.

402 z.B.: Telefunken Rundfunkgeräte und Musiktruhen 1962/63. In: Telefunken Sprecher 19/1962, S.2-3, hier S.3;

403 Immer in Griffnähe. Telefunken Rondo Stereo. In: Telefunken Sprecher 47/1968, S.3

mussten. Einer möglichen Scheu der Nutzer vor dieser Installation, die mehr technische Fähigkeiten erforderte als das Aufstellen eines Musikschranks, versuchten die Produzenten durch eine Betonung der einfachen Zusammenstellung und Verbindung der Geräte entgegenzuwirken. Die Grundig-Bausteine ließen sich alle untereinander kombinieren, die Einzelteile waren „anschlußfertig" und durch die „bequemen Steckverbindungen" lasse sich die ganze Anlage „spielend leicht zusammenschalten", versprach Grundig in seinen Werbeanzeigen.[404] Auch Dual versicherte den Käufern: „Sie brauchen kein Techniker zu sein, alle Teile werden durch einfache Steckverbindungen gekoppelt."[405] Da die „harmonische Qualitätsabstimmung" der Bausteine „Spezialkenntnisse" verlangte, die eben bei den meisten Konsumenten nicht vorausgesetzt werden konnten, boten viele Hersteller fertig zusammengestellte Stereoanlagen an und nahmen den Kunden so die Unsicherheit bezüglich der Kombination der Einzelelemente. So präsentierte Telefunken mehrere „Klassen von HiFi-Stereo-Ketten", „deren Glieder optimal aufeinander abgestimmt" waren.[406] Die verschiedenen Anlagen unterschieden sich in ihrer Leistung und Preisklasse, um für jeden Käuferkreis das passende Angebot machen zu können und um auch dafür zu sorgen, dass nur passende Geräte kombiniert wurden. Denn es mache „wenig Sinn, innerhalb einer HiFi-Kette einen der Bausteine so hochwertig zu wählen, dass durch die anderen seine Qualität gar nicht ausgenutzt werden" könne. Andererseits werde „die hohe Qualität einer Reihe von Bausteinen durch einen qualitativ nicht dazu passenden Baustein wieder unwirksam gemacht".[407]

Die Bausteine ließen sich nicht nur in Schrankwände, String-Regale und jeden anderen Einrichtungsstil gut einfügen, sie versprachen auch „dem technisch unbelasteten Laien" eine hervorragende Klangwiedergabe auf dem neuesten Stand der Technik. Die Einzelteile konnten „von jedermann leicht zusammengekoppelt werden."[408] Auch den Nutzern, die nicht zu den HiFi-Enthusiasten und Bastlern zählten, wurde so die Möglichkeit geboten, sich durch

404 Grundig Bausteine zur Lebensfreude. In: Schöner Wohnen, Dezember 1962, S.53; Grundig Bausteine lösen Probleme. In: hobby 21/1964, S.127.

405 Dual Componenten für Ihre Stereoanlagen. In: hobby 22/1963, S.131. Vgl. auch Plattenspieler, Verstärker, Lautsprecher – Bausteine für Ihre neue Stereoanlage. In: Ton Magazin, November 1964, S.41.

406 Der Weg zur High Fidelity. In: Telefunken Sprecher 33/1965, S.10-11.

407 Der Weg zur High Fidelity. In: Telefunken Sprecher 33/1965, S.10-11.

408 Zum guten Ton gehört Dual, Prospekt 1964/64, Archiv der GFGF, S.10.

den Erwerb einer neuen Stereoanlage als modernen Musikliebhaber darzustellen.

Waren die Konsumenten erst einmal von der einfachen Bedienung und Installation der Anlagen überzeugt, dann galt es, eine letzte Hemmschwelle zu überwinden: Mit der Normung der High Fidelity hatten die den neuen Standards entsprechenden Geräte einen Hauch des Exklusiven bekommen. Beste Klangqualität war vermeintlich nur zu besonders hohen Preisen erhältlich. Dieses Verkaufshindernis versuchten viele Hersteller zu überwinden, indem sie darauf hinwiesen, dass Bausteinanlagen nicht wie ein Musikschrank in einem Stück gekauft werden mussten, sondern dass selbst „überdurchschnittliche, individuelle HiFi-Anlagen" „Stück für Stück" erworben werden konnten.[409]

Stereoanlagen blieben teuer, auch in der zweiten Hälfte der Sechzigerjahre. Den Firmen war bewusst, dass nur wenige Hörer „das Geld dafür gleich auf den Tisch legen" oder die Geräte auf Raten kaufen würden.[410] Telefunken gab seinen Händlern einige Ratschläge an die Hand, um die Kunden dennoch von der Anschaffung einer teuren Anlage zu überzeugen: Der Preis sei „kein Hindernis für den Aufbau einer HiFi-Kette", denn „den Weg zur High Fidelity" könne man „Schritt für Schritt" gehen. Für den Handel sei dieses „HiFi-Geschäft in Stufen" zudem ein „auf längere Zeit garantiertes Geschäft". Der Kauf von weiterem Zubehör und der etappenweise Ausbau der Stereoanlagen verhelfe dem Fachhandel zu „einer breiteren wirtschaftlichen Basis", gerade weil die Umsatzgröße einer kompletten HiFi-Anlage etwa der von zwei Fernsehgeräten entspreche.[411] Die Möglichkeit, die einzelnen Bausteine einer Anlage nach und nach anzuschaffen, war somit nicht nur eine auf die potenziellen Käufer zielende Werbestrategie, sondern sollte auch den Fachhandel motivieren, den Kunden für diese Art des sukzessiven Erwerbs zu erwärmen.

Stereoanlagen in verschiedenen Preisklassen entsprachen den Klang-Ansprüchen unterschiedlicher Nutzergruppen. Dem „Personenkreis, der gern Radio hört und auch die UKW-Stereophonie zu schätzen" wusste, wurde eine preisgünstige Stereoanlage angeboten, die zunächst einmal nur aus Steuergerät und zwei Lautspre-

409 Grundig Bausteine zur Lebensfreude. In: Schöner Wohnen, Dezember 1962, S.53.

410 Der Weg zur High Fidelity. In: Telefunken Sprecher 33/1965, S.10-11.

411 Der Weg zur High Fidelity. In: Telefunken Sprecher 33/1965, S.10-11.

chern bestand. Für „den ausgesprochenen Plattenfreund", der bereit war, ein wenig mehr zu zahlen, war die nächsthöhere Stufe der Angebotspalette gedacht. Er sollte durch getrennten Stereo-Verstärker und -Tuner sowie HiFi-Boxen angesprochen werden. Für den wahren „HiFi-Freund" gab es „HiFi in der Studioklasse" mit Verstärkern und Plattenspielern, die deutlich über den Vorgaben der HiFi-Norm lagen. Bei schrittweisem Aufbau der Anlage sei selbst die teuerste der drei Varianten „für den normal verdienenden HiFi-Freund erschwinglich", so die Werbebotschaft der Firma Telefunken.[412] Dies schien die Voraussetzung dafür zu sein, „in Zukunft auch breitere Käuferschichten für die HiFi-Stereophonie ernsthaft zu interessieren."[413]

III.3 HiFi-Enthusiasten als Vorreiter der gestiegenen Anforderungen an Sound und Design

Auf welchem Wege das Interesse für Stereo und HiFi-Anlagen auch in breiteren Käuferkreisen um sich griff, zeigt die in der Presse geführte Diskussion über Stereo-Heimanlagen sowie deren Vor- und Nachteile. Diese fand bis Mitte der Sechzigerjahre nur in den spezialisierten Magazinen für Technik- und Musikliebhaber statt, so etwa in der Zeitschrift *hobby* oder im *Ton Magazin*. Erst mit dem Siegeszug der Stereofonie nach ihrer flächendeckenden Einführung im Hörfunk und mit der benutzerfreundlichen Normung der High Fidelity ab 1966 wurden die Stereoanlagen (mit oder ohne Steuertruhe) nun auch für den Durchschnittshörer zum Thema. Hatten zuvor nur die Experten diskutiert, so berichteten ab Mitte der Sechzigerjahre auch große Nachrichtenmagazine wie der *Spiegel,* die bekannteste Rundfunkillustrierte *Hör Zu* und Zeitschriften für Jugendliche und junge Erwachsene wie die *Twen* über den Einzug der Stereoanlagen in die westdeutschen Haushalte. Die *DM* nahm Stereoanlagen unterschiedlichster Preisklassen in die Warentests auf.

Die neuen Geräte wurden allerdings nicht nur zu unterschiedlichen Zeitpunkten, sondern auch mit verschiedenen inhaltlichen Schwerpunkten in den Organen, die sich an verschiedene Zielgruppen wandten, diskutiert.

412 Der Weg zur High Fidelity. In: Telefunken Sprecher 33/1965, S.10-11.

413 Betrachtungen zum Telefunken HiFi-Angebot. In: Telefunken Sprecher 38/1966, S.4-5, hier S.5.

III.3.1 Wahre Musik- und Technikliebhaber verlangen HiFi-Stereoanlagen

Besonders früh wandten sich die spezialisierten Publikationen für die „Liebhaber des Tonbands und der Schallplatte", wie etwa das *Ton Magazin*, den Möglichkeiten der HiFi-Stereowiedergabe im eigenen Wohnzimmer zu. Schon Ende der Fünfzigerjahre erschien hier eine Reihe von Artikeln, die sich mit den vermeintlichen Unzulänglichkeiten von Musikschränken auseinandersetzten und für die Zusammenstellung individueller Komponenten zur Tonwiedergabe plädierten.

Das Magazin *hobby*, das als „Magazin der Technik" nicht nur Unterhaltungselektronik, sondern einen weiteren Themenkreis behandelte, folgte bald, zu Beginn der Sechzigerjahre, und war damit den großen Publikumszeitschriften immer noch einige Jahre voraus. Schon 1962 wurde hier eine Auflösung der Musiktruhe in ihre Einzelteile gefordert.[414]

Die wahren „‚Aristokraten' unter den Tonamateuren", an die sich diese Publikationen richteten, waren „mit einem gewöhnlichen Rundfunkempfänger als Wiedergabegerät natürlich nicht zufrieden", und „selbst die mit allen Schikanen ausgestattete Musiktruhe erfüllt[e] nicht alle Wunschträume eines HiFi-Fanatikers", so das *Ton Magazin*.[415] Auch wenn also die Hersteller der Musikschränke die neuesten technischen Entwicklungen der Wiedergabetechnik in ihre Produkte integrierten, entsprach dies nicht den Ansprüchen der Liebhaber der Stereofonie und High Fidelity.

Wie bereits in der Objektstudie zum Musikschrank diskutiert, bahnte sich seit Beginn der Sechzigerjahre die Kritik an den Phono- und Musikmöbeln langsam ihren Weg, zunächst innerhalb der Fachpresse. Die Autoren des *Ton Magazins* und der Zeitschrift *hobby*, die als „Technik- und HiFi-Experten" galten, wurden zu Vorreitern der Kritik an den glänzenden Möbelstücken. Noch bevor die von den Herstellern als Bausteinanlagen vermarkteten Geräte auf dem Markt waren, formulierten die Publikationen für die spezialisierten, besonders anspruchsvollen Nutzer scharfe Kritik an Musik- und Phonotruhen und forderten neue, technisch anspruchsvollere Wiedergabeanlagen. So wurden sie zu Wegbereitern der Ausdifferenzierung der Ansprüche unterschiedlicher Konsumentengruppen einerseits und des Geräteangebots andererseits.

414 Wo bleibt die Stereofonie? In: hobby 2/1962, S. 73-77, hier S.74.

415 Hi-Fi nach dem Baukastenprinzip. In: Ton Magazin, Januar/ Februar 1959, S.63-64, hier S.63.

Die Experten und ambitionierten Nutzer traten als *relevant social group* in Erscheinung, die – im Sinne einer *user co-construction* – eine Umgestaltung des Dispositivs der Musikwiedergabegeräte forderte. Die primär visuelle Ausrichtung sollte abgelöst werden durch einen größeren Fokus auf die technischen und akustischen Eigenschaften der Apparate.

Ist die Kritik an den Musikschränken, deren prätentiöses Möbeldesign auf Kosten des Klangs zu gehen schien, bereits deutlich geworden, soll es im Folgenden darum gehen, die Rolle der Experten und der besonders anspruchsvollen Nutzer in der Entwicklung und Verbreitung der Stereoanlage in westdeutschen Haushalten verständlich zu machen. Daher werde ich die Positionen und Forderungen der HiFi-Enthusiasten genauer beleuchten: Wodurch zeichnete sich diese Nutzergruppe, die in der spezialisierten Fachpresse vertreten und angesprochen werden sollte, aus? Welche Eigenschaften und Attribute brachten ihre Anhänger mit? Und besonders, welche Forderungen stellten sie an ihre Heimanlagen und auf welchem Wege sollten diese erfüllt werden?

Bei diesen „early adopters" (und zugleich „early critics") der Stereoanlagen, die durch die Artikel in der Fachpresse angesprochen werden sollten, handelte es sich um Nutzer und Bastler, die über ein gewisses technisches Verständnis für die neuen Geräte und deren technische Parameter verfügten. Zeichnungen von Normsteckern zur Verbindung einzelner Geräte und Schaltbilder von Verstärkern und Lautstärkereglern, wie sie beispielsweise im *Ton Magazin* erschienen, wandten sich nicht an den durchschnittlichen Konsumenten, der lediglich Musik in passabler Qualität hören wollte. In den Fachzeitschriften wurde etwa aufgrund des fehlenden Angebots an Baustein-Verstärkern Ende der Fünfzigerjahre dazu geraten, auf die Zusatz-Verstärker, die zur Nachrüstung von Musikschränken konzipiert waren, zurück zu greifen und diese dann in einer eigens zusammen gestellten Bausteinanlage zu verwenden.[416] Nur besonders experimentier- und bastelfreudige Nutzer werden in der Lage gewesen sein, diesen Tipp zu beherzigen!

Den HiFi-Enthusiasten ging es – im Gegensatz zu den Nutzern der Musikschränke – nicht einfach um Unterhaltung. Ihre Ansprüche an die möglichst naturgetreue Klangwiedergabe wurden durch Musikschränke nicht erfüllt, diese dienten höchstens der „Genugtuung ei-

416 Stereo-Anlage in Theorie und Praxis. In: Ton Magazin, Mai/ Juni 1959, S.65-66, hier S.66.

nes Möbelprotzen", so die harsche Kritik.[417] Ganz scharf wurde hier unterschieden zwischen den „Musikautomaten" einerseits, also den Tonmöbeln, die die „Fortsetzung der uralten Spieldose" seien, und den „Wiedergabeanlagen" zur „originalgetreue[n] Konservierung und Reproduktion" andererseits.[418] Deshalb sei eine „Trennung der Liebhabereien" von Nöten: Wer einfach ein „akustisches Unterhaltungsinstrument", einen „Klangberiesler" suche, sei mit den Musikschränken gut bedient. Die naturgetreue Klangwiedergabe sei allerdings nur mit den „Geräten zur Reproduktion des Originals" zu erreichen, und diese seien eben etwas teurer, sähen anders aus, und ihre Bedienung verlange „ein gewisses Maß von technischem Verständnis."[419] Die spezialisierten Nutzer und ihre Vertreter in der Presse setzten sich hier auf einer beinahe wissenschaftlich anmutenden Ebene mit den Geräten auseinander und beanspruchten für sich ein hohes Maß an Kompetenz. Sie grenzten sich ab vom Durchschnittskonsumenten, der sich ihrer Meinung nach nur musikalisch berieseln ließ und kennzeichneten sich selber als Experten.

Diese Audiophilen nahmen ganz eigene Bedeutungszuschreibungen an die Geräte vor und formulierten durch ihre Vertreter in der Presse individuelle Ansprüche an die Technik.[420] Ihr technisches Verständnis, das zur Auswahl der geeigneten Geräte, zu ihrer Verbindung und Installation notwendig war, verwendeten sie als positives Differenzierungsmerkmal. Der fachkundige Umgang mit dem Equipment, wie etwa dem Plattenspieler, war Teil der Abgrenzungsmechanismen: Der Plattenwechsler, der dem Hörer die Bedienung abnahm, „gehört[e] in den Automaten", der „HiFi-Liebhaber" bevorzuge „in jedem Fall einen Einfachspieler" in seinem „Wiedergabestudio", das der technischen Ausstattung und Qualität eines

417 Stereo-Aufnahmen unter der Lupe. In: Ton Magazin, Mai/ Juni 1960, S.78-79, hier S.79.

418 Ernst Pfau, unser HiFi-Fachmann meint: Musikautomat oder Wiedergabeanlage. In: Ton Magazin, März/ April 1961, S.65-66, hier S.65.

419 Ernst Pfau, unser HiFi-Fachmann meint: Musikautomat oder Wiedergabeanlage. In: Ton Magazin, März/ April 1961, S.65-66, hier S.65.

420 Vgl. dazu auch den spannenden Aufsatz von Marc Perlman, der die abweichenden Bedeutungszuschreibungen von „Golden Ears" und „Meter Readers" an HiFi-Equipment untersucht. Während die „Golden Ears" der Überzeugung seien, auch feinste akustische Unterschiede heraushören zu können (und so etwa die Anschaffung einer besonders teuren Anlage rechtfertigen), argumentierten die „Meter Readers" anhand der technisch ablesbaren Daten. Vgl. Perlman, Golden Ears.

professionellen Tonstudios nacheiferte.[421] Das Auflegen der Platte von Hand, ihre sorgfältige Reinigung mit einem Pinsel und das Aufsetzen des Tonarms gehörten zu den Praktiken, die ein HiFi-Enthusiast in jedem Fall beherrschte und sich nicht nehmen ließ. Die Geräte und Schallplatten schienen den Audiophilen heilig zu sein; auch dies schloss die Nutzung eines Plattenwechslers aus, denn hier war der Grad der Beanspruchung der Schallplatten deutlich höher. Während sich die gerade abgespielte Platte noch drehte, fiel bereits die nächste Schallplatte von der Stapelachse, die die noch nicht gehörten Platten in der Schwebe hielt, auf den Plattenteller (und auf die vorherige Platte). Dies führte zu einem deutlich höheren Abnutzungsgrad im Gegensatz zum Abspielen auf einfachen Plattenspielern.

Die HiFi-Anhänger mit ihrem technischen Verständnis wurden gar als Retter der Stereofonie und High Fidelity stilisiert. In der Diskussion um die Markteinführung der Stereogeräte, um den zunächst nicht verwirklichten Stereo-Rundfunk und das ausbleibende massenhafte Interesse der Konsumenten schrieb die Zeitschrift *hobby*: „Die Stereofonie ist nicht tot. Im Gegenteil, sie fängt gerade jetzt an, richtig aufzublühen." Nur durch den Einsatz der technikbegeisterten Nutzergruppe könne sich das Geräteangebot auch in diesem Segment weiterentwickeln, so die Botschaft des Artikels.

> *„Es gibt, Gott sei Dank, jenen Typ von modernen Menschen, denen die intensive Beschäftigung mit der Technik kein notwendiges Übel, sondern ein höchst interessanter Zeitvertreib ist – und dies noch nicht einmal als reiner Selbstzweck! Die vollkommene Technik bedeutet für sie zugleich höheren Lebensgenuß. Der ‚HiFi-Fan' will genau wissen, wie Stereofonie gemacht wird, um in seinem Heim die bestmögliche Qualität zu erzielen."*[422]

Die Aufstellung der Geräte und das Verlegen der Kabel erforderten Sachkenntnis und Zeit; für die HiFi-Enthusiasten war diese Art von Beschäftigung „geradezu ein Leckerbissen" für das verlängerte Wochenende.[423] Angesichts der Arbeitszeitverkürzungen und des freien Samstags hatten die Westdeutschen nun Zeit, Hobbys zu verfolgen und sich mit ihren Freizeitbeschäftigungen zu identifizie-

421 Ernst Pfau, unser HiFi-Fachmann meint: Musikautomat oder Wiedergabeanlage. In: Ton Magazin, März/ April 1961, S.65-66, hier S.65.

422 Wo bleibt die Stereofonie? In: hobby 2/1962, S.73-77, hier S.75.

423 Das „verlängerte Wochenende" meint hier den freien Samstag, der im Laufe der Sechzigerjahre in vielen Branchen durchgesetzt wurde. Vgl. Schildt/ Siegfried, Deutsche Kulturgeschichte, S.184.

ren. Der Stolz auf eine ordnungsgemäß angeschlossene Anlage und die damit verbundene Möglichkeit, sich selbst als technisch versiert und auf dem neuesten Stand zu stilisieren und von den unwissenden Musikschrankbesitzern abzugrenzen, ließen diese Nutzergruppe die Ausdifferenzierung der Angebotspalette sowie der unterschiedlichen Zielgruppen mit vorantreiben.

Auch die konkreten Forderungen, welche die Fachpresse an private Wiedergabeanlagen stellte, waren ihrer Zeit um einiges voraus. Schon am Ende der Fünfzigerjahre, als sich der weitaus größte Teil der Tonmöbel noch nur durch Äußerlichkeiten wie Holzmaserung, -farbe, Schnitzereien und Goldleisten unterschied, wurde der Wunsch nach größeren individuellen Spielräumen geäußert: Der Musikschrank lasse „der persönlichen Improvisationslust kein[en] Spielraum"; im Fall einer nach dem Baukastenprinzip zusammengestellten Anlage hingegen könne der Nutzer „seinen Wünschen und den vorhandenen Räumlichkeiten entsprechend die Einzelbausteine ganz individuell in ihrer Leistungsfähigkeit aufeinander abstimmen."[424] Dieses Bedürfnis nach größerer Individualität bezog sich sowohl auf die Technik als auch die Gestaltung der Geräte. Es sei notwendig, Plattenspieler, Verstärker, Lautsprecher usw. aufeinander perfekt abzustimmen, um durch die gewählte Zusammenstellung den bestmöglichen Klang zu erreichen. Diese Auswahl der Einzelgeräte war dem Käufer im Fall des Musikschranks bereits abgenommen worden. Es war

> *„selbstverständlich, dass man Empfänger, Verstärker und Lautsprecher in einem Kasten fertig zusammengeschaltet kaufte und man machte sich über die in diesem Rundfunkgerät steckenden Probleme wenig Kopfzerbrechen."*[425]

Doch „die Freunde der HiFi-Wiedergabe und erst recht jene der Stereofonie" wollten ihre Anlage selbst aus Bausteinen zusammensetzen,[426] sie wollten selber aktiv sein, selber bewerten und auswählen, den Werbeversprechen der Hersteller trauten sie nicht. Die in Musiktruhen eingebauten Plattenspieler und Ver-

424 Hi-Fi nach dem Baukastenprinzip. In: Ton Magazin, Januar/ Februar 1959, S.63-64 und S.68, hier S.63.

425 Hi-Fi nach dem Baukastenprinzip. In: Ton Magazin, Januar/ Februar 1959, S.63-64 und S.68, hier S.68.

426 Deutsche Industriemesse 1959. In: Ton Magazin, Juli/ August 1959, S.68-74, hier S.68.

stärker seien zumeist in ihrer Qualität nicht ausreichend.[427] Der Musikschrank war veraltet, da er in der Regel nicht an die unter klanglichen Gesichtspunkten günstigste Stelle im Wohnraum passte, während die individuelle Anpassung an die akustischen Gegebenheiten bei Bausteinanlagen leichter und besser möglich war, da ihre Einzelteile flexibel verteilt werden konnten.[428] Eine HiFi-Anlage könne „den Raum zum Klingen bringen“, dazu müsse sie allerdings „in den Raum hineingebaut werden, in sein klangliches Gefüge von Nachhall, Reflexionen und von Schalldämpfung“.[429] Die Ebene, auf der die Diskussion hier stattfand, erinnert eher an die Überlegungen zur Ausstattung eines professionellen Musikstudios als an privaten Musikkonsum.

Dass diese bestmögliche Klangqualität nur zu entsprechend hohen Preisen erreicht werden konnte, akzeptierten die HiFi-Fans. „High Fidelity zu volkstümlichen Preisen“ sei „ein Widersinn in sich, genau wie es die Karosserie eines Cadillac auf dem Fahrgestell eines VW wäre.“[430] Zudem sei die untere Preisgrenze von etwa 2500 DM „für eine ganz ausgezeichnete Anlage“ im Vergleich zu den Musiktruhen der oberen Preisklasse „gar nicht so viel“ und man könne bei der Anschaffung schrittweise vorgehen und sich die Geräte Stück für Stück anschaffen oder schenken lassen.[431]

Bei aller Begeisterung für die Akustik blieb auch den Audiophilen das äußere Erscheinungsbild der Anlagen sehr wichtig. Sie bewerteten die Bausteinanlagen als eine entscheidende Verbesserung in der Verknüpfung von Wohnen und Musikkonsum und bezeichneten sie als eine „fortschrittliche Idee auf dem Gebiet der Raum- und Tonkultur“. Jeder Raum könne so mit „eine[r] unsichtbare[n] Anlage für hochwertige Musikwiedergabe“ ausgestattet werden und es gab „unzählig viele Möglichkeiten“ dafür, „wie man sie im Raum arrangiert – von der Funktion wie von der Dekoration aus betrachtet.“[432] Auch die Fachmagazine unterstrichen den „exklusive[n] Charakter“ der neuen, fortschrittlichen Anlagen. Man werde von seinen Freun-

427 Stereo-Aufnahmen unter der Lupe. In: Ton Magazin, Mai/ Juni 1960, S.78-79, hier S.79.

428 Ein Plattenspieler soll es sein! In: Ton Magazin, Dezember 1964, S.37-45, hier S.43.

429 Anatomie der Stereofonie. II. Teil. In: hobby 5/1965, S.85-91, hier S.87.

430 HiFi extravagant. In: Ton Magazin Juli/ August 1961, S.67.

431 HiFi extravagant. In: Ton Magazin Juli/ August 1961, S.67.

432 Wiederholung für Anfänger: das Bausteinprinzip. In: Ton Magazin, September 1964, S.48.

den und Bekannten „bewundert und wohl auch beneidet".[433] Beinah fühlt man sich angesichts der Betonung des Prestigewerts in die Zeiten des Musikschranks zurück versetzt; doch es waren neue Attribute der Geräte der Unterhaltungselektronik, die nun als repräsentativ galten. Während in den Fünfzigerjahren vor allem die aufwendig verzierten Möbelstücke den Neid ihrer Betrachter erregen sollten, dienten nun die neuen Bausteine, die unauffällig untergebracht wurden, der Abgrenzung. Sie zeichneten ihren Besitzer als wohlhabenden, aber auch technisch fortschrittlichen Musikliebhaber aus, der mittels der Geräte seine „individuelle Note" ausdrücken konnte.[434]

Die individuellen Geräte würden sich dann auf die eine oder andere Weise in die vorhandene Inneneinrichtung eingliedern lassen. Auch die Elemente, die als technische Geräte erkennbar blieben, würden sich „in die Atmosphäre des Raumes organisch einordnen". Diese „unaufdringliche Anwesenheit" sorge dafür, dass die Anlage „sogar von der Dame des Hauses nicht nur akzeptiert [...], sondern vielmehr noch als erstrebenswert empfunden" werde.[435] Selbst Frauen, die die Geräte „als nicht in die Wohnung passend" betrachteten, sollten durch die unauffällige Verlegung der Kabel unter Teppichen von der neuen Ausstattung überzeugt werden. Die „Angst vieler Frauen vor dem technischen Gerät" sei auf diesem Wege zu überwinden.[436]

Die in der Fachpresse geführte Diskussion bringt hier einen möglichen Konflikt in der Aneignung der moderneren, weniger als Möbelstück getarnten Geräte ans Licht: Die Verlegung von Kabeln und die Sichtbarkeit der technisch wirkenden Bedieneroberflächen von Verstärker oder Steuergerät hob sich ab von den bis dahin üblichen Einrichtungsstilen, die das Hauptaugenmerk auf häusliche Gemütlichkeit und Gediegenheit gelegt hatten. Mögliche Konflikte innerhalb der Familien und unter den Geschlechtern über den Grad der Sichtbarkeit der Technik im Heim müssen in der Untersuchung der Aneignungspraktiken der Nutzer berücksichtigt werden. In den Werbeanzeigen der Hersteller wurde dieses Thema zumindest nicht aufgegriffen. Vielmehr wurden weiterhin zumeist Paare beim ge-

433 HiFi extravagant. In: Ton Magazin Juli/ August 1961, S.67.

434 Grundig-Bausteine schaffen eine hochwertige Heimakustik-Anlage. In: Ton Magazin November/ Dezember 1961, S.62-63, hier S.62.

435 HiFi extravagant. In: Ton Magazin Juli/ August 1961, S.67.

436 Der Stereoempfang in der Wohnung. In: Funkschau 18/1965, S.243-244, hier S.243.

meinsamen Musikkonsum gezeigt, wie es schon bei der Vermarktung der Musikschränke der Fall gewesen war.

Es ist deutlich geworden, dass die in der Fachpresse für HiFi- und Technikliebhaber schon seit Ende der Fünfzigerjahre diskutierten Vorzüge der neuen Bausteinanlagen sich von deren technischen bis zu den gestalterischen Aspekten erstreckten. Für sie stand die bestmögliche naturgetreue Klangwiedergabe im Vordergrund, doch strebten sie zugleich auch eine harmonische Integration der Anlage in den Wohnraum an. Gerade die durch die Bausteinanlagen vergrößerten individuellen Spielräume des Nutzers, die gesteigerten Auswahlmöglichkeiten entsprechend den persönlichen Anforderungen und Gegebenheiten des Hörraumes entsprachen den Forderungen der HiFi-Enthusiasten und Bastler. In ihren Fachmagazinen wurde eine Diskussion auf Expertenniveau geführt, die zur Abgrenzung von den Musikkonsumenten diente, die sich nur durch Musikschränke „berieseln" ließen. HiFi-Stereoanlagen sollten einen bewussten Klanggenuss garantieren, ihre Nutzer wurden in den entsprechenden Publikationen als besonders offene, technisch interessierte Konsumenten stilisiert, die durch ihr Engagement gar die Ausdifferenzierung des Geräteangebots und die Verbreitung von Stereo und HiFi vorantrieben. High Fidelity wurde zum Ausdruck „einer kultivierten Lebenshaltung".[437]

III.3.2 Das Stereoanlagen-Fieber greift um sich

„Was zu Anfang nur für wenige ‚Fanatiker' mit dickstem Geldbeutel möglich war, greift immer mehr um sich", stellte das *Ton Magazin* Ende des Jahres 1964 fest.[438] Seit Mitte der Sechzigerjahre breitete sich die Begeisterung für Stereo- und HiFi-Anlagen in weiteren Konsumentenkreisen aus und die neuen Bausteine verließen den Nischenmarkt der „‚Aristokraten' unter den Tonamateuren" und der „HiFi-Fanatiker".[439]

Entscheidend für diese Entwicklung waren (neben der flächendeckenden Versorgung der Hörer mit Stereorundfunk und der Verabschiedung der HiFi-Norm) die Preissenkungen sowie das Angebot von Stereoanlagen „aus einer Hand", deren Bausteine aufeinander

437 HiFi extravagant. In: Ton Magazin, Juli/ August 1961, S.67.

438 Ein Plattenspieler soll es sein! In: Ton Magazin, Dezember 1964, S.37-45, hier S.44.

439 Hi-Fi nach dem Baukastenprinzip. In: Ton Magazin, Januar/ Februar 1959, S.63-64, hier S.63.

zugeschnitten waren und auch dem technischen Laien den Kauf und die Installation einer Stereoanlage ermöglichten. Schon die Grundig Bausteinserie, die seit 1962 im Handel war,[440] konnte durch ihre moderaten Preise neue Käuferschichten erschließen, die bis dahin „an den Aufbau einer individuellen Heimakustik-Anlage nicht denken konnten."[441] Die Presse nahm die vereinfachte Zusammenstellung und Installation von Stereoanlagen positiv auf: Die Komponenten seien „fix und fertig verkabelte Einzelaggregate, die vom Käufer selbst ohne Schwierigkeiten zu einer hochwertigen Heim-Stereoanlage zusammengestellt werden" könnten.[442]

Auch die zuvor auf das Fachpublikum und die Technik- und HiFi-Freaks begrenzte Diskussion um Vorzüge und Nachteile der Anlagen, um ihre ideale Positionierung und ihr Design blieb nun nicht mehr auf Musik- und Technikmagazine beschränkt, sondern wurde in großen Nachrichtenmagazinen und Warentest-Zeitschriften geführt. Somit wurden mehr Nutzer einbezogen und bekamen die Möglichkeit, sich durch den Erwerb einer neuen Anlage und durch ihr Wissen über deren technische Besonderheiten, Zusammenstellung und Installation zu profilieren und ihr persönliches massenmediales Ensemble um ein neues Distinktionsobjekt zu erweitern.

Sinkende Preise verhelfen der Stereoanlage zum Erfolg

Der „Kreis der HiFi-Liebhaber" wuchs seit Mitte der Sechzigerjahre „von Tag zu Tag",[443] gerade weil es von immer mehr Herstellern nicht etwa nur „hochgezüchtete HiFi-Qualität" gab, sondern „in erster Linie daran gedacht [wurde], zu einem angemessenen Preis recht viele Freunde guter Musik damit anzusprechen."[444] Nun wurden unterschiedliche Käufergruppen von HiFi- und Stereoanlagen und deren Ansprüche an die Geräte unterschieden. „Die Gewohnheiten und Ansichten der in Betracht kommenden Käuferschich-

440 Die Serie wurde auf der Funkausstellung, die vom 25.8.-3.9.1961 in Berlin stattfand, vorgestellt. Seit 1962 finden sich jedoch zahlreiche Werbeanzeigen für die Grundig Bausteinserie, so z.B. „Bausteine zur Lebensfreude. Die Grundig Bausteinserie". In: Schöner Wohnen, Dezember 1962, S.53.

441 Grundig-Bausteine schaffen eine hochwertige Heimakustik-Anlage. In: Ton Magazin, November/ Dezember 1961, S.62-63, hier S.63.

442 Die Deutsche Industriemesse Hannover 1963. In: Ton Magazin, Juni 1963, S.35-49, hier S.36.

443 HiFi-Stereo-Bausteine – alle aus einer Hand. In: Ton Magazin, Januar 1965, S.44-45, hier S.44.

444 HiFi-Stereo-Bausteine – alle aus einer Hand. In: Ton Magazin, Januar 1965, S.44-45, hier S.44.

ten" wurden berücksichtigt, und nicht lediglich die Spezialisten bedient.[445]

Mit der Ausweitung des Angebots in niedrigere Preisklassen wurden Stereoanlagen für mehr Konsumenten erschwinglich und daher auch in großen Publikums- und Nachrichtenmagazinen besprochen: Der *Spiegel* berichtete 1965, dass „stereophonischer Heimklang" in zunehmendem Maße „bundesdeutsche Wohnstuben" erfülle. Während der vergangenen drei Jahre hätten mehr als eine halbe Million Konsumenten „aufwendige Stereo-Kombinationen" erworben, denn neben den exklusiven Geräten der Firma Braun für 5.000 DM und mehr waren nun auch preisgünstige Anlagen, zum Beispiel von Grundig, für 800 DM im Angebot.[446] Die weite Ausdifferenzierung hinsichtlich der Preisklassen der Geräte war ein entscheidender Schritt zur vermehrten Aufnahme der Bausteinstereoanlagen auch durch das nicht spezialisierte Publikum. Verstärker beispielsweise waren zwischen 500 und 2.500 DM zu haben[447] und konnten so – zumindest in den unteren Preisklassen – auch für den „Durchschnittshörer" interessant werden. Trotz der beträchtlichen Investition, die auch der Erwerb eines Gerätes im niedrigeren Preissegment immer noch bedeutete, wählten „von Jahr zu Jahr mehr Deutsche das räumliche Hören".[448] Das Angebot an Geräten war gewachsen und nicht mehr nur auf exklusive Fachgeschäfte beschränkt. Es fand Einzug in die Warenhäuser und den Versandhandel:

> *„Vom Format einer Zigarrenkiste bis zur Größe eines Strandkorbs stehen Lautsprecherboxen bei Rundfunkhändlern, in Warenhäusern und Stereo-Spezialgeschäften aufgetürmt wie Trutzburgen. [...] Schon hat auch der Versandhandel Stereo-Geräte in seine Kataloge aufgenommen."*[449]

Die Käufer entstammten nun allen sozialen Schichten, nicht mehr nur vermögende Musikliebhaber gehörten zu den Stereo- und HiFi-Anhängern, sondern „Arbeiter und Postangestellte zähl[t]en ebenso zu ihnen."[450]

445 Der Stereoempfang in der Wohnung. In: Funkschau 18/1965, S.243-244, hier S.244.

446 Stereophonie. Saal im Zimmer. In: Spiegel 24/1965, S.102-103.

447 HiFi – privat betrachtet. In: Ton Magazin, November 1965, S.32-33, hier S.32.

448 Stereophonie. Paradies für die Ohren. In: Spiegel 52/1965, S.103-106, hier S.103.

449 Stereophonie. Paradies für die Ohren. In: Spiegel 52/1965, S.103-106, hier S.103.

450 Stereophonie. Paradies für die Ohren. In: Spiegel 52/1965, S.103-106, hier S.103.

Auf der Funkausstellung 1965 in Stuttgart waren Stereo und HiFi die große Attraktion, die den Nischenmarkt verließ: Befördert durch die Durchsetzung des stereofonen Rundfunks waren nun „alle größeren Heimrundfunkgeräte" „stereosicher". Die Stereo-Steuergeräte wurden auf der Funkausstellung zum „Anziehungspunkt", und da sich auch die „Anschaffungskosten für eine gute HiFi-Anlage etwa bei der Firma Grundig in durchaus erschwinglichen Höhen beweg[t]en", konnten weitere Käuferkreise angesprochen werden.[451] Der *Spiegel* schätzte, dass zwischen 1965 und 1975 in der Bundesrepublik voraussichtlich rund fünf Millionen HiFi-Stereo-Anlagen im Wert von zehn Milliarden Mark verkauft würden.[452]

Und nicht nur die Stereoanlagen unterhalb der High Fidelity-Qualitätsgrenze wurden erschwinglicher, sondern auch die Anlagen, die der Norm entsprachen, sanken im Preis. Die Norm hatte, so urteilte das Magazin *hobby*, „eine wohltuende Erweiterung [des Angebots] zu erträglichen Preisen durchgesetzt" und half dabei, „viele neue Musikfreunde zu gewinnen".[453] Gar die „Demokratisierung der Hi-Fi-Technik"[454] wurde gefeiert. Die Anlagen vieler Hersteller, die bereits fertig zusammengestellt und komplett aufeinander abgestimmt waren, konnten „infolge größerer Serien auch bei ausgezeichneter Qualität preisgünstig sein."[455] Von Konsumentenzeitschriften wurde diese Entwicklung begrüßt. Das „neue Musikerlebnis" in Form von Stereoanlagen für alle war nun „tatsächlich kein Werbeslogan mehr".[456] Die Warentester machten es sich 1966 zur Aufgabe herauszufinden, ob „Stereogenuß nur mit dicken Brieftaschen zu erkaufen" war und stellten die neuen Steuergeräte mit getrennten Lautsprechern auf den Prüfstand. Dabei konzentrierten sie sich auf Anlagen, die komplett mit Lautsprechern weniger als 800 DM kosteten und schätzten im Ergebnis sogar das günstigste Gerät des Versandhauses Quelle als Testsieger ein.[457] Zwei Jahre später, 1968, testete die *DM* erneut und kam zu dem Ergebnis, dass man nun schon für etwa 600 DM „gute Stereo-Qualität ins Wohnzimmer" bringen könne. Die „Feinheiten" der wesentlich teureren Anlagen, die der HiFi-Norm entsprachen, könne „der Normalverbraucher ohnehin nicht

451 Funkausstellung Stuttgart: 566.000 Besucher. Schwerpunkte des Gezeigten: Stereo, HiFi und Tonband-Recorder. In: Musikmarkt 9/1965, S.11, 12, 41, hier S.11f.

452 Stereophonie. Paradies für die Ohren. In: Spiegel 52/1965, S.103-106, hier S.106.

453 Musik hören – aber wie? In: hobby 25/1966, S.76-104, hier S.80f.

454 Endlich ist es soweit: Die Hi-Fi-Technik wird populär. In: hobby 21/1968, S.87.

455 Musik hören – aber wie? In: hobby 25/1966, S.76-104, hier S.84.

456 Stereo. In: Twen, November 1966, S.74-75 & S.108-113, hier S.111.

457 DM Test Stereo. In: DM 3/1966, S.31-38.

mehr hören".[458] Das Angebot insgesamt verbreiterte sich, wobei sich neben den immer zahlreicher angebotenen preiswerten Modellen auch die Spitzengeräte behaupteten.

Daher kam es durch die zunehmende Verfügbarkeit von Stereo- und HiFi-Anlagen für immer größere Konsumentenkreise nicht zu einer „Gleichmacherei" oder zu einem Ende der Geräte- und Zielgruppendifferenzierung. Vielmehr wurden die Abgrenzungs- und Distinktionsmechanismen feiner. So konnten Stereoanlagen auch weiterhin als Statussymbol dienen, worin auch der *Spiegel* einen zentralen Grund ihres Erfolges sah: Denn die Geräte, die die neu festgelegten Standards der HiFi-Norm erfüllten, blieben jederzeit teurer und exklusiver als jene, die „nur" Stereoklang boten: „Die billigsten koste[te]n wenigstens 1.000 Mark".[459] Zudem reichte das Angebot oberhalb der Norm „dann auch fast beliebig hoch hinauf".[460] „Musikfans mit technischem Einschlag" fanden „nichts dabei, bis zu 8.000 Mark in das zweidimensionale Klangerlebnis zu investieren"[461] und die „wahren HiFi-Freunde", die „Verrückten"[462], wie die Zeitschrift *Twen* sie beschrieb, konnten auch mal „25.000 Mark und mehr in ihr Hobby"[463] investieren.

Trotz sinkender Preise und freudiger Berichte der Publikumspresse darüber, dass immer mehr Konsumenten die Möglichkeit gegeben wurde, den neuen Klang in ihrem Wohnzimmer zu erleben, blieb ein exklusiver Nischenmarkt also weiterhin bestehen.

Solche ‚High End'-Geräte, die „hauptsächlich für individuelle Zusammenstellungen geeignet"[464] waren, konnten die Funktion eines Statussymbols und Distinktionsobjektes übernehmen, da sie sich von den durchschnittlichen, bereits fertig kombinierten Anlagen abhoben. Dementsprechend waren auch auf der vom *Deutschen High Fidelity Institut* initiierten Ausstellung *hifi '68* in Düsseldorf „Geräte der sogenannten Konsumklasse" ausgeschlossen, es durften nur solche Anlagen vorgeführt werden, die der DIN-Norm entsprachen. Hier wurden besonders die Interessenten angesprochen, die Bau-

458 Karajan auf zwei Kanälen. In: DM 12/1968, S.38-41, hier S.40.

459 Musika maxima. In: DM 5/1970, S.68-70, hier S.68.

460 Musik hören – aber wie? In: hobby 25/1966, S.76-104, hier S.82.

461 Karajan auf zwei Kanälen. Test: Stereo-Steuergeräte. In: DM 12/1968, S.38-41, hier S.40.

462 Stereofonie. In: Twen 11/1966, S.74-75 & 108-113, hier S.113.

463 Musika maxima. In: DM 5/1970, S.68-70, hier S.68.

464 Musik hören – aber wie? In: hobby 25/1966, S.76-104, hier S.84.

steine forderten, die weit über die Mindestanforderungen hinausgingen.[465]

Zu Beginn der Siebzigerjahre war der Markt für Wiedergabeanlagen weit ausdifferenziert, von „Mini bis Maxi", wie die *DM* titelte. Es gab HiFi-Stereo-Steuergeräte für höchste Ansprüche von 600 bis über 3.000 DM,[466] aber andererseits gab es auch einen Trend zu preiswerten Geräten „für Käuferschichten mit geringem Einkommen (dazu zählt auch der Jugend-Markt)."[467] Den Konsumenten wurde geraten, sich vor dem Kauf ihrer Erwartungen bewusst zu werden, um eine Anlage der passenden Kategorie zu erwerben. Die *DM* stellte 1970 klar: „Wenn Sie nur hin und wieder etwas Unterhaltungsmusik hören, ohne besondere Ansprüche an die Wiedergabequalität zu stellen, brauchen Sie keine HiFi-Anlage."[468] Entschied der Nutzer sich für eine Anlage, die den Anforderungen der DIN 45 500 entsprach, musste er mindestens 1.000 DM anlegen, sodass auch noch 1970 zu einem etappenweisen Kauf der Bausteine geraten wurde. Dies bot nicht nur den Vorteil, den finanziellen Aufwand über eine längere Zeitspanne zu verteilen, sondern ermöglichte auch eine Abstimmung der Leistung und des Aussehens der Anlage auf den persönlichen Geschmack.[469] Der Wunsch nach Individualität und die Auseinandersetzung mit Vorzügen und Schwächen von unterschiedlichen Modellen hatte nun einen Großteil der Käuferschaft erreicht.

Die „Fachsimpelei" greift um sich

In der zweiten Hälfte der Sechzigerjahre waren die Bausteinanlagen nicht mehr nur für die HiFi-Enthusiasten und Bastler, sondern auch für den Durchschnittshörer die einzig „vernünftige Form, Stereo zu hören". Auch die *DM* „warnt[e] nun vor Stereotruhen", hob ihre akustisch ungünstige Zusammenfassung aller Geräte und Lautsprecher in einer Einheit hervor, nannte sie „protzig" und bezeichnete die neuen Steuergeräte mit Boxen als „bescheidene Diener des neuen Klangs", die „nach Belieben im Wohnraum angeordnet

465 HiFi 68 Düsseldorf bringt konzentrierte Schau qualifizierter Geräte. Durch „Qualitätsbegrenzung DIN 45 500" soll klare Auswahl getroffen werden. In: Musikmarkt 10/1968, Nr.8, S. 3-4 & S.8, hier S.3.

466 Mini und Maxi. In: DM 5/1970, S.71.

467 Neue Zahlen aus der Marktforschung bei Philips. In: radio-fernseh-händler 11/1972, S.352, 354, 358, hier S.358.

468 Musika maxima. In: DM 5/1970, S.68-70, hier S.68.

469 Hi-Fi in Raten. In: DM 11/1971, S.38-39, hier S.38.

werden" konnten.[470] Die richtige Platzierung der Lautsprecher im Wohnraum wurde dafür ausführlich besprochen und mittels Abbildungen wurde das „Stereo-Dreieck", in dem der Hörer sitzen sollte, demonstriert. Das war zehn Jahre zuvor noch den Expertenmagazinen vorbehalten gewesen.

In der zweiten Hälfte der Sechzigerjahre fanden also all die Forderungen, welche von den HiFi- und Technikliebhabern schon Ende der Fünfziger artikuliert worden waren, Eingang in die breitere öffentliche Diskussion über die angemessenen Geräte zum Musikkonsum. Getrennt aufstellbare Lautsprecher und die freie Anordnung der einzelnen Bausteine im Wohnraum wurden hier ebenso genannt wie der Wunsch danach, „bequem im Zentrum des besten Stereoklangs"[471] zu sitzen.

Und selbstverständlich wurde auch das angemessene Äußere der Geräte diskutiert: Der „angeberische Musikschrank" und das „prunkvolle Radio"[472] waren nicht mehr gefragt, „elegant und flach"[473] sollten die Bausteine nun sein. Gut zehn Jahre nachdem der große, schwere Musikschrank auf dem Höhepunkt seines Erfolges gewesen war, stellte Westdeutschlands größte Rundfunkillustrierte erleichtert fest, dass die Geräte „weniger Zierrat"[474] aufwiesen und lobte die Konstrukteure einer Kompaktanlage von Perpetuum Ebner dafür, dass sie Radio, Verstärker und Plattenwechsler „auf engstem Raum" untergebracht hatten.[475] Die Vorzüge der Bausteinanlagen wurden in Publikumspresse und auch Warentests ausführlich besprochen und das „altbackene" Design vieler Musikschränke wurde gemeinhin mit minderwertiger Klangqualität in Verbindung gebracht. Die weitgreifende Technikbegeisterung fand ihren Weg auch in die Wohnzimmer, in denen die neuen Bausteine ihre verbesserten Wiedergabefähigkeiten nun sogar sichtbar machen durften.

Immer mehr Nutzer wurden zu Spezialisten: Zunächst hatten die fertig zusammengestellten Anlagen die breite Masse der Konsumenten gewonnen, in der Folge spezialisierten sich einige von ihnen weiter und suchten Anschluss an die HiFi-Gemeinde. Nachdem die Bausteinanlagen sich über den kleinen eingeschworenen Kreis

470 DM Test Stereo. In: DM 3/1966, S.31-38, hier S.32.

471 DM Test Stereo. In: DM 3/1966, S.31-38, hier S.32.

472 Musik hören – aber wie? In: hobby 25/1966, S.76-104, hier S.84.

473 Neues von der Funkausstellung. In: Hör Zu 36/ 1967, S.38.

474 Die Fassade blättert ab. Die neue Form: Weniger Zierrat, besserer Klang. In: Hör Zu 36/1969, S.96.

475 Neues von der Funkausstellung. In: Hör Zu 36/1967, S.38.

der HiFi-Enthusiasten hinaus erfolgreich etabliert hatten, zeichnete sich innerhalb der neu hinzugewonnenen Käuferkreise und in deren Presseorganen bald ein „Trend zu den hochwertigen HiFi-Stereoanlagen“[476] ab, die technisch anspruchsvoller und ausgereifter waren als die einfachen und günstigen Bausteinsysteme. So fand auch die professionelle Auseinandersetzung mit den Vorzügen der HiFi-Anlagen, die Ende der Fünfziger- und Anfang der Sechzigerjahre auf kleine Kreise und spezialisierte Publikationen begrenzt gewesen war, Ende der Sechziger- und Anfang der Siebzigerjahre weitere Verbreitung.

Auch in der *DM* wurde nun seitenweise über Spezialfragen wie die richtige Aufstellung der Geräte, die Watt-Zahlen von Verstärkern und Lautsprechern[477] und über die akustisch ideale Einrichtung des Hörraumes[478] und die Vor- und Nachteile einzelner Gerätetypen diskutiert. 1971 erschien ein komplettes *DM-Journal Hi-Fi-Stereofonie*: Händler und deren Beratungsfähigkeiten wurden getestet,[479] und die HiFi-Geräte wurden „unter die Lupe“[480] genommen, um die steigenden Ansprüche der HiFi-Stereo-Kunden zu erfüllen.

Die Publikumspresse übernahm nun die Aufgabe, das differenzierte Angebot vor den Nutzern auszubreiten und bei der Auswahl behilflich zu sein, indem die Frage beantwortet werden sollte, für wen es sich lohne „die doppelte oder dreifache Summe für eine Hi-Fi-Anlage auszugeben“ und wer sich „mit einer einfachen Stereoanlage begnügen könne.“ Der „anspruchsvolle Musikliebhaber“ sollte zur Hi-Fi-Anlage greifen, „der Durchschnittshörer, der keineswegs unmusikalisch zu sein braucht, der sich aber am Abend nicht zwei Stunden Zeit nur für sein Hobby Musik nimmt“, werde mit der einfachen Stereoanlage ebenso viel Freude haben, so die Botschaft der Magazine.[481]

Über diese Ausdifferenzierung des Angebotes an Bausteinanlagen wurde durch die verschiedenen Preis- und Qualitätsklassen nicht nur der potenzielle Kreis an Käufern erweitert, sondern es wurde den Nutzern auch die Möglichkeit gegeben, eine Heimanlage trotz der weiteren Verbreitung dieses Gerätetypus dennoch als Status-

476 Rundfunk- und Fernsehgeräteindustrie. Statistischer Jahresbericht. In: radio-fernseh-händler 10/1971, S.312-313, hier S.312.

477 Bässe brauchen Watt. In: DM 11/1971, S.50.

478 Raumakustik. Die Einrichtung macht die Musik. In: DM 11/1971, S.40-41.

479 Im Dickicht der Stereofonie. In: DM 11/1971, S.44-46.

480 Hi-Fi-Qualität unter der Lupe. In: DM 11/1971, S.49-50.

481 Überraschender Klangeindruck. In: DM 9/1973, S.81-82, hier S.81.

symbol, als Medium der Abgrenzung anzusehen und einzusetzen. Teure HiFi-Anlagen eigneten sich „vorzüglich als Prestigeabzeichen und Statussymbol besserer Konsumenten".[482] Der *Spiegel* zitierte 1973 das französische Nachrichtenmagazin „L'Express" mit den Worten „Das neue Symbol des sozialen Aufstiegs ist die HiFi-Anlage."[483]

Die Steuergeräte, Plattenspieler und Lautsprecher der sogenannten „Konsumklasse" aus Kauf- und Versandhäusern eigneten sich am Ende der „langen Sechzigerjahre" nicht mehr als Distinktionsmittel, „ihr Prestigewert ist gering".[484] Die wenigen jedoch, die zu den wahren HiFi-Liebhabern zählten und 2.000 DM und mehr investierten, gehörten zu den „HiFi-Gourmets" und „Audiophilen". Sie kauften „selten die geschlossene Anlage einer Firma",[485] sondern grenzten sich – ähnlich den Vorreitern der späten Fünfzigerjahre – durch ihre technischen Kenntnisse und ihre individuelle Zusammenstellung einer Anlage bester Qualität von den Durchschnittshörern ab.

Erst die Ausdifferenzierung des Gerätemarktes machte es möglich, dass Phonogeräte wie Musikschränke und Stereoanlagen als Medien der Abgrenzung von Lebensstilen eingesetzt werden konnten.

> *„Denn dass die HiFi-Ausrüstung sich als Statussymbol so beliebt machen konnte, liegt an jener breiten Differenziertheit von Qualitäten und Preisen, wie sie weder die Waschmaschine noch der Fernseher zu bieten hat."*[486]

Die immer feinere Auffächerung der Angebotspalette entlang vieler Merkmale, die sowohl technischer als auch gestalterischer Natur waren, erlaubte den Konsumenten eine individuelle Wahlmöglichkeit und machte die gewählten Konsumobjekte so zu Botschaftern der Zugehörigkeit zu einer bestimmten Gruppe oder auch der Abgrenzung von einer anderen.

III.4 Basteln, Stückeln und Sparen als Wege zu den begehrten Stereoanlagen – die Nutzerperspektive

Auch die Absatzzahlen bekräftigen die Wahrnehmung der Geschichte der Stereoanlage als eine Erfolgsgeschichte, machen aber

482 HiFi. Jenseits der Hörgrenze. In: Spiegel 36/1973, S.144-145, hier S.144.

483 HiFi. Jenseits der Hörgrenze. In: Spiegel 36/1973, S.144-145, hier S.144.

484 HiFi. Jenseits der Hörgrenze. In: Spiegel 36/1973, S.144-145, hier S.144.

485 HiFi. Jenseits der Hörgrenze. In: Spiegel 36/1973, S.144-145, hier S.144.

486 HiFi. Jenseits der Hörgrenze. In: Spiegel 36/1973, S.144-145, hier S.144.

ebenso wie die öffentliche Diskussion über den neuen Gerätetypus deutlich, dass von einem wirklichen Durchbruch frühestens gegen Ende der Sechzigerjahre gesprochen werden kann.

Zwar hatte der *Spiegel* ja schon 1965 euphorisch verkündet, in den vergangenen drei Jahren seien eine halbe Million Stereoanlagen verkauft worden.[487] Allerdings bedeutet dies doch auch, dass – bei circa 20,5 Millionen Haushalten in der Bundesrepublik 1965[488] – Mitte der Sechzigerjahre gerade mal 2,4% der Haushalte über eine Stereoanlage verfügten!

Erst Ende der Sechzigerjahre eroberten die neuen Stereo- und Hi-Fi-Bausteinanlagen einen bedeutenden Teil des Geräteabsatzes für sich: Wurden im gesamten Zeitraum seit der Einführung der Stereofonie im Rundfunk 1963 bis Mitte des Jahres 1970 insgesamt etwa 3,8 Millionen Rundfunkapparate, Steuergeräte sowie Tuner-Verstärker-Kombinationen abgesetzt, die für Stereoempfang ausgerüstet waren, so entfielen über 2,5 Millionen davon auf den Zeitraum ab 1966![489] Von den hier genannten 2,5 Millionen stereofähigen Geräten waren etwa die Hälfte Tuner und Verstärker oder Steuergeräte. Alleine zwischen 1968 und 1969 stieg der Absatz an Stereogeräten um 27%, der Absatz an Steuergeräten, die nicht nur in Stereo-, sondern auch in HiFi-Qualität Musik wiedergeben konnten, sogar um 53%. Insgesamt behaupteten besonders die Steuergeräte – also das Herzstück der Stereoanlagen – einen zunehmenden Anteil am Gesamtabsatz der stereofähigen Geräte: Lag er 1968 noch bei 43%, stieg er 1969 auf 53% und 1970 auf 61%.[490] Das Fazit eines Redners auf einem Symposion auf der „hifi '70" in Düsseldorf lautete dementsprechend: „Das Steuergerät marschiert nach vorn."[491] 1969 waren etwa 30% der verkauften Heimgeräte Stereoanlagen, 1970 stellten sie mit 40% bereits den Schwerpunkt dieser Absatzsparte dar.[492]

Auch die Firma Philips sprach 1972 von einer positiven Entwicklung des Geschäftes mit Stereoanlagen in den Jahren zuvor und prognostizierte eine beachtliche Steigerung für die Zukunft, gab aber ande-

487 Stereophonie. Saal im Zimmer. In: Spiegel 24/1965, S.102-103.

488 Vgl. Rytlewski/ Opp de Hipt, Die Bundesrepublik Deutschland in Zahlen, S.42.

489 Vgl. Hücking, Die Entwicklung, S.43. Zudem referiert Hücking hier Zahlen, die sowohl Inlandsabsatz als auch Export beinhalten.

490 Hücking, Die Entwicklung, S.44.

491 Hücking, Die Entwicklung, S.45.

492 Vgl. Rundfunk- und Fernsehgeräteindustrie, Statistischer Jahresbericht. In: radio-fernseh-händler 10/1971, S.312-313, hier S.312.

rerseits auch eine Ausstattungsquote von nur 12% an.[493] Zwar hatte sich die Ausstattung westdeutscher Haushalte von 1965 (~ 2,4%) bis 1972 (12%) deutlich gesteigert, doch wird auch deutlich, dass selbst Ende der Sechziger- und Anfang der Siebzigerjahre Stereoanlagen – seien es nun die preiswerteren oder die qualitativ hochwertigen Geräte – noch nicht zur Standardausstattung in westdeutschen Wohnzimmern gehörten.

So wurde in vielen Fällen erst zu Beginn der Siebzigerjahre langsam an den Kauf einer Stereoanlage gedacht, nachdem man sich zuvor einige Jahre lang „die Nase an den Schaufenstern der HiFi-Geschäfte platt gedrückt" hatte.[494]

Betrachten wir nun einmal etwas ausführlicher die Nutzerperspektive: Die Interneteinträge zu den persönlichen *Phono-Erinnerungen* geben einen plastischen Eindruck von den Anstrengungen, die notwendig waren, um in den Besitz einer stereofähigen Anlage zu gelangen. Die Nutzer verorten die neuen Bausteinanlagen in ihrer Erinnerung zumeist eher in den Siebziger- denn in den Sechzigerjahren;[495] zuvor wurde aufgrund der hohen Preise der „Traumanlagen" oft gestückelt und gebastelt. So wurde zum Beispiel im Laufe der Sechziger „mit einem kleinen, grünen Philips-Plattenspieler und einem kleinen Mono-Verstärker" der „Grundstein für eine Anlage gelegt."[496] Den neuen Stereoklang kannte man oft nur von der Plattentheke großer Kaufhäuser, denn hier „konnte man sich Singles auf Kopfhörer vorspielen lassen."[497] Um das neue akustische Erlebnis auch im eigenen Heim erfahrbar zu machen, wurden teils abenteuerlichste Konstruktionen ersonnen. So berichtet ein Nutzer von seinen Experimenten mit dem Kofferplattenspieler der Eltern, der eigentlich am „Phonoeingang des ehrwürdigen Dampfradios" angeschlossen war. Doch die Entdeckung, dass „am Phonokabel offensichtlich ein Steckerchen zuviel" war, und dass einige

493 Neue Zahlen aus der Marktforschung bei Philips. In: radio-fernseh-händler 11/1972, S.352-358, hier S.358.

494 Harald1948m, Eintrag „So begann mein Hi-Fi-Hobby" am 13.11.2008 auf www.phono-erinnerungen.de.

495 „Stereoanlagen kamen zu Beginn der Siebziger auf". Marita1950w, Eintrag „phono-erinnerungen" am 07.02.2008 auf www.phono-erinnerungen.de.

496 Manni58, Eintrag „schon immer von Band und Platte infiziert..." am 31.01.2008 auf www.phono-erinnerungen.de.

497 cyrano (1958 geboren, männlich), Eintrag „Entdeckung der Musik und was daraus wurde" am 08.02.2008 auf www.phono-erinnerungen.de.

Platten „den kryptischen Warnhinweis Stereo" trugen, gab den Anstoß dazu, ein zweites Radio anzuschließen:

> *„Der Aufbau im Wohnzimmer war beeindruckend: links das klassische Dampfradio mit magischem Auge und muffiger Lautsprecherbespannung, davor auf einem Stehlampenpodest der Plattenspieler und rechts, am Ende einer beängstigend pendelnden Leitung Omas Nachkriegsradio im schlichten schwarzen Plastikdesign auf dem Bücherregal. Aber es funktionierte: das also war Stereo!"*[498]

Zur „größten Freude" des Hörers wanderte der Stereo-Ton beim ersten Testhören dann auch tatsächlich „von links nach rechts quer durch die Lautsprecher-Installation". Waren auch Besucher vom zweikanaligen Klang dieser Vorführung begeistert, so blieben doch die kritischen Blicke, die zu fragen schienen „sieht das Wohnzimmer dann immer so aus?",[499] nicht aus.

Ähnliche Erinnerungen und Experimente zeugen davon, dass auch Ende der Sechzigerjahre oft nicht die finanziellen Möglichkeiten gegeben waren, eine komplett zusammengestellte Anlage zu kaufen. Die Stecker von Stereo-Plattenspielern wurden geöffnet und die überzähligen Kabel, die nicht in ein Mono-Radio eingesteckt werden konnten, zu einem zweiten weitergeleitet, um erstmals Stereo zuhause hören zu können.

Auch im Anschluss an diese ersten Konstruktionen wurden oft eher Einzelgeräte zusammengesucht und verbunden als komplette Kombinationen gekauft. Der schon etwas ältere Verstärker eines Verwandten wurde mit selbstgebauten Lautsprecherboxen vom Flohmarkt kombiniert,[500] um ohne allzu große Ausgaben die Heimanlage zu verbessern und auszubauen. Auch Konsumentenmagazine druckten Artikel, die Tipps und Anleitungen für das Bauen von Lautsprecherboxen gaben.[501]

Erst nach und nach wurden Stereoanlagen fertig im Laden gekauft. Schafften die Eltern solch ein neues, kostbares Gerät an, war es – ähnlich den Musikschränken der Fünfzigerjahre – für die Kinder oft

498 ahomburg (1950 geboren, männlich), Eintrag „Stereo und Plastiktrümmer" am 05.03.2008 auf www.phono-erinnerungen.de.

499 ahomburg (1950 geboren, männlich), Eintrag „Stereo und Plastiktrümmer" am 05.03.2008 auf www.phono-erinnerungen.de.

500 cyrano (1958 geboren, männlich), Eintrag „Entdeckung der Musik und was daraus wurde" am 08.02.2008 auf www.phono-erinnerungen.de.

501 z.B. Voller Stereoklang frei Haus. In: hobby 5/1970, S.122-126.

tabu. Nur heimlich, wenn die Eltern außer Haus waren, konnte die Anlage genutzt werden.[502]

Die jüngeren Nutzer, die auf der Suche nach dem neuen Klang waren, der „besonders bei den Beatles ganz krass getrennt"[503] aus den Lautsprechern kam, mussten als Schüler und Studenten oft die gesamten Ferien arbeiten, um sich eine moderne Anlage leisten zu können. Selbst noch 1976 war ein „weißer Dual-Plattenspieler mit zwei 6-Watt Boxen" nur durch Ferienjobs wie etwa vierwöchiges Kellnern finanzierbar.[504] Die in bescheidenem Maße begonnene Zusammenstellung einer Stereoanlage wurde „durch Ferienarbeit [...] immer wieder erneuert und aufgebaut".[505]

So wurde die erste Stereoanlage oft erst zu Beginn der Siebziger angeschafft, und die Nutzer mussten über ein entsprechendes Einkommen verfügen, das zumeist erst zu Studentenzeiten durch Nebentätigkeiten oder mit der ersten Arbeitsstelle erreicht werden konnte. Wie entscheidend das monatliche Netto-Einkommen für den Kauf einer Stereoanlage war, wird aus Ausstattungsquoten deutlich, welche durch die Philips-Marktforschung 1972 ermittelt wurden (vgl. Tab. 1).

Monatliches Nettoeinkommen	Sättigungsquote in %
Über 3.000 DM	33
2.000-3.000 DM	25
1.500-2.000 DM	17
1.000-1.500 DM	11
750-1.000 DM	5
Unter 750 DM	1

Tab. 1: Ausstattung mit Stereoanlagen (nach Einkommensgruppen). In: Neue Zahlen aus der Marktforschung bei Philips. In: radio-fernseh-händler 11/1972, S.352-358, hier S.354.

Selbst die günstigsten Stereoanlagen für circa 600 DM, die akzeptable Klangqualität ins Wohnzimmer zu bringen versprachen, stellten

502 Vgl. z.B. den Eintrag von Gaby1956, Eintrag „Mein erstes Radio, mein erster Cassettenrekorder" am 23.08.2008 auf www.phono-erinnerungen.de

503 Gaby1956, Eintrag „Mein erstes Radio, mein erster Cassettenrekorder" am 23.08.2008 auf www.phono-erinnerungen.de

504 Sabine Heithausen (1958 geboren), Eintrag „Musikalische Diaspora" am 24.02.2008 auf www.phono-erinnerungen.de.

505 Manni58, Eintrag „schon immer von Band und Platte infiziert..." am 31.01.2008 auf www.phono-erinnerungen.de.

eine bedeutende Investition dar; ganz zu schweigen von den HiFi-Anlagen, für die mindestens 1.000 DM gezahlt werden mussten.[506]

Doch waren selbst junge Hörer zu größeren Ausgaben bereit, sie arbeiteten und sparten, um sich die neuen Geräte leisten zu können. Besonders junge Männer profilierten sich mittels der modular aufgebauten Anlagen mit ihren technisch und fortschrittlich wirkenden Benutzeroberflächen und durch ihre Kenntnisse von Wattzahlen, Übertragungsbereich, Auflagekraft des Tonarms u.v.m. als fortschrittliche, moderne Musikliebhaber. Nun definierte die Stereoanlage „den Standard avancierter Musikrezeption". Junge Frauen gerieten, so Schildt und Siegfried, „ins Hintertreffen", die komplizierte Technik habe sie abgeschreckt.[507] Auch auf der Internetseite zu den *Phono-Erinnerungen* berichten vorwiegend männliche Nutzer vom eigenständigen Zusammenstellen einzelner Bausteine und vom Experimentieren mit Radios und Plattenspielern. So erscheint die Schlussfolgerung Schildts und Siegfrieds, dass Bausteinanlagen „als Objekte von Fachdiskursen [...] zu einem bevorzugten Terrain für junge Männer geworden seien", durchaus plausibel. Stark angezweifelt werden muss allerdings die Aussage, dass Frauen zwar Popmusik liebten und begeisterter tanzten, aber nicht nur hinsichtlich der Apparate, sondern auch in den Gesprächen um Schallplatten und Konzerte nicht mit ihren männlichen Altersgenossen hätten mithalten können.[508] Zum einen machen die individuellen Erinnerungen deutlich, dass auch Nutzerinnen Stereoanlagen anschafften, zum anderen entfielen durchschnittlich 51,9% der Ausgaben der Konsumentinnen auf Schallplatten, während dieser Posten bei den Männern 50,9% ausmachte – hier lässt sich also kein nennenswerter Unterschied feststellen.[509] Die Begeisterung für Musik – und zwar nicht nur aus dem Radio, sondern auch von Tonträgern – war also unter den weiblichen Hörern mindestens genauso ausgeprägt wie unter den männlichen, und auch junge Frauen investierten einen beträchtlichen Teil ihres frei verfügbaren Einkommens in Wiedergabegeräte und Schallplatten.[510]

506 Zu den Preisen der billigsten Anlagen und der HiFi-Ausstattung vgl. Karajan auf zwei Kanälen. In: DM 12/1968, S.38-41, hier S.40 und Hi-Fi in Raten. In: DM 11/1971, S.38-39, hier S.38.

507 Schildt/ Siegfried, Deutsche Kulturgeschichte, S.269.

508 Vgl. Schildt/ Siegfried, Deutsche Kulturgeschichte, S.269.

509 Bravo-Einkaufs-Panel, Jahresband 1968/69, S.32.

510 Eine ähnliche Argumentation bringt Siegfried auch für Tonbandgeräte und Schallplattenspieler vor, wenn er schreibt, die Gerätschaften seien „relativ klar nach Geschlechtergrenzen aufgeteilt" gewesen. Junge Männer hätten das Tonbandgerät benutzt, während junge Frauen den Plattenspieler bevorzugten.

Insgesamt eröffnet die Nutzerperspektive einen Blick darauf, wie tatsächlich auch „Otto Normalverbraucher" als Musikkonsument auf seine Art Anteil nahm an den neuen Errungenschaften des Klangs, dabei aber nur selten dem Bild der Hersteller vom idealen, kaufkräftigen Stereo- und HiFi-Fan entsprach. Die „Audiophilen", die in ihren Fachmagazinen eine stetige Verbesserung der Technik forderten und teuerste Anlagen anschafften, waren ein exklusiver, kleiner und eingeschworener Kreis. Sicherlich trugen sie durch ihre Vorreiterrolle und ihre an die Hersteller adressierten Ansprüche zu einer Ausdifferenzierung des Angebots bei, sodass Stereo- und Hi-Fi-Anlagen bald auch zu niedrigeren Preisen und in verschiedensten Ausführungen erhältlich waren. Den Großteil der Nutzer jedoch konnten die Anlagen erst ansprechen, als sie massenhaft produziert wurden und einfach zu kombinieren waren. Und selbst dann griffen viele zunächst zu den alten Geräten, kombinierten einen vorhandenen Plattenspieler mit einem Stereo-Verstärker, bastelten und tricksten, um auch in den „Genuss" der neuen Klangerfahrung zu kommen. Während die altgedienten Geräte in den Wunschbildern der Werbung nicht mehr vorhanden waren, und der Musikschrank scheinbar nahtlos durch die neuen Bausteinanlagen ersetzt wurde, herrschte bei vielen Nutzern noch die Improvisation vor.

Schildt/ Siegfried, Deutsche Kulturgeschichte, S.269. Siegfried entfaltet diese Diskussion etwas detaillierter in Time is on My Side, S.97-106. Während der grundlegende Befund, dass junge Männer sich über die Nutzung womöglich „markanter profilierten" (Time is on My Side, S.103), nicht angezweifelt werden soll, erscheint die recht strikte Trennung der Geräte nach Geschlechtern nicht haltbar. Diese Frage wird in den Kapiteln zum Plattenspieler (D.I) und zum Tonbandgerät (D.II) erneut aufgegriffen.

IV Zwischenfazit: Umbruch im Wohnzimmer

Die „langen Sechzigerjahre" erwiesen sich auch in westdeutschen Wohnzimmern als Zeit des Umbruchs. Als sie begannen, dominierte noch das Radio, und mit ihm der Musikschrank, die Freizeitgestaltung sowie den Wohnraum. Als sie sich ihrem Ende näherten, begannen die Zeiten der Vorherrschaft der Stereoanlage und die Zahl der Musikkonsumenten war beträchtlich gewachsen.

Die Objektgeschichte der Phonogeräte, die als Zentrum der privaten Lebenswelt im Wohnzimmer aufgestellt wurden, haben nicht nur die Wandlungs- und Ablösungsprozesse, die Konkurrenz und Koexistenz von Musikschrank und Stereoanlage aufgezeigt und Gründe für den Wandel der dispositiven Strukturen herausgearbeitet. Sie haben zugleich auch gezeigt, dass der Umbruch in den Dispositiven der ‚Wohnzimmer-Phonogeräte' – vom Schrank zur Anlage – auch ein Wandel der vorherrschenden „Raum- und Tonkultur", der Konsumgewohnheiten und der Freizeitgestaltung der Westdeutschen war. Die Zäsuren in den Objektgeschichten, die anhand einschneidender Veränderungen in den Dispositiven zu Tage treten – seien technischen oder musikalischen Ursprungs – offenbaren die Etappen gesellschaftlich-kultureller Umbrüche während der Sechzigerjahre.

Sowohl der Musikschrank als auch die Stereoanlage suchten nach einer idealen Verbindung von Raum und Ton, von Optik und Akustik, doch ihre Lösungsangebote unterschieden sich beträchtlich. Das *Musikschrank*-Dispositiv stand in der Tradition des Konzertsaals und des Rundfunkgerätes, sowohl hinsichtlich der Konstellation von Schallquelle und Zuhörer, als auch hinsichtlich des Programms. Das kultivierte Hörerlebnis des Konzerts als gesellschaftliches Ereignis fand seinen Weg in die privaten Haushalte in Gestalt eines prächtigen Schranks. Er wurde mit klassischen Orchesterkompositionen, Opern und Operetten, nicht aber mit der neuen, englischsprachigen Musik der Fünfziger- und Sechzigerjahre assoziiert, ebenso wie ja auch im Rundfunk der späten Fünfziger- und frühen Sechzigerjahre hierfür noch kein Platz war. Das aufwendig gestaltete Möbelstück symbolisierte das Bekannte und Altbewährte, orientierte sich am Stil der positiv erinnerten Dreißigerjahre und bot der gesamten Familie nach den vergangenen Zeiten der Entbehrung und Unsicherheit einen gemeinsamen Anziehungspunkt. Seine beachtlichen Abmessungen und prächtigen Verzierungen ließen ihn zum Distinktionsobjekt werden, das den neuen Wohlstand der Wirtschaftswunderzeit, den beruflichen Erfolg und sozialen Aufstieg auch Besuchern demonstrativ vor Augen führte. Die Technik wurde domestiziert, indem sie hinter glänzenden Möbelfronten verborgen blieb. Die Anordnung des Musikschranks im Wohnraum und seine Apparat-Nutzer Konstellation waren dominiert durch diese visuell-symbolischen Eigenschaften des Dispositivs. Die Sichtbarkeit des Objektes bestimmte seine Position im Zimmer sowie die restliche Möblierung und definierte zugleich seinen symbolischen Wert als Prestigeobjekt und als Medium des Ausdrucks von Identität.

Die *Stereofonie und High Fidelity* wurden im Laufe der Sechzigerjahre zu Geburtshelfern eines neuen Gerätetypus. Sie fungierten als Antriebsmomente des dispositiven Wandels, da mit ihrem Erfolg nun den technisch-akustischen Eigenschaften der Apparate ein höherer Stellenwert eingeräumt wurde.

Innerhalb des neuen Dispositivs der *Stereoanlage* bestimmte nicht mehr allein die Optik der Geräte die Positionierung im Raum und ihre Beziehung zum Nutzer, sondern nun dominierte die Akustik. Der Klang gab vor, an welcher Stelle im Raum die Lautsprecher aufzustellen waren und er legte den Standort der Sitzecke fest, damit in der Hörposition die Stereoeffekte bestmöglich wahrgenommen werden konnten. Zugleich wurde das äußere Erscheinungsbild der Stereoanlage, die die Technik in Form der Bedienungskonsolen sichtbar ließ, zu einem neuen Merkmal der Wohnraumgestaltung. Die Technik wurde zwar weiterhin der Einrichtung angepasst, aber nicht mehr vollständig versteckt, sondern als bewusstes Gestaltungsmittel eingesetzt, das neue symbolische Botschaften kommunizierte. Das technische Äußere gab das Gebrauchswertversprechen besonders guter Klangqualität und löste die goldenen Zierleisten und Schnitzereien des Musikschranks in ihrem repräsentativen Wert ab. Nun galten technisch ausgereifte und technisch wirkende Geräte als Statussymbol, da sie nicht nur Wohlstand, sondern auch Modernität ausstrahlten.

Auch die Akteure, die mit dem Apparat interagierten, wandelten sich: Die Musikanlage war kein Familiengerät mehr, sondern zunächst ein Liebhaberobjekt. Technik-, HiFi- und Stereo-Enthusiasten profilierten sich über ihre Kenntnisse und Fachsimpelei und grenzten sich von den Musikschrankanhängern bewusst ab. Durch ihre gesteigerten Anforderungen an Klangqualität und Design der Geräte wirkten sie in einem Ko-Konstruktionsprozess aktiv am Wandel der Dispositive mit. Seit die Stereofonie über den Rundfunk auch weiteren Hörerkreisen bekannt wurde, die High Fidelity durch ihre Normung ein für alle nachvollziehbares Qualitätskriterium war und die neuen Geräte auch für den Durchschnittsverdiener erschwinglich wurden, erschlossen die Stereoanlagen auch weniger exklusive Nutzergruppen. Gerade junge Erwachsene, die sich für die moderne Pop- und Rockmusik begeisterten, setzten nun alles daran, sich eine Bausteinanlage zusammen zu sparen: Der technische Fortschritt der Tonstudios hatte neue Musikstile hervorgebracht, die auf den stereofähigen Geräten erst richtig genossen werden konnten. Nachdem die *Beatles* mit dem Sgt. Pepper-Album alte musikalische Muster aufgebrochen und ein „psychedelic opus" geschaffen hatten, wurden die Studio-Aufnahmetechniken bald noch ausgefeilter, die Künstler arbeiteten mit 8-Spur-Rekordern und Synthesizern, wie etwa in *Pink Floyd*'s „Dark Side of the Moon".[511] Es entstanden Studio- und Konzeptalben (wie etwa von *The Who*), die in dieser Form nicht mehr öffentlich aufgeführt werden konnten, sondern die das entsprechende technische Equipment zuhause sowie eine konzentrierte Zuhörerschaft erforderten, die „sich nicht viel bewegt, still dasitzt, sich nicht mit anderen Dingen beschäftigt und bereit ist, beträchtliche Zeit allein der kritischen Rezeption von Musik zu widmen."[512]

Den Stellenwert des Familienmittelpunkts, den nun in der Regel das Fernsehgerät innehatte, beanspruchte die Stereoanlage nicht für sich. Vielmehr bot sie dem (einzelnen) Nutzer die Möglichkeit, sich aktiv mit Technik und Sound zu beschäftigen und die Qualität seiner Anlage den anderen Familienmitgliedern und Dritten vorzuführen.

Die neuen Hörer der auslaufenden „langen Sechzigerjahre" waren aktiver und involvierter, sie wünschten keinen „Altar" der biederen Häuslichkeit, sondern ein Instrument der Individualisierung und des persönlichen Ausdrucks. Ausgestattet mit höheren Einkommen und mehr Freizeit nutzten sie Musik und Stereoanlagen als Mittel der Selbstverwirklichung. Die Anlagen entsprachen dem wachsenden massenmedialen Ensemble, der Technikbegeisterung und dem Fortschrittsglauben der Sechzigerjahre sowie den neuen Einrichtungsstilen weit besser als die wuchtigen Schränke. In Form einzelner Bausteine ließen sie sich im Wohnraum variabel anordnen, sodass auch Platz blieb für den Fernseher; einzelne Elemente der Anlagen konnten stückweise ersetzt werden, wenn sie den steigenden Ansprüchen nicht mehr genügten.

511 Coleman, Playback, S.104.

512 Paul Willis, „Profane Culture". Rocker, Hippies: Subversive Stile der Jugendkultur, Frankfurt a. M. 1981, S.98.

Die Stereoanlage verdrängte den Musikschrank nicht vollständig, sondern trat als starker Konkurrent hinzu, der wachsende Marktanteile erobern konnte. Nicht ein Dispositiv löste seinen Vorgänger ab, sondern beide bestanden nebeneinander. Doch wurden Musikschränke mit fortschreitender Zeit immer seltener angeschafft, auch weil neue Nutzergenerationen heranwuchsen. Die Teenager der Fünfzigerjahre, deren Eltern noch einen Musikschrank gekauft hatten, waren in den späten Sechziger- und frühen Siebzigerjahren zu erwachsenen Konsumenten geworden, die sich nicht wie ihre Eltern nach den „guten alten Zeiten" der Dreißigerjahre sehnten, sondern deren Lebensstil geprägt war von moderner, englischsprachiger Rock- und Popmusik, die unvereinbar schien mit dem traditionellen Schrank. Nun wurden Schallplatten gekauft und es brauchte getrennte Lautsprecher und ausgefeilte Einstellungsmöglichkeiten, um das neue Hörerlebnis, die Stereoeffekte der Beatles, Beach Boys und Rolling Stones und die Gitarrensoli eines Jimi Hendrix oder Eric Clapton erfahrbar zu machen. Die Musikschrank-Anhänger wurden zu einer aussterbenden Generation.

Die bisherigen Objektstudien konnten verdeutlichen, dass erst eine Betrachtung aller im Dispositiv-Konzept vereinten Aspekte auf materieller, sozialer und kulturell-symbolischer Ebene die Ausdifferenzierung des Phonogeräteangebotes und den Wandel der Phonogeräte-Dispositive zu erklären vermag.

Auf materieller Ebene haben uns die Objekte den Wandel der Praktiken des Musikkonsums vor Augen geführt, visualisieren sie doch durch ihr Design den hohen Stellenwert, den die Klangqualität im Laufe der Sechzigerjahre einnahm, während in den Fünfzigerjahren noch die Repräsentativität des Möbelstücks entscheidend war. Durch eine Einbindung in die von Hickethier als „soziale Rahmung"[513] bezeichneten Kontexte werden diese Entwicklungen auch über die rein technische Ebene hinaus erklärbar: Denn nicht alleine die Rundfunkstereofonie und High Fidelity, sondern auch der höhere Stellenwert von Selbstentfaltungswerten in der westdeutschen Gesellschaft, das Aufwachsen neuer, in Zeiten des Wirtschaftswunders sozialisierter Generationen, neue Einrichtungsstile und gesellschaftliche Pluralisierungs- und Individualisierungsprozesse trugen ebenso wie die Programmgeschichte – also die neuen Musikstile – zu einem grundlegenden Wandel in den Phonogeräte-Dispositiven bei.

513 Hickethier, Dispositiv Fernsehen, S.69.

Erst der Blick aus allen Darstellungsperspektiven konnte diese Prozesse erhellen; erst die Aneignungspraktiken der Nutzer und die Diskussion zwischen Fachleuten, „Durchschnittskonsumenten" und Herstellern konnten aufzeigen, inwiefern unterschiedliche Akteursgruppen Einfluss nahmen auf die Veränderung der Dispositive. Deutlich wurde, ob und wann die Idealvorstellungen der Werbung zur Realität wurden. Die Zusammenschau von Objekten, Vermarktung, Diskussion und Nutzung offenbarte beispielsweise die Beharrungskräfte, denen sich die Hersteller in ihrem Angebot beugen mussten, indem sie etwa Hybridlösungen wie die Steuertruhe anboten und somit – ähnlich wie Christoph Kleßmann es für die Politik der Ära Adenauer gezeigt hat – eine „Modernisierung unter konservativen Auspizien" vollzogen.[514] Die Nutzer schwenkten nicht so schnell auf das Neue um, wie es die Werbung suggeriert, die den Musikschrank oft nahtlos durch die neue Stereoanlage im Wohnraum ersetzte. Vielmehr blieben die Konsumenten oft noch lange dem Altbekannten verhaftet, das in den alltäglichen Praktiken mindestens bis Ende der Sechzigerjahre noch einen höheren Stellenwert einnahm als die neue, moderne Technik. Daher ist in einer Geschichte der Verwendung von Technik, wie Edgerton[515] sie fordert, erst seit den Siebzigerjahren von einem Siegeszug der Stereoanlage auszugehen; also immerhin zehn Jahre nachdem die Hersteller begannen, ihre neuen Geräte anzupreisen.

Hier verweist die Mikroebene der Phonogeräte auf die Makroebene der gesellschaftlichen Entwicklung: Musikschrank und Stereoanlage konkurrierten und koexistierten in westdeutschen Haushalten, ebenso wie traditionelle Werte, Wohnkulturen und (Musik-) Konsummuster durch jüngere Generationen, neue Normvorstellungen, Konsum- und Lebensstile in Frage gestellt wurden.

514 Christoph Kleßmann, Ein stolzes Schiff und krächzende Möwen. Die Geschichte der Bundesrepublik und ihre Kritiker. In: Geschichte und Gesellschaft 11 (1985), S. 476-494, hier S. 485.

515 Edgerton, The Shock of the Old.

D Einzelgeräte entflechten die familiäre Hörgemeinschaft und ermöglichen allgegenwärtigen Musikkonsum

I Der Plattenspieler erobert neue Hörräume und gewinnt treue Anhänger

Die Einzelgeräte, die ich im Folgenden analysiere, boten größere Freiheiten und Freiräume als Musikschränke und Stereoanlagen, die das Zentrum des häuslichen Musikkonsums darstellten und an den Haushalt und den Raum, in dem sie standen, gebunden waren. In ihrer festen Installation im Wohnraum enthielten sie so auch ein den Hörer in seiner Bewegungsfreiheit einschränkendes dispositives Element.

Plattenspieler und Tonbandgeräte aber konnten die vier Wände des Wohnzimmers verlassen und die familiäre Hörgemeinschaft entflechten, indem sie als mobile Geräte weitere Hörräume erschlossen. Tragbare Phonogeräte, aber auch so genannte „Tischgeräte" zum Anschluss an ein Radio, waren nicht nur günstiger als große Schränke und aufeinander abgestimmte Anlagen und konnten so weiter reichende neue Hörerkreise erschließen, sondern sie wiesen auch ganz andere dispositive Strukturen auf. Sie waren kleiner und mobiler; die Nutzer konnten sich mit den Geräten und ihrer Lieblingsmusik zurückziehen und in anderen Räumen – innerhalb und außerhalb des Hauses – Musik hören. Und auch die Musik, die mit den flexiblen, tragbaren Geräten gehört wurde, war in der Regel eine andere als die, die im Wohnzimmer und im Kreis der Familie abgespielt wurde.

Dementsprechend differenzierte sich das Angebot der Tisch- und Koffergeräte in Wechselwirkung mit ganz anderen Einflussfaktoren und Konsumentengruppen aus, als es bei Musikschränken und Stereoanlagen der Fall war. Die Entwicklung ihrer Dispositive verlief entlang anderer Linien und wies andere Etappen auf.

Ich beginne meine Objektstudien einzelner Geräte mit dem Plattenspieler. Er war nicht nur als Einbauteil eines Musikschrankes oder als Baustein einer kompletten Stereoanlage im Angebot; schon seit den Fünfzigerjahren gab es auch tragbare sogenannte „Phonokoffer" und einzelne, technisch einfacher gehaltene Plattenspieler, die zur Musikwiedergabe lediglich mit einem Radio verbunden wurden. Die Dispositivanalyse dieser Gerätetypen schließt also nicht chronologisch an die beiden vorhergehenden Kapitel an, sondern beleuchtet eine andere Sparte des massenmedialen Ensembles, das den Westdeutschen zur Verfügung stand. Der einzelne Plattenspieler war ein alternatives und ergänzendes Angebot zum Musikschrank und zur Stereoanlage, das in seinem Dispositiv andere Schwerpunkte setzte.

Daher setzt auch die Objektstudie zum Plattenspieler in den zweiten Hälfte der Fünfzigerjahre ein, als zunächst nur ein Radioapparat zum Ausstattungsstandard der Westdeutschen zählte, und die Phonogeräte erst allmählich begannen, die Haushalte und die Freizeit der Nutzer zu erobern. Zu Beginn der „langen Sechzigerjahre", 1957, besaß nur etwa ein Viertel aller westdeutschen Haushalte einen Plattenspieler,[1] sei es als Bestandteil eines Musikschranks oder als einzelnes Gerät. Bis Mitte der Sechzigerjahre hatte die Verbreitung deutlich zugenommen und lag bei durchschnittlich etwa 50%.[2] Unter den Besitzern und Nutzern von Plattenspielern stach eine Generation allerdings besonders hervor: 1966 besaßen laut einer infratest-Umfrage bereits 88% der 14-19jährigen einen eigenen Plattenspieler![3]

Eine historische Betrachtung des Plattenspieler-Dispositivs wird die Gründe für die Erfolgsgeschichte des Plattenspielers und auch seine überdurchschnittliche Popularität unter jugendlichen Musikhörern

1 Vgl. Schildt, Das Radio und sein jugendliches Publikum, S.262.

2 Vgl. Dussel, Medienkonsum, S.659.

3 Infratest GmbH & Co. im Auftrag des WDR (Hg.), Musikinteressen der Bevölkerung in Nordrhein-Westfalen. Hörfunk – Schallplatte, München 1966, S.16 (im Folgenden: Infratest, Musikinteressen).

erhellen. Daher untersuche ich zunächst die Angebotspalette und zeige anhand von zwei exemplarischen Geräten ihre Entwicklung auf. Die Apparat-Nutzer-Konstellation, das Design und die symbolischen Eigenschaften von Koffern und einfachen Tischgeräten für zuhause räumten der Flexibilität und Mobilität der Geräte eine besonders hohe Priorität ein und sprachen so ganz andere Zielgruppen an als Musikschränke und Stereoanlagen.

Dieser Schwerpunkt des Plattenspieler-Dispositivs wird auch in den folgenden Kapiteln zur Vermarktung, Diskussion und Nutzung hervorstechen. Die Stärke der einzelnen, teils tragbaren Plattenspieler, lag eben genau in diesem dispositiven Unterschied zu Musikschränken und Stereoanlagen: Sie waren nicht mehr statisch, sondern dynamisch, nicht groß und schwer, sondern möglichst klein und leicht. Sie waren nicht mit allen technischen Raffinessen versehen, sondern verfügten nur über die elementaren Funktionen und waren einfach zu bedienen. Ihre Zielgruppe war nicht die wohlhabende Familie oder der erwachsene HiFi-Freak, sondern sie entdeckten im Laufe der „langen Sechzigerjahre" die jüngeren Käuferkreise, die mobil und unabhängig sein wollten.

I.1 Flexible und günstige Geräte erfüllen neue Wünsche

Phonokoffer und diejenigen Plattenspieler, die als gänzlich autonomer Apparat oder nach Anschluss an ein einfaches Radiogerät spielbereit waren, erfüllten neue Wünsche.

Ihre Apparat-Nutzer-Konstellation hob sich von den Musikschränken und Stereoanlagen deutlich ab. Zwei Telefunken-Modelle, der *Musikus 105 S* von 1961 und der *party hit* von 1971, fungieren in meiner Objektstudie als typische Vertreter der Entwicklung dieser Gerätegattung und ihres dispositiven Wandels.

Grundsätzlich lässt sich die Produktpalette der Schallplattenspieler und -wechsler in drei Sparten unterteilen: Es gab *Chassis, Heimgeräte* und *Koffer* (vgl. Abb. 1). Bei den *Chassis* handelte es sich um Einbaugeräte für Musikschränke oder Stereoanlagen.[4] Die Käufer hatten die Wahl zwischen Plattenspielern und -wechslern und Geräten in Mono oder Stereo (wobei ab Mitte der Sechziger fast alle Gerä-

4 Im Musikschrank konnten die Chassis eingebaut werden, in Stereoanlagen musste ein Chassis in eine Zarge, die es in unterschiedlichen Holzsorten einzeln zu kaufen gab, eingesetzt werden.

te standardmäßig stereofon waren[5]), und sie konnten entscheiden, ob ein High Fidelity-Gerät ihre Anlage vervollständigen sollte oder ob ein „LowFi"-Gerät ausreichte. Die Plattenspieler- und Plattenwechsler-Chassis werden in diesem Kapitel nicht weiter aufgegriffen, da sie in ihrer Choreografie der Nutzung sowie in ihren symbolischen Dimensionen bereits als Bestandteil der Musikschränke und Stereoanlagen behandelt wurden.

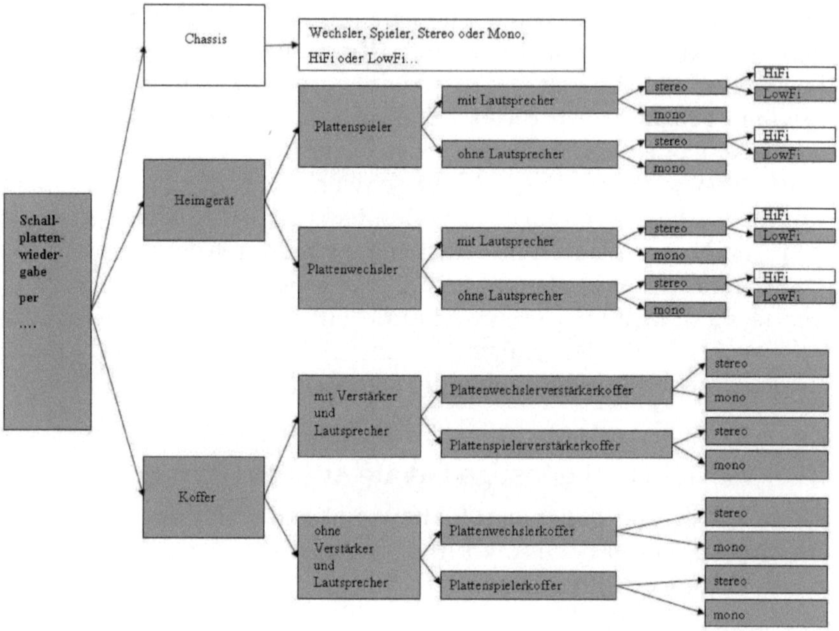

Abb. 1: Gerätetypen zur Schallplattenwiedergabe. Alle Typen, die in diesem Kapitel untersucht werden, sind grau hinterlegt.

Als *Heimgerät* (oder auch Tischgerät) dagegen wurden solche Plattenspieler oder Plattenwechsler bezeichnet, die im Gegensatz zu den Chassis bereits in einer Zarge oder auf einem Sockel montiert waren. Sie waren entweder mit passenden Lautsprechern ausgestattet und sofort spielbereit, oder aber sie mussten zur Wiedergabe an ein Radio angeschlossen (oder in eine Stereoanlage integriert) werden. Auch hier bestand die Wahl zwischen Stereo- und Mono-Geräten und solchen, die der HiFi-Norm entsprachen oder nicht. Die hochwertigen Heimgeräte, die als Bestandteil einer Stereoanlage angeschafft wurden, habe ich bereits im vorherigen Kapitel untersucht. In der Sparte der Heimgeräte richte ich daher nun den Fokus auf die einfacheren Geräte in niedrigeren Preisklassen, die für sich

5 Vgl. z.B. HDRFG 1966/67, S.B61-B104.

betrieben werden konnten und andere Zielgruppen ansprachen als den HiFi- und Technikfreak.

Hinzu kam noch die Sparte der *Koffergeräte*. Das breite Angebot an unterschiedlichen Kofferplattenspielern erschloss in seinen zahlreichen Auffächerungen bisher unbekannte Nutzungsmöglichkeiten: *Verstärkerkoffer*, die vollkommen autonom und unabhängig von weiteren Geräten spielbereit waren, da sie über eingebaute Verstärker und Lautsprecher verfügten, brachten die Musik an neue Orte. Und auch solche Koffergeräte, die zur Wiedergabe an ein Radio angeschlossen werden mussten, garantierten eine größere Flexibilität als die Phonogeräte, die das Wohnzimmer nicht verlassen konnten.

I.1.1 Koffergeräte machen die Schallplatte mobil

Der Phonokoffer *Musikus 105 S* von Telefunken ist ein Stellvertreter der Koffergeräte ohne eingebauten Lautsprecher. Dieser Typus unterschied sich von den einfachen Heimgeräten insbesondere durch seine äußere Gestaltung, also etwa durch einen Tragegriff und einen fest verschließbaren Deckel. Am Beispiel des *Musikus* und seiner Kontextualisierung vor den Produktalternativen seiner Zeit lässt sich die Entwicklung des Dispositivs der tragbaren Plattenspieler verdeutlichen.

Denn der *Musikus 105 S* und seinesgleichen stellen eine erste Etappe auf dem Weg zur Mobilisierung des Schallplattenkonsums dar.

Abb. 2: Telefunken Musikus 105 S

Objektbeschreibung

Der zweifarbige, hell- und dunkelgraue Kunststoffkoffer war seit Anfang der Sechzigerjahre auf dem Markt und kostete etwa 100 DM.[6] Er wog 3,5 kg und maß bei geschlossenem Deckel 36,5 x 14 x 28,5 cm. Plattenteller und Tonarm sowie das einzige Bedienungsinstrument, ein Drehknopf zur Einstellung der Abspielgeschwindigkeit, waren auf dem unteren, dunkelgrauen Element auf einer hellgrauen Metallplatte montiert. Ein Netzkabel und ein weiteres Anschlusskabel waren ebenfalls am unteren Teil des Koffers angebracht, der obere Teil diente nur als Abdeckung. Er wurde mittels Scharnieren auf der linken Seite und eines Verschlusses auf der rechten Seite fixiert. In verschlossenem Zustand waren auch die Kabel unter dem Deckel untergebracht, sodass das Gerät kompakt und leicht zu transportieren war. Am Tragegriff an der Vorderseite konnte man den Phonokoffer leicht fassen und überall hin mitnehmen. Außer einem auf dem Deckel angebrachten Schriftzug des Herstellers Telefunken sowie der Typenbezeichnung *Musikus 105* und dem Telefunken Logo gleich links neben dem Plattenteller wies der Koffer keinerlei Verzierungen auf (Abb. 3).

Abb. 3: Telefunken Musikus 105 S.

Da er weder Lautsprecher noch ein Batteriefach enthielt, musste er zur Benutzung zum einen mit dem Stromnetz, zum anderen mit einem weiteren Gerät, etwa einem Radio, das als Verstärker und Lautsprecher diente, verbunden werden. Er spielte Schallplatten aller Größen und Geschwindigkeiten, der Drehregler rechts ermöglichte die Wahl zwischen 16⅔, 33⅓, 45 und 78 UpM (vgl. Abb. 4).

6 Vgl. HDRFG 1961/62, S.B88.

Abb. 4: Drehregler für Plattengröße bzw. -geschwindigkeit

Auch EPs und Schellackplatten, deren Produktion erst 1959 eingestellt wurde, konnten also auf diesem Gerät weiterhin abgespielt werden.[7]

Die Bedienung war sehr einfach: Ein Schwenken des Tonarms nach rechts außen setzte den Antrieb des Plattentellers in Gang, dessen Geschwindigkeit mit dem Drehregler eingestellt wurde. Erreichte der Tonarm das innere Ende der Platte, schaltete der Motor sich selbstständig ab.

Schon bei seiner Markteinführung 1961/62 verfügte der *Musikus 105 S* über einen Stereotonabnehmer, konnte also bei Anschluss an ein entsprechendes Stereoradio mit zwei Lautsprechern auch Stereoschallplatten zweikanalig wiedergeben.[8] Schon vier Jahre nach der Einführung der Stereo-LP waren mit einer Ausnahme alle Phonokoffer ohne Verstärker mit Stereo-Tonabnehmern und Anschlüssen zur Wiedergabe von zwei Kanälen ausgestattet.[9]

Der Preis des *Musikus 105 S* blieb, bis er 1966/67 aus dem Programm genommen wurde, in etwa konstant und lag durchgehend zwischen 100 und 112 DM.[10]

Apparat-Nutzer-Konstellation: Tragbar, einfach und robust

Die äußere Gestaltung in Form eines Kunststoffkoffers sowie die Reduktion der technischen Funktionen auf das Wesentliche charakterisierten den *Musikus*-Koffer als ein ebenso robustes wie prakti-

7 Vgl. Musikmarkt 3/1959, S.9 und Schildt, Massenmedien im Umbruch der fünfziger Jahre, S.643. EP steht für „Extended Play". Eine EP enthielt drei bis vier statt der auf einer Single üblichen zwei Musikstücke.

8 Darauf wies das „S" im Modellnamen hin.

9 Vgl. HDRFG 1962/63, S.B55-B96.

10 Vgl. HDRFG 1961/62, S.B88 (99,80DM), HDRFG 1962/63, S.B92 (104DM), HDRFG 1963/64, S.B98 (108DM), HDRFG 1964/65, S.B99 (112DM), HDRFG 1965/99, S.B96 (ohne Preis).

sches Wiedergabegerät. Aufgrund seines geringen Gewichts, des Tragegriffs und der Unterbringung der Kabel im Kofferinnenraum bei geschlossenem Deckel eröffnete er den Nutzern weit flexiblere Einsatzmöglichkeiten als die fest in Schränken oder Bausteinanlagen integrierten Geräte. War der Koffer geschlossen, waren Tonarm und Plattenteller sowie Kabel optimal geschützt, er konnte sorglos überall hin mitgenommen werden. Durch die simpel gehaltene Technik schien ein unbeschwerter Umgang mit dem Gerät möglich. Im Gegensatz zu teuren Musikschränken und Stereoanlagen wirkte dieser Gerätetypus nicht wie ein ausgefeiltes technisches Instrument oder wie ein kostbar verziertes Prestigeobjekt, sondern vielmehr wie ein leicht zu bedienender, einfacher Apparat zur alltäglichen Unterhaltung. In seiner Choreografie der Nutzung war er weniger festgelegt: Er erforderte nicht zwingend eine ideale Sitzposition im Stereodreieck wie die Stereoanlagen und vermittelte auch nicht – wie die prunkvollen Schränke – eine Atmosphäre des besonders kultivierten Musikgenusses wie im Konzertsaal. Innerhalb kürzester Zeit war er an jedem beliebigen Ort spielbereit, sobald ein Stromanschluss und ein einfaches Radio als Verstärker und Lautsprecher vorhanden waren. Er konnte überall aufgestellt werden, sei es auf einem Tisch oder auch einfach auf dem Boden, die Hörer konnten sich frei um das Gerät gruppieren und bewegen. Innerhalb des Hauses konnte er also problemlos von einem in ein anderes Zimmer gebracht und dort genutzt oder auch zu Freunden und Bekannten mitgenommen werden.

Zur Inbetriebnahme wurden lediglich der Deckel abgenommen und die beiden Anschlusskabel mit einem Radio und einer Steckdose verbunden. Weitere Einstellungen mussten und konnten nicht vorgenommen werden; es ging vor allem darum, selbst ausgewählte Musik von Schallplatte hören zu können. Das Gerät versprach aufgrund der reduzierten Anzahl der Regler und Einstellungsmöglichkeiten zwar keine perfekte Wiedergabequalität oder gar ausgefeilte Aussteuerungsmöglichkeiten, doch es eröffnete neue räumliche Einsatzmöglichkeiten: Musik konnte nun auch fern der fest installierten Anlage im Wohnzimmer gehört werden, der Nutzer konnte sich mit dem Gerät zurückziehen und außerhalb des Hörradius anderer Familienmitglieder seine Lieblingsmusik hören.

Da solche Phonokoffer wie der *Musikus* zur Wiedergabe an ein Rundfunkgerät angeschlossen werden mussten, konnten sie erst weitere Verbreitung finden, als in den Haushalten der Besitz von Zweit- und Drittradios üblich wurde. Das war seit der Wende zu den Sechzigerjahren der Fall, als Kofferradios ihren Saisoncharakter verloren und sie nun zusätzlich zu dem im Wohnzimmer und den familiären Routinen fest verankerten repräsentativen Radio oder Musikschrank angeschafft wurden. Die Verwendung von Transistoren[11] und die Verfügbarkeit günstiger Batterien bewirkten eine Umstrukturierung des Radiogerätemarktes hin zu handlichen und mobilen Koffergeräten. Sie waren besonders bei Jugendlichen und jungen Erwachsenen beliebt, da sie die Unabhängigkeit und Beweglichkeit schätzten.[12] So waren in vielen Familien seit den Sechzigerjahren zusätzliche Rundfunkgeräte vorhanden, welche die Plattenspieler und Phonokoffer, die nicht über Verstärker und Lautsprecher verfügten, zu vollständigen Wiedergabeanlagen ergänzen konnten.[13]

Kontextualisierung und Konkurrenz des *Musikus 105 S*: Koffer mit Lautsprecher und Batteriebetrieb

Koffergeräte wie der *Musikus* versprachen Mobilität. Allerdings war diese durch die notwendige Verbindung mit dem Stromnetz und einem zusätzlichen Radio begrenzt. Insofern stellten frühe Koffergeräte wie der *Musikus* zunächst eine Übergangslösung dar, die das Versprechen allgegenwärtigen Musikkonsums noch nicht vollständig einlösen konnten. Als Folge daraus ging ihr Anteil an der Angebotspalette seit Beginn der Sechzigerjahre deutlich zurück, als die Konkurrenz durch noch mobilere und unabhängigere Plattenspieler wuchs: Waren 1956/57 noch dreizehn und 1962/63 vierzehn Koffergeräte ohne Lautsprecher im Angebot, gab es 1966/67 nur noch sechs und 1971/72 kein einziges dieser Modelle mehr.[14] Auch der *Musikus 105 S* war seit 1966 nicht mehr auf dem Markt.[15] Sie wurden abgelöst von den *Verstärkerkoffern*, die kein zusätzliches Gerät zur Wiedergabe benötigten, sondern über einen eingebauten Ver-

11 Vgl. Fickers, Der Transistor.

12 1966 war in einem Drittel, 1971 in über der Hälfte der Haushalte ein tragbares Radio vorhanden. Vgl. Jahrbuch der öffentlichen Meinung, Bd.4, 1965/67, S.275 und Bd.5, 1968/73, S.400. Zum Besitz von Zweitgeräten vgl. auch Andersen, Der Traum vom guten Leben, S.113 und Weber, Vom Ausflugs- zum Alltagsbegleiter, S.133.

13 Siegfried stellt mit Verweis auf einen Artikel in der FAZ darauf heraus, dass Mitte der Sechzigerjahre nicht mehr nur vom Markt der so genannten „Zweitgeräte" die Rede gewesen sei, sondern vom „Dritt- und Viertgerätegeschäft". In zahlreichen Haushalten seien „Musiktruhe, Autoradio und mehrere Kofferradios" vorhanden gewesen. FAZ vom 27.07.1965, zit. n. Siegfried, Time is on My Side, S.97.

14 Vgl. HDRFG 1956/57, S.B29-S.B42; HDRFG 1962/63, S.B55-96; HDRFG 1966/67, S.B61-B104; HDRFG 1971/72, S.H1-H51.

15 Vgl. HDRFG 1966/67, S.B61-B104.

stärker und Lautsprecher verfügten. Deren Marktanteil wuchs: Bestand 1956/57 die Wahl zwischen nur vier Modellen, waren schon 1962/63 mehr als 30 Plattenspieler- oder Plattenwechsler-Koffer mit einem oder sogar zwei getrennten Lautsprechern im Handel erhältlich. Bis in die zweite Hälfte der Sechzigerjahre wurde diese große Auswahl beibehalten.[16] Ein Gerätetypus mit einem neuen Dispositiv, das das Versprechen der Mobilität umfassender einlösen konnte, hatte die Hybrid-Modelle ohne eigenen Lautsprecher abgelöst. Mit dem Übergang zu den Siebzigerjahren ging zwar auch das Gesamtangebot an Verstärkerkoffern ein wenig zurück, hielt sich aber dennoch auf einem recht hohen Niveau, sodass für die Käufer weiterhin eine große Auswahl bestand: 1971/72 gab es noch 22 verschiedene Modelle.[17] Der tragbare Plattenspieler stabilisierte sich (im Sinne der *Social Construction of Technology*) als Objekt erst in der Ausführung mit eingebautem Lautsprecher, denn erst so erfüllte er die Wünsche dynamischer und mobiler Nutzergruppen. Tatsächliche Flexibilität wurde eben erst dann erreicht, wenn kein zusätzliches Gerät mehr mitgenommen werden musste, das als Lautsprecher fungierte.

Diese Verstärkerkoffer gab es wahlweise als Mono-Gerät mit einem Lautsprecher, der beispielsweise im Sockel, oder – wie beim *Musikus 105 V*, der sich nur durch den eingebauten Verstärker und Lautsprecher von Musikus 105 S unterschied (vgl. Abb. 5) – im Deckel untergebracht war. Mono-Verstärkerkoffer konnten auch stereofon abspielen, wenn ein weiterer externer Lautsprecher oder ein Radio angeschlossen wurde, denn sie verfügten seit Beginn der Sechzigerjahre zumeist über einen Stereo-Tonabnehmer und die notwendigen Anschlüsse.

Abb. 5: Telefunken Musikus 105 V.
In: Telefunken Sprecher 27/1964, S.19.

Solche Verstärkerkoffer hingegen, die vom Hersteller bereits als Vollstereogerät konzipiert worden waren, steigerten den Grad der

16 Vgl. HDRFG 1956/57, S.B29-S.B42; HDRFG 1962/63, S.B55-96; HDRFG 1966/67, S.B61-B104.

17 Vgl. HDRFG 1956/57, S.B29-S.B42; HDRFG 1962/63, S.B55-96; HDRFG 1966/67, S.B61-B104; HDRFG 1971/72, S.H1-H51.

Unabhängigkeit von weiteren Geräten noch, denn sie verfügten bereits über zwei getrennt aufstellbare Lautsprecher und selbst zur Stereowiedergabe war kein weiteres Gerät von Nöten. Die beiden Lautsprecher befanden sich zumeist im Deckel (der dann getrennt in zwei Teilen aufgestellt werden konnte) oder bildeten die beiden oberen und unteren Schalen des Koffers, wie zum Beispiel im Fall des *Musikus 1051* von Telefunken, der seit 1961 auf dem Markt war (vgl. Abb. 6).

Abb. 6: Telefunken Stereo-Verstärkerkoffer Musikus 1051.
In: Telefunken Sprecher 13/1961, S.107.

Und mehr noch, auch von der Abhängigkeit vom Stromnetz, wie sie noch beim *Musikus 105 S* bestand, wurden die Koffer befreit, um wirklich mobilen und unabhängigen Musikkonsum zu ermöglichen. Schon am Ende der Fünfzigerjahre gab es einige batteriebetriebene Geräte; allerdings benötigten die meisten noch 90V-Anodenbatterien, um die Anodenstromversorgung der Elektronenröhren sicherzustellen. Erst durch den Einsatz von Transistoren[18] wurden die Geräte kleiner, leichter und unempfindlicher, und vor allem war ihr Stromverbrauch geringer, sodass seit den späten Fünfzigerjahren einige Plattenspielerkoffer mit genormten 1,5 V Monozellen ausgestattet wurden.[19] Erst die batteriebetriebenen Verstärkerkoffer ermöglichten die vollkommene Freiheit des Musikkonsumenten, da sie nun vom Stromnetz ebenso unabhängig waren wie von weiteren, ergänzenden Geräten.

Die Mobilität war die vorherrschende Eigenschaft des Dispositivs tragbarer Plattenspieler. Technisch gesehen blieben sie eher einfach

18 Der Einsatz von Transistoren konnte bei den Phonokoffern früher erfolgen als bei den portablen Radiogeräten, die aufgrund der bis 1959/60 fehlenden Hochfrequenztransistoren zur Übertragung der UKW nur teiltransistorisiert wurden. Vgl. Fickers, Der Transistor, S.32-51.

19 Vgl. Fickers, Der Transistor, S.27 sowie Chanan, Repeated Takes, S.92 und Weber, Das Versprechen mobiler Freiheit, S.111-113. 1956/57 konnte z.B. der „Lido" von Telefunken mit einer Anodenbatterie (90V) und 6 Baby-Heizzellen à 1,5V betrieben werden.

konzipierte Geräte ohne viele Einstellungsmöglichkeiten: Zwar hielt die stereofone Wiedergabe auch in diese Angebotssparte Einzug, doch während Mono-Geräte für den stationären Gebrauch zuhause bald verpönt waren, machten sie bei den Koffern bis in die Siebzigerjahre hinein einen starken Marktanteil aus. So waren von den 22 Verstärkerkoffern 1971/72 nur vier Geräte mit zwei Lautsprechern für die Stereowiedergabe ausgelegt.[20] Kofferplattenspieler in High-Fidelity-Qualität gab es ohnehin überhaupt nicht, dennoch behaupteten zumindest die Geräte mit Verstärker und Lautsprechern bis in die Siebzigerjahre hinein einen stabilen Marktanteil. Dieser Typus erweiterte den möglichen Hörradius beträchtlich. Nicht der bestmögliche Klang, sondern die allgegenwärtige Möglichkeit des Musikkonsums war das entscheidende Charakteristikum der Koffergeräte.

Auch das Äußere der Geräte war geprägt von ihrer Tragbarkeit. Die Umsetzung dieser mobilen Eigenschaften des Phonokoffer-Dispositivs in ein konkretes Design wandelte sich allerdings durchaus während der „langen Sechzigerjahre".

Abb. 7: Philips Phonokoffer III Type 2113. Stiftung Haus der Geschichte der Bundesrepublik Deutschland (Original in Farbe).

Die Koffer der Fünfzigerjahre waren, wenn sie geschlossen waren, nicht als Phonogeräte zu erkennen. Sie waren oft mit Kunstleder- oder Cordbezügen bespannt; daher waren sie, wenn sie geschlossen waren, in der runden Ausführung nicht von Hutschachteln (vgl. Abb. 7), in der eckigen nicht von Aktentaschen oder Reisekoffern zu unterscheiden. Lederartige Bezüge gab es noch zu Beginn der Sechzigerjahre,[21] Ende des Jahrzehnts allerdings nicht mehr: zumeist waren die Holzkoffer nun mit abwaschbaren Bezugsstoffen versehen, hatten eine eckigere Form und schienen weniger einen Reisekoffer zu imitieren.[22] Vielmehr lag die wesentliche Funktion des Koffers nun darin, den Plattenspieler zu schützen, wenn er mitgenommen wurde.

Die grundlegende Form eines Koffers mit Tragehenkel wurde während der gesamten

20 Vgl. HDRFG 1971/72, S.H1-H51.

21 Unser Phono-Programm. In: Telefunken Sprecher 20/1962, S.8-9.

22 Vgl. HDRFG 1968/69, S.H1-H46.

Zeit beibehalten, da die Apparate so in gewohnter Körperhaltung zu tragen waren. Allerdings waren sie mit fortschreitender Zeit leichter als Phonokoffer zu erkennen: Durch außen aufgebrachte Firmenlogos und Lüftungsschlitze konnten die Geräte nicht mehr mit Akten- oder Reisekoffern, Handtaschen oder Hutschachteln verwechselt werden. Gegen Ende des Jahrzehnts setzte sich auch bei den Portables ein eher technisch geprägtes Äußeres durch, wie etwa der „technical look" der Firma Telefunken[23] (Abb. 8).

Abb. 8: Telefunken Musikus 108 S.
In: Telefunken Report 1967/68, S.42 (Original in Farbe).

Dieser Wandel in der Gestaltung technischer Konsumgüter, der heimische und portable Geräte gleichermaßen erfasste, entsprach dem allgemeinen Trend zur sachlich-funktionalen Form, der sich im gesamten massenmedialen Ensemble durchzusetzen begann: Prunkvolle Musiktruhen wurden seit den Sechzigerjahren zunehmend von Bausteinen abgelöst, die durch ihr technisches Äußeres das Versprechen guter Klangqualität vermitteln wollten. Auch Kofferradios wurden in den Fünfzigerjahren mit Lederüberzügen, die Form einer Handtasche imitierend, als modische Begleiter vermarktet, die im Idealfall sogar zur Kleidung passen sollten.[24] Der Universalempfänger der Sechzigerjahre verfügte über eine zentrale, sichtbar angeordnete Bedienleiste, die Tragebügel waren eckig und aus Metall, und die Geräte verloren ihre abgerundeten Ecken, sodass sie insge-

23 Ein Musikus gehört in jedes Haus! Werbung im Telefunken Report '67/68, S.41.

24 Vgl. Weber, Das Versprechen mobiler Freiheit, S.104.

samt eher technisch-funktional aussahen.[25] In den gleichen Bahnen bewegte sich die Designentwicklung der tragbaren Plattenspieler: Auch sie wurden während der Fünfzigerjahre zunächst in Form von Taschen und Koffern gestaltet und ‚getarnt', und erst im Laufe der Sechzigerjahre als Musikwiedergabegeräte zu erkennen gegeben.

Individualisierungsangebote der Hersteller gab es in allen Gerätesparten: Ebenso wie sie im Falle der Stereoanlagen nicht nur über die technischen Fähigkeiten der Bausteine, sondern auch durch verschiedenfarbige Aufsteckblenden gemacht wurden, wurden auch die portablen Plattenspieler Ende der Sechzigerjahre nicht nur wahlweise in einem eher technisch wirkenden oder in bunten, poppigen Gehäusen und Koffern angeboten, sondern konnten durch verschiedenfarbige Blenden dem persönlichen Geschmack angepasst werden.[26]

Flexible Koffergeräte bedienten und beförderten somit die sich im Laufe der Sechzigerjahre ausprägenden Individualisierungstendenzen insbesondere der jungen Generation: Sie stellten eine praktikable Möglichkeit dar, die Musik zu hören, die im Radio noch nicht gespielt wurde und auf dem familiären Musikschrank tabu war, während die Stereoanlagen, die in den folgenden Jahren auf den Markt kommen sollten, für junge Leute unbezahlbar blieben.

I.1.2 Günstige und moderne Heimgeräte für neue Nutzer

Nicht nur die Koffer-, sondern auch die sogenannten Heim- oder Tischgeräte, deren Angebot sich seit den späten Fünfzigerjahren ebenfalls enorm auffächerte, ermöglichten neue Choreografien der Nutzung und sprachen andere Zielgruppen an als die Musikschränke und Bausteinanlagen.

1956/57 konzentrierte sich das Geschäft mit Geräten für zuhause noch auf Chassis-Modelle zum Einbau in Musikschränke. Es waren nur zwei Plattenspieler (und keine Wechsler) im Angebot, die bereits auf einem Sockel montiert waren und an ein Radio angeschlossen wurden.[27]

25 Diese Entwicklung war nötig, damit der Empfänger leicht in Autohalterungen einzusetzen und von oben zu bedienen war. Vgl. Weber, Das Versprechen mobiler Freiheit, S.116.

26 Ein heißer Tip für Boys und Girls: „mister hit" von Telefunken. Werbeanzeige. In: Twen 1/1969, S.41.

27 Die einzigen Heimgeräte, die in der Saison 1956/57 im Angebot waren, waren der Plattenspieler G12 von Braun für 145DM und der Tisch-Plattenspieler AG2140 von Philips für 83DM, vgl. HDRFG 1956/57, S.B30 und S.B40. Dane-

Seit Beginn der Sechzigerjahre entwickelte sich diese Sparte in zwei Richtungen weiter: Erstens wurden, wie bereits im Kapitel zur Stereoanlage herausgearbeitet wurde, immer mehr qualitativ hochwertige, teure Plattenspieler und -wechsler angeboten. Schon 1966/67 erfüllten acht von 18 angebotenen Plattenspielern die HiFi-Norm, 1971/72 entsprach jedes zweite stationäre Gerät den neuen Richtlinien.[28] Die Geräte der oberen Preisklassen – seien sie nun HiFi-tauglich oder nicht – wurden in der Regel als Bestandteil einer größeren Stereoanlage erworben. Daher werden sie hier, ähnlich wie die Chassis, nicht weiter betrachtet. Gleiches gilt für jene besonders kostspieligen und qualitativ hochwertigen Geräte, die seit der zweiten Hälfte der Sechzigerjahre auch in fester Kombination mit passenden Lautsprechern verkauft wurden. Da sie mindestens 500 DM kosteten,[29] handelt es sich hierbei letztlich um fertig zusammengestellte Stereoanlagen, deren Dispositive bereits untersucht wurden.

Vielmehr ist hier die zweite Richtung der Entwicklung von Heimgeräten von Interesse: Günstigere Plattenspieler, die an das bereits im Haushalt vorhandene Radiogerät angeschlossen wurden oder über einen eigenen Lautsprecher verfügten, kamen im Laufe der Sechzigerjahre vermehrt auf den Markt. Sie stellten auch für diejenigen Nutzer, die nicht in der Lage waren, eine teure Stereoanlage zu erwerben, eine preiswerte Möglichkeit dar, zuhause Musik von Schallplatte zu hören. So gab es seit 1962/63 auch einfache Plattenspieler für weniger als 100 DM,[30] und besonders gegen Ende der Sechziger- und zu Beginn der Siebzigerjahre erschienen günstige Heimgeräte mit einem oder zwei passenden Lautsprechern. Ein exemplarisches Gerät dieser neuen Angebotssparte ist der Plattenspieler *party hit*, der 1971 ins Telefunken-Programm aufgenommen wurde und 165 DM kostete.[31]

ben gab es 20 verschiedene Chassis sowie 17 Koffergeräte; vgl. HDRFG 1956/57, S.B29-42.

28 1971/72 waren 11 der 26 angebotenen Plattenwechsler HiFi-Geräte, ebenso 12 der 28 angebotenen Plattenspieler.

29 Vgl. HDRFG 1966/67, S.B71, B86-B88, B95. Hier liegen die Preise zwischen 468 und 998DM!

30 Die günstigsten Plattenspieler waren beide trotzdem auch stereofähig: Bingo 120/A von Elac, vgl. HDRFG 1962/63, S.B63 und Philips ST10, vgl. HDRFG 1962/63, S.B81. Der teuerste Heim-Plattenspieler war der Philips PT 50 für 169DM, vgl. HDRFG 1962/63, S.B82.

31 Vgl. HDRFG 1971/72, S.H4.

Objektbeschreibung

Der *party hit* war bei geschlossenem Deckel 36 x 11 x 24 cm groß, wog 2,5 kg und hatte ein Gehäuse aus Kunststoff, das durch seine Farbgebung eine hölzerne Zarge imitierte; ab 1973/74 war es aus rotem Kunststoff (wie in Abb. 9).[32] Der dunkelgraue, durchsichtige Kunststoffdeckel hatte eine Oberseite aus Aluminium mit kleinen Schallschlitzen, denn hier war ein Lautsprecher eingebaut, der an der Rückseite des Abspielgerätes eingesteckt wurde. Dort befand sich auch ein weiterer Anschluss für einen Stereoverstärker oder auch ein Tonbandgerät, etwa um Schallplatten auf Band zu überspielen. Zu diesem Zweck waren gesonderte Tonleitungen erhältlich.

Abb. 9: Telefunken party hit, Privatbesitz.

32 Vgl. Telefunken Report Programm '73/74, S.88.

Ein 3 Watt Transistor-Verstärker war bereits eingebaut, sodass der Plattenspieler nach Anschluss ans Stromnetz sofort spielbereit war. Der Plattenteller, der Tonarm und die Bedienungselemente saßen auf einer Aluminiumoberfläche. Im Boden des *party hit* war eine Griffmulde, in der auch das Netzkabel untergebracht werden konnte. Mit drei auf der rechten Seite angeordneten Drehreglern ließ sich zum einen die Drehzahl der Schallplatten einstellen (33 ⅓ und 45 UpM), zum anderen wurden hier die Lautstärke und die Höhen reguliert (Abb. 9). Am Tonarm konnte mittels eines kleinen Schiebereglers die Auflagekraft eingestellt werden, und nach dem Abspielen schaltete der Plattenspieler automatisch ab.

Apparat-Nutzer-Konstellation

Die technischen Details und Bedienungs- und Einstellungsmöglichkeiten des *party hit* waren auf das Wesentliche reduziert worden.[33] Seine große Stärke lag darin, dass er im Gegensatz zum *Musikus* eine größere Unabhängigkeit bot: Durch den eingebauten Verstärker und Lautsprecher war er jederzeit spielbereit, musste nur an das Stromnetz angeschlossen werden und kein weiteres Gerät war von Nöten. Er war relativ klein und leicht und konnte ohne viel Aufwand auch einmal in einem anderen Zimmer aufgebaut oder zu Freunden und Bekannten mitgenommen werden. Sein Design charakterisierte ihn nicht als Koffer-, sondern als flexibles Heimgerät: Er wurde in den ersten Jahren in holzfarbenem Design angeboten, was andeutet, dass er vorrangig für die häusliche Nutzung gedacht war. Er hatte keinen Tragegriff an der Vorderseite, und auch der Deckel ließ sich nicht mit Scharnieren befestigen wie etwa im Fall des *Musikus*. Die Geräte, die für die mobile Nutzung ausgelegt waren, verfügten in den frühen Siebzigerjahren standardmäßig über Batteriebetrieb. Der *party hit* aber war abhängig von der Steckdose.

Das Design des Gerätes in rotem und dunkelgrauem Kunststoff und Aluminium sprach aufgrund der knalligen Farben und der flachen, aber abgerundeten Form eher jüngere Konsumenten an, die auf diesem Gerät ihre Lieblingsmusik hören konnten, die auf dem Familiengerät im Wohnzimmer nicht immer erwünscht war.

Preiswerte Geräte – seien es nun mobile Koffer oder zur stationären Nutzung konzipierte Plattenspieler – konnten neue Käuferschichten erschließen und zum Beispiel auch jugendliche Hörer ansprechen. Die jungen Fans der Pop- und Rockmusik konnten sich

33 So spielte er etwa auch keine Schellackplatten mehr ab, was mit dem Musikus 105 S noch möglich war.

oft keine vollständige Bausteinanlage leisten, sodass die günstigen Koffer und die sogenannten Tisch- oder Heimgeräte eine willkommene Lösung für sie darstellten. Sie waren erschwinglich, mussten nicht fest in Schränke oder Regale eingebaut werden, sondern boten ein Maß an Flexibilität, das es erlaubte, sich auch aus dem Hörradius der Erwachsenen zu entfernen, falls diese etwa den Musikgeschmack der Jugendlichen oder die Lautstärke kritisierten. Die einfachen und günstigen Geräte konnten im Jugendzimmer und der Studentenbude Einzug halten.

I.2 Inszenierte Nutzerfreuden: Was die Hersteller versprechen ...

In der Vermarktung von Phonokoffern und vergleichsweise simplen Plattenspielern schlugen die Hersteller ganz andere Töne an als im Fall der ausgefeilten HiFi-Geräte, die den „Flair und [die] Atmosphäre berühmter Konzertsäle" in die Wohnung transportieren sollten.[34] Nicht mehr der „Musikkenner" und „Freund vollendeter Musikwiedergabe"[35] sollte angesprochen werden, sondern der Hörer, der schnellen und unkomplizierten Musikkonsum wünschte; eben die Art von Hörerlebnis, die von den HiFi-Enthusiasten verächtlich als reine Berieselung abgetan wurde. Tragbare Plattenspieler und erschwingliche, modische Geräte, die nicht fest in Regale oder gar Schränke eingebaut werden mussten, sondern die an variablen Einsatzorten leicht aufzustellen und zu bedienen waren, sollten den Kreis der Phonogerätekäufer erweitern, neue Nutzungsmöglichkeiten aufzeigen und andere Nutzerwünsche erfüllen.

Die Werbeargumente für die Phonokoffer und die flexiblen Heimgeräte ähnelten sich: Insbesondere die Standortunabhängigkeit und Mobilität, die je nach Gerät in verschiedenem Ausmaß vorhanden waren, wurden hervorgehoben (I.2.1). Die einfachen und kompakten Plattenspieler für zuhause, wie der *party hit*, konnten ganz unkompliziert auf- und abgebaut und in einem beliebigen Zimmer schnell in Betrieb genommen werden. Die Phonokoffer erweiterten diese Flexibilität noch um die Möglichkeit, das Gerät sogar zu Freunden mitzunehmen, da sie leichter zu transportieren waren. In der vom Stromnetz und dem Radio unabhängigen Variante waren sie auch außerhalb der Reichweite einer Steckdose, also im Garten,

34 Auftakt zu Beethovens Neunter. Werbeanzeige der Firma Elac. In: Ton Magazin, Januar 1963, S.47.

35 Philips high fidelity international. Werbeanzeige der Firma Philips. In: Ton Magazin, September 1964, S.7.

beim Picknick, im Freibad und wirklich überall nutzbar. Die mobilen Geräte würden, so die Hersteller, zu allgegenwärtigen Lieferanten der guten Laune.

In den Werbeanzeigen wurden die Plattenspieler mit einer unbeschwerten Stimmung und mit schwungvoller Musik verknüpft, um die jüngeren, dynamischen Konsumenten anzusprechen (I.2.2). Zeitgemäßes sowie praktisches Design und einfache Bedienungsmöglichkeiten bekräftigten den modernen und mobilen Charakter der Geräte, wurden aber zugleich ergänzt durch das Versprechen einer trotz allem hochwertigen und klangvollen Musikwiedergabe (I.2.3).

I.2.1 Musik und Freude überall und jederzeit

Mobil zuhause, mobil bei Freunden, mobil unterwegs – so lassen sich die Abstufungen innerhalb der Vermarktung flexibler Heimgeräte und tragbarer Koffergeräte umreißen. Die einfachen Heimgeräte versprachen Standortunabhängigkeit innerhalb des eigenen Zuhauses, Koffergeräte ermöglichten auch die Mitnahme zu Freunden, Verstärkerkoffer mit Lautsprechern und Batterien entgrenzten den Hörraum vollkommen.

Die in den Geräten unterschiedlich stark ausgeprägten mobilen Anwendungsmöglichkeiten wurden als Werbeargument genutzt. Oft verschwammen dabei allerdings die Grenzen zwischen günstigen Heimgeräten und Koffermodellen. Die Werbestrategien ähnelten sich, da auch die Grenzen zwischen Koffer und Heimgerät nicht immer eindeutig zu definieren waren: Einige Plattenspieler, die vorrangig für den häuslichen Gebrauch gedacht waren, wie etwa der *party hit*, verfügten dennoch über einen Deckel oder Griff; und Koffer ohne Batterien und ohne Lautsprecher wie der *Musikus 105 S* versprachen letztlich auch nur bedingte Flexibilität innerhalb, aber nicht außerhalb des Hauses.

Sei es Heimgerät oder Koffer, alle diese Geräte boten zumindest ein gewisses Maß an Mobilität und Flexibilität innerhalb des Hauses. Sie sollten es den Nutzern ermöglichen, in jedem beliebigen Zimmer Musik zu hören. Hatte man in der Wohnung „für eine Schallplatten-Anlage keinen festen Platz“, dann konnte „mit wenigen Handgriffen“ der Plattenspieler mit zwei zugehörigen Boxen aufgebaut werden.[36] Gerade „wenn er mal hier, mal dort in der Woh-

36 Telefunken Report 1967/68, S.47.

nung spielen"[37] sollte, garantierten ein Stereo-Verstärkerkoffer oder ein Heimgerät mit Lautsprechern die gewünschte Flexibilität. Man könne den neuen Koffer „schnell in jedes Zimmer mitnehmen"[38], warb Philips zu Beginn der Sechzigerjahre, „in jedem Wohnraum" ließ sich nun Musik hören, so Telefunken.[39] Und auch als Gerät für den heimischen Musikkonsum hatten die Koffer einige Vorteile, die zum Beispiel die Firma Telefunken herausstellte: Wenn das Gerät einmal nicht benutzt würde, könne man es aufgrund seiner Kofferform „bis zur nächsten Plattenspielerei sicher aufbewahren".[40] Angesichts der seit den späten Fünfzigerjahren steigenden Wohnungsgrößen und zunehmenden Anzahl von Zimmern bestanden nun für die einzelnen Familienmitglieder Rückzugsmöglichkeiten, und der tragbare Plattenspieler wurde mitgenommen ins Kinderzimmer oder auf den ausgebauten Dachboden.[41] Die individuellere Nutzung des Wohnraums durch Eltern und Jugendliche schuf erst die Voraussetzungen für die Anschaffung eines Plattenspielers, der das familiäre Radio oder den Musikschrank im Wohnzimmer ergänzen und möglichst konfliktfrei genutzt werden konnte.

Die Hersteller vermarkteten die tragbaren Plattenspieler sogar explizit über ihren möglichen Einsatz als „Ausweichgerät": Ein Phonokoffer konnte zwar einerseits „draußen für die ganze Familie" genutzt werden und etwa den Familienausflug musikalisch untermalen, andererseits aber auch „im Hause für den Junior" da sein, der „ungestört seine Jazzplatten darauf" spielen konnte.[42] So sorgten Plattenspieler und -wechsler, die sich schnell an unterschiedlichen Orten in Betrieb nehmen ließen, für Individualisierungs- und Abgrenzungsmöglichkeiten. Die Musik, die der „Junior" hörte, musste nicht mehr die Zustimmung der Eltern finden: War ein kleiner Plattenspieler oder ein Koffer vorhanden, konnte er sich zum privaten Hören zurückziehen; das Gerät schien familiäre Harmonie zu garantieren. Die Hersteller arbeiteten hier erneut mit dem *social tableau* der glücklichen und heilen Familie und blendeten verbleibendes Konfliktpotenzial – wie etwa die Lautstärke der Musik, die dann aus dem Jugendzimmer schallte – vollständig aus.

37 Telefunken Report 1967/68, S.42.

38 Das schönste Geschenk des Fortschritts. Philips Werbeanzeige, in: Bravo 6/1962, S.15 und auch in Bravo 15/1962, S.15.

39 Stereo-Kofferanlage Musikus 1051. In: Telefunken Sprecher 13/1961, S.106-107, hier S.107.

40 Telefunken Report 1967/68, S.42.

41 Zu Wohnungsgrößen, Kinderzimmern, ausgebautem Dachboden vgl. Kap. B.III.

42 Werbung Philips Mignon MK10. In: Bravo 20/1960, S.9.

Die Geräte wurden stilisiert als Objekte der Eintracht und der gemeinsamen Freude; nicht nur im Familien-, sondern auch im Freundes- und Bekanntenkreis. Der Phonokoffer konnte zu Nachbarn und Freunden mitgenommen werden, denn auch dort ließ er sich ja an das Stromnetz und ein Radio anschließen. „Zu Hause oder bei guten Freunden" schenkten die Koffer „frohe und besinnliche Stunden",[43] und dienten – ganz nebenbei – als Distinktionsobjekt. Durch den Besitz eines Phonokoffers, den man zum Besuch bei Freunden mitbringen konnte, sei man somit auch immer „ein gern gesehener Gast, der Stimmung und Freude mitbringt"[44], versprach die Werbung schon seit den Fünfzigerjahren. Der Nutzer präsentierte sich als Fan der modernen Tanz- und Popmusik und konnte die anderen Partygäste beeindrucken. Durch den Besitz eines portablen Gerätes werde man „im Mittelpunkt der Gesellschaft stehen", so das Versprechen.[45] Setzten sich in der westdeutschen Gesellschaft neue Muster des Konsums und der aktiveren Freizeitgestaltung durch, so konnte man sich nun mit zeitgemäßen, flexiblen Geräten hervortun, die Symbol waren für einen modernen Lebensstil, für Offenheit gegenüber amerikanischen und britischen Einflüssen und für Lebensfreude. Nicht mehr die repräsentative Biederkeit eines Musikschranks alleine reichte aus, um Wohlstand zu demonstrieren; zur Ausstattung einer Familie gehörte auch das tragbare Gerät für den Wochenendausflug, die Gartenparty und die Kinder.

Auf diesem Wege wurden die tragbaren Plattenspieler für möglichst viele unterschiedliche Nutzungskontexte und Hörsituationen angepriesen. Den Nutzern war die Idee des vermeintlich allgegenwärtigen Musikkonsums nicht unbekannt, denn auch die Rundfunkgeräteindustrie vermarktete bereits seit Ende der Fünfzigerjahre so genannte „Universalsuper", die den mobilen, heimischen und auch automobilen Radiokonsum durch ein und dasselbe Gerät ermöglichen sollten.[46] Doch dem Kofferradio habe der Plattenspieler einiges voraus, argumentierten die Phonogerätehersteller, denn nun könne der Nutzer „unabhängig vom Rundfunkprogramm zu jeder Tages- und Nachtzeit Musik hören." „Je nach Laune und Temperament, so, wie man es gerade braucht", ließe sich eben die Musik auswählen,

43 Dual Werbebroschüre „Zum guten Ton gehört Dual", 1963/64, Werbeanzeige für Dual party 300 AV/1, S.4, Archiv der GFGF.

44 Philips Phonokoffer III. Philips Werbebroschüre „Ja, das ist Musik." Firmenschriften Philips, Deutsches Museum München.

45 Sommerzeit! Gute Laune „griffbereit". In: Telefunken Sprecher 36/1965, S.6.

46 Vgl. Fickers, Transistor, S.41; Weber, Das Versprechen mobiler Freiheit, S.113-116.

die man gerade hören wolle[47]. „In jedem Raum, auf der Reise und im Freien" sei nun die Lieblingsmusik verfügbar.[48]

Schon bald gehörte ein moderner, flexibler Plattenspieler in der Werbung zur unbedingt notwendigen Ausstattung für jede Feier, denn Schallplatten galten nun als „Zeichen für Freizeit, Feierabend oder Wochenende". Sie seien „wie gute Freunde: immer da, wenn sie gebraucht werden, immer bereit, gute Laune auszustrahlen – bei Ihnen selbst, bei Ihrer Familie, bei Ihren Freunden und Bekannten."[49] Die Musik von Platte sollte, so der Willen der Hersteller, zum festen Bestandteil jeder Art geselligen Beisammenseins werden. Da jede Art von Musik auf Platte erhältlich war, „vom Hit des Tages bis zum Evergreen, vom Beat bis zur Folklore, [...], von der Klaviersonate bis zur Sinfonie", seien Schallplatten „bei der Party junger Leute genauso beliebt wie beim Kaffeekränzchen, bei der kleinen Feier im engsten Familienkreis genauso unentbehrlich wie beim großen Fest."[50] Der Musikkonsum verlor durch preiswerte und tragbare Geräte und günstige Singles seine Exklusivität, die besonders im Fall der Musikschränke, aber auch der Stereoanlagen, vorherrschend war.

So vermarkteten viele Firmen die tragbaren Plattenspieler und -wechsler als „Party-Koffer", die Geräte der Firma Dual trugen den Begriff „party" sogar im Namen.[51] Auch die Lieblingsschallplatten konnten im Koffer untergebracht und mitgenommen werden, so dass auch spontan eine „Schlagerbörse"[52] mit Freunden veranstaltet oder eine Party gefeiert werden konnte.

> *„Sie wissen doch, wie schnell eine Party steigen kann... - nichts geplant und nichts vorbereitet. Plötzlich sind Sie mittendrin. Musik? Kein Problem. Den Musikus aufgestellt, eins – zwei – drei, und schon geht's los."*[53]

> *„Zur Faschingsparty den ‚party 300 V'. Genau wie zu jedem anderen Fest – sei's zu Hause, sei's bei Freunden, da braucht man ihn! [...] Jede*

47 Werbebroschüre für Telefunken Musikus 105 BN, DTMB Berlin.

48 Überall und jederzeit – spielbereit. Elac Werbeanzeige. In: Bravo 48/1960, S.16.

49 Telefunken Report 1967, S.33.

50 Telefunken Report 1967, S.33.

51 Vgl. z.B. Dual Phonokoffer Party 295, Phonokoffer party 1004, party 295 V, party 1004 V in: HDRFG 1958/59, S.B.38-B.39.

52 Telefunken Report 1967/68, S.43.

53 Werbebroschüre für Telefunken Musikus 105 BN, DTMB Berlin.

> *Party gelingt mit dem DUAL-Party 300 V, dem Mittelpunkt der guten Laune."*[54]

Dementsprechend zeigten die Werbeanzeigen die Phonokoffer oft in Verbindung mit Party- und bunten Dekorationsartikeln wie etwa Sektkühlern und -gläsern[55], Lampions und mit im Hintergrund tanzenden oder Schallplatten auflegenden Paaren (vgl. Abb. 10 und Abb. 11).

Abb. 10: Werbeanzeige für Dual party 300 AV/1.
In: Broschüre „Zum guten Ton gehört Dual", 1963/64, S.4,
Archiv der GFGF (Original in Farbe).

54 Dual Werbung. In: Bravo 6/1959, S.25.

55 Z.B. Broschüre Dual-Phonogeräte 1965/66, S.5, Archiv der GFGF.

Abb. 11: Beliebter vielseitiger Musikus 105V.
In: Telefunken Sprecher 26/1964, S.22.

Die Abbildungen wurden bunter; dominierten in der Werbung der Fünfzigerjahre noch schwarzweiße Fotos oder Illustrationen in gedeckten Farben, die die Gediegenheit von Musikschränken und Radios transportierten, arbeitete die Printwerbung der Sechzigerjahre dank verbesserter Druck- und Reproduktionstechniken zunehmend mit Farbdruck und kolorierten Fotos (Abb. 10 und Abb. 12). Dies entsprach dem beworbenen Produkt, einem flexiblen Plattenspieler, der zu jeder Gelegenheit Musik und gute Laune mitbringen sollte, ebenso wie den neuen – in der Werbung der Sechzigerjahre vorherrschenden – Schlagworten der Modernität und Neuheit.[56] Die abgebildeten Nutzer waren jünger und modischer, die inszenierten Hörsituationen strahlten mehr Dynamik aus, und die Produkte wurden mit Jugendlichkeit und Lebensfreude in Verbindung gebracht. Diese *social tableau*-Anzeigen inszenierten eine den Betrachtern bekannte Szene – wie etwa die einer Feier im Freundeskreis – und führten ihnen die dargestellte Stimmung als erstrebenswertes Idealbild vor Augen. Durch den Besitz eines portablen Plattenspielers schien das Gelingen des nächsten Fests garantiert, und das abgebildete Paar genoss augenscheinlich einen gemeinsamen fröhlichen Abend – dank des Phonokoffers (Abb. 11).

56 Vgl. Schmidt, Werbung, S.526f.

Die mobilen Geräte wurden so als fester Bestandteil eines lebensfrohen, dynamischen Lebensstils gekennzeichnet. Nicht das kultivierte Konzerterlebnis wurde versprochen, sondern Tanzmusik und lockere Partystimmung sollten durch die Phonokoffer die Freizeit ihrer Nutzer bereichern. *Visual clichés* wie in einer Telefunken Werbung von 1959 (Abb. 12) vermittelten positive Emotionen: Die inszenierten Nutzerfreuden strahlten Sorglosigkeit und Vitalität aus. Nicht etwa saßen die Hörer unbeweglich vor dem Gerät, sondern sie tanzten; die Schallplatten standen nicht sorgfältig einsortiert im Schrank, sondern lagen locker auf dem Boden herum.

Abb. 12: In: Telefunken Sprecher 2/1959, Rückumschlag (Original in Farbe).

Die Koffer schließlich, die vom Stromnetz unabhängig waren und auch nicht an ein Radio angeschlossen werden mussten, sollten nicht nur in der eigenen Wohnung oder während eines Besuchs bei Freunden, sondern auch unterwegs und „bei Ausflügen" für Unterhaltung sorgen.[57] Ein Verstärkerkoffer mit Batteriebetrieb entgrenzte den Hörraum und ermöglichte somit den Musikkonsum in jeder Situation und jeder Umgebung. Gerade mit diesen unbegrenzten Möglichkeiten machten die Hersteller Werbung. In der Vermarktung der batteriebetriebenen Geräte wurde betont, dass sie wirklich überall und jederzeit einsatzbereit[58] sowie „handlich und leicht zu transportieren"[59] seien. Auch der Hinweis auf einen niedrigen Stromverbrauch – laut Philips reichten „6 normale Taschenlampen-Batterien [...] für rund 600 Schlagertitel" – sollte die breiten Verwendungsmöglichkeiten hervorheben.[60] Dementsprechend sollte ein Phonokoffer nicht nur bei Feiern im Haus, sondern auch im Freien Verwendung finden: Wurde eine „sommerabendliche Tanzparty" im Garten veranstaltet, garantierte das Koffergerät Beweglichkeit: „Überrascht Sie auf der Terrasse ein Sommergewitter, dann tanzen Sie unter Dach."[61] Als besonders vorteilhaft wurde die Kombination von Batterie- und Netzbetrieb angepriesen, da sie besonders „wirtschaftlich" sei.[62] So konnte der Nutzer, wenn er in Reichweite einer Steckdose war, Batteriekosten sparen. „Wo eine Steckdose ist, holen Sie den Strom vom Netz. Ist keine Steckdose da, nimmt er die Energie von Batterien. So einfach ist das."[63] Ebenso wie portable Radios wurden auch die stromnetzunabhängigen Kofferplattenspieler zunächst saisonal vermarktet (vgl. Abb. 13), unter anderem um den sinkenden Heimgeräteabsatz im Sommer zu kompensieren.[64] Als Begleiter der „erste[n] Frühlingsausfahrt" sollten sie den häuslichen Musikschrank ergänzen.[65] Seit die Vinyl-Schallplatte die leicht zerbrechlichen Schellack-Platten abgelöst hatte, waren die Tonträger unempfindlicher geworden, und die Nutzer konnten auch „beim Picknick, vor Ihrem Zelt, im Auto" ihre Lieblingsmusik hören.[66]

57 Philips Phono Mappe, 1954, Firmenschriften Philips, Deutsches Museum.

58 Überall und jederzeit – spielbereit. Elac Werbeanzeige. In: Bravo 48/1960, S.16.

59 Philips Phono Mappe, 1954, Firmenschriften Philips, Deutsches Museum.

60 Philips Werbeanzeige. In: Bravo 17/1961, S.27.

61 Dual Werbeanzeige. In: Twen 6/1968, S.115.

62 Werbebroschüre „Zum guten Ton gehört Dual", 1963/64, Produktbeschreibung des „Dual party 300 BN" auf S.6, Archiv der GFGF.

63 vgl. z.B. Dual Werbeanzeige. In: Twen 7/1967, S.101.

64 Vgl. Weber, Vom Ausflugs- zum Alltagsbegleiter, S.130.

65 So werben wir für Mignon! Solche ganzseitigen, farbigen Anzeigen erscheinen auf den Rückseiten der großen Illustrierten! In: Der Philips-Kunde, Nummer zur deutschen Industriemesse Hannover 1958, S. 22.

66 So werben wir für Mignon! Solche ganzseitigen, farbigen Anzeigen erscheinen auf den Rückseiten der großen Illustrierten! In: Der Philips-Kunde, Nummer zur deutschen Industriemesse Hannover 1958, S. 22.

Die Werbung zeigte, wie glücklich strahlende Menschen in freier Natur den Plattenspieler zum Einsatz brachten. Junge Frauen, Familien oder Paare beim Picknick, Sonnenbaden (vgl. Abb. 13) oder Camping sollten die Käufer überzeugen, dass ein netzunabhängiger Plattenspielerkoffer ganz entscheidend die Lebensfreude steigern konnte.

Abb. 13: Werbung für Perpetuum-Ebner Plattenspielerkoffer PE teenager. In: Ton Magazin, September/ Oktober 1959, S.9.

Auch das Auto als Symbol der Mobilität und Modernität diente als Kulisse in den Werbeanzeigen[67] Die Plattenspieler wurden etwa auf der Motorhaube platziert, tanzende Pärchen um das Auto herum gruppiert.[68] So nahmen die Hersteller in ihren Anzeigen Bezug auf gesellschaftliche und kulturelle Entwicklungstendenzen, die der Mobilität und Dynamik einen zunehmend höheren Stellenwert einräumten: In den Sechzigerjahren war die Wohnung in vielen Fällen bereits wieder komfortabel eingerichtet und durch Haushalts- und Unterhaltungselektronik „auf den neuesten Stand" gebracht worden. Komplementär zu der seit den Fünfzigern hochgeschätzten Häuslichkeit entwickelte sich nun ein Trend zur mobileren Freizeitgestaltung; die Deutschen verließen Haus und Herd um Wochenendausflüge und Urlaubsreisen zu unternehmen. Nun expandierten Massenmotorisierung und Massentourismus als Gegenstück zur Häuslichkeit. Anfang der Sechzigerjahre gab es bereits in mehr als einem Viertel der westdeutschen Haushalte ein Auto,[69] schon um 1960 verreiste etwa ein Drittel der Deutschen, am Ende der Sechzigerjahre die Hälfte.[70] Wochenendausflüge mit der Familie wurden zur beliebten Freizeitbeschäftigung: Und warum sollten die „Lieblingsschallplatten über

67 Auch Elac integrierte Autos in die Anzeigen, vgl. z.B.: Frohe Laune – schnell gezaubert. Werbeanzeige von Elac für den Mirastar S 15. In: Bravo 22/1961, S.45.

68 Transistoren bitten zum Tanz. Werbeanzeige von Dual. In: Bravo 15/1962, S.27.

69 Vgl. Andersen, Der Traum vom guten Leben, S.159f.

70 Vgl. Schildt/ Siegfried, Deutsche Kulturgeschichte, S.192f.

das Wochenende zu Hause bleiben?", fragten die Phonogerätehersteller ihre Kunden.[71]

Bis Mitte der Fünfzigerjahre träumten die meisten Westdeutschen nur von der Ferne, Tourismus galt als „Luxusware"[72], doch mit der wachsenden Motorisierung rückten Campingurlaube und Auslandsreisen in greifbare Nähe, und die Fünfziger- und Sechzigerjahre wurden zur Zeit des Aufschwungs für den Massentourismus.[73] Auf diesen Zug des „Fernwehs", des zunehmenden Drangs der Bundesbürger in die Ferne und nach Mobilität, sprangen auch die Phonogerätehersteller auf: Der mobile Plattenspieler sollte den Touristen begleiten, wie etwa in einer Telefunken Anzeige für den *Musikus 105 BN* (Abb. 14), der durch eingebaute Lautsprecher sowie Batteriebetrieb vollkommen unabhängig war und eben auch auf einem Segelschiff – das hier als Symbol für Freiheit und Unabhängigkeit steht – für die passende Stimmung sorgen konnte. Denn er war, so die Anzeige, „genau das richtige Gerät

Abb. 14: Werbeanzeige Telefunken Musikus 105 BN. In: Telefunken Sprecher 28/1964, Rückumschlag.

71 So werben wir für Mignon! Solche ganzseitigen, farbigen Anzeigen erscheinen auf den Rückseiten der großen Illustrierten! In: Der Philips-Kunde, Nummer zur deutschen Industriemesse Hannover 1958, S. 22.

72 Vgl. Axel Schildt, „Die kostbarsten Wochen des Jahres". Urlaubstourismus der Westdeutschen (1945-1970). In: Hasso Spode (Hg.), Goldstrand und Teutonengrill. Kultur- und Sozialgeschichte des Tourismus in Deutschland 1945 bis 1989, Berlin 1996, S.69-85, hier S.73.

73 Vgl. dazu Hermann Bausinger, Wie die Deutschen zu Reiseweltmeistern wurden. In: Stiftung Haus der Geschichte der Bundesrepublik Deutschland/ Hans Walter Hütter (Hg.), Endlich Urlaub! Die Deutschen reisen. Begleitbuch zur Ausstellung im Haus der Geschichte der Bundesrepublik Deutschland, Bonn, 6.Juni bis 13. Oktober 1996, Köln 1996, S.25-32.

für eine Bootspartie (oder Bootsparty)".[74] Ohne Batterien wog der Musikus 105 BN knapp 4 kg[75], sodass er tatsächlich leicht überall hin mitgenommen werden konnte.

Durch die Betonung der universellen Einsetzbarkeit der Verstärkerkoffer wird jedoch auch deutlich, dass tragbare Phonokoffer nicht einseitig zu einer „Enthäuslichung" des Musikkonsums führten, sondern vielmehr zur Allgegenwart und ständigen Verfügbarkeit des Mediums Schallplatte beitrugen. Ähnlich hat dies schon Heike Weber für das portable Radio herausgearbeitet. Auch die Phonokoffer waren nicht nur Ausflugs-, sondern auch Alltagsbegleiter,[76] sie konnten unterwegs ebenso genutzt werden wie zuhause. Zuhause versprachen sie flexiblen, individuellen Musikkonsum, schufen Rückzugsräume, die es mit Musikschrank und Stereoanlage im zentralen Zimmer der Wohnung nicht gab. In ihren mobilen Nutzungsmöglichkeiten wandten sie sich an die Familie, die das Gerät mit zum Wochenendausflug, in den Jahresurlaub oder zum Picknick nehmen sollte, ebenso wie an die jungen Leute, die sich zuhause zum gemeinsamen Musikhören treffen oder auch eine spontane Party veranstalten wollten. Und mit den Modellen, die vom Stromnetz und weiteren Geräten unabhängig waren, wurden diese spontanen Feiern nun überall und jederzeit möglich gemacht. Die Spontaneität, die die Geräte mitzubringen versprachen, der Spaß und die Lebensfreude sollte besonders die jüngeren Konsumenten ansprechen. Die Entdeckung der jugendlichen Nutzergruppe, die seit den späten Fünfzigerjahren stark an Kaufkraft und somit an Bedeutung als Zielgruppe der Phonoindustrie gewann, wird im Folgenden genauer betrachtet.

I.2.2 Plattenspieler für dynamische junge Leute

Seit dem Ende der Fünfzigerjahre wurden die jugendlichen Käuferschichten, die von der Wohlstandsentwicklung ebenso profitierten wie ihre Eltern, von der Musik-, Film-, Mode- und Unterhaltungselektronikindustrie mit speziell auf sie zugeschnittenen Produkten umworben. Schließlich standen ihnen erhebliche finanzielle Mittel

74 Werbeanzeige Telefunken Musikus 105 BN. In: Telefunken Sprecher 28/1964, Umschlagrückseite.

75 Vgl. HDRFG 1964/65, S.B100.

76 Weber, Vom Ausflugs- zum Alltagsbegleiter, S.135.

zur freien Verfügung.[77] Zeitgenössische Studien, die sich mit dem Einkommen und Taschengeld der Jugendlichen beschäftigten, stimmen darin überein, dass Teenager zwischen 14 und 19 Jahren 1960 im Durchschnitt über etwa 70-75 DM im Monat verfügten.[78] Zwischen den Altersklassen bestanden jedoch erhebliche Unterschiede: Die 14-Jährigen verfügten im Schnitt über knapp 18 DM monatlich, die 19-Jährigen über etwa 141 DM. Den „Twens" zwischen 20 und 25 blieben sogar etwa 218 DM für den selbst bestimmten Konsum.[79] Taschengeldempfänger verfügten über rund 20 DM im Monat; den Jugendlichen, die bereits berufstätig oder in der Ausbildung waren, stand deutlich mehr Geld zur Verfügung als Schülern und Studenten.[80] Die gemeinsame Kaufkraft der jungen Generation zu Beginn der Sechzigerjahre kann mit mehr als 2 Milliarden DM im Jahr schon als sehr hoch eingeschätzt werden.[81] Dies machte sie für die Konsum- und Unterhaltungselektronikindustrie zu einer attraktiven Zielgruppe.

> *„Jugend – der interessanteste Abschnitt im Leben eines jeden Menschen. Ganze Industriezweige stellen sich auf die Jugend ein, gehen mit der Jugend, leben mit der Jugend und verdienen mit der Jugend. Nirgends ein so sicheres Geschäft. Die Werbeabteilungen der einzelnen Industrien überschlagen sich mit Slogans für ‚die jungen Leute von heute'".*[82]

Altersgemäße Kleidung, Kosmetika, Radio und Musikbox, Jugendzeitschriften, Teenager-Filme mit Cornelia Froboess und Peter Kraus und insbesondere Musik und Schallplatten waren die Bestandteile einer stark kommerziell beeinflussten „Teenager-Kultur".[83] Bereits 1960 machte die so genannte „Teenager-Musik" 40% des Schallplat-

77 Unter dem „frei verfügbaren Einkommen" wird jene Summe verstanden, die nach Zahlung aller festen Ausgaben (wie Miete, Kostgeld bei den Eltern etc.) zur Verfügung stand.

78 Scharmann errechnet einen Durchschnittswert von 74 DM, vgl. Scharmann, Konsumverhalten von Jugendlichen, S.24; Heinig gibt für 1959 ein durchschnittliches frei verfügbares Einkommen der 14-19-Jährigen von 68,56 DM und für 1960 einen Betrag von 70-75 DM an. Vgl. Heinig, Teenager als Verbraucher, S.52.

79 Vgl. Scharmann, Konsumverhalten von Jugendlichen, S.24.

80 Vgl. Münster, Geld in Nietenhosen, S.47.

81 Sowohl Heinig als auch Münster geben einen Gesamtbetrag über 2 Mrd. DM an. Vgl. Heinig, Teenager als Verbraucher, S.52; Münster, Geld in Nietenhosen, S.47.

82 Beat! Beat! Beat! – Beat zur bitteren Neige. Aber: Die deutschen Rundfunkanstalten spielen nicht mit. In: Musikmarkt 10/1965, S.12-13, hier S.12.

83 Dieter Baacke, Jugend und Jugendkulturen. Darstellung und Deutung. 3., überarb. Aufl., Weinheim, München 1999, S.9-12.

tenumsatzes aus.[84] Der Rock 'n' Roll und die Halbstarkenkrawalle der Fünfzigerjahre sind ebenso umfassend erforscht wie die „Entdeckung des Teenagers" zur selben Zeit; die jugendliche Teilhabe an den gesteigerten Konsummöglichkeiten, der Siegeszug des Beat und der Beatles während der Sechzigerjahre, die heile *Bravo*-Welt, in der die Rolling Stones verteufelt und traditionelle Geschlechterrollen verfochten wurden, all dies ist in zahlreichen Publikationen behandelt worden.[85]

Doch wie eigentlich kam die Musik, die so entscheidend war für die Ausbildung westdeutscher Jugendkulturen, ins Jugendzimmer? Diese Frage wurde bisher nicht gestellt. Im Folgenden untersuche ich den Feldzug der Phonogeräteindustrie, die sich ihr ‚Stück vom Kuchen' durch speziell für junge Hörer konzipierte Geräte und speziell auf sie zugeschnittene Werbeanzeigen zu sichern versuchte.

Während der Fünfzigerjahre pilgerten die Jugendlichen noch in Cafés und Eisdielen, in Milchbars und Kneipen, um dort die neueste Musik aus der Jukebox zu hören.[86] Der Musikschrank des elterlichen Wohnzimmers war das Hoheitsgebiet des Vaters, tragbare Radiogeräte setzten sich erst Ende der Fünfzigerjahre allmählich durch. Um 1960 besaßen große Teile der Jugendlichen noch keinen eigenen Plattenspieler: Zwei Drittel der Jugendlichen hatten kein eigenes Gerät.[87] Und auch unter den Twens besaßen lediglich 22 Prozent der 20- bis 25-jährigen jungen Frauen ein eigenes Gerät.[88] Hier war also sowohl bei den Teens als auch den Twens ein viel versprechender Markt für die Hersteller vorhanden. Doch welche Strate-

84 Vgl. Lamprecht, Teenager und Manager, S.90.

85 Stellvertretend für die Arbeiten zur Jugend und ihrem Konsum sei die aktuelle Habilitation von Detlef Siegfried genannt: Siegfried, Time is on My Side. Darüber hinaus bietet auch der Sammelband von Schildt/ Siegfried, Between Marx and Coca-Cola, zahlreiche Aufsätze zum Konsum Jugendlicher. Die jugendliche Teilhabe am Wohlstand und (Medien-)Konsum seit den Fünfzigerjahren untersuchte Axel Schildt in zahlreichen weiteren Veröffentlichungen, Kaspar Maase arbeitete zur Jugendkultur in der Bundesrepublik der Fünfzigerjahre: Maase, Bravo Amerika.

86 Die Zahl der Jukeboxes in westdeutschen Lokalen vervierfachte sich zwischen 1957 und 1960, vgl. Klaus Farin, generation-kick.de, Jugendsubkulturen heute, Bonn 2001, S.136 (im Folgenden: Farin, generation-kick).

87 Vgl. Peter Wicke, Music, Dissidence, Revolution and Commerce: Youth Culture between Mainstream and Subculture. In: Schildt/ Siegfried, Between Marx and Coca-Cola, S. 109-126, hier S.115 (im Folgenden: Wicke, Music, Dissidence, Revolution and Commerce).

88 Vgl. GFM, Die Twens, Hamburg 1961, S.65, zit. n. Siegfried, Time is on My Side, S.99.

gien verfolgten die Produzenten der günstigen Heim- und Koffergeräte, um die Jugendlichen (oder ihre Eltern) vom Kauf eines Plattenspielers zu überzeugen?

In zahlreichen Werbeanzeigen wurden die Jugendlichen direkt angesprochen, indem die „Phonogeräte für junge Leute“[89] in Verbindung mit den von Jugendlichen bevorzugten Musikstilen vermarktet wurden. So versprach die Firma Elac in einer Werbeanzeige von 1959, ihre Geräte brächten den „Jazz-Band-Ball“ und „Satchmo's [Louis Armstrongs, M.R.] Trompete“ ins Zuhause des Käufers. Gerade im Fall des Jazz zeigten sich die Diskrepanzen im Musikgeschmack der jüngeren und älteren Generationen: Während diese Musik, die im „Dritten Reich“ als „entartete Musik“ bezeichnet worden war, für viele Jugendliche einen Neuanfang bedeutete, standen weite Teile der erwachsenen westdeutschen Bevölkerung dem Jazz sehr kritisch gegenüber, da er Rassengrenzen und Sexualnormen in Frage zu stellen schien.[90] Die Industrie lotete diese Diskrepanzen aus und nutzte sie, um die Jugendlichen anzusprechen. Mit einem eigenen Plattenspieler könnten sie schließlich ihre eigene Musik hören und sich symbolisch von der Elterngeneration abgrenzen, die an der E-Musik oder den schon bald als spießig empfundenen deutschen Schlagern festhielt.

Ebenso wie die teuren Musikschränke für das elterliche Wohnzimmer in der Werbung mit dem kultiviertem Genuss klassischer Musik assoziativ verknüpft wurden, wurden die günstigen, mobilen Geräte mit der dynamischen Unterhaltungsmusik junger Menschen beworben. Geräte wie der Ende der Sechzigerjahre für die jugendliche Zielgruppe konzipierte *mister hit* (ein Vorläufer des *party hit*) wurden in der Werbung als „beat-fan“ vorgestellt.[91] Auch die meist englischsprachigen Namen der Geräte dienten dazu, junge Käufer anzusprechen. Die *party*-Phonokoffer von Dual, der *Teenager*-Koffer von Perpetuum-Ebner, der *mister hit* und der *party hit* von Telefunken und der *phono boy* von Grundig wiesen auf die Musik hin, die mit diesen Plattenspielern gehört werden sollte: englischsprachige Pop- und Beatmusik, die Hits der jungen Generation.

Zudem vereinten einige Hersteller Geräte- und Schallplattenproduktion unter einem Dach und versuchten, die Jugendlichen durch das kombinierte Angebot von Musik und Abspielgeräten für sich zu

89 Jazz-Band-Ball zuhause. Elac Werbeanzeige. In: Bravo 47/1959, S.47

90 Siegfried, Time is on my Side, S.110f., S.320; Vgl. auch Poiger, Jazz, Rock and Rebels.

91 Gestatten – ‚mister hit'. Telefunken Werbeanzeige. In: Twen 12/1970, S.131.

gewinnen: Philips startete 1964 „das große Teenager-Etikett", eine eigene Schallplattenmarke für junge Hörer mit dem Namen „Star Club Records",[92] in Anlehnung an den Hamburger Star Club in St. Pauli, der durch drei Gastspiele der Beatles 1962 weltweit bekannt geworden war.[93]

Gerade mit Blick auf die jüngeren Zielgruppen wurden die Geräte als unverzichtbar für eine gute Party und als Stimmungsgaranten vermarktet. „Wo immer junge Leute zusammen sind: auf der Reise, beim Camping oder bei einer Party: Mirastar S15 bringt Stimmung, er zaubert gute Laune."[94] „Teenager, Twens, junge, lebensfrohe Menschen"[95] wurden durch Geräte angesprochen, die ebenso „modern und unabhängig wie die Jugend selbst" seien.[96] Auch der *party hit* von Telefunken brachte „Stimmung, gute Laune" und war „modern und up to date".[97]

Fröhlichkeit und Ausgelassenheit wurden zu typisch jugendlichen Attributen erhoben und besonders die tragbaren Geräte waren – so vermittelte es die Werbung – „für den Lebensstil junger Leute"[98] und die „prickelnd-frische Atmosphäre junger Menschen"[99] entworfen worden. Sie brachten „Schwung und Lebenslust"[100] in die Freizeit, Jugendlichkeit wurde zu einem Ideal und im Laufe der Sechzigerjahre immer mehr zum Teil der Vermarktungsstrategien für Konsumgüter.[101] In den Anzeigen wurde immer exakter auf einzelne Käufergruppen gezielt, und besonders die Jugend galt als Trendsetter, die der erwachsenen Generation einiges voraushatte und sie zunehmend in ihren Kaufentscheidungen beeinflusste.[102] So seien die Phonokoffer, die jeder Party „Schwung und Stimmung" verleihen

92 Philips startet das große Teenager-Etikett. „Star Club Records" sind mit sechs LPs und acht Singles am Start. In: Musikmarkt 11/1964, S.4.

93 Zum Star Club vgl. Siegfried, Time is on my Side, S.209-237.

94 Frohe Laune – schnell gezaubert. Elac Werbeanzeige. In: Bravo 22/1961, S.45.

95 Werbebroschüre Zum Guten Ton gehört Dual, 1963/64, S.6, Archiv der GFGF.

96 Der Plattenspieler für junge Leute. Philips Werbeanzeige. In: Bravo 15/1963, S.15.

97 Telefunken Report 1971/72, S.71.

98 Frohe Laune – schnell gezaubert. Elac Werbeanzeige. In: Bravo 22/1961, S.45.

99 Voll Schwung und Lebenslust. Dual Werbeanzeige. In: Bravo 47/1961, S.27.

100 Voll Schwung und Lebenslust. Dual Werbeanzeige. In: Bravo 47/1961, S.27.

101 Uta G. Poiger, Amerikanisierung oder Internationalisierung? Populärkultur in beiden deutschen Staaten. In: APuZ 45 (2003) S. 17-24, hier S.19.

102 Vgl. Axel Schildt/ Detlef Siegfried, Youth, Consumption, and Politics in the Age of Radical Change. In: Schildt/ Siegfried, Between Marx and Coca-Cola, S.1-35, hier S.13; Poiger, Amerikanisierung , S.19.

sollten, auch „für alle, die sich ein junges Herz bewahrt"[103] hatten und „sich jung fühl[t]en",[104] geeignet.

Erwies sich für die Jugendlichen im Laufe der Sechzigerjahre gerade die Musik als ideales Mittel der Abgrenzung gegenüber den Erwachsenen, „zum Aufbau einer Welt, in der man unter Gleichaltrigen […] an der persönlichen Identität basteln konnte",[105] so versuchte die Phonogeräteindustrie mit der passenden Technik für diese Abgrenzungsbemühungen ihr Geld zu verdienen. Auch Philips zeigte ausgelassen am Bahnsteig feiernde junge Menschen in der Werbung für ihr Modell *playby*, das mit einem „Laut-Laut-Lautsprecher" ausgerüstet war.[106] Damit trafen die Hersteller einen Nerv der Jugendlichen; denn die wollten sich gegen die strengen Verhaltensnormen der Elterngeneration auflehnen. Ein tragbarer Plattenspieler, den man zuhause und auch in der Öffentlichkeit möglichst laut aufdrehen und damit den Zorn der Erwachsenen auf sich ziehen konnte, schien das perfekte Medium dafür zu sein.

Besonders seit den späten Sechzigerjahren wurden die in den Werbeanzeigen abgebildeten Nutzer immer jünger, modischer und flippiger. Waren Mitte der Sechzigerjahre noch junge Paare abgebildet, die tanzten – allerdings in Standardtanzposen zu zweit – oder Schallplatten auflegten und sich für die Feier elegant angezogen hatten (vgl. Abb. 10 und 11), begann zum Beispiel die Firma Telefunken in ihrer Vermarktung des für die junge Zielgruppe konzipierten *mister hit* damit, die Nutzer in betont lockeren Posen, in bunter und legerer Kleidung und ungezwungener Atmosphäre zu zeigen (Abb. 15 und 16).

Der mister hit, der 1968/69 auf den Markt kam, war in Preis und Design auf die junge Zielgruppe zugeschnitten. Er kostete nur 109 DM und war gedacht „für alle Teens und Twens, für alle, die Stimmung und Parties mögen." Sei es „Geburtstagsparty, Stimmungsparty, Hitparade" – überall sollte der jugendliche Plattenspieler dabei sein.[107] Zwar ließ er sich nicht über Batterien, sondern nur am Netz betreiben, doch war er mit einer Griffmulde versehen und war besonders leicht (2,5kg), damit die Nutzer ihn bequem transportieren

103 Werbebroschüre Zum Guten Ton gehört Dual, 1963/64, S.5, Archiv der GFGF.

104 Voll Schwung und Lebenslust. Dual Werbeanzeige. In: Bravo 47/1961, S.27.

105 Kaspar Maase, Grenzenloses Vergnügen. Der Aufstieg der Massenkultur 1850 - 1970, Frankfurt a. M. 2001, S.243.

106 Bahnhofs-Blow-up. Philips Werbeanzeige. In: Twen 10/1968, S.146.

107 Werbeanzeige Telefunken mister hit, 1968. Historisches Archiv, Stiftung Deutsches Technikmuseum.

Abb. 15: Werbeanzeige Telefunken mister hit, 1968.
Historisches Archiv, Stiftung Deutsches Technikmuseum.

Abb. 16: Werbeanzeige Telefunken mister hit.
In: Telefunken Sprecher 46/1968, S.26.

konnten. Durch seine Präsentation in den Werbeabbildungen – zumeist hielten Nutzer/ innen ihn im Arm oder auch in Kopfhöhe – wurde hervorgehoben, dass er besonders leicht, unempfindlich und für vollkommen andere, lässige, weniger steife Nutzungskontexte vorgesehen war als die Geräte der Erwachsenen.[108] Er konnte „Spaß vertragen – weil er robust" war[109], und Telefunken hob hervor, dass er „den Teens die Möglichkeit [gebe], ihre Musik zu jeder Zeit – unabhängig von Vaters HiFi-Gerät – zu spielen."[110] Verschiedenfarbige Aufsteckblenden ermöglichten sogar eine Individualisierung des Gerätes (Abb. 16).

Die Herstellerfirmen sprangen auf den Zug jugendlicher Abgrenzungsbemühungen auf, indem sie auch den Angehörigen der später so genannten 68er-Generation ganz eigene Konsumangebote unterbreiteten, obwohl diese sich doch eigentlich gegen die Verlockungen der Konsumgesellschaft wandten. Doch auch die Musik der Protestbewegung brauchte ihre Abspielgeräte. Und ebenso wie die Schallplattenindustrie die neuen Musikstile aufgriff und etwa das Hören von Beatmusik bald nicht mehr ausreichte, um sich als Anhänger jugendlicher Gegen- oder Subkulturen zu stilisieren (da die Kulturindustrie die Impulse aus kulturellen Randgebieten aufgriff und ihnen so ihren gegenkulturellen Charakter nahm), so lässt sich auch im Fall der Unterhaltungselektronik eine gegenseitige Abhängigkeit der jugendlichen Individualisierungsbestrebungen und der Angebote der Industrie konstatieren.[111] Phonogeräte für junge Leute wurden zum Massenkonsumartikel ohne rebellischen Charakter, und der *mister hit* wurde sogar als idealer Geschenkartikel angepriesen, den die Eltern für ihre Kinder kaufen sollten.[112] Vor der Presse wies der Vertriebsleiter von Telefunken anlässlich der Fertigung des 500.000sten *mister hit* darauf hin, dass auch die Erwachsenen „die-

108 So z.B. auch in der Werbung „Ein heißer Tip für Boys und Girls: mister hit von Telefunken." In: Twen 1/1969, S.41.

109 Bravo! mister hit – Koffer-Plattenspieler. Telefunken Werbeanzeige. In: Twen 10/1969, S.17.

110 mister hit – die Geschenkidee von Telefunken. In: Telefunken Sprecher 48/1969, S.24.

111 Detlef Siegfried hat sich in zwei Aufsätzen mit den Fragen der gegenseitigen Abhängigkeit von jugendlicher Gegenkultur und Massenkonsumindustrie auseinandergesetzt: Vgl. Siegfried, Protest am Markt, und Detlef Siegfried, ‚Underground'. Counter-Culture and the Record Industry in the 1960s. In: Führer, Karl Christian; Ross, Corey (Hrsg.): Mass Media, Culture and Society in Twentieth-Century Germany. Basingstoke [u.a.], 2006, S. 44-60.

112 mister hit – die Geschenkidee von Telefunken. In: Telefunken Sprecher 48/1969, S.24.

sem Individualismus garnicht so abgeneigt" seien, da sie „auf diese Weise [...] am sichersten das Farbfernsehgerät oder die HiFi-Stereo-Anlage im Wohnzimmer dem jugendlichen Interesse entziehen" könnten.[113] 72% der Benutzer seien jünger als 21 Jahre, 44% sogar unter 15 Jahren, und der Großteil der in einer Marktuntersuchung befragten Besitzer eines *mister hit* gebe dem Beat, Schlager und der Tanzmusik den Vorrang vor anderen Musikrichtungen.[114]

Die Hersteller unterschieden zwischen erwachsenen und jugendlichen Nutzergenerationen mit je eigenen Musikstilen und den passenden Phonogeräten. Sie boten teure HiFi-Bausteine für das Familienoberhaupt und günstige, tragbare Geräte für den Nachwuchs an. So entsprachen sie der Aufspaltung des Marktes und der Ausdifferenzierung der Zielgruppen nach Altersklassen, nach bevorzugten Musikrichtungen, nach akustisch-technischen Ansprüchen und Vorlieben im Design und trieben sie zugleich weiter voran.

Und ebenso wie es bei den Musikschränken und teuren Stereo- und HiFi-Bausteinanlagen Auswahlmöglichkeiten in Technik und Design gab, so wurden auch innerhalb der Produktpalette für jugendliche Hörer weitere Differenzierungen vorgenommen und etwa der *mister hit* bald um eine ganze *hit-Familie* ergänzt. Auf der Funkausstellung 1971 präsentierte Telefunken den *party hit* mit einem größeren und leistungsstärkeren Lautsprecher sowie den *stereo hit*, der mit zwei Lautsprechern „Life-Atmosphäre" bringen sollte.[115] Am Ende der langen Sechzigerjahre also gab es nicht nur Geräte für unterschiedliche Altersgruppen wie Erwachsene und die Jugendliche, sondern auch innerhalb der generationsspezifischen Angebotspalette bestanden beträchtliche Wahlmöglichkeiten entlang ästhetischer, technischer, finanzieller und gebrauchspraktischer Aspekte. Auch die Zielgruppe der Jugendlichen, die während dieser Zeit erst entdeckt wurde, zerfiel bald in unterschiedliche Nutzerkreise, die die Wahl hatten zwischen differenzierten Preisklassen, vielfältigen Designs, Stereo- und Mono-Geräten, Heimapparaten und Plattenspieler- und -wechslerkoffern.

113 „Kurzreferat von Dr. Wilhelm Kahle, Leiter des Inlandsvertriebs der Telefunken Rundfunk- und Fernseh-GmbH, auf dem Presseempfang des Unternehmens anläßlich der Fertigung des 500.000 Plattenspielers mister hit", 14. April 1972, Archiv des DTMB.

114 „Kurzreferat von Dr. Wilhelm Kahle, Leiter des Inlandsvertriebs der Telefunken Rundfunk- und Fernseh-GmbH, auf dem Presseempfang des Unternehmens anläßlich der Fertigung des 500.000 Plattenspielers mister hit", 14. April 1972, Archiv des DTMB.

115 Telefunken Report Gesamtprogramm '72/73, S.79.

I.2.3 Modische Plattenspieler liefern nach wenigen Handgriffen eine erstaunliche Klangfülle

Phonokoffer und günstige Heimgeräte waren klein, leicht, flexibel und möglichst widerstandsfähig. Zugleich legten die Hersteller in ihrer Vermarktung großen Wert darauf, sie dennoch als hochwertige, moderne und dem aktuellen technischen Stand entsprechende Geräte zu inszenieren. Aus diesem Grund wurden neben der Mobilität und der Jugendlichkeit der Geräte drei weitere Werbestrategien konsequent verfolgt: Die Hersteller wiesen erstens auf das zeitgemäße und modische *Design* hin, zweitens auf die unkomplizierte *Bedienung* und betonten zugleich drittens, dass der *Klang* der Geräte dennoch überzeugend sei.

Die Vermarktung des *Designs* der Koffer konzentrierte sich einerseits auf ihre ansprechenden Formen, aktuellen Farben und Materialien, andererseits auf ihre Strapazierfähigkeit. Während der Fünfzigerjahre dienten dabei andere Gestaltungsmerkmale als Werbeargumente als in den Sechzigern: So pries Philips seine tragbaren Geräte Mitte der Fünfzigerjahre „in einem hübschen Cordgehäuse" an.[116] Auch die Eleganz der „lederartigen Ausführung" einiger Koffer wurde in den Anzeigen herausgestellt.[117] Durch diese Überzüge und ihre „gefällige kleine Kofferform" sollten die geschlossenen Koffer nicht von Hutschachteln oder Aktentaschen zu unterscheiden sein. Sie waren „in schmucken Farben" gestaltet.[118] Die Farbgebung war entsprechend des „Zeitgeschmack[s]"[119] meist in gedeckten Farben wie braun, beige, grün, „pastellgrau, perlgrau, sandbeige"[120] gehalten.

Mit der sich wandelnden äußeren Gestaltung der Geräte seit Beginn der Sechzigerjahre – weg von der Hutschachtel und hin zum erkennbaren und „funktionsgerechten" Phonogerät – sollten sie vor allem auch „strapazierfähig", aus „schlagfestem Polystyrol"[121] und

116 Philips Phono-Mappe, 1954, Blatt T4, T5. Archiv Deutsches Museum. FS Philips.

117 …nimm doch Philips. Werbebroschüre, 1960, S.7. Archiv der GFGF.

118 Werbebroschüre Dual, 1959, Archiv der GFGF.

119 Stereo-Kofferanlage Musikus 1051. In: Telefunken Sprecher 13/1961, S.106-107, hier S.107.

120 Stereo-Kofferanlage Musikus 1051. In: Telefunken Sprecher 13/1961, S.106-107, hier S.107.

121 Musik schenkt so viel Freude. Philips Werbeanzeige. In: Bravo 38/1961, S.17.

„hochschlagfestem Kunststoff“[122] sein. Die Hersteller charakterisierten sie als besonders unempfindlich, sie konnten sorglos mitgenommen werden und waren überall einsatzbereit. Sogar als wetterfest,[123] abwaschbar und feuchtigkeitsunempfindlich[124] wurden die Koffer angepriesen. Besonders in der Vermarktung der Koffer als Partyaccessoire scheint dies ein überzeugendes Argument zu sein: Sie konnten nicht nur nach draußen mitgenommen und getragen werden selbst wenn es regnete, sie würden auch ein verschüttetes Bier überstehen, solange sie geschlossen waren.

Telefunken konstruierte gar einen Zusammenhang zwischen der Lieblingsmusik der Konsumenten und den Farben, die sie für das Plattenspielergehäuse wünschten: Anhänger der klassischen Musik würden das anthrazit-einfarbige Modell bevorzugen, weil „Zusammenhänge zwischen Klangfarben und Farbtönen“ bestünden.[125] Mit demselben Koffer in weinrot/ beige oder fjordblau/ beige wandte sich der Hersteller eher an jüngere, Popmusik bevorzugende Konsumenten.

Auch innerhalb der Angebotspalette, die auf eine bestimmte Zielgruppe – wie etwa die Jugendlichen – zielte, gab es Geräte mit unterschiedlichem Design. Fielen zum Beispiel die Koffer von Dual durch ihr etwas eckigeres, funktionaleres Design auf, so waren die Telefunken-Geräte runder und farbiger. Nicht nur von den erwachsenen Käufern konnten die Jugendlichen sich durch den Erwerb eines zielgruppenspezifischen Gerätes abgrenzen, sondern durch die Auswahl zwischen verschiedenen Formen und deren symbolischen Botschaften wurde ihnen auch eine Positionierung innerhalb der eigenen Altersgruppe ermöglicht.

Zugleich betonten die Hersteller durchgängig, die *Bedienung* der Geräte sei „denkbar einfach“;[126] zumeist wurde auf die wenigen Handgriffe verwiesen, die zur Inbetriebnahme notwendig seien: „Nur ein

122 Stereo-Kofferanlage Musikus 1051. In: Telefunken Sprecher 13/1961, S.106-107, hier S.107.

123 Werbebroschüre Telefunken Musikus 105 BN, 1963/64, Archiv DTMB.

124 Vgl. Beliebter vielseitiger Musikus 105V. In: Telefunken Sprecher 26/1964, S.22-23, hier S.22.

125 Werbebroschüre Telefunken Musikus 105 BN, 1963/64. Archiv DTMB.

126 Philips Werbeanzeige für Phonokoffer III, 1956. Archiv Deutsches Museum, FS Philips.

Handgriff, und schon spielt er."[127] Schieberegler, die das Aufsetzen des Plattenarmes erleichterten, wurden als besonders komfortabel angepriesen. Mit nur einem „Finger-Tipp" könne man die Musikwiedergabe starten.[128] Die Verstärkerkoffer waren nach Aussage der Hersteller „mit nur wenigen Handgriffen" aufzustellen[129] und auch das Zusammensetzen zum Koffer erfordere „nur drei Handgriffe".[130]

Paradebeispiel der besonders einfachen Bedienung war der Philips *Mignon*, den es in drei verschiedenen Modellvarianten gab – als Abspielgerät zum Anschluss ans Radio (Abb. 17), als Verstärkerkoffer und auch als Einbaugerät für das Auto. Dieser „Plattenspieler, der sich selbst bedient"[131], spielte nur Singles. Sie wurden durch einen Schlitz im Gerätegehäuse eingeführt, und „alles andere erledigt[e] der Mignon selbst: Einschalten, Reinigen und Aufsetzen der Nadel, Abspielen, Ausschalten und Herausschieben der Platte."[132] Nach demselben Prinzip funktionierte auch der *phono boy* von Grundig, der kaum größer war als eine 45er-Single-Platte und die Form einer Handtasche hatte. In den Werbeanzeigen für dieses automatische Abspielgerät waren zumeist Mädchen abgebildet, denen die „einfachste Bedienung: Platte nur einschieben, heraus kommt sie allein"[133] wohl entgegenkom-

Abb. 17: Philips Mignon, Privatbesitz.

127 PE Teenager. Perpetuum-Ebner Werbeanzeige. In: Ton Magazin, September/Oktober 1959, S.9.

128 Telefunken Report '69, S.14.

129 Stereo-Koffer-Anlage Musikus 1053. In: Telefunken Sprecher 18/1962, S.14.

130 HiFi-Look: Neue Technik im neuen Gewand. In: Telefunken Sprecher 39/1967, S.6-9, hier S.9.

131 …nimm doch Philips. Werbebroschüre, 1960, S.7. Archiv der GFGF.

132 Musik schenkt so viel Freude. Philips Werbeanzeige. In: Bravo 42/1961, S.23.

133 Grundig Werbeanzeige Phono-Boy. In: Grundig Revue mit Programm, Herbst/Winter 1971/72, S.79a. Deutsches Museum Archiv, FS Grundig.

men sollte. „Die ‚denkenden' Plattenspieler einer modernen Zeit"[134] sollten die Idee des zu jeder Zeit an jedem Ort möglichen Musikkonsums noch stärken: Während HiFi-Enthusiasten mit Ruhe und Muße die bestmögliche Klangwiedergabe genießen wollten, wurde hier eine gänzlich andere Choreografie der Nutzung präsentiert. Ein Plattenspieler, der ohne viel Aufhebens einfach die Platte abspielte – der Hörer musste nicht mal die Nadel selber aufsetzen – konnte jederzeit schnell in Betrieb genommen werden und konnte auch einfach einmal zur Hintergrundbeschallung dienen. Die vereinfachte Bedienung nahm den Geräten und dem Schallplattenkonsum abermals den exklusiven Charakter.

Die Geräte sollten nicht nur tragbar, schön, widerstandsfähig und einfach zu bedienen sein, sondern auch einen guten *Klang* haben. Mit den Phonokoffern und preiswerten Heimgeräten könne man sich nicht nur sehen, sondern auch „hören lassen", versprachen die Hersteller.[135] Sie wiesen ausdrücklich auf die „erstaunliche Klangfülle"[136] und die in den Portables eingebauten „hochwertigen Plattenspieler", leistungsstarken Lautsprecher und „kräftigen Verstärker"[137] hin, um so dem Vorurteil, dass die Klangqualität der günstigen und portablen Geräte womöglich nur minderwertig sei, entgegenzuwirken. Der *party hit*, der – wie sein Name suggeriert – die Feten der Jugendlichen beschallen sollte, hatte einen „große[n], klangkräftige[n] Lautsprecher" im Deckel, der die Musik „klar und brilliant" wiedergebe.[138]

Sogar die Koffer, die zur Wiedergabe an ein Radio angeschlossen werden mussten, spielten die Schallplatten angeblich „originalgetreu" ab, „als ob die Band im Zimmer sitzt", so das Versprechen der Hersteller.[139] Selbst „anspruchsvolle Schallplattenfreunde" seien „begeistert"[140] vom Klang der Koffer und Heimgeräte, und die Verstärkerkoffer mit zwei Lautsprechern wurden als „vollgültige

134 ...oder automatisch? Philips Werbeanzeige. In: Bravo 50/1960, S.15.

135 Überall und jederzeit – spielbereit. Elac Werbeanzeige. In: Bravo 48/1960, S.16.

136 Zum guten Ton gehört Dual. Dual Werbebroschüre 1963/64, Archiv der GFGF.

137 Musik schenkt so viel Freude. Philips Werbeanzeige. In: Bravo 38/1961, S.17.

138 Telefunken Report Programm '73/74, S.88.

139 Musik, die in die Beine geht. Dual Werbeanzeige. In: Bravo 18/1959, S.27. „Originalgetreu" spielte auch der Dual 300 BV/1. Vgl. Dual Werbeanzeige. In: Bravo 15/1962, S.27.

140 Zum guten Ton gehört Dual. Dual Werbebroschüre 1963/64, Archiv der GFGF.

Stereogeräte" vermarktet.[141] Durch die zwei getrennt aufstellbaren Lautsprecher könne man auch die Kofferanlagen – ähnlich den Bausteinanlagen – den „akustischen Verhältnissen [des Raums] stereogerecht anpassen."[142] Auch im Niedrigpreissegment hatte die Stereofonie, die Ende der Fünfziger- und Anfang der Sechzigerjahre noch eine exklusive Domäne der Musik- und Technikliebhaber gewesen war, Einzug gehalten. Nicht nur technisch ausgefeilte Anlagen, sondern auch bedienungsfreundliche, flexible Stereokoffer und sogenannte „Kofferanlagen" spielten nun Stereoplatten ab. Auf diesem Wege versuchten die Hersteller, auch die etwas anspruchsvolleren Hörer unter den Teens und Twens zu gewinnen.[143] Denn spätestens seit Mitte der Sechzigerjahre war auch den weniger kaufkräftigen jungen Kunden, die nun die neuen Studioeffekte eines Jim Morrison und die aufwendigen Gitarrensoli eines Jimi Hendrix oder Eric Clapton hören wollten, der Klang nicht mehr gleichgültig. Nun unterschieden getrennte Regler für Bässe und Höhen sowie Balance-Regler die aufwendigeren von den einfacheren Koffergeräten. Auch für „Freunde der Stereowiedergabe", die „andere Maßstäbe" setzten und „besondere Qualität" erwarteten, sollten transportable, überall einsatzfähige Wiedergabeanlagen erhältlich sein.[144]

Und selbst der günstige *mister hit* für die Jugendlichen war ab 1971 mit Stereotonarm erhältlich, was dementsprechend beworben wurde.[145] Er wurde im selben Jahr mit einer Stereo-Überspielbuchse ausgestattet, die den Nutzern die Aufnahme von Stereoschallplatten auf Tonband ermöglichen sollte, und durch leistungsstärkere Lautsprecher wurde die Klangqualität erhöht.[146]

141 Stimmung wie noch nie. Dual Werbeanzeige. In: Bravo 50/1959, S.25.

142 Stereo-Koffer-Anlage Musikus 1053. In: Telefunken Sprecher 18/1962, S.14.

143 Zwei Neuheiten aus dem Telefunken-Phonoprogramm 1963/64. In: Telefunken Sprecher 22/1963, S.12-13, hier S.13.

144 Musikus 5090 – die tragbare Plattenwechsler-Stereoanlage. In: Telefunken Sprecher 39/1967, S.9.

145 Telefunken ‚mister hit 71'. Das Vergnügen, das sich jeder leisten kann. In: Twen 5/1971, Jg.13, S.11.

146 „Kurzreferat von Dr. Wilhelm Kahle, Leiter des Inlandsvertriebs der Telefunken Rundfunk- und Fernseh-GmbH, auf dem Presseempfang des Unternehmens anläßlich der Fertigung des 500.000 Plattenspielers mister hit", 14. April 1972, DTMB Archiv.

I.3 Schallplattenmusik und junge Käufer setzen neue Trends auf dem Plattenspielermarkt

Damit die Anschaffung eines Phonokoffers oder Heimgerätes Sinn machte, brauchte es Schallplatten. Die technische Entwicklung der Platte selbst hatte einen entscheidenden Qualitätssprung gemacht, denn die Vinyl-Schallplatte, die Ende der Vierzigerjahre in den USA entwickelt wurde, konnte viel mehr als die alten Schellackplatten: Sie war unempfindlicher in der Handhabung, kleiner und robuster, und ihre Material-, Produktions- und Lieferkosten waren niedriger, sodass sie den Grundstein legte für die Entwicklung des Tonträgers vom Luxus- zum Massenkonsumgut. Die Vinyl-Platte gab es in zwei Formaten: Columbia hatte die LP im Sommer 1948 herausgebracht, RCA reagierte Anfang 1949 mit der 45er-Single.[147]

Beide bestimmten auch in Deutschland seit den Fünfzigerjahren den Tonträger- und Abspielgerätemarkt.[148] Nicht nur wurde die Produktion der Schellackplatten, die 1953 noch einen Marktanteil von 88% gehabt hatten, Ende der Fünfzigerjahre eingestellt,[149] sondern die beiden Plattengrößen der Single und der LP existierten erfolgreich nebeneinander, da sie sich jeweils auf eine Sparte des Musikmarktes und deren Hörer spezialisierten. Die Schallplatten gaben den Ton an, nach dem sich auch die Phonogeräteindustrie richtete, indem sie passende Geräte anbot, die entweder nur Singles oder auch LPs abspielen konnten (I.3.1). Hier offenbart sich das mittels des Dispositiv-Konzeptes beschriebene wechselseitige Verhältnis von Subjekt, Apparat und Programm – denn die Geräte orientierten sich an den Musikrichtungen, die ihre Käufer hörten.

Die Vinyl-Platten erschlossen in Deutschland einen „bislang verschlossenen Massenmarkt",[150] den nicht nur die Schallplatten-, sondern auch die Phonogeräteindustrie durch eine weitere Ausdifferenzierung des Geräteangebotes und der Preisspanne (auch nach unten) immer weiter zu erschließen suchte. Neu hinzugewonnene Käuferkreise, wie insbesondere die Jugendlichen, wurden zu mächtigen Einflussgrößen in der Marktentwicklung (I.3.2).

147 Alexander B. Magoun, The origins of the 45-rpm record at RCA Victor 1939-1948. In: Hans-Joachim Braun (Hg.), Music and Technology in the Twentieth Century, Baltimore 2002, S.148-157, hier S.148 (im Folgenden: Magoun, The origins of the 45-rpm record).

148 Die Vinyl-LP wurde 1951 in Deutschland eingeführt, die Single 1953; vgl. Rudorf, Ton ab, S.21.

149 Vgl. Musikmarkt 3/1959, S.9 und Schildt, Massenmedien im Umbruch der fünfziger Jahre, S.643.

150 Rudorf, Ton ab, S.21.

I.3.1 Die Schallplatten geben den Ton an

Die Umstellung von Schellack auf Vinyl war notwendig, um die Schallplatte zum echten Massenmedium zu machen: Die neuen Vinyl-Platten waren aufgrund ihres Hauptbestandteils PVC nicht nur deutlich billiger, sondern es wurde auch möglich, die Größe der Laufrillen erheblich zu reduzieren (microgroove/ Mikrorille) und die Nadel- und Nebengeräusche durch Diamant- und Saphir-Tonabnehmer zu minimieren.[151] Auf einer Schallplatte konnte nun bei geringerer Umdrehungszahl erheblich mehr Musik in besserer Klangqualität aufgezeichnet werden.[152]

Die kleine Vinyl-Single hatte gegenüber der 78er-Schellackplatte zwar keinen Vorteil in der Spieldauer, doch wurde sie zu Beginn der musikalischen Revolution, die zum Rock 'n' Roll führte, vermarktet.[153] Daher wird ihr eine unverzichtbare Rolle als „the midwife of popmusic“[154] zugeschrieben: Die Hersteller der Juke-Boxen passten ihre Automaten, die zu Botschaftern der neuen Musik wurden, noch bevor heimische Abspielgeräte weite Verbreitung fanden, innerhalb kürzester Zeit dem neuen Sound an.[155]

Und auch für zuhause konnte sich der Durchschnittskonsument die günstigen Singles leisten, die nun „den Massenumsatz mit der schnell verderblichen Ware der Hits“ ermöglichten.[156] Mit dem Wandel von Schellack zu Vinyl begannen der Rock 'n' Roll und der Rhythm 'n' Blues die etablierte weiße klassische Musik und den Big-band-Sound auf dem Tonträgermarkt herauszufordern.[157] Die neue Platte erreichte durch ihr unempfindlicheres Material neue Käuferkreise, die andere Musik hörten. Undenkbar wäre es gewesen, auf einer Party mit Rock 'n' Roll Musik Schellackplatten aufzulegen – vielmehr brauchte es für die neuen, flotten Melodien auch ein Trägermedium, das der Dynamik des Tanzens, der Musik und dem schwungvollen Lebensstil, der mit ihr verbunden wurde, entsprach.

---

151 Vgl. Day, A century of recorded music, S.20.

152 Vgl. Chanan, Repeated Takes, S.93. Pro Plattenseite konnten nun statt wie bisher nur 5 Minuten über 20 Minuten Ton aufgezeichnet werden. Vgl. Rudorf, Ton ab, S.46.

153 Vgl. Magoun, The origins of the 45-rpm record, S.148.

154 Chanan, Repeated Takes, S.112.

155 Siegfried, Time is on My Side, S.94f.

156 Vgl. Maase, Bravo Amerika, S.95.

157 Vgl. Werner Faulstich, Auf dem Weg zur Selbstbestimmung. Über Veränderungen im Zusammenhang von Medien, Autorität und Nutzen. In: Werner Faulstich, Gunter E. Grimm (Hg.), Sturz der Götter? Vaterbilder im 20. Jahrhundert, Frankfurt a. M. 1989, S. 363-376, hier S.366.

Im Laufe der Fünfzigerjahre entwickelte die kleine Single sich zum „Haupttyp der Schallplatte".[158]

Für die Hersteller von Plattenspielern schien es demnach „folgerichtig gedacht, für die 45er-Platte ein besonderes Abspielgerät zu schaffen, das sich gleichermaßen leicht, elegant und handlich" zum unkomplizierten Musikhören anbot.[159] Erst für die neue, unempfindliche Single machte es auch Sinn, portable Geräte herzustellen und anzubieten. Die leicht zerbrechlichen Schellackplatten waren noch auf die häusliche Sphäre und den gepflegten ruhigen Konsum klassischer Musik beschränkt geblieben. Mit dem Erfolg der Schlager und der Rock 'n' Roll-Hits, die für wenige Mark auf Singles zu haben waren – 1957 enthielten nur 12% der in der Bundesrepublik aufgenommenen Schallplatten E-Musik[160] – eröffnete sich ein neuer, größerer Abnehmerkreis, der durch entsprechende Abspielgeräte bedient werden sollte.

War die Musik nun zu niedrigen Preisen verfügbar, so lag die Zukunft des Schallplatten- und Phonogerätegeschäftes Ende der Fünfzigerjahre in der umfassenderen Ausstattung der westdeutschen Haushalte mit Plattenspielern oder -wechslern. Die Schallplattenindustrie forderte die Gerätehersteller auf, „Abspielgeräte zu einem Preis zur Verfügung stellen, der auch für kleine Lohntüten erschwinglich"[161] sei, um den durch die Vinyl-Single geebneten Weg weiter zu auszubauen. Bisher sei es versäumt worden, den Kreis der Käufer „durch das Angebot eines ‚Volksplattenspielers' zu erweitern", urteilte das Branchenmagazin *Musikmarkt*.[162]

Portable, automatische Geräte wie der Philips *Mignon* wurden passend zur Single auf den Markt gebracht, und auch Plattenwechsler, auf denen sich gleich mehrere Singles auftürmen und der Reihe nach abspielen ließen, erlebten in der zweiten Hälfte der Fünfzigerjahre einen steilen Absatzanstieg. Auch die Hersteller sahen die Ur-

158 Mignon – Ein vollautomatischer Plattenspieler für 45er-Platten. In: fonoforum 4/1956, S.25.

159 Mignon – Ein vollautomatischer Plattenspieler für 45er-Platten. In: fonoforum 4/1956, S.25.

160 Schlager schlagen alles. In: Bravo 44/1957, S.37.

161 Hans-Joachim Metzlaff, Keinerlei Anzeichen für Rückschlag. In: Musikmarkt 3/1959, S.9.

162 Lutz Wellnitz, Neue Vertriebswege – keine Konkurrenz für den Fachhandel. In: Musikmarkt 4/1959, S.1.

sache dafür im „Vordringen der kleinen 17-Zentimeter-Kunststoff-Platten".[163]

Ziel war es, weitere Käuferkreise für Schallplatten und Wiedergabegeräte zu gewinnen. Dafür mussten neue Vertriebswege und Verkaufsstrategien geschaffen werden. Verlagshäuser wie Bertelsmann gründeten sogenannte Schallplattenclubs, die ihren Mitgliedern Schallplatten zu günstigeren Preisen als im Handel anbieten konnten. Es handelte sich dabei meist um Lizenzpressungen, die sich von den regulären Ausgaben im Handel z.B. dadurch unterschieden, dass die Hüllen und Cover einfacher gestaltet waren. Auf diesem Weg konnte in breiteren Konsumentengruppen das Interesse am Kauf eigener Schallplatten geweckt werden.[164] Der Fachhandel nahm das Selbstbedienungsprinzip auf,[165] was dem Produkt Schallplatte ebenfalls den Hauch des Exklusiven nahm und Hemmschwellen potenzieller Käufer abbauen half. Bald waren die Platten sogar in Waren- und Versandhäusern und im Buchhandel verfügbar.[166]

Insbesondere auf dem Sektor der Tanz- und Unterhaltungsmusik wurde die Schallplatte seit den Fünfzigerjahren zu einem Massenartikel, und der „Modeartikel" Schlager und die schnelllebigen Hits der neuen englischsprachigen Musikrichtungen wurden auf den günstigen Singles verkauft. Zeitgleich dominierte die Langspielplatte mit 33⅓ UpM die Sparte der klassischen Musik; aber auch Soundtracks und Instrumentalaufnahmen, die sich an ein erwachsenes Publikum richteten, wurden auf der größeren Platte aufgenommen und vermarktet.[167] So wurde der „Teenager-Markt" der Single durch den „Käuferkreis etwa ab 25 Jahre" ergänzt, dessen Ange-

163 Hans-Joachim Metzlaff, Keinerlei Anzeichen für Rückschlag. In: Musikmarkt 3/1959, S.9.

164 Die Platten der Klubs waren billiger als die des Fachhandels, da sie zunächst „auf ihren Aufnahmen nicht die Interpreten und Orchester der Weltklasse" anboten. Der Musikmarkt berichtet Ende 1959, die Schallplattenklubs hätten „in Deutschland in den letzten Jahren mehrere Hunderttausend Musikinteressenten zu ihren Mitgliedern zählen können", laut der Financial Times seien es 400.000. Vgl. Dr. Ladislaus Veder, Fachhandel oder Schallplattenklub? In: Musikmarkt 6/1959, S.3.

165 Musikmarkt fragte Fachhändler: Selbstbedienung auch bei der Schallplatte? In: Musikmarkt 2/1962, S.26.

166 Lutz Wellnitz, Neue Vertriebswege – keine Konkurrenz für den Fachhandel. In: Musikmarkt 4/1959, S.1.

167 Vgl. Magoun, The origins of the 45-rpm record, S.153.

hörige „ihre Diskotheken gern mit 33er-Langspielplatten auffüll[t] en".[168]

Die Abspielgeräte, die nur für Single-Wiedergabe ausgerüstet waren, kamen dementsprechend „für die Freunde ‚großer Musik' nicht in Betracht"[169] und wurden als reine Unterhaltungsapprate für die Fans der Popmusik wahrgenommen. Die Langspielplatten mit der E-Musik der Erwachsenen wurde auf Musikschränken und den seit der ersten Hälfte der Sechzigerjahre aufkommenden Stereoanlagen gehört.

Allerdings löste sich die scharfe Programmtrennung zwischen LP und Single im Laufe der Sechzigerjahre auf: Auch auf den LPs, die zuvor „fast ausschließlich mit dem Begriff ‚Klassik-Platte' identifiziert" worden waren, wurde nun zunehmend Unterhaltungsmusik aufgenommen und ihr Siegeszug war nicht mehr aufzuhalten.[170] Während der Absatz der Single Anfang der Sechzigerjahre zurückging, weitete sich das Geschäft mit den 33⅓UpM-Platten weiter aus, da die Langspielplatte mit populärer Musik „gute Aufnahme" fand (vgl. Tab. 1).[171]

	1960	1961	1962	1970
45 UpM-Single	33,2	32,0	30,4	45,7
33⅓ UpM-LP	3,5	4,5	5,7	59,1

Tab. 1: Gesamtumsatz in Millionen Stück

Dies lag nicht nur daran, dass die LP den exklusiven Klassik-Markt verließ und in den Massen-Unterhaltungsmarkt vorstieß, sondern auch an der Einführung der Stereofonie auf Langspielplatte seit 1958. Die „Single-Platte in Stereofassung [wurde] nur in ganz sel-

168 Kurt Kinkele, Keine Angst vor der Zukunft. Das Schallplattengeschäft hat noch große Chancen. In: Musikmarkt 3/1960, S.3&10, hier S.3.

169 Kritische Betrachtungen um den Plattenspieler. In: Ton Magazin, September/Oktober 1960, S.65.

170 Kurt Kinkele, Keine Angst vor der Zukunft. Das Schallplattengeschäft hat noch große Chancen. In: Musikmarkt 3/1960, S.3&10, hier S.3.

171 Daten aus: 1961: Ruhige Konjunktur bei steigenden Kosten. Aufschlussreiche Statistik des Bundesverbandes – LP Geschäft immer interessanter. In: Musikmarkt 3/1962, S.1&6; und aus: Ruhiger Konjunktur-Verlauf hat sich 1962 fortgesetzt. In: Musikmarkt 4/1963, S.1&2&4; und aus: Schallplatten-Bilanz 1970: Mehr als 100 Millionen Stück Umsatz. In: Musikmarkt 6/1971, S.3&43&52, hier S.43.

tenen Fällen"[172] und erst etwa seit Mitte der Sechzigerjahre angeboten.[173] Die Einführung der Stereo-LP hatte sich zunächst „eher dämpfend als belebend auf das Schallplattengeschäft" ausgewirkt: die Käufer waren verunsichert und verhielten sich zunächst zurückhaltend (vgl. ausführlicher Kap. C.II zur Stereofonie und High Fidelity).[174] Auch die Absatzzahlen von Wiedergabegeräten gingen zurück, da den Konsumenten seit der Markteinführung der Stereofonie „die Gefahr einer möglichen Veraltung zu riskant erschien"; und so wurde „von dieser vorübergehenden Rückläufigkeit im Geschäft von Musiktruhen auch die Schallplatte in Mitleidenschaft gezogen".[175] Noch 1962 sah die Plattenindustrie den Grund für die mangelnde Aufnahme der Stereoplatte[176] darin, dass „die Schallplattenkäufer zum weitaus größten Teil noch nicht über Stereo-Abspielgeräte verfüg[t]en" und erwartete eine Besserung nur dann, wenn „Abspielgeräte zusätzlich auf Stereobetrieb umgestellt werden würden."[177]

Sowohl in der Sparte der E- als auch der U-Musik wurden immer mehr Stereoplatten gepresst: 1962 wurde bereits knapp 16% der E-Musik und knapp 11% der U-Musik auf Stereo-Langspielplatten aufgezeichnet.[178] Daher wurde es für die Phonogeräteindustrie interessanter, Stereoplattenspieler und -wechsler anzubieten, mit denen sie sowohl die Anhänger der klassischen als auch der Popmusik ansprechen konnten. Die Programmentscheidungen der Musikindustrie, die nun auch Unterhaltungsmusik auf Stereo-LPs anbot, waren entscheidend dafür, dass Stereo-Plattenspielerkoffer unter 500 DM einen Abnehmerkreis fanden, der über die Klassik-Hörer und die finanzkräftigen Stereo- und HiFi-Liebhaber hinausging.[179]

---

172 Ruhiger Konjunktur-Verlauf hat sich 1962 fortgesetzt. In: Musikmarkt 4/1963, S.1&2&4, hier S.2.

173 Büchele, Geschichte der Tonträger, S.22.

174 Helmut Haertel, Die Lage auf dem deutschen Schallplattenmarkt. In: Musikmarkt 1/1959, S.1&26, hier S.1.

175 Helmut Haertel, Die Lage auf dem deutschen Schallplattenmarkt. In: Musikmarkt 1/1959, S.1&26, hier S.1.

176 Die Gründe für die nur zögerliche Durchsetzung der Heim-Stereofonie wurden bereits in Kapitel C.II ausführlich diskutiert.

177 1961: Ruhige Konjunktur bei steigenden Kosten. Aufschlussreiche Statistik des Bundesverbandes – LP Geschäft immer interessanter. In: Musikmarkt 3/1962, S.1&6, hier S.6.

178 Ruhiger Konjunktur-Verlauf hat sich 1962 fortgesetzt. In: Musikmarkt 4/1963, S.1&2&4, hier S.2.

179 An der Phono-Bar. Stereo jetzt billiger. In: Voran 11/1962, S.26.

Die Stereo-LP gewann in den Sechzigerjahren vor allem in der Rock-Musik eine eigene Identität in Form des Konzeptalbums.[180] Schon Musiker wie die Beatles und die Beach Boys spielten mit stereophonen Effekten und nutzen die Stereofonie als Mittel der bewussten Ausdrucksgestaltung.[181] Die Capitol Studios in L.A. und die Abbey Road Studios in London wurden zu Zentren der neuen Entwicklungen und des Experimentierens mit mehrspurigen Aufnahmeverfahren und den Bearbeitungsmöglichkeiten der Tonbandaufnahmen im Studio, die teils drastische Stereoeffekte hervorbrachten.[182] Die Beach Boys legten mit ihrer Single „Good Vibrations" von 1966 die technisch innovativste Produktion ihrer Zeit vor: Sie war aus über neunzigstündigem Tonbandmaterial zusammen geschnitten, zahlreiche Spuren wurden übereinander gelegt.[183]

Aufgrund der studiotechnischen Entwicklungen, die den Konsumenten ein neues Hörerlebnis versprachen, wuchs das Interesse an Stereo-Schallplatten beständig (insbesondere seit dem Durchbruch der Stereofonie auch im Rundfunk, vgl. Kapitel C.II). Während der Single-Umsatz im ersten Quartal des Jahres 1963 einen Rückgang von 17,5% zu verzeichnen hatte, stiegen die Absatzziffern der (Mono- und Stereo-) LP erheblich an, insbesondere auf dem Gebiet der Unterhaltungsmusik, wo die Plattenindustrie eine Steigerung von 74% meldete.[184]

Bis Ende der Sechziger- / Anfang der Siebzigerjahre löste die LP die Single als wichtigsten Tonträger ab.[185] Die Entwicklung ging „ohne Zweifel immer mehr hin zum ‚gepflegten Einzelspiel'" eines kom-

180 Vgl. Carl Mahlmann, Struktur des deutschen Tonträgermarktes. In: Rolf Moser/ Andreas Scheuermann (Hg.), Handbuch der Musikwirtschaft, 6., vollst. überarb. Aufl., Starnberg [u.a.] 2003, S.178-208, hier S.184 (im Folgenden: Mahlmann, Struktur des deutschen Tonträgermarktes).

181 Vgl. Peter Wicke/ Kai-Erik Ziegenrücker/ Wieland Ziegenrücker, Handbuch der populären Musik. Geschichte, Stile, Praxis, Industrie, Mainz 2007, S.427-429 und S.696.

182 Vgl. Millard, Tape Recording, S.160.

183 Vgl. Matthias S. Fifka, Rockmusik in den 50er und 60er Jahren. Von der jugendlichen Rebellion zum Protest einer Generation, Baden-Baden 2007, S.71f. (im Folgenden: Fifka, Rockmusik); vgl. dazu auch Coleman, Playback, S.93-114.

184 I. Quartal 1963 brachte Single-Umsatz-Rückgang von 17,5%. Umsatz auf dem LP-Sektor gleicht aus. In: Musikmarkt 6/1963, S.1&2, hier S.1. Allerdings muss deutlich werden, dass zwar auch der Anteil der Stereo-Platten an der Gesamt-LP-Produktion um 49% anstieg, der Anteil der Stereo-Platte am Gesamtumsatz im ersten Vierteljahr des Jahres 1963 jedoch nur 2,5% betrug. Wie in Kapitel C.II verdeutlicht, kann erst in der zweiten Hälfte der Sechzigerjahre von einem wirklichen „Durchbruch" der Stereofonie gesprochen werden.

185 Vgl. Mahlmann, Struktur des deutschen Tonträgermarktes, S.184.

pletten Albums, „weg von der 17-cm-Single und hin zur 30-cm-Langspielplatte".[186]

Die Phonogeräteindustrie musste ihre Strategien in der Bedienung der unterschiedlichen Zielgruppen diesen musikalischen Entwicklungen und dem Wandel des Schallplattenmarktes anpassen: Die LP hatte sich für den Unterhaltungsmusikmarkt geöffnet, zahlreiche Pop- und Rock-Musiker legten Konzeptalben vor. Um diese auch hören zu können, benötigten auch die jüngeren Hörer nun solche Geräte, die Langspielplatten wiedergeben konnten – und dies im besten Fall in Stereo. Immer mehr Fans der modernen Beat-, Pop- und Rockmusik waren nicht mehr durch einfachste Single-Abspielgeräte zufrieden zu stellen, sondern wurden nun durch preisgünstige Heimgeräte oder portable Phonokoffer angesprochen, die sowohl 45UpM- Singles als auch 33⅓-Platten spielten und entweder durch den Anschluss an ein Radiogerät oder gar ‚aus eigener Kraft' Stereoeffekte erfahrbar machten.

I.3.2 Die kaufkräftige junge Zielgruppe spaltet den Markt

Seit den späten Fünfzigerjahren vermarktete die Konsumindustrie der Bundesrepublik nicht nur einzelne Produkte für junge Käufer, sondern eine gesamte Jugendkultur: Die Stars der Teenager-Filme und -Musik, die 1960 bereits 40% des Schallplattenumsatzes ausmachte,[187] wurden in den neuen Jugendzeitschriften wie der *Bravo* gefeiert, Bekleidungs- und Kosmetikindustrie stellten die passenden Accessoires zur Verfügung, um ihnen nachzueifern, und erstmals wurde eine eigene Konsumwelt geschaffen, die nur für die Jugendlichen gedacht war. Nicht einzelne Produkte, sondern ein ganzes Ensemble aus Massenmedien und Mode war im Angebot.[188]

Die durchschlagenden neuen Musiktrends boten einen Kaufanreiz nicht nur für Schallplatten, sondern auch für die passenden Abspielgeräte. Die Jugendlichen hatten das Geld zur Verfügung, um preiswerte und einfache Plattenspieler zu kaufen, und die Schallplattenbranche sah die Chancen auf diesem neuen Markt und forderte einen „Volksplattenspieler".[189] Ebenso sahen Konsumenten-

186 Ein Plattenspieler soll es sein! In: Ton Magazin, Januar 1965, S.46-48, hier S.48.

187 Vgl. Lamprecht, Teenager und Manager, S.90.

188 Vgl. Farin, generation-kick.de, S.55f.

189 Walter Haas, Eine Biene dressieren? Zwei Drittel aller Haushalte besitzen keinen Plattenspieler. In: Musikmarkt 4/1959, S.9.

zeitschriften die Aufgabe der Phonogeräteindustrie darin, „ein Abspielgerät auf den Markt zu werfen, das in Wert und Preis so attraktiv ist, dass sich jede (jede!) Familie oder zumindest jeder Teenager und jeder junge Mann damit ausstattet."[190] Gerade die „Kaufkraft der jungen Leute – der Siebzehn- bis Fünfundzwanzigjährigen" werde von der Musikgeräte-Industrie noch unterschätzt, so das *Ton Magazin*. In der Tat fanden viele Käufer, unter ihnen auch Teenager und Twens, „den Plattenspieler viel zu teuer" und forderten, „dass die Preise für diese Sachen endlich einmal ein vernünftiges Maß annehmen" sollten.[191]

Für die Musikbranche waren die Teenager als „spontane Käufer" von unerhörter Wichtigkeit, da sie „über flüssige Mittel verfüg[t]en, die meist in den Kassen der Schallplattenhändler oder der Musikautomaten lande[te]n. Die ganze Welt richtet[e] sich [...] nach ihnen."[192] Zunächst konzentrierte sich die Phonogeräteindustrie darauf, solche Plattenspieler zu günstigen Preisen anzubieten, die nur Singles abspielen konnten, wie etwa den Philips *Mignon* oder das Modell *Lido* von Telefunken. Diese wurden bald zu einem Verkaufsschlager auf dem Jugendmarkt, der seine Musik in den späten Fünfzigerjahren noch vorrangig von Singles hörte. Die einfachen Geräte waren auch für Jugendliche erschwinglich; der Philips *Mignon*, der an ein Radio und das Stromnetz angeschlossen werden musste, kostete nur 74 DM, in der Kofferversion mit Batterie 199 DM.[193] Der batteriebetriebene Koffer *Lido* von Telefunken war mit seinem Kaufpreis von 159 DM zumindest durch konsequentes Sparen oder unter Beteiligung der Eltern finanzierbar.[194] Bunt dekorierte Sammelalben zur Aufbewahrung der Singles machten die Ausstattung perfekt und signalisierten den jungen Konsumenten, dieses Objektensemble sei speziell für sie, für ihre Generation gestaltet worden.

Die Ausdifferenzierung des Phonogeräteangebotes und ihre Diskussion in Verbraucher- und Musikzeitschriften nahmen während der Sechzigerjahre immer stärkere zielgruppen- und generationsspezifische Konturen an: Am Ende der Fünfzigerjahre wurden Geräte wie der Philips *Mignon* zwar aufgrund seiner einfachen Bedienung und des niedrigen Preises von Musikzeitschriften positiv aufgenommen,

190 Die neue Macht: Schallplatte. In: Ton Magazin, Januar/ Februar 1959, S.16.

191 Das Interview des Monats: Haben Sie einen Plattenspieler? In: Musikmarkt 4/1959, S.27.

192 Die Teenager. In: Musikmarkt 1/1959, S.4.

193 Vgl. HDRFG 1957/58, S.B46, B48.

194 Vgl. HDRFG 1957/58, S.B49.

aber nicht als explizit jugendliches Gerät wahrgenommen;[195] seit Mitte der Sechzigerjahre aber erfolgte eine klare Zuordnung einzelner Gerätetypen zu verschiedenen Altersgruppen der Konsumenten. Diese Abgrenzung erfolgte zwar nun nicht mehr anhand der abspielbaren Schallplattengrößen, da auch die Rock- und Popmusik die LP für sich erobert hatte, doch unterschieden sich das Design, die Choreografien der Nutzung und die akustischen Qualitäten erwachsener und jugendlicher Geräte beträchtlich. Für die kaufkräftigeren Erwachsenen fächerte sich das Angebot auf dem Sektor der Musikschränke und Stereoanlagen auf, es standen Truhen und Bausteine in vielen Preis- und Qualitätsklassen sowie in zahlreichen äußerlichen Gestaltungs- und Aufstellungsvarianten zur Verfügung. Zugleich entwickelte sich auf dem Gebiet der günstigen und flexiblen Heimgeräte und der portablen Koffer ein eigener Jugendmarkt, der nach anderen Kriterien funktionierte. In den Dispositiven der jugendlichen Geräte war die Mobilität tonangebend; und diese Eigenschaft kommunizierten die Objekte auch durch ihr Design. Die Auswahl wurde auch hier ausgeweitet, so gab es Koffer und Heimgeräte in Stereo- oder Mono-Ausführung.

Zeitschriften für junge Leute nahmen die preisgünstigeren, jugendgerechteren Möglichkeiten, stereofone Schallplatten auf Koffern zu hören, mit Begeisterung auf.[196] Zwar wurde auch deutlich, dass ein solcher Koffer „kaum hohen Ansprüchen genügt[e]“ und sich in der Klangqualität nicht mit einer vollwertigen Stereoanlage messen konnte,[197] doch bot dieser neue Gerätetypus auch den weniger zahlungskräftigen jungen Hörern die Möglichkeit, ihre Musik unabhängig von der elterlichen Geräteausstattung zu genießen.

Auch Warentests stellten fest, dass zwar die steigende Qualität der teuren HiFi-Geräte auch auf die billigeren Plattenspieler abfärbte, die Tonqualität der Lautsprecher von Koffergeräten allerdings „nicht konzertsaal-reif“ sei. Sie sollten generell immer an ein Radio angeschlossen werden, um eine akzeptable Qualität zu erreichen, und bei den günstigeren Koffern sei „immernoch Ramsch dabei“. Nach Rücksprache mit den Herstellern wurden die einfacher gehaltenen Geräte dem Jugendmarkt zugerechnet. Sie seien „für junge Leute gedacht, die sich vom Radio des Vaters unabhängig machen“

195 Mignon – Ein vollautomatischer Plattenspieler für 45er-Platten. In: fonoforum 4/1956, S.25.

196 An der Phono-Bar. Stereo jetzt billiger. In: Voran 11/1962, S.26.

197 Der neue Plattenspielertest: DUAL party. In: Voran 2/1963, S.31.

und „ihre Schlager für sich hören" wollten. Wer mehr wolle, solle sich einen besseren Plattenspieler kaufen.[198]

Dem unabhängigen und mobilen Musikkonsum zu günstigen Preisen wurde auf dem Jugendmarkt ein höherer Stellenwert gegeben als der bestmöglichen Klangqualität, die nur mit größerem finanziellem Aufwand erreichbar war. Für junge Schlager- und Pop-Fans schien die Klangtreue der Musikaufnahmen nicht im Vordergrund zu stehen. Und schließlich war die Wiedergabequalität von Schallplatte selbst auf einem günstigen Schallplattenspieler immer noch besser als die der Rockmusik über die Mittelwellensender wie Radio Luxemburg oder AFN. Auch die Schallplatten beurteilten die Jugendlichen „nur nach Text, Sänger, Rhythmus, Melodie"; wenn diese dem Geschmack entsprächen, könne die Platte auch mal technische Mängel haben, sie werde trotzdem gekauft, stellte das Magazin *DM* fest, als sie verschiedene Schallplatten von Teenagern beurteilen ließ. „Technische Qualität spielt[e] kaum eine Rolle."[199]

Für Tanzmusik und Schlager reichten die günstigen Koffermodelle aus, auch wenn ihre „Laufeigenschaften nicht so [seien], dass mit gutem Gewissen ein Klavierkonzert darauf abgespielt werden" könne.[200] So blieb es den Konsumenten überlassen, je nach Bedarf und Lieblingsmusik das passende Abspielgerät wählen. Die billigeren Modelle mit einer laut Testberichten „erbärmliche[n] Tonqualität" konnten letztlich nur die jungen Hörer bedienen, die an die Technik der Plattenspieler keine besonders hohen Ansprüche stellten. Trotz mangelhafter Testergebnisse berichtete etwa ein Prüfingenieur des Versandhauses Quelle, es gebe keine Reklamationen, da Batterie-Plattenspieler nur von jungen Leuten gekauft würden. Sie wünschten sich vor allem, dass die Geräte möglichst laut spielen könnten, sodass sich auch mal eine Party damit beschallen ließ. Sie sollten problemlos zu transportieren und „gegen Erschütterungen nicht empfindlich" sein, eine „narrensichere Bedienung" aufweisen, und insbesondere die „Betriebskosten und der Preis fürs Gerät sollten möglichst niedrig" gehalten werden.[201]

In der Wahl des Gerätes spielten für die jungen Hörer ganz andere Merkmale der Phonogeräte eine Rolle als für die Erwachsenen, die ein Gerät anschafften, das ihrem Einrichtungsstil, ihren Vorstellungen von Klangqualität und ihrer Brieftasche entsprach. Den Jugend-

198 Plattenspielertest. In: DM 16/1964, S.40-45, hier S.41.

199 Wini Wini Wana Wana. In: DM 49/1964, S.4-7, hier S.5f.

200 Ein Plattenspieler soll es sein! In. Ton Magazin, Januar 1965, S.46-48, hier S.48.

201 Test Batterieplattenspieler. In: DM 21/1965, S.23-27, hier S.24.

lichen genügten günstige Schallplatten und preiswerte Abspielgeräte zur „Berieselung", sie bevorzugten die „Billigdusche", wie die *DM* 1968 abfällig bemerkte.[202] Genau dies stellte die Industrie den jungen Konsumenten zur Verfügung, und für deren Ansprüche schienen die Geräte ausreichend zu sein. Der Batteriebetrieb und die Tragbarkeit waren wichtiger als der beste Klang, und auch das zeitgemäße Design der Geräte, „für junge Hörer maßgeschneidert"[203], brachte „endlich mal Schwung in die Bude und Farbe ins triste Bild".[204] Die „Einfachstplattenspieler", ein Massenartikel, der durch die Verwendung von Kunststoffspritz- und -pressteilen besonders preiswert war, finde „besonderen Anklang bei der jüngeren Generation", urteilte die Branche.[205] Ende der Sechzigerjahre waren die jugendlichen Konsumenten eine von allen Firmen begehrte Zielgruppe, die durch zahlreiche auf ihre Wünsche und finanziellen Möglichkeiten zugeschnittene Geräte gewonnen werden sollte. „Noch nie zuvor hat die Industrie einen Markt so umworben, wie heutzutage den der Teens und Twens."[206]

Während sich am oberen Ende des Marktes die Geräte der Erwachsenen durch ihre Nähe zur HiFi-Norm ausdifferenzierten und unterschiedlichste Ansprüche bedienten, bildete sich in den niedrigeren Preisklassen ein eigener Jugendmarkt aus, der den Käufern durch die Wahl des Herstellers, durch das Design der Geräte und farbige Aufsteckblenden[207] eigene Möglichkeiten zur Individualisierung bot. So ließ sich neben dem wachsenden Kaufinteresse an HiFi-Plattenspielern und Plattenwechslern auch ein „Trend zum Billig-Gerät" ausmachen, als dessen typischer Vertreter der *mister hit* und seine Nachfolgegeräte wie der *party hit* galten. Das Erfolgsrezept der Niedrigpreisgeräte lautete „billiger Preis und einfache Konstruktion bei einem guten Qualitätsstandard"[208], „keinesfalls aber

202 Händel läßt mit sich handeln. In: DM 5/1968, S.14-20, hier S.20.

203 Musik für junge Leute aus dem Grundig Phono-Boy. In: hobby 15/1969, S.34.

204 Neuheiten und Schönheiten. In: hobby 22/1969, S.113.

205 Technik im Verkaufsgespräch. Der beste Plattenspieler. In: radio-fernseh-händler 5/1970, S.126.

206 Neuheiten und Schönheiten. In: hobby 22/1969, S.113.

207 „Wer will, kann dieses hübsche Gerät durch farbige Aufsteckblenden in Seegrün, Silbermatt oder Sonnengelb zu jeder Zeit und für die Umgebung passend modisch kleiden." In: hobby 5/1969, S.104.

208 Trend von oben nach unten: Neue Telefunken-Phono-Geräte. In: hobby 11/1969, S.126.

billig" sondern „einfach, klar und übersichtlich."[209] Der Wunsch der jüngeren Generation nach Mobilität und unkompliziertem Musikkonsum sowie die entsprechende Strategie der Hersteller, einfache und günstige tragbare Geräte anzubieten, erklärt auch die Tatsache, dass selbst 1971/72 nur vier von 22 Plattenspielerkoffern mit zwei Lautsprechern für die Stereowiedergabe ausgelegt waren (vgl. Kapitel I.1.1), obwohl die Stereo-Wiedergabe längst „zum guten Ton" gehörte. In diesen Apparaten wurde ein grundlegend anderer Anspruch bedient, der von einer jungen Generation gestellt wurde, die Musik während der Sechzigerjahre als Mittel der Selbstbestimmung und als Ausdruck der Individualität und Freiheit wählte.

I.4 Abgrenzen und Dazugehören – Jugendliche Bedeutungszuschreibungen an den Plattenspieler

Die Musik der jungen Generation und die jugendliche Kaufkraft wurden seit den späten Fünfzigerjahren zu marktbestimmenden Faktoren; aus diesem Grund konzentriere ich mich in meiner Untersuchung der Aneignungspraktiken und Bedeutungszuschreibungen auf die jugendlichen Nutzer. Die Jugendlichen der Sechzigerjahre waren Schallplattenhörer aus Überzeugung; sie setzten ihre Musik und die Abspielgeräte als bewusstes Ausdrucksmittel ihrer Zugehörigkeit zu einer Generation ein und grenzten sich so von den Erwachsenen ab. Dementsprechend betrachte ich zunächst den Stellenwert der Jugend als Trendsetter auf dem westdeutschen Markt sowie ihre Ausstattung mit Tonträgern und Abspielgeräten (I.4.1). In einem zweiten Schritt werden die symbolischen Bedeutungen, die Platten und Plattenspieler für Jugendliche einnahmen, beleuchtet. Sie dienten als Ausdruck eines Lebensgefühls, als Medium der Abgrenzung von den Erwachsenen und der Distinktion innerhalb der eigenen Altersgruppe (I.4.2).

I.4.1 Teens und Twens als mächtige Trendsetter

Noch Mitte der Fünfzigerjahre verfügten die meisten Jugendlichen jenseits der elterlichen Musiktruhen über keinen eigenen Plattenspieler, und nicht einmal die Hälfte der Jugendlichen besaß eine eigene Schallplatte. Daher war es für viele Jugendliche – insbesondere für Mädchen, die sich in der Regel weniger frei in der Öffentlichkeit bewegen durften als ihre männlichen Altersgenossen – schwierig, außerhalb der elterlichen Kontrolle ihre generationsspezifische

209 mister hit hat nur drei Geschwindigkeiten. In: hobby 5/1969, S.104.

Musik zu hören.[210] In einer Studie zu den beliebtesten Freizeitbeschäftigungen der Jugendlichen von 1953 tauchte der private Musikkonsum von Schallplatte nicht einmal unter den sechzehn meist genannten Antworten auf.[211] Seit den späten Fünfzigerjahren bahnte sich dann ein tiefgreifender Umbruch seinen Weg. Die Teenager und Twens wurden zu Trendsettern sowohl auf den Schallplatten- als auch auf dem Phonogerätemarkt.

Jugendliche als Schallplattenkäufer

Während der Fünfzigerjahre verelffachte sich die westdeutsche Schallplattenproduktion und betrug 1960 bereits über 67 Millionen Stück.[212] Auf neun Zehntel dieser Platten war Schlagermusik,[213] die zwar auch von Erwachsenen, aber insbesondere von vielen Jugendlichen gehört wurde. Der Absatz von Schallplatten in der Bundesrepublik entwickelte sich seit Mitte der Fünfziger in einem rasanten Tempo: 1955 wurden etwa 31 Millionen, 1965 knapp 50 Millionen und 1970 sogar 80,6 Millionen Schallplatten (aller Größen) verkauft.[214] Schon Ende der Fünfziger- oder zu Beginn der Sechzigerjahre sollen 60 bis 70% dieser Schallplatten von Jugendlichen gekauft worden sein.[215] Eine Umfrage des Institutes für Demoskopie führte 1957 zu dem Ergebnis, dass junge Menschen „wesentlich eher Schallplatten [kauften] als ältere".[216] Schon 1961 sammelte die Hälfte der Teenager Schallplatten[217] und über 60% aller Jugendlichen besaßen eigene Platten,[218] die auf dem eigenen oder dem Gerät

210 Vgl. Ferchhoff, Musik und Jugendkulturen, S.219.

211 Vgl. Nordwestdeutscher Rundfunk, Hörerforschung (Hg.), Jugendliche heute. Teil E. Freizeitinteressen und Freizeitverhalten der Jugendlichen, o.O. 1953, S.178.

212 Vgl. 1960: Produktionsrekord der deutschen Phono-Industrie. 67,1 Millionen Platten wurden gepreßt. In: Musikmarkt 9/1961, S.23.

213 Vgl. Dietrich Kayser, Schlager – das Lied als Ware. Untersuchungen zu einer Kategorie der Illusionsindustrie, Stuttgart 1975, S.166.

214 Vgl. Zeppenfeld, Tonträger in der Bundesrepublik Deutschland, S.41f.

215 Vgl. Münster, Geld in Nietenhosen, S.61f. Schon für 1958 gibt Heinig an, 60% der Platten seien an Jugendliche verkauft worden. Vgl. Heinig, Teenager als Verbraucher, S.106. Eine ähnliche Angabe macht auch Lamprecht, Teenager und Manager, S.24 für die Mitte der Sechzigerjahre. Rund 60% der Produktion der Schallplattenindustrie, etwa 56 Millionen Platten, werde an Jugendliche verkauft, die dafür jedes Jahr über 200 Millionen Mark ausgäben.

216 Institut für Demoskopie, Wie Schallplatten gekauft werden. Ergebnisse einer Repräsentativ-Befragung, Allensbach 1957, S.3.

217 Vgl. Heinig, Teenager als Verbraucher, S.106.

218 Vgl. Münster, Geld in Nietenhosen, S.53.

der Eltern oder von Freunden abgespielt werden konnten. Die Konsumenten unter 30 erwarben regelmäßig neue Schallplatten.[219] Während insgesamt 16% der Befragten des DIVO-Institutes 1965 angaben, in ihrer Freizeit Schallplatten zu hören, lag die Quote bei den 16- bis 24-Jährigen mit 33% deutlich höher.[220] Der Schallplattenkauf war auch für Teenager „finanziell durchaus tragbar".[221] Schallplatten mit E-Musik kosteten seit 1958 zwischen 20 und 25 DM, Langspielplatten mit Unterhaltungsmusik lagen preislich darunter, bei etwa 19 DM, sodass sie auch für Jugendliche (und selbst für Schüler und Studenten) erschwinglich waren. Zudem entfielen Ende der Sechzigerjahre 50% der Plattenverkäufe auf billige Schallplatten unter 10 DM.[222]

Auch die Entwicklung der Marktanteile der E- und U-Musik verdeutlicht den steigenden Einfluss der jugendlichen Käufer auf dem Tonträgermarkt: Die Unterhaltungsmusik gewann zunehmend an Boden: Noch 1964 waren die Umsätze an Klassik-LPs und Pop-LPs fast ausgeglichen, doch schon 1968, „da Pop-Musik mehr auf LPs als auf Singles gekauft" wurde, konnte die ernste Musik nur noch 30% des Umsatzes für sich in Anspruch nehmen.[223] 1971 enthielten schon drei Viertel aller in der Bundesrepublik verkauften Platten Unterhaltungsmusik.[224] Unter ihren Käufern machten die Jugendlichen unter 25 Jahren schon 1963 den „weitaus stärksten Anteil" aus.[225]

Der Tonträgermarkt wurde wie kein anderer zu einem jugendlichen Markt, und

219 Vgl. Emnid-Institut (Hg.), Emnid-Informationen, Nr.11, Jg.19, 1967, S.13.

220 Vgl. DIVO-Institut (Hg.), Der westdeutsche Markt in Zahlen, Frankfurt a.M. 1965, S.246.

221 Infratest GmbH & Co. im Auftrag des WDR (Hg.), Musikinteressen der Bevölkerung in Nordrhein-Westfalen. Hörfunk – Schallplatte, München 1966, S.16.

222 Vgl. Herfrid Kier, Langspielplattenproduktion in der Bundesrepublik. Kulturelle und kommerzielle Entwicklungstendenzen. In: Kurt Blaukopf (Hg.), Technik, Wirtschaft und Ästhetik der Schallplatte. Symposion auf der „hifi 68 Düsseldorf", Karlsruhe 1970, S.43-53, hier S.46 (im Folgenden: Kier, Langspielplattenproduktion) Vgl. auch Deutscher Schallplatten-Umsatz 1967 liegt nahe bei 400 Millionen DM. In: Musikmarkt 5/1968, S.23 („Der Anteil der Billigpreisplatte innerhalb der 30-cm-LP-Kategorie beträgt nach Stückzahlen 50%").

223 Kier, Langspielplattenproduktion, S.48.

224 Klaus D. Hartel, Plattensammeln – mein Hobby. Alles Wissenswerte über Schallplatten, Kassetten und Stereo-Anlagen, München 1971, S.85.

225 Electrola erforschte die Meinung der Schallplattenkäufer. U-Musik wird von Jugendlichen bis zu 25 Jahren mit 73 Prozent bevorzugt. In: Musikmarkt 11/1963, S.32.

„seit den Zeiten der größten musikalischen Revolution des 20. Jahrhunderts, des Rock 'n' Roll (seit 1955) und der daran anknüpfenden Beat-Ära (um 1965), ist das bis dahin vergleichweise bescheidene Schallplattengeschäft, von einer massiven Zunahme jugendlicher Kaufkraft profitierend, zum weltumspannenden Entertainment-Zweig geworden."[226]

1964 machten jugendliche Schallplattenkäufer ungefähr 40% des weltweiten Schallplattenverkaufs aus, am Ende des Jahrzehnts stieg ihr Anteil am Umsatz auf bis zu 80%.[227]

Jugendlicher Plattenspielerbesitz

Im Laufe der „langen Sechzigerjahre" erhöhte sich konsequenterweise auch die Verbreitung der Abspielgeräte in westdeutschen Haushalten insgesamt; besonders stark aber stieg die Ausstattungsquote der Teenager und Twens: 1962 verfügten laut einer Studie des DIVO-Institutes 23% aller Haushalte über einen Plattenspieler, 1965 schon 30%.[228] Eine Befragung des Emnid-Institutes von 1967 brachte hervor, dass in 45% der Haushalte ein Gerät vorhanden war.[229] Entscheidend für den Besitz war allerdings eher das Alter der Haushaltsmitglieder als ihr Einkommen: Denn bei den unter 21jährigen verfügten 1967 schon 65% über einen eigenen Plattenspieler, also 20% mehr als im Bevölkerungsdurchschnitt.

Jugendliche traten als Besitzer von Schallplattenspielern überdurchschnittlich hervor, darin sind sich alle statistischen Untersuchungen einig. Die einzelnen Prozentzahlen zur durchschnittlichen Ausstattung westdeutscher Haushalte sowie jüngerer und älterer Konsumentengruppen variieren und lassen sich schlecht in Beziehung zueinander setzen oder gar abgleichen, da zumeist unterschiedliche Altersgrenzen angelegt wurden.[230] Es kann festgehalten werden, dass mit steigendem Alter die statistische Wahrscheinlichkeit des

226 Zeppenfeld, Tonträger in der Bundesrepublik Deutschland, S.27.

227 Vgl. Wicke, Music, Dissidence, Revolution and Commerce, S.111.

228 Vgl. DIVO-Institut (Hg.), Der westdeutsche Markt in Zahlen, Frankfurt a.M. 1962, S.92; und DIVO-Institut (Hg.), Der westdeutsche Markt in Zahlen, Frankfurt a.M. 1965, S.156.

229 Vgl. Emnid-Institut (Hg.), Emnid-Informationen, Nr.11, Jg.19, 1967, S.12.

230 Infratest etwa stellte 1966 fest, dass bei den 14-19jährigen ein Ausstattungsgrad von 88% erreicht sei, Dorothea Scharmann aber gab 1965 an, dass 20% der Jugendlichen (ohne genaue Altersangabe) über einen Plattenspieler verfügten. Diesen Ausstattungsgrad aber hatte Ruth Münster bereits 1961 festgestellt. Vgl. Infratest GmbH & Co. im Auftrag des WDR (Hg.), Musikinteressen der Bevölkerung in Nordrhein-Westfalen. Hörfunk – Schallplatte, München 1966, S.16;

Plattenspielerbesitzes sank;[231] und auch die Phonogeräteindustrie schätzte 1970, dass zwischen 40 und 50% des gesamten Geräteumsatzes von Jugendlichen abgenommen wurde.[232]

Die Tatsache, dass dieser Markt noch Ende der Fünfzigerjahre kaum existiert hatte, verdeutlicht die dynamische Entwicklung des Phonogerätemarktes, die sich zu einem großen Teil auf die jungen Konsumenten stützte.

I.4.2 Plattenspieler als Ausdruck der Abgrenzung, Zugehörigkeit und Distinktion

Mit der Popularisierung der Schallplatte wurde der Plattenspieler – zusammen mit Kofferradio und Tonbandgerät – zu einem zentralen Element des jugendlichen massenmedialen Ensembles. Heimische Geräte und mobile Phonokoffer nahmen einen hohen Stellenwert in der Freizeitgestaltung der Teenager und Twens und in der Ausbildung einer spezifisch jugendlichen Identität ein.

Mitte der Fünfzigerjahre steckte eine eigenständige jugendliche Musikkultur noch in den Kinderschuhen, doch der Erfolg des Rock 'n' Roll und des Beat machten die Musik innerhalb weniger Jahre zu einem maßgeblichen Ausdrucksmittel. Jugendliche konnten sich von ihren Eltern abgrenzen, indem sie auf dem eigenen Plattenspieler ihre Singles mit Jazz-, Beat- und Rockmusik auflegten, die für die Erwachsenen Sinnbild jugendlichen Ungehorsams und der Rebellion war.[233] Im Kreise der Altersgenossen konnte man sich durch den Besitz eines eigenen Phonokoffers profilieren.

Im Folgenden analysiere ich diese Verwendung der technischen Geräte als Abgrenzungs- und Distinktionsobjekt genauer. Zunächst werden die Prozesse der Abgrenzung von der Erwachsenenwelt untersucht, um anschließend auch die Rolle und den symbolischen Wert der Objekte innerhalb der Gruppe der Altersgenossen herauszustellen.

Scharmann, Konsumverhalten von Jugendlichen, S.34; Münster, Geld in Nietenhosen, S.53.

231 65% der unter 21-Jährigen, 52% der 21- bis unter 25-Jährigen, 51% der 25- bis unter 30-Jährigen, 51% der 30- bis unter 50-Jährigen, 40% der 50- bis unter 65-Jährigen, 21% der 65-Jährigen und älteren besaßen einen Plattenspieler. Vgl. Emnid-Institut (Hg.), Emnid-Informationen, Nr.11, Jg.19, 1967, S.13.

232 Handelsblatt vom 26.11.1970, zit. n. Siegfried, Time is on My Side, S.98.

233 Vgl. Hermand, Die Kultur der Bundesrepublik, S.231-235.

Abgrenzung von den Erwachsenen

Junge Hörer wurden in ihren Kaufentscheidungen beeinflusst durch zielgruppenspezifische Zeitschriften, den Rundfunk und auch durch Musikboxen, die stets mit den neuesten Hits bestückt waren. Dies stellte das Schallplattenlabel Electrola in Köln Ende 1962/ Anfang 1963 fest. Sehr häufig nannten Jugendliche auch insbesondere den privaten Rundfunksender Radio Luxemburg als Impulsgeber für ihre Schallplattenkäufe.[234] Diese vielfältigen Einflüsse der Konsum- und Unterhaltungsindustrie und die Begeisterung der jungen Generation für die Schallplatte riefen zum Teil scharfe Kritik der Erwachsenengeneration hervor. Psychologen, Pädagogen und Jugendforscher betrachteten die Entstehung der „Teenager-Industrie" mit Besorgnis. Es bestehe die Gefahr, dass die „Außenlenkung" durch allzu zahlreiche Konsumangebote die „geistige Reifung" verhindere oder hemme.[235] Der neue Konsummarkt des Teenagergeschäfts und dessen „Verlängerung" oder „zweite Stufe", das Geschäft mit den Twens, sei von der Industrie innerhalb weniger Jahre künstlich geschaffen worden, sodass alle Sparten der Freizeitindustrie im Laufe der Sechzigerjahre davon profitierten.[236] Auch die Werbemethoden der Phonoindustrie wurden kritisiert, da „fortgesetzt das oberflächliche Sozialprestige angekurbelt" werde. Versprach etwa die Firma Elac den jungen Kunden, dass man von ihren Parties sprechen werde, wenn eines der neuen Plattenspielermodelle für die Beschallung sorgte, schien dies den Kritikern allzu sehr die „gesellschaftliche Dokumentation des Sich-etwas-Leisten-Könnens" anzupreisen. Die „irrealsten Wunschvorstellungen junger Leute" träfen hier auf die „Heuchelei derer, die es lediglich auf die Geldbeutel der Teenager abgesehen" hätten.[237] Allerdings waren dies keine Spezifika der Werbung für jugendliche Konsumgüter, denn seit Beginn der Sechzigerjahre wurden in den Anzeigen vermehrt materialistische Leitbilder propagiert und Profilierung durch Besitz angeboten.[238]

Doch gerade diese Skepsis der Erwachsenen und Pädagogen gegenüber dem Medienkonsum der Jüngeren, die „mit der Schallplatte heftigst Freundschaft" schlossen und sich in den Augen der Eltern allzu intensiv „Stunden über Stunden ohne Unterbrechung mit

234 Electrola erforschte die Meinung der Schallplattenkäufer. In: Musikmarkt 11/1963, S.32.

235 Bornemann, Der Jugendliche und seine Freizeit, S.17.

236 Lamprecht, Teenager und Manager, S.33.

237 Lamprecht, Teenager und Manager, S.44f.

238 Vgl. Schmidt, Werbung, S.526.

ihrem eigenen kleinen Kofferapparat beschäftig[t]en", bot den Jugendlichen die Möglichkeit, ihre Musik und ihre Medien als kulturelle Ausdrucksmedien zu reklamieren.[239]

Viele Kinder gingen ihren Eltern „mit ihrem Schallplatten-Wahnsinn entsetzlich auf die Nerven", wie auch die Jugendzeitschrift *Bravo* in einem fiktiven Gespräch zwischen einem weiblichen Teenager und einem Erwachsenen herausstellte.[240] Die Jugend schien allzu sehr an der Welt der Schallplatten- und Filmstars, der Schlagermusik und des Kinos und zu wenig an Büchern und „hoher Kultur" interessiert zu sein.

Während der Fünfzigerjahre wurden besonders die Musik, welche die Schallplattenindustrie für die Teenager bereit hielt, und die jugendliche Begeisterung für Schlager-Sänger wie etwa Peter Kraus, Conny Froboess, Freddy Quinn oder Rock 'n' Roll Stars wie Elvis Presley und seine deutsche Variante Ted Herold scharf kritisiert. Die Musik und ihre Stars schienen sehr schnelllebig zu sein: so „kletter[te]n die Schlager innerhalb von Tagen an die Spitze", waren aber ebenso schnell „nach Wochen wieder vergessen".[241] Die Jugendlichen aber wollten „um jeden Preis diese oder jene Schallplatte haben, aber nach ein paar Wochen spiel[t]en sie sie nicht mehr."[242] Den Grund für die schnell nachlassende Begeisterung für einzelne Schlager- und Rock 'n' Roll-Titel sahen die erwachsenen Kritiker in der mangelnden Qualität der Musik. Diese „Musik-Konserven [hätten] mit Musik nichts mehr zu tun", „wer da nicht verblödet[e], müsste ein Genie sein".[243]

Das „Eintauchen" der Jugendlichen in „ihre" Musik wurde selbst vom *Ton Magazin*, einer „Zeitschrift für alle, die hören",[244] die sich ja eigentlich an „die Freunde des Tonbandes und der Schallplatte" wandte, mit Besorgnis kommentiert: Auf Fotos abgebildete Jungen und Mädchen, die in einem Geschäft Schallplatten anhörten, wurden als „geistig weggetreten" beschrieben. Nach Meinung der Kritiker lag das an der Wahl der Musik: Zu wenige Eltern kümmerten sich „leider" um die musikalische Erziehung ihrer Kinder, sodass

239 Platten für Teenagers? In: fonoforum 5/1957, S.19.

240 Heute spricht Steffi über: Sind wir Teenager – Idioten? In: Bravo 9/1959, S.6.

241 Ralph Maria Siegel, Wird der Schlager zur Eintagsfliege? In: Musikmarkt 1/1959, S.2.

242 Heute spricht Steffi über: Sind wir Teenager – Idioten? In: Bravo 9/1959, S.6.

243 Heute spricht Steffi über: Sind wir Teenager – Idioten? In: Bravo 9/1959, S.6.

244 Dieser Untertitel des Ton Magazins findet sich zum Beispiel in der Mai-Ausgabe 1963 auf S.11.

sie nicht in die klassische Musik und die „Opernwelt" eingeführt, sondern den „Teenager-Zeitschriften" überlassen würden.[245]

In den Augen der Erwachsenen schienen die jungen Hörer gänzlich falsche Kriterien in der Musikauswahl anzuwenden, wenn sie sich etwa im Radio einen Titel von Peter Kraus wünschten „weil er so schöne weiße Zähne hat." Der Sender Radio Bremen hatte Wunschkonzert-Sendungen veranstaltet und Jugendliche aufgefordert, sich ihre Lieblingslieder zu wünschen und die Auswahl in einigen Sätzen zu begründen. Die Einsendungen schienen die Vorbehalte der Erwachsenen zu bestätigen. Nicht nur die weißen Zähne von Peter Kraus wurden als Grund genannt, sondern auch, dass Conny Froboess „so schön glucksen" könne, dass Elvis Presley so schön schreie und dass er Amerikaner sei.[246]

Die Teenager-Kultur (und zu einem geringeren Maße auch die Halbstarken) der Fünfzigerjahre wurden zu „Vorreitern eines neuen jugendkulturellen Selbstbewussteins und Lebensgefühls, das sich deutlich von den Lebensorientierungen der Erwachsenen unterschied."[247] Mit dem Rock 'n' Roll setzte sich erstmalig ein Musikgenre durch, das ausschließlich die Jugendlichen ansprach und den Erwachsenen gegenüber eine Abgrenzungsfunktion übernehmen konnte. Musik spielte eine unglaublich große Rolle im Leben vieler Jugendlicher. Radio Luxemburg diente vielen als Informationsquelle, „die Verkaufscharts am Samstag und insbesondere die Hitparade am Sonntag waren Pflichtprogramm."[248] Die neue, jugendliche Massenkultur hatte einen erheblichen Standardisierungseffekt unter den Angehörigen der Altersgruppe: Wer ‚dazugehören' wollte, musste die neuen Auf- und Absteiger der Hitparade kennen; und wer einen neuen Trend verpasste, und etwa zu lange den Schlagermelodien deutscher Künstler lauschte, konnte eben nicht ‚mitreden'. Denn mit den fortschreitenden Sechzigerjahren waren Schlager unter den Jugendlichen dann eher verpönt, wie in einer „phono-erinnerung" berichtet wird: „Bald hatte ich allerdings die Nase von lahmen Schlagern voll (Heintje, Roy Black, Christian Anders, Peter Alexander, Bata Ilic, Peter Maffay-- Buhhhh!!!)".[249] Statt-

245 Weggetreten. In: Ton Magazin, Mai 1963, S.11.

246 Weil er so schöne weiße Zähne hat... In: Ton Magazin, September/ Oktober 1960, S.3.

247 Ferchhoff, Musik und Jugendkulturen in den 50er und 60er Jahren, S.219.

248 heavymat, Eintrag „Mein Spaß an der Musik (die Anfänge)" am 24.02.2008 auf www.phono-erinnerungen.de.

249 heavymat, Eintrag „Mein Spaß an der Musik (die Anfänge)" am 24.02.2008 auf www.phono-erinnerungen.de.

dessen rollte eine „neue ungeheure Beat Welle" durch „die bundesdeutschen Teenager-Clubs und Schallplattengeschäfte". Der Siegeszug der Beatles und die erste Deutschland-Tournee der Rolling Stones waren entscheidende Anstöße der Beat-Bewegung.[250] Schon 1972 reflektierte das Branchenmagazin *Musikmarkt:*

> *„Mit den Beatles aufzuwachsen war ungeheuer aufregend. Zum erstenmal war Jungsein kein Handicap mehr, sondern etwas, auf das man stolz sein konnte. Die Beatles verhalfen der Jugend in der ganzen Welt zu einem neuen Bewußtsein. Der Slogan ‚Trau keinem über 30' entstand - und wurde zum Kult um die Jugend."*[251]

Die Beatles wurden zu „Idolen einer ganzen Generation", denn „ihre Musik war aggressiv, und ihr Benehmen entsprach nicht immer überlieferten Vorstellungen."[252] So wurde die neue, populäre britische Band seit Beginn der „Beatlemania" 1963 zum Ausdruck der Emanzipation der jungen Generation, der Ablösung von den Werten der Eltern. Marita1950w erinnert sich an diese Zeit wie folgt:

> *„Musik war damals noch mehr Ausdruck eines Lebensgefühls und diente auch dazu, uns von der Elterngeneration ganz deutlich abzusetzen, denn die schimpften über unsere laute Musik und wir machten uns lustig über deren Schnulzen oder Marschmusik."*[253]

Um diese demonstrative Abgrenzung von den Eltern über die jugendspezifische Musik vollziehen zu können, war die Ausstattung mit Abspielgeräten eine entscheidende Voraussetzung. Eigene Plattenspieler blieben – trotz der zahlreichen Angebote und Vermarktungsfeldzüge der Industrie – für die Jugendlichen der Fünfziger- und frühen Sechzigerjahre lange ein Luxusgut, das man sich hart erarbeiten musste. Doch sie waren es wert, denn sie schienen Freiheit von den rigiden Verhaltensnormen der Eltern zu versprechen; die Musik – abgespielt auf dem eigenen Phonokoffer, und sei die Klangqualität auch noch so schlecht – ermöglichte die Flucht in eigene Welten und „freie Empfindungen":

250 Beat! Beat! Beat! – Beat zur bitteren Neige. Aber: Die deutschen Rundfunkanstalten spielen nicht mit. In: Musikmarkt 10/1965, S.12-13.

251 Damals, als die Beatles begannen… In: Musikmarkt 14/1972, S.18.

252 Damals, als die Beatles begannen… In: Musikmarkt 14/1972, S.18.

253 Marita1950w, Eintrag „phono-erinnerungen" am 07.02.2008 auf www.phonoerinnerungen.de.

„Die Phonogeräte waren […] in der Jugend […] das Tor, welches in freie Empfindungen führte, für eine gewisse Zeitspanne nicht mehr a priori an der Kandare des Adenauer-Nachkriegs-Deutschlands."[254]

Und auch die Schallplatten waren nicht billig; das Taschengeld wurde gespart um hin und wieder eine Single kaufen zu können, Weihnachten und Geburtstag wurden heiß ersehnt:

„Vom Taschengeld konnte ich mir gerade mal eine Single im Monat leisten. Die arme Scheibe musste dann lange herhalten, bis die zweite und dann die dritte Scheibe dazu kam. Manche Scheibe dudelte so oft, dass die Eltern schon freiwillig mein Budget erhöhten um wenigstens für Abhilfe zu sorgen. Mit Hilfe von diversen Anlässen wie Geburtstag usw. wuchs meine Plattensammlung dann doch etwas an."[255]

Eine Single wurde oft „mehrere Millionen Mal" abgespielt, da das Geld für neue Platten fehlte.[256] Plattenspieler musste man sich zusammensparen oder geschenkt bekommen, und die Jugendlichen „mit kleinem Taschengeld und wenig spendablen Omas, Opas oder anderen Anverwandten [waren] lange Zeit auf Radio Luxemburg oder BFBS oder den Plattenspieler einer Freundin angewiesen".[257] Während die einen schon mit 12 Jahren einen eigenen Plattenspieler von den Eltern geschenkt bekamen und sich dann vom Taschengeld die Singles zusammensparen konnten,[258] erinnern andere sich, dass sie bis zum Abitur warten und sich bis dahin mit den Geschwistern „das einzige Radio in der Küche und einen alten Plattenspieler im Wohnzimmer teilen" mussten.[259]

Eigene Geräte für die Kinder gab es im „sparsamen Haushalt" vieler Eltern erstmal nicht;[260] war ein Plattenspieler vorhanden, wur-

254 meckisto, Eintrag „Plattenerinnerungen" am 25.02.2008 auf www.phono-erinnerungen.de.

255 GXNet, Eintrag im Bandmaschinenforum am 30.01.2008, http://forum2.magnetofon.de/showtopic.php?threadid=7539&highlight=phono-erinnerungen [Zugriff 27.05.2010].

256 Mangocrazy, Eintrag „Phono-Memories" am 04.03.2008 auf www.phono-erinnerungen.de.

257 Marita1950w, Eintrag „phono-erinnerungen" am 07.02.2008 auf www.phono-erinnerungen.de.

258 Anigerda, Eintrag „Tonbandgerät und Co." am 23.02.2008 auf www.phono-erinnerungen.de.

259 Rainer1950m, Eintrag „Plattensammlung" am 22.02.2008 auf www.phono-erinnerungen.de.

260 Sabine Heithausen, Eintrag „Musikalische Diaspora" am 24.02.2008 auf www.phono-erinnerungen.de.

de er „bedächtig" bedient, „damit nichts kaputt ging".[261] Zahlreiche Nutzer erinnern sich an die eigenen oder die Geräte der Familie als Kostbarkeiten, die einen hohen Wert hatten und auf der eigenen Wunschliste ganz oben standen. Sie suchten daher nach Wegen, in den Besitz eines solchen Gerätes zu kommen. Waren die Eltern nicht in der Lage oder willens, den Wunsch finanziell zu unterstützen, fiel vielleicht einmal der alte Plattenspieler aus der elterlichen Musiktruhe ab, der dann etwa „nach Umorientierung der Eltern aufs Fernsehen" ausgebaut und im Jugendzimmer betrieben werden durfte.[262]

Dazugehören und Herausstechen im Freundeskreis

Auf dem Plattenspieler der Jugendlichen lief also bald nicht mehr die deutschsprachige Schlagermusik, die ja auch die Erwachsenen hörten, sondern die Musikstile ihrer Generation, der Beat und Rock. Und auch innerhalb der eigenen Altersgruppe wurde der Musikgeschmack zum Abgrenzungskriterium und gemeinsamen Identifikationsobjekt. Während einige noch an Schlagern und deutschen Idolen festhielten, drückten andere ihren Unmut über diesen vermeintlich unangemessenen Geschmack ihrer Altersgenossen aus. „Ich schäme mich für meine Klassenkameraden, die für Conny sind!", so die Aussage eines Schülers, der sich ebenfalls am Wunschkonzert-Aufruf von Radio Bremen beteiligte.[263] Deutlich wird hier, dass es nicht nur in Abgrenzung zu den Erwachsenen Meinungsverschiedenheiten über einen angemessenen Musikgeschmack gab, sondern dass auch innerhalb der eigenen Altersgruppe ‚richtige' und ‚falsche' Schallplatten und Künstler favorisiert werden konnten.

Auch der Sender Radio Luxemburg büßte im Lauf der Sechzigerjahre seinen hohen Einfluss auf die Kaufentscheidungen der Jugendlichen, die sich von den Erwachsenen abgrenzen wollten, ein: Die Musik, die dort gespielt wurde, war zu brav, zu schnulzig, zu kommerziell. Seit die boomende Konsumgüterindustrie und die Medien die neuen Impulse jugendkultureller Bewegungen der Fünfzigerjahre aufgriffen und dafür sorgten, dass sie in die Massenkultur

261 Barbara1957w, Eintrag „plattenspieler" am 24.02.2008 auf www.phono-erinnerungen.de.

262 Flixifloyd, Antwort auf Fragenkatalog am 17.02.2010 auf www.phono-erinnerungen.de.

263 Weil er so schöne weiße Zähne hat... In: Ton Magazin, September/ Oktober 1960, S.3.

gelangten, verloren deutschsprachige Rock 'n' Roll-Lieder und die Künstler, die in der *Bravo* vermarktet wurden, ihren rebellischen Charakter. Radio Luxemburg verursachte „durch die Bank auch bei den meisten Mitschülern Brechreiz und lautes Würgen", hatte bald den „gleichen Stellenwert wie die BILD", war „absolut zu vermeiden" und war auch „kein Muss-ich-auch-haben-Lieferant"[264]. Vielmehr scheint die von der Jugendzeitschrift *Twen* (die sich alternativer gab als die *Bravo)* als „Europas Schnulzensender Nr.1" betitelte Radiostation den Kauf dann eher negativ beeinflusst zu haben.[265] Was dort lief, waren die seichten Schlager, mit denen man sich nicht mehr hervortun konnte. Was zählte, war die englischsprachige Musik, die auf den Soldatensendern lief und auf Schallplatte zu kaufen war. „Deutsche Schlager waren uns ein Greuel. Natürlich wars auch cool, englische Schlager zu verstehen."[266] „In der Schule und im Freundeskreis war man out, wenn man nicht die neuesten Hits kannte."[267]

Besonders „in" konnte man demnach sein, wenn man nun auch noch ein Gerät besaß, mit dem man die Musik im Freundeskreis hören konnte. Doch seien dies dann zunächst meist „die Kinder aus den wirtschaftlich besser gestellten Familien" gewesen. Diese hätten „schon früh Dual-Mono-Plattenspieler [gehabt] und veranstalteten Partys, bei denen die Musik eine große Rolle spielte. Natürlich brachten dann die Gäste nach vorheriger Absprache ihre Platten mit, damit man viele Titel abspielen konnte."[268] Die etwa 5 DM für eine Single und die etwa 20 DM für LP, die während der Sechzigerjahre als „‚Gesamtkunstwerk' wichtiger wurde als die Single", waren „sehr viel Geld für einen Jugendlichen", und das jugendliche Budget „reichte nicht, um alle Platten, die [...] [man] gerne gehabt hätte, zu kaufen."[269] Durch den Besitz von Schallplatten und eines Phonokoffers konnten die Jugendlichen im Freundeskreis hervorstechen. Man traf sich zum gemeinsamen Plattenhören: „Die Texte der Plat-

264 meckisto, Eintrag „Plattenerinnerungen" am 25.02.2008 auf www.phono-erinnerungen.de.

265 Radio Luxemburg. Europas Schnulzensender Nr.1. In: Twen, Nr.6, November 1961, Jg.3, S.68.

266 Marita1950w, Eintrag "phono-erinnerungen" am 07.02.2008 auf www.phono-erinnerungen.de.

267 D. Kottmann in einer e-mail an die Verfasserin am 25.02.2008 (als Reaktion auf die Internetseite www.phono-erinnerungen.de).

268 D. Kottmann in einer e-mail an die Verfasserin am 25.02.2008 (als Reaktion auf die Internetseite www.phono-erinnerungen.de).

269 Burkhard1951m, Eintrag "Stormy Monday Blues" am 13.03.2008 auf www.phono-erinnerungen.de.

ten habe ich teilweise aufgeschrieben, weil sie nicht auf den Hüllen standen, gelernt und dann mit Freundinnen mitgeschmettert!"[270]

Wie die *Phono-Erinnerungen* lebhaft illustrieren, wurden die Jugendlichen durch den Besitz eines Phonogerätes zum Mittelpunkt des Freundeskreises. Nur wer einen Plattenspieler besaß, konnte Parties veranstalten und die Freunde zum gemeinsamen Plattenhören einladen. Die gemeinsame Begeisterung für Musik und Schallplatten machten den Plattenspieler zum Distinktionsobjekt. Dabei scheint es zunächst unwichtig gewesen zu sein, von welchem Hersteller der Plattenspieler war, ob er teuer oder preiswert war, Mono oder Stereo abspielte.

Erst mit fortschreitender Zeit, mit der Erweiterung des musikalischen Repertoires und der Musikrichtungen für Jugendliche, die auch aufgrund neuer Studio- und Stereoeffekte höhere Ansprüche an die Geräte stellten, reichte ein einfacher Mono-Koffer nicht mehr aus, um in der Masse aufzufallen. Ende der Sechzigerjahre hatten immer mehr Jugendliche einen Plattenspieler und das einfache, portable Gerät verlor seinen Prestigewert – zumal für den unkomplizierten, mobilen Musikkonsum nun auch der Kassettenrekorder im Angebot war (vgl. Kap. D.III).

Die Geräte mussten nicht mehr zwingend tragbar sein, denn je mehr Altersgenossen über eines verfügten, desto unnötiger wurde es, sie zu gemeinsamen Treffen mitnehmen zu können. Auch für die jungen Hörer wurde der Klang wichtiger, und mit der technischen Entwicklung der Plattenspieler und der Ausdifferenzierung des Gerätemarktes musste die soziale Differenzierung nun über die Preisgestaltung, die Technik und das Design der Anbieter erfolgen. Je weiter verbreitet die Abspielgeräte unter den Teens und Twens waren, desto wichtiger wurde es, welchen Plattenspieler man besaß, ob er etwa die Beatles-Platten auch stereophon abspielen konnte. In Jugendzeitschriften wurden Stereokoffer getestet und empfohlen,[271] denn sie böten den jungen Hörern auch „in kleinen Räumen die Möglichkeit, unabhängig vom Rundfunkgerät eine gute Wiedergabeanlage ohne allzu großen Raumbedarf unterzubringen." Der „Klang [sei] trotz der relativ kleinen Lautsprechergehäuse überra-

270 Anigerda, Eintrag "Tonbandgerät und Co." am 23.03.2008 auf www.phono-erinnerungen.de. Vgl. auch Burkhard1951m, Eintrag "Stormy Monday Blues" am 13.03.2008 auf www.phono-erinnerungen.de.

271 An der Phono-Bar. Stereo - jetzt billiger. In: Voran 11/1962, S.26; Der neue Plattenspielertest: Dual party. In: Voran 2/1963, S.31.

schend gut",[272] und eben darauf kam es den Jugendlichen nun – seit der Abkehr von der einfachen Schlagermusik – auch an. Doch kosteten diese klangstarken Kofferanlagen immerhin mindestens 400 DM – war man im Besitz eines solchen Gerätes, konnte man sich der Bewunderung und des Neids der Altersgenossen sicher sein.

Während der Sechzigerjahre erschien Ratgeberliteratur für Jugendliche, die sich für das „Schallplattenhobby" begeisterten, der Aufbau einer systematischen Plattensammlung wurde erklärt, Wissenswertes über die Technik leicht verständlich zusammengefasst und Anleitungen zur Pflege der Platten gegeben.[273] Auch Jugendmagazine gaben Tipps zur Aufbewahrung von Schallplatten und zum richtigen, vorsichtigen Umgang mit den Platten. Die *Twen* bot Schallplatten-Boxen zur Unterbringung der Plattensammlung an.[274] Diese Artikel zeigen, wie wichtig der Besitz von Schallplatten im Freundeskreis war, und dass man sich nun – ganz ähnlich den Vorreiter-Experten der Fünfzigerjahre – auch unter Jugendlichen durch fachmännischen Umgang mit Wiedergabeanlagen und Platten hervortun konnte: In einer fiktiven Begegnung zweier Jugendlicher „protzt" der eine „mit seiner tollen Plattensammlung", der andere gibt ihm wichtige Ratschläge zur angemessenen Aufbewahrung in Hüllen und zur vorsichtigen Nutzung.[275] So boten sich den Jugendlichen sowohl über den Besitz von Geräten und Platten, als auch über den Grad der Professionalität, mit dem man das Hobby betrieb, Möglichkeiten zur Abgrenzung und Distinktion innerhalb der eigenen Altersgruppe.

Die individuellen *Phono-Erinnerungen* haben dennoch vor allem deutlich werden lassen, dass es während der Sechzigerjahre für die breite Masse der Jugendlichen vornehmlich wichtig war, überhaupt über ein Abspielgerät zu verfügen. Inwiefern bei der Anschaffung das vermeintlich höhere Prestige eines Dual Plattenspielers im technischen „look" mit Aluminiumfronten im Vergleich zu einem Grundig Gerät mit Kunststoffsockel eine Rolle spielte, lässt sich zumin-

272 Phono- und Magnettongeräte. In: Funk-Technik 14/1961, S.485.

273 Vgl. z.B. Jimmy Jungermann, Schallplatten, mein Hobby. Plaudereien um einen Liebhaberei, München 1958; und Klaus D. Hartel, Plattensammeln - mein Hobby. Alles Wissenswerte über Schallplatten, Kassetten und Stereo-Anlagen, München 1971.

274 Asyl für obdachlose Platten. In: Twen 10/1967, S.46.

275 Auch Schallplatten brauchen Liebe. Tip 1: Kleider machen Leute. In: Voran 2/1960, S.30; Auch Schallplatten brauchen Liebe. 2. Tip: Pfoten weg! In: Voran 4/1960, S.30.

dest anhand der vorliegenden Erinnerungen nicht rekonstruieren. Vermutlich bestand für die meisten Jugendlichen – gerade für Schüler, deren monatliches Budget deutlich unter dem der berufstätigen Altersgenossen lag – aufgrund begrenzter finanzieller Mittel diese Wahl ohnehin nicht. Im Widerspruch zu den zahlreichen spezialisierten Vermarktungsideen der Hersteller reichte es, überhaupt ‚dabei zu sein', indem man über irgendein Gerät verfügte, mit dem man die neuesten Songs der Beatles, Stones, Kinks oder Beach Boys hören konnte.[276]

Zudem berichtete der *radio-fernseh-händler* nach Rücksprachen mit dem Handel noch zu Beginn der Siebziger, als die Hersteller ihr Angebot für den Jugendmarkt bereits weit aufgefächert hatten, dass weiterhin „der Schwerpunkt der Nachfrage bei Geräten der Preisklasse von 120 bis 300 DM" liege, da „junge Leute, die den ersten Plattenspieler ihres Lebens kauf[t]en" ein einfaches Gerät bevorzugten.[277] Standen 300 DM und mehr für den Kauf eines Musikgerätes zur Verfügung, wurde womöglich eher über die Anschaffung eines Tonbandgerätes nachgedacht, sodass in der Folgezeit zumindest die Kosten für Schallplatten eingespart werden konnten. Darauf werde ich in der folgenden Objektstudie zu sprechen kommen.

I.5 Zwischenfazit: Durch Mobilisierung zur selbstbestimmten Hörgemeinschaft – Das Plattenspieler-Dispositiv

Das massenmediale Ensemble, das den westdeutschen Hörern zur Verfügung stand, wuchs beständig. Die „Gesellschaft im Aufbruch"[278] verlangte nicht mehr nur nach repräsentativen Musikschränken, sondern die Wünsche ihrer Mitglieder fächerten sich auf, und seit den späten Fünfzigerjahren eroberten auch die tragbaren Phonokoffer und einfachen, kostengünstigen Plattenspieler einen immer größeren Marktanteil. Mobile Geräte konnten als Alternative zur standortgebundenen Wohnzimmerausstattung neue Hörräume erschließen und treue Anhänger gewinnen: Insbesondere unter den

276 Ebenso wenig wie sich womöglich geschlechtsspezifische Nutzungspraktiken anhand der Quellenbasis ergründen lassen, ist es möglich, die Entscheidung einzelner Einkommensgruppen unter den Jugendlichen für oder gegen spezifische Gerätetypen nachzuvollziehen.

277 Sortimentsgestaltung. Das Angebot ist riesig groß. In: radio-fernseh-händler, 1/1970, S.12.

278 Herrmann Korte, Eine Gesellschaft im Aufbruch. Die Bundesrepublik Deutschland in den sechziger Jahren, Wiesbaden 2009.

Jugendlichen, die die flexiblen Anwendungsmöglichkeiten schätzten, erfreuten sie sich großer Beliebtheit.

Anhand zweier exemplarischer Objekte habe ich die Eckpunkte der Entwicklung des Plattenspieler-Dispositivs aufzeigen können: Die frühen Phonokoffer waren Übergangslösungen auf dem Weg vom standortgebundenen zum mobilen Musikkonsum. Als Hybrid zwischen Heimgeräten und unabhängigen Plattenspielern boten sie aufgrund ihrer Kofferform, Tragbarkeit und Unempfindlichkeit bereits – anders als feststehende Schränke – einen höheren Grad an Mobilität; doch waren sie noch abhängig von Steckdosen und Radiogeräten. Letztendlich etablieren konnten sich, als Folge der Aushandlungs- und Ko-Konstruktionsprozesse zwischen Industrie, Konsumenten und Fachleuten zwei Gerätetypen mit unterschiedlichen Apparat-Nutzer-Konstellationen: Einerseits die unabhängigen Verstärkerkoffer, die in bisher unbeschallbare Hörräume vorstießen und den Musikkonsum an bislang von den Phonogeräten unerschlossenen Orten ganz unkompliziert möglich machten, andererseits die einfachen und erschwinglichen Heimgeräte, die als eigener Unterhaltungsapparat, der elterlichen Kontrolle entzogen, im Jugendzimmer oder der Studentenbude ihren Platz fanden.

Mit der Etablierung dieser beiden Plattenspieler-Dispositive Mitte der Sechzigerjahre rückt erneut eine Zäsur innerhalb der Objektgeschichten in unser Blickfeld, die über die Objekte hinaus einen differenzierteren Blick auf die „bewegten Zeiten" bundesdeutscher Sozialgeschichte erlaubt. Zwar unterschieden sich Phonokoffer und einfache Heimgeräte hinsichtlich ihres Grades an Flexibilität, doch dominierten in beiden Fällen die Eigenschaften der Mobilität, Dynamik und Jugendlichkeit die dispositiven Strukturen. Materiell boten sie beide eine vergleichweise flexible Apparat-Nutzer-Konstellation, die an die persönlichen Bedürfnisse der Hörer jederzeit angepasst werden konnte und keine starre Positionierung von Gerät und Nutzer verlangte. Im Gegenteil, sie lud ein zur lockeren, ungezwungenen Verwendung des Apparates. Darin entsprachen die Geräte den Bedürfnissen der jugendlichen Zielgruppe, die nach Ausweichmöglichkeiten in eigene Räume suchte, sei es innerhalb oder außerhalb des Haushalts. Die zunehmende Präsenz der Jugend innerhalb der westdeutschen Gesellschaft wird anhand der Objektgeschichten der Phonogeräte auch über die Studentenrevolten hinaus greifbar: Im Alltag eroberten Jugendliche neue Räume durch ihre Musik; mobile Plattenspieler begleiteten sie und wurden an verschiedensten Orten angeschaltet. Diese Zäsur wird in der historischen Betrachtung der Plattenspieler-Dispositive nicht nur auf technischer Ebene, sondern auch auf der Ebene des Programms ganz offensichtlich. Mit den Vinyl-LPs, die seit Mitte der Sechzigerjahre auch Unterhaltungsmusik in Stereo boten (und umgehend rapide Absatzsteigerungen verzeichneten), war den Künstlern das Medium für experimentelle Rock- und Pop-Alben gegeben. Das Album „Good Vibrations" von den Beach Boys oder auch das „Sgt. Pepper"-Album der Beatles stehen hier exemplarisch für eine musikalische Zäsur.

Dieses Programm, die Musik der jungen Generation, war ebenso dynamisch und schwungvoll wie die Geräte und stand für den Ausbruch aus vorgegebenen Strukturen und das Überschreiten von Grenzen. Schon der Rock 'n' Roll der Fünfziger und der Beat der ersten Hälfte der Sechzigerjahre brachten eine jugendliche Rebellion zum Ausdruck; doch Mitte der Sechzigerjahre mit einer nahezu flächendeckenden Versorgung der Jugend mit Schallplatten und Abspielgeräten stellten die Musik und ihre Hörer die Lebensweise, die Moralvorstellungen und den Wertekanon der Elterngeneration unüberhörbar in Frage.[279] Nach außen demonstrieren ließ sich dies durch den tragbaren Phonokoffer, der zu jeder Gelegenheit den „Sound der Revolte", der bald zur Melodie des Massenkonsums wurde, abspielen konnte.[280]

Innerhalb der Dispositive aller bisher untersuchten Phonogeräte bestehen feste Bindungen zwischen Gerätetypen und ihnen zugeordneten Nutzergenerationen. Diese Verknüpfungen des Musikschranks und der Stereoanlage mit den Erwachsenen und des Phonokoffers mit den jugendlichen Hörern funktionierte durchgängig anhand aller Ebenen des Dispositivs, die sich auf einen Schwerpunkt ‚einigten': Im Fall des Musikschranks dominierte die Repräsentativität des Möbelstücks, die ihn zu einem häuslichen Objekt der Familie machte; die Stereoanlage, die eine ganz andere Lösung für die optimale Verbindung von Raum und Ton vorschlug und der Akustik den höchsten Stellenwert einräumte, präsentierte sich als ausgefeilte Technik der erwachsenen Musik- und Klangexperten. In den dispositiven Strukturen des einzelnen Plattenspielers und Phonokoffers aber dominierte die Eroberung des Raums durch den Ton. Der eng gesteckte Rahmen des familiären Wohnzimmers wurde verlassen und das bewegliche Gerät entsprach den dynamischen Konsumenten, die schwungvolle Musik hörten. Der einzelne Plattenspieler entflocht die familiäre Hörgemeinschaft, da er individuellen Musikkonsum außerhalb des Hörradius ungewollter Zuhörer

279 Vgl. Fifka, Rockmusik in den 50er und 60er Jahren, S.12-14.

280 Detlef Siegfried, Sound der Revolte. Studien zur Kulturrevolution um 1968, Weinheim, München 2008.

und des Einflussbereichs besorgter und kritischer Eltern ermöglichte. Zugleich aber lud er auch ein zum kollektiven Musikhören mit Gleichgesinnten, da er an die gemeinsamen Treffpunkte mitgenommen werden konnte. Die durch starre dispositive Strukturen vorgegebene Hörgemeinschaft der Familie wurde abgelöst von der selbst gewählten Gruppe, mit der man sich zum gemeinschaftlichen Hören treffen konnte. Der Plattenspieler erwarb unter den Jugendlichen der Sechzigerjahre eine zentrale Rolle als Medium der Abgrenzung von den Erwachsenen und als Medium des Ausdrucks von Zusammengehörigkeit unter den Altersgenossen.

II Das Tonbandgerät als Instrument kreativer Intermedialität

„Tonbandler sind doch die treuesten Ehemänner“, behauptete das Magazin *der tonbandfreund* im Januar 1963; denn schließlich lasse sich das häusliche Hobby des Tonbandgerätebesitzers um einiges besser mit dem Familienleben vereinbaren als regelmäßige Kneipenbesuche des Familienvaters:

> *„Oder wäre es Ihnen lieber, wenn er Sonntag für Sonntag zum Fußballplatz hinausraste, einmal wöchentlich die Zeit von Sonnenunter- bis Sonnenaufgang kartenklopfend am Stammtisch verbrächte und ansonsten allabendlich vor der Mattscheibe säße, um sich vollends auszuschweigen?“*[281]

Der Ehemann aber, der mit großer Leidenschaft das so genannte Tonbandhobby betrieb, verbrachte seinen Feierabend zuhause, zeichnete selbst produzierte Hörspiele auf oder verfasste Tonbandbriefe, die er per Post an Gleichgesinnte verschickte. Nicht ohne Ironie plädierte das Magazin *der tonbandfreund* in einer Artikelserie 1963 und 1964 für das Verständnis der Ehefrauen, die einen „besonders hartnäckigen Fall ihr eigen nennen“ durften und zeichnete dabei ein lebendiges Bild der Herausforderungen, die sich der Ehefrau stellten, falls das Familienoberhaupt ein passionierter Tonbandnutzer war. Um ihn von seinem Gerät wegzulocken, war eine Reihe von Tricks notwendig:

> *„Nehmen wir einmal an, er kommt abends nach Hause, schlingt das von Ihnen so liebevoll vorbereitete Mahl achtlos hinunter, während er gleichzeitig nach den zweieinhalb Tonbändern schielt, die heute abend noch unbedingt ‚erledigt‘ werden müssen. Das Tischgespräch bewegt sich hauptsächlich um die Ruhe, die er nachher sofort und unbedingt haben müsse. Da werfen Sie, rein zufällig und wie absichtslos, Ihren Köder in die Debatte, etwa so: ‚Du (oder: Schatzi, Dicker, Pupi etc.), bei dem Radiogeschäft, na, Du weißt schon, an der Dings-Straße, sind die Schaufenster umdekoriert, ich habe da ein todschickes Tonbandgerät gesehen!‘ (Benutzen Sie nicht das Wort ‚Modell‘, es könnte sein Misstrauen erregen!)*
>
> *Wetten, daß er Ihnen nach dem Abendessen einen kleinen Spaziergang vorschlägt? Selbst wenn er dann nach intensivem Studium sämtlicher Schaufenster herablassend kundtun sollte: ‚Ach das! Das war doch schon vor 14 Tagen drin‘, so schlagen Sie harmlos die Augen auf und geben Sie Ihre völlige Unkenntnis im Fachwissen zum Besten – das*

281 Tonbandler sind doch die treuesten Ehemänner. In: der tonbandfreund 1/1963, S.7-9, hier S.7.

> *hebt sein Selbstbewusstsein und – Sie haben ihn um mindestens zwei Häuserblocks geschleift!"*[282]

In dieser unterhaltsamen Episode lernen wir den wahren Tonbandenthusiasten der Sechzigerjahre kennen, der seinen Feierabend gerne mit dem technischen, männlich geprägten Tonbandhobby verbrachte und der Geduld seiner Frau einiges abverlangte: Er konnte auch „wider Erwarten einmal etwas heftiger werden", wenn sie „während einer wichtigen Aufnahme – und jede Aufnahme ist ‚wichtig' – die Tür gar zu geräuschvoll geschlossen oder in der Küche um etliche Phon zuviel mit dem Geschirr geklappert" hatte.[283]

Das Tonbandgerät schuf ganz neue Spielräume und Entfaltungsmöglichkeiten: Im Gegensatz zur Schallplatte ließen sich nun nicht mehr nur vorgefertigte Tonkonserven abhören, sondern je nach Lust, Laune und technischen Fertigkeiten auch eigene Aufnahmen erstellen. Der passive Schallplattenhörer konnte zum aktiven Aufnahmeleiter werden, Hörspiele produzieren, Dias und Schmalfilme vertonen und Tonbandbriefe aufzeichnen. Auch Musik aus dem Radio ließ sich nun mitschneiden, und auf Band konnte die persönliche Hitparade nach Wunsch zusammengestellt werden. Letzteres war allerdings weniger der Wirkungsbereich der so genannten Tonbandfreunde, sondern vielmehr der Teenager und Twens, der Fans englischsprachiger Musik: Denn denen bedeutete die

> *„Musik […] eben sehr viel. Ich saß dann besonders Samstagsabends lange vor dem Radio und nahm die Songs auf, über ein uraltes Radio mit magischem Auge, steuerte vorsichtig aus, ärgerte mich über Störungen, Kabel mit Wackelkontakt, abgebrochene Songs…"*[284]

Die beiden geschilderten Nutzungsszenarien illustrieren ganz unterschiedliche Aneignungspraktiken ein und desselben Geräts: Während der Tonbandfreund – von Zeitgenossen und Gleichgesinnten auch Tonbandamateur oder -enthusiast genannt – sein Hobby besonders ernst nahm und gewissenhaft betrieb, anspruchsvolle Aufnahmen erstellte und nicht gestört werden durfte, waren die jugendlichen Nutzer vorrangig auf der Jagd nach Hits. Beide Nutzergruppen profitierten von den zentralen dispositiven Eigenschaften des Tonbandgerätes – der Intermedialität und Kreativität – setzten

---

282 Nur für Damen. Eine lustige Betrachtung von Edith Hartkopf. In: der tonbandfreund 7/1963, S.210-211, hier S.210.

283 Tonbandler sind doch die treuesten Ehemänner. In: der tonbandfreund 1/1963, S.7-9, hier S.7.

284 Marita1950w, Eintrag „phono-erinnerungen" am 07.02.2008 auf www.phono-erinnerungen.de.

sie allerdings für ihre Zwecke ganz unterschiedlich ein. Der Amateur verfolgte ein kreatives Hobby und fertigte ganz eigene Aufnahmen an; intermedial waren seine Nutzungspraktiken, wenn er das Tonbandgerät etwa mit einem Diaprojektor oder einer Schmalfilmkamera verband und die Bilder vertonte. Der jugendliche Musikfan aber suchte vorrangig die Verbindung mit Radio und Plattenspieler, er erstellte seltener selbst produzierte Aufnahmen, sondern bannte die fertige Musik aus dem Rundfunkprogramm oder von Schallplatte auf Band.

Sowohl die Amateure als auch die ‚Musikjäger' traten in der öffentlichen Diskussion um das Tonband besonders prominent ein Erscheinung, und beide wurden von den Herstellern umworben: Den Tonbandfreunden wurden spezialisierte Geräte angeboten und sie beteiligten sich rege an der Diskussion um die technische Weiterentwicklung der Apparate. Sie inszenierten sich als Expertengruppe: Sie erwarteten von der Industrie, dass sie ihre Interessen in der Entwicklung neuer Geräte berücksichtigte und traten durch ihre Forderungen als Ko-Produzenten der Technik in Erscheinung (II.2). Durch ihre Aneignungspraktiken hoben sie sich vom zweiten – zahlenmäßig größeren – Nutzerkreis der Jugendlichen und jungen Erwachsenen ab, für die die „Hitjagd" im Vordergrund stand, und die aus diesem Grund zur Zielscheibe der Diskussion um Urheberrechte von Musikmitschnitten wurden (II.3).

Da sich das Tonbandgeräte-Dispositiv vorrangig durch seine kreativen und intermedialen Choreografien der Nutzung von den Dispositiven der bisher untersuchten Phonogeräte unterscheidet, folge ich im vorliegenden Kapitel nicht den üblichen vier Darstellungsschritten der Objekte, Vermarktung, Diskussion und Nutzung, sondern nehme den Blickwinkel der beiden Hauptnutzergruppen des Tonbandgerätes ein. Sie waren die Akteure in einer gesellschaftlichen Debatte um die Bedeutung eines neuen Mediums und nahmen in ihren Bedürfnissen und Aneignungspraktiken Einfluss auf die Entwicklung des Tonbandgeräte-Dispositivs.

Bevor ich mich den beiden Gruppen im Detail widme, skizziere ich einige Fakten zum Tonbandgerätemarkt und zu den Vermarktungsstrategien der Hersteller, die bereits Gegenstand wissenschaftlicher Untersuchungen waren.

II.1 Das Gerät der unbegrenzten Möglichkeiten

Die Massenproduktion von Spulentonbandgeräten setzte Mitte der Fünfzigerjahre ein, und seitdem wurden sie auch für den „Durchschnittshaushalt" erschwinglich. Zu Beginn des Jahrzehnts hatten sie noch fast 1.000 DM gekostet, doch nun gelang es den Herstellern, Geräte für weniger als 500 DM anzubieten, und bald waren sie sogar über den Versandhandel erhältlich.[285]

Es sind bereits einige Arbeiten erschienen, die die Vermarktungsstrategien der Tonbandgeräteindustrie untersuchen. Insbesondere Karin Bijsterveld und Annelies Jacobs haben herausgearbeitet, dass in der Werbung besonders großes Augenmerk auf die vielseitigen Anwendungsmöglichkeiten gelegt wurde, was allerdings nur den Interessen eines kleinen Teils der Käuferschaft entsprach.[286] In einem Aufsatz zur Urheberrechtsdebatte um private Tonbandaufnahmen habe ich zeigen können, dass das Tonbandgerät als ein „modernes Wunder", als „tönendes Familienalbum", als „sprechendes Notizbuch", zur Vertonung von Dias und Filmen und auch für berufliche Zwecke vermarktet wurde, ein Großteil seiner Besitzer es allerdings vorrangig zum Mitschneiden von Musik verwendete.[287] Die Hersteller hatten geplant, es als neues Gerät in deutlicher Abgrenzung von Plattenspielern und Radios zu positionieren und es als kreatives Medium zu etablieren. Sie präsentierten es als ideenreiche und individuelle technische Errungenschaft, die nicht mehr nur den Rundfunkanstalten und Tonstudios vorbehalten war, sondern auch zuhause vielerlei Aufnahmen und Basteleien ermöglichte. Die Werbung arbeitete mit dem *visual cliché* der glücklichen, in

285 Das Magnetophon KL 15 von Telefunken hatte 1951 noch 890 DM gekostet. Vgl. Das Tonbandgerät hatte 40. Geburtstag. In: Funkfachhändler, September 1975, S.18; sowie Broschüre des KL 15 im Archiv des DTMB, FS AEG-Telefunken. „Magnetophon für weniger als 500 DM". In: Radio-Magazin mit Fernseh-Magazin. H.9, September 1955, o.S. (Archiv des DTMB, FS AEG-Telefunken). Im Winterkatalog 1957/58 präsentierte das Versandhaus Neckermann ein Gerät zum Preis von 375 DM. Vgl. Schildt, Massenmedien im Umbruch der Fünfzigerjahre, S.642. Kilian Steiner nennt das „KL 65 TX" von Telefunken „das erste echte Heimtonbandgerät". Es wurde 1957 zu einem Preis von 469DM eingeführt. Vgl. Kilian Steiner, Ortsempfänger, Volksfernseher und Optaphon. Die Entwicklung der deutschen Radio- und Fernsehindustrie und das Unternehmen Loewe 1923-1962, Essen 2005, S.282.

286 Vgl. Bijsterveld/ Jacobs, Storing Sound Souvenirs; Karin Bijsterveld, 'What Do I Do With My Tape Recorder…?' Sound Hunting and the Sounds of Everyday Dutch Life in the 1950s and 1960s. In: Historical Journal of Film, Radio and Television (2004) S.614-634 (im Folgenden: Bijsterveld, What Do I Do With My Tape Recorder).

287 Vgl. Monika Röther, Pop songs for the tape recorder, LPs for the record player? The market launch of tape recorders in West Germany and the copyright debate on young consumers' practice of tape-recording in the 1950s and 1960s. In: Historical Social research 33.3 (2008) S.301-318 (im Folgenden: Röther, Pop songs for the tape recorder).

komfortablem Wohlstand lebenden Familie, die sich nicht mehr lediglich zum gemeinsamen Hören vorgefertigter Sendungen um das Radio versammelte, sondern ihre persönlichen Erinnerungen auf Tonband aufzeichnete diese dann gemeinsam abhörte oder anderen Familienmitgliedern vorspielte (Abb. 1). Als „Tonschatz der Familie" sollten die klingenden Erinnerungen die Familienfotos ergänzen.[288]

Abb. 1: Broschüre Magnetophon KL 65 von Telefunken, Historisches Archiv, Stiftung Deutsches Technikmuseum (Original in Farbe).

In ihren Aneignungspraktiken entsprachen aber nur wenige Nutzer diesen Vorstellungen der Industrie; die Mehrzahl beschränkte sich weiterhin auf den Musikkonsum und nutzte die neue Aufnahmefunktion lediglich, um die Lieblingsmusik aus dem Radio mitzuschneiden oder von Schallplatte zu überspielen.

Im Folgenden wende ich mich zunächst der kleinen und exklusiven Nutzergruppe der Tonbandamateure zu, die dem Ideal der Hersteller vom aktiven und kreativen Nutzer entsprachen und sich mit großem Enthusiasmus und Perfektionismus dem neuen Hobby widmeten. Im Anschluss beleuchte ich die weiter verbreitete Nutzung des Gerätes als „Hitspeicher".

288 Auch David Morton weist darauf hin, dass die Vermarktung des Tonbandgerätes als „tönendes Familienalbum" eine Parallele zur Fotografie etabliert. Vgl. Morton, Off the record.

II.2 Die Elite: Tonbandamateure als Kritiker der Geräteentwicklung und Zugpferde des Umsatzes

Seit 1957 existierte in Deutschland der *Ring der Tonbandfreunde* (*RdT*), „ein bewusst zwangloser Zusammenschluss von Tonbandamateuren", der monatlich die Vereinszeitschrift *der tonbandfreund* herausgab.[289] Hier versammelten sich die Experten unter den Tonbandnutzern. Seit 1960 gehörte der *RdT* der *Fédération Internationale des Chausseurs de Sons* an, einer europäischen Dachorganisation, welche die Zusammenarbeit zahlreicher nationaler Vereinigungen, wie etwa der *Chausseurs de Son Belges* und der *Federation of British Tape Recording Clubs* koordinierte.[290] Als „offizielle und einzige Vertretung der deutschen Tonbandamateure in der internationalen Vereinigung" veranstaltete der *RdT* einmal jährlich den *Deutschen Nationalen Wettbewerb der besten Tonaufnahme* (*NWT*), der gleichzeitig die Vorentscheidung für den *Internationalen Wettbewerb der besten Tonaufnahme* (*IWT*) war.[291]

Die Tonbandamateure und ihre Publikationsorgane, wie *der tonbandfreund* und das *Ton Magazin*, diskutierten rege über neue Tonbandgeräte auf dem Markt, über technische Verbesserungen und Schwächen derselben sowie über das erhältliche Zubehör, das den engagierten Nutzern immer weitere Anwendungsmöglichkeiten erschließen sollte. Anhand dieser Auseinandersetzung mit der verfügbaren Heimstudiotechnik werden die Wünsche und Kritikpunkte der „Zugpferde" des Umsatzes deutlich. Hier grenzte sich eine, wenn auch kleine, so doch bedeutende Zielgruppe von den weniger anspruchsvollen Hörern ab (II.2.1) und gab den Herstellern direkte Rückmeldungen. Anhand eines exemplarischen Gerätes werde ich die Anwendungsmöglichkeiten der anspruchsvollen Amateurgeräte veranschaulichen (II.2.2). Die Tonbandfreunde werden als bedeutende Nutzergruppe erkennbar, die das Tonbandgeräte-Dispositiv mitbestimmte und als *relevant social group*, als Ko-Konstrukteur der Technik, auftrat (II.2.3).

Auch in der Aneignung der Geräte etablierten und inszenierten die Tonbandfreunde sich als exklusive Nutzergruppe: Sie betrieben ihr Hobby mit viel Leidenschaft und Ehrgeiz und gestalteten eigene, kreative Klangwelten, indem sie Hörspiele und Familienfeiern auf-

289 Vgl. der tonbandfreund 9/1967, Sonderheft zum zehnjährigen Bestehen des Ring der Tonbandfreunde.

290 Bijsterveld, What Do I Do With My Tape Recorder?, S.614; vgl. auch die Homepage des Ring der Tonbandfreunde, e.V., der auch heutzutage noch existiert. www.rdtev.de, Rubrik „Wir über uns". [Zugriff: 15.11.2010].

291 NWT-IWT 1964. In: der tonbandfreund 9/1964, S.253-255, hier S.253.

zeichneten, Dias und Schmalfilme vertonten und sich über die Ergebnisse austauschten (II.2.4).

Diese Ausbildung ganz unterschiedlicher Nutzerkreise des Tonbandgerätes mit eigenen Medienkonsummustern verdeutlicht die Tendenz zu einer individualisierten Freizeitgestaltung während der Sechzigerjahre, die sich unter anderem – aber nicht nur – entlang der Altersgrenzen ausdifferenzierte.

II.2.1 Das Selbstverständnis der Tonbandfreunde – die technische Elite

Die ambitionierten Tonbandnutzer traten einerseits als scharfe Kritiker der Industrie und der angebotenen Geräte auf, andererseits wurden sie aber auch zu einer bedeutenden Zielgruppe, die den Umsatz förderte. Beide Funktionen leiteten sich aus ihrem Selbstverständnis ab, denn als passionierte Anhänger der Bandtechnik beschäftigten sie sich ausführlich mit den Vor- und Nachteilen der neuesten Geräte, diskutierten und bewerteten ihre Funktionen und wandten sich auch mit expliziten Forderungen an die Hersteller.

Die Tonbandfreunde sahen sich selber als elitäre Gruppe, die im Gegensatz zum durchschnittlichen Musikkonsumenten über ein größeres technisches Verständnis verfügte und auch ihre Freizeit sinnvoller gestaltete. Ihre Fach- und Vereinszeitschriften trafen klare Abgrenzungen unterschiedlicher Nutzerkreise: Während der Tonbandfreund, der Tonjäger, „Amateur", „Spieler" oder „Bastler" das Tonbandgerät „schöpferisch benutzt[e]" und es vom „primitiven Konservierungsmittel zum virtuosen Instrument" erhob, „im Tonbandaustausch mit Freunden" stand, Hörspiele, Reportagen, Tonbildschauen und Vertonungen von Schmalfilmen anfertigte und die Techniken des Mischens, Überspielens und Schneidens von Bändern beherrschte, setzte der einfache „Benutzer" das Tonbandgerät „ohne eigene Initiative nur für Aufnahmen angebotener akustischer Unterhaltung" ein. Als wahrer Tonbandliebhaber und aktiver Nutzer gehörte man zu einem auserwählten Kreis, so die Botschaft, denn man schätzte ihren Anteil unter allen Tonbandgerätebesitzern in der Bundesrepublik auf „höchstens 10%".[292]

In der kreativen Nutzung der Tonbandgeräte sahen die Zeitschriften der Tonbandamateure einen ganz eigenen Wert. Sie führten geradezu einen Feldzug für die sinnvolle Freizeitgestaltung mittels

292 Magnetophon 77 – mehr als nur ein Stereo-Tonbandgerät. In: Ton Magazin, März/ April 1960, S.68-70, hier S.68.

des Tonbandgerätes; dieses Hobby führe zu einem „inneren Wertzuwachs" und „die bei vielen vorhandene Leere nach dem Feierabend" würde mit „einem positiven Inhalt" gefüllt.[293]

Der Hörfunk, die Illustrierten und das Fernsehen dagegen schienen reine „Zeitfresser" zu sein, die viele Stunden der Freizeit für sich beanspruchten, dabei aber den Konsumenten keine Zeit für sich selbst ließen und „für den Anderen schon gar nicht."

> *„Selbst Besuche bei guten Freunden zu ernstem Gedankenaustausch oder leichter Unterhaltung werden immer seltener. Man stellt sie zeitlich fast immer auf das jeweilige Fernsehprogramm ab",*[294]

kritisierte *der tonbandfreund* Mitte der Sechzigerjahre. Einen Weg aus dieser passiven Freizeitgestaltung könne das Tonbandhobby bieten:

> *„Wie gut sind da doch die Menschen dran, die durch schöpferische Arbeiten oder eine Liebhaberei den Feierabend wirklich zu einem solchen für sich machen. Ist es nicht schön, sich an langen Winterabenden mit seinem Tonbandgerät zu beschäftigen, Hörbilder selbst entstehen zu lassen und sich dann am eigenen Werk zu erfreuen? Das ist Feierabendgestaltung!"*[295]

Um die Freizeit kreativ zu gestalten und vom „inneren Wertzuwachs" des Tonbandhobbys zu profitieren, musste der Apparat nach Meinung des *tonbandfreundes* allerdings auch entsprechend eingesetzt werden. Die Nutzer sollten nicht etwa nur Musik mitschneiden, sondern vor allem Erlebnisse und besondere Ereignisse auf Band einfangen „um damit auch andere zu erfreuen".[296]

Das Tonband-„Steckenpferd" konnte auf diesem Weg einen positiven „seelischen Einfluss" auf den Menschen haben, der im „modernen Massendasein" und angesichts der „mechanisierten Tätigkeit[en]" im Alltag so den nötigen Ausgleich und Freude am Schöpferischen finden könne.[297] In dieser Auffassung und Zielsetzung der Tonbandfreunde spiegelt sich die von der sozialwissenschaftlichen Werteforschung konstatierte Zunahme in der Wertschätzung individueller Freizeitgestaltung und Selbstentfaltung

293 Das Steckenpferd. In: der tonbandfreund 3/1963, S.65-66, hier S.65.

294 Anfang und Ende. In: der tonbandfreund 12/1965, S.353.

295 Anfang und Ende. In: der tonbandfreund 12/1965, S.353.

296 Das Steckenpferd. In: der tonbandfreund 3/1963, S.65-66, hier S.65.

297 Das Steckenpferd. In: der tonbandfreund 3/1963, S.65-66, hier S.65.

während der Umbruchphase der Sechzigerjahre.[298] Seit den Fünfzigerjahren fanden Werte wie Selbstständigkeit, freier Wille und Selbstentfaltung dramatisch steigenden Anklang unter den Bundesbürgern.[299] Das Tonbandhobby fügte sich in diese Suche nach selbstbestimmter, kreativer und individueller Freizeitgestaltung ebenso ideal ein wie es auch der Technikbegeisterung der Sechzigerjahre entsprach.

Die Verfechter der aktiven kreativen Nutzung des Tonbandgerätes stellten hohe professionelle Ansprüche an Geräte und Aufnahmen. Sogar entsprechende Fachliteratur erschien auf dem Markt: Zahlreiche firmenunabhängige Ratgeber zum „Tonband-Hobby"[300], zu „HiFi und Stereo für den Tonbandfreund"[301] und zur „Tonjagd" sollten den Amateuren die größtmögliche „Freude am Tonband"[302] bringen. Die Funktionsweise der Geräte wurde erläutert, die Nutzer wurden in der Auswahl des auf seine Bedürfnisse am Besten zugeschnittenen Modells beraten und erhielten zahlreiche Tipps zu verschiedenen Aufnahmetechniken.

Die Tonbandfreunde sahen sich selbst als die maßgeblichen Experten: Selbst den Ergebnissen der Warentests, wie sie etwa in der *DM* veröffentlicht wurden, maßen die Tonbandclubs keine große Bedeutung bei, derartige Tests seien „skeptisch zu beurteilen". Man wisse nicht, ob hier ein Fachmann getestet habe.[303] Viel größeren Wert legte man auf die vereinsinterne Expertise:

> *„Jedes Mitglied im Ring der Tonbandfreunde hat als Tonbandgerätebesitzer seinen eigenen Testfall und bearbeitet diesen in eigener Regie. Die Organisation ist an den Ergebnissen interessiert und sammelt diese Unterlagen. Es sind nicht 10, sondern viele tausend Tonbandgeräte-Testfälle, die sich anbieten. Sie laufen nicht Tage und Wochen, sondern Jahre hindurch. […] Dies ist, so glaube ich, ein sehr gutes Werbeargument für unseren Ring der Tonbandfreunde."*[304]

298 Vgl. Klaus Schönhoven, Aufbruch in die sozialliberale Ära. Zur Bedeutung der 60er Jahre in der Geschichte der Bundesrepublik. In: GuG 25 (1999) 1, S. 123-145, hier S.140;

299 Vgl. etwa Helmut Klages, Traditionsbruch als Herausforderung. Perspektiven der Wertewandelsgesellschaft, Frankfurt a. M., New York 1993 (im Folgenden: Klages, Traditionsbruch als Herausforderung).

300 Vgl. Diefenbach, Tonband-Hobby; Knobloch, Tonband-Amateur.

301 Vgl. Büscher, HiFi und Stereo für den Tonbandfreund.

302 Vgl. Staab, Freude am Tonband.

303 Agfa-Magnettonbänder und ‚DM'-Test. In: der tonbandfreund 8/1964, S.222-223.

304 Das Forum. …viele tausend Tonbandgeräte-Testfälle. In: der tonbandfreund 2/1964, S.29-31, hier S.31.

Aus ihrem Selbstverständnis als Profis der Bandtechnik leiteten die Tonbandfreunde einen Anspruch auf die Berücksichtigung ihrer Interessen und Gerätebeurteilungen in der Entwicklung neuer Produkte ab. Sie begrüßten die Auffächerung des Angebots, insbesondere die Integration immer neuer Funktionen und Einstellungsmöglichkeiten, die noch aufwendigere Aufnahmen und deren Bearbeitung zuließen. Sie traten in einen regen Austausch mit den Herstellerfirmen und forderten die Berücksichtigung ihrer Interessen vehement ein.

> *„Wir Tonbandfreunde sind zwar klein in der Anzahl der Käufer von Tonbandgeräten. Wir sind aber im Verwandten-, Bekannten- und Kollegenkreis die Fachleute, die man vor dem Kauf eines Tonbandgerätes um ihren Rat und nach ihren Erfahrungen fragt.“*[305]

Bevor ich anhand einiger Beispiele den Austausch von Tonbandamateuren und Industrie illustriere, wird zunächst ein Gerät in den Fokus rücken, das stellvertretend die Funktionsweise und technische Komplexität der aufwendigen Geräte für den Tonbandamateur offenbart. Auch seine Bewertung durch die anspruchsvollen Nutzer wird in die Objektanlayse einbezogen.

II.2.2 Das *Magnetophon 77* – komplexe Technik für den Tonbandfreund

Das *Magnetophon 77* von Telefunken (Abb. 2) war erstmals 1960/61 im Handel erhältlich und lag mit seinem Kaufpreis von 699 DM im Mittelfeld des Angebots.[306] Seine zahlreichen Anwendungsmöglichkeiten und die aufwendigen Bedienungsvorgänge, die umfassende Kenntnisse und Geschicklichkeit des Nutzers voraussetzten, charakterisieren es als einen Apparat für den Tonbandfreund. Die ausgefeilte Technik und das entsprechende Design trugen Hand in Hand dazu bei, es auch symbolisch als Prestige- und Distinktionsobjekt des passionierten Bastlers und ehrgeizigen Amateurs zu inszenieren. Auch Tonbandgeräte waren, ebenso wie die Plattenspieler, als Koffer- oder Tischgerät erhältlich; die Abbildungen zeigen die portable Ausführung des *M 77*. Es war in einem grauen Kunststoffkoffer mit den Abmessungen 16 x 31 x 32 cm untergebracht. Im unteren Teil des Koffers war ein Lautsprecher eingebaut. Das Gerät

305 Tonbandgeräte – kritisch betrachtet. In: der tonbandfreund 3/1964, S.61.

306 Im Folgenden werden die Magnetophone mittels der auch beim Hersteller Telefunken üblichen Abkürzungen bezeichnet, im Fall des Magnetophon 77 also M 77.

verfügte über acht Drucktasten, einen Schiebeschalter sowie zwei Drehregler (Abb. 2 und Abb. 3).[307]

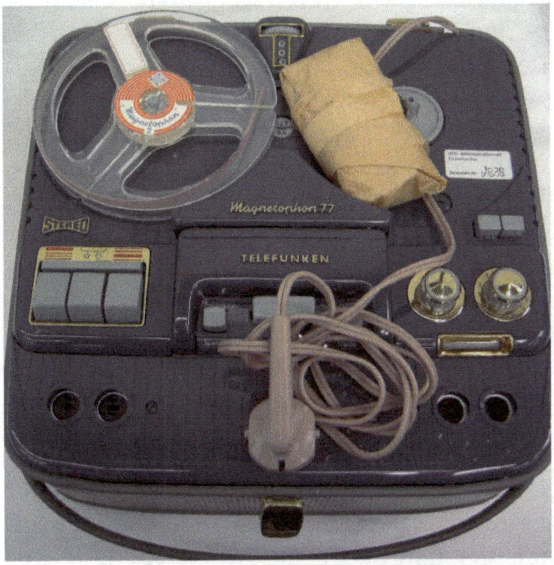

Abb. 2: Telefunken Magnetophon 77 K, Stiftung Deutsches Technikmuseum.

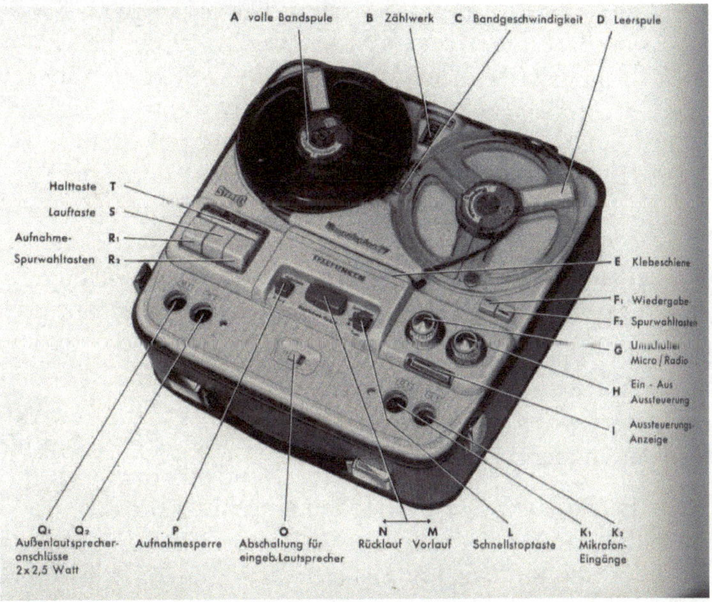

Abb. 3: Magnetophon 77 K.
In: Ton Magazin, März/ April 1960, S.68.

307 Die folgenden Ausführungen zur Funktionsweise des Tonbandgerätes Magnetophon 77 von Telefunken beruhen auf der Bedienungsanleitung (Archiv des DTMB, Firmenschriften AEG-Telefunken) sowie auf eigenen Versuchen.

Zur Inbetriebnahme des Gerätes wurde der mit einer Nummernskala versehene rechte Drehknopf (H), der zugleich als Lautstärke- und Aussteuerungsregler diente, nach rechts gedreht. Die volle Tonbandspule wurde auf den linken, eine leere Spule auf den rechten Wickelteller gelegt, das Band wurde durch den Geräteschlitz geführt, wo es die Tonköpfe passierte, und auf der rechten Spule eingespannt, die per Hand so weit gegen den Uhrzeigersinn gedreht werden musste, bis das so genannte Vorspannband den Geräteschlitz vollständig passiert hatte, und das bespielbare Tonband an den Tonköpfen anlag. Nun wurde das Zählwerk, das oberhalb der Spulen saß (Abb. 4), mittels eines Rädchens auf „000" gestellt, um eine Aufnahme zu beginnen. Das Zählwerk diente dazu, bestimmte Stellen des Tonbandes wieder auffindbar zu machen. Der Nutzer konnte somit ein „Inhaltsverzeichnis" der Aufnahmen anlegen, indem er die Zählwerksstellung notierte.

Bevor die Aufnahme begonnen wurde, musste eine Bandgeschwindigkeit gewählt werden, die mit einer Schraube, die sich zwischen den Spulen befand, eingestellt wurde (Abb. 4). Mittels eines mitgelieferten Kunststoff-Schlüssels konnte die Schraube verstellt werden. Das *M 77* war für die Bandgeschwindigkeiten 9,5 cm/ s und 4,75 cm/ s ausgelegt: Je höher die gewählte Geschwindigkeit, desto besser war die Wiedergabequalität der Aufnahme, denn bei verdoppelter Geschwindigkeit war für die gleiche Aufnahme doppelt so viel Band vorhanden, während bei langsamem Bandlauf der „Toninhalt des Bandes sozusagen eingeengt" wurde und Feinheiten, wie etwa die ganz hohen Töne, verloren gehen konnten.[308] Allerdings stiegen mit der Geschwindigkeit auch der Bandverbrauch und somit die Nutzungskosten. Der Hersteller empfahl 9,5 cm/ s für „Mikrofon-Aufnahmen und anspruchsvolle Rundfunk-Aufnahmen", leichtere Unterhaltungsmusik könne auch bei 4,75 cm/ s in guter Qualität aufgezeichnet werden.[309]

Abb. 4: Zählwerk und Schraube zum Verstellen der Bandgeschwindigkeit.

308 Büscher, Hi-Fi und Stereo für den Tonbandfreund, S.20.

309 Bedienungsanleitung M 77 von Telefunken. Archiv des DTMB, FS AEG-Telefunken.

In seinen Bandgeschwindigkeiten entsprach das *M 77* den üblichen Standards: Es gab während der Sechzigerjahre vier Geschwindigkeiten, die in Heimtonbandgeräten Verwendung fanden: 19 cm/ s, 9,5 cm/ s, 4,75 cm/ s und 2,4 cm/ s (vgl. Tab. 1). Am Weitesten verbreitet waren 9,5 cm/ s, die „bei einer sehr guten Wiedergabequalität einen wirtschaftlichen Betrieb des Gerätes" ermöglichten.[310] Die einfachsten Geräte verfügten nur über diese eine Bandgeschwindigkeit (von 9,5 cm/ s), andere wie das *M 77* konnten zusätzlich auf 4,75 cm/ s umgeschaltet werden. Die Geschwindigkeit von 4,75 cm/ s diente für Musikaufnahmen, die keinen besonders hohen Ansprüchen an die musikalische Wiedergabegüte genügen mussten, 2,4 cm/ s wurden allgemein nur zum Diktieren und Aufnehmen von Reden oder Gesprächen empfohlen.[311] Für besonders hohe Qualitätsansprüche stand bei Geräten der höheren Preisklassen auch die Bandgeschwindigkeit von 19 cm/ s zur Verfügung. Letztlich entschied die gewählte Bandgeschwindigkeit über die Bandkosten der Aufnahme sowie über die Aufnahmekapazität einer Spule.

Bandgeschwindigkeiten	Anzahl
19 cm/ s	1
19 cm/ s & 9,5 cm/ s	20
19 cm/ s & 9,5 cm/ s & 4,75 cm/ s	11
9,5 cm/ s & 4,75 cm/ s	25
9,5 cm/ s & 4,75 cm/ s & 2,4 cm/ s	1
9,5 cm/ s	16

Tab. 1: Bandgeschwindigkeiten der 1960/61 angebotenen Tonbandgeräte, vgl. HDRFG 1960/61, S.B71-B102.

In der zweiten Hälfte der Fünfziger hatte der Schwerpunkt ebenfalls schon bei einem Bandlauf von 9,5 cm/ s gelegen, allerdings gab es noch kaum Geräte (1956/57 nur ein einziges), die auch mit 4,75 cm/ s betrieben werden konnten.[312] Erst durch eine stetige Verbesserung der Bänder und der Abspielgeräte war es gelungen, die Bandgeschwindigkeiten, die eine zufriedenstellende Aufnahmequalität lieferten, immer weiter herabzusetzen, um einen wirtschaftlichen

310 Philips, Ein Wegweiser für Tonbandfreunde, S.29. Ein Blick in die Angebotspalette zeigt, dass 9,5 cm/s schwerpunktmäßig genutzt wurden: Vgl. etwa HDRFG 1968/69, S.I1-I55: 20 Geräte mit 19 & 9,5 cm/ s, 11 Geräte mit 19 & 9,5 & 4,75 cm/ s, 3 Geräte mit 19 & 9,5 & 4,75 & 2,4 cm/ s, 11 Geräte mit 9,5 & 4,75 cm/ s, 1 Gerät mit 9,5 & 4,75 & 2,4 cm /s, 16 Geräte mit 9,5 cm/ s.

311 Büscher, HiFi und Stereo für den Tonbandfreund, S.20f.

312 Vgl. HDRFG 1956/57, S.B61-B72.

Bandverbrauch zu erreichen und die Geräte für den privaten Gebrauch erschwinglich zu machen.[313]

Einen ähnlichen Entwicklungsschritt machten die Heimtonbandgeräte am Ende der Fünfzigerjahre auch hinsichtlich der Möglichkeit der stereofonen Aufnahme und Wiedergabe: Während es 1956/57 noch kein Stereogerät für den Privatgebrauch gegeben hatte, kamen am Ende des Jahrzehnts die ersten Stereomodelle auf den Markt. 1960/61 waren 11 der 74 angebotenen Geräte für die zweikanalige Wiedergabe ausgelegt. Eines davon war das *M 77*, das sich somit in die Klasse der Geräte für anspruchsvollere Nutzer und deren Anwendungen einfügte.

Das *M 77* konnte Aufnahmen per Mikrofon oder von einem angeschlossenen Radiogerät erstellen. Sollte eine Rundfunksendung aufgezeichnet werden, wurde das Radio mittels einer Tonleitung (die zum Lieferumfang des *M 77* gehörte) mit dem Tonbandgerät verbunden. Statt des Radios konnte auch ein zweites Tonbandgerät oder ein Plattenspieler angeschlossen werden, um eine Überspielung vorzunehmen.

Vor Beginn der Aufnahme musste außerdem entschieden werden, auf welche Spur des Tonbandes aufgezeichnet werden sollte. Tonbänder gab es als „Vollspur"-, „Halbspur" (bzw. „Zweispur"-) und „Viertelspur"- (bzw. „Vierspur"-) Band (Abb. 5). Heimgeräte waren entweder für Halb- oder Viertelspur ausgelegt, das Vollspur-Verfahren wurde nur professionell, etwa in Aufnahmestudios, verwendet.[314]

313 1943 kam das sog. „Masseband" heraus, bei dem magnetisches Oxyd in eine Folie aus PVC eingewalzt wurde. Vgl. Telefunken Presse Informationen, Archivdienst, Die Geschichte des Magnettons, 2. August 1973, Archiv der GFGFG. Vgl. auch z.B. Philips, Ein Wegweiser für Tonbandfreunde, S.29.

314 Vgl. Büscher, Hi-Fi und Stereo für den Tonbandfreund, S.18.

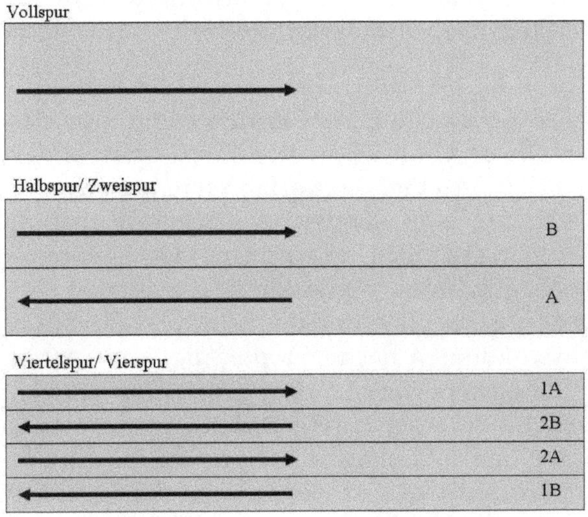

Abb. 5: Tonbandspuren (eigene Abbildung)

Bei einer Mono-Aufnahme auf Halbspurband wurde zunächst auf der einen Spur aufgezeichnet, bis das gesamte Band auf der rechten Spule aufgewickelt war. Um weiter auf der anderen Spur aufzuzeichnen, mussten die Spulen gewechselt und die volle dabei gewendet werden. Wurde stereofon aufgenommen, wurden direkt beide Spuren durch die beiden Stereo-Kanäle belegt (und die Spieldauer des Bandes dadurch halbiert). [315]

Bei einem Viertelspurband konnte zunächst eine Mono-Aufnahme auf Spur 1A erfolgen, Spur 1B wurde dann bespielt, indem ebenfalls die Spulen gewechselt und die volle gewendet wurde. War auch diese Spur voll, wurde erneut gewechselt und gewendet, allerdings musste dann die Spurwahltaste umgeschaltet werden, um Spur 2A (und durch erneutes Wechseln und Wenden auch 2B) bespielen bzw. hören zu können.[316] Bei einer Stereoaufnahme wurden Spur 1A und 1B in einem Durchgang bespielt. Eine Stereoaufnahme halbierte also, im Vergleich zu Mono-Auf-zeichnungen – immer die Spieldauer des Tonbandes; durch das Viertelspurband allerdings waren Stereoaufnahmen auf der gleichen Bandlänge möglich wie Mono-Aufzeichnungen auf Halbspurbändern. Der Vorgang der Spurwahl

315 Informationen zu Halbspur und Viertelspur: Büscher, HiFi und Stereo für den Tonbandfreund, S.18-19; Philips, Ein Wegweiser für Tonbandfreunde, S.28-30; Staab, Freude am Tonband, S.20-23.

316 Spurwahltasten beim M 77: bei Aufnahme R_2 links, beim Abhören F_2 rechts am Gerät zum Umschalten auf die zweite Spur.

und des Wechselns und Wendens der Spulen erforderte vom Nutzer etwas Übung und auch Verständnis für die Halb- bzw. Viertelspurtechnik der Bänder.

Von den zur Zeit des *M 77* angebotenen Geräten waren nur etwa ein Drittel zur Wiedergabe und Aufnahme von Viertelspurbändern ausgerüstet, wie das *M 77*.[317] Das Vierspurverfahren reduzierte nicht nur die Bandkosten auf die Hälfte, sondern es erweiterte auch die Anwendungsmöglichkeiten erheblich, da aufgrund der vier Spuren unterschiedlichste Trickaufnahmen verwirklicht werden konnten, etwa durch das so genannte Duoplay- und das Multiplay-Verfahren. Beim Duoplay-Verfahren konnten nacheinander auf zwei der vier Spuren Aufnahmen gespeichert werden, die dann durch parallele Wiedergabe beider Spuren zu einer kombinierten Aufnahme wurden. Während der Aufnahme auf der zweiten Spur konnte die erste Spur mittels eines Kopfhörers abgehört werden, um die Synchronität zu kontrollieren. So konnte der Nutzer etwa „mit sich selbst ein Duett singen" oder Sprachaufnahmen mit Musik unterlegen. Geräte, die über die Duoplay-Funktion verfügten, wurden als „das ideale Vertonungsgerät für den Dia- und Schmalfilmamateur" vermarktet.[318] Das Multiplay-Verfahren erweiterte diese Möglichkeiten insofern, dass nun vier Spuren nacheinander bespielt, aufeinander abgestimmt und gemeinsam wiedergegeben werden konnten. So konnte das „Ein-Mann-Orchester Wirklichkeit werden."[319]

Vor der Einführung dieser Duo- und Multiplay-Verfahren verfügten die Tonbandgeräte über eine Tricktaste, mittels der der Löschkopf des Gerätes abgeschaltet wurde, sodass über eine bereits auf dem Tonband befindliche Aufnahme eine zweite aufgesprochen werden konnte. Allerdings gab es dabei keine Möglichkeit, die erste Aufnahme gleichzeitig abzuhören um die zeitliche Übereinstimmung zu überprüfen. Das *M 77* verfügte aufgrund seiner Vierspurausführung bereits über die Möglichkeit, beim Bespielen einer Spur eine zuvor auf einer anderen Spur gemachte Aufnahme synchron mitzuhören.[320]

Allerdings hatte die Viertelspur auch Nachteile: Im Gegensatz zur Halbspur konnte es – bedingt durch die geringere Breite der Spur –

---

317 27 von 74 Tonbandgeräten. Vgl. HDRFG 1960/61.

318 Telefunken Technischer Pressedienst. Das neue Telefunken Heimtonbandgerät ‚Magnetophon 76' – Bandkosten abermals halbiert, 1958. Archiv der GFGF.

319 Philips, Ein Wegweiser für Tonbandfreunde, S.44f.

320 Vgl. Magnetophon 77 – Mehr als ein Stereotonbandgerät. In: Ton Magazin, März/ April 1960, S.68-70.

eher zu so genannten „drop-outs“ kommen. (drop-outs bezeichnen ausgefallene Stellen in der Bandbeschriftung, die durch Staubpartikel etc. hervorgerufen werden können).[321]

Um eine gelungene Aufnahme zu erstellen, war die Aussteuerung besonders wichtig, die mittels des rechten Drehreglers (H) vorgenommen wurde und einiges an Fingerspitzengefühl erforderte. Der Nutzer drückte zunächst die „Aufnahme-Sperrtaste“ (P), dann die Spurwahltaste (R_1 oder R_2). Dann drehte er den Aussteuerungsregler so weit nach rechts, bis die leuchtenden Flächen des „Magischen Bandes“ (eine Form des Magischen Auges) an den lautesten Stellen der aufzunehmenden Musik oder Sprache gerade zusammentrafen, ohne sich zu überlappen. Waren alle Einstellungen vorgenommen, wurde die Aufnahme mit der Lauftaste S gestartet. Auch während der laufenden Aufnahme konnten weiterhin Aussteuerungen vorgenommen werden. Um die Aufzeichnung kurz anzuhalten (etwa weil ein Radiomoderator zwischendurch Ansagen machte, aber nur die Musik aufgenommen werden sollte) konnte die rechte der drei mittleren Drucktasten (L), die so genannte Schnellstoptaste, gedrückt werden. Das Band stand sofort still, nach dem Loslassen lief es umgehend weiter. Sollte die Pause ein wenig länger dauern, ließ sich die Taste nach dem Drücken nach hinten verschieben, bis sie einrastete. Um die Aufnahme fortzusetzen musste sie nur wieder nach vorn gezogen werden. Die Schnellstop-Funktion ließ sich auch über eine „Fußtaste“ bedienen, die als Zubehörteil (für 28,50 DM) hinzugekauft und an eine Buchse an der Rückseite des Tonbandgerätes angeschlossen werden konnte.[322] Ebenfalls fanden sich an der Rückseite zwei Anschlüsse für Kopfhörer, und auch während einer Aufnahme konnte über Kopfhörer mitgehört werden.

War die Aufnahme abgeschlossen, wurde die Halttaste (T) gedrückt. Das Tonband wurde zurückgespult, indem der mittlere breite Schiebeschalter (N-M) nach links verschoben wurde. Um das Spulen zu beenden, musste abermals die Halttaste (T) betätigt werden. Allerdings war für ein zielgerichtetes Stoppen des Spulvorganges ein wenig Übung notwendig: Sollte das Band etwa am Anfang bei der Zählwerksstellung „000“ zum Stehen kommen, musste bereits bei etwa „006“ die Halttaste gedrückt werden. Wurde zu spät gedrückt, schaltete sich der Spulvorgang am Ende des Bandes automatisch ab,

321 Büscher, HiFi und Stereo für den Tonbandfreund, S.19. Da die Tonspur bei Vierspurbändern nur etwa einen Millimeter breit ist, fallen die kleinsten Staubablagerungen stärker ins Gewicht. Vgl. auch Menke, Stereo und HiFi, S.72.

322 Bedienungsanleitung M 77 von Telefunken. Archiv des DTMB, FS AEG-Telefunken.

allerdings musste dann das Tonband wieder neu eingefädelt werden.

Das *M 77* war zu seiner Zeit ein aufwendiges Gerät der oberen Mittelklasse. Es sollte den Tonbandamateur ansprechen, denn durch seine vielfältigen Funktionen ermöglichte es viele „Tricks und Spielereien", warb er Hersteller. „Den Trickmeistern unter den Amateuren" seien „mit diesem Gerät in ihrer Geschicklichkeit und ihrem Einfallsreichtum keine Grenzen gesetzt." Das *M 77* mache „aus dem Amateur mit seinen begrenzten Möglichkeiten einen Tonmeister."[323]

Und auch das Design verlieh dem Gerät einen exklusiven, wenn auch noch nicht wirklich technischen Charakter: Die Drehregler rechts, das „Magische Band", sowie die linken Drucktasten waren in goldenen Rahmen eingefasst, auch der Herstellername sowie die Typenbezeichnung waren in goldenen Schriftzügen auf die Bedienungskonsole aufgesetzt. Ähnlich der Musikschränke der späten Fünfziger- und frühen Sechzigerjahre wurde die Technik noch durch dekorative Elemente verschönert.

Bewertung des Gerätes durch die Amateure

Das komplexe *Magnetophon 77*, eines der ersten Stereogeräte, das aufgrund seiner Vierspurtechnik zu zahlreichen Trickaufnahmen fähig war und das mit seinen 700 DM Kaufpreis doch einen beträchtlichen finanziellen Aufwand darstellte, wurde im *Ton Magazin* 1960 hoch gelobt. Der „Trickreichtum" des Gerätes fand ebenso positive Aufnahme wie die Tatsache, dass eigenständige Stereo-Aufnahmen möglich waren.[324] Zu Beginn der Sechzigerjahre war die Möglichkeit der Stereoaufnahme und -wiedergabe „der Traum des Tonbandamateurs"[325], und derartige Geräte der „Spitzenklasse" wurden während der ersten Hälfte der Sechzigerjahre durchgehend wohlwollend bis enthusiastisch besprochen. Auch der passende *Tricmixer 77* von Telefunken schien den Amateuren das perfekte Zubehörteil zu sein, das dem „verständlichen Bedürfnis der eigenschöpferisch mit ihren Tonbandgeräten arbeitenden Amateure" nachkam, indem nun eine Stereo-Mikrofonaufnahme mit zwei an-

323 Broschüre Telefunken Magnetophon 77, Archiv des DTMB, FS AEG-Telefunken.

324 Magnetophon 77 – mehr als nur ein Stereo-Tonbandgerät. In. Ton Magazin, März/ April 1960, S.68-70, hier S.68.

325 Philips RK 66 – eine Stereo-Tonbandgerät der Spitzenklasse. In: Ton Magazin, September 1963, S.50.

deren Schallquellen (Plattenspieler oder Tonbandgerät) abgemischt werden konnte.[326]

II.2.3 Tonbandamateure und Industrie im Gespräch

Als Vertreter der ehrgeizigen und passionierten Nutzer des Tonbandgerätes versuchte der *Ring der Tonbandfreunde* sich regelmäßig bei der Industrie Gehör zu verschaffen. Seine im *tonbandfreund* veröffentlichten Besprechungen sowie die Artikel in Fachzeitschriften reflektieren eine sehr spezielle Seite des öffentlichen Austauschs um Tonbandgeräte und das Tonbandhobby und führen uns die Forderungen eines spezialisierten Konsumentenkreises vor Augen.

An einigen Beispielen können diese Standpunkte verdeutlicht werden: *Erstens* griffen die Amateure zahlreiche Vorschläge der Industrie auf, und in den Magazinen lässt sich ein insgesamt positives Echo auf die Weiterentwicklung und Verbesserung der Tonbandtechnik und auf das wachsende Angebot an Zubehörgeräten verzeichnen. *Zweitens* hinterfragten die Tonbandfreunde den vermeintlichen technischen Fortschritt der Geräte, wie etwa die Einführung der Viertelspur und der Automatisierung der Tonbandgeräte. *Drittens* legten sie nicht nur in der Bewertung der Geräte für zuhause, sondern auch bei den portablen Tonbandgeräten Wert auf beste Technik und Qualität. Sie hatten andere Maßstäbe als jene Konsumenten, die das Tonbandgerät lediglich als Musikspeicher und -spender nutzen wollten.

Hier äußerte sich eine Zielgruppe, die von den Produzenten durch ausgefeilte Geräte und vielseitiges Zubehör angesprochen und in ihrem Hobby angespornt werden sollte, da sie bereit waren größere Summen in diese Freizeitbeschäftigung zu investieren und da sie zudem, wie die Hersteller festgestellt hatten, beispielhaft auf ihre Umwelt wirkten und weitere potentielle Nutzer zum Kauf anregten.[327] Die Firma Telefunken etwa unterschied schon zu Beginn der Sechzigerjahre drei potenzielle Konsumentengruppen: Während ein erster großer potentieller Käuferkreis noch „aus Scheu vor der Bedienung" mit der Anschaffung zögerte, war die zweite Gruppe bereits im Besitz eines Gerätes, erkenne aber die „weit über das Mitschneiden von Rundfunksendungen hinausgehenden Möglichkeiten ihres Tonbandgerätes zum selbstschöpferischen Arbeiten nicht" und verliere daher schnell das Interesse am Gerät. Die dritte Gruppe aber,

326 Vgl. Deutsche Industriemesse. In: Ton Magazin, Mai/ Juni 1960, S.68-69, hier S.69.

327 Telefunken Sprecher, verkauf + service, Nr. 9/1961, S.49-52.

die „aktivsten Tonbandgerätebesitzer, die zum Teil sogar schon mit zwei oder drei Geräten arbeite[te]n", schienen den Herstellern beispielhaft auf ihre Umgebung zu wirken und so auch in weiteren potentiellen Nutzerkreisen den Anschaffungswunsch zu fördern und Bekannte und Freunde zur Anschaffung eines Tonbandgerätes zu motivieren.[328] Daher galt es, den Kreis der Tonbandliebhaber der dritten Gruppe weiterhin zufrieden zu stellen und ihn zugleich zu vergrößern, indem man etwa den Mitgliedern der zweiten Gruppe die umfangreichen Anwendungsmöglichkeiten der Tonbandgeräte vor Augen führte.

Durch ihren Einsatz für die aktive Gestaltung der Freizeit und die umfassendere sowie kreativere Nutzung des Tonbandgerätes leisteten die Tonbandamateure den Herstellern also Schützenhilfe in ihrem Vermarktungsfeldzug, was erklärt, warum die Hersteller ihnen – trotz ihrer geringen Anzahl – große Aufmerksamkeit schenkten. Anhand der angekündigten drei Fallbeispiele werde ich nun die Kommunikation zwischen Herstellern und Tonbandenthusiasten darstellen.

Anstöße zum kreativen Umgang mit dem Tonbandgerät und das positive Echo der Amateure

Die Zukunft gehöre „ zweifellos dem Tonalbum als dem Gegenstück zum Fotoalbum, der vertonten Lichtbildserie wie dem Schmaltonfilm, dem Heimhörspiel", sagte der technische Pressedienst der Firma Telefunken 1959 voraus.[329] In dieser Aussage spiegelt sich die Vermarktungsstrategie, welche die Tonbandgerätehersteller in den ersten Jahren nach der Einführung der Heim-Spulengeräte verfolgten. Sie konzentrierten sich insbesondere auf die Kreativität der privaten Tonbandbesitzer. Im Gegensatz zum Plattenspieler forderten sie den Konsumenten zur aktiven Nutzung auf: Nur durch kreative Anwendung der Technik könne das Tonbandgerät seinen vollen Gebrauchswert entfalten.[330] Die seit Ende der Fünfzigerjahre sinkenden Arbeitszeiten schufen Schritt für Schritt Freiräume für eine aktivere Freizeitgestaltung, und in eben diese Freiräume versuchten die Tonbandgerätehersteller vorzustoßen. Das häusliche massenmedia-

328 Telefunken Sprecher, verkauf + service, Nr. 9/1961, S.49-52.

329 Telefunken technischer Pressedienst, Vielseitige Tonbandtechnik durch zweckmässiges Zubehör. Archiv des DTMB, FS AEG-Telefunken.

330 Vgl. dazu auch Bijsterveld/ Jacobs, Storing Sound Souvenirs.

le Ensemble sollte durch einen Apparat erweitert werden, mit dem sich die „Freizeit schöpferisch gestalten" lasse.[331]

Gerätehersteller und auch die Anbieter der Tonbänder wie Agfa und BASF veröffentlichten Ratgeberliteratur „für Tonbandfreunde und solche, die es werden wollen".[332] Neben grundlegenden Erläuterungen zur Tonbandtechnik, zu unterschiedlichen Bandgeschwindigkeiten und zur Spureinteilung wurden hier insbesondere die zahlreichen Nutzungsmöglichkeiten vorgestellt, die das Tonbandgerät bot. Nicht nur die Erstellung eines „klingenden Familienalbums", sondern auch Reportagen, Film- und Dia-Vertonung, Tonbandbriefe und Hörspiele wurden dem Nutzer nahegelegt.[333]

Ausgefeilte Hörspiele galten als „die Krone der schöpferischen Betätigung mit dem Tonband",[334] denn sie verlangten ein Drehbuch, in dem Text, Musik und einzublendende Geräusche detailliert notiert wurden. Ausführliche Tipps zur Erstellung dieses Drehbuchs, das „unter den Stichworten ‚Szenennummer', ‚Sprecher', ‚Geräusche', ‚Musik', ‚Erläuterungen' und ‚Zeit' in Rubriken eingeteilt" werden sollte, und zur künstlichen Erzeugung und Aufnahme von Geräuschen machten den privaten Nutzer zum professionellen Toningenieur und Aufnahmeleiter.[335]

Bei den engagierten Tonbandfreunden kam diese Strategie gut an: Sie priesen in ihren Magazinen mindestens ebenso viele Nutzungsmöglichkeiten an wie die Hersteller: Tonbandbriefe, die „lebende Familienchronik", die Vertonung von Urlaubsbildern, die Tonjagd und der Austausch der mitgeschnittenen Geräusche mit anderen Amateuren wurden beschrieben, um in allen Lesern den Wunsch nach einem Tonbandgerät zu wecken.[336]

Das vielseitige „Ergänzungszubehör für den Amateur", das die Industrie im Angebot hatte, wie etwa Stative für Mikrofone, sogenannte *Echomixer* und *Tricmixer*, wurden von den Tonbandfreunden durchgängig positiv besprochen. Mit dem *Echomixer* konnten bis zu drei verschiedene Toninformationen gemischt und gleichzeitig zwei davon mit einem Nachhall versehen werden; der *Tricmixer* gestattete es, zwei Mono-Signale auf zwei Stereo-Kanäle zu verteilen,

331 …und welches Hobby haben Sie? Philips Werbeanzeige. In: Bravo 5/1961, S.15.

332 Philips, Ein Wegweiser für Tonbandfreunde.

333 Vgl. auch BASF, ton + band.

334 BASF, Heiteres Tonband-Brevier, S.52.

335 BASF, Heiteres Tonband-Brevier, S.52ff.

336 Viele Möglichkeiten. In: der tonbandfreund 9/1967, S.166-168, hier S.168.

sodass „reizvolle Stereo-Effekte erzielt werden" konnten.[337] Auch „Klangsäulen", die die Wiedergabequalität der Aufnahmen verbessern sollten,[338] Utensilien zum Schneiden und Kleben der Bänder,[339] und insbesondere die Geräte zur intermedialen, kreativen Anwendung des Tonbandgerätes wie automatische Steuergeräte zur Kupplung von Tonbandgerät und Diaprojektor entsprachen den Wünschen der engagierten Nutzer.[340]

Doch die Tonbandfreunde nahmen nicht kritiklos alles an, sondern vertraten hohe Ansprüche: Die in der Werbung oft gepriesene Tricktaste der Geräte schien ihnen „für Diavertonungen ungeeignet", vielmehr sollte unbedingt mit einem möglichst professionellen Mischpult gearbeitet werden. Ein Kopfhörer war zum optimalen Abmischen der Aufnahmen „unerlässlich".[341]

Kritik und Wünsche der Tonbandenthusiasten fanden in der Tat ihren Niederschlag in der Weiterentwicklung der Geräte. So teilte zum Beispiel Telefunken bei der Markteinführung des *Magnetophon 95* im Jahr 1961 mit, dass „durch unmittelbaren Kontakt mit vielen Tonbandgeräte-Besitzern und Tonbandamateur-Vereinigungen" die „Forderungen aus der Praxis" berücksichtigt worden seien. Im Vergleich zum Vorgängergerät war die zusätzliche Bandgeschwindigkeit von 19 cm/ s integriert worden, die eine bessere Aufnahme- und Wiedergabequalität bot als die üblichen 9,5 und 4,75 cm/ s. Die Klangqualität des eingebauten Lautsprechers sei ebenso verbessert worden wie die Schnellstoptaste, die nun absolut geräuschlos arbeite.[342] Immer neue Verbesserungen wurden vorgenommen, um „alle jene Amateure [zu] begeistern", die das Tonbandgerät „nicht nur als ‚Speichermaschine' anschaffen woll[t]en, sondern zu noch reichhaltigeren Tricks und originelleren Ideen angeregt werden" sollten.[343]

337 Telefunken Technischer Pressedienst, Tonbandgeräte „Magnetophon" 1962/63, April 1962, Archiv der GFGF.

338 Vgl. Die Telefunken-Klangsäule. In: der tonbandfreund 2/1963, S.44-45.

339 Vgl. Die BASF-Klebelehre. In: der tonbandfreund 8/1963, S.235-236; Nützliches Magnetton-Zubehör von Agfa. In: der tonbandfreund 11/1963, S.327-328.

340 Vgl. Diachron-universal. Ein neues Telefunken Steuergerät für automatische Bildwerfer. In: der tonbandfreund 4/1963, S.106-107.

341 Ein neues Tonbandgerät. In: der tonbandfreund 2/1966, S.39-40.

342 Magnetophon 95 – ein neues Heim-Tonbandgerät mit drei Bandgeschwindigkeiten und 18cm-Spulen. In: Telefunken Sprecher, verkauf + service, Nr.11/1961, S.77-79.

343 Magnetophon 97 – ein neues Vollstereo-Tonbandgerät. In: Telefunken Sprecher, verkauf+service, Nr.14/1961, S.123-124.

Abb. 6: Philips Broschüre zum Tonband-Wettbewerb, 1961, Archiv der GFGF (Original in Farbe).

Die Hersteller förderten das Tonbandhobby also aktiv und versuchten auch weitere Nutzerkreise dafür zu gewinnen, indem sie, wie z.B. Philips, Wettbewerbe veranstalteten, die „den Besitzer eines Tonbandgerätes dazu anregen [sollten], die vielen Verwendungsmöglichkeiten, die sein Gerät bietet, voll auszunutzen und sich mit eigenen Ideen und viel Phantasie schöpferisch zu betätigen" (Abb. 6).[344]

In verschiedenen Rubriken und zu vorgegebenen Themen konnten Reportagen, Hörspiele, vertonte Dia-Serien und Schmalfilme sowie akustische Effekte und Tricks eingesendet werden. Die Aufrufe zu den Wettbewerben wurden sowohl in den spezialisierten Magazinen für Technik- und Tonband-Anhänger wie *hobby* und *Ton Magazin* als auch in Jugendzeitschriften wie *Bravo* veröffentlicht und wandten sich somit sowohl an die bereits ‚etablierten' Tonbandamateure als auch an ‚Einsteiger', die für das Tonbandhobby neu gewonnen werden sollten.[345]

Die Amateure betrieben die Erstellung dieser Hörspiele, Reportagen und Interviews mit großem Ehrgeiz: Da sie erst mit den passenden Geräuschen „das notwendige Milieu" erhielten, wurden in den Amateurzeitschriften zum Beispiel Schallplatten mit vorgefertigten

344 2. Philips Tonband Wettbewerb für Amateure. In: Bravo 22/1960, S.17.

345 2. Philips Tonband Wettbewerb für Amateure. In: Bravo 22/1960, S.17; Broschüre von Philips zum 3. Tonband-Wettbewerb für Amateure. Archiv der GFGF; Aufruf zum 4. Philips Tonband-Wettbewerb. In: hobby 22/1962, S.1; Aufruf zum 5. Philips Tonband-Wettbewerb für Amateure. In: Ton Magazin, November 1963, S.7; Aufruf zum 6. Philips Tonband-Wettbewerb für Amateure. In: Ton Magazin, Oktober 1964, S.7.

Geräuschen und Tierstimmen besprochen, die der Nutzer in seine Tonbandaufnahmen integrieren konnte. Verschiedene Klänge „aus Natur und Technik“ sollten die Aufnahmen zum Leben erwecken, es gab Töne zu verschiedenen Themengebieten, etwa „am Meer“, „im Hafen“, „Flughafen“, „Eisenbahn“, „Straßenverkehr“, „Rummelplatz“ u.v.m.[346]

Die Tonbandfreunde orientierten sich an den professionellen Hörspielen und Reportagen der Rundfunkstudios und forderten für zuhause einen „entsprechenden Gerätepark“.[347] In ihren Magazinen wurde die Einrichtung regelrechter privater Aufnahmestudios empfohlen, die durch die Vielzahl der Geräte, zahlreiche Kabel, Umschalt-, Kombinations- und Abmischmöglichkeiten einem professionellen Studio schon recht nahe kamen.[348]

Und auch die Hersteller bedienten diesen Qualitätsanspruch, indem sie in ihren Werbeanzeigen für Amateure den Hinweis auf sogenannte „Studio“- oder Rundfunkqualität als Gütesigel verwendeten. Der ehrgeizige Tonbandfreund könne mit den richtigen Apparaten gute „Studioleistungen“ erzielen.[349] Der höhere Preis einiger Geräte wurde über diese „Heimstudio“-Qualität gerechtfertigt:

> *„Würden Sie glauben, ein Hochhaus zum Preise eines einstöckigen Hauses kaufen zu können? Wohl kaum. Das RK66 ist der ‚Wolkenkratzer‘ unter den Philips Tonbandgeräten. Daher kostet es auch soviel Geld. Es besitzt dafür auch alles, was ein Heimstudio-Tonbandgerät heutzutage zu bieten vermag…“*[350]

Dementsprechend war der Markt seit Mitte der Sechzigerjahre klar gespalten: Wer stereofone Aufnahmen erstellen wollte, womöglich gar mit Soundeffekten experimentieren wollte, musste sich „diesen Spaß zwischen 600 und 900 DM kosten lassen“, denn „solche akustischen Finessen“ gelangen „mit Modellen der gehobeneren Preisklasse am Besten.“[351] Bei den teuren Geräten lässt sich während der Sechzigerjahre eine deutliche Tendenz zur Professionalisierung feststellen: Die Stereofonie und High Fidelity hielten Einzug in die

---

346 Neue Geräusch- und Tierstimmen auf Schallplatten. In: der tonbandfreund 2/1966, S.44-45.

347 „RdT-Studio“? In: der tonbandfreund 2/1965, S.46.

348 „RdT-Studio“? In: der tonbandfreund 2/1965, S.46.

349 Wie Sie Studioleistungen erzielen, die beim Rundfunk alltäglich sind. Telefunken Werbeanzeige. In: Ton Magazin, Januar/ Februar 1962, S.11.

350 Warum dieses Philips Tonbandgerät soviel kostet. Philips Werbeanzeige. In: hobby 19/1964, S.3.

351 Serenade für zwei Ohren. In: DM 2/1969, S.40-42, S.91-93, hier S.40.

Angebotspalette und charakterisierten das Tonbandgerät zunehmend als ein Gerät des privaten Aufnahmeexperten. Die Apparate der späten Sechzigerjahre, wie etwa das *Magnetophon 204 TS* von Te lefunken (Abb. 7), hatten präzisere Instrumente zur Aussteuerung und Kontrolle der Aufnahmen: Nicht mehr ein aufleuchtendes ma-

Abb. 7: Telefunken Magnetophon 204 TS,
Stiftung Deutsches Technikmuseum.

gisches Auge, sondern zwei getrennte, in dB geeichte Pegelinstrumente und ein vier- statt dreistelliges Bandzählwerk ermöglichten präzisere Einstellungen und ein exakteres Auffinden von Stellen in der Bandaufnahme (Abb. 8). Es gab zwei getrennte Regler zur Aussteuerung der beiden Stereo-Kanäle und die Aluminiumknöpfe wa-

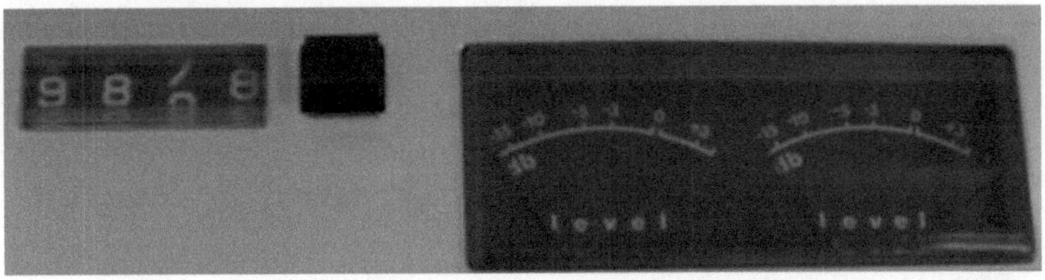

Abb. 8: Pegelinstrumente und Bandzählwerk des M 204 TS.

ren allesamt mit englischen Fachausdrücken wie „volume", „tone" und „record" beschriftet, sodass sie wie professionelle Studiotechnik wirkten.

Das funktionelle, technische Design rückte in der Gestaltung der Gehäuse in den Vordergrund, auf Zierleisten wurde verzichtet; klare Linien, Metall und Aluminium gaben dem Gehäuse das Aussehen eines Studiogerätes und machten das Gebrauchswertversprechen bester Aufnahme- und Wiedergabequalität.[352] Hier entwickelte sich die Gestaltung der Tonbandgeräte parallel zu der der Stereoanlagen und Plattenspieler und in Einklang mit den steigenden Anforderungen der Nutzer an die Klangwiedergabe aufgrund des Siegeszugs der Stereofonie (vgl. Kap. C.II). In der zweiten Hälfte der Sechzigerjahre erreichte die Professionalisierung der Heim-Tonbandgeräte ihren Höhepunkt, die „Modelle der Spitzenklasse" waren in Halb- sowie in Viertelspurausführung zu haben, sie versprachen „Studioqualität" und „beste Ausnutzung der Stereotechnik".[353] Dies lag auch in der Markteinführung der einfacheren, portablen Kassetten-Tonbandgeräte begründet, die zu dieser Zeit stattfand (Kap. D.III). Aufgrund des neuen Konkurrenzgerätes konzentrierten sich die Hersteller in der Vermarktung der Spulentonbandgeräte nun vermehrt auf die stationären, für anspruchsvolle Wünsche des Tonbandamateurs konzipierten Geräte.

Die Entwicklung des Designs der Heimgeräte zu immer professioneller anmutenden Studio-Apparaten fand die Zustimmung der Tonbandliebhaber. Das vermehrt „technische Gesicht" entsprach den aufwendigen Aneignungspraktiken dieser in der Diskussion prominent auftretenden Nutzergruppe.[354]

Die Tonbandamateure hinterfragen den technischen Fortschritt

Die in den Vereinen der Tonbandamateure versammelte Fachkenntnis und Spezialisierung wurden auch in der Diskussion um die Halb- und Viertelspurtechnik eingebracht. Die Viertelspurgeräte wurden von den Herstellern grundsätzlich als Band- und somit Kosten sparende Apparate angepriesen, da sie es aufgrund der doppelten Anzahl der Spuren möglich machten, eine Stereoaufnahme auf der gleichen Bandlänge wie eine Mono-Aufnahme auf einem Halbspurband aufzuzeichnen. Zugleich eröffneten sie durch die vier getrennt voneinander bespielbaren Spuren einen größeren

352 Vgl. z.B. Die neue Linie. Telefunken-Tonbandgeräte Magnetophon der 100er Serie. In: Telefunken Sprecher 28/1964, S.11.

353 Funkausstellung Stuttgart – Premiere der Neuheiten. In: Ton Magazin, September 1965, S.2.

354 Tonbandgerät der Spitzenklasse. In: hobby 20/1967, S.82-83, hier S.82.

Trickreichtum. Während bis dahin zusätzliche Aufnahmen auf eine bereits bespielte Spur nur mit der Tricktaste vorgenommen werden konnten, konnte man nun im Duo- und Multiplayverfahren eine Spur per Kopfhörer abhören und eine zweite Aufnahme taktgerecht auf einer anderen Spur aufspielen. Mit Hilfe eines Mischpultes konnten schließlich beide Spuren auf einer Spur zusammengelegt und abgemischt werden.[355]

Begrüßten die Tonbandfreunde auch die Möglichkeiten der Trickaufnahmen, bemängelten sie doch andererseits die Tonqualität, denn die war aufgrund der größeren Spurbreite bei Halbspurgeräten besser. Die doppelte Ausnutzung des Tonbands durch die Aufteilung in vier statt zwei Spuren erfolgte letztlich „auf Kosten eines etwas stärkeren Brummens und Rauschens und auf Kosten einer neuen Erscheinung, an die vorher niemand gedacht hatte, der ‚drop-outs'".[356] Daher wurde den Zweispurgeräten in der Fachliteratur der ambitionierten Nutzer der Vorzug gegeben, da der Ärger über drop-outs schwerer wiege als die Freude über die gesparten Bandkosten.[357] Die Industrie stellte sich auf die Bedürfnisse der Amateure ein, indem sie auch nach der erfolgreichen Einführung der Vierspurgeräte weiterhin Halbspurgeräte anbot, da „aus dem Kreise der Hi-Fi-Anhänger", die vor allem bestmögliche Klangqualität forderten, Bedenken laut geworden waren. „Diese auch für die Industrie wichtige Gruppe der Tonbandfreunde schwört[e] immer noch auf Halbspurtechnik mit einer Bandgeschwindigkeit von 19 cm/ s."[358]

Selbst innerhalb der Nutzergruppe der Tonbandamateure wurden somit unterschiedlichste Anforderungen bedient, und es wurden bestimmte Geräte in einer „verhältnismäßig geringen Auflage" produziert, um auch den speziellsten Wünschen gerecht zu werden und die beispielhaften Zugpferde des Umsatzes zufrieden zu stellen. Während die einen mit Vierspurgeräten bedient wurden, mit denen sich komplizierte Trickaufnahmen erstellen ließen, blieben für andere, denen vor allem die Klangqualität wichtig war, die Halbspurgeräte im Angebot. Allerdings hatten derartige Geräte auch einen entsprechenden Preis, so kostete das *Magnetophon 98* „für ver-

355 Vgl. Pfau, Zauberwort Stereo, S.83-84.

356 Menke, Stereo und HiFi, S.72. Bei abnehmender Spurbreite sinken Dynamik und Rauschabstand. Vgl. Schanz, Stereo-Taschenbuch, S.41.

357 Vgl. Menke, Stereo und HiFi, S.72.

358 Telefunken Technischer Pressedienst, Magnetophon 98 – ein neues Halbspur-Stereo-Tonbandgerät mit drei Köpfen, Oktober 1961, Archiv der GFGF.

wöhnteste Ansprüche"[359] stolze 869 DM.[360] Die „vielseitige[n] und komplizierte[n] Geräte" konnten ohnehin „vollständig nur von wenigen Spezialisten ausgenutzt werden", stellte Telefunken fest.[361]

Doch die Tonbandfreunde wünschten sich eigentlich ein Gerät, das sowohl Trickaufnahmen als auch beste Wiedergabequalität versprach: Schon zu Beginn der Sechzigerjahre forderten Magazine wie *hobby* und *der tonbandfreund* ein Gerät, das die Vorteile der Zweispur- und Vierspur-Modelle vereinte. Die „ungemein reizenden Möglichkeiten des Duoplay und des Multiplay [mussten] auch im Zweispurgerät zu verwirklichen" sein.[362] Diese Bemühungen waren von Erfolg gekrönt, und „mehrere maßgebende Firmen" nahmen Zweispurgeräte in ihr Lieferprogramm auf, die „die qualitativen Eigenschaften der Halbspurtonbandgeräte mit dem Trickreichtum der Viertelspurtechnik"[363] verbanden und auch stereofähig waren.[364] Vierspurgeräten haftete, trotz Verbesserungen der Gerätetechnik, wie etwa einer größeren Verstärkung und einer Verringerung des Störpegels,[365] weiterhin der Ruf der schlechteren Tonqualität an. Sie „taug[t]en für anspruchsvolle Tonliebhaber nicht", da sich kleine Fehler im Band bei der schmalen Spur allzu deutlich bemerkbar machten. Falls der Nutzer „hohe Ansprüche an die Wiedergabequalität" stellte, könnten ihm diese Mängel „den Spaß am Tonbandgerät verderben", stellte auch die *DM* in ihrem Test von acht Viertelspurgeräten fest.[366]

Während sich in Deutschland der Markt der Vierspurgeräte mit der vorrangigen Bandgeschwindigkeit von 9,5 cm/ s durchsetzte, da er „mittlere Konsumansprüche" befriedigte,[367] pochten viele Tonbandamateure weiterhin auf die bessere Tonqualität der breiteren Halbspur und der höheren Bandgeschwindigkeiten.

359 Telefunken Technischer Pressedienst, Tonbandgeräte „Magnetophon" 1962/63, April 1962, Archiv der GFGF.

360 Telefunken Technischer Pressedienst, Magnetophon 98 – ein neues Halbspur-Stereo-Tonbandgerät mit drei Köpfen, Oktober 1961, Archiv der GFGF.

361 Magnetophon automatic. Das erste automatische Tonbandgerät der Welt. In: Telefunken Sprecher 18/1962, S.6-8, hier S.7.

362 …und es geht doch: 1:0 für die Halbspur. In: hobby 14/1961, S.69-73.

363 Dr. Ton Bandl. In: Ton Magazin, August 1964, S.39.

364 Tonbandgeräte – kritisch betrachtet. In: der tonbandfreund 3/1964, S.61.

365 Vgl. Schanz, Stereo-Taschenbuch, S.41.

366 Test Tonbandgeräte. In: DM 45/1964, S.11-20, hier S.12.

367 Musik am laufenden Band. In: DM 24/1967, S.14-19.

Seit etwa 1962/63 rückte dann allerdings auch jener große potenzielle Käuferkreis, der nach Einschätzung von Telefunken „aus Scheu vor der Bedienung“ noch mit der Anschaffung eines Tonbandgerätes zögerte, stärker in den Blick der Hersteller.[368] Durch eine Vereinfachung der Bedienungsvorgänge, die insbesondere durch eine Automatisierung der Aussteuerung erreicht werden sollte, versuchte man auch die ‚technikscheuen‘ Konsumenten zu erreichen. Das Tonbandgerät sollte vom Instrument des Bastlers zum einfachen Unterhaltungsapparat umgedeutet werden, um eine Domestizierung durch größere Käuferkreise zu ermöglichen. Dass jene automatischen Geräte, deren Vorreiter das *Magnetophon automatic*, das „denkende Tonbandgerät“ von Telefunken,[369] war, nicht die Zustimmung der bastelfreudigen Tonbandenthusiasten fand, ist naheliegend. Fachmagazine wie die *Funkschau* und selbst die Zeitschrift *hobby* lobten die Automatisierung zwar und hoben hervor, dass die neue Bedienungsvereinfachung „viel sicherer als der Mensch“[370] arbeite, den Nutzern „die Scheu vor dem ‚technischen Apparat‘“ nehme und neue Käuferkreise erschließen könne,[371] die sich „die führerscheinfreie Bedienung“[372] wünschten. Doch die ‚eingefleischten‘ Band-Profis distanzierten sich: *Ton Magazin* und *tonbandfreund* ordneten die automatischen Geräte ganz klar den Anfängern zu. Zielgruppe für sie die „weniger geübte[n] Tonbandler“,[373] nicht aber die ehrgeizigen Bastler. Die Aussteuerungsautomatik nahm die „letzte Hürde im Umgang mit Tonbandgeräten“, da eine gute Automatik „die erfahrene Hand des Tonmeisters“ ersetzen könne.[374]

Doch die in der Werbung inszenierten Nutzungssituationen, die den Konsumenten bei der gelassenen und entspannten Bedienung eines Gerätes zeigten, das nicht die volle Aufmerksamkeit und Konzentration erforderte, entsprachen weder den Nutzungschoreografien noch der Selbsteinschätzung der Tonbandfreunde (Abb. 9). Pfeife rauchend und mit hochgelegten Füßen wirkte der Nutzer nicht wie ein ‚Toningenieur‘, sondern er schien seine Freizeit

368 Telefunken Sprecher, verkauf+service, Nr.9/1961, S.49-62, Archiv der GFGF.

369 Mitteilungen an unsere Geschäftsfreunde. Das denkende Tonbandgerät. In: Telefunken Sprecher 20/1962, S.23.

370 Das denkende Tonbandgerät. In: hobby 15/1962, S.64-67, hier S.66.

371 Konsul Max Grundig, Unterhaltungs-Elektronik – Morgen! In: Funkschau 1/1963, S.8,

372 Tonbandeln – leicht gemacht. In: Ton Magazin, August 1965, S.35-36, hier S.36.

373 Automatische Aussteuerungsregelung bei Tonbandaufnahmen. In: der tonbandfreund 5/1967, S.80-81, hier S.81.

374 Tonbandeln – leicht gemacht. In: Ton Magazin, August 1965, S.35-36, hier S.35.

mit dem einfachen Gerät eher passiv konsumierend zu genießen. Die Nutzer waren, so die Werbung, „befreit von Überlegungen und komplizierten Handgriffen" und „erzielten hundertprozent richtige Aufnahmen".[375]

Abb. 9: Werbebroschüre Telefunken Magnetophon automatic, Archiv der GFGF (Original in Farbe).

Die Tonbandamateure aber betrieben ihr „schöpferisches" Hobby mit viel Ehrgeiz und wollten sich gerade nicht einfach berieseln lassen oder mit einem Knopfdruck aus dem Radio aufnehmen. Sie profilierten sich über ihre Erfahrungen, ihre Fertigkeiten im Umgang mit der Technik und über ihre Professionalisierung des Hobbys, und daher erschien es ihnen „als eine unnötige Beschränkung der Anwendungsmöglichkeiten eines Tonbandgerätes", „wenn man auf die vielfachen Effekte, die sich durch die Handbedienung der Aussteuerung erzielen lassen, verzichten" müsste.[376] Aus diesem Grund bevorzugten sie Geräte ohne Automatik.

375 Broschüre Telefunken Magnetophon automatic, 1962, Archiv der GFGF.

376 Das „automatische" Tonbandgerät. In: der tonbandfreund 11/1967, S.240-241.

Ansprüche der Amateure an portable Geräte

Das professionelle Heimgerät, das per Hand eingestellt und ausgesteuert wurde und möglichst viele Anwendungsweisen ermöglichte, ergänzte der Tonbandamateur im Idealfall durch ein portables Gerät, um Originaltöne in freier Natur oder in der Stadt für seine Hörspiele aufzuzeichnen.

Schon zu Beginn der Sechzigerjahre waren tragbare Tonbandgeräte im Angebot. Die Firma Uher war mit ihren *report*-Modellen der Vorreiter auf dem Markt und bot transistorisierte, tragbare Geräte an, die trotz ihrer kleinen Abmessungen und des geringen Gewichts mit allen vier verfügbaren Bandgeschwindigkeiten betrieben werden konnten, also „alle Aufnahmearten von der HiFi-Aufzeichnung bis zum Protokoll langer Konferenzen" ermöglichten. Sie seien „für alle Gebiete des professionellen Einsatzes hervorragend geeignet" und wurden in den Werbeanzeigen zumeist in professionellen Kontexten inszeniert.[377] Oft wurde das Uher *report* am Tragegurt auf der Schulter eines Mannes im Trenchcoat, der das Mikrofon gezückt hielt, gezeigt. So schien es das perfekte Gerät für Reportagen und Interviews zu sein. Auch durch seinen Namen wurde es der Sphäre der Reporter und Journalisten zugeordnet und versprach eine Tonqualität, die dem Standard der Rundfunkstudios entsprach, dem die Tonbandamateure nacheiferten. Durch die Aufnahme von Geräuschen ließ sich die Unmittelbarkeit und Authentizität ihrer Reportagen und Hörspiele erhöhen; auch hier orientierten sie sich an der Qualität von Radiosendungen.[378] Daher bevorzugten sie auch für unterwegs Geräte mit möglichst hohen Bandgeschwindigkeiten, da dann beim Überspielen der mobil angefertigten Aufnahmen mit einer Bandgeschwindigkeit von 19 cm/ s auf ein Band mit 9,5 cm/ s „keinerlei Qualitätsverluste" auftraten.[379] Die *report*-Geräte waren „auf alle Belange des Amateurs zugeschnitten" und reich-

377 Überall und jederzeit. Uher 4000 report. Uher Werbeanzeige. In: Ton Magazin , Mai/ Juni 1962, S.77.

378 Portable Magnetbandaufzeichnungsgeräte waren schon in den Fünfzigerjahren im Rundfunk zum Einsatz gekommen, in Frankreich wurde der Firmenname Nagra des Schweizer Geräteherstellers, der die französischen Rundfunkanstalten ausrüstete, zum Synonym für alle portablen Magnetbandaufzeichnungsgeräte. Vgl. Andreas Fickers, Die Anfänge des kommerziellen Rundfunks im Saarland. Die Geschichte der Saarländischen Fernseh AG (Tele-Saar und Europe No.1). In: Rainer Hudemann (Hg.), Medien zwischen Demokratisierung und Kontrolle (1945-1955), München 2010 (=Medienlandschaft Saar von 1945 bis in die Gegenwart; Bd.1), S.241-308, hier S.293.

379 Batterietonbandgerät Uher 4000 report S. In: der tonbandfreund 19/1963, S.296-300, hier S.300.

ten „schon weit in professionelle Bereiche und Anwendungsmöglichkeiten hinein".[380]

Möglichst hochwertige tragbare Geräte sollten die Dia-Vertonungen der Tonbandfans optimieren: Musik und Geräusche sollten nicht mehr nachträglich zu den Bildern ausgewählt werden, sondern das Tonbandgerät müsste „mit auf die Reise genommen" werden,

> *„um die später benötigten Geräusche, die Gespräche mit Pensionswirtinnen, Urlaubsbekanntschaften oder Taxichauffeuren, um das Läuten der Kuhglocken auf der Alm usw. im Original einzufangen."*[381]

So stellten die Tonbandliebhaber auch im Fall der netzunabhängigen, mobilen Geräte, die sich während der Sechzigerjahre zunehmend auf dem Markt behaupteten, andere Anforderungen als die Nutzer, die nur Musik mitschnitten: Die billigeren und einfacheren Batteriegeräte, die seit Mitte der Sechzigerjahre auf den Markt kamen und nur über eine oder zwei Bandgeschwindigkeiten verfügten, kamen nur für „anspruchslosere Käufer" in Betracht, nicht aber für die Tonbandenthusiasten, „die von einem Tonbandgerät einiges verlang[t]en."[382] (Die preisgünstigen und robusten Tonbandgeräte am Henkel dienten vielmehr den anderen Zielgruppen, wie den Hit-jagenden Teens und Twens, und werden im folgenden Kapitel erneut aufgegriffen.)

Auch die Warentester der Zeitschrift *DM* forderten eine zielgruppengerechte Entwicklung von portablen Geräten. Die Industrie dürfe nicht versuchen, „ein möglichst preiswertes, qualitativ gutes Gerät mit universellem Verwendungszweck zu basteln", sondern müsse Musikliebhaber einerseits und Tonbandliebhaber andererseits bedienen.[383]

Zusammenfassung

Die ambitionierten Tonbandfreunde traten also – insbesondere durch ihre Zeitschriften – konstant und konsequent für ihre hohen Anforderungen an die Geräte ein. Am Beispiel des *Magnetophon 77* konnte ich zeigen, welche Funktionen und Anwendungsmöglichkeiten ein Amateur-Tonbandgerät charakterisierten, und

380 Batterietonbandgerät Uher 4000 report S. In: der tonbandfreund 19/1963, S.296-300, hier S.296.

381 Neu im Reisegepäck: Das Tonbandgerät. Wenn der Frühling kommt! In: der tonbandfreund 5/1964, S.129-130, hier S.129.

382 Test Batterietonbandgeräte. In: DM 15/1965, S.44-50.

383 Test Batterietonbandgeräte. In: DM 15/1965, S.44-50.

dass die Tonbandenthusiasten die Trickaufnahmen und die Stereofonie auf Band schätzten. In ihrer Rolle als einflussreiche Zielgruppe, der auch seitens der Hersteller eine große Bedeutung in der weiteren Popularisierung des Tonband-Hobbys zugesprochen wurde, standen die Tonbandfreunde im regen Austausch mit der Industrie: Ihre Zeitschriften bewerteten Geräte und Zubehör und äußerten Anforderungen an zukünftige Modelle. Sie begrüßten die Erweiterung des Angebots an Zubehörteilen, um die kreativen und intermedialen Eigenschaften des Tonbandgeräte-Dispositivs noch weiter ausschöpfen zu können, und forderten eine ständig fortschreitende Professionalisierung der „Heimstudio"-Technik, die möglichst eng Schritt halten sollte mit den Entwicklungen der Rundfunkstudios. Dies galt auch für die Tonqualität der Aufnahmen, die unter den Trick- und Bearbeitungsmöglichkeiten nicht leiden durfte, weswegen die Amateure etwa für eine Kombination der Vorzüge von Vier- und Zweispurgeräten plädierten und bei den Herstellern auch Gehör fanden. Und auch portable Geräte mussten höchste Qualitätsansprüche erfüllen, um hochwertige Hörspiele mit Original-Geräuschaufnahmen erstellen zu können.

Die Automatisierung der Tonbandgeräte war Ausdruck des Strebens der Industrie nach einem größeren Absatzmarkt und richtete sich nicht an die ambitionierten, sondern eher an die technisch weniger interessierten Nutzer. Die Tonbandfreunde wollten sich die Aussteuerung ihrer Aufnahmen nicht aus der Hand nehmen lassen, denn für sie waren gerade die Professionalität, mit der sie ihr Hobby betrieben, und ihr technisches Können ein wesentliches Distinktionsmerkmal, das sie von den einfachen Hörern abhob.

II.2.4 Tonbandeln als schöpferische Freizeitgestaltung – Die kreativen Klangwelten der Amateure

Seit Mitte der Fünfzigerjahre stieg der Absatz von Tonbandgeräten infolge der Massenproduktion und der Preisreduzierungen stark an. Anhand des vorliegenden Zahlenmaterials fällt es schwer, belastbare Aussagen über die Verbreitung von Tonbandgeräten in der Bundesrepublik zu treffen. Ich skizziere im Folgenden einige Tendenzen, um dann die Nutzungspraktiken der Amateure zu beleuchten.

1957 wurden 166.000 Geräte, 1959 schon 297.000 Geräte verkauft.[384] Doch im Vergleich zu Plattenspielern blieb die Ausstattungsquote

384 Dussel, Medienkonsum als Ausdruck sozialen Lebensstils, S.659f.

gering: 1959 verfügten nur etwa 3% aller westdeutschen Haushalte über ein Tonbandgerät, allerdings schon 27% über einen Plattenspieler. [385]

Im März 1963 vermutete *der tonbandfreund*, die Zahl der Tonbandgeräte habe sich seit 1959 verdoppelt.

> *„Es gibt leider keine genauen statistischen Unterlagen für die von uns genannten Zahlen; sie korrespondieren aber mit den Aufzeichnungen der deutschen Tonbandgeräte-Industrie. Es wurde von einer dieser Firmen gelegentlich der Technischen Messe in Hannover eine Zahl von ca. 1,5 Millionen in Betrieb befindlicher Tonbandgeräte genannt."*[386]

Demnach waren zu Beginn des Jahres 1963 etwa 7,6% der westdeutschen Haushalte im Besitz eines Tonbandgerätes.[387] Einen Monat später ging die Redaktion des *tonbandfreund* allerdings schon davon aus, dass in jedem achten Haushalt, also in 12,5%, ein Tonbandgerät vorhanden war.[388] Für Ende 1965 rechnete man mit etwa 5 Mio. Tonbandgeräten in Westdeutschland, sodass etwa 25% der deutschen Haushalte ein Tonbandgerät besäßen.[389]

Diese Schätzung stimmt jedoch nicht mit dem Umfrageergebnis des DIVO-Institutes von 1965 überein, die für Tonbandgeräte einen Ausstattungsgrad von 10% und für Musikschränke 14% ermittelten.[390] Selbst wenn davon ausgegangen wird, dass in einigen Musikschränken ein Tonbandgerät enthalten war, liegt das Ergebnis doch unter den Schätzungen des *tonbandfreund*.

Selbst 1968 schienen die 25% noch nicht erreicht zu sein, zumindest gab die *DM* an, in jedem fünften Haushalt (20%) werde „Akustik konserviert".[391] Anhand dieser vorliegenden Zahlen lässt sich keine eindeutige Ausstattungsquote ermitteln. Festgehalten werden kann nur, dass die Verbreitung von Tonbandgeräten seit der zweiten Hälfte der Fünfzigerjahre bis Ende der Sechzigerjahre deutlich zu-

385 Dussel, Medienkonsum als Ausdruck sozialen Lebensstils, S.659f.

386 Die Tonbandindustrie in Deutschland und der Welt. In: der tonbandfreund 3/1963, S.68-70, hier S.68.

387 Rytlewski/ Opp de Hipt, Die Bundesrepublik in Zahlen, S.42 gibt für 1963 eine Zahl von 19.850.000 Haushalten an.

388 Das Tonband erobert sich das Wohnzimmer. In: der tonbandfreund 4/1963, S.101-102, hier S.101.

389 Die Tonbandindustrie in Deutschland und der Welt. In: der tonbandfreund 3/1963, S.68-70, hier S.68.

390 DIVO-Institut, Der westdeutsche Markt in Zahlen, Frankfurt a. M. 1965, S.156.

391 Test Standard-Tonbandgeräte. Hast Du Töne? In: DM 9/1968, S.40-43&90-93, hier S.40.

nahm, sehr wahrscheinlich aber nie in mehr als jedem vierten Haushalt ein Tonbandgerät vorhanden war.

In der Aneignung der Geräte bildeten sich einerseits die Tonbandamateure, die ihr Hobby mit viel Leidenschaft verfolgten, und andererseits die zumeist jüngeren Nutzer, die das Tonband vorrangig als Musikspeicher einsetzten, als sehr unterschiedliche Nutzergemeinschaften aus. Beide gestalteten eigene Klangwelten: Die einen, indem sie Hörspiele und Familienfeiern aufzeichneten, Dias und Schmalfilme vertonten, die anderen, indem sie ihre Lieblingsmusik mitschnitten und sie jederzeit abspielen konnten, um so ihre eigene akustische Umgebung abzugrenzen und sich abzusetzen von der älteren Generation. Im Folgenden werde ich die Praktiken der Amateure etwas detaillierter betrachten.

> *„Für den Amateur ist das Tonband ein modernes und zugleich erfreulich vielseitiges Hobby mit so vielen akustischen Möglichkeiten. Die Vertonung der Urlaubsdias, ein klingendes Gästebuch, akustische Spielereien aller Art, es ist für jeden, der sich mit dem Tonband angefreundet hat, eine fast unerschöpfliche Quelle des Vergnügens.“*[392]

Der größte deutschsprachige Tonbandamateurklub, der *Ring der Tonbandfreunde,* hatte 1964 etwa 3.300 Mitglieder.[393] Sie waren die Spezialisten unter den Tonbandnutzern. Diese zwar verhältnismäßig kleine, aber einflussreiche und in ihren Meinungen deutlich vernehmbare Konsumentengruppe setzte sich tatsächlich mit dem Tonbandgerät in all seinen Facetten auseinander. Sie gründeten Landesgruppen mit eigenen Vorsitzenden, schlossen sich in „Hörspielgruppen“, „Reporterteams“ und „Diskussionsgruppen“ zusammen und „verton[t]en gemeinsam Dias und Schmalfilme“.[394]

> *„Dann kam die aufregende Zeit als Tonbandamateur. Spulentonbänder (Mono) mit 3 Geschwindigkeiten (4,75, 9,5 und 19 cm/ Sekunde) waren das Maß aller Dinge. Vereinsmäßig aktiv machten wir mit selbstgebauten Mischpulten eine Art Privatradio. Es gab sogenannte Rundbänder, gesammelte Tonbeiträge, die unter den Mitgliedern die Runde machten und wo jeder am Ende der Beiträge seine Kritik oder sein Lob aufsprechen konnte. […] Der Gerätepark wurde laufend je nach finanziellen Möglichkeiten ergänzt.“*[395]

392 Tonband-Probleme. In: der tonbandfreund 7/1964, S.200.

393 Ring der Tonbandfreunde. In: Ton Magazin, Oktober 1964, S.10.

394 Ring der Tonbandfreunde. In: Ton Magazin, Oktober 1964, S.10.

395 Leo1937m, Eintrag „Tonbandamateure“ am 31.05.2008 auf www.phono-erinnerungen.de.

Diese Erinnerungen illustrieren die hohen Ansprüche, die die Tonbandfreunde an sich und an ihr Hobby stellten: Sie wollten nicht vom Rundfunk abhängig sein oder gar an dessen „übernommenen Mustern und Modellen haften" bleiben, sondern das Ziel war der „bewußte Ausbruch aus der Versorgung durch ein Programm und der Versuch, zu Eigenlösungen zu gelangen." Nicht etwa sollte das Hörfunkprogramm kopiert werden – ganz im Gegenteil: „Dem Rundfunkhörer an der ‚Konsumfront' hat[te] der Amateur der Tonaufnahme viel voraus."[396] Anders als der reine Hörer, der sich berieseln ließ und abhängig war von vorgegebenen Programmen, bewohnte der Tonbandbastler „seine eigene, private Hörwelt, und die Technik dient[e] ihm als Werkzeug und Material zu ihrer Gestaltung."[397]

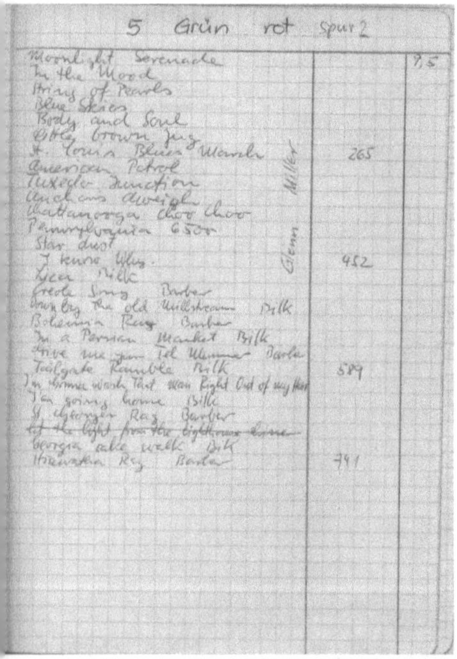

Abb. 10: Notizbuch zu privaten Tonbandaufnahmen.

Gewissenhafte Tonbandnutzer dokumentierten ihre Aufnahmen in DIN A 5 Heftchen mit handschriftlichen Notizen (Abb. 10) oder sogar ganz akribisch auf Karteikarten in Schreibmaschinenschrift. Auch einige Band- und Gerätehersteller wie etwa BASF oder Grundig boten vorgedruckte Karteikarten an, welche die zu notierenden Details vorgaben (Abb. 11).[398] Der Ehrgeiz und die Ernsthaftigkeit des Hobbys manifestierten sich auch in der Teilnahme an Wettbewerben.

An den Philips-Tonband-Wettbewerben beteiligten sich viele Amateure, der *tonbandfreund* machte auf die Ausschreibungen aufmerksam und berichtete von erfolgreichen Einsendungen der Mitglieder.[399] Auch während der Sechzigerjahre druckte der „tonbandfreund" jedes Jahr die Wettbewerbsankündigungen des *Nationalen Wettbewerbs der besten Tonaufnahme* (*NWT*) ab, der als Vorentscheid zum *Internationa-*

396 Mikrofon und Tonband in der Hand des Amateurs. In: fonoforum 4/1959, S.33.

397 Mikrofon und Tonband in der Hand des Amateurs. In: fonoforum 4/1959, S.33.

398 Die Auszüge aus Notizbuch und von BASF-Karteikarten stammen vom Tonbandnutzer Wolfram Beckert, e-mail an die Autorin vom 05.11.2008 (aufgrund eines Aufrufes über www.phono-erinnerungen.de).

399 Vgl. z. B.: der tonbandfreund 4/1963, S.111. Vgl. auch: der tonbandfreund 4/1965, S.119.

len Wettbewerb der besten Tonaufnahme (IWT) fungierte.[400] In Vorbereitung der Wettbewerbe wurde die Kritik an den Aufnahmen vergangener Wettbewerbe nochmals aufgegriffen, um „Hinweise zu geben, wie Fehler zu vermeiden sind."[401]

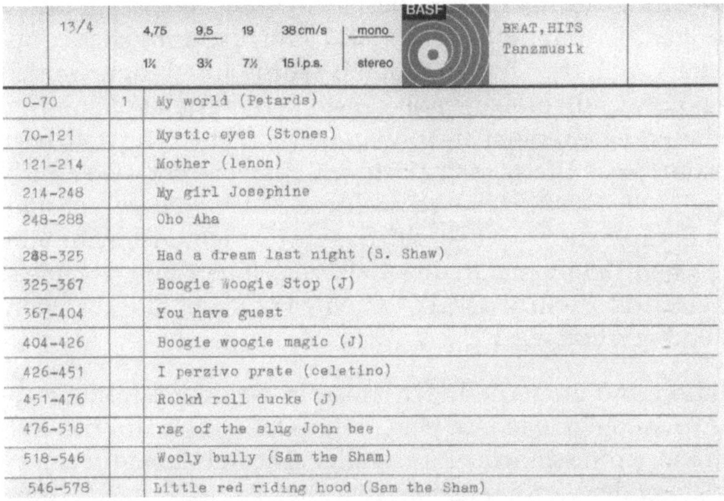

13/4	4,75 9,5 19 38 cm/s — 1⅞ 3¾ 7½ 15 i.p.s.	mono / stereo — BASF	BEAT, HITS Tanzmusik
0-70	1	My world (Petards)	
70-121		Mystic eyes (Stones)	
121-214		Mother (lenon)	
214-248		My girl Josephine	
248-288		Oho Aha	
288-325		Had a dream last night (S. Shaw)	
325-367		Boogie Woogie Stop (J)	
367-404		You have guest	
404-426		Boogie woogie magic (J)	
426-451		I perzivo prate (celetino)	
451-476		Rockn roll ducks (J)	
476-518		rag of the slug John bee	
518-546		Wooly bully (Sam the Sham)	
546-578		Little red riding hood (Sam the Sham)	

Abb. 11: BASF Karteikarte mit Notizen zu Tonbandaufnahmen.

Die Teilnahme an Wettbewerben und womöglich gar ein Platzierung unter den ersten Rängen bot die Chance, sich in der ‚Community' als besonders versierter und geschickter Tonbandnutzer hervorzutun.

> *„Nationale und internationale Wettbewerbe mit Jurywertung in vielen Kategorien (eigene Musikaufnahmen, Trickaufnahmen, Hörspiele, Reportagen und ähnliches) gaben den gewissen Kick für aktive Tonbandler"*,[402]

erinnert sich ein ehemaliger Amateur. Platzierungen bei Wettbewerben wurden im *tonbandfreund* verkündet[403] und gefeiert, die erfolgreichen Mitglieder gaben ihre Erfahrungen an die Vereinskol-

400 Vgl. z.B. Aufruf NWT und IWT 1963. In: der tonbandfreund 7/1963, S.193-196; Aufruf NWT und IWT 1964. In: der tonbandfreund 9/1964, S.253-255; Aufruf NWT 1967. In: der tonbandfreund 5/1967, S.77-78.

401 NWT-IWT 1964. In: der tonbandfreund 2/1964, S.48-51.

402 Leo1937m, Eintrag „Tonbandamateure" am 31.05.2008 auf www.phono-erinnerungen.de.

403 Der große internationale Wettbewerb der besten Tonaufnahmen. In: der tonbandfreund 11/1964, S.317-319; NWT 1965. In: der tonbandfreund 10/1965, S.290-291.

legen weiter.[404] Im Jahr 1964 gewann eine Gemeinschaft von vier Tonbandfreunden mit ihrem Hörspiel die nationale Ausscheidung und belegte beim internationalen Wettbewerb den zweiten Platz. Die Amateure berichteten im *tonbandfreund*, dass „angefangen von der Ausarbeitung der Idee über die Herstellung des Drehbuches bis zur fertigen Vertonung des Hörspiels" durchschnittlich vier bis fünf Monate vergingen. Zur Aufnahme wurde im „Wohnzimmer-Studio" ein aufwendiger Gerätepark installiert, bestehend aus vier stationären und einem mobilen Tonbandgerät (natürlich von Uher), teils Halbspur-, teils Viertelspurgeräte; ein Stereoapparat war auch dabei. Mischpult, Echomixer und mehrere Mikrofone vervollständigten das Equipment.[405] Es fällt auf, dass im Bericht viel mehr von den technischen Details die Rede ist als vom Inhalt des Hörspiels. Der Leser erfährt lediglich, dass es um eine Frau geht, die „in einen Angstzustand versetzt wird".

Die Redaktion und auch die Leser gaben in der Regel weniger inhaltliche Anregungen, sondern eher technische Tipps, um die Aufnahmen immer professioneller zu gestalten. Die Ratschläge bezogen sich zumeist auf die Vertonung von Dias, die „Tonjagd" nach Geräuschen für Hörspiele und das Aufnehmen von Tonbandbriefen. „Tönende Dias" sollten „lange Winterabende" der Amateure beleben,[406] und der Ton zum Dia galt nicht als Luxus, sonders als absolutes Muss.[407] Ansonsten könnten die Urlaubsbilder ihre volle Wirkung nicht entfalten. Um diese „Unvollkommenheit" zu beheben, galt es in den Augen der Amateure, die Bilder mit Geräuschen und gesprochenen Kommentaren zu unterlegen. Hier waren zahlreiche Regeln zu beachten und technische Kniffe zu beherrschen. Zunächst einmal musste „das Wohnzimmer zum Tonstudio" werden:

> *„Um weitgehend jeden ‚Nachhalleffekt' – wie der Fachmann sagt – zu vermeiden, betteten wir das Mikrofon auf die weichen Kissen der Couch, zogen die Vorhänge zu und schirmten die große Zimmerwand durch unsere auf dem Stativ aufgehängte Leinwand ab, der wir eine*

404 Zum Hörspiel ‚Angst'. In: der tonbandfreund 3/1964, S.65-66 (Ein Hörspiel von Mitgliedern des RdT erreichte den zweiten Platz beim IWT).

405 Zum Hörspiel ‚Angst'. In: der tonbandfreund 3/1964, S.65-66, hier S.65.

406 Tönende Dias beleben lange Winterabende. In: der tonbandfreund 1/1963, S.11-12. Weitere Artikel zur Dia-Vertonung im „tonbandfreund": Die eigenen Diapositive selbst vertont. In: der tonbandfreund 1/1963, S.5-7; Das tönende Dia-Positiv. In: der tonbandfreund 1/1964, S.13-16 u.v.m.

407 Der Ton zum Dia ist kein Luxus. In: Ton Magazin, April 1964, S.46-48.

Reisedecke überwarfen – das übrige an Echo-Abschirmung leistete unser (echter) Perserteppich."[408]

Doch auch bei der Kommentierung der Bilder durfte der Amateur nicht einfach „alles das in Worte [...] fassen, was das Dia selbst bereits farbenfroh und haarscharf zeigt". Es galt zusätzliche Informationen zu ermitteln, der Sprecher musste „Quellen studieren, Jahreszahlen feststellen" und war so gezwungen sich eingehender mit den Motiven zu beschäftigen. Erst in dieser „Liebhaberei mit System" sahen die Tonbandamateure den wirklichen Sinn ihres Hobbys.[409]

Es wurden „Drehbücher" für Diashows angelegt, in denen detailliert notiert wurde, welches Dia mit welchen Geräuschen, Kommentaren oder Musikeinblendungen unterlegt wurde und an welcher Stelle des Bandes sich die einzelnen Aufnahmen befanden (vgl. Abb. 12).[410]

Und erst mit den passenden, möglichst originalen Geräuschen wurden Dias und Schmalfilme vervollkommnet. Die Tonjagd verlangte zwar viel Geduld von den ‚Jägern' – „man versuche nur einmal das Geräusch einer abfahrenden Straßenbahn auf dem Tonband einzufangen" – doch machten die „selbstgejagten Geräusche" dem Amateur „mehr Spaß"

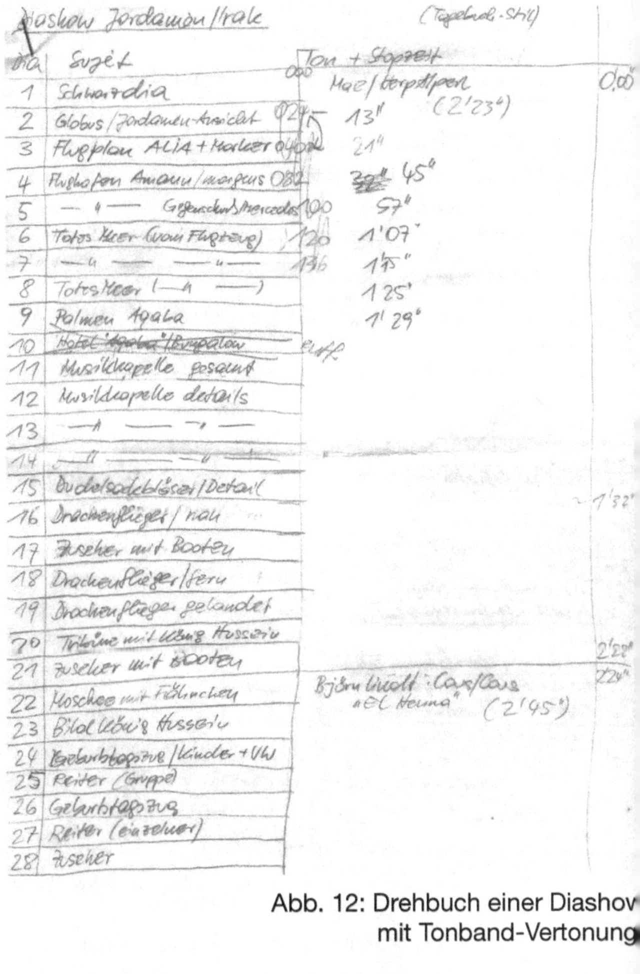

Abb. 12: Drehbuch einer Diashow mit Tonband-Vertonung

408 Der Ton zum Dia ist kein Luxus. In: Ton Magazin, April 1964, S.46-48, hier S.46.

409 Der Ton zum Dia ist kein Luxus. In: Ton Magazin, April 1964, S.46-48, hier S.46.

410 Das Drehbuch stammt vom Tonbandnutzer Harald Obst, e-mail an die Autorin vom 13.11.2008 (aufgrund eines Aufrufes über www.phono-erinnerungen.de).

als die Geräuschbänder, wie sie etwa die BASF fertig vorbespielt auf den Markt gebracht hatte.[411]

Die Ton-„Schnappschüsse mit dem Tonband" waren eine Möglichkeit, Hörspiele und Diashows zu perfektionieren und sich als besonders passionierter Tonamateur hervorzutun.

> *„Nur ein Amateur bringt die Hingabe auf, ein Jahr lang auf das ‚vollkommene' Gewitter zu warten oder sechzehn französischsprechende Papageien aufzustöbern und aus ihren Stimmen eine ‚Unterhaltung' zurechtzumachen",*[412]

kommentierte auch das *Ton Magazin* die Leidenschaft dieser Nutzergruppe. Die ambitionierten Tonbandnutzer wollten möglichst kreativ sein, möglichst viel selber machen, selber aufnehmen und selber vertonen. In ihren Augen war „selbst die ganz private Vorführung der Urlaubsdias im Freundes- oder Familienkreis ohne dazugehörenden Ton […] eigentlich schon nicht mehr ‚up to date'".[413] In ihren Zeitschriften lernten die Nutzer die „Grundsätze für den Tonbandschnitt",[414] erhielten Tipps auch für ausgefallenste Geräuschaufnahmen und tauschten sich aus.[415] Auch die Aufnahme und der Versand von Tonbandbriefen waren ein Thema[416] und der *RdT* vermittelte Kontakte für den Tonbandbrief-Austausch.[417] „Regeln über die Gestaltung eines Tonbandbriefes"[418] wurden diskutiert und das „Schreiben per Band" blieb „kein kleines Hobby am Rande mehr". Entsprechend der Werbung der Gerätehersteller fand der Austausch per Tonband einige Anhänger, und auch die Band-Anbieter wie etwa BASF brachten „für diese Zwecke ein besonderes Briefband heraus".[419] Engagierte Tonbandbrief-Nutzer bastelten sel-

411 Jagdabenteuer in der Großstadt. Geräusche kann man immer gebrauchen! In: der tonbandfreund 4/1963, S.100.

412 Schnappschüsse mit dem Tonband. In: Ton Magazin, Februar 1964, S.3.

413 Jagdabenteuer in der Großstadt. Geräusche kann man immer gebrauchen! In: der tonbandfreund 4/1963, S.100.

414 Grundsätze für den Tonbandschnitt. In: der tonbandfreund 12/1967, S.3-4.

415 Nicht ganz einfach – aber lohnend. Orgelaufnahmen in der Kirche. In: der tonbandfreund 3/1968, S.49-51.

416 Schreib mir mal? – Sprich mir mal! In: Ton Magazin, Juli 1963, S.42-43.

417 Wie komme ich zum Bandaustausch mit Tonbandfreunden? In: der tonbandfreund 2/1965, S.53.

418 10 Regeln über die Gestaltung eines Tonbandbriefes. In: der tonbandfreund 1/1963, S.3-4.

419 Das „Schreiben" per Band. In: der tonbandfreund 2/1964, S.39.

ber Versandkartons für die kleinen Tonbandbrief-Spulen, und auch dieser Teil des Tonband-Hobbys wurde zur Perfektion gebracht:

„Tonbandschachteln und Versandkartons kann man auch mit Postkarten-Ausschnitten oder mit unserem eigenen Foto bekleben. Unser Partner sieht dann gleich, woher das Band kommt und er wird sich bestimmt darüber freuen. Er wird erkennen, daß wir uns Mühe gegeben haben, und wird wissen, daß uns etwas am Austausch mit ihm liegt. Bei der Rückantwort wird er uns diese Mühe zu danken wissen."[420]

Zahlreiche weitere ‚Basteltipps' beschränkten sich nicht auf die Versandkartons für Tonbandspulen: Windschutzvorrichtungen für Mikrofone aus zusammengelöteten Kaffeesieben[421] wurden hier ebenso mit Selbstbauanleitung vorgestellt wie eine Archivkartei für Tonbänder.[422] Und auch die Zeitschrift *hobby* regte ihre Leser gar zum Nachbau eines „Regiepults", des „Traum[s] eines ernsthaften Tonbandamateurs", an, auf dem zwei Tonbandgeräte, ein Plattenspieler, ein kleines Mischpult und weiteres Zubehör untergebracht werden konnten.[423]

Der hohe Aufwand, das Engagement und die Leidenschaft, mit der viele Tonbandamateure ihr Hobby betrieben, werden aus den zahlreichen Schilderungen in ihren Zeitschriften deutlich. Der *Ring der Tonbandfreunde* plante einen Tonbandlehrgang auf Band, der große Resonanz unter den Mitgliedern fand: Alle sollten mit ihren Erfahrungen und ihrem Wissen zur Erstellung einer Tonbandaufnahme beitragen, auf der Tipps für die private Aufnahme, für verschiedene Anwendungen des Tonbandes gesammelt wurden. [424]

Und sogar einige Jugendliche wandten sich den kreativen Möglichkeiten des Tonbandgerätes zu. Insbesondere das Aufnehmen und Verschicken von Tonbandbriefen waren beliebt.

„Meine ältere Schwester hatte eine Bekannte in Bogota in Kolumbien. Die Familie haben wir als Messegäste in Düsseldorf kennen gelernt, als sie bei uns gewohnt haben. Die hat uns mal ein Tonband geschickt,

420 Versand-Kartons selbst gemacht. In: der tonbandfreund 9/1964, S.270-271, hier S.271.

421 Der Praktiker-Tip des Monats. Mein Windschutz-Korb. In: der tonbandfreund 9/1964, S.258.

422 Archivkartei für Tonbänder 2/1967, S.24-25.

423 Regiepult für Tonmixer. In: hobby 12/1962, S.114-117.

424 Nachsitzen für Tonbandfreunde. In: der tonbandfreund 3/1964, S.66-67.

auf dem sie dann so erzählt hat. Sozusagen ein richtiger Hörbrief, und wir haben dann eine Nachricht zurückgeschickt.“[425]

Die Aufzeichnung einfacher Tonbandbriefe war recht unkompliziert, wenn sie nicht die Ansprüche der Amateure erfüllen mussten. Reine Sprachaufnahmen waren leicht anzufertigen, sodass diese Anwendungsmöglichkeit auch von den weniger professionalisierten Nutzern hier und da wahrgenommen wurde. Auf diesen Briefen wurde, wenn sie von Jugendlichen alleine und nicht im Familienkreis aufgenommen wurden, zu großen Teilen Musik aufgezeichnet und verschickt: „Es gab auch kleine Bänder von ca. 10-12 cm Durchmesser, die ich besprach und mit meinen Lieblingssongs bespielte und an meine englische Brieffreundin schickte.“[426]

Einige Teenager kauften sogar besonders ausgefeilte Geräte, um aufwendigere Aufnahmen erstellen zu können. Die teuren Geräte wurden etwa durch Nebenjobs erarbeitet:

„Ich selbst habe mir mit Kegelaufstellen mein erstes Tonbandgerät zusammen gespart. Mindestes eineinhalb Jahre lang habe ich bis zu 5 Mal pro Woche diesen Schülerjob ausgeübt, auch bis nach 23 Uhr. Das war für einen 15/ 16jährigen Knaben ganz schön heftig und ich habe mich (damals schon und erst recht heute) gefragt, wieso meine Eltern das zugelassen haben. Aber da meine schulische Performance (würde man heute sagen) nicht zu wünschen ließ, haben sie mein Streben wohl mehr positiv als negativ gesehen. Und sie teilten wohl ein wenig meinen Stolz über das Grundig TK 19, das ich 1962 für 460 DM erwarb.“[427]

Das Tonbandgerät war ein so wertvolles Objekt, dass es sich lohnte, lange dafür zu arbeiten. Es diente als Prestigeobjekt, auf das selbst die Eltern stolz waren. Auf diesem Gerät zeichnete der Nutzer, der sich hier erinnert, dann auch nicht nur Musik auf, sondern erstellte Tonbandbriefe und Familienaufnahmen und „bastelte“.

Andere Nutzer berichten, dass Hörspiele selber gemacht wurden, „in der Jugendgruppe und später auch in der Schule in der Nachmittags-AG. Oder das Tonbandgerät wurde genutzt, um Dia-

425 Interview mit einem männlichen Nutzer, geboren 1948. Durchgeführt von Pirkko Gohlke in Vorbereitung einer Hauptseminararbeit am 03.06.2010.

426 Marita 1950w, Eintrag „phono-erinnerungen“ am 07.02.2008 auf www.phono-erinnerungen.de.

427 Beantwortung des Fragenkatalogs auf der Internetseite durch flixifloyd (1946 geboren, männlich) auf www.phono-erinnerungen.de am 17.02.2010.

shows herzustellen."[428] Auch unter Jugendlichen spielte die kreative Nutzung der Tonbandgeräte eine Rolle, und die einschlägigen Zeitschriften wie das *Ton Magazin* berichteten schon Ende der Fünfzigerjahre auch von „Arbeitsgemeinschaften jugendlicher Tonbandamateure" (Abb. 13).[429] Der Leiter der „Jungen Welle" im *Ring der Tonbandfreunde* stand dafür ein, möglichst vielen jungen Menschen das schöpferische Hobby nahe zu bringen. Tonbandamateure seien noch die wenigsten, doch auch in dieser Generation gab es die ambitionierten Nutzer, die sich im *Ton Magazin* äußerten und die anderen „Nur-Besitzer" eines Gerätes von der Freude des Tonbandhobbys zu überzeugen suchten:

Abb. 13: Junge Tonbandamateure.
In: Ton Magazin, September/ Oktober 1958, S.46.

> *„Glauben Sie nicht auch, dass Ihnen eine selbstgestaltete Aufnahme oder die eines Tonbandfreundes aus einem Lande, für das Sie schwärmen, mehr Freude bereiten wird, als das reichlich geistlose – und übrigens verbotene – ‚Mitschneiden' von Rundfunksendungen und Überspielen von Schallplatten?"*[430]

Auch ein junger Tonbandnutzer aus Bremen kam zu Wort, der von einer „Gruppe von jungen Tonbandamateuren" berichtete, der er einen großen Teil seiner Freizeit widmete. Die Gruppe „macht[e] Reportagen, Hörspiele und eigene Musikaufnahmen", und er selbst „tausch[t]e Bänder mit einem Lehrer aus Auckland, einem Studenten aus Yokohama, einem Hotelier aus Rio de Janeiro, einem Kaufmann aus Madurai (Indien) und einer Schulklasse aus Honolulu."[431]

Und auch in Düsseldorf hatten sich schon 1959 etwa 15 junge Tonbandamateure zwischen 16 und 25 Jahren zusammengeschlossen,

428 Interview mit einem männlichen Nutzer, geboren 1942. Durchgeführt von Pirkko Gohlke in Vorbereitung einer Hauptseminararbeit am 04.06.2010.

429 Junge Tonbandamateure. In: Ton Magazin, September/ Oktober 1958, S.46.

430 Junge Welle. In: Ton Magazin, September/ Oktober 1958, S.46.

431 Eine neue Welt tut sich auf. In: Ton Magazin, Mai/ Juni 1959, S.16.

um gemeinsam ihrem Hobby nachzugehen (Abb. 14). Die einzelnen Mitglieder spezialisierten sich auf besondere Arbeitsgebiete: Die einen erstellten Hörspiele, die anderen Reportagen, und wieder andere nahmen Musik auf, aber „natürlich keine Aufnahmen von Rundfunk oder Schallplatte, sondern Programme aus eigener Produktion."[432]

Abb. 14: Junge Düsseldorfer Tonbandamateure.
In: Ton Magazin, Mai/ Juni 1959, S.32.

Ebenso waren junge Tonbandamateure aus Hamburg „schwer ‚auf Draht'": In der „Hamburger Jugend Welle" hatten sich sieben Mitglieder vereinigt, „davon fünf Jungs, alle 16 und 17 Jahre alt, und zwei Mädels von 15" (Abb. 15). Auch eine eigene kleine Band versorgte die ambitionierten Jung-Techniker mit Musik,[433] und sie verfolgten sie ihr Hobby mit ähnlichem Ehrgeiz wie die Erwachsenen. „Sie feilen tage- und wochenlang an Hörspielen und beratschlagen gewissenhaft über Themen, die junge Tonbandhörer in anderen Ländern interessieren können".[434] Um ihr Hobby zu finanzieren, gingen die Mädchen Zeitungen austragen und die Jungen stellten – wie es auch ein ehemaliger Nutzer auf der Internetseite berichtet – Kegel auf, um sich Geld dazu zu verdienen.

432 Hier meldet sich das ‚Düssel-Studio'. In: Ton Magazin, Mai/ Juni 1959, S.32.

433 Millard, Tape Recording, verweist in seinem Aufsatz auf die hohe Bedeutung, die das Tonbandgerät auch für junge Musiker einnehmen konnte; da sie so von Plattenfirmen unabhängig wurden und ihre Musik weiten Kreisen bekannt machen konnten.

434 Die „Hamburger Jugend Welle" ruft die Welt. Jugendliche Tonbandamateure an der Alster sind schwer ‚auf Draht'. In: Ton Magazin, Mai/ Juni 1959, S.57.

Abb. 15: Die „Hamburger Jugend Welle".
In: Ton Magazin, Mai/ Juni 1959, S.57.

Das *Ton Magazin* portraitierte diese Jugendgruppen, die sich zur kreativen Nutzung des Tonbandgerätes zusammenfanden, als positives, leuchtendes Beispiel. Sie verbrächten ihre freie Zeit sinnvoll, trügen durch den internationalen Austausch von Tonbändern zur Völkerverständigung bei, und das Hobby galt als „nicht zu übertreffender Bildungsfaktor", der „die mehr oder weniger theoretische Schulbildung praktisch ergänzt[e]."[435] Diese Jugendlichen dienten sicherlich auch als Argument gegen die Vorwürfe der Schallplattenindustrie und der GEMA (Gesellschaft für musikalische Aufführungs- und mechanische Vervielfältigungsrechte), die angesichts des durch die privaten Tonbandgeräte ermöglichten Mitschneidens von Musik aus dem Radio über sinkende Schallplattenverkaufszahlen klagten. Der Großteil der Jugendlichen nutzte das Tonbandgerät, um ihre eigenen musikalischen Hörwelten aus dem Rundfunk oder von Schallplatte zusammenzustellen, und diese Praxis rief heftige Diskussionen hervor.

435 Eine neue Welt tut sich auf. In: Ton Magazin, Mai/ Juni 1959, S.16.

II.3 Die Mehrheit: Hitjäger bannen Musik auf Band

Schon seit Ende der Fünfzigerjahre hatte die Tonbandgeräteindustrie neben den aufwendigen Tonbandgeräten für die Amateure auch einfachere, günstigere Geräte im Angebot, die neuen Käuferkreisen das Aufnehmen leicht machen sollten. Mit der Einführung des automatischen Tonbandgerätes 1962/63 erfuhren diese Bemühungen um größere Käuferkreise einen weiteren Aufschwung und seit Mitte der Sechzigerjahre spaltete sich das Angebot noch zielgruppenspezifischer auf: Nun wurden etwa auch spezielle Geräte für jugendliche Käufer vermarktet, die schon als kaufkräftige Nutzer von Kofferradios und Plattenspielern bekannt waren.

Den „frohgestimmten jungen Leute[n]" wurden solche Geräte ans Herz gelegt, mit denen sie „ihre Lieblingsmusik mit ins Freie nehmen" konnten.[436] Die Hersteller hatten erkannt, dass die Jugendlichen, deren Lieblingsmusik noch Mitte der Sechziger kaum einen Platz im westdeutschen Rundfunk hatte,[437] besonders die Möglichkeit der Zusammenstellung einer eigenen Hitparade auf Band reizte. Mit der „Musik vom laufenden Band" müsse man sich nun nicht mehr „nach fremden Programmgestaltern richten".[438]

Preisgünstige und tragbare Geräte, die „überall angeschlossen werden" konnten, etwa an ein Rundfunkgerät oder einen Plattenspieler, sollten den Interessen der jugendlichen Zielgruppe entgegenkommen, die vorrangig darin bestanden, Musik aus dem Radio oder von Schallplatte mitzuschneiden.[439]

Obwohl das Überspielen von Rundfunksendungen und Schallplatten bis zur endgültigen Klärung der urheberrechtlichen Situation 1965/66 in den Werbeanzeigen nur selten explizit vorgeschlagen wurde, war es gerade diese Aneignungspraxis des Tonbandgerätes, die schon seit den Fünfzigerjahren die größten Konflikte zwischen Konsumenten und Geräteproduzenten auf der einen Seite und Schallplattenindustrie und GEMA auf der anderen Seite hervorrief.[440]

436 Sommer, Sonne, Ferienglück...dazu gehört ein Grundig TK 6. Grundig Werbeanzeige. In: Ton Magazin, Juni 1963,S.52.

437 Vgl. Dussel, Der Streit um das große U.

438 Telefunken Report 1967, S.6.

439 Auch Philips wies im Fall des Batterie-Tonbandgerätes RK5L darauf hin, dass Überspielungen von einem Rundfunkgerät, einem Plattenspieler oder einem weiteren Tonbandgerät möglich seien. Vgl. Broschüre Tonbandgerät der Firma Philips, 1964, S.5, Archiv des Deutschen Museums, FS Philips.

440 Vgl. dazu auch Röther, Pop songs for the tape recorder.

II.3.1 Die Plattenindustrie diskutiert den Tonraub der Laien

Während die in den Magazinen der Tonbandfreunde geführte Diskussion um ideale Aneignungen des Tonbandgerätes und die geforderten technischen Verbesserungen der Geräte und Zubehörteile ganz den in der Werbung inszenierten Nutzungen entsprach und die Amateure den Herstellern in der Popularisierung des Tonbandhobbys tatkräftig zur Seite standen, entbrannte zugleich eine Diskussion um die Nutzung der Tonbandgeräte als reine „Mitschneideapparate" von Unterhaltungsmusik aus dem Radio oder von Schallplatte.

Die Diskussion um Urheberrechtsfragen wurde in Händlermagazinen wie dem *Musikmarkt*, in großen Publikumszeitschriften wie dem *Spiegel*, aber besonders eifrig auch in den zielgruppenspezifischen Magazinen für Tonbandfreunde wie dem *Ton Magazin* und dem *tonbandfreund* geführt. Die Untersuchung dieser Streitigkeiten wird zeigen, dass die Besitzer von Tonbandgeräten offensichtlich solche Praktiken entwickelten, obwohl sie in der Werbung nicht explizit vorgeschlagen wurden (was nicht bedeutet, dass sie auch von den Herstellern nicht vorgesehen gewesen wären). Insbesondere jugendliche Nutzer setzten die Geräte ein, um Unterhaltungsmusik aus dem Radio oder von ausgeliehenen Schallplatten aufzuzeichnen. Diese Praktiken lösten eine Debatte um das Urheberrecht, um jugendliche Aufnahmepraktiken und vermeintlich fallende Absatzzahlen der Schallplattenindustrie aus.

Wie reagierten Tonbandgeräteproduzenten einerseits und Schallplattenindustrie und GEMA andererseits auf diese Art der Aneignung ihrer Produkte durch die Konsumenten? Welche Argumente führten die Parteien ins Feld und wie reagierten die Tonbandgerätehersteller auf den Vorwurf der Musikindustrie, ihr Markterfolg beeinträchtige die Schallplattenverkauf? Inwiefern und warum traten sie für die Interessen der Tonbandgerätenutzer ein? Und führte die zunehmende Verbreitung von Tonbandgeräten tatsächlich zu einem Absinken der Plattenverkaufszahlen? Wie wurde der Konflikt gelöst, wie reagierte die Gesetzgebung auf die neuen Herausforderungen, und welche Auswirkungen hatte dies auf die weitere Nutzung von Bandgeräten?

Es wird deutlich werden, dass die weite Verbreitung von Tonbandgeräten im Gegensatz zu den Argumenten der GEMA und der Plattenindustrie den Schallplattenabsatz nicht beeinträchtigte, sondern vielmehr zum steigenden Bekanntheitsgrad der Musiker beitrug[441] und einen Wandel in den Mustern des Musikkonsums begünstigte (der allerdings nicht nur durch das Tonbandgerät, sondern auch durch die zunehmende Verbreitung von Unterhaltungsmusik auf LP hervorgerufen wurde). Das Tonbandgerät wurde für solche Hörer, denen es vorrangig um Musik und nicht um Diavertonung und Hörspielaufnahmen ging, zu einem Medium, mit dem sich kurzlebige Hits aufzeichnen, zusammenstellen und auch wieder löschen ließen. Der Verkauf von LPs solcher Künstler, mit denen die (jungen) Hörer sich identifizierten, wurde dadurch nicht beeinträchtigt.

Schauen wir uns den Verlauf der Diskussion einmal etwas genauer an. Die Schallplattenindustrie sowie die GEMA begannen schon bald nach der Markteinführung von Heimtonbandgeräten über einen vermeintlichen Absturz auf dem Schallplattenmarkt zu klagen. Seit 1901 galt das „Gesetz betreffend das Urheberrecht an Werken der Literatur und Tonkunst", doch mit den technischen Entwicklungen, wie etwa der zunehmenden Verbreitung von privaten Tonaufzeichnungsgeräten, schien es nicht Schritt halten zu können. Das Gesetz schloss den privaten Raum explizit aus seinem Wirkungsbereich aus und erlaubte somit die private Tonaufzeichnung für persönliche, nicht kommerzielle Zwecke.[442] Mit der zunehmenden Ausstattung westdeutscher Haushalte mit Tonbandgeräten seien, so die Kritiker, GEMA und Plattenindustrie nicht mehr in der Lage, das Überspielen von urheberrechtlich geschütztem Material zu kontrollieren, sodass die GEMA seit den Fünfzigerjahren schärfere Urheberrechtsgesetze forderte. Schon 1950 verfasste Erich Schulze, der Generaldirektor der GEMA, einen Artikel zu den Gefahren der privaten Tonbandaufnahme, den das Nachrichtenmagazin *Spiegel* 1953 aufgriff und zitierte:

> *„Solange das Magnettonverfahren nur vom Rundfunk und von der Schallplattenindustrie verwendet wurde, waren die Urheber in der Lage, die Bandherstellung zu kontrollieren, so daß kein Unbefugter ein Band herstellen oder verwenden konnte. Dies hat sich jedoch jetzt*

441 Vgl. auch Millard, Tape Recording. Millard macht deutlich, dass das privat nutzbare Tonband ein entscheidender Faktor in der Verbreitung und Entwicklung populärer Musik war, da z.B. auch kleine Bands ihre Musik aufzeichnen und verbreiten konnten, ohne von großen Plattenfirmen abhängig zu sein.

442 Vera Movsessian/ Fedor Seifert, Einführung in das Urheberrecht der Musik, 2., erw. Aufl., Wilhelmshaven 1995, S.80 (im Folgenden: Movsessian/ Seifert, Einführung in das Urheberrecht der Musik).

mit einem Schlage dadurch verändert, daß die Industrie dazu übergegangen ist, solche Geräte für den freien Handel herzustellen."[443]

Er warf der Tonbandgeräteindustrie sogar vor, dass sie nicht nur die zahlreichen anderen Verwendungsmöglichkeiten der Geräte, sondern besonders das „Mitschneiden von musikalischen Rundfunksendungen und Schallplattenübertragungen" anpreise. So sei jeder Besitzer eines Tonbandgerätes in der Lage, sich „ein Band-Archiv nach eigenem Geschmack" anzulegen. GEMA und Schallplattenindustrie leiteten hieraus ein Recht auf finanzielle Entschädigung ab, und Schulze schlug vor, Tonbandgerätebesitzer zur Zahlung eines monatlichen Geldbetrages zu verpflichten, die sie „zu Bandaufnahmen zum persönlichen Gebrauch berechtigen" würde.[444]

Obwohl diese Vorgehensweise zunächst nicht umgesetzt wurde, schlossen etwa die Firmen AEG und Loewe-Opta, als sie die Markteinführung ihrer Heimtonbandgeräte für die Saison 1951/52 planten, einen Vertrag mit der GEMA, in dem sie sich verpflichteten, ein Prozent des Herstellungswertes der Geräte als Lizenzgebühr an die GEMA abzuführen.[445] Vermutlich taten die Hersteller diesen Schritt, um ihren zeitlichen Vorsprung in der Einführung von Heimtonbandgeräten im Vergleich zu Konkurrenzfirmen nicht durch einen möglichen Einspruch von Musikern und den sie vertretenden Vereinigungen zu gefährden. Ein internes Rundschreiben der AEG an ihre Mitarbeiter und Händler stellte einen Katalog an Argumenten und Antworten auf mögliche Fragen von Kunden zum Urheberrecht zusammen. Es wurde betont, dass die GEMA zugesichert habe, dass sie die Besitzer der AEG-Magnetophon-Geräte „während der Laufzeit des Vertrages für die persönliche, nicht gewerbsmäßige Benutzung solcher Geräte nicht in Anspruch nehmen" werde.[446]

Die Firmen, die keine derartigen Verträge mit der GEMA geschlossen hatten, mussten sich vor Gericht mit deren Forderungen auseinandersetzen. In einem Verfahren, das die GEMA vor dem Berliner Landgericht im Jahr 1953 gegen Grundig und Metz angestrengt hatte, sowie in einer Verhandlung zwischen den Schallplattenfirmen Elektrola, der Deutschen Grammophon Gesellschaft und der Philips Ton gegen die Firmen Schaub und Lorenz fällten die Gerichte eindeutige Entscheidungen: Die Hersteller mussten ihre Käu-

443 Lauscher an der Wand. In: Spiegel 22/1953, S.26-28, hier S.26.

444 Lauscher an der Wand. In: Spiegel 22/1953, S. 26-28, hier S.26.

445 Lauscher an der Wand. In: Spiegel 22/1953, S.26-28, hier S. 27.

446 AEG Magnetophon-Gerätebau, Büro-Rundschreiben Nr.99, 01.07.1953. In: Archiv des DTMB, FS AEG-Telefunken.

fer fortan verpflichten, die Geräte „zur Aufnahme oder Vervielfältigung und/ oder zur öffentlichen Aufführung von Musikwerken des Repertoires der GEMA nur mit deren Einwilligung zu benutzen". Es war ihnen untersagt, Tonbandgeräte mit dem Argument zu vermarkten, dass man mit ihnen Musik aufnehmen und wiedergeben konnte. Vielmehr musste ein Hinweis aufgenommen werden, dass die Aufnahme und Wiedergabe von Werken des Repertoires der GEMA deren Einwilligung bedürfe.[447]

Dieses Urteil wurde rechtskräftig, als auch der Bundesgerichtshof in Karlsruhe im Mai 1955 zu einem entsprechenden Rechtsspruch kam. Seit diesem Zeitpunkt waren Tonbandaufnahmen aus dem Radio oder von Schallplatte ein Verstoß gegen geltendes Recht, auch wenn sie nur zum privaten Gebrauch gemacht wurden. Begründet wurde diese Entscheidung mit einer möglichen Beeinträchtigung der Schallplattenverkaufszahlen.[448]

Die Werbeanzeigen der Fünfziger- und frühen Sechzigerjahre bestätigen jedoch nicht den von der Plattenindustrie und der GEMA in den Raum gestellten Vorwurf, dass die Tonbandgerätehersteller insbesondere das Aufnehmen von Musik anpriesen. Vielmehr wiesen die Gerätehersteller zunächst besonders auf die kreativen Anwendungsmöglichkeiten wie die Aufnahme von Hörspielen und Familienerinnerungen hin.

Dennoch und auch trotz des Urteils von 1955 befürchteten Schallplattenfirmen und Musikproduzenten weiterhin einen Absturz ihrer Verkäufe. Zudem standen sie weiter für ihre Forderungen ein, da die widersprüchlichen Aussagen des alten Urheberrechtsgesetzes und des Urteils von 1955 in Zukunft durch eine Urheberrechtsreform geklärt werden sollten. Die anstehenden Beratungen des Bundestages und des Bundesrats wurden mit Spannung erwartet und die Parteien der Diskussion artikulierten ihre Erwartungen.

Schallplattenindustrie und GEMA waren überzeugt, dass die Anwendungen des Tonbandgerätes „sich kaum in der Aufnahme von Onkel Ottos Geburtstagsrede erschöpfen" würden. Wer ein Tonbandgerät besitze, nehme vor allem Musik auf.[449] Das Branchenmagazin *Musikmarkt* formulierte 1961, es sei „zur Genüge bekannt [...], dass in aller- erster Linie Tonbandgeräte von Privatpersonen zum

447 Lauscher an der Wand. In: Spiegel 22/1953, S. 26-28, hier S.26.

448 Vgl. Albrecht Dümling, Musik hat ihren Wert. 100 Jahre musikalische Verwertungsgesellschaft in Deutschland, Regensburg 2003, S.283 (im Folgenden: Dümling, Musik hat ihren Wert).

449 Das private Tonbandgerät. In: Der Musikmarkt 5/1959, S.8.

Überspielen von Musik und sonstigen Darbietungen von Schallplatten und Rundfunk gekauft" würden.[450] Die Schallplattenindustrie war besonders beunruhigt über die Praktiken der jungen Tonbandgerätenutzer, sodass der „Arbeitskreis der deutschen Schallplattenindustrie" 1962 erklärte, es sei „für die Jugendlichen ein bekannter Sport und ein beliebtes Hobby, auf Band zu überspielen (und das Geld für Schallplatten zu sparen)".[451]

Den Geräteherstellern wurde zudem vorgeworfen, dass sie den Hinweis auf das geltende Urheberrecht in ihren Anzeigen zu klein und an möglichst unauffälligen Stellen platzierten, da ihnen durchaus bewusst sei, dass der Großteil der Konsumenten eben diese Verwendung anstrebte und aus diesem Grund ein Tonbandgerät kaufte.[452] In der Tat ist dieser Vorwurf zutreffend. Es gab sogar einige Werbeanzeigen, die den Hinweis vollständig vermissen ließen.

Ende der Fünfzigerjahre schaltete sich auch der Generaldirektor der GEMA, Dr. Erich Schulze, wieder in die Diskussion ein und veröffentlichte einen Artikel im *Musikmarkt*. Das Problem sah er vor allem darin, dass das Tonband im Gegensatz zur Schallplatte immer wieder gelöscht und neu bespielt werden konnte:

> *Der Nutzer „kann das Tonband nach Belieben wie eine Schallplatte abspielen. Das Tonband hat aber noch viel bessere Eigenschaften als die Schallplatte. Die auf Schallplatte aufgenommene Musik läßt sich nicht löschen. Will ich eine andere Musik, muß ich eine neue Platte kaufen. Denken wir nur an den kurzlebigen Schlager. Das Tonband aber kann ich löschen. Seine Lebensdauer ist praktisch unbeschränkt, so daß ich aufnehmen, löschen und wieder aufnehmen kann."*[453]

Während der Künstler 8% des Verkaufspreises einer Schallplatte erhalte, verliere er mit jedem verkauften Tonbandgerät Lizenzgebühren für eine große Anzahl von Schallplatten. Um diesen Verlust aufzufangen, schlug er erneut die Zahlung einer Gebühr vor; aller-

450 Tonbandgeräte-Industrie greift Urheberrecht an. In: Der Musikmarkt 10/1961, S.27.

451 Schallplattenindustrie hofft nun auf den Bundestag: Änderung des Urheberrecht-Gesetzentwurfs würde zu Einschränkung der Aufnahmetätigkeit führen. In: Der Musikmarkt 5/1962, S.6.

452 Tonbandgeräte-Industrie greift Urheberrecht an. In: Der Musikmarkt 10/1961, S.27.

453 Dr. h.c. Erich Schulze, Privates Tonbandgerät und Urheber-Entschädigung. In: Der Musikmarkt 6/1959, S.34.

dings schien es ihm nun praktikabler, diese von den Herstellern anstatt von den Konsumenten einzufordern.[454]

Artikel, die steigende Produktions- und Verkaufszahlen von Tonbandgeräten fallenden Plattenproduktions- und -absatzzahlen gegenüberstellten, sollten diese Argumentation stützen. Der *Musikmarkt* stellte fest, dass 1959 etwa 10% weniger Schallplatten verkauft worden seien als 1958, während der Absatz von Tonbandgeräten um fast 60% gestiegen sei.[455] Eine weitere Auffächerung des Zahlenmaterials zeigte auf, dass die Verluste nur im Bereich der Unterhaltungs-, nicht aber der E-Musik zu finden seien. Diese Erkenntnis diente als Beweis dafür, dass der Rückgang durch die Verbreitung von Heimtonbandgeräten hervorgerufen worden sei, da die Konsumenten eher leichte Musik und schnelllebige Hits aus dem Radio aufnähmen als ernste Musik und Klassik. Daher lasse das Absinken des Schlagerplattenumsatzes eigentlich nur noch die Deutung zu, dass

> *„das Tonbandgerät seit 1958 den Kreisen verfügbar geworden ist, die als Hauptinteressenten für den Schlager anzusprechen sind, also den Teens und Twens. Diese brauchen zum Überspielen ja nicht einmal mehr die Schallplatte, sondern können einfach die Schallplattensendungen des Rundfunks aufnehmen."*[456]

Zudem würden Tonbandgeräte inzwischen überwiegend ohne zugehörige Aufnahme-Mikrofone verkauft, sodass sie in der Regel nur noch zur Überspielung von Radiosendungen und Schallplatten, nicht aber zur Erstellung eigener, kreativer Aufnahmen eingesetzt werden könnten. Die steigende Beliebtheit des Tonbandgerätes sahen Schallplattenindustrie und GEMA alleine in der Möglichkeit begründet, dass jederzeit ein umfangreiches Musikprogramm nach eigenen Wünschen zusammengestellt werden konnte, ohne dafür zahlen zu müssen.[457] Diese Aussagen sind alleine durch einen Blick

454 Dr. h.c. Erich Schulze, Privates Tonbandgerät und Urheber-Entschädigung. In: Der Musikmarkt 6/1959, S.34.

455 „Der Musikmarkt" legte folgende Zahlen zugrunde: 1958 seien 158.000 Tonbandgeräte abgesetzt worden, 1959 bereits 297.000. 1958 seien 48.100.000 Schallplatten, 1959 nur noch 43.200.000 verkauft worden. Vgl. Überspielung bereitet ernste Sorgen. Energische Maßnahmen gegen das Überhandnehmen von privaten Überspielungen notwendig. In: Der Musikmarkt 8/1960, S.3&23, hier S.23.

456 Überspielung bereitet ernste Sorgen. Energische Maßnahmen gegen das Überhandnehmen von privaten Überspielungen notwendig. In: Der Musikmarkt 8/1960, S.3&23, hier S.23.

457 Überspielung bereitet ernste Sorgen. Energische Maßnahmen gegen das Überhandnehmen von privaten Überspielungen notwendig. In: Der Musikmarkt 8/1960, S.3&23, hier S.23.

auf die Ausstattungsquote westdeutscher Haushalte mit Tonbandgeräten zu relativieren. Wenn die Plattenindustrie 1960 klagt, das Tonbandgerät sei seit 1958 für Jugendliche verfügbar, erscheint dies übertrieben, besaßen doch 1959 gerade mal circa 3% und 1963 zwischen 7,6% und 12,5% aller Haushalte ein Tonbandgerät![458]

Doch wie reagierten die Hersteller, der Handel und die Nutzervereinigungen auf diese Vorwürfe und auf die geplante Einführung einer Lizenzgebühr, die entweder bei den Herstellern oder aber bei den Konsumenten eingefordert werden sollte? Der *Verband Deutscher Rundfunk- und Fernseh-Fachgroßhändler* (*VDRG*) weigerte sich, von den Tonbandgerätekäufern die Vorlage des Personalausweises zu verlangen und die Namen an die GEMA weiterzuleiten, wie diese es gefordert hatte,[459] und auch die *Fachabteilung Tonbandgeräte und Zubehör* des *Zentralverbands der elektrotechnischen Industrie* widersprach den Vorwürfen vehement und wehrte sich dagegen, „den Tonbandgerätebesitzer zum Prügelknaben der Schallplattenhersteller zu machen". Der angebliche Rückgang der Plattenverkaufszahlen erweise sich bei genauerer Betrachtung als eine „reine Tendenzmeldung", da sie nur die Stückzahlen der produzierten Schallplatten, nicht aber deren Wert zugrunde lege. Vielmehr müssten für eine objektivere Beurteilung der Produktion die in der Branche bekannten Umrechnungsfaktoren berücksichtigt werden, die etwa der Single einen Wert von einer „Spiellängen-Einheit", einer LP aber 6 dieser Einheiten zuordneten (da diese mehr Musik böten und somit zu einem höheren Preis verkauft wurden). Eine auf dieser wertmäßigen Basis neu erstellte Rechnung kam zu dem Schluss, dass für das Jahr 1959 lediglich ein Produktionsrückgang von 1,6%, für das erste Quartal sogar eine Steigerung von 7,5% zu konstatieren sei. Zudem sei die Herstellung von Plattenspielern und -wechslern weiter angewachsen, sodass nicht von einem abnehmenden Interesse an Schallplatten ausgegangen werden könne. Vielmehr sei ein „grundlegender Geschmackswandel" des Publikums die Erklärung für das nachlassende Interesse an Unterhaltungsmusik.[460]

Die Beschwerden der Schallplattenfirmen scheinen in der Tat ungerechtfertigt gewesen zu sein: Insgesamt sank zwar die Zahl der

458 Zahlen aus: Dussel, Medienkonsum S.659f.; Die Tonbandindustrie in Deutschland und der Welt. In: der tonbandfreund 3/1963, S.68-70, hier S.68; Das Tonband erobert sich das Wohnzimmer. In: der tonbandfreund 4/1963, S.101-102, hier S.101.

459 Zum „Tonbandstreit". In: Funk-Technik 12/1963, S.418.

460 Tonbandgeräte-Besitzer sind keine Prügelknaben. In: Der Musikmarkt 10/1961, S.7.

verkauften Platten, nicht jedoch deren Wert. Gründe hierfür liegen im zunehmenden Interesse an Langspielplatten, das etwa durch die Einführung der Stereofonie, die zunächst nur auf LP, nicht aber auf Single erfolgte, aber auch durch die zunehmende Aufzeichnung von Unterhaltungsmusik auf der LP zu erklären ist, wie bereits in Kapitel D.I herausgestellt wurde. Zwar ging der Absatz der Single seit Beginn der Sechzigerjahre zurück, doch zugleich weitete sich das Geschäft mit den 33 ⅓ UpM-Platten aus, da die Langspielplatte mit populärer Musik gute Aufnahme fand.[461]

Im Jahr 1960 erreichte die deutsche Phono-Industrie gar einen „Produktionsrekord der Nachkriegszeit", der ebenso im *Musikmarkt* vermeldet wurde, wie dort ansonsten über angeblich fallende Umsätze geklagt wurde: Im Vergleich zum Vorjahr waren 15% mehr Schallplatten gepresst worden. Nach einer Rechnung in den genannten Spiellängen-Einheiten war das Ergebnis sogar um etwa ein Fünftel besser als 1959.[462] Auch zu Beginn des Jahres 1962 zeigte die Schallplattenindustrie sich zufrieden, da das vergangene Jahr zwar nach Stückzahlen gerechnet „nicht ganz den erwarteten Erfolg" habe, wertmäßig aber „einen Fortschritt gebracht" habe.[463]

Die Tonbandgerätehersteller informierten in ihren Firmenzeitschriften die Händler über die derzeitige Rechtslage und wiesen darauf hin, dass „wenig Grund zur Besorgnis für die Zukunft angesichts der sich abzeichnenden Entwicklung" gegeben sei. Da der Bundesrat und die Bundesregierung „die private Sphäre vor urheberrechtlichen Ansprüchen geschützt wissen" wollten, rief die Firma Telefunken ihre Händler dazu auf, die potenziellen Kunden zu beruhigen. Zudem sei der Fachhändler nicht verpflichtet, auf die seit dem Urteil von 1955 bestehende Gebührenpflicht hinzuweisen.[464]

Der *Ring der Tonbandfreunde* als starke Interessenvertretung der engagierten Nutzer gab 1962 eine Broschüre zur Urheberrechtsreform unter dem Titel „Sind private Tonbandaufnahmen ein Ärgernis?" heraus, um seine Mitglieder über die Rechtslage und die Argumen-

461 1961: Ruhige Konjunktur bei steigenden Kosten. Aufschlussreiche Statistik des Bundesverbandes – LP Geschäft immer interessanter. In: Der Musikmarkt 3/1962, S.1&6.

462 1960: Produktionsrekord der deutschen Phono-Industrie. In: Der Musikmarkt 9/1961, S.23.

463 Die Schallplattenindustrie zeigt sich zufrieden. Großfirmen konnten ihre Marktanteile halten. In: Der Musikmarkt 2/1962, S.1.

464 Gute Nachricht für den Fachhandel. Klares Urheberrecht in Sicht. In: Telefunken Sprecher 19/1962, S.14-15.

te der Kontrahenten zu informieren.[465] Auch die Zeitschriften der Tonbandnutzer argumentierten heftig gegen die Forderungen der GEMA, sah man doch das Tonbandhobby und ebenso die persönlichen Freiheiten gefährdet. Das Magazin *hobby* wehrte sich gegen die „Jagd" auf die Tonbandfreunde. Die „illustre Jagdgesellschaft" GEMA und ihr „eifriger Jagdgeselle", die Schallplattenindustrie, habe es auf den Geldbeutel der Konsumenten abgesehen, da sie der Meinung seien, „daß der Großteil der Tonbandgerätebesitzer sich am geistigen Eigentum der urheberrechtlich geschützten Komponisten und Autoren" vergreife. Die Differenzen zwischen dem Bundesgerichtsurteil von 1955, das auch private Aufnahmen verbot, und dem geltenden gesetzlichen Urheberrecht, das nur die gewerbliche Nutzung als gebührenpflichtig ansah, schufen eine „ebenso unübersichtliche wie prekäre Lage" für die Tonbandfreunde.[466] Auch das *Ton Magazin* setzte sich ausführlich mit den urheberrechtlichen Fragen auseinander, und fragte, „wozu überhaupt der Eingang ‚Rundfunk' im Tonbandgerät [eingebaut sei], wenn man hiervon doch nur nach Erledigung vieler Formalitäten und Zahlung von Gebühren Gebrauch machen" könne.[467] Die Tonbandfreunde lehnten sich dagegen auf, dass sie pauschal einen Betrag an die GEMA zahlen sollten, ohne dass berücksichtigt werde, ob sie nun tatsächlich Aufnahmen aus dem Radio oder von Schallplatte machten.

> *„Wenn die GEMA […] eine Abgabepflicht für Tonbandgerätebesitzer herzuleiten versucht, so ist das etwa dasselbe, als wenn jeder Autobesitzer pauschal jährlich 10 DM Polizeistrafe wegen Geschwindigkeitsüberschreitung nur deshalb zahlen sollte, weil wegen des Autobesitzes die Möglichkeit besteht, dass er die vorgeschriebene Höchstgeschwindigkeit nicht immer einhält."*[468]

Gerade diese Diskussion um prophylaktische Gebühren, die nach dem Willen der GEMA jeder Besitzer eines Tonbandgerates zu zahlen hatte, wurde besonders scharf geführt. Die GEMA unterstelle zu unrecht, dass alle Gerätebesitzer das Urheberrecht verletz-

465 Telefunken berichtet über diese Broschüre in folgendem Artikel: Gute Nachricht für den Fachhandel. Klares Urheberrecht in Sicht. In: Telefunken Sprecher 19/1962, S.14-15.

466 Wir meinen… daß die Tonbandfreunde kein Freiwild sind. In: hobby 12/1960, S.21-22.

467 Es geht um das Urheberrecht. In: Ton Magazin, März/ April 1960, S.65.

468 Diskussionthema Nr.1: Tonbandrecht. In: Ton Magazin, November/ Dezember 1960, S.3&84, hier S.3.

ten: „Ergo: Wer eine Waffe hat (ein Messer genügt bereits) ist ein Mörder!“[469]

Verkaufsstatistiken, die besagten, dass 95% aller Tonbandgeräte mit Mikrofon verkauft würden,[470] dienten als Beweis dafür, dass durchaus zahlreiche Nutzer das Gerät für selbst produzierte Aufnahmen und nicht nur für Mitschnitte aus dem Radio nutzten. Die Gebühren, welche die GEMA den Privatpersonen in Rechnung stellen wollte, hielt man zudem für unzulässig, da zum ersten bereits über die Rundfunkgebühren eine Zahlung an die Urheber geleistet worden sei,[471] und da sie zum zweiten mit der im Grundgesetz festgelegten Unverletzlichkeit der Wohnung nicht in Einklang zu bringen sei (denn eine Kontrolle würde ein Eindringen in eben diese private Sphäre bedeuten). Die GEMA werde daher den Nachweis einer Verletzung des Urheberrechts nicht führen können.[472]

Zudem sei die Behauptung, dass der Schallplattenabsatz aufgrund der zunehmenden Ausstattung der Konsumenten mit Tonbandgeräten abnehme, nicht zutreffend. Vielmehr würden „wegen des Vorhandenseins von Tonbandgeräten mehr Schallplatten gekauft“, da die Schallplatte durch die Möglichkeit des Austausches von Platten unter Tonbandgerätebesitzern „einen höheren Kurswert erhalten“ habe und dadurch leichter gekauft werde als vor der Verbreitung des Tonbands.[473]

Wie auch bereits das Kapitel zum Plattenspieler verdeutlicht hat, blieb die Popularität der Schallplatte im Laufe der Sechzigerjahre ungebrochen, und auch die im Musikmarkt angeführten Produktionszahlen der Musikindustrie nehmen den Vorwürfen der Schallplattenfirmen und der GEMA den Wind aus den Segeln. Dennoch richtete die GEMA zu Beginn des Jahres 1962 eine „Zentralstelle für private Überspielungsrechte“ ein, die von den Besitzern privater Tonbandgeräte eine jährliche Schutzgebühr einziehen sollte, die es

469 Unmaßgebliche Gedanken zum Urheberrechtsgesetz. In: Ton Magazin, Januar 1965, S.3.

470 5. Kolonne am Tonband? In: hobby 3/1962, S.49-53, hier S.50.

471 5. Kolonne am Tonband? In: hobby 3/1962, S.49-53, hier S.50.

472 Diskussionthema Nr.1: Tonbandrecht. In: Ton Magazin, November/ Dezember 1960, S.3&84, hier S.3.

473 Diskussionthema Nr.1: Tonbandrecht. In: Ton Magazin, November/ Dezember 1960, S.3&84, hier S.3.

ihnen erlauben würde, Aufnahmen aus dem Radio und von Schallplatte zum eigenen Gebrauch zu machen.[474]

Insbesondere die Zeitschriften der Tonbandfreunde und Musikliebhaber berichteten regelmäßig und scharf über das Vorgehen der GEMA, da diese auf die Frage, wie sich der Gebührenanspruch für Musikaufnahmen in privaten Wohnräumen kontrollieren lasse, mit dem Hinweis auf Nachbarn und Hauswarte „eine unmißverständliche Aufforderung zur Denunziation" geäußert hatte.[475] Da die privaten Nutzer von Tonbandgeräten aufgrund des im Grundgesetz verankerten Schutzes der Privatsphäre schwer zu ermitteln waren, verklagte die GEMA Hersteller und Einzelhändler, um sie dazu zu zwingen, die Namen von Käufern weiterzugeben.[476] Als aufmerksamer Beobachter dieser Prozesse taten sich besonders die im *Ring der Tonbandfreunde* organisierten Nutzer hervor: Der *RdT* sandte ein Glückwunschtelegramm an die Firma Grundig.[477] als diese einen Prozess gegen die GEMA vor dem Bundesgerichtshof in Karlsruhe gewann und entschieden wurde, dass Kunden beim Erwerb eines Tonbandgerätes keinen Personalausweis vorlegen mussten, wie es die GEMA gefordert hatte.[478]

Zugleich machte die GEMA klar, dass sie eine Regelung mit den Herstellern bevorzugen würde, da das Eintreiben der Abgaben von einzelnen Nutzern ein aufwendiges Verfahren darstellte.[479]

Im Laufe der frühen Sechzigerjahre wurden seitens des Bundesjustizministers und der Bundesregierung Gesetzesentwürfe vorgelegt, welche die Diskrepanzen zwischen geltendem Urheberrecht und den Entschlüssen des BGH auflösen sollten.[480] Einige Entwürfe lehnte der Bundesgerichtshof teilweise wegen der Verletzung der

474 Stellungnahme der GEMA zur beabsichtigten Urheberrechtsreform. In: GEMA-Nachrichten 54, 1962, S.4-9.

475 Das Neueste von der GEMA. In: der tonbandfreund 5/1964, S.126-128, hier S.126. Vgl. auch: Das Tonband und die §§§§. In: der tonbandfreund 6/1964, S.157

476 Scharfer Einspruch gegen GEMA-Forderungen. In: Nordmende, Am Mikrophon 1/1961, S.27.

477 Das Neueste von der GEMA. Telegramm vom 1.6.1964. In: der tonbandfreund 7/1964, S.189.

478 Letzte Nachricht aus Karlsruhe in Sachen GEMA. Kein Vorzeigen des Personalausweises beim Kauf eines Tonbandgerätes! In: der tonbandfreund 6/1964, S.164.

479 Vgl. GEMA. Mister fünf Prozent. In: Spiegel 50/1961, S.44-47, hier S.45.

480 Nochmals: Tonband, Urheberrecht und GEMA! In: Ton Magazin, Januar/ Februar 1962, S.3&78.

Privatsphäre der Konsumenten ab,[481] doch sollte dem Urheber eine „angemessene Gebühr" für das private Überspielen auf Tonband zukommen.[482]

Diesem Anspruch der GEMA wurde im neuen Urheberrechtsgesetz, das am 1. Januar 1966 in Kraft trat, Genüge getan:[483] Da die einzelnen „Tonbandsünder praktisch weder zu erfassen noch zu kontrollieren"[484] waren, mussten fortan die Hersteller und Importeure von Tonbandgeräten 5% des Fabrikwertes jedes Gerätes an die GEMA abführen.[485] So durften die Tonbandgerätebesitzer nun Aufnahmen aus dem Rundfunk oder von Schallplatte erstellen, ohne Abgaben entrichten zu müssen.

Das *Ton Magazin* und *der tonbandfreund* informierten ihre Leser umfassend über die neuen Bestimmungen und stellten heraus, dass das kreative Tonbandhobby nun ebenso rechtlich abgesichert war wie die Aufnahme von Rundfunksendungen und das Überspielen von Schallplatten zum privaten Gebrauch.[486]

II.3.2 Hitparade statt Hörspiele – Die intermedialen Musikwelten der Jugend

In den Fünfziger- und Sechzigerjahren war es etwas Besonders, ein Tonbandgerät zu besitzen. Das haben die – wenn auch nicht umfassend oder gar eindeutig vorhandenen – Ausstattungszahlen westdeutscher Haushalte mit Tonbandgeräten verdeutlicht. Noch 1968 bedeutete es in einem kleinen „Dorf (mit ca. 1.000 Einwohnern) die absolute Attraktion", als Teenager über ein Tonbandgerät zu verfügen.

> *„Schnell hatte es sich herumgesprochen, dass man bei uns aufs Tonband singen konnte, und in den nächsten Monaten pilgerten Nach-*

481 Vgl. Kehraus im Tonbandstreit. In: Hi-Fi-Stereo-Praxis 2/1962, S.47.

482 Vgl. auch Stehen wir vor einer „Musikverbrauchssteuer"? In: Ton Magazin, März/ April 1962, S.3.

483 UrhG vom 09.09.1965, §53, 1. Abgedruckt in: Movsessian/ Seifert, Einführung in das Urheberrecht der Musik, S.369ff.

484 Mitschneiden erlaubt. In: Spiegel 4/1966, S.39.

485 Vgl. Dümling, Musik hat ihren Wert, S.284.

486 Die neuen Bestimmungen des Urheberrechts. In: Ton Magazin, Dezember 1965, S.3&6&8; Die neuen Bestimmungen des Urheberrechts. In: der tonbandfreund 10/1965, S.292-296.

barn, Freunde und Verwandte in unsere Straße, um ihren musikalischen Beitrag zu leisten.“[487]

Diskutierten ambitionierte Amateure zu diesem Zeitpunkt schon lange über die Vor- und Nachteile des Zwei- und Vierspurverfahrens, der Tricktaste und Trickblende, der Duoplay- und Multiplay-Technik, war zugleich für viele andere, mit der Magnettontechnik weniger vertraute oder auch finanziell weniger gut ausgestattete Nutzer, jegliches Tonbandgerät eine Sensation, die es zu betrachten und auszuprobieren galt.

Derartige Erinnerungen können helfen, den Blick, den spezialisierte Magazine für Tonbandfreunde auf den Siegeszug, auf die Anwendungsmöglichkeiten und Eigenschaften der Heimtonbandgeräte werfen, zu relativieren: Für den durchschnittlichen Haushalt der Sechzigerjahre, der über einen Radio- und vielleicht bald auch über einen Fernsehapparat verfügte, war das Tonbandgerät eben keine Selbstverständlichkeit, deren technische Stärken und Schwächen diskutiert wurden. Vielmehr war es ein unbekanntes, ein neues Gerät, und viele erinnern sich daran, „mit welcher Begeisterung sich selbst die Erwachsenen z.B. bei Familienfesten vor dem Gerät einfanden und ehrfürchtig Weihnachts- oder Volkslieder sangen.“[488]

Und oft waren es eben die Jugendlichen, die sich mit der neuen Technik befassten und sich am schnellsten damit anfreundeten. Schließlich bot sie ihnen die Möglichkeit, zu einem (im Vergleich zum Schallplattenkauf) deutlich günstigeren Preis an ihre Lieblingsmusik zu kommen, sie zu sammeln und sie immer wieder zu hören. Die Geräte standen „auf dem Wunschzettel junger Menschen ganz obenan“, sie wollten sie in erster Linie nutzen „um Musik aufzunehmen und nicht wegen jedem neuen Schlager eine Schallplatte kaufen zu müssen“ und „um flotte Tanzmusik auf Parties zu haben.“[489]

Diese Praxis der selbstständigen Gestaltung musikalischer Hörwelten wurde mit mindestens ebenso viel Leidenschaft verfolgt wie die Tonbandamateure ihrem professionellen Hobby frönten. Zahlreiche ehemalige jugendliche Nutzer berichten – nach dem Tonbandgerät befragt – als erstes von Musikaufnahmen aus dem Radio. Die Geräte waren entweder Geschenke oder die Jugendlichen verdienten das notwendige Geld durch Schüler- und Studentenjobs, sparten

487 Kurt1956m, Eintrag „Tonbandgerät“ am 25.02.2008 auf www.phono-erinnerungen.de.

488 Kurt1956m, Eintrag „Tonbandgerät“ am 25.02.2008 auf www.phono-erinnerungen.de.

489 Der junge Mensch und das Tonband. In: der tonbandfreund 9/1967, S.161.

Geld, das sie zu Weihnachten, zur Konfirmation und zum Geburtstag bekommen hatten. „1964 kaufte ich mir mit dem Geld, das ich zur Konfirmation geschenkt bekam, ein Tonbandgerät Grundig TK 14."[490] Für ein eigenes Tonbandgerät lohnte es sich sogar, im Alter von 16 Jahren für 6 Wochen beim Kohlenhändler Kohlen zu schaufeln.[491] Oft erbrachten auch die Jugendlichen selbst einen Teil des Kaufpreises und wurden dann von ihren Eltern unterstützt, da die Geräte doch sehr teuer waren. „Mein Gehalt als 17-jähriger Lehrling war bei etwa 150 DM, sodass meine Eltern die Hälfte mitfinanziert haben."[492] Gerade in den frühen Jahren der Verbreitung von Tonbandgeräten in westdeutschen Haushalten, Ende der Fünfziger und zu Beginn der Sechzigerjahre, waren die Geräte in vielen Fällen auch „für die ganze Familie gedacht und nicht für ein einzelnes Familienmitglied",[493] ganz wie sie in der Werbung als Medium der Familie angepriesen wurden und gemeinsam tönende Erinnerungen gesammelt und abgehört werden sollten. Noch waren die Apparate wenig spezialisiert, erst im Laufe der Sechziger musste beim Kauf entschieden werden, ob es das professionelle Gerät für den Amateur oder das einfacher gehaltene Gerät zum Mitschneiden von Musik sein sollte.

Für die Jugendlichen stand in vielen Fällen nicht die Frage nach der technischen Ausstattung oder Qualität des Gerätes im Mittelpunkt, sondern es ging ihnen nur um den Besitz eines Tonbandgerätes überhaupt. Sie waren eine „sehr große Gruppe von Käufern", die sich „mit mittelmäßig wiedergegebener Musik vom Band zufrieden" gab, und die „darüber hinaus so gut wie keine Ansprüche an das Gerät" stellte.[494] Ganz ähnlich wie auch beim Plattenspieler war für den Großteil der jugendlichen Hörer zunächst einmal der Zugang zu irgendeinem Gerät entscheidend. Die finanziellen Mittel ließen es in der Regel nicht zu, wählerisch zu sein, und mit dem Besitz eines Tonbandgerätes, sei es ihr eigenes oder das der gesamten Familie, „erfüllte sich [...] ein Traum" für viele Jugendliche. „Ich habe mich nie mehr so sehr über ein Geschenk gefreut", erinnert

490 Peter 1950m, Eintrag „Musikerinnerungen 1962-1970" am 30.01.2008 auf www.phono-erinnerungen.de.

491 Beantwortung des Fragenkatalogs auf der Internetseite durch fawad1953m auf www.phono-erinnerungen.de am 16.02.2010.

492 allegro301, Eintrag „Mein erstes Tonbandgerät!" am 17.02.2010 auf www.phono-erinnerungen.de.

493 Interview mit einem männlichen Nutzer, geboren 1948. Durchgeführt von Pirkko Gohlke in Vorbereitung einer Hauptseminararbeit, am 03.06.2010.

494 Batterietonbandgeräte Test. In: DM 15/1964, S.44-50, hier S.45.

sich eine ehemalige Nutzerin auf der Internetseite zu den *Phono-Erinnerungen* an das Grundig Tonbandgerät, das sie mit 14 Jahren unter dem Weihnachtsbaum vorfand.[495] Und kaum war das Gerät im Haus, wurden Aufnahmen aus dem Radio gemacht:

> *„Musik bedeutete uns eben sehr viel. Ich saß dann besonders Samstagsabends lange vor dem Radio und nahm die Songs auf, über ein uraltes Radio mit magischem Auge, steuerte vorsichtig aus, ärgerte mich über Störungen, Kabel mit Wackelkontakt, abgebrochene Songs..."*[496]

Teils waren die Aufnahmetechniken noch sehr primitiv; war etwa keine Überspielleitung vorhanden, wurde kurzerhand das Mikrofon vor den Radiolautsprecher gestellt:

> *„Ab diesem Moment wurden Aufnahmen gemacht. Dazu wurden Kissen um einen Lautsprecher gebaut, vor dem ein Mikrofon lag. Bevorzugte Sendung war damals die Plattenbörse, die Donnerstagsabends im Hessischen Rundfunk lief."*[497]

Unter widrigsten Umständen waren die jungen Hörer auf der Jagd nach ihrer Musik. Stand das Mikrofon vor dem Lautsprecher, waren sie „immer in der bangen Hoffnung, dass nicht [...] jemand unverhofft das Zimmer betrat"[498] und somit die Aufnahme durch Nebengeräusche verdarb. Und sei es mit Überspielkabel oder per Mikrofon, ein großes Ärgernis waren die Moderatoren und „vorlauten Diskjockeys",[499] die „irgendwelche dumme Werbung"[500] einblendeten oder die Songs nicht ganz bis zum Ende spielten und mit ihren Kommentaren nur störten.

> *„Gehasst habe ich immer die Radiosendungen, bei denen der, damals hießen die Discjockeys, Moderator reingequatscht hat. Da gab es gera-*

495 Marita1950w, Eintrag „phono-erinnerungen" am 07.02.2008 auf www.phono-erinnerungen.de.

496 Marita1950w, Eintrag „phono-erinnerungen" am 07.02.2008 auf www.phono-erinnerungen.de.

497 Peter 1950m, Eintrag „Musikerinnerungen 1962-1970" am 30.01.2008 auf www.phono-erinnerungen.de.

498 mangocrazy, Eintrag „Phono-Memories" am 04.03.2008 auf www.phono-erinnerungen.de.

499 Marita 1950w, Eintrag „phono-erinnerungen" am 07.02.2008 auf www.phono-erinnerungen.de.

500 mangocrazy, Eintrag „Phono-Memories" am 04.03.2008 auf www.phono-erinnerungen.de.

de ein neues Musikstück, das ich unbedingt in der ganzen Länge haben wollte, und am Ende hat der Discjockey ins Lied gequatscht."[501]

Ebenso wie die Tonbandamateure Vogelstimmen und Geräusche auf Band zu bannen versuchten, wurden die Jugendlichen zu „Jägern" ihrer Lieblingsmusik. Sie lagen „mit dem Spulentonband beim alten Dampfradio auf der Lauer nach Hits".[502] Die im deutschen öffentlich-rechtlichen Rundfunk allzu selten gesendeten jugendgerechten Musiksendungen wurden gespannt erwartet und aufgezeichnet, oder man schnitt von ausländischen Radiostationen, Soldatensendern, Piratensendern oder auch Radio Luxemburg mit.

„Meine Musikinformationen bezog ich aus Radio Luxemburg. Die Verkaufscharts am Samstag und insbesondere die Hitparade am Sonntag waren Pflichtprogramm. Von hier nahm ich auch fast alles auf Tonband auf."[503]

„Als Musiksender dienten damals überwiegend der belgische Sender BRT2 sowie der holländische Sender Hilversum 3."[504]

„Das TB hatte ein Mikro und dieses stellte ich vor meinen Phillips Transistor und hörte den ganzen Nachmittag Radio Freies Europa,[505] *die zur damaligen Zeit die beste und aktuellste Musik spielten."*[506]

Und ebenso wie die Amateure ihre Bänder verschickten, sich in Vereinen organisierten und ihre Aufnahmen austauschten, so trafen sich auch die Jugendlichen, um gemeinsam ihre Bänder abzuhören, zu überspielen und ihrem musikalischen Hobby nachzugehen: Gemeinsam wurde Musik gehört, aus dem Radio aufgenommen, oder man erstellte im Freundeskreis eine persönliche Hitparade:

---

501 Interview mit einem männlichen Nutzer, geboren 1954. Durchgeführt von Pirkko Gohlke in Vorbereitung einer Hauptseminararbeit, am 03.06.2010.

502 ahomburg, Eintrag „bruderherz" am 01.03.2008 auf www.phono-erinnerungen.de.

503 heavymat, Eintrag „Mein Spass an der Musik (die Anfänge)" am 24.02.2008 auf www.phono-erinnerungen.de.

504 Rainer 1956m, Eintrag „Hitparade in Eigeninitiative" am 09.03.2008 auf www.phono-erinnerungen.de.

505 „Radio Freies Europa" wurde 1950 gegründet und wandte sich insbesondere an Hörer in mittel- und osteuropäischen Ländern außerhalb der ehem. Sowjetunion. Vgl. auch Johanna Granville,"Caught With Jam on Our Fingers": Radio Free Europe and the Hungarian Revolution in 1956. In: Diplomatic History 29 (2005) 5, S. 811–839.

506 lebeninringen, Eintrag „So fings an..." am 30.01.2008 auf www.phono-erinnerungen.de.

„Ich hatte seinerzeit ein Telefunken-Tonbandgerät in meinem Besitz und habe alle 14 Tage jeweils Montags 5 Freunde zu mir nach Hause eingeladen und wir haben unsere eigene Hitparade abgehalten.

Das funktionierte im einzelnen so: Ich hörte zu jener Zeit viel, viel Radio und habe die neuesten Songs alle auf Tonband aufgenommen – wenn dann Hitparadenzeit war, wurden diese Songs abgespielt und jeder der anwesenden Freunde hatte Bewertungskarten vor sich liegen in der Bewertungsskala von 1-10 Punkten. So wurden je nach erreichter Punktzahl die besten 15 Songs in eine Hitliste verarbeitet – 14 Tage später – zur nächsten Hitparade, wurde die frisch zusammengestellte Hitparade des Vortreffens abgespielt, wobei jeder Song wiederum neu bewertet wurde (diese Neuvorstellungen wurden jeweils auf einem gesonderten Band aufgenommen). Aus den Bewertungsergebnissen wurde darauf die neue aktuelle Hitparade ermittelt, welche dann musikalisch wiederum in 14 Tagen abgespielt wurde."[507]

Genau in dieser Konzentration auf die Musik selbst, und nicht auf die Technik des Tonbandgerätes, lag der Unterschied zwischen den jugendlichen „Musikjägern" einerseits und den „Tonbandamateuren" und „Tonjägern" andererseits. Bei den Jugendlichen stand nicht die Technik, sondern der Sound ihrer Generation im Vordergrund. Nicht technische Kniffe und Tricks waren das Ziel, sondern möglichst viel gute Musik ohne störende Moderatorenkommentare, die man zu Hitparaden zusammenschneiden oder einfach immer wieder hören konnte.

Nicht nur der oft hohe Preis der Platten, die Jugendliche sich vom Taschengeld kaum leisten konnten, weckte bei vielen den Wunsch nach einem Tonbandgerät. Die Bänder ermöglichten es, eine dauerhafte Musikberieselung zusammenzustellen, die bei Treffen mit Gleichaltrigen im Hintergrund abgespielt werden konnte. Es war auch „viel bequemer, [mit dem Tonbandgerät, M.R.] eine Stunde Musik hören zu können, als nach ein paar Minuten die Platte zu wechseln."[508] Es bedeutete eine ganz neue Erfahrung, das Programm selber gestalten und festlegen zu können. Nicht mehr einzelne Songs mussten auf Platte gekauft werden, sondern ganze Kompilationen ließen sich nach dem persönlichen Geschmack erstellen:

„Was ich noch faszinierend fand, war, dass man sich drei bis vier Stunden Musik so zusammenstellen konnte, wie man wollte. Ich habe das,

507 Rainer 1956m, Eintrag „Hitparade in Eigeninitiative" am 09.03.2008 auf www.phono-erinnerungen.de.

508 Billy19at, Eintrag „Mein Tontechnischer Werdegang" am 07.03.2008 auf www.phono-erinnerungen.de.

was mir gefiel, von Schallplatten oder aus dem Radio aufgenommen und aneinander gereiht."[509]

Eben diese Praxis des eigenen Zusammenstellens von Mix-Bändern verdeutlicht auch Abbildung 16.[510] Der jugendliche Tonbandnutzer hat ein „Beat-Band" angefertigt, auf dem Lieder der Beatles, der Rolling Stones und von Bob Dylan aufgezeichnet sind. Die Jugendlichen beschrifteten ihre Tonbandhüllen mit den Titeln der Schlager und Rock-Songs, die sie aufgezeichnet hatten, um das gewünschte Lied bei Bedarf schnell anhand des Zählwerkstandes wieder zu finden.

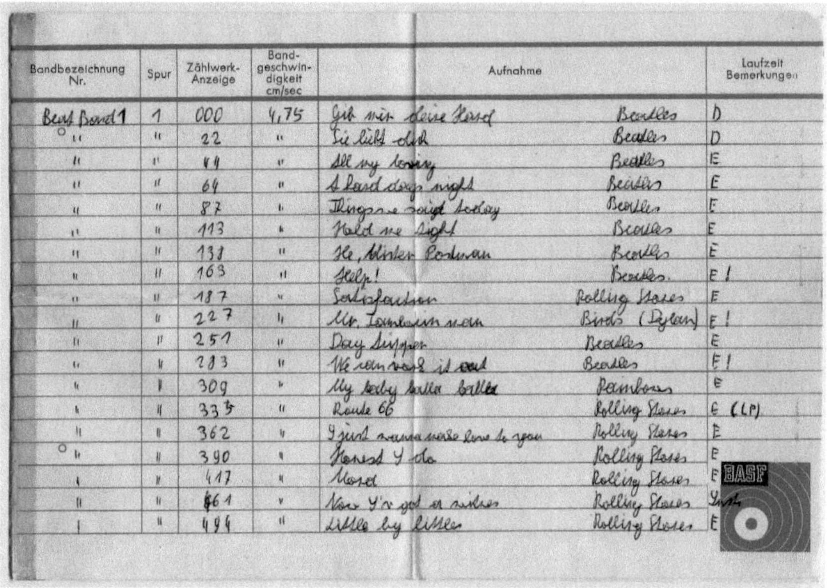

Bandbezeichnung Nr.	Spur	Zählwerk-Anzeige	Bandgeschwindigkeit cm/sec	Aufnahme		Laufzeit Bemerkungen
Beat Band 1	1	000	4,75	Gib mir deine Hand	Beatles	D
"	"	22	"	Sie liebt dich	Beatles	D
"	"	44	"	All my loving	Beatles	E
"	"	64	"	A hard days night	Beatles	E
"	"	87	"	Things we said today	Beatles	E
"	"	113	"	Hold me tight	Beatles	E
"	"	138	"	He, Mister Postman	Beatles	E
"	"	163	"	Help!	Beatles.	E !
"	"	187	"	Satisfaction	Rolling Stones	E
"	"	227	"	Mr. Tambourin man	Birds (Dylan)	E !
"	"	251	"	Day Tripper	Beatles	E
"	"	283	"	We can work it out	Beatles	E !
"	"	309	"	My baby balla balla	Rainbows	E
"	"	335	"	Route 66	Rolling Stones	E (LP)
"	"	362	"	I just wanna make love to you	Rolling Stones	E
"	"	390	"	Honest I do	Rolling Stones	E
"	"	417	"	Mona	Rolling Stones	E
"	"	[illegible]61	"	Now I've got a witness	Rolling Stones	Instr.
"	"	494	"	Little by little	Rolling Stones	E

Abb. 16: Inhaltsverzeichnis eines selbst zusammengestellten Beat-Tonbands.

Tonbandspulen konnten mitgebracht und kopiert werden (wenn die Geräte der Freunde hinsichtlich der Spulengröße kompatibel waren), Geräte wurden in der Regel nur dann zu Freunden mitgenommen, wenn man im Besitz eines kleinen, portablen Koffergerätes war. Wie viele Jugendliche einen mobilen Tonbandkoffer besaßen,

509 Interview mit einem männlichen Nutzer, geboren 1954. Durchgeführt von Pirkko Gohlke in Vorbereitung einer Hauptseminararbeit, am 03.06.2010.

510 Das Tonband-Inhaltsverzeichnis stammt von Wolfgang Neubacher, in einer e-mail an die Autorin am 16.11.2008, als Reaktion auf eine Anfrage im Tonband-info-Forum am 02.11.2008, http://forum.magnetofon.de/index.php?topic=3641.msg25956#msg25956 [Zugriff: 28.11.2010].

ob und wie oft diese auch tatsächlich mobil eingesetzt wurden, lässt sich anhand der vorliegenden Quellen nicht nachvollziehen. Der *tonbandfreund* stellte zwar 1967 fest, dass „junge Leute, mit schicken Batterietonbandgeräten versehen, an ihren Treffpunkten die Umgebung lautstark mit den neuesten Schlagern erfreu[t]en",[511] und auch die *DM* vermutete, dass die Jugend vor allem „ein leicht transportables, unkompliziertes und auch billiges Gerät" wünschte, doch berichten viele ehemalige Nutzer, dass man „das Ding" „nirgendwo hin mitnehmen konnte",[512] da die Tonbandgeräte, die den Jugendlichen zur Verfügung standen, in vielen Fällen eben nicht über Batterien zu betreiben waren und zudem ein hohes Gewicht hatten.

> *„Das TK 42 stand in meinem Zimmer, aber ab und zu habe ich dieses Ding mit seinen 12,5 kg auf Parties mitgeschleppt. Auch auf die Abi-Fete. Ich hatte damals noch kein Auto. War schon kräftezehrend, das Trum bis zur Party zu schleppen."*[513]

II.4 Zwischenfazit: Das Tonbandgerät – Die Kreativität behauptet sich

Tönendes Familienalbum, akustisches Notizbuch oder Aufnahmegerät für Hörspiele – zu Beginn seines Vormarsches in die Privathaushalte wurde das Tonbandgerät als ein Apparat der unbegrenzten Möglichkeiten beworben. Im Laufe der Sechzigerjahre differenzierten sich dann verschiedene Modelle aus, die den Wünschen ganz unterschiedlicher Zielgruppen entsprachen. Aus einem begrenzten Angebot Ende der Fünfzigerjahre entwickelte sich innerhalb von knapp zehn Jahren eine breit gefächerte Auswahl. Innerhalb dieser historischen Betrachtung der Tonbandgeräte-Dispositive treten entscheidende Wendepunkte in Erscheinung, die gleichermaßen als Zäsuren der westdeutschen Sozialgeschichte der langen Sechzigerjahre Gültigkeit besitzen und einen differenzierteren Blick auf die bewegten Zeiten erlauben.

Nachdem zunächst Allround-Geräte für die Familie angeboten und das akustische Bewahren von Erinnerungen angepriesen wurde, stellt die erste Spezialisierungsphase der Hersteller am Ende der Fünfzigerjahre einen ersten Einschnitt in der Objektgeschichte der Tonbandgeräte dar. Nun wurden als erstes ganz gezielt die ambi-

511 Der junge Mensch und das Tonband. In: der tonbandfreund 9/1967, S.161.

512 Interview mit einem männlichen Nutzer, geboren 1948. Durchgeführt von Pirkko Gohlke in Vorbereitung einer Hauptseminararbeit, am 03.06.2010.

513 Radiopeter1950m, Antwort auf Fragenkatalog am 24.02.2010 auf www.phonoerinnerungen.de.

tionierten Tonbandamateure angesprochen. Die Industrie bediente sie mit professionellen Geräten und trickreichem Zubehör. Stationäre und mobile Apparate für den Bastler sollten höchste Ansprüche an Technik und Klang erfüllen; auch im Design orientierten sie sich bald an den Geräten der Ton- und Rundfunkstudios.

Dieser Einschnitt korrespondiert mit den Entwicklungsetappen, die ich bereits anhand der Musikschränke und Stereoanlagen aufgezeigt habe. Veränderungen, die zunächst alleine auf der technisch-apparativen Seite des Dispositivs stattfanden, erreichten in der Anfangsphase nur einen kleinen, elitären Nutzerkreis. Ebenso wie die Einführung der Stereofonie und die Diskussion um High Fidelity – von ambitionierten Tonliebhabern und Plattenindustrie gleichermaßen gefördert – in den frühen Jahren keinen umfassenden Umbruch in den Mustern des Musikkonsums und in der Geräteausstattung der breiten Masse der Haushalte bedeutete, war auch die erste Ausdifferenzierung des Tonbandgeräteangebots durch Stereoapparate und Tonbastler-Ausstattung eine zwar für die weitere Entwicklung des Dispositivs wichtige, aber keine weitgreifende Etappe, die große Nutzerkreise erfasst hätte.

Vielmehr erfolgte der entscheidende Wandel auch auf dem Tonbandgerätemarkt um die Mitte der Sechzigerjahre. In einer zweiten Phase der Zielgruppenspezialisierung begannen die Entwickler und Werbefachleute seit etwa 1963 damit, ein größeres Augenmerk auf jenen potenziellen Käuferkreis zu legen, der bis dahin aufgrund der technischen Komplexität von Tonbandgeräten noch mit der Anschaffung gezögert hatte. Sie boten nun automatische Geräte an. Seit Beginn der zweiten Hälfte der Sechzigerjahre wurde dieser Markt noch weiter aufgefächert: Die einfachen Apparate für die ganze Familie wurden ergänzt durch spezielle Angebote für Jugendliche. Diese Tonbandgeräte waren primär als Musikspeicher konzipiert und für das Mitschneiden von Hits aus dem Radio oder von Schallplatte gedacht. Schrittweise wurde neben dem Familiengerät und der Amateur-Ausstattung auch der portable Unterhaltungsapparat für Jugendliche etabliert. Begünstigt wurde diese Entwicklung auch durch die Tatsache, dass inzwischen die urheberrechtliche Situation geklärt war und in der Werbung unverhohlen auf die preisgünstige Kopiermöglichkeit hingewiesen werden konnte. Auf diesem Wege erlangte das Tonbandgerät die prominente Stellung in deutschen Haushalten und insbesondere in den Lebenswelten junger Menschen, die uns in den Verkaufszahlen ebenso wie in den Phonoerinnerungen begegnet.

Ein solcher Wandel auf allen Ebenen eines Phonogeräte-Dispositivs tritt als ebenso bedeutsame Zäsur der westdeutschen Sozialgeschichte in Erscheinung: Das Tonbandgerät war seit Mitte der Sechzigerjahre technisch ausgereift und in zahlreichen Qualitätsabstufungen und Preislagen erhältlich; nicht mehr nur die Schallplattenindustrie, sondern auch der Rundfunk lieferten inzwischen die Musik, die den Jugendlichen – der zahlenmäßig größten Nutzergruppe – aufnahmewürdig erschien; auch rechtliche Streitigkeiten waren beigelegt. Die Objektgeschichte spiegelt so auch die Wandlungen familiärer und individueller Lebensweisen seit dem Ende der Fünfzigerjahre. Das Angebot individueller Selbstentfaltung und -verwirklichung, zugeschnitten auf verschiedene Nutzergruppen, löste die gemeinschaftliche Unterhaltung und Kreativität im Kreis der Familie ab. Der Rückzug der Familien in die private Häuslichkeit der Fünfzigerjahre fand seinen Ausdruck im „Tonschatz der Familie". Die im Laufe der Sechzigerjahre Fahrt aufnehmenden Individualisierungsprozesse spiegeln sich in der Auffächerung des Angebots für die ältere und die jüngere Generation; vielseitige Geräte für Technikliebhaber und Tonbastler entsprechenden der steigenden Wertschätzung von Selbstentfaltung und Individualität sowie der Technikbegeisterung dieser Zeit.

Die kombinierte und kontrastierende Betrachtung von Vermarktung, Diskussion und Nutzung hat ein weiteres sozialgeschichtlich bedeutsames Ergebnis erbracht: Zwar machten die Hersteller individuelle Angebote und die Nutzer unterschieden sich in ihren Nutzungspraktiken und nahmen Abgrenzungen durch individuelle Aneignungsweisen vor, doch kann von einer wirklich individuellen Einzelnutzung nicht die Rede sein. Vielmehr erfolgte die Sinngebung weiterhin im Kollektiv: Wenn etwa ein Jugendlicher alleine zuhause aus dem Radio Musik aufzeichnete, tat er dies, um gemeinsam mit Freunden die Bänder abzuhören und auszutauschen. Der Amateur arbeitete mal alleine, mal in der Gruppe an neuen Aufnahmen; in jedem Falle aber bestand das Ziel darin, sich unter Gleichgesinnten auszutauschen und sich innerhalb der Gruppe hervorzutun. Mit seinen Arbeitsergebnissen nahm er an Wettbewerben teil und gab seine Erfahrungen weiter, indem er sich an Rundbändern beteiligte oder auch per Leserbrief davon berichtete und Tonbandbriefe mit seinen neuesten Aufnahmen verschickte. Der entscheidende Unterschied besteht darin, dass die Nutzung nun im Rahmen selbst gewählter Gruppen stattfand, die die Familie als feste Konsumgemeinschaft ablösten.

Die *Kreativität* und *Intermedialität* waren die vorherrschenden Eigenschaften des Tonbandgeräte-Dispositivs. Die beiden Nutzergruppen der Amateure und der Jugendlichen konzentrierten sich in ihren Aneignungspraktiken jeweils auf einen der beiden Schwerpunkte: Für die Amateure stand die *Kreativität* im Vordergrund, sie schufen technisch anspruchsvolle Klangwelten durch aufwendige Tonmontagen und Trickaufnahmen und profilierten sich über ihre Fähigkeiten und ihre Beherrschung der Technik. Die Jugend genoss die Vorteile der *Intermedialität*; sie schuf musikalische Hörwelten durch Überspielungen aus dem Radio und von Platte. Hier fungierte die individuelle, dem generationsspezifischen Geschmack entsprechende Sammlung von Musik als Abgrenzungsmechanismus gegenüber den Erwachsenen und als Prestigeobjekt im Kreis der Altersgenossen, die ihre Lebensfreude durch schwungvolle Musik auszudrücken suchten.

Während der zweiten Hälfte der Sechzigerjahre bekamen dann allerdings gerade die einfachen, zur Aufnahme und Wiedergabe von Unterhaltungsmusik konzipierten Tonbandgeräte starke Konkurrenz durch den neuen Kassettenrekorder, der die Bedienung noch weiter vereinfachte und Gerät und Musikkonsum mobiler machte. Er sprach all jene an, die „mit der Technik ein wenig auf Kriegsfuß" standen, und er versorgte auch die Jugendlichen, die durch den niedrigen Preis und die Handlichkeit angesprochen wurden.[514] Daher blieb für das Spulentonbandgerät Ende der Sechzigerjahre fast nur noch der Markt der semi-professionellen privaten Amateure. Die ambitionierten Bastler und Tonbandfreunde stellten also nicht nur von Beginn an, sondern auch am Ende der Tonbandgeräteära letztlich die entscheidende Ziel- und Nutzergruppe dar. Einfache Spulengeräte zum Mitschneiden von Musik waren nur ein „Zwischenspiel", sie verloren ihre Existenzberechtigung, als sich der Kassettenrekorder als das ideale, intermediale Aufnahmegerät etablierte und sich – im Sinne von *SCOT* – als ein Artefakt stabilisierte, das den Wünschen einer großen *relevant social group*, den jugendlichen Musikfans, besser entsprach. Eines der beiden zentralen Versprechen des Tonband-Dispositivs, das der Intermedialität, konnte er noch besser einlösen. Lediglich die Domäne der Kreativität blieb dem Tonbandgerät vorbehalten, sodass es sich in Amateurkreisen halten konnte. Der Tonbandgerätemarkt wurde zu einem Markt für leistungsfähiges Heimstudio-Equipment.

514 Verkaufsargumente für das Tonbandgerät. Spulentonbandgeräte sterben nicht aus. In: radio-fernseh-händler 5/1972, S.126.

III Der Kassettenrekorder vereint unbeschwerte Mobilität und unkomplizierte Intermedialität

Klappe auf – Musikkassette rein – Klappe zu – Play. Stop – Eject – Musikkassette raus – Leerkassette rein – Klappe zu – Record. So einfach spielt ein Kassettenrekorder Musik ab oder zeichnet sie auf. Seit Mitte der Sechzigerjahre machte er dem Spulentonbandgerät als intermediales Aufnahmegerät große Konkurrenz. Er war mobiler als tragbare Tonbandgeräte und machte das Aufnehmen einfacher. Er konnte überall hin mitgenommen werden, nahm auf, was und wann immer man wollte – sei es per Mikrofon, vom integrierten oder einem externen Radiogerät, vom Schallplattenspieler oder einem weiteren Kassettenrekorder. Gerade unter jugendlichen Nutzern gewann der Kassettenrekorder bald viele Anhänger, da er selbstbestimmten Musikkonsum, unabhängig vom Radioprogramm und von den Geräten des Elternhauses möglich machte.

Und dennoch, trotz dieser individuellen Anwendungsmöglichkeiten, die eine Abgrenzung von anderen Nutzerkreisen erlaubten, war der Kassettenrekorder kein Medium der Abschottung, sondern eines der Identifikation und Kommunikation. Der Radiorekorder wurde mitgenommen zu Treffen im Freundeskreis, Musik wurde getauscht und überspielt und Verliebte erstellten Mixkassetten als Zeichen der Zuneigung.

Der Logik einer solchen individuell zusammengestellten Kassette folgt auch das vorliegende Kapitel. Zunächst einmal spulen wir vor, bis zum 40. Geburtstag der Kassette im Jahr 2003. Hier werden wir die spannende Beobachtung machen, dass sich die rückblickende, nahezu nostalgische Betrachtung des alten Mediums Kassette weniger auf deren tatsächliche Bedeutung im Alltag der Sechziger- und Siebzigerjahre konzentriert, sondern vor allem romantische Erinnerungen in den Vordergrund stellt (III.1). In den folgenden Kapiteln spulen wir zurück bis zur Geburtsstunde des Kassettenrekorders (III.2), betrachten die technisch-materielle Seite seines Dispositivs – also den Tonträger und das Abspielgerät (III.3) – und hören dann den „Soundtrack of Success" der Kassette, der die Melodien unbeschwerter Mobilität und umkomplizierter Medialität erklingen lässt (III.4).

III.1 Fast Forward: Kassetten-Nostalgie im Jahr 2003

Spulen wir nun also einmal vor, von den Sechzigern ins neue Jahrtausend: Im Jahr 2003 feierte die Musikkassette ihren vierzigsten Geburtstag. Das Jahr brachte eine wahre Welle an Lobliedern, aber auch Abgesängen auf das eigentlich schon überholte Medium in Wochenzeitungen und Nachrichtenmagazinen hervor. In den Artikeln wurde das handliche Mini-Tonband in der stabilen Hülle behandelt wie der Fund einer archäologischen Ausgrabung, mit nostalgischen Gefühlen betrachtet und mit Erinnerungen verknüpft.

> *„Die inzwischen vergilbten Aufkleber sind mit ausgeblichenen Filzstiften, Schultinte und so genannten Tintenkillern beschriftet, die dort notierten Reiseziele und Jahreszahlen stammen aus einer Zeit, in denen Postleitzahlen vierstellig waren und Kassetten in D-Mark bezahlt wurden."*[515]

Viele Autoren dachten angesichts des Jubiläums der Kassette zurück an ihre Jugendzeiten und an ihre erste Liebe, für die mit viel Mühe eine ausgeklügelte Mixkassette angefertigt wurde. Schriftsteller und Feuilletonisten verfassten Kurzgeschichten und Essays, in denen sie die Regeln des „Mix-Taping" rekapitulierten und Macher/innen wie Empfänger/innen solcher Kassetten porträtierten. Der Pop-Literat Benjamin von Stuckrad-Barre etwa beschreibt das Phänomen des „Kassettenmädchens": Sie wünsche sich nach einem ‚Date', dass der Junge ihr „eine Auswahl der schönsten Lieder überspielt", also eine persönliche Mix-Kassette zusammenstelle. Die Junge mache sich an die Arbeit, verbringe Stunden vor Plattenspieler und Kassettenrekorder, um eine ausgeklügelte persönliche Hitparade anzufertigen. „Solche Kassetten müssen zu ungefähr gleichen Teilen aus wohlbekannten Hits einerseits und potentiellen Mädchen-Erfreu-Liedern andererseits bestehen." Und Mädchen, die „viele solcher Köder-Kassetten besitzen, nennt man Kassettenmädchen".[516]

Auch Nick Hornby ließ die Hauptfigur seines Romans „High Fidelity", den Plattenladenbesitzer Rob Fleming, die ausgeklügelten Regeln des „Mix-Taping" wie folgt erklären:

> *„To me, making a tape is like writing a letter – there's a lot of erasing and rethinking and starting again. A good compilation tape, like breaking up, is hard to do. You've got to kick off with a corker, to hold the attention (I started with „Got to Get You Off My Mind", but then realized that she might not get any further than track one, side one if I delivered what she wanted straightaway, so I buried it in the middle of side two), and then you've got to up it a notch, or cool it a notch, and you can't have white music and black music together, unless the white*

515 Niklas Maak, Nostalgie, Das Ende der Kassette. 22.12.2007. URL: http://www.faz.net/-00ob8p [Zugriff: 28.11.2011].

516 Benjamin von Stuckrad-Barre, Kassettenmädchen. In: Ders., Remix. Texte 1996-1999. Köln ²2007, S.285-291, hier S.285.

music sounds like black music, and you can't have two tracks by the same artist side by side, unless you've done the whole thing in pairs and...oh, there are loads of rules."[517]

Diese Episoden illustrieren die eigene Kultur des Aufnehmens, Löschens und Zusammenstellens, die sich um die individuell zusammengestellte Kassette im Laufe der Jahrzehnte ausbildete. Nutzer profilierten sich als Experten und Musikkenner, und ein besonders ausgefeiltes Mixtape zeugte von der Mühe, die sich der Aufnehmende gemacht hatte, musste doch jede Schallplatte einzeln aufgelegt, das Lied einmal bis zum Ende abgespielt und die Aufnahme wieder unterbrochen werden, um den nächsten Titel anzuschließen. Oder aber die Songs wurden aus dem Radio mitgeschnitten, mit dem Finger immer am Pause-Button, immer in der Hoffnung, dass der Moderator nicht in die Musik hinein redete.

Eine selbst angefertigte Mixkassette war zugleich ein Selbstportrait und, wurde sie verschenkt, auch eine Erklärung der Zuneigung. Denn ihre Erstellung erforderte Geduld und Mühe: Die Leerkassetten hatten eine vorgegebene Laufzeit von zumeist 30 oder 45 Minuten pro Seite; um leeres Bandmaterial am Ende der Seite zu vermeiden, musste schon vor Beginn der Aufnahme genauestens ausgetüftelt werden, welche Songs sich nicht nur musikalisch, sondern auch hinsichtlich ihrer Spieldauer am Besten auf einer Seite zusammenstellen ließen. Und auch die Hüllen der Kassetten konnten liebevoll gestaltet und beschriftet werden und dienten als ein weiteres Zeichen dafür, dass viel Zeit und Aufwand investiert worden waren.

Wer diese Praktiken noch aus eigener Erfahrung kennt, und „wer noch weiß, was eine Kassette ist, ist definitiv nicht mehr richtig jung", schrieb die Internetausgabe der FAZ im Dezember 2007.[518] Denn längst wurden die Mix-Kassetten abgelöst von gebrannten CDs oder auch von schnell per e-mail verschickten MP3s. Nachdem diese Aufnahmepraktiken durch beschreibbare CDs und die MP3-Technik verdrängt wurden, erschein dies vielen Autoren als Verlust einer vermeintlich wertvollen kulturellen Praxis:

„Der Übergang von der mechanischen zur digitalen Musikverschenkkultur, von der schwarzen (Kassette) über die silberne (CD) zur weißen (iTunes) Musikepoche ist unter romantischen Gesichtspunkten ein einziger emotionaler Abkühlungsprozess: Eine schnell zusammen-

517 Nick Hornby, High Fidelity, New York 1995, S.89.

518 Niklas Maak, Nostalgie, Das Ende der Kassette. 22.12.2007. http://www.faz.net/-00ob8p [Zugriff: 28.11.2011].

gebrannte CD oder, schlimmer, ein im iTunes-Store gekauftes und weitergemailtes Lied hat nie den gleichen Effekt wie eine in langen Nächten zusammengestellte Mixkassette; die rührende Ästhetik der Mühe ist dahin."[519]

Heute hat das durch CD und MP3 bedrohte Medium Kassette beinahe „Kultstatus" erlangt: „Offenbar verhält sich Mixtape zu Mix-CD inzwischen wie ein handgeschriebener Brief zu E-Mail. Das Seltene und Manuelle zeigt die stärkere Wirkung."[520] In Bars legen Discjockeys Platten auf, und auf dem Tresen stehen Kassettenrekorder, per Kabel mit dem DJ-Pult verbunden. Die Gäste können ein Tape einlegen, das Set mitschneiden und eine klingende Erinnerung an den Abend mit nach Hause nehmen.[521] Eine Hamburger Radiosendung präsentiert monatlich eine 45-minütige Musikzusammenstellung (nebst passendem Cover zum Ausdrucken aus dem Internet), die ohne lästige Zwischenkommentare des Moderators auf einer Kassettenseite aufgezeichnet werden kann.[522]

Was die Kassetten-Nostalgiker übersehen, sind die weniger „romantischen" Nutzungspraktiken. Und selbst die Wissenschaft widmete sich anlässlich des vierzigsten Geburtstags der Kassette vor allem den Mixtapes als „Kommunikationsmedium der Popkultur". Ein Forschungsseminar am Institut für Volkskunde der Universität Hamburg illustrierte Formen und Funktionen der Mixkassetten in der Ausstellung „KassettenGeschichten" und einer gleichnamigen Begleitpublikation. Nicht nur Aufnahmegeräte und Werbematerial wurden gezeigt, sondern auch die Mixtapes mit ihrer teils künstlerischen Covergestaltung, die „Menschen hinter den Kassetten" und die Regeln und Strategien der Musikzusammenstellung auf Kassette.[523] Lediglich Bas Jansen löst sich von diesem etwas begrenzten Zu-

519 Niklas Maak, Nostalgie, Das Ende der Kassette. 22.12.2007. URL: http://www.faz.net/-00ob8p [Zugriff: 28.11.2011].

520 Ulrich Stock, Goodbye, my love, goodbye. In: Die Zeit, 21.08.2003. URL: http://www.zeit.de/2003/35/Kassette_35 [Zugriff: 28.11.2011].

521 Vgl. Ulrich Stock, Mein Leben mit Musik. Ich lege auf. In: Zeit Online, 06.05.2006. URL: http://www.zeit.de/online/2006/19/meinlebenmitmusik_17 [Zugriff: 28.11.2011].

522 www.mixkassette.de [Zugriff: 28.11.2011]; Ulrich Stock, Goodbye, my love, goodbye. In: Die Zeit, 21.08.2003. URL: http://www.zeit.de/2003/35/Kassette_35 [Zugriff: 28.11.2011].

523 Vgl. Gerit Herlyn, Kassettengeschichten. Von Menschen und ihren Mixtapes, Münster, Hamburg 2003. Die Ausstellung KassettenGeschichten fand vom 21.05.-29.06.2003 im Museum für Kommunikation Hamburg statt (und im Anschluss in Nürnberg und Frankfurt).Vgl. auch www.kultur.uni-hamburg.

griff und untersucht die Funktion der Kassette – und hier auch der chaotischen Alltagsaufnahmen – als Medium und Speicher der Erinnerung.[524] In seiner Dissertation widmet er sich u.a. der Praxis und kulturellen Bedeutung des „Mix-Taping".[525]

Die wenigsten Kassetten, die heute auf Dachböden oder in Kellern lagern, sind wirklich diese sorgfältig angefertigten Mixtapes, die in der verklärenden Erinnerung nun in den Vordergrund rücken. Alleine im Jahr 1971 wurden 8 Millionen Leerkassetten in der Bundesrepublik verkauft.[526] Der wahrscheinlich geringste Teil davon wurde als Liebeserklärung auf Magnetband oder als perfekt abgemischte persönliche Hitparade verwendet. In erster Linie machten die günstigen Leerkassetten und Rekorder das Mitschneiden von Musik für den Eigenbedarf möglich. In den Sechzigern und Siebzigern war die Kassette eine Innovation – nun ließ sich ganz einfach aus dem Radio oder von Platte aufnehmen, ohne mit der komplizierten Bedienung eines Spulentonbandgeräts konfrontiert zu sein. Durch die Kassetten erübrigte sich der Kauf von Schallplatten – man konnte sie stattdessen ausleihen und überspielen. „Wir verbrachten aufsummiert Jahre unseres Lebens damit, Platten im Akkord zu kopieren", erinnern sich viele Nutzer.[527]

Das Dispositiv der Kassettenrekorder zeichnete sich dadurch aus, dass es die Intermedialität vereinfachte und weiteren Nutzerkreisen verfügbar machte; für die Musikhörer der Sechzigerjahre waren die kleine Kassette und die handlichen, preisgünstigen Geräte eine technische Innovation, die bald zum Alltagsgegenstand wurde und der nichts Sentimentales anhaftete. Eben diesen Weg zum Er-

de/volkskunde/Projekte/C90/mix.pdf [Zugriff: 28.11.2011]. Siehe auch Steffen Heinzelmann, Mix Tapes. Treueschwur auf der B-Seite. In: Spiegel Online, 08.02.2002.
URL: http://www.spiegel.de/unispiegel/wunderbar/0,1518,181157,00.html [Zugriff: 28.11.2011].

524 Vgl. Bas Jansen, Tape Cassettes and Former Selves. How Mix Tapes Mediate Memories. In: Karin Bijsterveld/ José van Dijck (Hg.), Sound Souvenirs. Audio Technologies, Memory and Cultural Practices, Amsterdam 2009, S.43-54.

525 Vgl. Bas Jansen, Where Credit is Due: Cultural Practices of Recorded Music. Dissertation an der Universität Amsterdam, unveröffentliches Manuskript, 2010.

526 Hat die Schallplatte ausgespielt? In. Spiegel 50/1971, S.158-162, hier S.161.

527 Christoph Schwennicke, Ode ans Tape-Deck. Wer hören will muss spulen. In: Eines Tages, Zeitgeschichten auf Spiegel Online, 15.10.2010.
URL: http://einestages.spiegel.de/static/authoralbumbackground/6076/1/wer_hoeren_will_muss_spulen. html [Zugriff: 28.11.2011].

folg werde ich im Folgenden nachzeichnen und mich von den nostalgischen Erinnerungen des 21. Jahrhunderts lösen.

III.2 Rewind: Der Philips *Taschen-Recorder 3300* von 1963

Spulen wir also wieder zurück, bis ins Jahr 1963: Die Musikkassette war kein Objekt der Techniknostalgie, sondern das genaue Gegenteil – eine Neuerung, deren Erfolgsgeschichte auf der Funkausstellung in Berlin begann.[528]

Philips stellte den *Taschen-Recorder 3300* vor, ein Aufnahme- und Wiedergabegerät für Kassetten, das aufgrund seines geringen Frequenzbereiches von 120 bis 6000 Hz zunächst als „sprechendes Notizbuch" vermarktet wurde. Dementsprechend waren auch zunächst lediglich passende Leerkassetten und keine mit Musik bespielten Kassetten im Angebot. Der Rekorder war kaum größer als eine Zigarrenkiste (20 x 11 x 5,5 cm) und kostete knapp 300 DM, wog weniger als 1,5 kg und war überall einsatzbereit. Eine Ledertragetasche mit Umhängeriemen und Mikrofonfach machte ihn besonders mobil und praktisch.[529]

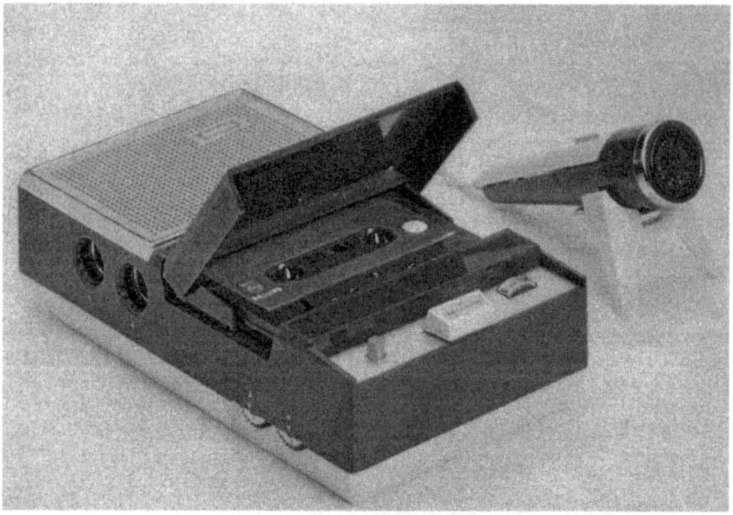

Abb. 1: Philips Taschen-Recorder 3300.
Philips Broschüre Tonbandgeräte 1964, S.4.
Archiv der GFGF.

528 Vgl. Riedel, 70 Jahre Funkausstellung, S.160.

529 Vgl. Funkausstellung Berlin 1963. In: Ton Magazin, Oktober 1963, S.3-4 & S.35, hier S.3. Vgl. auch Weber, Das Versprechen mobiler Freiheit, S.167.

Zwar stieß das kleine Gerät mit der neuen Kassette, die die Bedienung vereinfachen und Bandsalat vermeiden sollte, auf einiges Interesse, doch die Bedeutung, die die Kassette einmal weltweit erlangen sollte, zeichnete sich noch nicht ab.[530] Das große Nachrichtenmagazin *Spiegel* berichtete nicht einmal über die Funkausstellung, geschweige denn über die neue *Compact Cassette*. Sie machte dennoch Karriere: In den folgenden Jahren feierte sie ihren Durchbruch als neuer Tonträger, der sich neben der Langspielplatte etablierte und dem Tonbandgerät Konkurrenz machte. Die Kassettenrekorder erschlossen ganz neue Käuferkreise durch ihre Mobilität und ihre intermedialen Anwendungen, die viel unkomplizierter zu verwirklichen waren als im Fall des Tonbandgerätes. Diesen Weg zum Erfolg werde ich in Kapitel III.4 nachzeichnen und die Rolle der Nutzer in der Etablierung eines erfolgreichen Kassettenrekorder-Dispositivs hervorheben. Zunächst jedoch schauen wir uns die Kassette und ihre Abspielgeräte etwas genauer an.

II.3 Pause – Ein Blick auf Kassette und Abspielgerät

Die Musikkassette und ihre Abspiel- und Aufnahmegeräte verfügten über ein ganz eigenes Dispositiv, das sich von Plattenspielern und Tonbandgeräten essentiell unterschied. Die materiellen Eigenschaften des Kassettenrekorder-Dispositivs rücken nun als erstes in den Fokus: Kassette (III.3.1) und Abspielgerät (III.3.2) grenzten sich durch ihre Choreografie der Nutzung und ihre Apparat-Nutzer-Konstellation vom Vorgänger, dem Tonbandgerät, deutlich ab.

III.3.1 Die „Rangelei der Systeme“ und der Sieg des Compact Cassetten-Standards

In den Sechzigerjahren gab es zunächst eine „Rangelei der Systeme“ auf dem Markt,[531] da die Gerätehersteller zwei verschiedene Kassettensysteme anboten und auch jeweils mit unterschiedlichen Firmen der Musikindustrie zusammenarbeiteten.[532] Philips stellte auf

530 Vgl. Millard, Audio Cassette Culture.

531 Reginald Rudorf, MusiCassetten: Schöne Töne aus der Schachtel. In: Schallplatte. Das deutsche Musikmagazin 8/1974, S.19-27, hier S.20 (im Folgenden: Rudorf, Schöne Töne aus der Schachtel).

532 Streng genommen gab es sogar drei verschiedene Systeme, wobei das dritte der Firma Saba ein reines Wiedergabesystem für das Auto war. Für das „Sabamobil“ gab es bespielte Kassetten der Ariola-Eurodisc. Vgl. Cassetten-Recorder-Sensation in Hannover: Philips übernimmt Electrola-Musik. Vielfalt der Auswahl steht zur Verfügung, aber: Kein einheitliches System. In: Musikmarkt 5/1966, S.39.

der Funkausstellung 1963 die *Compact Cassette* vor, die 10 x 6,4 x 0,9 cm groß und bei einer Bandgeschwindigkeit von 4,75 cm/ s abspielbar war. Auf jeder Seite konnten 30 Minuten Musik, Sprache oder Geräusche aufgezeichnet werden.[533] Um diese Kassette abspielen zu können, wurde ein passendes Gerät benötigt, das dem Standard der *Compact Cassette* entsprach. Dem *Compact-Cassetten*-System hatten sich EMI-Electrola, Metronome, die Deutsche Grammophon-Gesellschaft, Polydor und – selbstverständlich – die Philips Ton als ‚Musiklieferanten' angeschlossen.

Auf der Funkausstellung 1965 in Stuttgart, zwei Jahre nach der ersten Vorstellung der Philips-Kassette, brachte die Firma Grundig Konkurrenz-Apparate auf den Markt, die mit dem Format der *Compact Cassette* nicht kompatibel waren.[534] Das *System DC-International,* dem sich auch die Firmen Telefunken und Blaupunkt anschlossen, arbeitete mit etwas größeren Kassetten (mit den Abmessungen 12 x 7,7 x 1,2 cm[535]), die mit einer höheren Bandgeschwindigkeit von 5,08 cm/ s liefen.[536]

Die passenden Abspielgeräte waren das *C 100* von Grundig und das *M 401* von Telefunken (vgl. Abb. 2),[537] die ebenso wie Philips erster *Taschen-Recorder 3300* von 1963 und sein Nachfolger, der *Cassetten-Recorder 3301*[538] von 1965, preislich knapp unter 300 DM lagen.[539]

Auf den Grundig-, Telefunken- und Blaupunkt-Geräten des *DC*-Systems ließen sich bespielte Kassetten aus dem Programm der Teldec-Telefunken-Decca hören. Doch die Musikauswahl war bei den

533 Vgl. Funkausstellung Berlin 1963. In: Ton Magazin, Oktober 1963, S.3-4 & S.35, hier S.3.

534 Zu den verschiedenen Kassetten-Systemen vgl. auch: Das Tonband-Kassetten-System. In: der tonbandfreund 8/1965, S.234-236.

535 Zwei Kassettensysteme – und wie weiter? In: Funkschau 17/1965, S.452.

536 Fritz Kühne, Tonband-Kassettengeräte. Versuch eines Überblicks. In: Funkschau, 17/1965, S.467-469, hier S.467.

537 Vgl. Max Grundigs große Tonband-Attraktion auf der Funkausstellung. Grundigs ‚C100' und ‚M401' von Telefunken am Start. In: Musikmarkt 8/1965, S.1 & S.4-6. Vgl. auch Funkausstellung Stuttgart: 566.000 Besucher. Schwerpunkte des Gezeigten: Stereo, Hi-Fi und Tonband-Recorder. In: Musikmarkt 9/1965, S.11-13 & S.41, hier S.12; vgl. auch: Riedel, 70 Jahre Funkausstellung, S.167.

538 Der Cassetten-Recorder 3301 von 1965 hatte einen erweiterten Frequenzbereich. Vgl. Cassetten-Recorder 3301 mit Musik-Cassette. In: Funktechnik 6/1965, S.229.

539 Vgl. Am Mikrofon. Ihr Techniker. Neuheiten von Grundig. In: der tonbandfreund 9/1965, S.270-271.

CC-Kassetten größer: Philips verfügte seit der Übernahme des EMI-Programms über das „stärkste Musikprogramm" auf Band.[540]

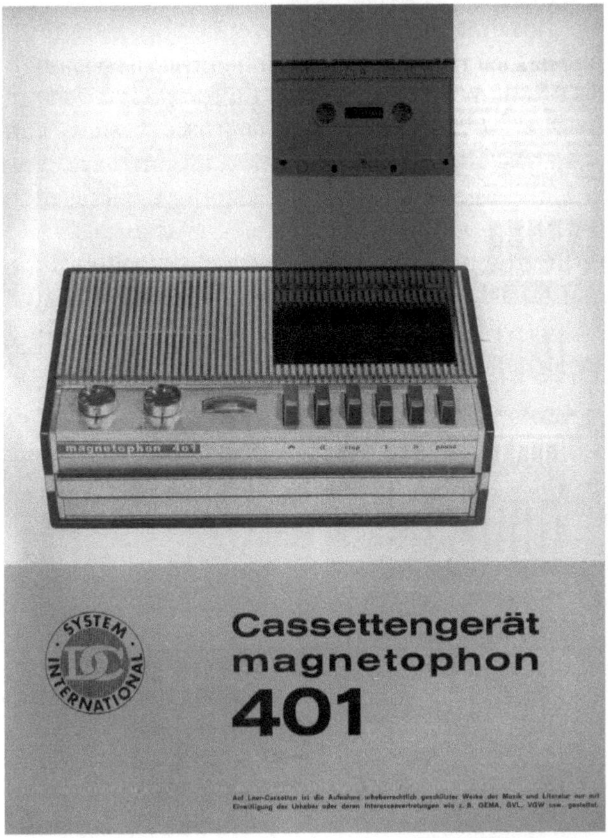

Abb. 2: Cassettengerät magnetophon 401.
In: Telefunken Sprecher 33/1965, S.25.

Solange der Konkurrenzkampf zwischen dem *CC*- und dem *DC*-System ausgefochten wurde, galt er den Verbraucher- und Technikmagazinen als Hemmschuh der Entwicklung der Kassette: Durch den „Eigensinn der Hersteller" drohe ein „Kassettenkrieg" auszubrechen, der „Dumme bei dieser Eigenbrötelei" sei letztlich der Käufer, beschwerte sich die Warentestzeitschrift *DM*.[541]

Philips führte erst im Konkurrenz mit dem *DC*-System (dessen Logo in der Telefunken Werbung, Abb. 2, abgedruckt ist) den bis

540 Cassetten-Recorder-Sensation in Hannover: Philips übernimmt Electrola-Musik. Vielfalt der Auswahl steht zur Verfügung, aber: Kein einheitliches System. In: Musikmarkt 5/1966, S.39.

541 Test Kassettentonbandgeräte. In: DM 44/1965, S.17-24, hier S.17&19.

heute gebräuchlichen Namen *Compact Cassette* (abgekürzt *CC*) ein[542] und bot seit 1965 auch mit Musik bespielte Kassetten an.[543] Aus den Quellen lassen sich leider nur wenige Erkenntnisse über den Verlauf dieses Wettstreits um eine Standardisierung der Kassettentechnik gewinnen.[544] Die *DC*-Gruppe hatte finanzielle Einbußen hinnehmen müssen,[545] und vor allem Philips' liberale Lizenzpolitik scheint ausschlaggebend für die Durchsetzung des *Compact Cassetten*-Standards gewesen zu sein, da die Firma von Beginn an auch anderen Herstellern die Möglichkeit gab, das gleiche System von Kassetten zu nutzen und passende Abspiel- und Aufnahmegeräte zu bauen.[546] Loewe Opta, Schaub-Lorenz und Graetz schlossen sich Philips an,[547] und zudem interessierte sich sehr früh auch die japanische Industrie für das System,[548] die während der Sechzigerjahre auf den bundesdeutschen Markt vorzustoßen begann.[549]

Als die Konkurrenten der *DC*-Firmengruppe (Grundig, Telefunken, Blaupunkt) ab dem Herbst 1967 auch auf das Philips-System umstiegen,[550] wurde dies von Handel und Verbrauchern mit Erleichterung aufgenommen. Denn zuvor hatte die Industrie

542 Vgl. Peter A. Leitmeyr, Der unaufhaltsame Aufstieg des sprechenden Notizbuchs. 25 Jahre Compact-Cassette. In: Kultur & Technik 4 (1988) S.196-204, hier S.199 (im Folgenden: Leitmeyr, Der unaufhaltsame Aufstieg des sprechenden Notizbuchs).

543 Vgl. Kassetten-Tonbandgerät mit bespielten Bändern. In: Funkschau 6/1965, S.134; Cassetten-Recorder 3301 mit Musik-Cassette. In: Funktechnik 6/1965, S.229.

544 Wir haben es hier mit einem typischen Beispiel eines Standardisierungsproblems zu tun. Zu den Unstimmigkeiten bzgl. der Standardisierung der Compact Disc (CD)-Technik, insbesondere der sog. Abtastrate, vgl. Jürgen K. Lang, Das Compact Disc Digital Audio System. Ein Beispiel für die Entwicklung hochtechnologischer Konsumelektronik, Aachen 1996.

545 Vgl. Leitmeyr, Der unaufhaltsame Aufstieg des sprechenden Notizbuchs, S.199.

546 Das Tonband-Kassetten-System. In: der tonbandfreund 8/1965, S.234-236.

547 Test Kassettentonbandgeräte. In: DM 44/1965, S.17-24, hier S.19.

548 Philips verwies bereits 1965 auf Verhandlungen mit Aiwa, Matsushita/ National, Nippon Victor und Sony. Vgl. Fritz Kühne, Tonband-Kassettengeräte. Versuch eines Überblicks. In: Funkschau 17/1965, S.467-469, hier S.468.

549 Vgl. Leitmeyr, Der unaufhaltsame Aufstieg des sprechenden Notizbuchs, S.199.

550 Das Branchenmagazin Musikmarkt gab an, dass im Herbst 1967 nur noch Grundig am DC-System festhielt, alle anderen Hersteller bereits nach dem CC-System arbeiteten. Vgl. Ein zukunftssicherer Tonträger: Die Musik-Kassette. Auch der bundesdeutsche Fachhandel muß sich auf dieses Geschäft einstellen. In: Musikmarkt 4/1968, S.55-56 & 58-60, hier S.59. Auch Rudorf, Schöne Töne aus der Schachtel, S.21, erklärt, dass es seit 1967 „in Europa für Liebhaber des ‚neuen Tonträgers' so wenig Probleme wie für Schallplattenkäufer" gegeben habe.

> *„durch den Start zweier Systeme im Bereich der Cassetten-Geräte Händler und Käufer derart verwirrt, daß der Umsatz an Cassetten-Geräten und damit verbunden an Tonband-Cassetten nur sehr langsam, wenn auch steigend, voranging."*[551]

Schon seit Mitte der Sechzigerjahre war dem neuen Medium ein „steiler Aufstieg" prophezeit worden,[552] doch erst ein Ausräumen der Zweigleisigkeit der Systeme konnte den Erfolg wirklich einläuten. Mit der Durchsetzung des einheitlichen *CC*-Standards schien der Damm gebrochen, endlich waren die Kassetten kompatibel, sodass Telefunken- und Philips-Nutzer ihre Aufnahmen auch untereinander tauschen, ausleihen und überspielen konnten.

So war das Angebot an bespielten Musikkassetten 1968 bereits um ein Vielfaches gewachsen: Etwa 700 verschiedene Titel standen den Käufern zur Auswahl,[553] 1974 sollten es schon 9.000 sein.[554] Bei der Markteinführung der mit Musik fertig bespielten Kassetten durch Philips im Jahre 1965 waren gerade mal 50 verschiedene Titel im Angebot gewesen.[555] Schon 1967 lieferten die meisten Firmen der Musikindustrie ihre Kassetten auch in Stereo-Qualität, wenn auch der Großteil der verkauften Abspielgeräte noch mit Mono-Technik ausgerüstet war.[556] Die seit 1966 verfügbare Stereo-Kassette etablierte sich ab 1969 auch im Auto,[557] und bis Ende 1969 hatte die Musikindustrie bereits zwei Millionen bespielte Kassetten abgesetzt.[558]

Die eigentliche Triebfeder des Erfolges der Kassetten und Rekorder aber waren nicht die vorab von der Industrie mit Musik bespielten

551 Ein zukunftssicherer Tonträger: Die Musik-Kassette. Auch der bundesdeutsche Fachhandel muß sich auf dieses Geschäft einstellen. In: Musikmarkt 4/1968, S.55-56 & S.58-60, hier S.55.

552 Test Batterietonbandgeräte. In: DM 15/1965, S.44-50, hier S.46.

553 Ein zukunftssicherer Tonträger: Die Musik-Kassette. Auch der bundesdeutsche Fachhandel muß sich auf dieses Geschäft einstellen. In: Musikmarkt 4/1968, S.55-56 & S.58-60, hier S.55.

554 Vgl. Rudorf, Schöne Töne aus der Schachtel, S.20.

555 Ein zukunftssicherer Tonträger: Die Musik-Kassette. Auch der bundesdeutsche Fachhandel muß sich auf dieses Geschäft einstellen. In: Musikmarkt 4/1968, S.55-56 & S.58-60, hier S.55.

556 Ein zukunftssicherer Tonträger: Die Musik-Kassette. Auch der bundesdeutsche Fachhandel muß sich auf dieses Geschäft einstellen. In: Musikmarkt 4/1968, S.55-56 & S.58-60, hier S.56.

557 Vgl. Zeppenfeld, Tonträger in der Bundesrepublik, S.71.

558 Die Zukunft des großen Geschäfts mit den kleinen MusiCassetten. Ein Ausblick auf die Möglichkeiten in den kommenden Jahren. In: Musikmarkt 3/1970, S.3-4, hier S.3.

Kassetten, sondern die günstigen Leerkassetten. Die preiswerten und handlichen Speichermedien machten die eigenen Aufnahmen auf Band einfacher und mobiler. Seit 1965 gab es sie nicht mehr nur mit 60 sondern auch mit 90 Minuten Spieldauer,[559] und schon im Jahr 1971 wurden doppelt so viele Leerkassetten wie bespielte Musikkassetten in Westdeutschland verkauft, etwa 8 Millionen Stück.[560]

Der Kassettenrekorder im Verbund mit der Leerkassette vereinte in seinem Dispositiv die Intermedialität des Spulentonbandgerätes mit einer neuen Einfachheit in der Bedienung. Zudem war er noch mobiler und zu einem geringeren Kaufpreis zu haben. Nun konnte wirklich jeder Hörer Musik ganz nach seinem Geschmack aufnehmen, zusammenstellen, hören, löschen und wieder überspielen. Die Leerkassette wurde zum Zugpferd des Umsatzes mit Kassettenrekordern, und sie sollte auch im weiteren Verlauf der Siebzigerjahre große Triumphe feiern: 1976 wurden ganze 100 Millionen Leerkassetten in der Bundesrepublik verkauft (entgegen 40 Millionen bespielten Kassetten).[561] Innerhalb von fünf Jahren hatte sich ihr Absatz mehr als verzehnfacht!

III.3.2 Das Telefunken *magnetophon cc alpha* von 1969

Der Erfolg der Kassette setzte also während der zweiten Hälfte der Sechzigerjahre ein; daher wollen wir den „Soundtrack of Success" (III.4) auch – ganz zeitgemäß – auf einem Gerät der späten Sechzigerjahre abspielen.

Die Auswahl eines Kassettenrekorders dürfte schon den Zeitgenossen schwer gefallen sein, denn seit der Einigung auf das *CC*-System stieg auch die Zahl der verfügbaren Abspielgeräte rasant an: Im Jahr 1969 konnte der Käufer zwischen rund 60 verschiedenen

559 Vgl. Leitmeyr, Der unaufhaltsame Aufstieg des sprechenden Notizbuchs, S.198.

560 Hat die Schallplatte ausgespielt? In: Spiegel 50/1971, S.158-162, hier S.161. Dem entsprechen auch die Angaben des Bundesverbandes der Phonographischen Wirtschaft, der für 1971 einen Absatz von 4 Millionen, 1972 von 6 Millionen und 1973 gar von knapp acht Millionen Musikkassetten angab. Vgl. Zeppenfeld, Tonträger in der Bundesrepublik Deutschland, S.43

561 Klang-Supermarkt zum Nulltarif. In: Spiegel 17/1977, S.204-210, hier S.204f. Ähnlich gehen auch andere Artikel schon für 1975 von einem Jahresabsatz von 100 Mio. Leerkassetten aus, so z.B. Reginald Rudorf, Die letzten Tage der Schallplatte. In: Deutsche Zeitung, 16.01.1976; J. Heppner, Tonträgermarkt: Findet die Revolution doch noch statt? In. Schallplatte 11/1975; zit. n. Andreas Johannes Wiesand, Die Compact Cassette – schneller Erfolg für ein alternatives Massenmedium? In: Media Perspektiven 6/1976, S.263-274, hier S.265 (im Folgenden: Wiesand, Die Compact Cassette).

Geräten wählen, um bespielte Kassetten zu hören oder Leerkassetten zu füllen: Geräte mit und ohne Netzteil, für den Heimgebrauch oder unterwegs, als Autoapparat oder Taschenrecorder. Eine entscheidende Weiterentwicklung des Geräteangebots, die für steigende Absätze sorgte, lag darin, neben den tragbaren Rekordern wie etwa dem Philips *Taschen-Recorder 3300* von 1963 oder dem *Cassetten-Recorder* von 1965 auch solche Geräte auf den Markt zu bringen, die ein Kofferradio mit einem Kassettenrekorder verbanden, sie so genannten *Radio-Recorder*, die sich schon bald als „erfolgreicher Typ"[562] auf dem Markt etablieren konnten. Sie ermöglichten als autarkes Gerät die direkte Aufnahme aus dem Radio, ohne etwa das Kassettengerät zunächst an einen Rundfunkapparat anschließen zu müssen.

Die meisten Bundesbürger schafften sich ihre Kassetten- oder Radiorekorder seit etwa 1968 an,[563] wie es auch die Absatzzahlen verdeutlichen: Zwar vermeldete die Industrie bereits seit Mitte der Sechziger jährlich steigende Verkaufszahlen, doch der wirkliche Durchbruch erfolgte Ende der Sechziger- und zu Beginn der Siebzigerjahre (vgl. Tab. 1).[564] Nun hatte „das ganz große Geschäft mit den kleinen MusiCassetten" begonnen.[565] Der Absatz der Geräte überschritt 1970 die zwei Millionen-Grenze und bereits 1971 berichtete der *Spiegel*, fast 20% aller westdeutschen Haushalte seien „bereits für das Kassetten-Zeitalter gerüstet".[566] 1973 verfügten bereits fast 30% und 1979 etwa 55% aller Haushalte über ein Kassettengerät.[567]

562 Ein zukunftssicherer Tonträger: Die Musik-Kassette. Auch der bundesdeutsche Fachhandel muß sich auf dieses Geschäft einstellen. In: Musikmarkt 4/1968, S.55-56 & S.58-60, hier S.56.

563 Vgl. Spiegel, Männer und Märkte, Tab. 52.

564 Ein zukunftssicherer Tonträger: Die Musik-Kassette. Auch der bundesdeutsche Fachhandel muß sich auf dieses Geschäft einstellen. In: Musikmarkt 4/1968, S.55-56 & S.58-60, hier S.60.

565 Die Zukunft des großen Geschäfts mit den kleinen MusiCassetten. Ein Ausblick auf die Möglichkeiten in den kommenden Jahren. In: Musikmarkt 3/1970, S.3-4, hier S.3.

566 Hat die Schallplatte ausgespielt? In: Spiegel 50/1971, S.158-162, hier S.161. Der Spiegel ging von mehr als 4 Millionen Rekordern im Bundesgebiet aus. Laut Rytlewski/ Opp de Hipt, Die Bundesrepublik in Zahlen, S.42, gab es 1971 ca. 22 Millionen Haushalte in der BRD.

567 Grundig Presse-Informationen. Markterfolg der Radio-Recorder. Januar 1979. Archiv der GFGF. Hier gibt Grundig an, es habe 1973 etwa 6,5 Mio. und 1979 etwa 13 Mio. Kassettengeräte in westdeutschen Haushalten gegeben und nennt für 1979 eine Sättigung von 57%. Berechnet man die Ausstattungsquoten anhand der bei Rytlewski/ Opp de Hipt, Die Bundesrepublik in Zahlen, S.42 angegebenen Haushaltsanzahl, ergeben sich die im Text genannten Werte (die von der Grundig-Berechnung für 1979 nicht eklatant abweichen).

Jahr	verkaufte Kassettenrekorder
1965	180.000
1966	300.000
1967	600.000
1970	> 2.000.000

Tab. 1: Jährlicher Absatz an Kassettenrekordern.
Quelle: Musikmarkt 4/1968, S.60 und Spiegel 50/1971, S.161.

Im Laufe der Siebzigerjahre sollten die Verkaufszahlen des Kassettenrekorders sogar die des Plattenspielers überflügeln: Nach Angaben des Statistischen Bundesamtes wurden 1977 auf dem Inlandsmarkt 2,88 Millionen Kassettengeräte, jedoch nur 2,14 Millionen Plattenspieler und -wechsler abgesetzt.[568] Und das, obwohl doch „der Auflage-Ritus ein dreiviertel Jahrhundert lang geübt worden" war![569]

Bereits seit der zweiten Hälfte der Sechzigerjahre wurden die Musikkassette und ihre Abspielgeräte vorrangig als Produkte eines jungen Marktes abgesetzt.[570] Für jüngere Käufer waren vor allem die Kassettenrekorder des Niedrigpreissegmentes interessant: Unter den jüngeren Käufern war der Anteil derer, die ein besonders preisgünstiges Gerät (unter 150 DM) kauften, sehr viel höher als unter den älteren Kunden, die vermehrt zur mittleren Preisklasse zwischen 150 und 200 DM griffen.[571]

Schauen wir uns einmal ein Gerät der mittleren Preisklasse etwas genauer an. Die *DM* testete 1970 fünfzehn verschiedene Kassettentonbandgeräte. Dabei schaffte es das *magnetophon cc alpha* von Telefunken unter die besten fünf.[572] Auf der Funkausstellung in Stuttgart 1969 wurde es erstmals vorgestellt[573] und selbstverständlich funktionierte es bereits nach dem Philips *Compact-Cassetten*-System.[574] Das *cc alpha* kostete circa 200 DM,[575] war nur 22 x 16,5 x 4,8 cm groß und wog weniger als 1,5 kg. Das Gehäuse war aus Aluminium

568 Vgl. Zeppenfeld, Tonträger in der Bundesrepublik, S.74.

569 Rudorf, Schöne Töne aus der Schachtel, S.19.

570 Geräteverkauf hat ein Nord-Süd-Gefälle. In: Musikmarkt 11/1973, S.20.

571 Geräteverkauf hat ein Nord-Süd-Gefälle. In: Musikmarkt 11/1973, S.20.

572 Kassetten-Tonbandgeräte. Dünner Ton. In: DM-Journal 7/1970, S.52.

573 magnetophon cc alpha. In: Telefunken Sprecher 50/1969, S.18-19.

574 Vgl. HDRFG 1969/70, S.I2.

575 Kassetten-Tonbandgeräte. Dünner Ton. In: DM-Journal 7/1970, S.52 (Im HDRFG sind in diesen Jahren bereits keine festen Preise mehr angegeben).

und Kunststoff, wahlweise in „riobraun“ oder „weinrot“.[576] Beim *cc alpha* handelte es sich um einen reinen Kassetten- und keinen Radio-Rekorder. Das Gerät verfügte über einen Lautsprecher, der auf der Vorderseite links neben dem Kassettenfach untergebracht war; die Aluminium-Frontabdeckung des Gerätes war hier durch kleine Schlitze geöffnet. Die optisch gleiche Verkleidung der Rückseite des Gerätes hingegen war geschlossen. Auf der Vorderseite angebracht war die Typenbezeichnung *magnetophon cc alpha,* hinterlegt mit einem roten (bzw. braunen) Streifen, der sich über die gesamte Breite des Gerätes erstreckte. Die Schrift stand auf dem Kopf, ebenso wie die Funktionsbeschreibung „STOP“ am Schalter, der am oberen Tragegriff angebracht war.

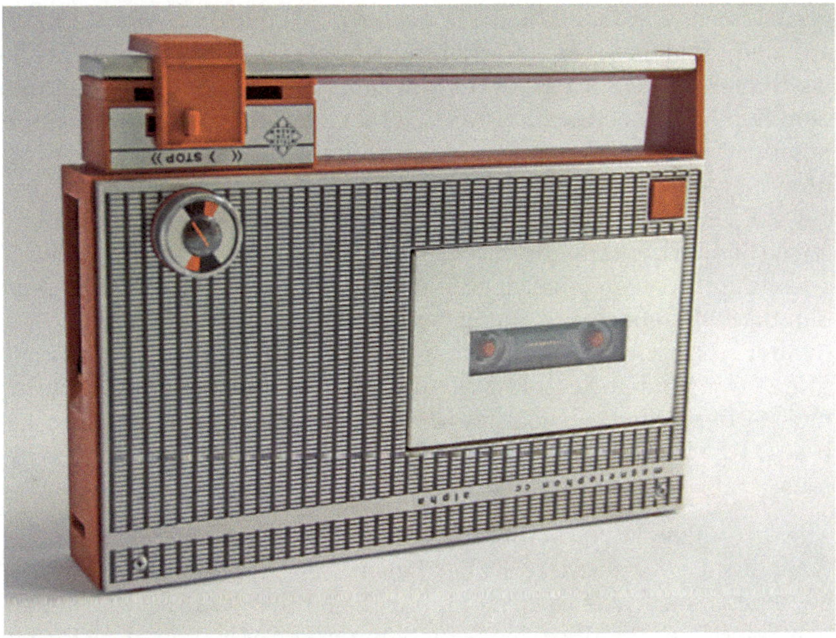

Abb. 3: Telefunken magnetophon cc alpha, Privatbesitz.

Hier fungierte das Design als Vermittler zwischen Form und Funktion:[577] Die dem Kassettenrekorder eingeschriebenen Bedeutungen wurden zum Ausdruck gebracht; durch die kopfüber gedruckten Worte erhielt der Nutzer Hinweise zur Anwendung des Gerätes: Legte er es ab oder trug er es etwa in der Hand wie einen kleinen Koffer, standen die Buchstaben (von ihm/ ihr aus, also von oben gesehen) richtig herum. Die Schriftzüge und der Trage-

576 Vgl. HDRFG 1969/70, S.12.

577 Fickers, Design als mediating interface, S.207.

griff charakterisierten das *cc alpha* als flexibles Gerät. Der kleine Apparat machte insgesamt einen robusten Eindruck, etwa aufgrund der Aluminium-Abdeckungen, die an Vorder- und Rückseite fest verschraubt waren. Die Bedienungsinstrumente des Gerätes waren größtenteils in der linken oberen Ecke konzentriert angeordnet. Nur die rote, viereckige Taste zum Öffnen des Kassettenfachs war auf der Vorderseite rechts angebracht.

Der Schiebeschalter auf dem Tragegriff vereinte alle grundlegenden Funktionen: Mit ihm konnte vor- und zurückgespult, die Wiedergabe/ Aufnahme gestoppt und gestartet werden.[578] Um eine Aufnahme zu machen, musste lediglich eine Aufnahmequelle (also ein Radio, ein Plattenspieler, ein Tonbandgerät oder ein Mikrofon) angeschlossen werden. Durch Drücken des kleinen roten Knopfes auf dem Schieberegler (Aufnahme-Knopf), und indem der Schiebeschalter in die Start-Position (auf dem Gerät gekennzeichnet mit dem Symbol <) gebracht wurde, lief das Band an. Nun konnte mittels des Drehreglers auf der Vorderseite die Aussteuerung vorgenommen werden. Er wurde so weit im Uhrzeigersinn gedreht, bis der Zeiger (in der mittleren Anzeige des Drehreglers) bei den lautesten Stellen der aufgenommenen Musik gerade bis zum roten Feld ausschlug. Bewegte sich der Zeiger in das rote Feld, war die Aufnahme übersteuert und klang bei der Wiedergabe verzerrt. Diese Art der Aussteuerung war vielen Nutzern bereits vom „magischen Auge" der Tonbandgeräte bekannt. Zum Beenden der Aufnahme musste der Schiebeschalter nur wieder in die „Stop"-Position gebracht werden, der Aufnahmeknopf sprang automatisch wieder heraus.

Alle grundlegenden Bedienungsinstrumente waren oben in der Nähe des Griffs platziert. Daher ließen sie sich selbst dann einfach bedienen, wenn das *cc alpha* am Griff getragen wurde. Mit derselben Hand ließ sich über den Schieberegler die Musikwiedergabe beginnen, stoppen, vor- und zurückspulen oder auch eine Aufnahme starten. Lediglich zum Wechseln und Drehen der Kassette benötigte man die zweite Hand. Insofern unterscheidet sich die Choreografie der Nutzung dieses kleinen Kassettenrekorders grundlegend von der der Spulentonbandgeräte. Tonbandkoffer waren zwar tragbar, doch nur stationär zu betreiben. Sie waren schwerer und größer, und zu ihrer Bedienung waren in der Regel zwei Hände notwendig – man denke nur an das komplizierte Einfädeln des Bandes.

578 Alle folgenden Aussagen zu den Funktionen des cc alpha stammen aus der Bedienungsanleitung sowie eigenen Versuchen. Bedienungsanleitung Telefunken magnetophon cc alpha. Archiv des DTMB Berlin, FS AEG-Telefunken.

Entscheidungen wie die Wahl der wiederzugebenden oder zu bespielenden Spur entfielen beim Kassettenrekorder. Sein Aktionsradius war im übrigen größer, da er tragbarer, flexibler und unempfindlicher war.

Das *cc alpha* wurde als batteriebetriebenes Gerät verkauft. Im Lieferumfang des Gerätes war kein Kabel zum Anschluss an das Stromnetz enthalten, allerdings konnte ein Netzgerät hinzugekauft werden, sodass bei der Verwendung zuhause Batteriekosten gespart werden konnten.[579] Laut Hersteller sollte ein Satz Batterien (5 Babyzellen à 1,5 V) für 18 Stunden Betriebszeit ausreichen. Laut Test der *DM* lag das *cc alpha* damit dennoch über dem Durchschnitt was die Betriebskosten anbelangte.[580]

Tatsächlich erinnern sich Nutzer an den Kostenfaktor Batterie: Sie berichten davon, ihren Musikkonsum eingeschränkt zu haben, um die Ausgaben für Batterien möglichst niedrig zu halten: „Die [Batterien] waren teuer und die liefen regelmäßig aus. Deswegen habe ich immer ‚gespart' mit dem Musikhören. Heute gar nicht mehr denkbar."[581]

Beim Kauf eines *cc alpha* wurden ein Mikrofon, eine Tonleitung und eine sechzigminütige Leerkassette mitgeliefert.[582] So präsentierte sich das kleine *magnetophon* als vollwertiges Aufnahmegerät, mit dem sowohl die Jagd auf Töne begonnen als auch Musik aus dem Radio oder von Platte überspielt werden konnte. Das Mikrofon konnte an der Seite des *cc alpha* befestigt werden, sodass es mit dem Apparat zu einer kompakten, transportablen Einheit wurde. Zudem gab es eine „praktische Bereitschaftstasche", in der sich das Gerät mit Mikrofon und Reserve-Kassetten unterbringen ließ. Auch bei Betrieb konnte es in der Tasche verbleiben, denn alle Schalter blieben zugänglich. So schien das *cc alpha* – mit oder ohne Tasche – aufgrund seiner Größe, seines geringen Gewichtes, seiner robusten Bauweise, seiner einfachen, „einhändigen" Bedienung und der reduzierten Anzahl an Schaltern das perfekte Gerät für unterwegs zu sein. Dementsprechend wurde es auch beworben: Es könne als

579 Das „Netzteil 4000" oder „Netzteil 4000 universal" passten zum cc alpha. Vgl. HDRFG 1969/70, S.I2 und Bedienungsanleitung Telefunken magnetophon cc alpha, S.7. Archiv des DTMB Berlin, FS AEG-Telefunken.

580 Kassetten-Tonbandgeräte. Dünner Ton. In: DM-Journal 7/1970, S.52: Die DM berechnete für 250 Stunden Betriebszeit Kosten von 167,50 DM. Der Schnitt lag bei 134,50 DM.

581 gaby1956, Eintrag „Mein erstes Radio, mein erster Cassettenrekorder" am 23.06.2008 auf www.phono-erinnerungen.de.

582 Vgl. HDRFG 1969/70, S.I2.

„ständiger Begleiter" „überall dabei sein", versprach der Hersteller.[583] Zugleich war es durch seine „Einhandbedienung"[584] besonders einfach zu nutzen, die Anzahl der Tasten und Anzeigeinstrumente war – etwa im Vergleich zu klassischen Spulentonbandgeräten – deutlich reduziert worden.

Gerät und Tonträger geben also bereits über ihre materiellen Eigenschaften Auskunft über die dispositiven Strukturen des Kassettenrekorders: Er war tragbar, robust und handlich, zugleich ermöglichte er ohne viel Aufwand Mitschnitte von Programmen anderer Medien. Die weiteren symbolischen, programmlichen und soziokulturellen Dimensionen des Dispositivs sowie der Siegeszug, den die Kassette seit Ende der Sechzigerjahre antrat, werden im Folgenden ganz im Sinne ihrer eigenen Logik untersucht: Zurückgespult an den Start, 1963, gleicht dieses Kapitel einer Mixkassette, die den Kommunikationsprozess zwischen Herstellern, Werbung und Nutzern enthält. Und da Mix-Tapes, wie der Experte Rob Fleming es in „High Fidelity" erklärte, nicht mehrere Titel eines Interpreten hintereinander enthalten dürfen, wird auch hier die in den vorigen Gerätestudien eingehaltene strenge Trennung der Hersteller-, der Nutzer- und der Kritiker-Perspektive aufgehoben und stärker thematisch gearbeitet. Die Kassette hat zwei Seiten: Auf Seite A (III.4.1) findet der Hörer/ Leser den Soundtrack der Mobilität, „On Tour", Seite B (III.4.2) lässt die Hitparade des „Easy listening and recording" erklingen; der neue Kassettenrekorder vermittelte Leichtigkeit und Unbeschwertheit im Musikkonsum.

III.4 Play – Soundtrack of Success: Die Aushandlung eines erfolgreichen Kassettenrekorder-Dispositivs

Hören wir hier eine Erfolgsgeschichte des Kassettenrekorders, so ist zu klären, warum das neue Medium in den späten Sechzigerjahren seinen Durchbruch erlebte. Eigentlich bot es doch gar nicht so viel Neues: Der erste Kassettenrekorder, der Philips *Taschen-Recorder 3300* von 1963, war ein kleines, netzunabhängiges Tonbandgerät. Er unterschied sich durch seine geringen Abmessungen vom Vorgängergerät, dem portablen Spulentonbandgerät, und neu war auch der technische Aufbau mit dem besonders schmalen Band, das in kleinen handlichen Kassettenhüllen auf zwei Spulen aufgewi-

583 Bedienungsanleitung Telefunken magnetophon cc alpha, S.2. Archiv des DTMB Berlin, FS AEG-Telefunken.

584 cc alpha die Mini-Musikbox ist da! Telefunken Werbeanzeige. In: Twen 9/1969, S.133.

ckelt und so auch unterwegs besonders gut geschützt war. Doch die angepriesenen Anwendungsbereiche des „Kleinstgerät[es]"[585] blieben zunächst einmal die selben wie zuvor: „Kurzreportagen, Dia- und Schmalfilmvertonung", die Aufnahme von Originalgeräuschen für ein Hörspiel, und auch die „berufliche Verwendung" sowie die Überspielung aus dem Rundfunk oder von Platte;[586] all diese Möglichkeiten unterschieden den Kassettenrekorder noch nicht grundlegend von den bekannten Tonbandgeräten.

Zu einem wirklich innovativen Gerät mit eigenen Nutzungschoreografien und Bedeutungen, die sein Dispositiv von dem des Tonbandgeräts grundlegend unterschieden, wurde der Kassettenrekorder erst in den späten Sechzigerjahren. Entscheidend war die Aktivität der Konsumenten: Er wurde zum Bestandteil neuer kultureller Praktiken und erfuhr eine Umdeutung vom „sprechenden Notizbuch" zum mobilen Hitspeicher und -lieferanten, der im Leben seiner Nutzer einen prominenteren Platz einnahm als das Tonbandgerät. Ende der Sechzigerjahre griffen die Hersteller diese Aneignungsstrategien und Bedeutungszuschreibungen der Nutzer auf, sodass das *cc alpha* Ende der Sechzigerjahre als „Mini-Musikbox zum Mitnehmen" angepriesen wurde.[587] Der Kassettenrekorder konnte sich, infolge der Kommunikation zwischen Herstellern und Nutzern, als neuer Gerätetypus etablieren, der nicht nur noch mobiler war als seine Vorgänger – wie etwa Phono- und der Tonbandkoffer –, sondern der zugleich auch durch ein hohes Maß an Intermedialität hervorstach.

III.4.1 Seite A – On Tour: Kassettenrekorder machen mobil

Als der *Taschen-Recorder* 1963 vorgestellt wurde, gab es noch keine mit Musik bespielten Kassetten. So blieb er zunächst ein Gerät, das die Aktivität der Nutzer forderte und sich nicht unmittelbar für den passiven Musikkonsum einsetzen ließ. Für die Außenaufnahmen der Tonjäger schien er perfekt geeignet, gab es doch auch die passende Ledertasche, die sich der Amateur ganz wie ein Reporter

585 Werbebroschüre für Philips Tonbandgeräte, 1964, Archiv des Deutschen Museums, München.

586 „Das ist eine ganz normale Zigarrenkiste. Das ist ein neues Tonbandgerät – der Philips taschen-recorder 3300". Philips Werbeanzeige. In: Ton Magazin, März/April 1964, S.5.

587 Magnetophon cc alpha Werbeanzeige. In: Telefunken Sprecher 50/1969, Umschlagrückseite.

umhängen konnte und die auch das anschließbare Mikrofon beherbergte.[588]

Auch Nutzerzeitschriften, wie etwa das *Ton Magazin*, platzierten den neuen Apparat zunächst innerhalb der bekannten Nutzungskontexte der Tonband-Amateure. Im Juli 1964 war auf dem Titelbild der Zeitschrift ein Pärchen abgebildet: Während er eine alte Dampflok fotografierte, zeichnete sie mit dem Philips Kassettenrekorder in der praktischen Umhängetasche und mit gezücktem Mikrofon die Maschinengeräusche auf – die perfekte Vorbereitung der heimischen Diashow.[589]

Auch der Philips *Autorecorder*, der auf der Industriemesse 1964 als Neuheit vorgestellt wurde, brachte zwar sicher auch Unterhaltungsmusik in den PKW der Nutzer, wurde aber weder seitens der Herstellerfirma ausdrücklich als Musikspender und Unterhaltungsapparat für das Auto beworben, noch von Konsumentenvertretern oder Fachmagazinen als eine solche, auf das Musikhören ausgerichtete Technik, wahrgenommen. Vielmehr pries das *Ton Magazin* die neue Möglichkeit einer „universelle[n] Verwendung eines Tonbandgerätes im Auto". Es seien sogar Mikrofonaufnahmen während der Fahrt möglich. Die passende Abbildung zeigte einen unter dem Armaturenbrett installierten Autorecorder, an den ein Mikrofon angeschlossen war, das in der Hand eines Mannes lag.[590] Hier scheint es sich vielmehr noch um zusätzliche Ausrüstung für den Tonamateur zu handeln, der auch mit dem Auto auf „Tonjagd" ging, als um ein Gerät zur Musikwiedergabe.

In den ersten zwei bis drei Jahren vermarktete Philips also das neue Objekt recht unspezifisch als Erst-, Zweit- oder Drittgerät, nicht jedoch als mobile Musikbox. Seit im Jahr 1965 auch das Konkurrenzsystem *DC-International* von Grundig auf dem Markt erschienen war, boten dann alle Hersteller auch fertig mit Musik bespielte Kassetten an[591] und inszenierten ihre Apparate in der Werbung in Frei-

588 aber hier gehört er hin, wenn Sie ihn mitnehmen wollen. Philips Werbeanzeige. In: Ton Magazin, April 1965, S.5.

589 Ton Magazin, Juli 1964, Deckblatt.

590 Deutsche Industriemesse Hannover 1964. In: Ton Magazin, Juni 1964, S.35-43, hier S.41.

591 Noch im Juni 1964 berichtete das Ton Magazin, dass für die Philips Geräte keine bespielten Kassetten erhältlich seien. Man müsse sich die Musik zunächst selber auf das Band überspielen, während etwa für das Konkurrenzsystem von Saba, das Sabamobil, bereits fertig bespielte Kassetten für etwa 30 DM verfügbar waren. Vgl. Deutsche Industriemesse Hannover 1964. In: Ton Magazin, Juni 1964, S.35-43, hier S.35. Auch die Zeitschrift DM schrieb, es gebe für das Philips CC-

zeitsituationen, wie etwa auf der Picknickdecke[592] oder am Strand.[593] Die Firmen warben mit dem Schlagwort der Unterhaltung.

> *„Das Cassettengerät ist für jedermann geschaffen worden. Es wird alle begeistern, die daheim oder im Freien zur Unterhaltung oder zur Entspannung aus einem reichhaltigen und noch ständig wachsenden Repertoire Musik- und Sprachdarbietungen hören und außerdem Eigenes produzieren wollen."*[594]

Vorbespielte Spulentonbänder hatte es vorrangig als Geräuschbänder, als Rohmaterial für selbst erstellte Hörspiele, gegeben. Die neuesten Hits und Schlager auf Band aber, das war eine Neuerung, welche das mobile Musikhören noch einfacher machte; schließlich waren die Kassetten kompakter und unempfindlicher als die Vinyl-Singles und –Langspielplatten und Tonbandspulen, und die Kassettengeräte kleiner und widerstandsfähiger als die tragbaren Plattenspieler und Tonbandgeräte. Die Branche befand schon 1966, der Siegeszug des neuen Tonträgers sei nicht mehr aufzuhalten, da die Kassette ebenso viel Musik biete wie eine große Langspielplatte, dabei allerdings „klein und leicht wie eine Zigarettenschachtel" und zugleich „hervorragend geschützt gegen Staub und Beschädigung" sei.[595]

Grundig warb zu Beginn der Siebzigerjahre mit dem Slogan „Neulich bin ich mit James Last und Roy Black nach Travemünde gefahren"; die Musikkassetten machten es möglich, die „großen Stars" überall mit hin zu nehmen, und die Geräte sollten als „flotte Musikbox für unterwegs" dienen.[596] Seit dem Ende der Sechziger zeigten die Abbildungen der Werbeanzeigen ausschließlich junge, gutgelaunte und farbenfroh gekleidete Nutzer, die das Leben zu genie-

System erst seit Frühjahr 1965 bespielte Kassetten. Vgl. Test Kassettentonbandgeräte. In: DM 44/1965, S.17-24, hier S.19.

592 Nur ein Griff – Musik mit Pfiff. In: Grundig Revue Herbst/ Winter 1965/66, S.42. Archiv des Deutschen Museums, München.

593 Grundig Cassetten-Tonbandgerät C 100. Grundig Werbeanzeige. In: Ton Magazin, Oktober 1965, S.2.

594 Cassettengerät magnetophon 401. In: Telefunken Sprecher 33/1965, S.24.

595 Philips führt im LP-Geschäft. Neue Cassetten auf dem Markt. In: Musikmarkt 12/1966 S.55&60, hier S.60.

596 Grundig Revue, Herbst/ Winter 1970/71, S.34. Archiv des Deutschen Museums, München. Vgl. auch: Die Stars kommen immer mit. In: Grundig Revue mit Programm, Herbst/ Winter 1971/72, S.37. Archiv des Deutschen Museums, München.

ßen schienen.[597] Die tragbare Musikbox versprach „Rhythmus und Stimmung überall unterwegs."[598]

Und auch die Magazine der Nutzer stellten nun erfreut fest, dass Kassetten mit „flotte[n] Rhythmen", Musicals und Schlagern die Lieblingsmusik überall verfügbar machten: „Zu Hause. Im Auto. Im Büro. Unterwegs. Im Garten. Am Strand…"[599] Sogar aufnehmen konnte man mit dem neuen Gerät an all diesen Orten: Und zwar nicht mehr nur die „Volkslieder aus Ihrem Ferienort", die dem typischen Tonbandamateur ans Herz gelegt wurden, sondern eben auch „Interessantes aus dem Radio".[600] So versuchte die Werbung weitere Nutzerkreise anzusprechen, und auch die Konsumenten- und Technikmagazine trugen ihren Teil zu dieser Umdeutung des Kassettenrekorders vom „sprechenden Notizbuch" des Amateurs oder Geschäftsmannes zum mobilen Unterhaltungsinstrument vergnügter junger Musikhörer bei. Die Zeitschrift *hobby* hatte sogar schon vor der Markteinführung bespielter Kassetten festgestellt, dass mit dem neuen Rekorder von Philips auch „eine Stunde lang Musik" aufgezeichnet werden und der Nutzer so „nach den ‚Rhythmen am Halsband' eine geschlagene Stunde lang" tanzen könne.[601]

Die Tonqualität der frühen Kassetten blieb hinter der der Schallplatten und Spulentonbänder zurück, und die Warentester empfahlen etwa den Philips *Cassetten-Recoder 3301* nur „für Laien und beschränkt für Diktate". Gerade noch annehmbar erschien er ihnen für den Betrieb im Auto oder für „junge Leute", die ein „leicht transportables, unkompliziertes und auch billiges Gerät" wünschten.[602] Aber gerade diese jungen Leute waren es dann auch, die das „Wunschkonzert ohne Probleme" bald ganz besonders zu schätzen wussten,

597 Vgl. super-recorder C410. In: Grundig Revue Frühjahr/ Sommer 1972, S.42-42. Archiv des Deutschen Museums München. Vgl. auch: Die Stars kommen immer mit. In: Grundig Revue mit Programm, Herbst/ Winter 1971/72, S.37. Archiv des Deutschen Museums, München.

598 Die Stars kommen immer mit. In: Grundig Revue mit Programm, Herbst/ Winter 1971/72, S.37. Archiv des Deutschen Museums, München.

599 Hier paßt er rein, aber hier gehört er hin, wenn Sie ihn mitnehmen wollen. Philips Werbeanzeige. In: Ton Magazin, April 1965, S.5.

600 Hier paßt er rein, aber hier gehört er hin, wenn Sie ihn mitnehmen wollen. Philips Werbeanzeige. In: Ton Magazin, April 1965, S.5.

601 Mit „Rhythmen am Halsband" ist die Möglichkeit gemeint, sich das Gerät in der Tragetasche umzuhängen. Tonband am Halsband. In: hobby 1/1964, S.46-48, hier S.47.

602 Test Batterietonbandgeräte. In: DM 15/1965, S.44-50, hier S.46.

wie die Branche feststellte. Nicht immer ist es also die optimale Tonqualität, die über die Durchsetzung eines Audio-Mediums entscheidet. Im Fall der Kassette war es vielmehr der selbstbestimmte Musikkonsum für unterwegs, der vor allem junge Käufer überzeugte: Nun brauchten sie sich nicht mehr „zu ärgern, wenn […] aus dem Kofferradio oder aus dem Auto-Super keine ‚vernünftige Musik'" kam. Nun konnte man „hören was man will: Tanzmusik oder Musical-Melodien, Twist aus dem Star-Club oder Wiener Walzer, Rheinlieder, Jazz oder Marschmusik".[603] Das Programm bespielter Kassetten bot eine große Auswahl an Unterhaltungsmusik im praktischen Format. Trotz des schlechten Abschneidens in den Qualitätstests wurden tragbare Kassettenrekorder von Konsumentenvertretern und jugendlichen Nutzern als Alltagstechnik akzeptiert und inszeniert, die den modernen, mobilen und jungen Hörer auf all seinen Wegen begleitete.

Und prompt zeichnete auch das Deckblatt des *Ton Magazins* ein ganz anderes Bild: Wo ein knappes Jahr zuvor noch Eisenbahngeräusche per Kassettenrekorder aufgezeichnet worden waren, gruppierten sich nun Teens und Twens um das Gerät, die – in entspannter Haltung auf dem Boden liegend – bespielte Kassetten hörten (Abb. 4) oder mit dem flexiblen Gerät auf dem Schoß Musik zum Tanzen abspielten (Abb. 5).

Als kleine Geräte am Henkel konnten die Kassettenrekorder als erstes Phonogerät überhaupt zum allgegenwärtigen Lieferanten der Lieblingsmusik werden. Das Kofferradio hatte die Musik bereits mobil gemacht, doch erst mit der Kassette ließ sich programmunabhängig immer genau das hören, was der Nutzer sich gerade wünschte. Tragbare Phono- und Tonbandkoffer waren noch zu schwer und empfindlich gewesen, um in wirklich jeder Si-

Abb. 4: Titelblatt des Ton Magazins April 1965 (Original in Farbe)

603 Neuheiten im März: Top-Ten-Club-Platten bei Teldec. Philips: Cassetten-Recorder vereint Programm von drei Firmen. In: Musikmarkt 3/1965, S.1&7, hier S.7.

tuation mitgeführt zu werden, die Kassettenrekorder aber waren leicht und robust.

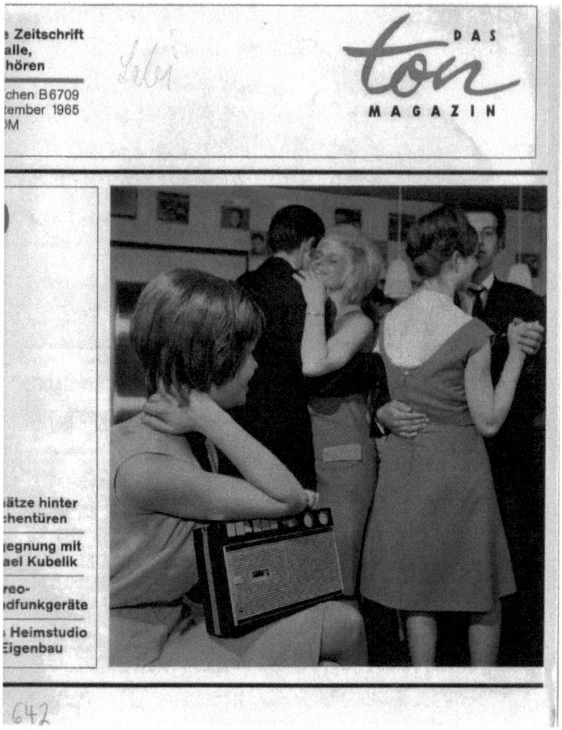

Abb. 5: Titelblatt des Ton Magazins, September 1965 (Original in Farbe).

Auch die Werbung griff diese Vorzüge der Geräte auf und zeigte – wie etwa im Fall des *magnetophon cc alpha* – unterschiedliche junge Nutzer und Nutzerinnen, die das Gerät in einer Hand hielten. Es fällt auf, dass nicht mehr ein Idealtypus von Jugendlichen dargestellt wurde, sondern dass sich die in der Werbung abgebildeten jungen Leute teilweise stark unterschieden: Hier ein zwar farbenfroh gekleideter, doch etwas bieder wirkender Freundeskreis (Abb. 6), dort eine junge Frau, die aufgrund ihrer Frisur, ihres Schmucks, ihres in den Nacken gelegten Kopfes und des breiten Lachens mit offenem Mund fast etwas überdreht wirkt und einen ganz anderen Typus junger Erwachsener zu vertreten scheint (Abb. 7).

Es deutet sich an, dass Freizeitinteressen, Lebensstile und Jugendkulturen Ende der Sechzigerjahre bereits so weit ausdifferenziert waren, dass die Hersteller nicht mehr einfach Werbung für unterschiedliche Generationen, für „die Erwachsenen" und „die Jugendlichen" machen konnten, sondern auch innerhalb einer Altersklasse stärker differenziert werden musste, wollte man verschiedene Stile,

Abb. 6: Werbeanzeige magnetophon cc alpha.
In: Telefunken Sprecher 50/1969, Umschlagrückseite.

Lebensweisen und etwa auch musikalische Interessen der Kunden berücksichtigen. Klingt uns beim Betrachten der obigen Anzeige (Abb. 6) beinahe schon der Schlager der späten Sechzigerjahre – Roy Black, Peter Alexander, Karel Gott und Udo Jürgens – in den Ohren, schallt aus dem Kassettenrekorder der jungen Frau in Abbildung 7 ganz sicher die Musik von Jimi Hendrix, Janis Joplin, Joe Cocker oder Carlos Santana.

Was alle diese in der Werbung porträtierten und inszenierten Zielgruppen gemeinsam hatten, war ihre Jugend und ihr Wunsch nach Mobilität und Musik zum Mitnehmen. Diesen bildeten die Hersteller in der Werbung ab, und sie bemühten sich die Jugendlichen durch entsprechende Inszenierungen ihrer Geräte für sich zu gewinnen und den Wunsch nach mobilem Musikkonsum weiter zu befördern. Telefunken vermarktete das *cc alpha* in den Anzeigen für jüngere Nutzer nur noch als Gerät zum Aufnehmen und Wiedergeben von Musik, nicht aber als akustisches Notizbuch oder Instrument zur Tonjagd. Vielmehr war es ein „beat bonbon", ein „Leckerbissen für die Fans"[604] der modernen Mu-

Abb. 7: Werbeanzeige cc alpha.
In: Twen 9/1969, S.133.

604 beat bonbon. Werbeanzeige Telefunken magnetophon cc alpha. In: Twen 4/1970, S.67.

sik der Sechzigerjahre. Es war „superleicht, superschick" und „flach wie ein Buch".[605] Ganz egal, welche Musik die jungen Leute bevorzugten, „ob Beat oder Bach, hot oder sweet"[606], mit dem tragbaren neuen Kassettenrekorder sollten sie sie überall genießen.

Dies erschien der Branche als entscheidender Vorteil des neuen Tonträgers und seiner Abspielgeräte: „Noch nie war es so einfach, über ein modernes Musikgerät (eben ein MusiCassetten-Gerät) Musik jederzeit und überall nach eigenem Geschmack griffbereit mitzuführen."[607] Für die „Mehrzahl" der Konsumenten tatsächlich war gerade „der unkomplizierte Transport der Recorder" „kaufentscheidend".[608]

Die Markteinführung der Radiorekorder vereinte schließlich den einen vorherrschenden Aspekt des Kassettenrekorder-Dispositivs – die Mobilität – mit einer weiteren Eigenschaft – der Intermedialität – in einem Gerät. Nun wurden Rundfunkgerät und Kassettenrekorder in einem gemeinsamen Gehäuse untergebracht. Das Gerät wurde zum Alleskönner, das nun jederzeit Hits aus dem Radio aufzeichnen konnte. Es war nicht mehr notwendig, es an einen weiteren Apparat anzuschließen, um Mitschnitte zu erstellen, sodass auch die Intermedialität nun mobil wurde und so der Vorteil gegenüber dem Spulentonbandgerät noch offensichtlicher war. Auch das Mitschneiden von Radiosendungen war nun immer und überall möglich. Es musste nichts extra angeschlossen werden und selbst unterwegs ließ sich – wenn ein topaktuelles Lied im Rundfunk lief – schnell die Record-Taste drücken.

Telefunken setzte die Baureihe des *magnetophon cc alpha* mit dem *magnetophon cc combi* (Abb. 8), einem Radiorekorder, konsequent fort.[609] Durch die Vereinung der ursprünglich zwei Geräte in einem sollten weitere „Vorteile hinsichtlich der Mobilität" erzielt werden.[610] Zusätzlicher Vorteil des *cc combi* war ein mitgeliefertes Netzladegerät, das zuhause den Betrieb an der Steckdose ermöglichte, wobei „gleichzeitig der Akku für die Fahrt ins ‚Grüne' aufgeladen" wur-

605 cc alpha die Mini-Musikbox ist da! In: Twen 10/1969, S.9.

606 cc alpha die Mini-Musikbox ist da! In: Twen 9/1969, S.133.

607 Es ist höchste Zeit für die MusiCassette! In: Musikmarkt 6/1969, S.42-43, hier S.43.

608 Kassettenrecorder. In: DM 12/1969, S.51-52, hier S.51.

609 Vgl. HDRFG 1970/71 S.I3.

610 Technik und Funktion des Radio-Cassetten-Recorders magnetophon cc combi. In: Telefunken Sprecher 54/1971, S.46.

de.[611] Ebenso nutzte Philips für seinen *Radio-Cassetten-Recorder* „alle Vorteile des kompakten Aufbaus von Rundfunk- und Cassetten-Spieler", um ein „verhältnismäßig kleines Gerät" anzubieten, das sich „bequem transportieren" ließ.[612] So konnten jederzeit Aufnahmen aus dem Radio gemacht werden, um die Musik dann – so regte die Werbung die Phantasie an – „am Strand oder unterwegs zu konsumieren."[613]

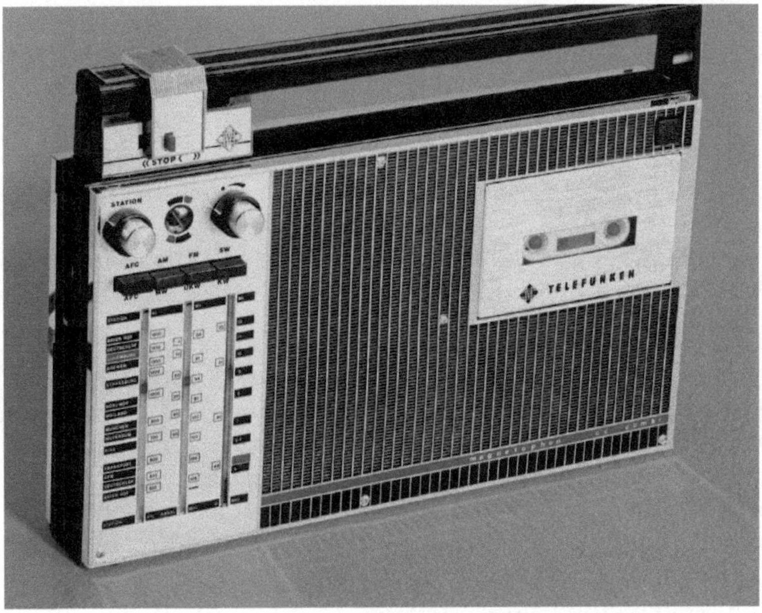

Abb. 8: Telefunken magnetophon cc combi.
In: Telefunken Report 1971/72, S.37 (Original in Farbe)

Nutzer erinnern sich an diese neue Qualität der Mobilität als ein „einschneidendes Ereignis".[614] Mobile Radios waren bekannt und beliebt, doch nun waren diese mit einer mobilen Wiedergabemöglichkeit der Lieblingssongs aus der ‚Konserve' kombiniert, die ‚Rundumbeschallung' war garantiert, auch wenn einmal nichts im Radio lief.

611 Aufnehmen und Wiedergeben mit einem Griff! Werbeanzeige magnetophon cc alpha und cc combi. In: In: Telefunken Report 1971/72, S.37.

612 Eine neue Geräteklasse: Radio-Cassetta und Radio-Cassetten-Recorder. In: Philips Kontakte, November 1966, S.16-17.

613 ...Und alles in einer ‚Tüte'. In: hobby 5/1968, S.65.

614 Peter 1950m, Eintrag „Musikerinnerungen 1962-1970" am 30.01.2008 auf www.phono-erinnerungen.de.

„Ich weiß es noch als wenn es gestern gewesen wäre: Auf einer mehrtägigen Klassenfahrt nach Luxemburg hatte einer meiner Klassenkameraden das erste Mal ein solches Gerät dabei. Natürlich wurde pausenlos Radio Luxemburg gehört [...], und wenn das Radio nicht lief, dann lief der Cassetten-Recorder. Der absolute Hit: ‚I can't get no Satisfaction' von den Stones."[615]

Die Jugendlichen wurden mit diesen Geräten in noch stärkerem Maße von den Radiosendern unabhängig, die sich beharrlich weigerten, den Programmwünschen der jüngeren Generation ausreichenden Raum einzuräumen. Die neuen „Unterhaltungs-Center für unterwegs"[616] aber hielten die Lieblingsmusik nun in jeder Situation bereit. Und „aufgrund der hauptsächlich mobilen Verwendung der MusiCassette" waren die neuen Radiorekorder auch für den Handel ein lohnender Artikel: Sie brachten „auch in den Sommermonaten Bewegung in das normalerweise zu dieser Jahreszeit ruhige Geschäft".[617]

Aufgrund dieser unkomplizierten mobilen Einsatzmöglichkeiten der Rekorder wurde der Kassette seit Ende der Sechzigerjahre ein großer „Freizeitwert" bescheinigt.[618] Dies betraf allerdings eine andere Art der Freizeitgestaltung als das semi-professionelle und ehrgeizige Hobby der Tonamateure, denn für die Nutzer der Kassettenrekorder bestand einer der größten Vorteile der Kassette darin, dass sie einfacher zu nutzen war als Tonbänder und man mit ihr „nicht so vorsichtig umgehen [musste] wie mit Platten, die ja auch noch immer gereinigt werden mussten."[619] Die Kassette war ein unempfindlicher Musikspender, der auf Urlaubsreisen und Ausflügen leichter mitgenommen werden konnte als Tonbandspulen und Schallplatten. Sie kam den Abgrenzungsbemühungen Jugendlicher entgegen, die sich in der Freizeit außerhalb der Elternhäuser trafen. Die Kassette bediente daher ganz andere Bedürfnisse als das Tonband: Nicht das konzen-trierte Basteln, sondern der unbeschwerte Musikkonsum unterwegs, ohne hohe Ansprüche an eine ausgefeil-

615 Peter 1950m, Eintrag „Musikerinnerungen 1962-1970" am 30.01.2008 auf www.phono-erinnerungen.de.

616 Viel Spaß mit dem Combiphon. In: hobby 25/1967, S.95.

617 Ein zukunftssicherer Tonträger. Die Musik-Kassette. In: Musikmarkt 4/1968, S.55-56 & S.58-60, hier S.56.

618 Die Zukunft des großen Geschäfts mit den kleinen MusiCassetten. In: Musikmarkt 3/1970, S.1&4, hier S.1.

619 Barbara1957w, Eintrag „Plattenspieler" am 24.02.2008 auf www.phono-erinnerungen.de.

te und dann auch entsprechend empfindliche Technik standen im Mittelpunkt.

So verhalfen den Kassetten und ihren Rekordern letztlich die Miniaturisierung und Portabilität zum Erfolg, auch wenn die Tonqualität der Kassetten einigen Kritikern noch bis in die Siebzigerjahre hinein als „dünn"[620] galt. Kassettengeräte waren in jeder Lage spielbereit, sei es „senkrecht oder waagerecht",[621] während etwa Phonokoffer zwar mitgenommen, an einem anderen Ort aufgestellt und in Betrieb genommen werden konnten, eine Nutzung in der Bewegung aber nicht möglich war; sie waren „beschränkt […] auf den stationären Betrieb".

> *„Denn jede Bewegung des Gerätes läßt den je teureren, desto leichteren, feiner ausbalancierten Tonarm aus der Furche hopsen, unterbricht die Musik und kann Platte sowie Abtastsystem beschädigen. Für unterwegs, für Boot und Auto, ist das System ungeeignet – Schallplatten-Musik ist nicht transportabel."*[622]

Ganz anders die Kassette: Sie saß fest im Gerät, das Band fest in der Hülle eingespannt. Kein Tonabnehmer konnte springen, kein Band vom Tonkopf rutschen, sie spielte in jeder Lage und auch beim Gehen, Laufen und Fahren.

> *„Es ist unendlich oft schon gesagt worden, wie sehr sich MusiCassette und Auto entgegenkommen, wie sehr sie einander – das Stichwort heißt in diesem Fall Mobilität – entsprechen."*[623]

Daher fand die Kassette in vielen Fällen auch ihren Weg in die PKW der Musikhörer. Selbst Nutzer, die sich bereits mit dem Spulentonbandgerät angefreundet hatten und es begeistert nutzten, gaben dem Kassettenrekorder zumindest im Auto eine Chance: „Kassetten hab ich wenig gehört, außer im Auto meines Freundes."[624] Viele hielten zuhause das Spulentonbandgerät (als Bestandteil einer Stereoanlage) weiter in Betrieb, da die Klangqualität der Kassetten zunächst nicht ausreichte, und nutzten die Kassette vorrangig in mobilen Kontexten. Die täglichen Fahrten der Pendler, deren Zahl im Zuge der Suburbanisierung der Sechzigerjahre stark zunahm, lie-

620 Kassetten-Tonbandgeräte. Dünner Ton. In: DM-Journal 7/1970, S.52.

621 Kassetten-Tonbandgeräte. Dünner Ton. In: DM-Journal 7/1970, S.52.

622 Hat die Schallplatte ausgespielt? In: Spiegel 50/1970, S.158-162, hier S.158.

623 Was macht der Handel bei MusiCassetten falsch? In: Musikmarkt 9/1971, S6.

624 Marita1950w, Eintrag „phono-erinnerungen" am 07.02.2008 auf www.phono-erinnerungen.de.

ßen sich durch einen Kassettenrekorder im Auto unterhaltsamer gestalten.

Gegen Ende der Sechzigerjahre hatten sich die tragbaren Kassettenrekorder fest etabliert. Aus dem sprechenden Notizbuch, einem weiteren Ergänzungsgerät für Tonbandamateure, war als Ergebnis der Aushandlungsprozesse zwischen Herstellern, Werbefachleuten, Kritikern, Konsumentenvertretern und Nutzern ein Gerät geworden, das ganz neue Nutzungen ermöglichte, neue Hörpraktiken förderte und insbesondere durch seine unbeschwerte Mobilität und Allgegenwart überzeugte.

Die Musik ‚am laufenden Band', die überall hin mitgenommen werden konnte, wurde insbesondere durch die billigen Leerkassetten ermöglicht, die nahezu jeden Nutzer in die Lage versetzten, zu niedrigen Preisen und ohne technisches Verständnis Aufnahmen anzufertigen. Der Kassettenrekorder ermöglichte vielfältige intermediale Nutzungsmöglichkeiten wie die Aufnahme aus dem Radio, von Platte, vom Tonband oder einer anderen Kassette, und versprach zugleich eine besonders einfache Bedienung. Davon ‚hören' wir nun auf der zweiten Kassettenseite.

III.4.2 Seite B – Easy listening and recording: Intermedialität leicht gemacht

Die Kassettenrekorder machten den Schallplattenspielern und vor allem den Tonbandgeräten zunehmend Konkurrenz. Die Stärke der neuen Wettbewerber auf dem Markt lag in ihren intermedialen Fähigkeiten. Dies stellte auch das Warentestmagazin *DM* fest.

> *„Die Vorteile von Radiorecordern liegen weniger in ihrer Qualität als in ihrer Vielseitigkeit: Radio hören, Radiosendungen aufnehmen, bespielte Kassetten abhören, über Mikrofon aufnehmen, Schallplatten aufnehmen, Tonbandaufnahmen überspielen."*[625]

Schon seit der Markteinführung des ersten Kassettenrekorders durch Philips wurde die Vielfältigkeit der Anwendungsmöglichkeiten bei einer dennoch simpel gehaltenen Bedienung von den Herstellern als Werbeargument genutzt und ebenso von Konsumentenvertretern und Nutzern positiv aufgenommen. In den ersten Jahren nach der Markteinführung scheint den Herstellern allerdings noch nicht bewusst gewesen zu sein, dass ihr Kassettenrekorder nicht nur eine neue Art von Tonbandgerät, sondern eine ganz eigene Ge-

625 DM Marktbericht Radiorecorder. In: DM 8/1972, S.20-4, hier S.20.

rätegattung darstellte, die im Laufe der folgenden Jahre ein „Eigenleben" mit eigenen Nutzungspraktiken und Zielgruppen entwickeln sollte.

Zunächst wurden noch nicht gezielt neue Käuferkreise wie die jugendlichen Musikfans angesprochen, sondern der neue kleine Apparat wurde als Allzweckgerät präsentiert. Das Mitschneiden von Musik war nur eine Anwendung unter vielen; er war „für jeden Verwendungszweck geeignet" und konnte die Wünsche der Tonbandamateure ebenso erfüllen wie die der mit dem Tonband noch nicht vertrauten Anfänger. Diejenigen, die noch kein Tonbandgerät besaßen, sollten ihn als „Erstgerät" erwerben, da er alle Möglichkeiten der großen Geräte biete. Doch auch für die Nutzer, die „der Tonjagd huldig[t]en", konnte er als „Zweitgerät" dienen. Als perfekte Ergänzung des stationären Spulentonbandgerätes konnten Aufnahmen unterwegs per Kassette gemacht und dann überspielt werden. Sogar als „Drittgerät", das ständig an das Radio zuhause angeschlossen blieb „um wichtige und interessante Sendungen sofort aufzunehmen", bot der Philips Rekorder sich an.[626]

Der entscheidende Unterschied zum Tonbandgerät lag in der besonders einfachen, ja sogar „kinderleichten" Bedienung, die den Konsumenten den Einstieg in die neue Technik ermöglichte. Die Kassette war „im Handumdrehen" einzulegen, das „umständliche Bandeinfädeln" entfiel.[627] „Schwupp – die Cassette rein, schnapp – den Knopf gedrückt und schon erklingen Ihre Lieblingsmelodien. Das geht so sensationell einfach."[628]

Die Reduktion der Tasten und Regler auf das Wesentliche und die besonders einfachen Bedienungsvorgänge wurden auch in Konsumentenzeitschriften entsprechend positiv aufgenommen. Der ausbleibende „Bandsalat" und das Entfallen des umständlichen Einfädelungsvorganges stachen als Vorteile heraus. Der Kassettenrekorder als „Mädchen für alles"[629] schien sorglose Ton- und Musikaufzeichnungen und -darbietungen zu ermöglichen, und selbst beim Spulen musste nicht mehr darauf geachtet werden, das Band rechtzeitig anzuhalten, „da es durch eine Art Rutschkupplung au-

626 Philips Cassetten-Recorder 3301. Philips Werbeanzeige. In: Ton Magazin, Dezember 1965, S.39.

627 Broschüre Philips Tonbandgeräte 1964, S.4. Archiv des Deutschen Museums München, FS Philips.

628 Hier paßt er rein aber hier gehört er hin, wenn Sie ihn mitnehmen wollen. Philips Werbeanzeige. In: Ton Magazin, April 1965, S.5.

629 Mädchen für alles. In: Ton Magazin, Dezember 1963, S.38.

tomatisch gestoppt" wurde.[630] Der *Taschen-Recorder* und seine Nachfolger fanden das Interesse gerade derjenigen Käufer, „die ein kleines, problemloses Tonbandgerät suchten".[631]

Zugleich aber war zumindest den anspruchsvolleren Kreisen unter den Konsumenten bewusst, dass es sich bei den frühen Kassettengeräten eben (noch) nicht um einen vollwertigen Ersatz für Spulengeräte handelte. Das Gerät schien etwa dem *Ton Magazin* „hauptsächlich für Sprache gedacht und für leichte Unterhaltungsmusik"[632]; empfehlenswert war es somit nur als Ergänzung, als „Drittgerät für Schmalfilm- und Dia-Amateure zur Vertonung von Außenaufnahmen."[633]

In der Folge wandte sich die Werbung bald gezielter an jene Konsumenten, die vom – wenn auch qualitativ besseren, so doch auch schwieriger zu bedienenden – Tonbandgerät nicht angesprochen wurden.[634] Die Hersteller hatten erkannt, dass sie nicht etwa die alten Zielgruppen, die bereits das Tonbandgerät nutzten, bedienen konnten, sondern dass vor allem neue Nutzerkreise durch den Kassettenrekorder erreichbar wurden.

Insbesondere seit der Einführung bespielter Kassetten Mitte der Sechziger drängte der Kassettenrekorder auf den „neuen, sehr aufnahmefähigen Markt" der Unterhaltung. Nicht mehr die Tonbandfreunde konnten Zielscheibe der Werbung sein, denn diese hatten „individuelle Wünsche, die ein Cassettengerät nicht erfüllen" konnte.[635] Das neue, „problemlose Tonbandgerät" wurde nun verstärkt in Jugendzeitschriften beworben und mit Musik anstatt mit eigenhändig erstellten Hörspielen in Verbindung gebracht.[636]

630 Tonband am Halsband. In: hobby 1/1964, S.46-48. Zur unkomplizierten Bedienung vgl. auch: Am Mikrofon: Ihr Techniker. Philips Taschen-Recorder 3300". In: der tonbandfreund, 2/1964, S.32-34; Nur ein Griff – Musik mit Pfiff. Grundig Werbeanzeige. In: Grundig Revue, Herbst/ Winter 1965/66, S.42. Archiv des Deutschen Museums, FS Grundig; mit 9 Tonbandgeräten magnetophon ins neue Jahr. In: Telefunken Sprecher 39/1967, S.19-21, hier S.21; Die Schwester der Schallplatte: Das neue „DC"-Tonband-Cassetten-System. In: Ton Magazin, Oktober 1965, S.38-40.

631 Jetzt auch Kassetten mit bespielten Tonbändern. Cassetten-Recorder 3301 mit Musik-Cassette. In: Funk-Technik 6/1965, S.229.

632 Mädchen für alles. In: Ton Magazin, Dezember 1963, S.38.

633 Am Mikrofon: Ihr Techniker. Philips Taschen-Recorder 3300". In: der tonbandfreund 2/1964, S.32-34, hier S.34.

634 Test Kassettentonbandgeräte. In: DM 44/1964, S.17-24, hier S.17.

635 Cassettengerät magnetophon 401. In: Telefunken Sprecher 33/1965, S.24.

636 Cassetten-Tonbandgerät C100. Grundig Werbeanzeige. In: Twen 4/1966, S.50.

Nun war es vor allem die Musik, die „immer griffbereit"[637] war, und besonders die „jüngeren Käuferschichten […], die ein problemloses, preiswertes Tonbandgerät" wünschten, sollten zum Kauf animiert werden.[638] Die Bilder zeigten gut gelaunte Jugendliche, die Parties feierten (Abb. 9) oder ihre Musik mit aus dem Haus nahmen, und im Fokus standen Musikaufnahmen aus dem Radio, von Platte oder einem Heimtonbandgerät, die mittels einer so genannten „Überspielleitung" besonders leicht möglich waren.[639]

Abb. 9: Magnetophon 4001 für junge Leute.
In: Telefunken Sprecher 41/1967, S.27.

Die Branche sah die Kassette bald als „Wunschkonzert ohne Probleme", ohne technisches Verständnis könne „man hören, was man

637 Musik griffbereit mit Tonband-Cassetten. In: Telefunken Sprecher 34/1965, S.20.

638 Junge Mode kreierte den Mini-Rock! Telefunken präsentierte das Cassetten-Tonbandgerät magnetophon 4001. In: Telefunken Sprecher 41/1967, S.27-28, hier S.28.

639 Junge Mode kreierte den Mini-Rock! Telefunken präsentierte das Cassetten-Tonbandgerät magnetophon 4001. In: Telefunken Sprecher 41/1967, S.27-28, hier S.28.

will".[640] Auch das Fachpublikum lobte die einfache Bedienung, die weniger Fingerspitzengefühl erforderte als ein Tonbandgerät oder ein Plattenspieler.[641] Der Kassettenrekorder wurde zu einem Gerät, das ganz neue Käuferschichten erschließen konnte; im Gegensatz zum Tonbandgerät, das viele Nutzer vor Herausforderungen stellte.

> *„Gewiß, für den Tonbandamateur mag es eine Kleinigkeit sein, das Band in den Kopfschlitz einzulegen und seinen Anfang in die Aufwickelspule einzufädeln. Er beherrscht diese zwei Handgriffe sogar im Dunkeln. Für den privaten Benutzer bedeutet das manchmal bereits Fingerakrobatik, und er weist immer wieder darauf hin, daß im Gegensatz zum Band jedes Kind eine Schallplatte mit einem Griff auflegen kann."*[642]

Dementsprechend bediente die Einführung der einfachen Kassette ganz andere Käuferkreise und werde daher – so vermuteten es die Fachleute – auch nicht zu steil abfallenden Verkaufszahlen bei den Tonbandgeräten führen:

> *„Natürlich wird das Erscheinen der Kassettengeräte den Verkauf der bekannten Spulengeräte etwas beeinträchtigen. Wir werden jedoch keinen Bergrutsch erleben, weder die Tonbandgeräteindustrie noch die Schallplattenindustrie."*[643]

Der Kassettenrekorder hatte sich nun zu einem ganz neuen Gerätetypus entwickelt, der sich im massenmedialen Ensemble zwischen Schallplattenspieler und Tonbandgerät einfügen und anderen Wünschen entgegenkommen sollte. „Ein neuer Geräte-Typ war geboren, der neue Käuferschichten erschloß."[644]

Die Marktforschung hatte festgestellt, so das *Ton Magazin*, dass es Millionen von Interessenten für Tonbandgeräte gebe, die alleine aufgrund einer „gefühlsmäßige[n] Scheu vor den vielen Knöpfen

640 Neuheiten im März: Top-Ten-Club-Platten bei Teldec. Philips: Cassetten-Recorder vereint Programm von drei Firmen. In: Musikmarkt 3/1965, S.1&7, hier S.7. Vgl. auch Es ist höchste Zeit für die MusiCassette. „Apollo 10" hat weltweite Werbung betrieben. In: Musikmarkt 6/1969, S.42-43, hier S.43.

641 Fritz Kühne, Tonband-Kassettengeräte. Versuch eines Überblicks. In: Funkschau 17/1965, S.467-469, hier S. 469.

642 Fritz Kühne, Tonband-Kassettengeräte. Versuch eines Überblicks. In: Funkschau 17/1965, S.467-469, hier S. 467.

643 Fritz Kühne, Tonband-Kassettengeräte. Versuch eines Überblicks. In: Funkschau 17/1965, S.467-469, hier S. 469.

644 Ein zukunftssicherer Tonträger: Die Musik-Kassette. Auch der bundesdeutsche Fachhandel muß sich auf dieses Geschäft einstellen. In: Musikmarkt 4/1968, S.55-56 & S. 58-60, hier S.56.

und Schaltern sowie vor dem Umgang mit dem ‚geheimnisvollen' Tonband" noch kein Gerät erworben hatten.[645] Von diesen Nutzerkreisen, die „mit der Technik ein wenig auf Kriegsfuß"[646] standen, grenzten sich die Tonbandfreunde natürlich ganz bewusst ab: Der Kassettenrekorder war für die Amateure und Bastler nicht ausreichend, sondern nur für diejenigen, die bei einfachster Bedienung Musik hören und aufzeichnen wollten.[647]

Dies waren gerade die „jungen Leute", die auch durch den niedrigen Preis und die Handlichkeit der Geräte angesprochen wurden.[648] So erinnern sich viele junge Nutzer der Sechziger- und frühen Siebzigerjahre an ihren ersten Kassettenrekorder, der „schon richtig fortschrittlich" war: „Das Gerät benutzte ich viele Jahre. Mein Bruder hatte dann schon lange ein richtiges Tonbandgerät, nahm Musik auf etc. Mir war das zu umständlich und kompliziert."[649]

Und trotzdem scheint auch die Bedienung der einfachen Geräte nicht ohne Tücken gewesen zu sein:

> *„Ich weiß noch, dass ich ‚zum Löschen' einer Cassette immer den Rekorder in das Bad gelegt habe, weil man da kaum Geräusche hatte, heute weiß ich, dass ich [es] mit dem Ziehen des Mikrophonsteckers bei der Aufnahme leichter gehabt hätte."*[650]

Auch das *magnetophon cc alpha* wurde als Gerät für junge Musikhörer beworben, das besonders einfach zu bedienen sei.[651] Insbesondere die „Einhandbedienung" – bezeichnet mit dem Begriff *playmatic*,[652] der auf die Vollautomatisierung des Abspielvorganges hinwies – war besonders einfach und „rasant" zu betätigen.[653]

645 „Cassetten-Recorder" und Musik-„Cassetten". Neue Philips-Erzeugnisse auf dem Tonbandgeräte- und Musik-Markt. In: Ton Magazin, April 1965, S.42-43, hier S.42.

646 Spulentonbandgeräte sterben nicht aus. In: radio-fernseh-händler 5/1972, S.126.

647 Unbespielte Cassetten. In: der tonbandfreund 3/1965, S.81.

648 Spulentonbandgeräte sterben nicht aus. In: radio-fernseh-händler 5/1972, S.126.

649 barbara1957w, Eintrag „plattenspieler" am 24.02.2008 auf www.phono-erinnerungen.de.

650 gaby1957, Eintrag „Mein erstes Radio, mein erster Cassettenrekorder" am 23.06.2008 auf www.phono-erinnerungen.de.

651 magnetophon cc alpha. In: Telefunken Sprecher 50/1969, S.18-19, hier S.18.

652 Telefunken Cassetten-Recorder „cc alpha" mit playmatic. Der Bedienungskomfort von morgen. In: Twen 9/1970, S.43.

653 cc alpha die Mini-Musikbox ist da! Telefunken Werbeanzeige. In: Twen 10/1969, S.9.

„playmatic – das neue Wort für Bedienungskomfort: Aufnahme und Wiedergabe. Stop. Vor und zurück. Das alles machen Sie beim Cassetten-Recorder cc alpha mit der playmatic. Playmatic – das heißt: alle Bedienungsfunktionen mit einer Hand. Mit der Musik-Rakete cc alpha starten Sie in ein neues Bedienungszeitalter."[654]

Die Werbeanzeige zeigte eine Frauenhand, die das Gerät beim Tragen bedient (Abb. 10). Durch Kassetten und Kassettenrekorder hatte eine neue Unbekümmertheit Einzug gehalten, und das zuvor oftmals mit komplizierter Technik assoziierte Medium Tonband wurde – verpackt in handliche Kassetten – zum Unterhaltungsmedium. Auch von Konsumenten- und Technikzeitschriften wurde die neue Vereinfachung begeistert aufgenommen. Die Forderung nach einer „idiotensicher[en]" Bedienung habe Telefunken mit dem *cc alpha* gut umgesetzt, urteilte das Magazin *hobby*. Seine Benutzung sei ein „spielerisches Vergnügen", da alle Bedienungselemente so geschickt angeordnet seien, dass „die Finger der Trägerhand alles, was zu bedienen ist, im wahrsten Sinne des Wortes ‚spielend' erreich[t]en."[655]

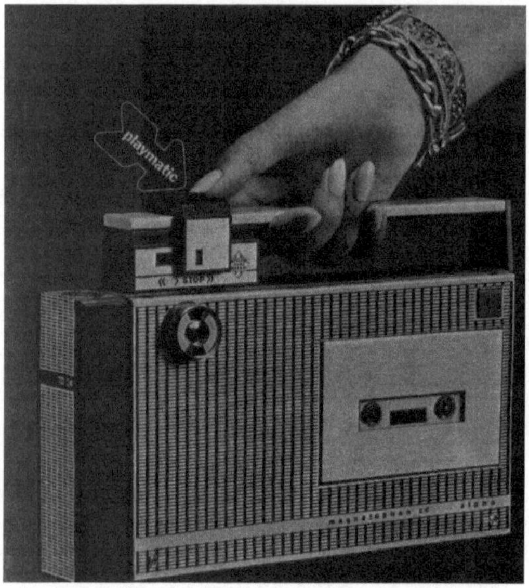

Abb. 10: Werbeanzeige für Telefunken Magnetophon cc alpha mit „playmatic". In: Twen 9/1970, S.43.

Die Hersteller hatten inzwischen realisiert, dass große Teile der Nutzer eben nicht auf die „Tonjagd", sondern vielmehr auf die „Hitjagd" gehen wollten. Hierzu brauchten die Geräte keine ausgefeilten Einstellungsmöglichkeiten, sondern lediglich eine einfache Aufnahmefunktion, die per Knopfdruck in Gang gesetzt werden konnte. Seit Ende der Sechzigerjahre wurde explizit auf die Möglichkeiten hingewiesen, die die günstige Leerkassette in Verbindung mit automatischen Kassettenrekordern bot, und die Hersteller ermunterten die Jugendlichen zum Aufnehmen:

654 Telefunken Cassetten-Recorder „cc alpha" mit playmatic. Der Bedienungskomfort von morgen. In: Twen 9/1970, S.43.

655 Bedienung mit einer Hand: Telefunken cc alpha. In: hobby 20/1969, S.118.

„Oder stellt Euch zuhause die neueste Hitparade selbst zusammen. Das geht kinderleicht. Von Eurem Radio oder Plattenspieler. Verbindungskabel stecken, Aufnahme schalten – den Rest übernimmt die Aufnahme-Automatic. Das macht nicht nur Spaß, das spart auch Geld! Denn eine ganze Stunde selbst aufgenommene Musik mit einer Grundig Cassette kostet nur DM 4,95. Ist doch billig, nicht?"[656]

Dass das Mitschneiden von Musik aus dem Rundfunk nun so dezidiert beworben werden konnte und sich durchsetzte, lag auch an dem seit Januar 1966 geregelten Urheberrechtsstreit. Über einen Pauschalbetrag, der auf den Gerätepreis aufgeschlagen wurde, waren nun die Ansprüche der Verwertungsgesellschaften abgegolten, und die Nutzer konnten „niemals Ärger etwa wegen unerlaubter Überspielungen bekommen."[657] Und so verfuhren nun viele Konsumenten „nach dem Do-it-yourself-Prinzip." Auch „ohne Mühe und technische Fingerfertigkeit"[658] konnten nun von Radiosendungen und ausgeliehenen Schallplatten Aufnahmen angefertigt werden.

„Der Plattenspieler und das Tonbandgerät, später der Kassettenrekorder, waren damals wichtige Handwerkszeuge, um sich eine Sammlung von Lieblingsmusik zuzulegen und dann auch zu hören. In meinem Bekanntenkreis haben das viele so gemacht."[659]

Oft wurde gar mit dem Mikrofon statt mit einer Überspielleitung aufgenommen:

„So etwa 1969 […] gab es zuhause den ersten Cassettenrecorder. Und ein altes Röhrenradio, Nordmende ‚Turandot' (an was man sich erinnert!). Die Frage, wie man denn die Musik aus dem Radio aufs Band speichern kann, beantwortete sich zunächst mit dem beigepackten Mikrofon. Ich stand also mit dem Mikro in der Hand vor dem Lautsprecher und war stinkesauer, wenn einer an der Tür klingelte oder die Mutter zum Essen rief. […] Aufgenommen wurde vor allem die ‚Discothek im WDR' mit Mal Sondock, aber auch andere Sendungen mit den angesagten Hits."[660]

656 Die Stars kommen immer mit… In Grundig Revue mit Programm, Herbst/ Winter 1970/71, S.37. Archiv des Deutschen Museums. FS Grundig.

657 Neuheiten im März: Top-Ten-Club-Platten bei Teldec. Philips: Cassetten-Recorder vereint Programm von drei Firmen. In: Musikmarkt 3/1965, S.1&7, hier S.7

658 Hat die Schallplatte ausgespielt? In: Spiegel 50/1971. S.158-162, hier S.162.

659 burkhard1951m, Eintrag „Stormy Monday Blues" am 13.03.2008 auf www.phono-erinnerungen.de .

660 Cyrano, Eintrag „Entdeckung der Musik und was daraus wurde" am 08.02.2008 auf www.phono-erinnerungen.de.

Der Kassettenrekorder entwickelte sich also vom Allround-Gerät, das auch den Tonamateur bediente, zu einem massenhaft genutzten Unterhaltungsmedium insbesondere jüngerer Hörer. Der entscheidende Anreiz für eine Anschaffung der Kassettengeräte ergab sich für große Teile der Käuferschaft „weniger aus der Attraktivität konfektionierter Musikkassetten als vielmehr aus den Möglichkeiten der Leerkassette."[661] Über die Praxis des Mitschneidens und Kopierens konnte der Kaufpreis des Rekorders langfristig amortisiert werden, und die Verkaufszahlen der Leerkassetten, die die der bespielten Kassetten um ein Vielfaches überstiegen, sprechen dafür, dass der auch als „alternatives Medium"[662] bezeichnete Tonträger größtenteils dazu benutzt wurde, günstige Kopien anzufertigen.[663] Bei den Jugendlichen war die Leerkassette besonders beliebt aufgrund ihres Wunsches nach „selbstbestimmter Gestaltung der musikalischen Lebensumwelt und nach musikalischem ‚Involvement'."[664] Als Quelle der Musikmitschnitte diente laut einer Umfrage des Instituts für Kommunikationsforschung von 1972 in den meisten Fällen (65%) der Rundfunk.[665]

Kassetten- und Radiorekorder ließen so die Musik im Leben vor allem jugendlicher Hörer noch allgegenwärtiger werden, als es etwa günstige Plattenspieler im Laufe der Sechzigerjahre geschafft hatten. Geräte unter 200 DM und die billigen Leerkassetten machten die Musik erschwinglicher und somit erreichbarer. Wo zuvor lange für eine LP gespart werden musste, und diese dann wieder und wieder gehört wurde, hielten nun die Rundumbeschallung Einzug, das „Nebenbeihören" etablierte sich und die Geräte wurden zum tatsächlichen Alltagsbegleiter.[666] In einer 1972/73 durchgeführten Erhebung gaben 80% der befragten Jugendlichen an, dass sie selbst während des Anfertigens der Hausaufgaben Musik hörten. Gegen-

661 Zeppenfeld, Tonträger in der Bundesrepublik, S.74.

662 Wiesand, Die Compact Cassette, S.266.

663 Zu den Verkaufszahlen der Leerkassetten siehe S.X. Alleine im Jahr 1971 wurden vier Millionen bespielte und über doppelt so viele unbespielte Kassetten verkauft. Vgl. Hat die Schallplatte ausgespielt? In: Spiegel 50/1971, S.158-162, hier S.161.

664 Vgl. Siegfried Schmidt-Joos, Beat-Kultur. Die Generation des Involvement. In: Der Monat 11/1967. Zit. n. Wiesand, Die Compact Cassette, S.273.

665 In 19% der Fälle wurde von Schallplatte überspielt, in 11% von anderen Bändern und 5% vom Fernsehen. Vgl. IfK-Bevölerungsumfrage 1972. Zit. n. Wiesand, Die Compact Cassette, S.272.

666 Vgl. auch Weber, Vom Ausflugs- zum Alltagsbegleiter.

über einer 15 Jahre zuvor erstellten Untersuchung war dieser Wert deutlich gestiegen.[667]

Die Altersgruppe der Jugendlichen hatte am meisten Freizeit und nutzte „diese auch am häufigsten für musikalische Aktivitäten [...] (vor allem für gezieltes Abhören von Rundfunksendungen", stellten auch zeitgenössische Beobachter des Kassettenmarktes fest. Ohne das Interesse der jungen Käufer „an den Möglichkeiten der neuen Geräte wäre auch ihre Verbreitung unter Erwachsenen kaum so schnell erfolgt".[668]

Dementsprechend hatten sich die Musikproduzenten also auf die Unterhaltungsmusik auf Kassette beschränkt. Zu Beginn der Siebzigerjahre galt die Kassette wegen ihres niedrigen Frequenzbereiches und des Bandrauschens als Medium der „Durchschnittshörer" ohne besondere Ansprüche.[669] Den Anforderungen der klassischen Musik genügte die Qualität der Kassetten (noch) nicht. Insofern unterschied sich das Dispositiv der Kassettenspieler und -rekorder auch hinsichtlich des Programms von dem der Plattenspieler und Tonbandgeräte. Die kleinen handlichen Geräte waren festgelegt auf die weniger anspruchsvollen Musikrichtungen, was einen Teil der potentiellen Käuferschaft außen vor ließ. Zwar war seit 1967 auch E-Musik auf Kassette erhältlich,[670] doch sowohl die klassische Musik als auch die progressive Pop-Musik der späten Sechzigerjahre blieben zumeist in den Regalen stehen. Während die Musik der Jüngeren vorrangig kopiert statt auf Originalkassette gekauft wurde, lag der Grund für die niedrigen Verkaufszahlen der Klassik-MCs in „den HiFi-Bedürfnissen alter Platten-Hörer". „Mittelstands-Schnulzen" dagegen, die Musik von James Last, „Wim Thoelkes Starparade oder Karel Gott" waren „Bestseller der Branche".

Nachdem das Gerät sich als Musikspeicher und als mobiler Wiedergabeapparat für jüngere Nutzer etabliert hatte, mussten also nun erneut weitere Käuferkreise erschlossen werden, um die positive Marktentwicklung voran zu treiben. Diese Bemühungen der Hersteller setzten bereits während der späten Sechziger- und verstärkt

667 Vgl. Dörte Wiechell, Musikalisches Verhalten Jugendlicher, Frankfurt a.M. 1977, S.102f.

668 Wiesand, Die Compact Cassette, S.269.

669 Hat die Schallplatte ausgespielt? In: Spiegel 50/1971. S.158-162, hier S.161.

670 Ein zukunftssicherer Tonträger: Die Musik-Kassette. Auch der bundesdeutsche Fachhandel muß sich auf dieses Geschäft einstellen. In: Musikmarkt 4/1968, S.55-56 & S. 58-60, hier S.56.

zu Beginn der Siebzigerjahre ein. Da „die Qualität [der Wiedergabe von Kassette] für einen Amateur vollkommen unzureichend“[671] war, galt es diese Defizite auszugleichen und auch anspruchsvollere Nutzer zufrieden zu stellen. Seitens eingefleischter Amateure und HiFi-Liebhaber wurde auf die Kassetten „wegen der schlechten Qualität [...] verächtlich hinabgeblickt“,[672] da sie die Anforderungen der DIN 45 500 nicht erfüllen konnten: „Da propagiert man auf der einen Seite HiFi-Qualität und liefert jetzt solchen Kassetten-Murks.“ [673]

Erst eine Verbesserung der Klangqualität konnte ein Vordringen der Kassette in den Markt der Klassikhörer, der Tonbandfreunde und HiFi-Enthusiasten ermöglichen. Zu Beginn der Siebzigerjahre wollte die Industrie „Geräte und Material so verbessern, daß der HiFi-Standard erreicht“ wurde.[674] Das Dolby-System zur Unterdrückung des Bandrauschens und eine neue Beschichtung des Bandes sollten Abhilfe schaffen, und zwischen 1970 und 1973 wurde durch die Einführung des Chromdioxid-Bands,[675] das den Frequenzbereich bedeutend erweiterte, und die Dolby-Technik[676] der Schritt auf den HiFi-Markt gemacht. So wurde es möglich Stereo-Aufnahmen in HiFi-Qualität zu erstellen und wiederzugeben, und die Kassette wurde auch klanglich zu einer ernsthaften Konkurrenz der Langspielplatte.[677] Mit Chromdioxid-Kassetten sprach die Industrie als neuen Interessentenkreis vor allem die Besitzer von Hi-Fi-Anlagen an, die „schon lange auf ein Hi-Fi-Kassettengerät gewartet“ hätten.[678]

Die neuen so genannten„tape decks“, eine „zu Beginn der Siebzigerjahre immer mehr fußfassende Gerätegruppe“,[679] waren nicht

671 Test Kassettentonbandgeräte. In: DM 44/1964, S.17-24, hier S.17.

672 Beantwortung des Fragenkatalogs auf www.phono-erinnerungen.de durch flixifloyd (1946 geboren, männlich) am 17.02.2010.

673 Test Kassettentonbandgeräte. In: DM 44/1964, S.17-24, hier S.17.

674 Hat die Schallplatte ausgespielt? In: Spiegel 50/1971. S.158-162, hier S.161.

675 1971 von Agfa-Gaevert eingeführt. Vgl. Hat die Schallplatte ausgespielt? In: Spiegel 50/1971. S.158-162, hier S.161; Vgl. auch Siegfried, Time is on My Side, S.106.

676 Rauschunterdrückung bei Tonbändern. Mit dem Dolby-System auf dem Weg zu Hi-Fi-Cassetten-geräten. In: radio-fernseh-händler 8/1972, S.226-228, hier S.226.

677 Vgl. Millard, America on Record, S.318f.

678 Compact-Cassetten mit Chromdioxid-Tonband. In: radio-fernseh-händler 1/1971, S.8.

679 Kassetten-Recorder als Stereobaustein. In: hobby 12/1972, S.96-98.

mehr per Batterie zu betreiben und hatten keine Lautsprecher, sondern wurden zuhause an die Stereoanlage angeschlossen.

> *„Auf einen Cassetten-Recorder in dieser Ausführung haben viele Cassetten-Freunde schon lange gewartet! Auf einen Cassetten-Recorder in Stereo. Für Netzbetrieb. Im vornehmen, modernen Metall-Look. Auf einen Cassetten-Recorder, der an einen vorhandenen Stereo-Verstärker […] oder an ein Stereo-Rundfunkgerät angeschlossen wird. So schaffen Sie sich eine moderne Musikanlage für Ihr Heim. So ergänzen Sie preiswert eine Stereo-Kombination. Jetzt können Sie Musik-Cassetten in Stereo hören."*[680]

Der Kassettenrekorder hatte den Sprung in die Bausteinanlage geschafft und war vom einfachen, tragbaren Gerät in die Sparte des Stereo-HiFi-Equipments aufgestiegen. Am Ende der „langen Sechzigerjahre" hatten die kleinen Kassetten „die Vorurteilshürde genommen".[681]

Der Markt für Kassettengeräte hatte sich preislich sowie qualitativ ausdifferenziert: Vom günstigen und tragbaren Mono-Recorder zum hochwertigen Tape-Deck war für unterschiedlichste Nutzerkreise ein Gerät vorhanden.[682] 1969 waren bereits mehr als 60 verschiedene Geräte in- und ausländischer Hersteller im Angebot.[683] Während an die günstigen Rekorder keine „allzu großen Ansprüche gestellt werden" durften, war mit den aufwendigeren Geräten ein „vollendeter Musikgenuß" möglich.[684]

III.5 Stop & Eject – Zwischenfazit: Zielgruppengerechte Intermedialität

Das Mixtape hat den „Soundtrack of Success" der Kassette und ihrer Abspielgeräte erklingen lassen. Die Gründe für den Erfolg von Kassette und Rekorder lagen in zwei zentralen Eigenschaften des Dispositivs – der Mobilität und der Intermedialität, die zunächst vorrangig jugendliche Nutzer ansprachen.

Am Ende der Sechzigerjahre hatten sich die Schwerpunkte innerhalb der Nutzerwünsche verlagert; die Muster des Medien- und

680 Grundig Cassetten-recorder jetzt auch in stereo! In: Grundig Revue mit Gesamtprogramm, Herbst/ Winter 1970/71, S.35.

681 Der große Trend zu den kleinen Dingern. In: Musikmarkt 11/1973, S.10.

682 Vgl. Zeppenfeld, Tonträger in der Bundesrepublik, S.71.

683 Es ist höchste Zeit für die MusiCassette. „Apollo 10" hat weltweite Werbung betrieben. In: Musikmarkt 6/1969, S.42-43, hier S.43.

684 DM Marktbericht Radiorecorder. In: DM 8/1972, S.20-4, hier S.20.

Musikkonsums waren ganz andere als noch Ende der Fünfzigerjahre: In Zeiten eines bereits weit aufgefächerten massenmedialen Ensembles – den Nutzern standen nun Rundfunk, Fernsehen, Musikschränke, Kofferradios, Plattenspieler und Tonbandgeräte zur Auswahl – war es für den Durchbruch des Kassettenrekorders entscheidend, eben die Nische zu finden und auszufüllen, die noch nicht bedient wurde. Erst als die Hersteller diese Herausforderung erkannten und sich von der Vorstellung des Allround-Gerätes lösten, das den versierten Tonbandnutzer ebenso ansprechen sollte wie den Einsteiger, konnten sie mit ihrem als mobile, miniaturisierte Musikbox vermarkteten Rekorder punkten und die jugendliche Zielgruppe erreichen.

Die tragbaren Geräte waren handlicher und robuster als ihre Vorgänger: Während beim Tonbandkoffer erst noch umständlich der Deckel geschlossen und alles sicher verpackt werden musste, waren Radio- und Kassettenrekorder ohne viel Aufhebens einfach mitzunehmen und funktionierten in jeder Lage und Umgebung.

Die Bedienung war denkbar einfach, das Bandeinfädeln und der gefürchtete Bandsalat gehörten der Vergangenheit an – alles funktionierte auf Knopfdruck. Kassettengeräte schufen eine perfekte Illusion der vereinfachten Technik, die der Nutzer zu beherrschen schien.[685] Dies verschaffte ihnen einen entscheidenden Vorteil gegenüber den als kompliziert wahrgenommenen Spulentonbandgeräten. Offensichtlich legten breite Käuferschichten Wert auf ein kleines und kompaktes Format, auf einen niedrigen Preis und leichte Bedienbarkeit, selbst wenn dies zunächst auf Kosten der Klangqualität ging. Insofern erwies sich die Philips-Entwicklung als bahnbrechend. Zahlreiche, vor allem jüngere Nutzer zogen die „Hitjagd" mit dem Kassettenrekorder der anspruchsvolleren „Tonjagd" und Arbeit mit dem Tonbandgerät vor, auch da sich durch das Mitschneiden eine Menge Geld sparen ließ. Aus diesem Grund blieb für das Tonbandgerät seit den späten Sechzigerjahren nur noch der Markt der kreativen Amateure bestehen. Die intermedialen Anwendungen, also das Überspielen aus dem Rundfunk und von Platte, übernahm der Kassettenrekorder, da er sie vereinfachte und mobil machte.

Und auch die eingeschworenen HiFi-Fans ließen sich schließlich für die kleinen Kassetten gewinnen, als sich einige Elemente ihres

685 Zum „Design als Verhüllung und Verbergung" vgl. Fickers, Design als mediating interface, S.208-209.

Dispositivs wandelten: Zum einen wurde das Programm in den Klassik-Bereich ausgeweitet, zum anderen – und dies ist viel entscheidender – sorgten Dolby und Chromdioxid-Bänder für eine Verbesserung der Klangqualität und für ein neues Hörerlebnis, das von Kassette in dieser Form zunächst nicht möglich gewesen war.

Seit Beginn der Siebzigerjahre differenzierte sich der Markt der Kassettenrekorder ebenso weit aus wie der der Plattenspieler in den Sechzigerjahren: Die Auswahl erstreckte sich vom preiswerten, portablen Mono-Gerät bis zum Baustein der heimischen Stereoanlage. Dies wiederum sind zwei Typen derselben Gerätegattung, deren Dispositive sich sowohl in der Apparat-Nutzer-Konstellation als auch hinsichtlich ihres Programms und ihres Hörerlebnisses so grundsätzlich unterscheiden wie die des Kofferradios und des Musikschranks.

Und dennoch: Trotz ihres Erfolges und ihrer Verbesserungen in Technik und Klang seit Beginn der Siebzigerjahre wurden die Kassettenrekorder nicht zu einer großen Gefahr für den Plattenspieler. Die Dispositive der beiden Gerätetypen unterschieden sich grundsätzlich und die Kassettenrekorder bedienten einen anderen Nutzerkreis bzw. fügten sich an einer anderen Stelle ins massenmediale Ensemble ein und funktionierten eher ergänzend denn ersetzend.

Auch zeitgenössische Beobachter stellten diese grundlegende Differenz der beiden Medien(dispositive) fest: „Die schwarzen Scheiben und der Schallplattenspieler sind zu Symbolen eines Musenkultes gediehen, der bisher alle Attacken neuer Medien überstanden hat und vorläufig überstehen wird."[686] Schallplatten schienen das geschmackvollere, kultiviertere Medium zu sein; sie seien so etwas wie „die Schwester des Buches": „Man legt Schallplatten auf, wie man Bücher aufschlägt."[687] In den symbolischen Bedeutungszuschreibungen wurde die Kassette auch nach ihrer technisch-klanglichen Verbesserung durch Dolby und Chromdioxyd-Bänder weiterhin als das kulturell ‚minderwertige' und als ein schnelllebiges Medium betrachtet. Den „Hohepriestern der schwarzen Scheibe" galt „selbst noch die verkratzte Rille [als] ein Hochgenuß gegenüber der Kälte einer Recorder-Apparatur."[688]

686 Rudorf, Schöne Töne aus der Schachtel, S.27.

687 Rudorf, Schöne Töne aus der Schachtel, S.27.

688 Rudorf, Schöne Töne aus der Schachtel, S.27.

Ebenso wie im Jahr 2003, zum 40. Geburtstag der Kassette, das alte analoge Medium im Vergleich zu den neuen digitalen Musikformaten als ‚wärmer' und gefühlvoller gedeutet und der Übergang zu CD und mp3 als „emotionaler Abkühlungsprozess"[689] beklagt wurde, wirkte die Kassette zu Beginn der Siebzigerjahre noch ‚kalt' im Vergleich zur ‚warmen' Schallplatte, die mit viel Gefühl und Sorgfalt behandelt werden musste.

689 Niklas Maak, Nostalgie, Das Ende der Kassette. 22.12.2007. http://www.faz.net/-00ob8p [Zugriff: 28.11.2011].

E Fazit

I Raum- und Tonkultur 1956 und 1973

1956 versammelte sich die Familie während des gemeinsamen Feierabends um den Musikschrank, der als „repräsentatives Möbelstück" im Wohnzimmer thronte.[1] Eiche, Mahagoni und Nussbaumholz, goldene Zierleisten, Schnitzereien und verspiegelte Barfächer verzierten die im Inneren verborgene Technik. Radio und Plattenspieler wurden nicht als technische Geräte wahrgenommen, sondern sie waren Teil eines Möbelstücks, das das Zentrum des gemeinsamen Hörens von Konzerten, Hörspielen und Nachrichten darstellte. Der prunkvolle „Altar" der Häuslichkeit wurde gehegt und gepflegt und den Kindern war es nur selten erlaubt ihn zu bedienen.[2] Wurde er im Familienkreis in Betrieb genommen, glich das gemeinschaftliche Radio- und Musikhören einer Zeremonie. Truhendeckel und -türen wurden geöffnet, das magische Auge leuchtete geheimnisvoll auf. Das Rundfunkgerät (als einzelner Apparat oder als Bestandteil eines Musikschranks) bildete den Mittelpunkt des Wohnzimmers

1 Peter1950m in einer E-Mail an die Verfasserin. E-Mail-Austausch in Folge des Eintrags „Musikerinnerungen 1962-1970" am 30.01.2008 auf www.phono-erinnerungen.de.

2 Michael Franz, Eintrag am 05.02.2008 auf der Internetseite des „Bandmaschinenforum". Hier hatte ich auf meine Internetseite www.phono-erinnerungen.de hingewiesen, die Nutzer des Bandmaschinenforum bevorzugten es allerdings, Erinnerungen auf ihrer eigenen Internetseite auszutauschen. URL: http://forum2.magnetofon.de/showtopic.php?threadid=7539 [Zugriff: 30.11.2010].

sowie der Feierabendgestaltung und war die wichtigste Quelle der Information und Unterhaltung.[3] Die berufstätigen Familienmitglieder arbeiteten im Schnitt fast 50 Stunden pro Woche und verbrachten die wenige freie Zeit am Abend oder am Sonntag größtenteils zuhause.[4] Die „Bunten Abende" im Radioprogramm brachten unterhaltsame, zumeist deutschsprachige Musik, ein Fernseher hatte noch nicht ins Wohnzimmer Einzug gehalten.[5] Das Einkommen der Familie lag, statistisch gesehen, unter 1.000 DM monatlich,[6] sie war noch nicht in der Massenkonsumgesellschaft angekommen und ihr Alltag war geprägt von Arbeit und Konsumverzicht.

Auch das Leben der jugendlichen Familienmitglieder folgte diesem Rhythmus und unterschied sich kaum von dem der Erwachsenen. Lange Arbeitszeiten und mangelnde finanzielle Mittel grenzten auch ihre Spielräume in der Freizeit ein, sie verbrachten sie zumeist noch im familiären Umfeld und ihr Medienkonsum ähnelte dem ihrer Eltern. Selbst wenn sie einmal, in Abwesenheit oder mit Erlaubnis der Eltern, das Radio oder den Musikschrank anschalteten, lief dort nicht die Musik der jungen Generation, der amerikanische Rock 'n' Roll, der in Gestalt von Bill Haley und Elvis Presley die Bundesrepublik erreichte. Ein Ausweichen auf öffentliche Geräte wie die Musikbox in Milchbars, Gaststätten und Eisdielen war nur selten möglich: Es fehlte das Geld, regelmäßig ein Getränk zu zahlen und Münzen in den Apparat zu werfen, und die wenigsten Eltern erlaubten ihren Kindern allzu häufige Gaststätten- und Cafébesuche.

1973 hatten sich die Lebensbedingungen und (Medien-)Konsummuster der westdeutschen Familie grundlegend geändert: Sie sah sich selbst als Teil des Mittelstands; auch die Angehörigen der niedrigeren Einkommensgruppen hatten im Laufe der Sechzigerjahre den Schritt in die Massenkonsumgesellschaft vollzogen. Die Familie lebte nun, statistisch gesehen, in einer größeren Wohnung als während der Fünfzigerjahre oder gar in einem kleinen Eigenheim im Grünen. Die Zentralheizung wärmte nicht nur Küche und Wohnzimmer, sondern auch das in den vergangenen Jahren eingerichtete Jugendzimmer. Dem durchschnittlichen Angestellten- und Arbeit-

3 Vgl. Schildt, Das Jahrhundert der Massenmedien, S.201.

4 Vgl. Schildt, Mach mal Pause!, S.364.

5 Auch 1960 besaßen erst 17,6% aller westdeutschen Haushalte einen Fernseher. Vgl. Emrich, Basisdaten, S.576.

6 Vgl. Kleinschmidt, Konsumgesellschaft, S.138. Drei Viertel aller Haushalte verfügten bis 1960 über ein monatliches Einkommen unter 1000 DM.

nehmerhaushalt standen nun etwa 2.000 DM monatliches Nettoeinkommen zur Verfügung, und auch die Ehefrau arbeitete immer öfter, zum Teil halbtags, in einem Verwaltungs- oder Dienstleistungsberuf – die Konsumwünsche ließen sich so leichter erfüllen.[7]

Die Wochenarbeitszeit war gesunken und auch der Samstag war nun frei. Die gewonnene freie Zeit wurde zu großen Teilen den Massenmedien gewidmet: Die Familie hatte im Laufe der Sechzigerjahre einen Fernseher angeschafft und Zweit- und Drittradios ergänzten die massenmediale Ausstattung des Haushaltes. Auch die Jugendlichen besaßen nun ein eigenes Transistorradio, mit dem sie sich in ihr Zimmer zurückzogen und außerhalb elterlicher Aufsicht ‚ihre' Musik hörten, die seit Ende der Sechzigerjahre sogar ihren Platz im öffentlich-rechtlichen Rundfunk gefunden hatte. Im Wohnzimmer hatte eine Stereoanlage im String-Regal aus Nussbaumholz den pompösen Musikschrank abgelöst, matt-eloxierte Aluminiumfronten zeugten von ihrer Klangqualität und fügten sich durch ihre hölzernen Zargen dennoch in die Wohnzimmereinrichtung ein. Im Jugendzimmer stand, neben dem Kofferradio, zumeist auch ein Plattenspieler, ein Tonbandgerät oder ein Kassettenrekorder; sei es ein ‚ausgemustertes' Gerät der Eltern oder Verwandten oder ein eigens zusammengesparter Apparat. Die Musik prägte den Alltag der Jugendlichen; durch die individuellere Raumaufteilung und -nutzung in westdeutschen Wohnungen und Häusern und die Massenmedialisierung hatten sich generations- und zielgruppenspezifische Konsum- und Mediennutzungsmuster etabliert. Jedes Familienmitglied verfügte über sein eigenes Gerät: Neben der elterlichen Stereoanlage und den ergänzenden portablen Geräten in der Küche und im Auto versorgten einfache Heimgeräte oder portable Phonokoffer, Tonbandgeräte und Kassettenrekorder den Nachwuchs mit dem Soundtrack seiner Generation.

II Eine Objektgeschichte der Ausdifferenzierung und Abgrenzung

Dieser – wenn auch generalisierende – Einblick in die Lebensumstände und die massenmediale Ausstattung einer westdeutschen Familie spannt den Bogen vom Beginn bis zum Ende der „langen Sechzigerjahre" und illustriert Ausgangspunkt sowie Abschluss meiner Untersuchung. In der vorliegenden Arbeit habe ich den Weg vom familiären Musikkonsum mit einem zentralen Gerät – etwa dem Musikschrank – zu den breit aufgefächerten medialen Angebo-

7 Vgl. Rytlewski/ Opp de Hipt, Die Bundesrepublik in Zahlen, S.118.

ten und Konsummustern unterschiedlicher Zielgruppen der frühen Siebzigerjahre nachvollzogen. Ich habe den Einzug der Phonogeräte in die westdeutschen Haushalte und die Ausdifferenzierung des massenmedialen Ensembles herausgearbeitet. Insofern ergänzt die Untersuchung existierende Studien zur Rundfunk- und Fernsehgeschichte und zum Medienkonsum der Bundesbürger um den bislang vernachlässigten Aspekt der selbstbestimmten Unterhaltung per Phonogerät, unabhängig vom vorgegebenen Programm der Radio- und Fernsehsender.

Im Gegensatz zu den bereits vorliegenden Arbeiten zur Massenkonsumgesellschaft der Bundesrepublik habe ich die Produkte in den Mittelpunkt gestellt und exemplarische Objektanalysen vorgenommen sowie die Aneignungspraktiken der Nutzer stärker berücksichtigt. Die Verbreitung von Konsumgütern wie dem Auto, der Waschmaschine oder dem Kühlschrank dienten in der Forschungsliteratur zwar bereits oft als Anhaltspunkt des beginnenden Massenkonsums, doch kamen die symbolischen Rollen und Bedeutungen der Objekte, die ihnen in der alltäglichen Nutzung zugewiesen wurden, in der Regel zu kurz.

Anhand der Phonogeräte, einer entscheidenden Objektgruppe des Umbruchs – lieferten sie doch die Musik, die etwa als Antriebsmoment jugendlicher Emanzipations- und Abgrenzungsbemühungen gilt –, konnte ich zeigen, welch hohen Stellenwert die neuen Konsumoptionen in der Ausbildung und Differenzierung neuer soziokultureller Gemeinschaften einnahmen. Die Phonogeräte wurden zu Kristallisationspunkten neuer Gruppenbildungsprozesse, die die alten Strukturen der Milieus und Familien in Frage stellten, da sie neue Kriterien der Vergemeinschaftung anboten. Über den Medien- und Musikkonsum bildeten sich neue Gruppen, deren gemeinsame Identität und geteilte Werte über die Phonogeräte kommuniziert werden konnten.

Auf diese Weise werden die Phonogeräte einerseits als Bestandteil und Indiz des gesellschaftlichen Wandels, andererseits aber auch als ein wichtiger Impulsgeber desselben erkennbar. Zäsuren innerhalb der Objektgeschichten lassen Rückschlüsse auf die kleinen Schritte des Umbruchs der bewegten Sechzigerjahre zu. Denn die Raum- und Tonkultur von 1973, die ich eingangs in diesem Fazit dem status quo von 1956 gegenüber gestellt habe, brach nicht abrupt über die westdeutschen Haushalte herein. Die historische Betrachtung der Phonogeräte-Dispositive hat gezeigt, dass Koexistenzen und Konkurrenzen die Entwicklung bestimmten, dass Hybrid-Modelle als Dispositive des Übergangs bestanden und die Stabilisierung von

Objekten und Dispositiven ein Ergebnis von Aushandlungsprozessen zwischen Herstellern, Werbefachleuten und Nutzern war. Ist ein Umbruch innerhalb der Objektgeschichte eines Phonogerätes feststellbar, der alle Ebenen seines Dispositivs erfasst, hat dieser Umbruch ebenso eine große Aussagekraft für die Sozialgeschichte der langen Sechzigerjahre. Diese Zäsuren werde ich in Abschnitt II.5 dieses Fazits nochmals eingehender betrachten.

Der Aufbau der Arbeit

Erzählt habe ich diese Geschichte der Ausdifferenzierung und Abgrenzung in zwei großen Abschnitten. In den ersten drei der insgesamt sechs Studien habe ich mich den Geräten gewidmet, die im Zuhause der Konsumenten das Zentrum ihrer privaten Lebenswelt bildeten, dem *Musikschrank* und der *Stereoanlage* (C.). Verknüpft wurden diese beiden durch eine Analyse der Durchsetzung der *Stereofonie und High Fidelity*, die zu entscheidenden Antriebsmomenten der Geräteentwicklung und der Ausdifferenzierung des Angebotes und der Zielgruppen wurden. In der zweiten Hälfte der Arbeit habe ich drei detaillierte Objektstudien zu *Plattenspielern, Tonbandgeräten* und *Kassettenrekordern* vorgelegt, die parallel zu den standortgebundenen Wohnzimmergeräten existierten und neue Choreografien der Nutzung, neue Hörräume und somit auch andere Zielgruppen erschlossen (D.).

Die Arbeit erzählt also keine rein chronologisch aufgebaute Geschichte der Phonogeräte, sondern die Erzählstränge der einzelnen Kapitel verlaufen teils synchron. Der Wandel des Musikschrank-Dispositivs, das Aufkommen der Stereofonie und des neuen Stereoanlagen-Dispositivs werden zwar in ihrer gegebenen zeitlichen Reihenfolge untersucht, die anschließenden Einzelstudien zum mobilen Plattenspieler und zum Tonbandgerät setzen allerdings wie die Untersuchung der Musikschränke in den späten Fünfzigerjahren ein. Alleine der Kassettenrekorder war zu Beginn der „langen Sechzigerjahre" noch ‚Zukunftsmusik' und ergänzte erst seit 1963 das massenmediale Ensemble, er erschien also etwa zeitgleich mit den ersten Bausteinanlagen.

Analytische Stärke des Dispositv-Konzepts

Die historische Betrachtung der Phonogeräte-Dispositive gestattet einen neuen, erweiterten Blick auf die in der Forschung diskutierten Umbruchprozesse der „langen Sechzigerjahre", denn es wird ein Zusammenhang zwischen dem Wandel der massenmedialen Ausstattung westdeutscher Haushalte und den Aneignungspraktiken der sich ausdifferenzierenden Zielgruppen zwischen 1956/57 und 1973 erkennbar. Zahlreiche unterschiedliche Gerätetypen mit verschiedenen Nutzungsmöglichkeiten wurden angeboten, und sie fungierten sowohl als Spiegel als auch als Motor der Pluralisierung von Konsummustern, der Ausdifferenzierung von Zielgruppen und der Individualisierung persönlicher Lebenswelten. Dementsprechend erzähle ich die Geschichte der Phonogeräte nicht als eine Geschichte technischer Innovationen, sondern als eine Geschichte der Verwendung, wie auch Edgerton sie fordert.[8] Musikschrank, Stereoanlage, Plattenspieler, Tonbandgerät und Kassettenrekorder werden im gesellschaftlichen Alltag der Bundesrepublik der Sechzigerjahre verortet und räumliche, soziale und kulturelle Dimensionen des Technikgebrauchs und Musikkonsums untersucht.

Hier hat sich das Dispositiv-Konzept als fruchtbarer Zugriff erwiesen, da es den Artefakten einen hohen Stellenwert einräumt und zugleich eine Untersuchung der Wechselwirkungen zwischen Geräte- und Nutzerebene ermöglicht. Die Objekte selbst konnten Aufschluss geben über ihre Funktionen, ihre Choreografien der Nutzung und ihre symbolischen Dimensionen. Zugleich fanden zwischen Herstellern, Konsumenten, Fachleuten und Kritikern Aushandlungsprozesse um die Weiterentwicklung der Technik, des Designs und der Apparat-Nutzer-Konstellationen statt, die zur Ausbildung eines differenzierten Geräteangebotes ebenso beitrugen wie zur Abgrenzung von Nutzergenerationen und Zielgruppen. Das Dispositiv-Konzept dient dazu, dieses verworrene Netz gegenseitiger Bedingtheiten und Abhängigkeiten der technischen und der gesellschaftlichen Ebene, also der Geräte und der Nutzer, zu entwirren und in den sozialhistorischen Kontext der „langen Sechzigerjahre" einzubetten.

Darstellungsperspektiven

Die Blickwinkel auf die Objekte, die ich in jeder Einzelstudie einnehme, habe ich anhand des Dispositiv-Konzeptes entwickelt. Die Überlegungen Baudrys, Hickethiers, Lenks u.v.a. zum Begriff des Dispositiv haben verdeutlicht, dass technische und institutionelle Aspekte ebenso zu berücksichtigen sind wie die Entwicklung des Programms und das Hörerlebnis des Konsumenten.[9] Zu erweitern

8 Edgerton, From Innovation to Use.

9 Vgl. Baudry, Effets idéologiques; Baudry, Le dispositif; Hickethier, Kommunikationsgeschichte; Lenk, Das Dispositiv als theoretisches Paradigma der Medien-

waren diese Bestandteile um die von Hickethier als „soziale Rahmung“ bezeichnete Einbettung[10]: Die Einbindung des Nutzers und seiner Konsumgewohnheiten in sein häusliches Umfeld und seinen Alltag wird hier ebenso berücksichtigt wie überlieferte Konventionen des Medienkonsums und die ökonomischen Einflussmöglichkeiten der Unterhaltungselektronik- und Musikindustrie. Erst die Einbindung der Objektentwicklung in diese Kontexte macht sie auch über die technische Ebene hinaus erklärbar.

Ausgehend von diesen Überlegungen galt es, ein konkretes Analyseinstrumentarium zu entwickeln, das den Dispositiv-Begriff handhabbar macht. Ich habe vier Darstellungsperspektiven festgelegt, die einen ganzheitlichen Blick auf die Funktion der Phonogeräte als Medien der Abgrenzung und Distinktion ermöglichen: Jede Objektstudie wendet sich jeweils erstens den Objekten selbst zu, zweitens ihrer Vermarktung, drittens ihrer öffentlichen Rezeption und Diskussion sowie viertens ihrer Aneignung und betrachtet die Dispositive in ihrer historischen Entwicklung.

Diese Historisierung des Konzeptes erlaubt eine Gegenüberstellung der spezifischen Dispositive der einzelnen Gerätegattungen ebenso wie die Suche nach intermedialen, geräteübergreifenden Orientierungen eines Dispositivs an bekannten dispositiven Strukturen. Diese Anleihen können technischer oder auch diskursiver Art sein. Zugleich schärft die Historisierung den Blick für den dispositiven Wandel auch innerhalb einer Gerätegattung.

Alle Objektstudien wenden die vier Darstellungsperspektiven des Dispositiv-Konzeptes an, doch wurde die Flexibilität der Darstellung im Einklang mit der zunehmenden Flexibilität der Geräte und den wachsenden Freiräumen, die sie den Nutzern boten, gesteigert. Während die Kapitel zu den ‚Wohnzimmer-Phonogeräten‘ noch streng der Reihenfolge von Objekt, Vermarktung, Diskussion und Nutzung verpflichtet sind, konzentriert sich das Kapitel zum Plattenspieler auf die Eigenschaft seines Dispositivs, die seine Entwicklung maßgeblich bestimmte und die neue Zielgruppe der Jugendlichen erschloss – die Mobilität. In der Studie zum Tonbandgerät konnte ich zwei Nutzergruppen ausmachen, die durch ihre Nutzungspraktiken und Bedeutungszuschreibungen als Ko-Produzenten an der Ausdifferenzierung des Angebots und der Abgrenzung differenzierter Nutzerkreise beteiligt waren, namentlich die Tonbandamateure und die jugendlichen Nutzer. Dementsprechend

forschung u.v.m., vgl. Kap. A.III.1.

10 Vgl. Hickethier, Dispositiv Fernsehen, S.69.

habe ich die Analyse der Geräte, ihrer Vermarktung, Diskussion und Nutzung aus dem Blickwinkel dieser beiden, sich voneinander abgrenzenden Gruppen vorgenommen und konnte aufzeigen, dass die Dispositive des Amateur-Tonbandgerätes und des Hitjäger-Apparates sich beträchtlich unterschieden. Die abschließende Studie zum Kassettenrekorder orientierte sich an seinen beiden dispositiven Schwerpunkten der Mobilität und Intermedialität und die Struktur des Kapitels steht in Analogie zu einer thematisch sortierten Mixkassette.

Diese Verweise auf die innere Struktur der Kapitel geben bereits Einblicke in die Ergebnisse der Einzelstudien, die im Folgenden genauer betrachtet und miteinander verknüpft werden.

III Ergebnisse der historischen Betrachtung der Phonogeräte-Dispositive

Im Folgenden trage ich die Ergebnisse der Einzelstudien zusammen und diskutiere sie anhand gemeinsamer analytischer Kategorien. Als Erstes werde ich den historischen Wandel der Dispositive vom Musikschrank zum Kassettenrekorder im Überblick darstellen und herausarbeiten, inwiefern sich die Schwerpunkte unterschieden, die die Dispositive ausmachten und ihre Entwicklung leiteten (II.1). Zweitens betrachte ich die Phonogeräte-Dispositive unter dem Aspekt der Konkurrenz innerhalb des massenmedialen Ensembles: Die Geräte suchten sich ihre „Nischen“, die mit dem Aufkommen neuer Medien und Apparate stets neu verhandelt werden mussten (II.2). Drittens kontrastiere ich die Umgestaltungen der Phonogeräte-Dispositive und die zunehmenden Nutzungsmöglichkeiten mit dem Werbevokabular der Hersteller, dessen Wandel im Vergleich zum technischen Fortschritt und der Ausdifferenzierung der Nutzungspraktiken beträchtlich geringer ausfiel (II.3). Viertens weise ich neben dem dynamischen Wandel der Dispositive auch auf die Beharrungskräfte hin, die ihren Ausdruck in hybriden Geräten fanden und verdeutlichen, dass die Entwicklung der Phonogeräte nicht etwa abrupt, sondern schrittweise stattfand. Erst infolge der Aushandlungsprozesse zwischen Herstellern, Nutzern und Kritikern konnten sich Objekttypen stabilisieren (II.4). Entscheidende Etappen und Wendepunkte innerhalb der Geschichte von Musikschrank, Stereoanlage, Plattenspieler und Tonbandgerät werde ich im fünften Teil des Fazits benennen (II.5). Daran anknüpfend wende ich mich abschließend ausführlicher der Rolle der Phonogeräte als Kristallisationspunkte neuer soziokultureller Gemeinschaften zu. Die neuen Konsumobjekte unterbreiteten Alternativangebote der Vergemeinschaftung, die die traditionellen Milieu- und Familiengrenzen überschritten und wurden auf diesem Wege zu einem zentralen Bestandteil der Umbruchprozesse während der dynamischen „langen Sechzigerjahre" (II.6).

III.1 Dispositive Schwerpunkte

Für den Musikschrank, die Stereoanlage, den Plattenspieler, das Tonbandgerät und den Kassettenrekorder lassen sich jeweils eigene Schwerpunkte in ihren Dispositiven definieren. Diese grenzten die Gerätetypen voneinander ab und gaben die Linien vor, entlang derer die Entwicklung und Ausdifferenzierung der Dispositive verlief. Entsprechend dieser zentralen Eigenschaften der Objekte unterschieden sich auch die Akteure und die Orte des Konsums, d.h. die Hörergruppen und die Hörräume.

Der *Musikschrank* als Objekt ist räumlich und sozial im Haus und im Familienkreis zu verorten. Das Symbolische des Gerätegehäuses und seine Eigenschaften als repräsentatives Möbelstück verliehen dem Akt des Hörens eine gewisse Aura und dem Objekt seinen Distinktionswert. Ein beleuchtetes Barfach, hochglanzpoliertes Holz und goldene Zierleisten charakterisierten auch die exemplarisch analysierte Musiktruhe *Arabella* von Nordmende als wertvollen, repräsentativen Mittelpunkt des Wohnzimmers. Auf der Suche nach einer idealen Verbindung von Raum und Ton, von Optik und Akustik, von Wohnen und Musikkonsum, gab der Musikschrank den visuell-ästhetischen Anforderungen den Vorzug. Er stand in der Tradition des Konzertsaals, sowohl hinsichtlich der Apparat-Nutzer-Konstellation als auch hinsichtlich des Programms. Das gesellschaftliche Ereignis des Konzertbesuches, das symbolisch das Interesse an Kultur und die Wertschätzung klassischer Musik vermittelt, fand sein häusliches Pendant in der reichhaltig verzierten Truhe.

Innerhalb der Diskussionen um *Stereofonie und High Fidelity* hingegen stand insbesondere das akustische Hörerlebnis im Vordergrund. Nun war es die Klangqualität, welche die Auffächerung antrieb und lenkte; zwischen den kostspieligen „High End"-Geräten, die die Anforderungen der HiFi-Norm um ein Vielfaches überschritten, und den einfachen Mono-Apparaten am unteren Ende des Angebotsspektrums gab es eine Vielzahl von Abstufungen entsprechend den finanziellen Möglichkeiten und der Qualitätsansprüche der Käufer. Die neuen akustischen Herausforderungen der Stereofonie und High Fidelity wurden zu Antriebsmomenten des dispositiven Wandels und zu Geburtshelfern eines neuen Gerätetypus: Das Dispositiv der *Stereoanlage* vereinte die beiden Aspekte der Optik und der Akustik. Die Kombination beider gab die Apparat-Nutzer-Konstellation und die Struktur des Hörraumes vor. Nicht mehr rein äußerliche Merkmale der Apparate, sondern die Frage des bestmöglichen Klangs und naturgetreuen Hörerlebnisses bestimmten die Anordnung im Raum. Das Äußere der Wiedergabegeräte hatte sich entscheidend gewandelt und technisch anmutende Bedienungskonsolen, die optimale Tonqualität versprachen, erlangten einen neuen Distinktionswert, da sie nicht nur Wohlstand, sondern auch Klangqualität und Modernität ausstrahlten. Die Stereoanlage als neues, häusliches Objekt folgte somit in ihrer Entwicklung anderen Parametern als ihr Vorgänger und bediente sowohl das Auge als auch das Ohr. Zudem wandte sie sich an einen anderen Nutzerkreis, denn nicht mehr die Familie trat als Akteur innerhalb der Dispositivanalyse in Erscheinung, sondern zunächst die Musik- und Technikliebhaber und HiFi-Anhänger, und in der Folge auch die Rockmusikfans, die die neuen Stereoeffekte erleben wollten.[11]

Die Einzelgeräte hingegen, sowohl der *Plattenspieler* als auch das *Tonbandgerät* und der *Kassettenrekorder*, verlagerten ihren dispositiven Schwerpunkt weg vom häuslichen, familiären Hören auf die neuen Qualitäten der Mobilität, Kreativität und Intermedialität. Sie erschlossen neue Hörräume und neue Nutzergruppen – so wandte sich der mobile *Plattenspieler* schon bald an jugendliche Hörer. Auf dem Markt entwickelte sich neben der Angebotspalette für anspruchsvolle Nutzer eine erfolgreiche Sparte kostengünstiger, flexibler Geräte für Jugendliche. Und ebenso wie der tragbare Apparat die räumlichen Hörgrenzen des Wohnzimmers oder gar des Elternhauses überwinden konnte, überschritt auch das Programm, das er abspielte, die moralischen Grenzen der Elterngeneration. Der mobile Plattenspieler diente der Eroberung des Raums durch den Ton ebenso wie der Eroberung von Autonomie im Musikkonsum. Die dispositiven Differenzen unterschiedlicher Gerätetypen bestanden also auf allen Ebenen: Nicht nur die Apparat-Nutzer-Konstellation des Phonokoffers unterscheidet sich von der des Musikschranks, sondern auch das Programm und die Nutzergeneration, die anderen Praxisregeln des Konsums folgt.

Die vorherrschenden Eigenschaften des *Tonbandgeräte*-Dispositivs waren die Kreativität und Intermedialität, die jeweils mit einer bestimmten Nutzergruppe, den Amateuren und den jugendlichen ‚Hitjägern', besonders eng verknüpft waren. Während ein ambitionierter Tonbandfreund sein Gerät „vom primitiven Konservie-

11 Die Abgrenzung der Nutzergruppen untereinander werde ich in II.5 genauer in den Blick nehmen.

rungsmittel zum virtuosen Instrument erhob", lag der Musikfan „auf der Lauer nach Hits".[12] Das Tonbandgerät erforderte einen aktiven Nutzer – fertig bespielte Bänder gab es nicht.

Das *Kassettenrekorder*-Dispositiv war bestimmt von seinen Eigenschaften der Mobilität und Intermedialität. Der Kassettenrekorder vereinfachte die intermedialen Anwendungen und machte sie handlich und mobil. Als tragbare Musikbox und unkomplizierte Mitschneidemöglichkeit stieß er zunächst vor allem bei jungen Nutzern auf Begeisterung. Insofern beanspruchte das neue Gerät einen Teil der Nische im massenmedialen Ensemble, die das Tonbandgerät bislang belegt hatte, und forderte auch den tragbaren Plattenspieler auf seinem Terrain des mobilen Musikkonsums heraus. Inwiefern die Geräte die Abgrenzung ihrer Nischen im massenmedialen Ensemble neu verhandeln mussten, wenn starke Konkurrenten hinzutraten, werde ich im folgenden Unterkapitel (II.2) erneut aufgreifen.

Die Dispositive der portablen Plattenspieler, der einfachen Tonbandgeräte zum Mitschneiden von Musik und der Kassettenrekorder waren allesamt weniger bestimmt von den akustischen Eigenschaften, als es etwa bei der Stereoanlage oder den Amateur-Tonbandgeräten der Fall war. Die gewünschten Nutzungskontexte und -orte der Konsumenten hatten auf ihre Entwicklung stärkeren Einfluss als die technische ‚Feinabstimmung'.

III.2 Massenmediale Nischen und Koexistenz

In der Auffächerung der Angebotspalette war jedes Gerät auf der Suche nach seiner „Nische" im massenmedialen Ensemble. Die Hersteller versuchten, ihre neuen technischen Objekte durch eine vermeintliche Verbesserung gegenüber ihrem Vorgänger zu rechtfertigen; das neue Medium sollte eine Lücke füllen oder einen vermeintlichen Fehler beheben. Bolter und Grusin argumentieren, in der Regel sei es die Unmittelbarkeit/ „immediacy" der Übertragung, die ein neues Medium zu verbessern verspreche.[13] Im Falle der Entwicklung vom Musikschrank zur Stereoanlage trifft dies eindeutig zu, war es doch eine gesteigerte Naturgetreue der Klangwiedergabe, die das neue Gerät bieten sollte.

---

12 Magnetophon 77 – mehr als nur ein Stereo-Tonbandgerät. In: Ton Magazin, März/ April 1960, S.68-70, hier S.68; ahomburg, Eintrag „bruderherz" am 01.03.2008 auf www.phono-erinnerungen.de.

13 Vgl. Bolter/ Grusin, Remediation, S.45.

Die Verortung eines neuen Gerätes innerhalb des massenmedialen Ensembles erfolgte allerdings keinesfalls zwingend anhand seiner technisch-akustischen Qualitäten. Insbesondere die Einzelgeräte (Plattenspieler, Tonbandgerät und Kassettenrekorder) besetzten ihre Nischen vielmehr anhand ihrer vielfältigen Anwendungsmöglichkeiten und Hörräume.

Alle Aspekte des Dispositivs, sowohl die technisch-materielle Komponente, als auch das Programm und die symbolisch-kulturellen Bedeutungen des Gerätes trugen zu seiner Platzierung innerhalb des massenmedialen Ensembles bei. Auf diesem Weg konnte ein Gerätetypus, wie etwa das Spulentonbandgerät, das zunächst als Ausrüstung ambitionierter Bastler etabliert worden war, im Sinne einer „remediation" auch zum Medium jugendlicher Musikfans umgedeutet werden und somit zwei verschiedene Dispositive ausbilden.

Durch das Hinzutreten neuer Geräte mussten die Grenzen der Nischen fortlaufend neu verhandelt werden. So machte der Kassettenrekorder dem Tonbandgerät einen seiner Haupteinsatzorte und die jugendliche Nutzergruppe streitig. Zwischen Geräten, Herstellern und Nutzern wurden in der Folge neue Funktionen und Bedeutungen beider Apparate ausgehandelt und abgegrenzt. Dem Tonbandgerät blieb nach der Stabilisierung (im Sinne von *SCOT*) des Kassettenrekorders als bedienungsfreundliches Medium der Intermedialität, das Mitschnitte aus dem Radio oder von Platte vereinfachte, lediglich die Nische der kreativen Nutzung zu Hause, die noch nicht belegt war. Die Spulentonbandgeräte wandelten sich zu professionell anmutendem ‚Heimstudio-Equipment'.

Dieses Beispiel verdeutlicht, dass die zunehmende Konkurrenz innerhalb des massenmedialen Ensembles zu einer Spezialisierung der Gerätegattungen führte. Seit Beginn der zweiten Hälfte der Sechzigerjahre konnten Allround-Geräte sich nicht mehr erfolgreich etablieren, sondern es galt bislang unbefriedigte Nutzerwünsche einzelner Zielgruppen ausfindig zu machen und diese gezielt zu bedienen. Demonstriert hat dies auch die Studie zum Kassettenrekorder, der seinen Siegeszug erst begann, als seine Vermarktung sich auf die mobilen, unkomplizierten intermedialen Anwendungsmöglichkeiten konzentrierte. Als „Lieferant des Wunschkonzert[s] ohne Probleme" machte der Kassettenrekorder auch den Phonokoffern Konkurrenz und bot sich als Alternative zum mobilen Musikkonsum an.[14] Er war robuster und handlicher, die Kassetten waren

14 Neuheiten im März: Top-Ten-Club-Platten bei Teldec. Philips: Cassetten-Recorder vereint Programm von drei Firmen. In: Musikmarkt 3/1965, S.1&7, hier S.7.

unempfindlicher und leichter zu transportieren, und konnten auch in der Bewegung abgespielt werden. Daher waren seit den späten Sechzigerjahren immer mehr günstige Heim-Plattenspieler auf dem Markt und die einfachen, portablen Mono-Koffer verloren an Bedeutung. Auch dies ist eine Folge der massenmedialen Konkurrenz und der daraus folgenden Abgrenzungs- und Behauptungsbemühungen der Gerätegattungen. Der Kassettenrekorder hatte nun den Musikkonsum für unterwegs übernommen und der Plattenspieler verlegte sich auf das, was die einfachen Rekorder noch nicht leisteten: Er brachte Stereomusik ins Jugendzimmer.

Trotz der Auffächerung des Angebotes und der zunehmenden Konkurrenz auf dem Phonogerätemarkt lassen sich also keine Ablösungen eines Dispositivs durch ein anderes konstatieren – vielmehr beobachten wir eine Koexistenz vielgestaltiger Angebote und Dispositive. Musikschränke, Stereoanlagen, Plattenspieler, Tonbandgeräte und Kassettenrekorder arrangierten sich und teilten verschiedene Nutzungsmöglichkeiten und -kontexte untereinander auf und bildeten so eine gemeinsame Alternative zum neuen audio-visuellen Massenmedium Fernsehen. Selbst der schon Mitte der Sechzigerjahre altmodisch erscheinende Musikschrank wurde von der Stereoanlage nicht abgelöst. Stattdessen wurde er zum Objekt der älteren Nutzergenerationen, die dem Möbelcharakter und der Repräsentativität weiterhin einen hohen Stellenwert einräumten. Die jüngeren Nutzergenerationen aber, die Teenager der Fünfzigerjahre, waren Ende der Sechzigerjahre zu erwachsenen Konsumenten herangewachsen, die ganz andere Musik hörten als ihre Eltern. Sie hörten Konzeptalben der Rock- und Popmusiker, die mit Stereoeffekten und Synthesizern arbeiteten – daher bevorzugten sie bei der Anschaffung eines Musikgerätes für das Wohnzimmer die Stereoanlage.

III.3 Dispositiver Wandel – unverändertes Werbevokabular

Das Dispositiv-Konzept ermöglichte es weiterhin, die materiellen und nutzungspraktischen Veränderungen der Geräte den Werbestrategien der Hersteller gegenüber zu stellen. Es ist bereits deutlich geworden, dass die Dispositive der Phonogeräte zahlreiche Umbruchprozesse durchliefen und fortwährend neu verhandelt wurden. Im Gegensatz dazu griffen die Hersteller in ihren Werbeanzeigen durchgängig auf ein stabiles Repertoire an Metaphern zurück und ihre Nutzervisionen ähnelten sich. Die Werbestrategien folgten – unabhängig davon, welche Gerätegattung vermarktet wurde – ähnlichen Bahnen. In den Zeiten nach der Markteinführung eines

Produkts fand wiederholt das *visual cliché* der harmonischen, glücklichen Familie Eingang in die Anzeigen.[15] Die Hersteller knüpften an Bekanntes an, um die Domestizierung des neuen Gerätes anzustoßen und zu erleichtern: Schon seit den Dreißigerjahren war etwa der Radioapparat als Mittelpunkt des familiären Feierabends inszeniert worden.

Auf die Darstellung eines neuen Gerätetypus als ‚familienkompatibel' erfolgte eine weitere Auffächerung, indem anhand von *social tableau*-Anzeigen der Distinktionswert der Objekte herausgehoben wurde. Dieser Prestigecharakter der Geräte ergab sich je nach Gerät aus anderen dispositiven Eigenschaften: Während der Musikschrank durch die Goldleisten glänzte, sollte eine Stereoanlage durch ihre technische Qualität, die auch über das Design kommuniziert wurde, überzeugen.

Auch die einzelnen Tonbandgeräte und Plattenspieler wurden zunächst als Gerät für die ganze Familie vermarktet: Familiäre Erinnerungen sollten auf Band aufgezeichnet werden und der Phonokoffer begleitete den Sonntagsausflug. Die Entdeckung der jugendlichen Zielgruppe erfolgte durchgängig, bei allen Gerätegattungen, erst seit Mitte der Sechzigerjahre. *Social tableau*-Anzeigen, die sich an den jungen Nutzer wandten, legten dann auch andere Merkmale zu Grunde, die den Konsumenten als erstrebenswerte Idealvorstellung vor Augen gehalten wurden. Mobilität, Dynamik, modernes Design und Jugendlichkeit waren hier die wiederkehrenden Distinktionsmerkmale.

Während die Angebotspalette sich kontinuierlich ausdifferenzierte und sich einzelne Gerätetypen spezialisierten, um unterschiedliche Zielgruppen mit deren spezifischen Wünschen und Praktiken zu bedienen und zu erschaffen, folgte die Vermarktung, die fortwährend bahnbrechende Neuheiten anpries, doch letztlich immer dem gleichen konservativen Schema: Sie ging zunächst vom Allround-Gerät aus und versprach alle Familienmitglieder zufrieden zu stellen, und wandte sich in der Folge über das Versprechen der Abgrenzung und Distinktion an spezialisierte Zielgruppen.

III.4 Beharrungskräfte, Hybride und Stabilisierung

Die Phonogeräte wurden in der Werbung als modern, innovativ und fortschrittlich inszeniert. Und in der Tat boten die Objekte wäh-

15 Zum Begriff des visual cliché und social tableau vgl. Marchand, Advertising the American Dream.

rend dieser Phase der Ausdifferenzierung des Angebots, als Stereoanlagen, Plattenspieler mit Batteriebetrieb, Tonbandgeräte und Kassettenrekorder noch Neuheiten waren, bislang ungekannte Nutzungsmöglichkeiten.

Zugleich hat die Dispositivanalyse aber auch Beharrungskräfte, eine Orientierung am Bekannten und Bewährten, ans Licht gebracht. Auf dem Weg zur Stabilisierung (*SCOT*) eines Artefakts lagen oft Hybrid-Modelle, die das Altbewährte mit dem Neuen zu kombinieren versuchten und insbesondere in ihrem Design Aufschluss geben über das Festhalten nicht nur der Hersteller, sondern auch der Nutzer an bekannten dispositiven Strukturen.

Die Hersteller knüpften an Altes und Bekanntes an, um das Neue zu vermarkten und zu verkaufen. Neue Geräte mussten zunächst anschlussfähig sein, und zwar im dreifachen Sinne: Neben der technischen Kompatibilität mit vorhandenen Geräten mussten sich die neuen Apparate in bekannte Konsum- und Mediennutzungsmuster einfügen lassen sowie auch optisch die Domestizierung erleichtern, indem sie sich an ihr vorgesehenes Umfeld anpassten. War ein neuer Gerätetypus erst etabliert, konnte die Auffächerung und Spezialisierung folgen.

Am Beispiel der Stereofonie lassen sich die Kräfte der Beharrung und die anschließenden Stabilisierungen von Gerätetypen sowie die Ausdifferenzierungen des Angebots illustrieren. Nach der Einführung der Stereo-Schallplatte integrierten die Hersteller die neue Technik zunächst in den altbewährten Musikschrank. Fachleuten und anspruchsvollen Hörern aber erschien die Truhe bald nicht mehr als angemessener Rahmen und es traten zwei alternative stereofähige Wiedergabeanlagen mit unterschiedlichen Dispositiven hinzu – die Bausteinstereoanlage und die Steuertruhe. Letztere ist ein Hybrid par excellence: Sie blieb der Tradition des Musikschranks verhaftet, denn sie war – rein optisch – ein Möbelstück, das die Technik in einem Beistelltisch verbarg. Durch ihre geringeren Abmessungen, die eine Platzierung des Gerätes gleich neben dem Sitzplatz des Hörers im Stereodreieck ermöglichten, und durch die unabhängig aufzustellenden Lautsprecher trug sie zugleich den Anforderungen der Stereofonie Rechnung. In der Studie zu den Stereoanlagen ist deutlich geworden, dass während der weiteren Entwicklung ihres Dispositivs Aushandlungsprozesse zwischen Herstellern, Kritikern und Nutzern stattfanden, die zur Stabilisierung des Typus der Bausteinanlage führten, während die Steuertruhe als Hybrid nach wenigen Jahren vom Markt verschwand. Sie war lediglich eine Übergangslösung für Unentschlossene, die sich neben der erfolgreichen Stereoanlage nicht durchsetzen konnte.

Der Erfolg der Bausteinanlage allerdings fußte – wenn auch in geringerem Maße – ebenfalls auf einer Orientierung an Altbewährtem. Die Objektanalyse hat sowohl das Streben nach Modernität als auch das Festhalten an Bekanntem offenbart. Neben den wenigen, prestigeträchtigen Herstellern wie Braun und Wega, die sich vom wohnlichen Design zugunsten einer rein technischen Optik vollständig lösten, suchten die Massenhersteller des mittleren Preisspektrums weiterhin den Anschluss an die Vorstellung einer optimalen Verbindung von wohnlicher Atmosphäre und gutem Klang, indem sie ihre Bausteine mit hölzernen Zargen verkleideten.

Auch in der Ausbildung des Phonokoffer-Dispositivs führte der Weg zur Stabilisierung des Verstärkerkoffers über das Hybrid-Modell des Apparates ohne Lautsprecher und ohne Batterie. Die Übergangslösung, wie sie auch in Gestalt des *Musikus 105 S* detailliert analysiert wurde, konnte sich in den Aushandlungsprozessen um Nutzung und Nutzen langfristig nicht behaupten, denn sie löste das Mobilitätsversprechen nicht konsequent ein. Zwar war der Plattenspieler nun in einem handlichen Koffer untergebracht, doch konnte er nur in Betrieb genommen werden, wenn sowohl eine Steckdose als auch ein zusätzlicher Radioapparat, der als Lautsprecher diente, in Reichweite waren.

Stattdessen etablierten sich neben den kostspieligen stationären Plattenspielern in Stereoanlagen und Musikschränken zwei Gerätetypen mit unterschiedlichen Apparat-Nutzer-Konstellationen: Erstens waren das die unabhängig vom Stromnetz und von Zusatzgeräten zu betreibenden Verstärkerkoffer, da sie die Musik in bislang unerschlossene Hörräume transportierten; zweitens sorgte der einfache, erschwingliche Heimplattenspieler für Unterhaltung im Jugendzimmer und der Studentenbude.

David Edgerton fordert in seinem Aufsatz „From Innovation to Use" sowie in seiner Monografie „The Shock of the Old" den Blick auf die Technik im Gebrauch statt alleine auf die Innovationen.[16] Auf diesem Wege werde deutlich, dass das ‚Alte' das ‚Neue' zunächst noch oft aussteche und in den alltäglichen Praktiken einen höheren Stellenwert einnehme.

16 Edgerton, From Innovation to Use; Edgerton, The Shock of the Old.

In der Tat konnten auch meine Objektstudien aufzeigen, welch hohe Bedeutung eingeübte Muster des Technik- und Medienkonsums auch nach der Einführung neuer Technologien und technischer Artefakte behielten und inwiefern die Hersteller an Bekanntes anknüpften, um dem Neuen den Weg in die Haushalte zu bereiten. Erst die Betrachtung der Dispositive der Phonogeräte in ihrer historischen Entwicklung konnte diese Prozesse offenlegen: Auf dieser Basis konnte ich vier unterschiedliche Perspektiven einnehmen und sowohl das Materielle (Technik, Design und Apparat-Nutzerkonstellation) als auch die Bedeutungszuschreibungen unterschiedlicher Akteure (Hersteller, Fachleute und Konsumenten) betrachten, die als *relevant social groups* die Funktionen und Bedeutungen der Objekte, die Ausformung und Stabilisierung der Apparate und die akzeptierten Muster des Konsums aushandeln.

Eine ausschließliche Untersuchung der Vermarktung, also lediglich der in der Werbung inszenierten idealtypischen Nutzungen, würde dem ‚Neuen' einen zu großen Stellenwert einräumen und die Bedeutung des ‚Alten' im Gebrauch, die auch Edgerton betont, in der Stabilisierung neuer Dispositive vernachlässigen. Die Hemmnisse in der Durchsetzung einer neuen Technologie, wie etwa der Stereofonie, blieben dann gänzlich im Dunkeln. Ebenso würden bei einer alleinigen Betrachtung der Aneignungspraktiken einzelne Geräte und Übergangslösungen aus dem Blick geraten. Die Steuertruhe als Hybrid etwa wurde in den Erinnerungen der Nutzer nicht genannt und spielte auch in den Konsumentenzeitschriften keine Rolle. Allerdings sind auch solche Übergangslösungen entscheidend für das Verständnis der Durchsetzung technischer Artefakte.

Anhand einer Kombination der Objektanalysen mit der Untersuchung der Vermarktungsstrategien, der öffentlichen Diskussion und der Aneignungspraktiken der Nutzer aber werden die Aushandlungsprozesse, die die Entwicklung der Technik und der Nutzungen bestimmen, hervorgehoben. Deutlich wird der Stellenwert, den das ‚Alte' noch lange behielt – denken wir etwa an die abenteuerlichen Konstruktionen der Nutzer, die alte und neue Geräte kombinierten, Plattenspieler mit dem alten „ehrwürdigen Dampfradio" und einem zweiten Radio zusammensteckten, um den Stereoklang zu erleben.[17]

17 Vgl. Kap. C.III.4 zur Nutzung von Stereogeräten. Zitat: ahomburg, Eintrag „Stereo und Plastiktrümmer" am 05.03.2008 auf www.phono-erinnerungen.de.

III.5 Etappen des Wandels

Die Objektgeschichten der Phonogeräte eröffnen in der Tat einen neuen, erweiterten Blick auf die in der sozialhistorischen Forschung als „Scharnierjahrzehnt"[18] und „Übergangsphase zur Postmoderne"[19] charakterisierten „langen Sechzigerjahre". Die historische Betrachtung der Dispositive macht Etappen des Wandels sichtbar, der sowohl auf technischer als auch auf musikalischer und gesellschaftlich-kultureller Ebene stattfand.

Daher ist die Geschichte der Phonogeräte nicht nur eine Geschichte der technischen Objekte, sondern zugleich eine Geschichte ihrer Nutzer. Die Schwerpunktverlagerungen der Dispositive von einem Gerätetypus zum anderen sind ein Spiegel der sich während der Sechzigerjahre verändernden Lebensweisen, und zugleich fungierten die Geräte als Motor dieser Umbrüche und Wandlungen: Einerseits bahnten sich Musikschränke, Stereoanlagen, Plattenspieler, Tonbandgeräte und Kassettenrekorder ihren Weg in die Privathaushalte, indem sie ihre dispositiven Strukturen auf vorherrschende Lebens- und Konsummuster hin ausrichteten, um möglichst weite Konsumentenkreise zu erreichen und hohe Absatzzahlen zu erzielen. Andererseits ist auch deutlich geworden, dass Nutzer und Kritiker als Ko-Produzenten der Technik auftraten, indem sie ihren Forderungen an die Geräte etwa in Nutzer-, Warentest- und Fachzeitschriften Ausdruck verliehen, die Apparate in unvorhergesehener Weise nutzten und somit Einfluss auf die Entwicklung und Deutung ihrer dispositiven Strukturen nahmen. In Wechselwirkungen mit den sich pluralisierenden Mustern der Freizeitgestaltung und den unterschiedlichen bevorzugten Musikrichtungen der immer zahlreicher vorhandenen Zielgruppen differenzierten sich auch die Gerätetypen immer weiter aus. Der althergebrachte Musikschrank wurde nicht nur ergänzt durch weitere stationäre wie portable Geräte, sondern auch innerhalb jeder Gerätegattung entwickelten sich ganz unterschiedliche Typen mit eigenen Dispositiven.

Die einzelnen Objektgeschichten haben zwei entscheidende Wendepunkte offenbart: Zum ersten läutet das Ende der Fünfzigerjahre den Wandel ein. In der sozialhistorischen Forschung wurde bereits herausgearbeitet, dass Einkommenssteigerungen, steigende

18 Vgl. Siegfried, Time is on My Side, S.12; Frese/ Paulus, Geschwindigkeiten und Faktoren des Wandels¸ S.8; Schönhoven, Aufbruch, S.134.

19 Vgl. Schildt, Sozialgeschichte, S.30, Schildt, Rebellion und Reform, S.13; Schildt/ Siegfried, Between Marx and Coca-Cola, S.3.

Freizeitkontingente und die Eroberung des westdeutschen Marktes durch eine florierende Konsum- und Unterhaltungsindustrie einen entscheidenden Einschnitt bedeuten. Doch auch hinsichtlich der technischen Entwicklung stellt dieser Zeitraum einen wichtigen Einschnitt dar: Die ersten Heimtonbandgeräte wurden massenhaft produziert und den Nutzern zu erschwinglichen Preisen angeboten. Für Tonbandamateure gab es ausgefeilte Stereoapparate mit Trickmöglichkeiten. Die Produktion der Schellackschallplatten wurde eingestellt, die Vinyl-Single und LP beherrschten von nun an den deutschen Schallplattenmarkt. 1958 wurde die Stereoschallplatte vorgestellt, die entscheidenden Einfluss auf alle Aspekte der Phonogeräte-Dispositive haben sollte: Nicht nur die Technik der Apparate wandelte sich, sondern auch ihre Vermarktung und ihr Design. Der neue Zweikanal-Klang würde in der Folge die Musikproduktion, das Hörerlebnis der Konsumenten und die Gestaltung ihrer Wohnzimmer entscheidend verändern. Zugleich blieb diese Zäsur im Vergleich zur nachfolgenden allerdings noch ein wenig zögerlich, da sie zunächst größtenteils auf der technisch-apparativen Ebene stattfand und nur elitäre Nutzerkreise erreichte. Noch fand kein umfassender Umbruch in den Mustern des Musikkonsums und der Ausstattung der breiten Masse westdeutscher Haushalte statt.

Im Gegensatz dazu ist die zweite Zäsur, die ich anhand meiner Objektstudien auf die Mitte der Sechzigerjahre datieren möchte, viel weitreichender: Sie umfasst alle Aspekte der Phonogeräte-Dispositive. Auf technischer Ebene wurde nun endlich mit einiger Verspätung auch im westdeutschen Hörfunk, der im Vergleich aller Audio-Medien die weitaus höchsten Nutzungszeiten aufwies, die Stereofonie eingeführt. So konnte das neue Klangerlebnis große Hörerkreise für sich gewinnen und den Nischenmarkt verlassen. Dies öffnete letztendlich den Stereoanlagen die Tür zu den westdeutschen Haushalten. Die HiFi-Norm von 1966 tat einen weiteren Schritt zu einer massenhaften Verbreitung hochwertiger Abspielgeräte, da sie den Kunden sowohl Orientierung als auch ein neues Distinktionsmerkmal bot. Die Entscheidung der Schallplattenindustrie, ab etwa Mitte der Sechzigerjahre auch Unterhaltungsmusik in Stereoqualität auf LPs anzubieten ist ein weiterer Bestandteil des technischen Wandels, der entscheidende Bedeutung für die Zäsur auf der Ebene des Programms hatte. Die Alben „Pet Sounds" von den *Beach Boys* (1966) und „Sgt. Pepper's Lonely Hearts Club Band" von den *Beatles* (1967) sind Meilensteine auf dem Weg zu einem neuen Sound und neuen Mustern des Musikkonsums. Sie gelten als die ersten Konzeptalben der Popmusik und schöpften alle studiotechnischen Möglichkeiten ihrer Zeit aus. Die *Beach Boys* verwendeten ungewöhnliche Toncollagen aus Fahrradklingeln, vorbeifahrenden Zügen und Kirchenorgeln, um ein neues Klangbild zu erreichen, die *Beatles* produzierten die gesamte Platte mit Hilfe der Vierspurtechnik und schufen surrealistische Klanggebilde. Diese Musik war live nicht mehr reproduzierbar, womit die Schallplatte in der Rock- und Popmusik eine ganz neue Bedeutung erlangte. Nun ging es nicht mehr darum, das Live-Konzert möglichst naturgetreu aufzunehmen und jederzeit hörbar zu machen, vielmehr waren diese Schallplatten ein eigenes Gesamtkunstwerk, das zuhause auf einer entsprechenden Anlage gehört werden musste. Stereo- und Mehrspuraufnahmen und der Einsatz von Synthesizern und Soundeffekten stellten von nun an neue Anforderungen an die privaten Abspielgeräte.[20] Die Rockmusik etablierte sich als eigene Kunstform, „Pet Sounds" und „Sgt. Pepper" stehen am Anfang der so genannten „Goldenen Ära des Rocks", die zahlreiche weitere Konzeptalben wie „Dark Side of the Moon" von *Pink Floyd*, „Tubular Bells" von *Mike Oldfield*, oder „Happy Jack" (1967) und „Tommy" (1969) von *The Who* hervorbrachte.

In Kombination transportierten die neue Musik und die neue Technik der Stereoanlagen und -Plattenspieler ein neues Hörerlebnis, das neue Nutzerkreise ansprach und einen entscheidenden Umbruch in den Mustern des Medien- und Musikkonsums, in der Gestaltung des Wohnraums und der Freizeit bedeutete. Mitte der Sechzigerjahre fanden Allround-Geräte keinen Platz mehr auf dem Markt – es galt spezifische Zielgruppen wie den erwachsenen Klassikliebhaber, den Stereo- und HiFi-Enthusiasten, den Bastler und Tonbandfreund, den jugendlichen Musikfan mit schmalem Geldbeutel oder den jungen Erwachsenen, der die Rockmusik auf erschwinglichen Stereoanlagen hören wollte, gezielt zu bedienen. In allen Produktsparten des Phonogerätemarktes trat Mitte der Sechzigerjahre hier ein deutliches Umdenken der Hersteller ein, das in den Objektstudien anhand der zielgruppengerechten Ausdifferenzierung des Angebotes und der Vermarktungsstrategien erkennbar wurde. Innerhalb der westdeutschen Gesellschaft bildeten sich neue, selbst gewählte Interessen- und Konsumgemeinschaften, die als Konkurrenzmodell zu den althergebrachten familiären Strukturen fungierten. Dieser gesellschaftliche Umbruch, der sich Mitte der Sechzigerjahre vollends durchsetzte, wird im Folgenden detaillierter beleuchtet.

20 Vgl. Coleman, Playback, S.103-107; Heinz Hiebler, Der Sound zwischen technischen Möglichkeiten und kulturellen Ansprüchen. Eine Medienkulturgeschichte der Tonträger. In: Harro Segeberg/ Frank Schätzlein (Hg.), Sound. Zur Technologie und Ästhetik des Akustischen in den Medien, Marburg 2005, S.206-228, hier S.225.

III.6 Phonogeräte als Kristallisationspunkt neuer Gemeinschaften

Die sozialhistorische Forschung hat für die langen Sechzigerjahre eine Ablösung der traditionellen Strukturen von Milieus und Familien durch differenzierte, individuelle Lebensstile herausgearbeitet. Offensichtliche materielle und sozialstrukturelle Distinktionskriterien traten zugunsten anderer, soziokultureller Faktoren in den Hintergrund und waren weniger sichtbar. Neue Wahlmöglichkeiten begannen die Grenzen sozialer Klassen und die verbindlichen Institutionen wie die Familie, die Ehe und die Geschlechterrollen aufzulösen.[21] Die Forschung hat aufgezeigt, dass ab Mitte der Sechzigerjahre ein Schub im Prozess des so genannten Wertewandels einsetzte: Gesamtgesellschaftliche Normen wandelten sich, die bis dahin vorherrschenden „Pflicht- und Akzeptanzwerte" wie Arbeits- und Leistungsbereitschaft, Disziplin, Pünktlichkeit, Gehorsam, Unterordnung und Autorität sowie bürgerliche Moralvorstellungen, die das Gemeinwohl über das Individuum stellte, wurden zunehmend abgelöst von „Selbstenfaltungswerten". Selbstständigkeit und Mitbestimmung sowie individuelle Autonomie gewannen an Bedeutung im Wertekanon der Westdeutschen.[22]

Die Geschichte der Phonogeräte kann dieses Bild verfeinern. Ich bin von der These ausgegangen, dass das sich auffächernde Angebot der Phonogeräte sowohl als Spiegel als auch als Motor der Pluralisierung von Konsummustern, der Ausdifferenzierung von Zielgruppen und der Individualisierung persönlicher Lebenswelten während der „langen Sechzigerjahre" fungierte. Es hat sich als zutreffend erwiesen, dass die große Auswahl an Geräten individuelle Wünsche erfüllen und ihren Nutzern Freiräume und Spielräume verschaffen konnte.

Voraussetzung dafür war die Massenkonsumgesellschaft, die sich während der „langen Sechzigerjahre" ausbildete; denn sie war tendenziell schichtenübergreifend, sodass sie die alten Milieustrukturen herausfordern konnte. Die zunehmende Freizeit, die steigenden finanziellen Möglichkeiten und die florierende Unterhaltungs- und Konsumgüterindustrie boten den Raum für die Ausbildung unterschiedlichster Konsummuster und Lebensstile.

Auf der Mikroebene der Phonogeräte wurde die Diversifizierung im Konsum und in der Freizeitgestaltung verhandelt. Daher verweisen sie auf die Makroebene bundesdeutscher Sozialgeschich-

21 Vgl. Rödder, Wertewandel und Postmoderne, S.18.

22 Vgl. Klages, Traditionsbruch als Herausforderung, S.26.

te, die während der „langen Sechzigerjahre“ geprägt war von der Koexistenz alter und neuer sozialer Strukturen und dem allmählichen Aufbrechen traditioneller Milieus und fester Familienstrukturen. Die Dispositive der Phonogeräte konkurrierten und koexistierten ebenso in westdeutschen Wohnungen, wie alte und neue Werte, Normen und Sozialstrukturen nebeneinander bestanden und sich nicht schlagartig ablösten.

Die Objektstudien verfeinern das Bild von der Ausbildung individueller Lebenswelten, da sie gezeigt haben, dass nicht etwa eine generelle Ablehnung kollektiver Verhaltensweisen und eine Individualisierung des einzelnen Hörers, sondern vielmehr neue Gruppenbildungsprozesse stattfanden. Die Phonogeräte fungierten als Kristallisationspunkt neuer Gemeinschaften: Der familiäre Musik- und Medienkonsum, der mit dem zentralen Radio am gemeinsamen Feierabend stattfand, wurde nicht etwa schlagartig von individuellen Geräten für den einzelnen Konsumenten abgelöst, sondern das massenmediale Ensemble wurde um solche Geräte erweitert, die differenzierte Nutzungen ermöglichten und den Konsumenten Möglichkeiten zu neuen Gruppenbildungen boten.

Da die Medien- und Musikauswahl während der Sechzigerjahre entscheidend erweitert wurde, entfiel der Zwang zum gemeinsamen Hören (der bislang aufgrund nicht so zahlreich vorhandener Geräte und Rückzugsräume bestanden hatte). Im Konsum zog ein höheres Maß an Selbstbestimmung ein, doch erfolgte die Sinngebung der Praktiken auch weiterhin im Kollektiv! Die neuen soziokulturellen Gruppen grenzten sich über ihre Freizeitgestaltung und ihre Aneignungen der Phonogeräte voneinander ab; die Gemeinsamkeiten bestanden nicht mehr im Einkommen, in der Schicht- oder Religionszugehörigkeit, sondern die Vergemeinschaftung erfolgte anhand des Technik- und Musikkonsums.

Daher sind die Phonogeräte der Sechzigerjahre vorrangig Medien der Gemeinschaft, der Kommunikation und Distinktion. Über sie wurde gesprochen und anhand der Geräte wurden Zugehörigkeiten und Abgrenzungen ausgedrückt. Doch nicht der einzelne Hörer grenzte sich ab, sondern der Umbruch bestand vielmehr darin, dass nun selbstbestimmte Hörgemeinschaften die Zwangsgemeinschaft des Medienkonsums, die Familie der Fünfzigerjahre, als festes Gefüge ablösten. Die Phonogeräte wurden weder als Objekte für die einzelne Person, die sich mit ihnen zurückzog und sie alleine nutzte, beworben, noch wurden sie auf diese Weise verwendet. Ganz im Gegenteil: Der Musikschrank wurde feierlich in Betrieb genommen, wenn Besuch im Haus war, die Stereoanlage beschallte die

Party und wurde den Freunden vorgeführt. Aus den Quellen wurde deutlich, wie leidenschaftlich der beste Klang und die beste Bausteinkombination diskutiert wurden. Jugendliche trafen sich zum gemeinsamen Musikhören mit dem Plattenspieler, Tonbandbriefe wurden verschickt, gemeinsame Hörspiele produziert und Hitparaden von den Schallplatten und Bandaufnahmen der Freunde zusammenkopiert. Tonbandamateure bestritten Wettbewerbe um die beste Aufnahme, der Radiorekorder kam mit auf die Klassenfahrt und Verliebte erstellten Mixkassetten.

Anhand der Geräte und ihrer symbolischen Bedeutungen grenzten Nutzergruppen sich voneinander ab und bildeten gruppenspezifische Praktiken aus, die Gemeinschaft stifteten. Sie dienten zur Konsolidierung der Gruppengrenzen, wirkten festigend und identitätsstiftend innerhalb der Gruppe. Sie waren Ausdruck der eigenen Zugehörigkeit zu einem Lebensstil, einer Altersgruppe oder Interessengemeinschaft.

Insbesondere das Alter wurde während der Sechzigerjahre zu einer entscheidenden Trennungslinie: Zwischen den Generationen drückten Differenzen sich oft in unterschiedlicher Haltung dem Konsum gegenüber aus und manifestierten sich z.B. in der erwachsenen Verurteilung der Rock 'n' Roll Musik und in der Befürchtung die Jugendlichen könnten durch die seichten Schlager eines Peter Kraus verdummen oder durch den schwarzen, scheinbar Werte und Moralvorstellungen in Frage stellenden Jazz verdorben werden.

Unter den Jugendlichen aber wirkte die Musik als starkes „emotionales Bindemittel".[23] Nie zuvor hat die Musik das Lebensgefühl und den Alltag junger Menschen so geprägt wie seit der zweiten Hälfte der Fünfzigerjahre: Bill Haley und Elvis Presley brachten den Rock 'n' Roll in westdeutsche Kinos und Musikboxen, die Radiosender der amerikanischen und britischen Truppen hatten die gleiche Bedeutung wie heute MTV. Sie spielten nicht nur den Rock 'n' Roll, sondern auch Rhythm 'n' Blues, Soul, Jazz und Swing. Besonders die Beat-Musik, die 1965 zum Ausdruck einer dominanten Jugendkultur aufgestiegen war, war „alleiniges Eigentum der Jugend".[24] Der Erfolg des Beat – die Beatles verkauften bis Mitte der Sechzigerjahre 150 Millionen Schallplatten – und auch des Rock der späten Sechzigerjahre wäre ohne die Verfügbarkeit günstiger Abspiel-

23 Siegfried, Sound der Revolte, S.58.

24 Shell Deutschland (Hg.), 50 Jahre Shell Jugendstudie. Von Fräuleinwundern zu neuen Machern, Berlin 2002, S.53.

geräte für jugendliche Hörer undenkbar gewesen.[25] Plattenspieler, Tonbandgerät und Kassettenrekorder konnten zum Instrument der Kommunikation mit Gleichgesinnten werden. Durch ihre Teilhabe am neuen massenmedialen Konsum konnten Jugendliche sich als Angehörige ihrer Altersgruppe inszenieren, die Schallplatten hörte und Musik mitschnitt. Sie grenzten sich von der Erwachsenengeneration ab, indem sie die Musik hörten, die den Älteren als rebellisch und anstößig galt. Die Musik der Rolling Stones schien „mit allen Werten und Normen des ‚Mainstreams' zu brechen".[26] Der so genannte Acid Rock etwa, der psychedelische LSD-Erfahrungen wiedergab und dessen prominenteste Vertreter *The Doors*, *Grateful Dead*, *Jimi Hendrix* und *Jefferson Airplane* waren, diente als Erkennungsmerkmal derjenigen, die sich von den Beatles und den Stones abwandten, als diese längst ihr gegenkulturelles Potenzial verloren hatten.[27] Die Rockstars mit ihrem unangepassten Lebenswandel boten sich als Identifikationsfiguren an, und die Schallplatten und Phonogeräte waren Ausdrucksmittel der eigenen Rebellion und des Zusammengehörigkeitsgefühls der jungen Generation.

Innerhalb der selbst gewählten Hörgemeinschaft dienten die Geräte zugleich auch als Mittel der Distinktion: Die neuesten Schallplatten oder ein Tonband mit Aufnahmen der angesagten Hits aus dem Programm der Soldaten- und Piratensender konnten zum Anziehungspunkt und Statussymbol im Freundeskreis werden. Und wenn die finanziellen Möglichkeiten es zuließen, diente ein besonders modischer Plattenspieler, ein Stereogerät oder ein ausgefeiltes Tonbandgerät als Distinktionsobjekt. Allerdings hat die Untersuchung der Nutzerperspektive gezeigt, dass besonders in der jüngeren Nutzergeneration die Teilhabe an der Gemeinschaft im Vordergrund stand. Entscheidend war es, überhaupt über ein Gerät zu verfügen und in der Lage zu sein, das Unterhaltungsprogramm und die Mithörer selber zu bestimmen.

In den erwachsenen Nutzergruppen, die in der Regel einen größeren finanziellen Spielraum hatten, stellt sich dies ein wenig anders dar: Grundsätzlich gilt auch hier, dass die Phonogeräte zu Kristallisationspunkten neuer Gruppenbildungsprozesse wurden. Beson-

25 Zum Höhepunkt der Beat-Welle und den Erfolgen der Beatles vgl. Hans-Jürgen Klitsch, Shakin' all Over. Die Beatmusik in der Bundesrepublik Deutschland 1963-67, 2., überarb. u. erw. Aufl., Erkrath 2001.

26 Fifka, Rockmusik, S.133.

27 Vgl. Farin, Jugendkulturen in Deutschland, S.48 sowie Fifka, Rockmusik, Kap.7 zur „Musik der Gegenkultur" (Jefferson Airplane und The Grateful Dead).

ders markant grenzten sich etwa die Stereo- und HiFi-Enthusiasten vom durchschnittlichen Musikschrankliebhaber ab. Ihre technischen Kenntnisse und die gemeinsame Begeisterung für Technik und möglichst naturgetreue, qualitativ hochwertige Musikwiedergabe dienten als Identifikationsmerkmale. Sie wollten keinesfalls verwechselt werden mit jenen, die Musik nur zur Unterhaltung oder nebenbei hörten.

Nicht unähnlich waren ihnen die Tonbandamateure, die ebenso auf der Welle der Technikbegeisterung der Sechzigerjahre schwammen und ihr Hobby mit großem Ehrgeiz und Eifer betrieben und – so wurde es aus den Quellen deutlich – teils mit regelrechter Arroganz auf diejenigen Nutzer herabblickten, die sich nicht ihrem kreativen Hobby verschrieben hatten.

Innerhalb der erwachsenen Nutzergeneration scheint neben den neuen Vergemein-schaftungsprozessen allerdings der Aspekt der Distinktion eine größere Rolle gespielt zu haben als unter den Jugendlichen und jungen Erwachsenen. Schon in der Studie zum Musikschrank wurde deutlich, welch hoher Stellenwert dem repräsentativen Charakter des Objekts sowohl in der Werbung als auch in der Nutzung eingeräumt wurde. Und besonders die Stereoanlagen waren Objekt des Ausdrucks feiner Unterschiede: Nicht der reine Besitz einer solchen Anlage zählte, sondern die Auswahl des ‚richtigen' Gerätes eines angesehenen Herstellers im modernen Design war entscheidend.

Unter den Tonbandfreunden wiederum – einer Nutzergruppe mit hohen Ansprüchen an ihre ‚Mitglieder' – konnte sich nur profilieren, wer ein wahres Amateurgerät mit allen technischen Raffinessen besaß und anspruchsvollste Aufnahmen erstellte.

Zusammenfassend lässt sich für die erwachsenen Nutzer festhalten, dass auch hier anhand des Medien- und Musikkonsums und des Phonogerätegebrauchs neue Gemeinschaften entstanden, die sich über gemeinsame Hobbies und Interessen definierten. Zugleich bedeuteten die gestiegenen Auswahl- und Teilhabemöglichkeiten der Massenkonsumgesellschaft aber auch, dass die Konsumenten sich nicht nur mit Gleichgesinnten identifizierten, sondern auch innerhalb ihrer Gruppe durch den Besitz eines besonders kostspieligen Gerätes oder herausragende technische Kenntnisse hervorzustechen versuchten.

Phonogeräte waren also während der langen Sechzigerjahre *Medien der Kommunikation*: Über sie wurde gesprochen und durch ihren

Besitz und ihre Nutzung wurden Werte und ein Lebensgefühl kommuniziert. Sie waren *Medien der Identifikation* und Gruppenbildung, denn sie schufen Gemeinsamkeiten, die alte Grenzen und soziale Strukturen überschritten. Sie waren *Medien der Distinktion*, denn die neuen Interessengemeinschaften zogen klare Trennungslinien und grenzten sich durch ihre Praktiken und Anforderungen an die Technik und die ‚richtigen' Nutzungsmuster voneinander ab.

Quellen- und Literaturverzeichnis

A Quellen

1 Objekte

Nordmende Arabella, 1957, Stiftung Deutsches Technikmuseum Berlin.

Telefunken Musikus 105 S, 1961, Privatbesitz.

Telefunken party hit, 1971, Privatbesitz.

Telefunken Magnetophon 77, Stiftung Deutsches Technikmuseum Berlin.

Telefunken Magnetophon 204 TS, Stiftung Deutsches Technikmuseum Berlin.

Telefunken magnetophon cc alpha, 1969, Privatbesitz.

2 Hersteller und Händler

2.1 Veröffentlichungen der Hersteller

AEG-Telefunken (Hg.), Pressemitteilungen (einzelne Ausgaben) und zahlreiche Werbebroschüren. Historisches Archiv der Stiftung Deutsches Technikmuseum Berlin und Archiv der GFGF.

BASF (Hg.), BASF Magnetophonband, Band der unbegrenzten Möglichkeiten, o.O. 1957.

BASF (Hg.), ton+band. Tips für Tonbandfreunde, o.O., o.J.

BASF (Hg.), Heiteres Tonband-Brevier, Ludwigshafen 1962.

Elac Presse- und Werbeabteilung (Hg.), Elac Phono ABC. Das kleine Lexikon für den Schallplattenfreund, 5. Auflage, Kiel o.J.

Nordmende (Hg.), Am Mikrophon. Zeitschrift der norddeutschen Mende Rundfunk KG., ausgewertet: 1957–1963, Archiv der GFGF.

Philips (Hg.), Ein Wegweiser für Tonbandfreunde und solche, die es werden wollen, Hamburg 1963.

Philips (Hg.), zahlreiche einzelne Werbebroschüren und -anzeigen, Archiv der GFGF.

Philips (Hg.), Der Philips-Kunde. Mitteilungsblatt Deutsche Philips GmbH, einzelne Ausgaben 1952–1961 ausgewertet, Archiv der GFGF.

Philips (Hg.), Philips Kontakte. Philips Informationen für Fachhandel, Werkstätten und Techniker, einzelne Ausgaben 1965 und 1966 ausgewertet, Archiv der GFGF.

Telefunken (Hg.), Telefunken Sprecher, ausgewertet 1959–1973, Archiv der GFGF.

Telefunken (Hg.), Telefunken Report, Telefunken HiFi Stereo Report, Telefunken Gesamtprogramm, einzelne Ausgaben, Archiv der GFGF.

2.2 Herstellerunabhängige Veröffentlichungen für den Handel

Der Musikmarkt. Fachzeitschrift für alle Gebiete der Unterhaltungsmusik, ausgewertet 1959–1973.

Handbuch des Rundfunk- und Fernsehgroßhandels, hrsg. v. Verband deutscher Rundfunk- und Fernseh-Fachgroßhändler (VDRG) e.V., Berlin 1956/57–1971/72.

radio-fernseh-händler. Fachblatt für den Radio-, Fernseh- und Phonomarkt, einzelne Ausgaben 1965 sowie 1969–1972 komplett ausgewertet, Archiv der GFGF.

3 Kritiker und Nutzer

3.1 Zeitgenössische Periodika

Bravo, 1959–63 komplett ausgewertet, danach stichprobenartig.

Deutsche Mark. Erste Zeitschrift mit Warentests, 1963–73 ausgewertet.

Hobby. Das Magazin der Technik, 1960–72 ausgewertet.

Ton Magazin. Zeitschrift für die Freunde des Tonbandes und der Schallplatte, 1958–1965 ausgewertet.

der tonbandfreund, Publikationsorgan für den Ring der Tonbandfreunde, 1963–1968 ausgewertet, URL: http://www.tbf-austria.org/der_tonbandfreund.html

Twen, 1959–1971 ausgewertet.

Voran. Junge Leute von heute, 1951–66 ausgewertet.

Stichprobenartig eingesehen wurden außerdem

fonoforum

Funkschau

Funk-Technik

Hi-Fi-Stereo-Praxis

Per Systematischer Online-Archiv-Recherche ausgewertet

Der Spiegel

Die Zeit

3.2 Zeitgenössische selbstständige Veröffentlichungen

Blücher, Viggo Graf, Jugend. Bildung und Freizeit. Dritte Untersuchung zur Situation der deutschen Jugend im Bundesgebiet, Bielefeld 1966.

Blücher, Viggo Graf, Die Generation der Unbefangenen. Zur Soziologie der jungen Menschen heute. Düsseldorf, Köln 1966.

Bornemann, Ernst, Der Jugendliche und seine Freizeit. Chancen und Gefährdungen, Göttingen 1964.

Breh, Karl, Die Mutation musikalischer Kommunikation durch High Fidelity und Stereophonie, Karlsruhe 1980.

Breh, Karl/ dhfi (Hg.), Einführung in die High Fidelity und Stereophonie, Karlsruhe 1968, S.167-169.

Büscher, Gustav, Hi-Fi und Stereo für den Tonbandfreund. Aufnahme- und Wiedergabegeräte richtig ausgewählt und angewandt, Stuttgart 1966.

Dahrendorf, Ralf, Gesellschaft und Freiheit. Zur soziologischen Analyse der Gegenwart, München 1961.

Deutscher Bundestag, Bericht der Bundesregierung über die Lage der Jugend und über die Bestrebungen auf dem Gebiet der Jugendhilfe. Drucksache V/302, in der 4. Wahlperiode als Drucksache IV/3515 am 21. Juni 1965 verteilt.

Deutsches High Fidelity Institut e.V. (Hg.), Deutsches High Fidelity Jahrbuch 1963/64. Bausteine zur klangtreuen Musikwiedergabe, Karlsruhe 1963.

Deutsches High Fidelity Institut e.V. (Hg.), Deutsches High Fidelity Jahrbuch 1967/68. Bausteine zur klangtreuen Musikwiedergabe, Karlsruhe 1967.

Diefenbach, Werner W., Tonband-Hobby. Praktikum für Tonbandfreunde. In Zusammenarbeit mit den deutschen Tonband-Clubs, 2., neu bearb. u. erw. Aufl., Berlin 1961.

Ehrmann, Helmut/ Kindler & Schiermeyer Verlag (Hg.), Bravo-Leser stellen sich vor, München 1961.

Franssen, N. V., Stereofonie. Philips Technische Bibliothek, Eindhoven 1963.

Hartel, Klaus D., Plattensammeln – mein Hobby. Alles Wissenswerte über Schallplatten, Kassetten und Stereo-Anlagen, München 1971.

Heigert, Hans, Ein neuer Typ wird produziert: der Teenager. In: Deutsche Jugend 7 (1959) S.117-121.

Heinig, Joachim, Teenager als Verbraucher, Erlangen-Nürnberg 1962.

Hiller, Erwin, Stereophonie und High Fidelity. Ein Ratgeber zur Einführung in die neue Technik mit 35 Fotos auf Kunstdrucktafeln und 80 Abbildungen im Text, Minden 1966.

Jungermann, Jimmy, Schallplatten, mein Hobby. Plaudereien um einen Liebhaberei, München 1958.

Kier, Herfried, Langspielplattenproduktion in der Bundesrepublik. Kulturelle und kommerzielle Entwicklungstendenzen. In: Kurt Blaukopf (Hg.), Technik, Wirtschaft und Ästhetik der Schallplatte. Symposion auf der „hifi 68 Düsseldorf", Karlsruhe 1970.

Knobloch, Hans, Der Tonband-Amateur. Ratgeber für die Praxis mit dem Heimtongerät und für die Schmalfilm-Vertonung, München 1958.

Kühne, Fritz/ Tetzner, Karl, Kleines Stereo-Praktikum, München 1964.

Lamprecht, Helmut, Teenager und Manager, München 1965.

Loescher, F.A., Der Tonabnehmer. In: Karl Breh (Hg.), Einführung in die High Fidelity und Stereophonie. 3., erw. Aufl., Karlsruhe 1971, S.25-51.

Menke, Curt, Stereo und HiFi. Das Erlebnis des dreidimensionalen Klangs, München 1967.

Münster, Ruth, Geld in Nietenhosen. Jugendliche als Verbraucher, Stuttgart 1961.

o.A., High Fidelity und Stereophonie – ihr Platz und Rang im Musikleben. Symposion auf der „hifi '70 Düsseldorf", Karlsruhe 1971.

Pfau, Ernst, Zauberwort Stereo. Musik hören – aber wie, Hobby-Bücherei Band 9, Stuttgart 1967.

Reinecke, Hans-Peter, Stereo-Akustik. Eine Einführung in die physikalischen, psychologischen und technischen Grundlagen stereophonen Musikhörens, Köln 1966.

Rudorf, Reginald, MusiCassetten: Schöne Töne aus der Schachtel. In: Schallplatte. Das deutsche Musikmagazin 8/1974, S.19-27.

Schanz, G.W., Stereo Taschenbuch. Stereo-Technik für den Praktiker. Philips Taschenbücher. Eindhoven 1966, S.38-42.

Scharmann, Dorothea-Luise, Konsumverhalten von Jugendlichen, München 1965.

Silbermann, Alphons, Vom Wohnzimmer der Deutschen. Eine soziologische Studie über das Wohnerlebnis, Frankfurt a. M., Hamburg 1966.

Staab, Joachim G., Freude am Tonband. Neue Anregungen für den Umgang mit Band und Gerät, Berlin 1971.

Strzelewicz, Willy, Jugend in ihrer freien Zeit, München 1965.

Tenbruck, Friedrich H., Jugend und Gesellschaft. Soziologische Perspektiven, 2. durchges. u. erw. Aufl. Freiburg 1965.

Wiechell, Dörte, Musikalisches Verhalten Jugendlicher, Frankfurt a. M. 1977.

Wiesand, Andreas Johannes, Die Compact Cassette – schneller Erfolg für ein alternatives Massenmedium? In: Media Perspektiven 6/1976, S.263-274.

3.3 Zeitgenössische Studien der Markt- und Konsumforschung

Bravo, Bravo-Einkaufs-Panel 1968/1969, München 1969.

DIVO-Institut, Eine Untersuchung über Freizeit und Ferien der Jugend. Durchgeführt im Auftrag des Landesjugendamtes Hessen im Frühjahr 1957, Frankfurt a. M. 1957.

DIVO-Institut, Der westdeutsche Markt in Zahlen, Frankfurt a. M. 1962.

DIVO-Institut, Der westdeutsche Markt in Zahlen, Frankfurt a. M. 1965.

EMNID-Institut, EMNID-Informationen, Jg.19 (1967) Nr.11, Bielefeld 1967 (Studie zu Wünschen der Verbraucher und zu Schallplatteninteresse).

Infratest GmbH & Co. im Auftrag des WDR (Hg.), Musikinteressen der Bevölkerung in Nordrhein-Westfalen. Hörfunk – Schallplatte, München 1966.

Institut für Demoskopie, Wie Schallplatten gekauft werden. Ergebnisse einer Repräsentativ-Befragung. Durchgeführt im Auftrage der Deutschen Grammophon Gesellschaft mbH Hamburg, Allensbach 1957.

Institut für Demoskopie, Wunsch und Besitz. Ergebnisse einer allgemeinen Bevölkerungsumfrage, Allensbach 1958.

Institut für Demoskopie, Kinder als neue Käuferschicht. Wieviel Geld haben die Zehn- bis Vierzehnjährigen in den Taschen?, Allensbach 1958.

Gesellschaft für Marktforschung (Hg.), Die Teenager. Ergebnisse einer Befragung in der Bundesrepublik, Hamburg 1960.

NWDR Hörerforschung (Hg.), Jugendliche heute. Teil E. Freizeitinteressen und Freizeitverhalten der Jugendlichen, o.O. 1953.

NWDR Hörerforschung (Hg.), Die Freizeit im Gefüge sozialer Entwicklungen, o.O. 1955.

Spiegel Dokumentation Männer und Märkte. Band 3: Phono-, Fernsehgeräte, Film, Foto, Uhren, Freizeit, Hobby, Hobby-Ausrüstung, Hamburg 1970.

3.4 Quellen im Internet

Heinzelmann, Steffen, Mix Tapes. Treueschwur auf der B-Seite. In: Spiegel Online, 08.02.2002. URL: http://www.spiegel.de/unispiegel/wunderbar/0,1518,181157,00.html [Zugriff: 28.11.2011].

Maak, Niklas, Nostalgie, Das Ende der Kassette. 22.12.2007. URL: http://www.faz.net/-00ob8p [Zugriff: 28.11.2011].www.mixkassette.de [Zugriff: 28.11.2011]

www.phono-erinnerungen.de

Schwennicke, Christoph, Ode ans Tape-Deck. Wer hören will muss spulen. In: Eines Tages, Zeitgeschichten auf Spiegel Online, 15.10.2010. URL: http://einestages.spiegel.de/static/authoralbumbackground/6076/1/wer_hoeren_will_muss_spulen. html [Zugriff: 28.11.2011].

Stock, Ulrich, Goodbye, my love, goodbye. In: Die Zeit, 21.08.2003. URL: http://www.zeit.de/2003/35/Kassette_35 [Zugriff: 28.11.2011].

Stock, Ulrich, Mein Leben mit Musik. Ich lege auf. In: Zeit Online, 06.05.2006. URL: http://www.zeit.de/online/2006/19/meinlebenmitmusik_17 [Zugriff: 28.11.2011].

Wegavisions HiFi Archiv, http://telefunken.pytalhost.eu [Zugriff: 28.11.2011]

B Literatur

Abelshauser, Werner, Die Langen Fünfziger Jahre. Wirtschaft und Gesellschaft in der Bundesrepublik Deutschland 1949–1966, Düsseldorf 1987.

Akrich, Madeleine, User Representations. Practices, Methods and Sociology. In: Rip, Arie/ Misa, Thomas J./ Schot, Johan (Hg.), Managing Technology in Society. The Approach of Constructive Technology Assessment, London 1995, S.167-184.

Akrich, Madeleine, The de-scription of technical objects, in: Wiebe Bijker/ John Law (Hg.), Shaping Technology/ Building Society. Studies in Sociotechnical Change, Cambridge, London 2000, S.205-224.

Andersen, Arne, Der Traum vom guten Leben. Alltags- und Konsumgeschichte vom Wirtschaftswunder bis heute, Frankfurt 1997.

Andritzky, Michael, Balance zwischen Heim und Welt. Wohnweisen und Lebensstile von 1945 bis heute. In: Ingeborg Flagge (Hg.), Geschichte des Wohnens. Band 5: 1945 bis heute. Aufbau, Neubau, Umbau, Stuttgart 1999, S.615-686.

Archiv der Jugendkulturen (Hg.), 50 Jahre BRAVO, Berlin 2005.

Baacke, Dieter, Jugend und Jugendkulturen. Darstellung und Deutung. 3., überarb. Aufl., Weinheim, München 1999.

Baar, Fabian, Von der Abendunterhaltung zum Leitmedium – vom Familienzentrum zur Geräuschkulisse. Funktionenwandel der Medien Fernsehen und Radio. In: Werner Faulstich (Hg.), Die Kultur der 60er Jahre, München 2003, S.231-240

Baudry, Jean-Louis, Effets idéologiques produits par l'appareil de base, in : Cinéthique 7/8 (1970) S.1-8, in deutscher Übersetzung von Siegfried Zielinski: „Ideologische Effekte am Basisapparat", in: Eikon 5 (1993) S.34-43.

Baudry, Jean Louis, Le dispositif. Approches métapsychologiques de l'impression de réalité. In: Communications 23 (1975) S.56-72, in deutscher Übersetzung von Max Looser: „Das Dispositiv. Metapsychologische Betrachtupngen des Realitätseindrucks", in: Robert F. Riesinger (Hg.), Der kinematographische Apparat. Geschichte und Gegenwart einer interdisziplinären Debatte, Münster 2003, S.41-62.

Bausinger, Hermann, Alltag, Technik, Medien. In: Harry Pross/ Claus-Dieter Rath (Hg.), Rituale der Medienkommunikation. Gänge durch den Medienalltag, Berlin, Marburg 1983, S.24-36.

Bausinger, Hermann, Wie die Deutschen zu Reiseweltmeistern wurden. In: Stiftung Haus der Geschichte der Bundesrepublik Deutschland/ Hans Walter Hütter (Hg.), Endlich Urlaub! Die Deutschen reisen. Begleitbuch zur Ausstellung im Haus der Geschichte der Bundesrepublik Deutschland, Bonn, 6.Juni bis 13. Oktober 1996, Köln 1996, S.25-32.

Becher, Ursula A. J., Geschichte des modernen Lebensstils. Essen – Wohnen – Freizeit – Reisen, München 1990.

Beck, Ulrich, Risikogesellschaft. Auf dem Weg in eine andere Moderne, Frankfurt a. M. 1986.

Betts, Paul, The authority of everyday objects. A cultural history of West German industrial design, Berkeley 2004.

Bijker, Wiebe E./ Pinch, Trevor, The Social Construction of facts and artefacts. Or how the Sociology of Science and the Sociology of Technology might benefit each other. In: Social Studies of Science 14 (1984) H.3, S.399-441.

Bijker, Wiebe E./ Law, John, Shaping technology/ Building Society, Cambridge (Mass.) 1992.

Bijker, Wiebe E., Of bicycles, bakelites, and bulbs. Toward a theory of sociotechnical change. Cambridge, Mass. [u.a.] 1995.

Bijker, Wiebe E./ Hughes, Thomas P./ Pinch, Trevor, The Social Construction of Technological Systems. New Directions in the Sociology and History of Technology. 8. print. Cambridge, Mass. [u.a.] 2001.

Bijsterveld, Karin/ Pinch, Trevor, Sound Studies: New Technologies and Music. In: Social Studies of Science 34 (2004) H.5, S.635-648.

Bijsterveld, Karin, 'What Do I Do With My Tape Recorder ... ?' Sound Hunting and the Sounds of Everyday Dutch Life in the 1950s and 1960s. In: Historical Journal of Film, Radio and Television (2004) S.614-634.

Bijsterveld, Karin/ Jacobs, Annelies, Storing Sound Souvenirs. The Multi-Sited Domestication of the Tape Recorder. In: Karin Bijsterveld/ José van Dijck (Hg.), Sound Souvenirs. Audio Technologies, Memory and Cultural Practices, Amsterdam 2009, S.25-42.

Bijsterveld, Karin/ van Dijck, José (Hg.), Sound Souvenirs. Audio Technologies, Memory and Cultural Practices, Amsterdam 2009.

Bolter, Jay David/ Grusin, Richard, Remediation. Understanding New Media, Cambridge (Mass.) 1999.

Borngräber, Christian, Nierentisch und Schrippendale. Hinweise auf Architektur und Design. In: Dieter Bänsch (Hg.), Die Fünfziger Jahre. Beiträge zu Politik und Kultur, Tübingen 1985, S.223-258.

Bourdieu, Pierre, Klassenstellung und Klassenlage. In: Ders., Zur Soziologie der symbolischen Formen, Frankfurt a. M. 1975, S.42-74.

Brauers, Jan, Von der Äolsharfe zum Digitalspieler. 2000 Jahre mechanische Musik, 100 Jahre Schallplatte, München 1984.

Büchele, Christian, Geschichte der Tonträger. Von der Erfindung der Schallplatte zu den digitalen Medien, Eichstätt 1999.

Bull, Michael, Sounding out the city. Personal stereos and the management of everyday life, Oxford [u.a.] 2000.

Burke, Peter, Augenzeugenschaft. Bilder als historische Quellen, Berlin 2003.

Burzik, Monika, Von singenden Seemänern und Musikern vom Sirius. Die Musik der Fünfziger Jahre. In: Werner Faulstich (Hg.), Die Kultur der 50er Jahre, München 2002, S.249-262.

Chanan, Michael, Repeated takes. A short history of recording and its effects on music, London [u.a.] 1995.

Chapman, Robert, Selling the Sixties. Pirates and Pop Music Radio, London, New York 1992.

Coleman, Mark, Playback. From the Victrola to MP3. 100 Years of Music, Machines and Money, Cambridge (Mass.) 2003.

Cunningham, Mark, Good vibrations. A history of record production, London 1998.

Day, Timothy, A century of recorded music. Listening to musical history, New Haven [u.a.] 2002.

di Falco, Daniel/ Bär, Peter/ Pfister, Christian (Hg.), Bilder vom besseren Leben. Wie Werbung Geschichte erzählt, Bern [u.a.] 2002.

Doering-Manteuffel, Anselm/ Raphael, Lutz, Nach dem Boom. Perspektiven auf die Zeitgeschichte seit 1970, Göttingen 2008.

Du Gay, Paul et al., Doing Cultural Studies. The Story of the Sony Walkman, London 1997.

Dümling, Albrecht, Musik hat ihren Wert. 100 Jahre musikalische Verwertungsgesellschaft in Deutschland, Regensburg 2003.

Dussel, Konrad, Der Streit um das große U. Die Programmgestaltung des öffentlich-rechtlichen Rundfunks und der Einfluß der Publikumsinteressen 1949–1989. In: AfS 35 (1995) S.255-289.

Dussel, Konrad, Wundermittel Werbegeschichte? Werbung als Gegenstand der Geschichtswissenschaft. In: NPL 43 (1997) S.416-430.

Dussel, Konrad, Deutsche Rundfunkgeschichte, Eine Einführung, Konstanz 1999.

Dussel, Konrad, Rundfunkgeschichte – Mediengeschichte – Zeitgeschichte. Der Rundfunk und die Entwicklung der westdeutschen Gesellschaft. In: Inge Marßolek, Adelheid von Saldern (Hg.), Radiozeiten. Herrschaft, Alltag, Gesellschaft (1924–1960), Potsdam 1999, S.39-56

Dussel, Konrad/ Lersch, Edgar (Hg.), Quellen zur Programmgeschichte des deutschen Hörfunks und Fernsehens, Göttingen [u. a.] 1999.

Dussel, Konrad, Vom Radio- zum Fernsehzeitalter. Medienumbrüche in sozialgeschichtlicher Perspektive. In: Axel Schildt/ Detlef Siegfried/ Karl Christian Lammers (Hg.), Dynamische Zeiten. Die 60er Jahre in den beiden deutschen Gesellschaften, Hamburg 2000, S.673-694.

Dussel, Konrad, Hörfunk in Deutschland. Politik, Programm, Publikum (1923–1960), Potsdam 2002.

Dussel, Konrad, Medienkonsum als Ausdruck sozialen Lebensstils. Überlegungen zu Entwicklungen in den sechziger und frühen siebziger Jahren. In: Matthias Frese/ Julia Paulus/ Karl Teppe (Hg.), Demokratisierung und gesellschaftlicher Aufbruch. Die sechziger Jahre als Wendezeit der Bundesrepublik, Paderborn 2005, S.647-665.

Dussel, Konrad, The Triumph of English-Language Pop Music. West German Radio Programming. In: Axel Schildt/ Detlef Siegfried (Hg.), Between Marx and Coca-Cola. Youth Cultures in Changing European Societies, 1960–1980, New York, Oxford 2006, S.127-148.

Edgerton, David, From Innovation to Use: Ten Eclectic Theses on the Historiography of Technology. In: History and Technology 16 (1999), S.111-136.

Edgerton, David, The Shock of the Old. Technology and global history since 1900, London 2008.

Eisenberg, Evan, Der unvergängliche Klang. Mythos und Magie der Schallplatte, Frankfurt a. M. 1990.

Eisenberg, Evan, The Recording Angel, New York 1986.

Elsner, Monika/ Müller, Thomas/ Spangenberg, Peter M., Zur Entstehungsgeschichte des Dispositivs Fernsehen in der Bundesrepublik Deutschland der fünfziger Jahre, in: Knut Hickethier (Hg.), Institution, Technik und Programm. Rahmenaspekte der Programmgeschichte des Fernsehens, München 1993, S.31-66.

Elste, Martin, Kleines Tonträger-Lexikon. Von der Walze zur Compact Disc, Kassel [u.a.] 1989.

Emrich, Roland, Basisdaten. Zahlen zur sozio-ökonomischen Entwicklung der Bundesrepublik Deutschland, Bonn – Bad Godesberg 1974.

Erker, Paul, Zeitgeschichte als Sozialgeschichte. Forschungsstand und Forschungsdefizite. In: GuG 19 (1993) S.203-238.

Farin, Klaus, generation-kick.de, Jugendsubkulturen heute, Bonn 2001.

Farin, Klaus, Jugendkulturen in Deutschland 1950–1989, Bonn 2006.

Faulstich, Werner, Auf dem Weg zur Selbstbestimmung. Über Veränderungen im Zusammenhang von Medien, Autorität und Nutzen. In: Werner Faulstich, Gunter E. Grimm (Hg.), Sturz der Götter? Vaterbilder im 20. Jahrhundert, Frankfurt a. M. 1989, S.363-376.

Ferchhoff, Wilfried, Musik und Jugendkulturen in den 50er und 60er Jahren. Vom Rock 'n' Roll der Halbstarken über den Beat zum Rock und Pop. In: Dieter Baacke (Hg.): Handbuch Jugend und Musik. Opladen 1998, S.217-249.

Fickers, Andreas, Der „Transistor" als technisches und kulturelles Phänomen. Die Transistorisierung der Radio- und Fernsehempfänger in der deutschen Rundfunkindustrie 1955 bis 1965, Bassum 1998.

Fickers, Andreas, Sichtbar hörbar! Rundfunkapparat und Stadt – Knoten im vernetzten Kommunikationsraum. In: Clemens Zimmermann (Hg.), Zentralität und Raumgefüge der Großstädte im 20. Jahrhundert, Stuttgart 2006, S.84-103.

Fickers, Andreas, Design als ‚mediating interface'. Zur Zeugen- und Zeichenhaftigkeit des Radioapparates . In: Berichte zur Wissenschaftsgeschichte 30 (2007) S.199-213.

Fickers, Andreas, Die Anfänge des kommerziellen Rundfunks im Saarland. Die Geschichte der Saarländischen Fernseh AG (Tele-Saar und Europe No.1). In: Rainer Hudemann (Hg.), Medien zwischen Demokratisierung und Kontrolle (1945–1955), München 2010 (=Medienlandschaft Saar von 1945 bis in die Gegenwart; Bd.1), S.241-308.

Fifka, Mattias F., Rockmusik in den 50er und 60er Jahren. Von der jugendlichen Rebellion zum Protest einer Generation, Baden-Baden 2007.

Flader, Andreas/ Remmers, Peter, Die Geschichte der Uher-Werke in München, Dessau 2008.

Flagge, Ingeborg (Hg.), Geschichte des Wohnens. Band 5: 1945 bis heute. Aufbau, Neubau, Umbau, Stuttgart 1999.

Flagge, Ingeborg, Zwischen Leitbild und Wirklichkeit. Über Architekturideen und Wohnträume, über Zumutungen und Banalitäten im Wohnungsbau nach 1945. In: Ingeborg Flagge (Hg.), Geschichte des Wohnens. Band 5: 1945 bis heute. Aufbau, Neubau, Umbau, Stuttgart 1999, S.807-948.

Fraser, Catherine C./ Hoffmann, Dierk O., Pop Culture Germany! Media, Arts and Lifestyle, Santa Barbara 2006.

Frese, Matthias/ Paulus, Julia, Geschwindigkeiten und Faktoren des Wandels – die 1960er Jahre in der Bundesrepublik. In: Matthias Frese/ Julia Paulus/ Karl Teppe (Hg.), Demokratisierung und gesellschaftlicher Aufbruch. Die sechziger Jahre als Wendezeit der Bundesrepublik, Paderborn 2003, S.1-23.

Frow, George L., The Edison Disc Phonographs and the diamond discs. A history with illustrations, Sevenoaks 1982.

Gauß, Stefan, Das Erlebnis des Hörens. Die Stereoanlage als kulturelle Erfahrung. In: Wolfgang Ruppert (Hg.), Um 1968. Die Repräsentation der Dinge, Marburg 1998, S.65-92.

Gauß, Stefan, Nadel, Rille, Trichter. Kulturgeschichte des Phonographens und des Grammophons in Deutschland (1900–1940), Köln 2009.

Gelatt, Roland, The fabulous phonograph, 1877–1977, 2., überarb. Aufl., London 1977.

Goch, Stefan, Aufstieg der Konsumgesellschaft – Niedergang der Milieus? Viele Fragen. In: Michael Prinz (Hg.), Der lange Weg in den Überfluss. Anfänge und Entwicklung der Konsumgesellschaft seit der Vormoderne, Paderborn u.a. 2003, S.413-436.

Granville, Johanna, „Caught With Jam on Our Fingers": Radio Free Europe and the Hungarian Revolution in 1956. In: Diplomatic History 29 (2005) 5, S.811–839.

Greve, Bettina, Sternenhimmel. Polydor – Die Chronik einer deutschen Schallplattenmarke, Höfen 2001.

Gries, Rainer/ Ilgen, Volker/ Schindelbeck, Dirk, „Ins Gehirn der Masse kriechen!". Werbung und Mentalitätsgeschichte, Darmstadt 1995.

Gries, Rainer, Produkte als Medien. Kulturgeschichte der Produktkommunikation in der Bundesrepublik und der DDR, Leipzig 2003.

Grotum, Thomas, Die Halbstarken. Zur Geschichte einer Jugendkultur der 50er Jahre, Frankfurt a. M. 1994.

Günter, Bettina, Blumenbank und Sammeltassen. Wohnalltag im Wirtschaftswunder zwischen Sparsamkeit und ungeahnten Konsummöglichkeiten, Berlin 2002.

Günther, Sonja, Die fünfziger Jahre. Innenarchitektur und Wohndesign, Stuttgart 1994.

Haas, Walter, Das Jahrhundert der Schallplatte. Eine Geschichte der Phonographie, Bielefeld 1977.

Hardach, Gerd, Krise und Reform der Sozialen Marktwirtschaft. Grundzüge der wirtschaftlichen Entwicklung in der Bundesrepublik der 50er und 60er Jahre. In: Axel Schildt/ Detlef Siegfried/ Karl Christian Lammers (Hg.), Dynamische Zeiten. Die 60er Jahre in den beiden deutschen Gesellschaften, Hamburg 2000, S.197-217.

Hardetert, Peter, Drei Monatslöhne für einen Schrank? In: Stadt Gelsenkirchen, Städtisches Museum (Hg.), Gelsenkirchener Barock, Gelsenkirchen 1991, S.17-19.

Hasebrink, Uwe, Radio. In: Hans-Otto Hügel (Hg.), Handbuch Populäre Kultur. Begriffe, Theorien und Diskussionen. Stuttgart 2003, S.359-365.

Haupt, Heinz-Gerhard/ Torp, Claudius (Hg.), Die Konsumgesellschaft in Deutschland 1890–1990. Ein Handbuch, Frankfurt a. M. 2009.

Haustein, Sabine, Vom Mangel zum Massenkonsum. Deutschland, Frankreich und Großbritannien im Vergleich 1945–1970, Frankfurt a. M. [u.a.] 2007.

Heister, Hanns-Werner, Prickeln unter der tragbaren Musikdusche. Private Musik und öffentlicher Lärm. Vom „Walkman" und seiner Verwendung. In: Neue Musikzeitung 1 (Februar/ März 1991), S.72-74.

Heister, Hanns-Werner, Artikel „Musikbox". In: Hans-Otto Hügel (Hg.), Handbuch populäre Kultur. Begriffe, Theorien und Diskussionen, Stuttgart [u.a.] 2003, S.326-329.

Hellbrück, Jürgen, Zehn Jahre Walkman – Grund zum Feiern oder Anlass zur Sorge? Oldenburg 1989 (= Berichte aus dem Institut zur Erforschung von Mensch-Umwelt-Beziehungen, Universität Oldenburg, Fachbereich Psychologie; Bd.9).

Hellmann, Ulrich, Künstliche Kälte. Die Geschichte der Kühlung im Haushalt, Gießen 1990.

Herbert, Ulrich, Geschichte der Ausländerbeschäftigung in Deutschland. Saisonarbeiter, Zwangsarbeiter, Gastarbeiter, Berlin 2001.

Herlyn, Gerit, Kassettengeschichten. Von Menschen und ihren Mixtapes, Münster, Hamburg 2003.

Hermand, Jost, Die Kultur der Bundesrepublik 1965–1986, Frankfurt a. M. 1990.

Hermann, Siegfried/ Kahle, Wolf/ Kniestedt, Joachim, Der deutsche Rundfunk. Faszination einer technischen Entwicklung, Heidelberg 1994.

Heßler, Martina, Die Verbindung der „alien universes". Annäherungen von Technik- und Designgeschichte. In: Technikgeschichte 76 (2009) H.3, S.179-180.

Hickethier, Knut, Apparat – Dispositiv – Programm. Skizze einer Programmtheorie am Beispiel des Fernsehens. In: ders., Siegfried Zielinski (Hg.), Medienkultur. Schnittstellen zwischen Medienwissenschaft, Medienpraxis und gesellschaftlicher Kommunikation, Berlin 1991, S.421-447.

Hickethier, Knut, Kommunikationsgeschichte. Geschichte der Mediendispositive. Ein Beitrag zur Rundfrage „Neue Positionen zur Kommunikationsgeschichte". In: Medien & Zeit 7 (1992) H.2, S.26-28.

Hickethier, Knut, Der Fernseher. Zwischen Teilhabe und Medienkonsum. In: Wolfgang Ruppert (Hg.), Fahrrad, Auto, Fernsehschrank. Zur Kulturgeschichte der Alltagsdinge, Frankfurt am Main 1993, S.162-187.

Hickethier, Knut, Dispositiv Fernsehen. In: Montage/AV, 4 (1995) 1, S.63-83.

Hickethier, Knut, On the History of Television as a History of Viewing in Germany. Preliminary Thoughts. In: Jürgen E. Müller (Hg.), Towards a Pragmatics of the Audiovisual. Theory and History. Vol.2, Münster 1995, S.179-194.

Hickethier, Knut, Film und Fernsehen als Mediendispositive in der Geschichte. In: ders., Eggo Müller, Rainer Rother (Hg.), Der Film in der Geschichte. Dokumentation der GFF-Tagung, Berlin 1997, S.63-73.

Hickethier, Knut, Geschichte des deutschen Fernsehens, Stuttgart 1998.

Hickethier, Knut, Medien. In: Christoph Führ/ Carl-Ludwig Furck (Hg.), Handbuch der deutschen Bildungsgeschichte, Band VI,1, 1945 bis zu Gegenwart, Bundesrepublik Deutschland, München 1998, S.585-630.

Hiebler, Heinz, Der Sound zwischen technischen Möglichkeiten und kulturellen Ansprüchen. Eine Medienkulturgeschichte der Tonträger. In: Harro Segeberg/ Frank Schätzlein (Hg.), Sound. Zur Technologie und Ästhetik des Akustischen in den Medien, Marburg 2005, S.206-228.

Hobsbawm, Eric J., Das Zeitalter der Extreme. Weltgeschichte des 20. Jahrhunderts, München, Wien 1995.

von Hodenberg, Christina, Konsens und Krise. Eine Geschichte der westdeutschen Medienöffentlichkeit 1945–1973, Göttingen 2006.

Hörning, Karl H., Vom Umgang mit den Dingen. Eine techniksoziologische Zuspitzung. In: Peter Weingart (Hg.), Technik als sozialer Prozeß, Frankfurt am Main 1989, S.90-127.

Hornby, Nick, High Fidelity, New York 1995.

Hosokawa, Shuhei, Der Walkman-Effekt, Berlin 1987.

Jansen, Bas, Tape Cassettes and Former Selves. How Mix Tapes Mediate Memories. In: Karin Bijsterveld/ José van Dijck (Hg.), Sound Souvenirs. Audio Technologies, Memory and Cultural Practices, Amsterdam 2009, S.43-54.

Jansen, Bas, Where Credit is Due: Cultural Practices of Recorded Music. Dissertation an der Universität Amsterdam, unveröffentliches Manuskript, 2010.

Jaspersen, Thomas, Tonträger (Schallplatte, Kassette, CD). In: Werner Faulstich (Hg.), Grundwissen Medien, 5. Auflage, München 2004, S.358-410.

Jones, Steve, Rock formation. Music, Technology, and Mass Communication, Newbury Park 1992.

Kaelble, Kartmut, Der Boom 1948–1973. Gesellschaftliche und wirtschaftliche Folgen in der Bundesrepublik Deutschland und in Europa, Opladen 1992.

Katz, Mark, Capturing sound. How technology has changed music, 3. Aufl., Berkeley [u.a.] 2004.

Katz, Mark, Klang und Maschine. Wie die Entwicklung der Tonträger Musik und Hören verändert hat. In: Lettres Internationales 2008, S.103-110.

Kayser, Dietrich, Schlager – das Lied als Ware. Untersuchungen zu einer Kategorie der Illusionsindustrie, Stuttgart 1975.

Keightley, Keir, 'Turn it down!' she shrieked. Gender, domestic space, and high fidelity, 1948–1959. In: Popular Music 15 (1996) 2, S.149-177.

Kiefer, Marie Luise, Hörfunk- und Fernsehnutzung. In: Jürgen Wilke (Hg.), Mediengeschichte der Bundesrepublik Deutschland, Bonn 1999, S.426-446.

Klages, Helmut, Traditionsbruch als Herausforderung. Perspektiven der Wertewandelsgesellschaft, Frankfurt a. M., New York 1993.

Kleinschmidt, Christian, Konsumgesellschaft, Göttingen 2008.

Kline, Ronald/ Pinch, Trevor, Users as Agents of Technological Change. The Social Construction of the Automobile in the Rural United States. In: Technology and Culture 37 (1996) S.763-795.

Klitsch, Hans-Jürgen, Shakin' all Over. Die Beatmusik in der Bundesrepublik Deutschland 1963–67, 2., überarb. u. erw. Aufl., Erkrath 2001.

Koch, Hans Jürgen/ Glaser, Hermann, Ganz Ohr. Eine Kulturgeschichte des Radios in Deutschland, Köln [u.a.] 2005.

Koetzle, Michael, Twen. Revision einer Legende, München 1995.

König, Wolfgang, Geschichte der Konsumgesellschaft, Stuttgart 2000.

Kriegeskorte, Michael, 100 Jahre Werbung im Wandel. Eine Reise durch die deutsche Vergangenheit, Köln 1995.

Kriegeskorte, Michael, Werbung in Deutschland 1945–1965. Die Nachkriegszeit im Spiegel ihrer Anzeigen, Köln 1992.

Knop, Karin, Zwischen Afri-Cola-Rausch und dem Duft der großen weiten Welt. Werbung in den sechziger Jahren. In: Werner Faulstich (Hg.), Die Kultur der 60er Jahre, München 2003, S.241-271.

Korte, Herrmann, Eine Gesellschaft im Aufbruch. Die Bundesrepublik Deutschland in den sechziger Jahren, Wiesbaden 2009.

Krotz, Friedrich/ Thomas, Tanja, Domestizierung, Alltag, Mediatisierung. Ein Ansatz zu einer theoriegerichteten Verständigung. In: Jutta Röser (Hg.), MedienAlltag. Domestizierungsprozesse alter und neuer Medien, Wiesbaden 2007, S.31-42.

Krummacher, Michael, Sozialer Wohnungsbau in der Bundesrepublik in den Fünfziger und Sechziger Jahren, in: Axel Schildt/ Arnold Sywottek (Hg.), Massenwohnung und Eigenheim. Wohnungsbau und Wohnen in der Großstadt seit dem Ersten Weltkrieg, Frankfurt a. M. [u.a.] 1988, S.440-460.

Kursawe, Stefan, Vom Leitmedium zum Begleitmedium. Die Radioprogramme des Hessischen Rundfunks 1960–1980, Köln [u.a.] 2004.

Lang, Jürgen K., Das Compact Disc Digital Audio System. Ein Beispiel für die Entwicklung hochtechnologischer Konsumelektronik, Aachen 1996.

Leitmeyr, Peter A., Der unaufhaltsame Aufstieg des sprechenden Notizbuchs. 25 Jahre Compact-Cassette. In: Kultur & Technik 4 (1988) S.196-204.

Lenk, Carsten, Das Dispositiv als theoretisches Paradigma der Medienforschung. Überlegungen zu einer integrativen Nutzungsgeschichte des Rundfunks. In: Rundfunk und Geschichte 22 (1996) H.1, S.5-17.

Lenk, Carsten, Die Erscheinung des Rundfunks. Einführung und Nutzung eines neuen Mediums 1923–1932. Opladen 1997.

Lie, Merete/ S rensen, Knut H. (Hg.), Making Technology Our Own? Domesticating Technology into Everyday Life, Oslo, Stockholm, Kopenhagen, Oxford, Boston 1996.

Lösenbeck, Hans-Dieter, Stiftung Warentest – ein Rückblick, Berlin 2002.

Maase, Kaspar, Freizeit. In: Wolfgang Benz (Hg.), Die Bundesrepublik Deutschland. Geschichte in drei Bänden. Band 2: Gesellschaft, Frankfurt a. M. 1983, S.209-233.

Maase, Kaspar, BRAVO Amerika. Erkundungen zur Jugendkultur der Bundesrepublik in den fünfziger Jahren, Hamburg 1992.

Maase, Kaspar, „Halbstarke“ and Hegemony. Meanings of American Mass Culture in the Federal Republic of Germany during the 1950s. In: Rob Kroes/ Robert W. Rydell (Hg.), Cultural Transmissions and Receptions. American Mass Culture in Europe, Amsterdam 1993, S.152-170.

Maase, Kaspar, „Halbstarke“ and Hegemony. Meanings of American Mass Culture in the Federal Republic of Germany during the 1950s. In: R. Kroes, R.W. Rydell, D.F.J. Bosscher (Hg.), Cultural Transmissions and Receptions. American Mass Culture in Europe, Amsterdam 1993, S. 152-170.

Maase, Kaspar, Lässige Boys und schicke Girls. „Amerikanisierung“ und Biographien Jugendlicher in den 1950er Jahren. In: Wolfram Fischer-Rosenthal/ Peter Alheit (Hg.), Biographien in Deutschland. Soziologische Rekonstruktionen gelebter Gesellschaftsgeschichte, Opladen 1995, S.137-152.

Maase, Kaspar, Entblößte Brust und schwingende Hüfte. Momentaufnahmen von der Jugend der fünfziger Jahre. In: Thomas Kühne (Hg.), Männergeschichte – Geschlechtergeschichte. Männlichkeit im Wandel der Moderne, Frankfurt/ New York, 1996, S.193-217.

Maase, Kaspar, Amerikanisierung von unten. Demonstrative Vulgarität und kulturelle Hegemonie in der Bundesrepublik der 50er Jahre. In: Alf Lüdtke/ Inge Marßolek/ Adelheid von Saldern (Hg.), Amerikanisierung. Traum und Alptraum im Deutschland des 20. Jahrhunderts, Stuttgart 1996, S.291-313.

Maase, Kaspar, Establishing Cultural Democracy. Youth, „Americanization", and the irresistible Rise of Popular Culture. In: Hanna Schissler (Hg.), The miracle years. A cultural history of West Germany, 1949–1968. Princeton [u.a.] 2001, S.428-450.

Maase, Kaspar, Grenzenloses Vergnügen. Der Aufstieg der Massenkultur 1850–1970, Frankfurt a. M. 2001.

Mackay, Hughie/ Gillespie, Gareth, Extending the Social Shaping of Technology Approach. Ideology and Appropriation. In: Social Studies of Science 22 (1992) H.4, S.685-716.

MacKenzie, Donald A./ Wajcman, Judy, The social shaping of technology, Maidenhead 2003.

Magoun, Alexander B., The origins of the 45-rpm record at RCA Victor 1939–1948. In: Hans-Joachim Braun (Hg.), Music and Technology in the Twentieth Century, Baltimore 2002, S.148-157.

Mahlmann, Carl, Struktur des deutschen Tonträgermarktes. In: Rolf Moser/ Andreas Scheuermann (Hg.), Handbuch der Musikwirtschaft, 6., vollst. überarb. Aufl., Starnberg [u.a.] 2003, S.178-208.

Maquet, Jacques, Objects as Instruments, Objects as Signs. In: Steven Lubar/ W. David Kingery (Hg.), History from Things. Essays on Material Culture, Washington, London 1993, S.30-40.

Marchal, Peter, Kultur- und Programmgeschichte des öffentlich-rechtlichen Hörfunks in der Bundesrepublik Deutschland. Ein Handbuch, Band I: Grundlegung und Vorgeschichte, München 2004.

Marchal, Peter, Kultur- und Programmgeschichte des öffentlich-rechtlichen Hörfunks in der Bundesrepublik Deutschland. Ein Handbuch, Band II: Von den 60er Jahren bis zur Gegenwart, München 2004.

Marchand, Roland, Advertising the American Dream. Making Way for Modernity, 1920–1940, Berkeley, Los Angeles, London 1985.

Marßolek, Inge/ von Saldern, Adelheid (Hg.), Zuhören und Gehörtwerden I. Radio im Nationalsozialismus. Zwischen Lenkung und Ablenkung, Tübingen 1998.

Marßolek, Inge/ von Saldern, Adelheid (Hg.), Radiozeiten. Herrschaft, Alltag, Gesellschaft (1924–1960), Potsdam 1999.

Marßolek, Inge, Radio in Deutschland 1923–1960. Zur Sozialgeschichte eines Mediums. In: GuG 27 (2001) S.207-239.

Marwick, Arthur, Youth Culture and the Cultural Revolution of the Long Sixties. In: Axel Schildt, Detlef Siegfried (Hg.), Between Marx and Coca-Cola. Youth Cultures in Changing European Societies 1960–1980, New York (u.a.) 2006, S.39-58.

Meikle, Jeffrey L., American Plastics. A Cultural History, New Brunswick 1995.

Millard, Andre, Tape Recording and Music Making. In: Hans-Joachim Braun (Hg.), Music and Technology in the Twentieth Century, Baltimore 2002, S.158-167.

Millard, Andre, Audio Cassette Culture and Globalisation. In: Peter Lyth/ Helmuth Trischler (Hg.), Wiring Prometheus. Globalisation, History and Technology, Aarhus 2004, S.235-250.

Millard, Andre, America on record. A history of recorded sound. 2. Aufl., Cambridge [u.a.] 2005.

Miller, Daniel, Material Culture and Mass Consumption, Oxford, Cambridge 1987.

Miller, Daniel, Material cultures. Why some things matter, London 1998.

Miller, Daniel, Stuff, New York 2009.

Mom, Gijs, Inter-artifactual Technology Transfer. Road Building Technology in the Netherlands and the Competition between Bricks, Macadam, Asphalt and Concrete. In: History and Technology 20 (2004) 1, S.3-23.

Morley, David, Home Territories. Media, Mobility and Identity, London 2000.

Morley, David, Familienfernsehen und Medienkonsum zu Hause. In: Televizion 14 (2001) H.1, S.20-25.

Morton, David, Off the record. The technology and culture of sound recording in America, New Brunswick 2000.

Morton, David, Sound recording. The life story of a technology, Westport 2004.

Movsessian, Vera/ Seifert, Fedor, Einführung in das Urheberrecht der Musik, 2., erw. Aufl., Wilhelmshaven 1995.

Müller Hans-Peter/ Weihrich, Margit (Hg.), Lebensweise, Lebensführung, Lebensstile. Eine kommentierte Bibliographie, München 1990.

Müller, Jürgen E., Dispositiv – intermedial? Einige Gedanken zu den dispositiven Zwischen-Spielen des Films. In: Robert F. Riesinger (Hg.), Der kinematographische Apparat. Geschichte und Gegenwart einer interdisziplinären Debatte, Münster 2003, S.247-260.

Neumann-Braun, Klaus/ Schmidt, Axel, Artikel „Musikkassette/ Tonband", in: Hans-Otto Hügel (Hg.) Handbuch Populäre Kultur. Begriffe, Theorien und Diskussionen, Stuttgart 2003, S.329-330.

Neumann-Braun, Klaus/ Schmidt, Axel, Artikel „Schallplatte/CD", in: Hans-Otto Hügel (Hg.) Handbuch Populäre Kultur. Begriffe, Theorien und Diskussionen, Stuttgart 2003, S.389-394.

Nickl, Markus, Gebrauchsanleitungen. Ein Beitrag zur Textsortengeschichte seit 1950, Tübingen 2001.

Nickl, Markus, „Dann atmet die Hausfrau erleichtert auf". Die fünfziger und sechziger Jahre im Spiegel der Gebrauchsanleitung. In: Joachim Kallinich (Hg.), Erst lesen – dann einschalten! Zur Geschichte der Gebrauchsanleitung. Anlässlich der gleichnamigen Ausstellung, eine Publikation des Museums für Post und Kommunikation Berlin, Berlin 1997, S.16-25.

Nickl, Markus, Gebrauchsanleitungen der 50er und 60er – alte Hüte?. In: Clemens Schwender (Hg.), Zur Geschichte der Gebrauchsanleitung, Frankfurt a. M. 1999, S.219-247.

Oudshoorn, Nelly, Gender Scripts in Technologie. Noodlot of Uitdaging? Twente 1996.

Oudshoorn, Nelly/ Pinch, Trevor (Hg.), How Users Matter. The Co-Construction of Users and Technology. Cambridge, London 2005.

Oudshoorn, Nelly/ Pinch, Trevor, User-Technology Relationships. Some Recent Developments. In: Edward J. Hackett (Hg.), The Handbook of Science and Technology Studies, Cambridge (Mass.) [u.a.] 32008, S.541-565.

Paech, Joachim, Überlegungen zum Dispositiv als Theorie medialer Topik. In: Robert F. Riesinger (Hg.), Der kinematographische Apparat. Geschichte und Gegenwart einer interdisziplinären Debatte, Münster 2003, S.175-194.

Pallowski, Katrin, Wohnen im halben Zimmer. Jugendzimmer in den 50er Jahren. In: Willi Bucher/ Klaus Pohl, im Auftrag des Deutschen Werkbundes e.V. und des Württembergischen Kunstvereins Stuttgart (Hg.), Schock und Schöpfung. Jugendästhetik im 20. Jahrhundert, Darmstadt, Neuwied 1986, S.284-290.

Pearce, Susan M. (Hg.), Interpreting Objects and Collections, London 1994.

Perlman, Marc, Golden Ears and Meter Readers. The Contest for Epistemic Authority in Audiophilia. In: Social Studies of Science 34 (2004) H.5, S.783-808.

Petsch, Joachim, Eigenheim und gute Stube. Zur Geschichte des bürgerlichen Wohnens. Städtebau – Architektur – Einrichtungsstile, Köln 1989.

Petzold, Hartmut, Die Geschichte des Transistors und die Veränderung einer Medienkultur. In: Mitteilungen Studienkreis Rundfunk und Geschichte 14 (1988), S.331-338.

Pfister, Christian, Bilderwelt der Konsumgesellschaft. Werbung in ihrem ökonomischen und kulturellen Umfeld. In: Daniel di Falco, Peter Bär, Christian Pfister (Hg.), Bilder vom besseren Leben. Wie Werbung Geschichte erzählt, Bern [u.a.] 2002, S.9-15.

Pinch, Trevor, Giving birth to new users. How the Minimoog was sold to Rock & Roll. In: Nelly Oudshoorn/ Trevor Pinch (Hg.), How Users Matter. The Co-Construction of Users and Technology, Cambridge, London 2005.

Poiger, Uta G., Jazz, Rock and Rebels. Cold War Politics and American Culture in a Divided Germany, Berkeley [u.a.] 2000.

Poiger, Uta G., Amerikanisierung oder Internationalisierung? Populärkultur in beiden deutschen Staaten. In: APuZ 45 (2003) S.17-24.

Polster, Bernd, Braun GmbH (Hg.), Braun. 50 Jahre Produktinnovationen, Köln 2005.

Radkau, Joachim, „Wirtschaftswunder" ohne technologische Innovation? Technische Modernität in den 50er Jahren. In: Axel Schildt/ Arnold Sywottek (Hg.), Modernisierung im Wiederaufbau. Die westdeutsche Gesellschaft der 50er Jahre, Bonn 1993, S.129-154.

Raphael, Lutz, Die Verwissenschaftlichung des Sozialen, in: GuG 22 (1996) S.165-193.

Read, Oliver, From Tin foil to Stereo. Evolution of the phonograph, Indianapolis 1977.

Reckendrees, Alfred, Konsummuster im Wandel. Haushaltsbudgets in der Bundesrepublik Deutschland 1952–1998. In: Jahrbuch für Wirtschaftsgeschichte 2 (2007) S.29-61.

Rhein, Eduard, 100 Jahre Schallplatte. Vom Phonographen über die Laser-Disc – wohin?, Berlin 1987.

Riedel, Heide, 60 Jahre Radio. Von der Rarität zum Massenmedium, 2., überarb. u. erg. Aufl., Berlin 1987.

Riedel, Heide, 70 Jahre Funkausstellung. Politik, Wirtschaft, Programm, Berlin 1994.

Rindfleisch, Hans, Technik im Rundfunk. Ein Stück deutscher Rundfunkgeschichte von den Anfängen bis zum Beginn der achtziger Jahre, Norderstedt 1985.

Rödder, Andreas, Wertewandel und Postmoderne. Gesellschaft und Kultur der Bundesrepublik Deutschland 1965–1990, Stuttgart 2004.

Röser, Jutta, Der Domestizierungsansatz und seine Potenziale zur Analyse alltäglichen Medienhandelns. In: Jutta Röser (Hg.), MedienAlltag. Domestizierungsprozesse alter und neuer Medien, Wiesbaden 2007, S.15-30.

Röser, Jutta, Das Zuhause als Ort der Aneignung digitaler Medien. Domestizierungsprozesse und ihre Folgen. In: Merz Wissenschaft 49 (2005) Nr.5, S.86-96.

Röser, Jutta (Hg.), MedienAlltag. Domestizierungsprozesse alter und neuer Medien, Wiesbaden 2007.

Rösgen, Petra (Hg.), Melodien für Millionen. Das Jahrhundert des Schlagers. Begleitbuch zur Ausstellung im Haus der Geschichte der Bundesrepublik Deutschland, Bonn, Mai bis Oktober 2008, Bielefeld, Leipzig 2008.

Röther, Monika, Pop songs for the tape recorder, LPs for the record player? The market launch of tape recorders in West Germany and the copyright debate on young consumers' practice of tape-recording in the 1950s and 1960s. In: Historical Social research 33.3 (2008) S.301-318.

Röther, Monika, Rezension zu Heike Weber, Das Versprechen mobiler Freiheit. Zur Kultur- und Technikgeschichte von Kofferradio, Walkman und Handy, Bielefeld 2008. In: Technikgeschichte 76 (2009) H.2, S.161-162.

Röther, Monika, Rezension zu Stefan Gauß, Nadel, Rille, Trichter. Kulturgeschichte des Phonographens und des Grammophons in Deutschland (1900–1940), Köln 2009. Technikgeschichte 78 (2011) H.1, S.66-67.

Rudorf, Reginald, Ton ab. Geschichte der Schallplatte in Deutschland, München, Hamburg 1998.

Ruppert, Wolfgang (Hg.), Fahrrad, Auto, Fernsehschrank. Zur Kulturgeschichte der Alltagsdinge, Frankfurt am Main 1993.

Ruppert, Wolfgang, Plädoyer für den Begriff der industriellen Massenkultur. In: Hannes Siegrist/ Hartmut Kaelble/ Jürgen Kocka (Hg.), Europäische Konsumgeschichte. Zur Gesellschafts- und Kulturgeschichte des Konsums (18. bis 20. Jahrhundert), Frankfurt a. M., New York 1997, S.563-582.

Ruppert, Wolfgang (Hg.), Um 1968. Die Repräsentation der Dinge, Marburg 1998.

Ruppert, Wolfgang, Zur Konsumwelt der 60er Jahre. In: Axel Schildt/ Detlef Siegfried/ Karl Christian Lammers (Hg.), Dynamische Zeiten. Die 60er Jahre in den beiden deutschen Gesellschaften, Hamburg 2000, S.752-767.

Rytlewski, Ralf/ Opp de Hipt, Manfred, Die Bundesrepublik Deutschland in Zahlen. Ein sozialgeschichtliches Arbeitsbuch, München 1987.

von Saldern, Adelheid, Häuserleben. Zur Geschichte städtischen Arbeiterwohnens vom Kaiserreich bis heute, 2., durchges. Aufl., Bonn 1997.

von Saldern, Adelheid, Von der „guten Stube" zur „guten Wohnung". Zur Geschichte des Wohnens in der Bundesrepublik Deutschland. In: Archiv für Sozialgeschichte 35 (1995), S.227-254.

von Saldern, Adelheid, Bürgerliche Repräsentationskultur. Konstanz und Wandel der Wohnformen im Deutschen Reich und in der Bundesrepublik (1900–1980). In: HZ 284 (2007) S.345-383.

Schätzlein, Frank, Mobile Klangkunst. Über den Walkman als Wahrnehmungsmaschine. In: Andreas Stuhlmann (Hg.), Radio-Kultur und Hör-Kunst. Zwischen Avantgarde und Popularkultur, Würzburg 2001, S.176-195.

Schildt, Axel/ Sywottek, Arnold (Hg.), Modernisierung im Wiederaufbau. Die westdeutsche Gesellschaft der 50er Jahre, Bonn 1993.

Schildt, Axel, Hegemon der häuslichen Freizeit. Rundfunk in den 50er Jahren. In: Axel Schildt/ Arnold Sywottek (Hg.), Modernisierung im Wiederaufbau. Die westdeutsche Gesellschaft der 50er Jahre, Bonn 1993, S.458-476.

Schildt, Axel, Mach mal Pause! Freie Zeit, Freizeitverhalten und Freizeit-Diskurse in der westdeutschen Wiederaufbau-Gesellschaft der 1950er Jahre. In: Archiv für Sozialgeschichte 33 (1993) S.357-406.

Schildt, Axel, Nachkriegszeit. Möglichkeiten und Probleme einer Periodisierung der westdeutschen Geschichte nach dem Zweiten Weltkrieg und ihre Einordnung in die deutsche Geschichte des 20. Jahrhunderts. In: GWU 44 (1993) S.567-584.

Schildt, Axel, Moderne Zeiten. Freizeit, Massenmedien und „Zeitgeist" in der Bundesrepublik der 50er Jahre, Hamburg 1995.

Schildt, Axel, „Die kostbarsten Wochen des Jahres". Urlaubstourismus der Westdeutschen (1945–1970). In: Hasso Spode (Hg.), Goldstrand und Teutonengrill. Kultur- und Sozialgeschichte des Tourismus in Deutschland 1945 bis 1989, Berlin 1996, S.69-85.

Schildt, Axel, Freizeit, Konsum und Häuslichkeit in der „Wiederaufbau"-Gesellschaft. Zur Modernisierung von Lebensstilen in der Bundesrepublik Deutschland in den 1950er Jahren. In: Hannes Siegrist/ Hartmut Kaelble/ Jürgen Kocka (Hg.), Europäische Konsumgeschichte. Zur Gesellschafts- und Kulturgeschichte des Konsums (18. bis 20. Jahrhundert), Frankfurt a. M., New York 1997, S.327-348.

Schildt, Axel, Das Radio und sein jugendliches Publikum von den Zwanziger zu den Sechziger Jahren – Eine Skizze. In: Inge Marßolek/ Adelheid von Saldern (Hg.), Radiozeiten. Herrschaft, Alltag, Gesellschaft (1924–1960), Potsdam 1999, S.251-266.

Schildt, Axel, Fünf Möglichkeiten, die Geschichte der Bundesrepublik zu erzählen. In: Blätter für deutsche und internationale Politik 44 (1999) H.10, S.1234-1244.

Schildt, Axel, Massenmedien im Umbruch der fünfziger Jahre. In: Jürgen Wilke (Hg.), Mediengeschichte der Bundesrepublik Deutschland, Köln 1999, S.633-648.

Schildt, Axel, Das Jahrhundert der Massenmedien. Ansichten einer künftigen Geschichte der Öffentlichkeit, in: GuG 27 (2001) S.177-206.

Schildt, Axel, Rebellion und Reform. Die Bundesrepublik der Sechzigerjahre, Bonn 2005.

Schildt, Axel, Die Sozialgeschichte der Bundesrepublik Deutschland bis 1989/90, München 2007.

Schildt, Axel/ Siegfried, Detlef (Hg.), Between Marx and Coca-Cola. Youth cultures in changing European societies, 1960–1980, New York [u.a.] 2006.

Schildt, Axel, Materieller Wohlstand – pragmatische Politik – kulturelle Umbrüche. Die 60er Jahre in der Bundesrepublik. In: Axel Schildt/ Detlef Siegfried/ Karl Christian Lammers (Hg.), Dynamische Zeiten. Die 60er Jahre in den beiden deutschen Gesellschaften, Hamburg 2000, S.21-53.

Schildt, Axel/ Siegfried, Detlef/ Lammers, Karl Christian (Hg.), Dynamische Zeiten. Die 60er Jahre in den beiden deutschen Gesellschaften, Hamburg 2000.

Schildt, Axel/ Siegfried, Detlef, Deutsche Kulturgeschichte. Die Bundesrepublik – 1945 bis zur Gegenwart, München 2009.

Schmidt, Siegfried J., Werbung. In: Jürgen Wilke (Hg.), Mediengeschichte der Bundesrepublik Deutschland, Köln 1999, S.518-544.

Schönhoven, Klaus, Aufbruch in die sozialliberale Ära. Zur Bedeutung der 60er Jahre in der Geschichte der Bundesrepublik. In: GuG 25 (1999) H.1, S.123-145.

Schnoor, Detlev, Wenn die Welt zum Stummfilm wird. Der Walkman und der Wunsch nach Bildern. In: Medien und Erziehung, 32 (1988) Nr.2, S.75-77.

Schot, Johan/ de la Bruheze, Adri Albert, The Mediated Design of Products, Consumption and Consumers in the Twentieth Century. In: Oudshoorn, Nelly/ Pinch, Trevor (Hg.), How Users Matter. The Co-Construction of Users and Technology. Cambridge, London 2005, S.229-245.

Schulz, Bernhard (Hg.), Grauzonen, Farbwelten. Kunst und Zeitbilder 1945–1955. Katalogbuch zur Ausstellung der Neuen Gesellschaft für bildende Kunst in den Räumen der Akademie der Künste, Berlin, 20.2.-27.3.1983, Berlin [u.a.] 1983.

Schulz, Andreas, Lebenswelt und Kultur des Bürgertums im 19. und 20. Jahrhundert, München 2005.

Schulze, Gerhard, Die Erlebnisgesellschaft. Kultursoziologie der Gegenwart, Frankfurt am Main 1992.

Schwartz Cowan, Ruth, The Consumption Junction. A Proposal for Research Strategies in the Sociology of Technology. In: Wiebe E. Bijker/ Thomas P. Hughes/ Trevor J. Pinch (Hg.), The Social Construction of Technological Systems. New Directions in the Sociology and History of Technology, Massachusetts 1987, S.261-280.

Schwender, Clemens (Hg,), Zur Geschichte der Gebrauchsanleitung, Frankfurt a. M. 1999.

Seegers, Lu, Hör zu! Eduard Rhein und die Rundfunkprogrammzeitschriften (1931–1965), 2., Aufl., Potsdam 2003 (Veröffentlichungen des Deutschen Rundfunkarchivs, 34).

Selle, Gert, Die Geschichte des Design in Deutschland von 1870 bis heute. Entwicklung der industriellen Produktkultur, Köln 1978.

Selle, Gert, Das Produktdesign der 50er Jahre. Rückgriff in die Entwurfsgeschichte, vollendete Modernisierung des Alltagsinventars oder Vorbote der Postmoderne? In: Axel Schildt/ Arnold Sywottek (Hg.), Modernisierung im Wiederaufbau. Die westdeutsche Gesellschaft der 50er Jahre, Bonn 1993, S.612-624.

Selle, Gert, Geschichte des Design in Deutschland, Frankfurt a. M. 2007.

Selle, Gert, Design im Alltag. Vom Thonetstuhl zum Mikrochip, Frankfurt a. M. [u.a.] 2007.

Shell Deutschland (Hg.), 50 Jahre Shell Jugendstudie. Von Fräuleinwundern zu neuen Machern, Berlin 2002.

Siegfried, Detlef, 'Underground'. Counter-Culture and the Record Industry in the 1960s. In: Führer, Karl Christian; Ross, Corey (Hrsg.): Mass Media, Culture and Society in Twentieth-Century Germany. Basingstoke [u.a.], 2006, S.44-60.

Siegfried, Detlef, Protest am Markt. Gegenkultur in der Konsumgesellschaft um 1968. In: Christina von Hodenberg, Detlef Siegfried (Hg.), Wo „1968" liegt. Reform und Revolte in der Geschichte der Bundesrepublik, Göttingen 2006, S.48-78.

Siegfried, Detlef, Time is on my Side. Konsum und Politik in der westdeutschen Jugendkultur der 60er Jahre, Göttingen 2006.

Siegfried, Detlef, Sound der Revolte. Studien zur Kulturrevolution um 1968, Weinheim, München 2008.

Siegrist, Hannes/ Kaelble, Hartmut/ Kocka, Jürgen (Hg.), Europäische Konsumgeschichte. Zur Gesellschafts- und Kulturgeschichte des Konsums (18. bis 20. Jahrhundert), Frankfurt a. M., New York 1997.

Sierek, Karl, Einstellungswechsel. Vom kinematographischen zum televisionären Dispositiv. In: Blimp 15 (1990) S.30-34.

Sierek, Karl, Aus der Bildhaft. Filmanalyse als Kinoästhetik, Wien 1993.

Silverstone, Roger/ Hirsch, Eric/ Morley, David, Information and Communication Technologies and the Moral Economy of the Household. In: Roger Silverstone/ Eric Hirsch (Hg.), Consuming Technologies. Media and Information in Domestic Spaces, London, New York 1992, S.15-31.

Silverstone, Roger/ Hirsch, Eric (Hg.), Consuming Technologies. Media and Information in Domestic Spaces, London, New York 1992.

Silverstone, Roger/ Haddon, Leslie, Design and the Domestication of Information and Communication Technologies. Technical Change and Everyday Life. In: Robin Mansell/ Roger Silverstone (Hg.), Communication by Design. The Politics of Information and Communication Technologies, New York 1996, S.44-74.

Silverstone, Roger, Domesticating Domestication. Reflections on the Life of a Concept. In: Thomas Berker/ Maren Hartmann/ Yves Punie/ Katie J. Ward (Hg.), Domestication of Media and Technology, Berkshire 2006, S.229-248.

Steiner, Kilian, Ortsempfänger, Volksfernseher und Optaphon. Die Entwicklung der deutschen Radio- und Fernsehindustrie und das Unternehmen Loewe 1923–1962, Essen 2005.

Steinmaurer, Thomas, Tele-Visionen. Zur Theorie und Geschichte des Fernsehempfangs. Innsbruck [u.a.] 1999 (Beiträge zur Medien- und Kommunikationsgesellschaft; 3).

Stellwaag, Karin, Wirtschaftswunderwelt. Tendenzen des Wohnens in den 50ern. In: Stefan Beck (Hg.), Partykultur? Fragen an die Fünfziger, Tübingen 1991, S.135-140.

Stelzer, Christian, Walkmanie: Sucht oder neues Hören? In: Medien und Erziehung, Jg.32 (1988), Nr.2, S.68-74.

Sterne, Jonathan, The audible past. Cultural origins of sound reproduction, Durham, NC [u.a.] 2003.

Strobel, Ricarda, „Im Petticoat am Nierentisch". Architektur, Mode und Design. In: Werner Faulstich (Hg.), Die Kultur der 50er Jahre, München 2002, S.111-144.

von Stuckrad-Barre, Benjamin, Kassettenmädchen. In: Ders., Remix. Texte 1996–1999. Köln 22007, S.285-291.

Sywottek, Arnold, From Starvation to Excess? Trends in the Consumer Society from the 1940s to the 1970s. In: Hanna Schissler (Hg.), The Miracle Years. A Cultural History of West Germany 1949–1968, Princeton 2001, S.341-358

Taylor, Timothy Dean, Strange sounds. Music, technology & culture, New York [u.a.] 2001.

van Oost, Ellen, Materialized Gender. How Shavers configure the user's femininity and masculinity. In: Nelly Oudshoorn/Trevor Pinch (Hg.), How Users Matter. The Co-Construction of Users and Technology. Cambridge, London 2005, S.193-208.

Vollbrecht, Ralf, Die Bedeutung von Stil. Jugendkulturen und Jugendszenen im Licht der neueren Lebensstildiskussion. In: Wilfried Ferchhoff/ Dieter Baacke (Hg.), Jugendkulturen – Faszination und Ambivalenz. Einblicke in jugendliche Lebenswelten, Weinheim [u.a.], S.23-37.

Warnke, Martin, Zur Situation der Couchecke. In: Jürgen Habermas (Hg.), Stichworte zur ‚geistigen Situation der Zeit', Band 2: Politik und Kultur, Frankfurt am Main 1979, S.673-687.

Weber, Heike, Vom Ausflugs- zum Alltagsbegleiter. Tragbare Radios und mobiles Radiohören 1950–1970. In: Jutta Röser (Hg.), MedienAlltag. Domestizierungsprozesse alter und neuer Medien, Wiesbaden 2007, S.129-138.

Weber, Heike, Das Versprechen mobiler Freiheit. Zur Kultur- und Technikgeschichte von Kofferradio, Walkman und Handy, Bielefeld 2008.

Weber, Heike, Stecken, Drehen, Drücken. Interfaces von Alltagstechniken und ihre Bediengesten. In: Technikgeschichte 76 (2009) H.3, S.233-254.

Wehler, Hans-Ulrich, Deutsche Gesellschaftsgeschichte. Fünfter Band: Bundesrepublik und DDR 1949–1990, München 2008.

Weingart, Peter (Hg.), Technik als sozialer Prozeß, Frankfurt am Main 1989.

Welch, Walter L., From Tinfoil to Stereo. The acoustic years of the recording industry, 1877–1929, Gainesville [2]1995.

Wichmann, Hans (Hg.), System-Design. Bahnbrecher: Hans Gugelot 1920–1965, Basel 1987.

Wichmann, Hans, Mut zum Aufbruch. Erwin Braun 1921–1992, München, New York 1998.

Wicke, Peter, Music, Dissidence, Revolution and Commerce: Youth Culture between Mainstream and Subculture. In: Axel Schildt/ Detlef Siegfried (Hg.), Between Marx and Coca-Cola. Youth cultures in changing European societies, 1960–1980, New York [u.a.] 2006, S.109-126.

Wicke, Peter/ Ziegenrücker, Kai-Erik/ Ziegenrücker, Wieland, Handbuch der populären Musik. Geschichte, Stile, Praxis, Industrie, Mainz 2007.

Wildt, Michael, Privater Konsum in Westdeutschland in den 50er Jahren. In: Axel Schildt/ Arnold Sywottek (Hg.), Modernisierung im Wiederaufbau. Die westdeutsche Gesellschaft der 50er Jahre, Bonn 1993, S.275-289.

Wildt, Michael, Am Beginn der ‚Konsumgesellschaft'. Mangelerfahrung, Lebenshaltung, Wohlstandshoffnung in Westdeutschland in den fünfziger Jahren, Hamburg 1994.

Wildt, Michael, Vom kleinen Wohlstand. Eine Konsumgeschichte der fünfziger Jahre, Frankfurt a. M. 1996.

Wildt, Michael, Die Kunst der Wahl. Zur Entwicklung des Konsums in Westdeutschland in den 1950er Jahren. In: Hannes Siegrist/ Hartmut Kaelble/ Jürgen Kocka (Hg.), Europäische Konsumgeschichte. Zur Gesellschafts- und Kulturgeschichte des Konsums (18. bis 20. Jahrhundert), Frankfurt a. M., New York 1997, S.307-325.

Wildt, Michael, Amerika auf Raten. Konsum und Teilzahlungskredit im Westdeutschland der fünfziger Jahre. In: Heinz Bude/ Bernd Greiner (Hg.), Westbindungen. Amerika in der Bundesrepublik, Hamburg 1999, S.202-230.

Wilke, Jürgen (Hg.), Mediengeschichte der Bundesrepublik Deutschland, Köln, Weimar, Wien 1999.

Willis, Paul, „Profane Culture". Rocker, Hippies: Subversive Stile der Jugendkultur, Frankfurt a. M. 1981.

Winkelmann, Thomas, „Skandinavisch Wohnen" – ein Wohnstil oder ein kulturelles Muster? In: Kieler Blätter zur Volkskunde 34 (2002), S.205-235.

Witting-Nöthen, Petra, Die Einführung der Stereofonie im Rundfunk. In: Geschichte im Westen 15 (2000) S.185-195.

Wohlfeil, Rainer, Methodische Reflexionen zur Historischen Bildkunde. In: Tolkemitt, Brigitte/ Wohlfeil, Rainer (Hg.), Historische Bildkunde. Probleme – Wege – Beispiele. Berlin 1991, S.17-35.

Woolgar, Stephen, Configuring the user. The case of usability trials. In: John Law (Hg.), A Sociology of Monsters. Essays on Power, Technology and Domination. London 1991, S.58-99.

Zapf, Karin, Haushaltsstrukturen und Wohnverhältnisse. In: Ingeborg Flagge (Hg.), Geschichte des Wohnens. Band 5: 1945 bis heute. Aufbau, Neubau, Umbau, Stuttgart 1999, S.563-614.

Zeppenfeld, Werner, Tonträger in der Bundesrepublik Deutschland. Anatomie eines medialen Massenmarkts, Bochum 1978.

Zielinski, Siegfried, Audiovisionen. Reinbek 1989.

Zimmermann, Oliver, Der Gelsenkirchener Barock aus designgeschichtlicher Sicht am Beispiel des Produktdesigns der Fünfziger Jahre. In: Stadt Gelsenkirchen, Städtisches Museum (Hg.), Gelsenkirchener Barock, Gelsenkirchen 1991, S.83-92.

Zinnecker, Jürgen, Jugendkultur 1940–1985, Opladen 1987.

Abbildungs- und Tabellenverzeichnis

Abbildungsverzeichnis

A Einleitung

Abb. 1: Ebenen der Untersuchung, eigene Abbildung.

C Phonogeräte als Zentrum der privaten Lebenswelt

I Musikschrank

Abb. 1: Phonoschrank Carioca, Ilse Radiomöbel. In: HDRFG 1956/57, S.A96.

Abb. 2: Musikschrank Automatic-Truhe Baden 7, Saba. In: HDRFG 1956/57, S.A125.

Abb. 3: Musikschrank Sonetta 1803 T, Loewe. In: HDRFG 1957/58, S.A109.

Abb. 4: Phonovitrine Pompadour, Ilse Radiomöbel. In: HDRFG 1956/57, S.A99.

Abb. 5: Konzertschrank 9099, Grundig. In: HDRFG 1957/58, S.A96.

Abb. 6: Musikschrank Nordmende Arabella 57, Stiftung Deutsches Technikmuseum Berlin.

Abb. 7: Klangregister Musikschrank Nordmende Arabella 57, Stiftung Deutsches Technikmuseum Berlin.

Abb. 8: Plattenwechsler Dual 1003 in Musikschrank Nordmende Arabella 57, Depot des DTMB.

Abb. 9: Typenschriftzug Musikschrank Nordmende Arabella 57, Depot des DTMB.

Abb. 10: Capella Musikschrank. In: Der Philips-Kunde, November 1956, S.36.

Abb. 11: Capella Stereo Truhe. In: Werbebroschüre Philips Freund der Familie, 1963, Archiv der GFGF.

Abb. 12: Wien Stereo Truhe. In: Telefunken Sprecher 24/1963, Umschlagrückseite.

Abb. 13: Telefunken Bayreuth Studio 101. In: Telefunken Sprecher 37/1966, Umschlagrückseite.

Abb. 14: Werbeanzeige Grundig Stereophonie. In: Funkschau 21/1958, S.507.

II Stereofonie und High Fidelity

Abb. 1: Die Erfolgsgeschichte der Stereofonie und High Fidelity, eigene Abbildung.

Abb. 2: Eintrittskarten zur Telefunken Stereofonie-Vorführung. Archiv der GFGF.

III Stereoanlage

Abb. 1: Bausteinanlage mit Steuergerät. In: Telefunken Sprecher 38/1966, S.4.

Abb. 2: Bausteinanlage mit getrenntem Tuner und Verstärker. In: Telefunken Sprecher 38/1966, S.5.

Abb. 3: Steuergerät Opus Studio. In: Telefunken Broschüre 1966, Archiv der GFGF.

Abb. 4: Plattenspieler HiFi 210. In: HDRFG 1966/67, S.B99.

Abb. 5: Telefunken T 101 und V 101. In: Telefunken Report 1967, S.23.

Abb. 6: Lautsprecher WB 60. In: Telefunken Report '67/68, S.37.

Abb. 7: HiFi Box SB 86. In: Telefunken Report '67/68, S.37.

Abb. 8: String-Regal mit Audiogeräten. In: Schöner Wohnen 1/1962, S.41.

Abb. 9: Stereo-Steuertruhe Bolero Studio 101. In: Telefunken Report '67, S.26.

Abb. 10: Hi-Fi-Stereo-Steuertruhe Hi-Fi-Studio 80B von Grundig. In: HDRFG 1966/67, S.A150.

Abb. 11: Bedieneroberfläche der Steuertruhe Bolero Studio 101 (Operette 2650). In: Telefunken Report '67, S.22.

Abb. 12: Braun audio 300. In: radio-fernseh-händler, Dezember 1969, S.397.

Abb. 13: Musikstudio Wega 3204 HiFi. In: radio-fernseh-händler, Oktober 1969, S.329.

Abb. 14: Vorschläge zur Aufstellung von Stereoanlagen. In: Telefunken HiFi Stereo Report 1970, S.5.

Abb. 15: Grundig Bausteine zur Lebensfreude. In: Schöner Wohnen, Dezember 1962, S.53.

Abb. 16: „Aufstell-Beispiele" für Stereoanlagen. In: Telefunken HiFi Stereo Report 1970, S. 22, 24, 26, 28.

Abb. 17: Telefunken acusta hifi. In: Telefunken HiFi Stereo Report 1972, S.27.

Abb. 18: Telefunken Musikanlage 205. In: Telefunken Report 1969, S.13.

D Einzelgeräte entflechten die familiäre Hörgemeinschaft und ermöglichen den allgegenwärtigen Musikkonsum

I Plattenspieler

Abb. 1: Gerätetypen zur Schallplattenwiedergabe, eigene Abbildung.

Abb. 2: Telefunken Musikus 105 S, Privatbesitz.

Abb. 3: Telefunken Musikus 105 S, Privatbesitz.

Abb. 4: Drehregler für Plattengröße bzw. -geschwindigkeit am Telefunken Musikus 105 S, Privatbesitz.

Abb. 5: Telefunken Musikus 105 V. In: Telefunken Sprecher 27/1964, S.19.

Abb. 6: Telefunken Stereo-Verstärkerkoffer Musikus 1051. In: Telefunken Sprecher 13/1961, S.107.

Abb. 7: Philips Phonokoffer III Type 2113. Stiftung Haus der Geschichte der Bundesrepublik Deutschland.

Abb. 8: Telefunken Musikus 108 S. In: Telefunken Report 1967/68, S.42.

Abb. 9: Plattenspieler party hit von Telefunken, Privatbesitz.

Abb. 10: Werbeanzeige für Dual party 300 AV/1. In: Broschüre „Zum guten Ton gehört Dual", 1963/64, S.4, Archiv der GFGF.

Abb. 11: Werbeanzeige: Beliebter vielseitiger Musikus 105V. In: Telefunken Sprecher 26/1964, S.22.

Abb. 12: Werbeanzeige Phonokoffer. In: Telefunken Sprecher 2/1959, Rückumschlag.

Abb. 13: Werbung für Perpetuum-Ebner Plattenspielerkoffer PE teenager. In: Ton Magazin, September/ Oktober 1959, S.9.

Abb. 14: Werbeanzeige Phonokoffer. In: Telefunken Report 1967, S.2.

Abb. 15: Werbeanzeige Telefunken mister hit, 1968. Archiv des DTMB.

Abb. 16: Telefunken mister hit. In: Telefunken Sprecher 46/1968, S.26.

Abb. 17: Philips Mignon, Privatbesitz.

II Tonbandgerät

Abb. 1: Broschüre Magnetophon KL 65 von Telefunken, Historisches Archiv, Stiftung Deutsches Technikmuseum Berlin.

Abb. 2: Telefunken Magnetophon 77 K, Stiftung Deutsches Technikmuseum Berlin.

Abb. 3: Magnetophon 77 K. In: Ton Magazin, März/ April 1960, S.68.

Abb. 4: Zählwerk und Schraube zum Verstellen der Bandgeschwindigkeit, Telefunken Magnetophon 77 K, Stiftung Deutsches Technikmuseum Berlin.

Abb. 5: Tonbandspuren, eigene Abbildung.

Abb. 6: Philips Broschüre zum Tonband-Wettbewerb, 1961, Archiv der GFGF.

Abb. 7: Telefunken Magnetophon 204 TS, Stiftung Deutsches Technikmuseum Berlin.

Abb. 8: Pegelinstrumente und Bandzählwerk des Telefunken Magnetophon 204 TS, Stiftung Deutsches Technikmuseum Berlin.

Abb. 9: Werbebroschüre Telefunken Magnetophon automatic, Archiv der GFGF.

Abb. 10: Notizbuch zu privaten Tonbandaufnahmen. Die Auszüge aus dem Notizbuch stammen vom Tonbandnutzer Wolfram Beckert, e-mail an die Autorin vom 05.11.2008 (aufgrund eines Aufrufes über www.phono-erinnerungen.de).

Abb. 11: BASF Karteikarte mit Notizen zu Tonbandaufnahmen. Die BASF-Karteikarte stammt vom Tonbandnutzer Wolfram Beckert, e-mail an die Autorin vom 05.11.2008 (aufgrund eines Aufrufes über www.phono-erinnerungen.de).

Abb. 12: Drehbuch einer Diashow mit Tonband-Vertonung. Das Drehbuch stammt vom Tonbandnutzer Harald Obst, e-mail an die Autorin vom 13.11.2008 (aufgrund eines Aufrufes über www.phono-erinnerungen.de).

Abb. 13: Junge Tonbandamateure. In: Ton Magazin, September/ Oktober 1958, S.46.

Abb. 14: Junge Düsseldorfer Tonbandamateure. In: Ton Magazin, Mai/ Juni 1959, S.32.

Abb. 15: Die „Hamburger Jugend Welle". In: Ton Magazin, Mai/ Juni 1959, S.57.

Abb. 16: Inhaltsverzeichnis eines selbst zusammengestellten Beat-Tonbands. Das Tonband-Inhaltsverzeichnis stammt von Wolfgang Neubacher, e-mail an die Autorin am 16.11.2008, als Reaktion auf eine Anfrage im Tonbandinfo-Forum am 02.11.2008, http://forum.magnetofon.de/index.php?topic=3641.msg25956#msg25956 [Zugriff: 28.11.2011].

III Kassettenrekorder

Abb. 1: Philips Taschen-Recorder 3300. Philips Broschüre Tonbandgeräte 1964, S.4, Archiv der GFGF.

Abb. 2: Cassettengerät magnetophon 401. In: Telefunken Sprecher 33/1965, S.25.

Abb. 3: Telefunken magnetophon cc alpha, Privatbesitz.

Abb. 4: Titelblatt des Ton Magazins, April 1965.

Abb. 5: Titelblatt des Ton Magazins, September 1965.

Abb. 6: Werbeanzeige magnetophon cc alpha. In: Telefunken Sprecher 50/1969, Umschlagrückseite.

Abb. 7: Werbeanzeige cc alpha. In: Twen 9/1969, S.133.

Abb. 8: Telefunken magnetophon cc combi. In: Telefunken Report 1971/72, S.37.

Abb. 9: Magnetophon 4001 für junge Leute. In: Telefunken Sprecher 41/1967, S.27.

Abb. 10: Werbeanzeige für Telefunken Magnetophon cc alpha mit „playmatic". In: Twen 9/1970, S.43.

Tabellenverzeichnis

C Phonogeräte als Zentrum der privaten Lebenswelt

I Musikschrank

Tab. 1: Ausstattung privater Haushalte mit Musikschränken 1970. Eigene Tabelle, Daten aus: Rundfunk- und Fernsehgeräteindustrie, Statistischer Jahresbericht. In: radio-fernseh-händler, 10/1971, S.312-313, hier S.313.

II Stereoanlage

Tab. 1: Ausstattung mit Stereoanlagen (nach Einkommensgruppen). In: Neue Zahlen aus der Marktforschung bei Philips. In: radio-fernseh-händler 11/1972, S.352-358, hier S.354.

D Einzelgeräte entflechten die familiäre Hörgemeinschaft und ermöglichen den allgegenwärtigen Musikkonsum

I Plattenspieler

Tab. 1: Gesamtumsatz LPs und Singles in Millionen Stück, 1960–1970. Eigene Tabelle, Daten vgl. 1961: Ruhige Konjunktur bei steigenden Kosten. Aufschlussreiche Statistik des Bundesverbandes – LP Geschäft immer interessanter. In: Musikmarkt 3/1962, S.1&6; Ruhiger Konjunktur-Verlauf hat sich 1962 fortgesetzt. In: Musikmarkt 4/1963, S.1&2&4; vgl. Schallplatten-Bilanz 1970: Mehr als 100 Millionen Stück Umsatz. In: Musikmarkt 6/1971, S.3&43&52, hier S.43.

II Tonbandgerät

Tab. 1: Bandgeschwindigkeiten der 1960/61 angebotenen Tonbandgeräte. Eigene Tabelle, Daten vgl. HDRFG 1960/61, S.B71-B102.

III Kassettenrekorder

Tab. 1: Jährlicher Absatz an Kassettenrekordern. Eigene Tabelle. Daten vgl.: Musikmarkt 4/1968, S.60 und Spiegel 50/1971, S.161.

Kolibri 360 GmbH
Ferdinand-Jühlke-Straße 7
99095 Erfurt, Deutschland
produktsicherheit@kolibri360.de